FELIX HAUSDORFF

Gesammelte Werke

Springer
Berlin
Heidelberg
New York
Barcelona
Hongkong
London
Mailand
Paris
Singapur
Tokio

Felix Hausdorff im Arbeitszimmer seines Hauses in Bonn.
Der Kalender zeigt die Woche vom 8. bis 14. Juni 1924.

Photograph: Ludwig Hogrefe, Godesberg.

FELIX HAUSDORFF

Gesammelte Werke

einschließlich der unter dem Pseudonym Paul Mongré
erschienenen philosophischen und literarischen Schriften
und ausgewählter Texte aus dem Nachlaß

Verantwortlich für die gesamte Edition:

Egbert Brieskorn, Friedrich Hirzebruch, Walter Purkert,
Reinhold Remmert und Erhard Scholz

FELIX HAUSDORFF

Gesammelte Werke

BAND I

Felix Hausdorff (1868–1942)
Hausdorff als akademischer Lehrer
Arbeiten zur Mengenlehre

BAND II

Grundzüge der Mengenlehre (1914)

BAND III

Mengenlehre (1927, 1935)
Deskriptive Mengenlehre
und Topologie

BAND IV

Analysis, Algebra
und Zahlentheorie

BAND V

Astronomie, Optik und
Wahrscheinlichkeitstheorie

BAND VI

Geometrie, Raum und Zeit

BAND VII

Sant' Ilario (1897)
Das Chaos in kosmischer Auslese (1898)
Essays zu Nietzsche

BAND VIII

Literarisches Werk

FELIX HAUSDORFF

Gesammelte Werke

BAND IV

Analysis, Algebra
und Zahlentheorie

Herausgegeben von
S.D. Chatterji, R. Remmert und W. Scharlau

Springer

Herausgeber

Srishti D. Chatterji
École Polytechnique Fédérale
Dépt. de Mathématiques
1015 Lausanne, Schweiz

Reinhold Remmert
Winfried Scharlau

Mathematisches Institut der Universität Münster
Einsteinstraße 62, 48149 Münster, Deutschland

Die Deutsche Bibliothek - CIP-Einheitsaufnahme
Hausdorff, Felix: Gesammelte Werke/Felix Hausdorff.
Hrsg.: Srishti D. Chatterji ... - Bd. 4: Analysis, Algebra und Zahlentheorie
Berlin; Heidelberg; New York; Barcelona; Hongkong; London; Mailand;
Paris; Singapur; Tokio: Springer 2001
ISBN-13:978-3-642-63992-0 e-ISBN-13:978-3-642-59483-0
DOI:10.1007/978-3-642-59483-0

Springer-Verlag Berlin Heidelberg New York
ein Unternehmen der BertelsmannSpringer Science+Business Media GmbH
http.//www.springer.de

Softcover reprint of the hardcover lst edition 2001

Umschlaggestaltung: E. Kirchner, Heidelberg

Gedruckt auf säurefreiem Papier SPIN 10797390 44/3142XT 5 4 3 2 1 0

Vorwort

Der vorliegende Band IV umfaßt die Themenbereiche Analysis, Algebra und Zahlentheorie. Den größten Teil des Bandes nehmen HAUSDORFFs Schriften zur Analysis ein – er selbst hat sich einmal als Analytiker bezeichnet. Unter diesen Schriften finden sich seine klassischen Beiträge zur Maßtheorie (HAUSDORFF-Paradoxon, HAUSDORFF-Maß und HAUSDORFF-Dimension), seine Arbeiten zum Momentenproblem und zur Limitierungstheorie (HAUSDORFFsches Momentenproblem, HAUSDORFF-Verfahren) sowie weitere Beiträge zur Funktionalanalysis (u.a. die HAUSDORFF-YOUNGsche Ungleichung) und zur Funktionentheorie.

Die aus dem Nachlaß ausgewählten Stücke spiegeln HAUSDORFFs breite analytische Interessen wider, die weit über die Thematik seiner Publikationen hinausgingen. Besonders sei hier der Faszikel *Metrische und topologische Räume* hervorgehoben, in dem HAUSDORFF die „Lange Gerade“ viele Jahre vor ALEXANDROFF gefunden hat. Von der Fortführung seiner Untersuchungen zum Momentenproblem (im sogenannten Konvergenzfall) gewinnt man einen Eindruck aus einer Serie von Faszikeln, die auf den Seiten 339–372 abgedruckt und gemeinsam kommentiert sind. Einige Stücke aus dem Nachlaß zeigen HAUSDORFFs Faible für scheinbar paradoxe Funktionen. Des weiteren wurden aus dem Nachlaß Studien über trigonometrische Reihen, über die Fortsetzung von Maßen, über Orthogonalpolynome, über den Kugel-Durchschnittssatz, über Interpolation und über Funktionen mit vorgeschriebenem Regularitätsgebiet abgedruckt, ferner ein interessanter Brief HAUSDORFFs an LUDWIG BIEBERBACH.

Nach den analytischen Arbeiten folgen im zweiten Teil HAUSDORFFs Schriften zu Themen aus der Algebra, darunter die einflußreiche Arbeit über die Exponentialformel für LIE-Algebren (BAKER-CAMPBELL-HAUSDORFF-Formel). Aus dem Nachlaß wurden Studien HAUSDORFFs über endliche kommutative Ringe ausgewählt.

Der dritte Teil enthält HAUSDORFFs einzige zahlentheoretische Publikation sowie eine bemerkenswerte Rezension.

Im Anschluß an die auf dies Vorwort folgenden Hinweise für den Leser findet sich ein vollständiges Schriftenverzeichnis HAUSDORFFs. Die im vorliegenden Band abgedruckten Titel sind darin mit einem Stern versehen, um so die zeitliche Einordnung in HAUSDORFFs Gesamtschaffen deutlich zu machen. Alle Literaturangaben mit der Abkürzung H, wie z. B. [H 1914b], [H 1919a], beziehen sich auf dieses Schriftenverzeichnis.

Alle abgedruckten Schriften HAUSDORFFs wurden kommentiert. Die Kommentare folgen unmittelbar auf die jeweilige Arbeit mit Ausnahme von [H 1930a]; diese Arbeit ist gemeinsam mit [H 1921] kommentiert. In den Kommentaren wird versucht, die Entstehung der jeweiligen Schriften zu beleuchten, ihren Inhalt aus heutiger Sicht zusammenzufassen und insbesondere für die von HAUSDORFF publizierten Arbeiten die Wirkungsgeschichte darzustellen.

Im übrigen verweisen wir auf das ausführliche Vorwort zur Gesamtedition im Band I. Dort findet der Leser Angaben zur Entstehung des Editionsprojektes sowie zu den Zielen und Prinzipien der Edition.

Januar 2001 — Die Herausgeber

Hinweise für den Leser

In jedem der drei Teile dieses Bandes werden die publizierten Arbeiten HAUSDORFFs in chronologischer Reihenfolge abgedruckt. Sie werden in der Originalform wiedergegeben. Bei Verweisen auf Stellen in diesen Arbeiten wird stets die ursprüngliche Paginierung benutzt. Eine durchgehende Bandpaginierung findet sich jeweils am unteren Blattrand in der Mitte.

Die aus dem Nachlaß publizierten Faszikel sind chronologisch angeordnet, soweit eine Datierung möglich war. Sie sind wortgetreu wiedergegeben. Erklärungsbedürftige Stellen, Irrtümer oder Passagen, zu denen die Herausgeber eine Anmerkung für angebracht hielten, werden am Rand durch Nummern in eckigen Klammern gekennzeichnet; direkt auf den Abdruck des Faszikels folgen die entsprechend durchnumerierten Anmerkungen. Von HAUSDORFF unterstrichene Worte oder Textstellen sind kursiv gedruckt. Der Übergang zu einem neuen Blatt im Original ist im Abdruck durch einen senkrechten Strich gekennzeichnet; am Rand ist in dieser Zeile die Nummer des neuen Blattes vermerkt.

Der gesamte Nachlaß HAUSDORFFs ist katalogisiert. Die angegebenen Faszikelnummern beziehen sich stets auf diesen Nachlaßkatalog (*Findbuch Nachlaß* HAUSDORFF). Steht die Überschrift eines Nachlaßstückes in eckigen Klammern, stammt sie vom Verfasser des Katalogs, weil HAUSDORFF im Original keine Überschrift angegeben hat. Ist die Überschrift ohne Klammern gesetzt, stammt sie von HAUSDORFF selbst. Das gleiche gilt für Orts- und Zeitangaben.

Der Nachlaßkatalog mit bibliothekarischen und inhaltlichen Beschreibungen ist im Internet zugänglich unter Universität Bonn, Universitäts- und Landesbibliothek, Hochschulschriften oder unter Universität Wuppertal, FB 7 – Mathematik.

Danksagung

Als erster von den acht Bänden der gesammelten Werke Felix Hausdorffs ist der Band IV fertig geworden. Das Erscheinen dieses Bandes ist uns ein besonderer Anlaß, denen zu danken, die dieses Werk gefördert haben und weiter fördern. Der Deutschen Forschungsgemeinschaft danken wir dafür, daß sie durch ihre Unterstützung diese Edition ermöglicht hat. Der Rheinisch-Westfälischen Akademie der Wissenschaften danken wir für ihre Hilfe bei der Planung des Editionsvorhabens und für einen großzügig gewährten Druckkostenzuschuß. Schließlich danken wir den Editoren des vorliegenden Bandes und auch den Editoren aller weiteren Bände für ihre selbstlose Arbeit. Wir hoffen, daß diese Arbeit dazu beitragen wird, das Werk Felix Hausdorffs in seinem ganzen Umfang, in seiner historischen Bedeutung und in seiner Einzigartigkeit erkennen zu lassen.

Egbert Brieskorn
Friedrich Hirzebruch
Reinhold Remmert
Walter Purkert
Erhard Scholz

Schriftenverzeichnis Felix Hausdorffs

einschließlich der unter dem Pseudonym
Paul Mongré veröffentlichten Schriften

[**H 1891**] *Zur Theorie der astronomischen Strahlenbrechung* (Dissertation). Ber. über die Verhandlungen der Königl. Sächs. Ges. der Wiss. zu Leipzig. Math.-phys. Classe 43 (1891), 481–566.

[**H 1893**] *Zur Theorie der astronomischen Strahlenbrechung II, III.* Ber. über die Verhandlungen der Königl. Sächs. Ges. der Wiss. zu Leipzig. Math.-phys. Classe 45 (1893), 120–162, 758–804.

[**H 1895**] *Über die Absorption des Lichtes in der Atmosphäre* (Habilitationsschrift). Ber. über die Verhandlungen der Königl. Sächs. Ges. der Wiss. zu Leipzig. Math.- phys. Classe 47 (1895), 401–482.

[**H 1896**] *Infinitesimale Abbildungen der Optik.* Ber. über die Verhandlungen der Königl. Sächs. Ges. der Wiss. zu Leipzig. Math.- phys. Classe 48 (1896), 79–130.

[**H 1897a**] *Das Risico bei Zufallsspielen.* Ber. über die Verhandlungen der Königl. Sächs. Ges. der Wiss. zu Leipzig. Math.- phys. Classe 49 (1897), 497–548.

[**H 1897b**] (Paul Mongré) *Sant' Ilario – Gedanken aus der Landschaft Zarathustras.* Verlag C.G.Naumann, Leipzig. VIII + 379 S.

[**H 1897c**] (Paul Mongré) *Sant' Ilario – Gedanken aus der Landschaft Zarathustras.* Selbstanzeige, Die Zukunft, 20.11.1897, 361.

[**H 1898a**] (Paul Mongré) *Das Chaos in kosmischer Auslese – Ein erkenntniskritischer Versuch.* Verlag C. G. Naumann, Leipzig. VI und 213 S.

[**H 1898b**] (Paul Mongré) *Massenglück und Einzelglück.* Neue Deutsche Rundschau (Freie Bühne) 9 (1), (1898), 64–75.

[**H 1898c**] (Paul Mongré) *Das unreinliche Jahrhundert.* Neue Deutsche Rundschau (Freie Bühne) 9 (5), (1898), 443–452.

[**H 1898d**] (Paul Mongré) *Stirner.* Die Zeit 213, 29.10.1898, 69–72.

[**H 1899a**] *Analytische Beiträge zur nichteuklidischen Geometrie.* Ber. über die Verhandlungen der Königl. Sächs. Ges. der Wiss. zu Leipzig. Math.-phys. Classe 51 (1899), 161–214.

[**H 1899b**] (Paul Mongré) *Tod und Wiederkunft.* Neue Deutsche Rundschau (Freie Bühne) 10 (12), (1899), 1277–1289.

[**H 1899c**] (Paul Mongré) *Das Chaos in kosmischer Auslese.* Selbstanzeige. Die Zukunft 8 (5), (1899), 222–223.

[**H 1900a**] (Paul Mongré) *Ekstasen.* Gedichtband. Verlag H.Seemann Nachf., Leipzig. 216 S.

* [**H 1900b**] *Zur Theorie der Systeme complexer Zahlen.* Ber. über die Verhandlungen der Königl. Sächs. Ges. der Wiss. zu Leipzig. Math.-phys. Classe 52 (1900), 43–61.

[**H 1900c**] (Paul Mongré) *Nietzsches Wiederkunft des Gleichen.* Die Zeit 292, 5.5. 1900, 72–73.

[**H 1900d**] (Paul Mongré) *Nietzsches Lehre von der Wiederkunft des Gleichen.* Die Zeit 297, 9.6.1900, 150–152.

[**H 1901a**] *Beiträge zur Wahrscheinlichkeitsrechnung.* Ber. über die Verhandlungen der Königl. Sächs. Ges. der Wiss. zu Leipzig. Math.-phys. Classe 53 (1901), 152–178.

[**H 1901b**] *Über eine gewisse Art geordneter Mengen.* Ber. über die Verhandlungen der Königl. Sächs. Ges. der Wiss. zu Leipzig. Math.-phys. Classe 53 (1901), 460–475.

[**H 1902a**] (Paul Mongré) *Der Schleier der Maja.* Neue Deutsche Rundschau (Freie Bühne) 13 (9), (1902), 985–996.

[**H 1902b**] (Paul Mongré) *Der Wille zur Macht.* Neue Deutsche Rundschau (Freie Bühne) 13 (12) (1902), 1334–1338.

[**H 1902c**] (Paul Mongré) *Max Klingers Beethoven.* Zeitschrift für bildende Kunst, Neue Folge 13 (1902), 183–189.

[**H 1902d**] (Paul Mongré) Brief gegen G.Landauers Artikel *Die Welt als Zeit.* Die Zukunft 10 (37), 14.6.1902, 441–445.

[**H 1902e**] *W. Ostwald: Vorlesungen über Naturphilosophie* (Besprechung). Zeitschrift für mathematischen und naturwissenschaftlichen Unterricht 33 (1902), 190–193.

[**H 1903a**] *Das Raumproblem* (Antrittsvorlesung an der Universität Leipzig, gehalten am 4.7.1903). Ostwalds Annalen der Naturphilosophie 3 (1903), 1–23.

[**H 1903b**] (Paul Mongré) *Sprachkritik.* Neue Deutsche Rundschau (Freie Bühne) 14 (12), (1903), 1233–1258.

[**H 1903c**] *Christian Huygens' nachgelassene Abhandlungen: Über die Bewegung der Körper durch den Stoss. Über die Centrifugalkraft.* Herausgegeben von Felix Hausdorff. 79 Seiten, mit Anmerkungen Hausdorffs auf den Seiten 63–79. Verlag W.Engelmann, Leipzig 1903.

[**H 1903d**] *J. B. Stallo: Die Begriffe und Theorien der modernen Physik* (Besprechung). Zeitschrift für mathematischen und naturwissenschaftlichen Unterricht 34 (1903), 138–142.

[**H 1903e**] *W. Grossmann: Versicherungsmathematik* (Besprechung). Zeitschr. für mathematischen und naturwissenschaftlichen Unterricht 34 (1903), 361.

[**H 1903f**] *M. Kitt: Grundlinien der politischen Arithmetik* (Besprechung). Zeitschrift für mathematischen und naturwissenschaftlichen Unterricht 34 (1903), 361.

[**H 1904a**] *Der Potenzbegriff in der Mengenlehre.* Jahresbericht der DMV 13 (1904), 569–571.

[**H 1904b**] *Eine neue Strahlengeometrie* (Besprechung von E.Study: *Geometrie der Dynamen*). Zeitschrift für mathematischen und naturwissenschaftlichen Unterricht 35 (1904), 470–483.

[**H 1904c**] (Paul Mongré) *Gottes Schatten.* Die neue Rundschau (Freie Bühne) 15 (1), (1904), 122–124.

[**H 1904d**] (Paul Mongré) *Der Arzt seiner Ehre, Groteske.* Die neue Rundschau (Freie Bühne) 15 (8), (1904), 989–1013. Neuherausgabe als: *Der Arzt seiner Ehre. Komödie in einem Akt mit einem Epilog.* Mit 7 Bildnissen, Holzschnitte von Hans Alexander Müller nach Zeichnungen von Walter Tiemann, 10 Bl., 71 S. Fünfte ordentliche Veröffentlichung des Leipziger Bibliophilen-Abends, Leipzig 1910. Neudruck: S.Fischer, Berlin 1912, 88 S.

[**H 1905**] *B.Russell, The principles of mathematics* (Besprechung). Vierteljahresschrift für wissenschaftliche Philosophie und Sociologie 29 (1905), 119–124.

* [**H 1906a**] *Die symbolische Exponentialformel in der Gruppentheorie.* Ber. über die Verhandlungen der Königl. Sächs. Ges. der Wiss. zu Leipzig. Math.-phys. Klasse 58 (1906), 19–48.

[**H 1906b**] *Untersuchungen über Ordnungstypen I, II, III.* Ber. Über die Verhandlungen der Königl. Sächs. Ges. der Wiss. zu Leipzig. Math.-phys. Klasse 58 (1906), 106–169.

[**H 1907a**] *Untersuchungen über Ordnungstypen IV, V.* Ber. über die Verhandlungen der Königl. Sächs. Ges. der Wiss. zu Leipzig. Math.-phys. Klasse 59 (1907), 84–159.

[**H 1907b**] *Über dichte Ordnungstypen.* Jahresbericht der DMV 16 (1907), 541–546.

[**H 1908**] *Grundzüge einer Theorie der geordneten Mengen.* Math. Annalen 65 (1908), 435–505.

[**H 1909a**] *Die Graduierung nach dem Endverlauf.* Abhandlungen der Königl. Sächs. Ges. der Wiss. zu Leipzig. Math.-phys. Klasse 31 (1909), 295–334.

* [**H 1909b**] *Zur Hilbertschen Lösung des Waringschen Problems.* Math. Annalen 67 (1909), 301–305.

[**H 1909c**] (Paul Mongré) *Strindbergs Blaubuch.* Die neue Rundschau (Freie Bühne) 20 (6), (1909), 891–896.

[**H 1910a**] (Paul Mongré) *Der Komet.* Die neue Rundschau (Freie Bühne) 21 (5), (1910), 708–712.

[**H 1910b**] (Paul Mongré) *Andacht zum Leben.* Die neue Rundschau (Freie Bühne) 21 (12), (1910), 1737–1741.

* [**H 1911**] *E.Landau, Handbuch der Lehre von der Verteilung der Primzahlen* (Besprechung). Jahresbericht der DMV 20 (1911), 2.Abteilung, IV Literarisches, 1. b. Besprechungen, 92–97.

[**H 1914a**] *Grundzüge der Mengenlehre.* Verlag Veit & Co, Leipzig. 476 S. mit 53 Figuren. Nachdruck: Chelsea Pub. Co. 1949, 1965.

* [**H 1914b**] *Bemerkung über den Inhalt von Punktmengen.* Math. Annalen 75 (1914), 428–433.

[**H 1916**] *Die Mächtigkeit der Borelschen Mengen.* Math. Annalen 77 (1916), 430–437.

[**H 1917**] Selbstanzeige von *Grundzüge der Mengenlehre.* Jahresber. der DMV 25 (1917), Abt. Literarisches, 55–56.

* [**H 1919a**] *Dimension und äußeres Maß.* Math. Annalen 79 (1919), 157–179.

* [**H 1919b**] *Der Wertvorrat einer Bilinearform.* Math. Zeitschrift 3 (1919), 314–316.

* [**H 1919c**] *Zur Verteilung der fortsetzbaren Potenzreihen.* Math. Zeitschrift 4 (1919), 98–103.

* [**H 1919d**] *Über halbstetige Funktionen und deren Verallgemeinerung.* Math. Zeitschrift 5 (1919), 292–309.

* **[H 1921]** *Summationsmethoden und Momentfolgen I, II.* Math. Zeitschrift 9 (1921), I: 74–109, II: 280–299.

* **[H 1923a]** *Eine Ausdehnung des Parsevalschen Satzes über Fourierreihen.* Math. Zeitschrift 16 (1923), 163–169.

* **[H 1923b]** *Momentprobleme für ein endliches Intervall.* Math. Zeitschrift 16 (1923), 220–248.

[H 1924] *Die Mengen G_δ in vollständigen Räumen.* Fundamenta Mathematicae 6 (1924), 146–148.

* **[H 1925]** *Zum Hölderschen Satz über* $\Gamma(x)$. Math. Annalen 94 (1925), 244–247.

[H 1927a] *Mengenlehre,* zweite, neubearbeitete Auflage. Verlag Walter de Gruyter & Co., Berlin. 285 S. mit 12 Figuren.

* **[H 1927b]** *Beweis eines Satzes von Arzelà.* Math. Zeitschrift 26 (1927), 135–137.

* **[H 1927c]** *Lipschitzsche Zahlensysteme und Studysche Nablafunktionen.* Journal für reine und angewandte Mathematik 158 (1927), 113–127.

* **[H 1930a]** *Die Äquivalenz der Hölderschen und Cesàroschen Grenzwerte negativer Ordnung.* Math. Zeitschrift 31 (1930), 186–196.

[H 1930b] *Erweiterung einer Homöomorphie.* Fundamenta Mathematicae 16 (1930), 353–360.

[H 1930c] *Akrostichon zum 24.Februar 1930.* In: Walter Tiemann (Hrsg.)*Der Verleger von morgen, wie wir ihn wünschen.* Verlag der Freunde Kirsteins, Leipzig, 1930, S.9.

* **[H 1931]** *Zur Theorie der linearen metrischen Räume.* Journal für reine und angewandte Mathematik 167 (1931/32), 294–311.

[H 1932] *Eduard Study.* Worte am Sarge Eduard Studys, 9.Januar 1930. Chronik der Rheinischen Friedrich Wilhelms-Universität zu Bonn für das akademische Jahr 1929/30. Bonner Universitäts-Buchdruckerei Gebr. Scheur, Bonn 1932.

[H 1933a] *Zur Projektivität der δs-Funktionen.* Fundamenta Mathematicae 20 (1933), 100–104.

[H 1933b] *Problem 58.* Fundamenta Mathematicae 20 (1933), 286.

[H 1934] *Über innere Abbildungen.* Fundamenta Mathematicae 23 (1934), 279-291.

[**H 1935a**] *Mengenlehre*, dritte Auflage. Mit einem zusätzlichen Kapitel und einigen Nachträgen. Verlag Walter de Gruyter & Co., Berlin. 307 S. mit 12 Figuren. Nachdruck: Dover Pub. New York, o.J. Englische Ausgabe: Set theory. Übersetzung aus dem Deutschen von J.R.Aumann et al. Chelsea Pub. Co., New York 1957, 1962.

[**H 1935b**] *Gestufte Räume.* Fundamenta Mathematicae 25 (1935), 486–502.

[**H 1935c**] *Problem 62.* Fundamenta Mathematicae 25 (1935), 578.

[**H 1936a**] *Über zwei Sätze von G.Fichtenholz und L.Kantorovitch.* Studia Mathematica 6 (1936), 18–19.

[**H 1936b**] *Summen von* $\aleph_1$*Mengen.* Fundamenta Mathematicae 26 (1936), 241–255.

[**H 1937**] *Die schlichten stetigen Bilder des Nullraums.* Fundamenta Mathematicae 29 (1937), 151–158.

[**H 1938**] *Erweiterung einer stetigen Abbildung.* Fundamenta Mathematicae 30 (1938), 40–47.

Inhaltsverzeichnis

Teil I. Analysis

A. Veröffentlichte Arbeiten

B. Arbeiten aus dem Nachlaß

Teil II. Algebra

A. Veröffentlichte Arbeiten

B. Arbeiten aus dem Nachlaß

Teil III. Zahlentheorie

Teil I. Analysis

Bemerkung über den Inhalt von Punktmengen.

Math. Annalen **75** (1914), 428–433.

[H 1914b]

Bemerkung über den Inhalt von Punktmengen.

Von

F. Hausdorff in Greifswald.

Bekanntlich haben E. Borel und H. Lebesgue das Problem der Inhaltsbestimmung von Punktmengen wenigstens eine Strecke weit *axiomatisch* zu behandeln versucht. Es soll jeder beschränkten Menge A des n-dimensionalen euklidischen Raumes E_n als Inhalt eine nichtnegative Zahl $f(A)$ unter folgenden Bedingungen zugeordnet werden:

(α) Der Einheitswürfel hat den Inhalt 1.

(β) Kongruente Mengen haben denselben Inhalt.

(γ) Es ist $f(A+B) = f(A) + f(B)$.

(δ) Es ist $f(A+B+C+\cdots) = f(A) + f(B) + f(C) + \cdots$ für eine beschränkte Summe von abzählbar vielen Summanden.*)

Die von Lebesgue gegebene *konstruktive* Inhaltsdefinition erfüllt zwar diese vier Forderungen, aber sie ordnet nicht allen (beschränkten) Mengen, sondern nur den „meßbaren" Inhalte zu. Das erste Beispiel einer im Lebesgueschen Sinne nicht meßbaren Menge stammt von G. Vitali**); übrigens hat das System der unmeßbaren Mengen dieselbe Mächtigkeit wie das der meßbaren und das aller Mengen. Die Frage bleibt also offen, ob das durch die Forderungen (α) bis (δ) gestellte Inhaltsproblem, *in der Ausdehnung auf alle beschränkten Mengen*, überhaupt lösbar ist oder nicht.

Man bemerkt sofort, daß eine Lösung des Inhaltsproblems für den E_{n+1} auch eine für den E_n liefern würde (indem man einer n-dimensionalen Menge A_n den $(n+1)$-dimensionalen zylindrischen Körper A_{n+1} mit der Basis A_n und der Höhe 1 zuordnet und $f_n(A_n) = f_{n+1}(A_{n+1})$ setzt);

---

*) Vgl. H. Lebesgue, Leçons sur l'intégration (Paris 1904), S. 103. Wir bezeichnen eine Summe von Mengen nur dann mit $A+B+\cdots$, wenn diese Mengen paarweise keinen Punkt gemein haben.

**) A. Schoenflies, Entwickelung der Mengenlehre (Leipzig und Berlin 1913), S. 374, wo außer weiteren Beispielen von E. B. van Vleck und Lebesgue auch das im Text folgende von mir mitgeteilt ist.

ebenso auch eine für den n-dimensionalen sphärischen Raum K_n, wobei die Bedingung (α) durch die zu ersetzen ist, daß K_n selber einen positiven Inhalt, etwa 1, haben soll; endlich sind die Inhaltsbestimmungen für die gerade Linie E_1 und den Kreis K_1 identische Probleme.

Wir zeigen zuerst, daß unter den Forderungen (α) bis (δ) eine Inhaltsbestimmung keinesfalls möglich ist; nach dem eben Bemerkten genügt es, dies für den Kreis nachzuweisen. Zu diesem Zweck spalten wir die Kreisperipherie K in *abzählbar viele kongruente* Mengen. Nehmen wir den Radius $= \frac{1}{2\pi}$, also $f(K) = 1$, stellen die Punkte des Kreises durch eine reelle Variable x dar, so daß zwei Werten mit ganzzahliger Differenz derselbe Kreispunkt entspricht, und verstehen unter δ eine irrationale Zahl, so gehört zu jedem Punkt x eine abzählbare Menge

$$P_x = \{\cdots, x - 2\delta, x - \delta, x, x + \delta, x + 2\delta, \cdots\};$$

und zwei Mengen P_x, P_y haben, wenn sie nicht identisch sind, keinen Punkt gemein. Wählen wir jetzt aus jeder Menge P_x genau einen Punkt x aus, so entsteht eine Menge

$$A_0 = \{x, y, z, \cdots\},$$

die durch Drehung um ein beliebiges Vielfaches $m\delta$ von δ in die Menge

$$A_m = \{x + m\delta, y + m\delta, z + m\delta, \cdots\}$$

übergeht; zwei solche Mengen mit verschiedenem Index haben keinen Punkt gemein, und es ist

$$K = \cdots + A_{-2} + A_{-1} + A_0 + A_1 + A_2 + \cdots.$$

Alle diese Mengen sind kongruent, sollen also denselben Inhalt $f(A_m) = a$ haben; da K die Teilmenge $A_1 + A_2 + \cdots + A_n$ enthält, so muß $1 \geqq na$ sein für jede natürliche Zahl n, also $a = 0$, und damit ist die Bedingung (δ) verletzt. Es folgt beiläufig, daß diese Mengen A_m im Lebesgueschen Sinne nicht meßbar sind (ihr äußerer Inhalt ist positiv, der innere Null); aber das Wesentliche ist, daß wir gar nicht von der Lebesgueschen Inhaltsdefinition, sondern nur von seinen Postulaten Gebrauch gemacht haben.

Der Widerspruch, auf den wir geführt wurden, bezieht sich auf die Forderung (δ), die allerdings gerade den spezifischen Vorzug der Borel-Lebesgueschen Maßtheorie gegenüber der älteren Peano-Jordanschen Inhaltstheorie ausmacht. Lassen wir aber diese Forderung fallen und fragen nach einer etwaigen Lösung des Inhaltsproblems unter Einschränkung auf die Postulate (α)(β)(γ), die wohl das Minimum dessen darstellen, was vom Inhalt der Punktmengen verlangt werden muß. *Selbst unter diesen Bedingungen ist das Problem unlösbar,* wenigstens für die Kugel und daher für den drei- oder mehrdimensionalen euklidischen Raum. Zu diesem Zweck zeigen wir, *daß eine Kugelhälfte mit einem Kugeldrittel kongruent sein kann,* oder genauer, daß (von einer abzählbaren Menge abgesehen) die Kugel K in drei Mengen A, B, C gespalten werden kann derart, daß A, B, C und $B+C$ paarweise kongruent sind.

Es sei φ eine Halbdrehung (um π) und ψ eine Dritteldrehung $\left(\text{um } \frac{2\pi}{3}\right)$ um eine von der ersten verschiedene Achse. Diese beiden Drehungen erzeugen, da $\varphi^2 = \psi^3 = 1$, eine zunächst in folgender Weise darstellbare Gruppe

$$\text{(G)} \qquad 1 \mid \varphi, \psi, \psi^2 \mid \varphi\psi, \varphi\psi^2, \psi\varphi, \psi^2\varphi \mid \cdots,$$

in der wir die Produkte verschiedener Faktorenzahl durch Striche getrennt haben; hierbei werden φ, ψ, ψ^2 als einfache Faktoren gerechnet. Die allgemeine Form eines Produktes von zwei oder mehr Faktoren ist eine der folgenden vier:

$$\begin{aligned}
\alpha &= \varphi\psi^{m_1}\varphi\psi^{m_2}\cdots\varphi\psi^{m_n},\\
\beta &= \psi^{m_1}\varphi\,\psi^{m_2}\varphi\cdots\psi^{m_n}\varphi,\\
\gamma &= \varphi\psi^{m_1}\varphi\psi^{m_2}\cdots\varphi\psi^{m_n}\varphi,\\
\delta &= \psi^{m_1}\varphi\,\psi^{m_2}\cdots\varphi\psi^{m_n},
\end{aligned}$$

wobei n eine natürliche Zahl und $m_i = 1$ oder 2 ist.

Bei geeigneter Wahl der Drehungsachsen ist kein Produkt aus einem oder mehreren Faktoren gleich der Identität 1, sind also die in der Form (G) angeschriebenen Drehungen paarweise verschieden. Um dies zu zeigen, bemerken wir zuerst, daß ein Produkt, das $=1$ ist, jedenfalls in der Form α angenommen werden kann; denn aus $\beta = 1$ würde $\varphi\beta\varphi = \alpha = 1$ folgen; aus $\gamma = 1$ ebenso $\varphi\gamma\varphi = \delta = 1$, und aus $\delta = 1$ schließlich

$$\psi^{3-m_1}\delta\,\psi^{m_1} = \alpha' = 1.$$

Die unseren Drehungen entsprechenden orthogonalen Transformationen haben, wenn wir die ψ-Achse in die z-Achse, die φ-Achse in die xz-Ebene legen und den Winkel beider Achsen mit $\frac{1}{2}\vartheta$ bezeichnen, die Gestalt:

$$(\psi) \qquad \begin{cases} x' = x\lambda - y\mu, \\ y' = x\mu + y\lambda, \\ z' = z; \end{cases}$$

$$(\varphi) \qquad \begin{cases} x' = -x\cos\vartheta + z\sin\vartheta, \\ y' = -y, \\ z' = x\sin\vartheta + z\cos\vartheta; \end{cases}$$

$$
(\varphi\psi)\qquad
\begin{cases}
x' = -x\lambda\cos\vartheta + y\mu + z\lambda\sin\vartheta,\\
y' = -x\mu\cos\vartheta - y\lambda + z\mu\sin\vartheta,\\
z' = x\sin\vartheta \qquad\qquad + z\cos\vartheta,
\end{cases}
$$

wobei

$$
\lambda = \cos\frac{2\pi}{3} = -\frac{1}{2},\quad \mu = \sin\frac{2\pi}{3} = \frac{\sqrt{3}}{2}
$$

gesetzt ist; der Übergang von ψ zu ψ^2 wird durch Vertauschung von μ mit $-\mu$ bewirkt.

Es sei nun α ein Produkt von n Doppelfaktoren $\varphi\psi$ oder $\varphi\psi^2$, α' eines von $n+1$ solchen, also $\alpha' = \alpha\varphi\psi$ oder $\alpha' = \alpha\varphi\psi^2$; α führe den Punkt 0, 0, 1 in den Punkt x, y, z über, α' in x', y', z', so daß zwischen diesen Koordinaten die Gleichungen $(\varphi\psi)$ oder die durch Vertauschung von μ mit $-\mu$ daraus hervorgehenden Gleichungen $(\varphi\psi^2)$ bestehen. Wir behaupten, daß x, y, z von der Form

$$
\begin{aligned}
x &= \sin\vartheta\,(a\cos\vartheta^{n-1} + \cdots),\\
y &= \sin\vartheta\,(b\cos\vartheta^{n-1} + \cdots),\\
z &= c\cos\vartheta^{n} + \cdots
\end{aligned}
$$

sind, d. h. x und y Produkte von $\sin\vartheta$ mit einem Polynom $(n-1)^{\text{ten}}$ Grades, z ein Polynom n^{ten} Grades in $\cos\vartheta$. In der Tat ist dies für $n = 1$ richtig, da der Punkt 0, 0, 1 durch $\varphi\psi$ oder $\varphi\psi^2$ in $\lambda\sin\vartheta$, $\pm\mu\sin\vartheta$, $\cos\vartheta$ übergeht, und überträgt sich von n auf $n+1$; es ist nämlich

$$
\begin{aligned}
x' &= \sin\vartheta\,(a'\cos\vartheta^{n} + \cdots),\\
y' &= \sin\vartheta\,(b'\cos\vartheta^{n} + \cdots),\\
z' &= c'\cos\vartheta^{n+1} + \cdots,
\end{aligned}
$$

wobei zugleich

$$
a' = \lambda(c-a),\quad b' = \pm\mu(c-a),\quad c' = c - a,
$$

$$
c' - a' = (1-\lambda)(c-a) = \frac{3}{2}(c-a).
$$

Durch wiederholte Anwendung dieser Rekursionsformel folgt, daß nach n Drehungen $\varphi\psi$ oder $\varphi\psi^2$ der Punkt 0, 0, 1 in x, y, z übergegangen ist, wo

$$
z = \left(\frac{3}{2}\right)^{n-1}\cos\vartheta^{n} + \cdots
$$

sich jedenfalls nicht identisch auf 1 reduziert; unser Produkt α kann also nur für endlich viele besondere Werte von $\cos\vartheta$ gleich der Identität 1 sein, und es ist demnach durch Vermeidung von höchstens abzählbar vielen Werten möglich, ϑ so zu wählen, daß kein Produkt α gleich 1 wird.

Nachdem ϑ in dieser Weise gewählt ist, haben die Transformationen von (G), außer der ersten 1, jede nur zwei Fixpunkte, die zusammen eine abzählbare Menge Q bilden; setzen wir die ganze Kugel $K = P + Q$, so muß nach der uns vorschwebenden Inhaltsbestimmung $f(Q) = 0$ und $f(P) = f(K) > 0$ sein. (Durch eine geeignete Drehung, deren Achse durch keinen Punkt von Q hindurchgeht und deren Winkel keiner der abzählbar vielen Längendifferenzen der Punkte von Q gleich ist, geht Q in eine kongruente Teilmenge von P über; durch wiederholte Anwendung erkennt man, daß, für jede natürliche Zahl n, $f(P) \geqq nf(Q)$, also $f(Q) = 0$ sein muß.) Betrachten wir jetzt nur die Menge P, so entspricht jedem ihrer Punkte x die abzählbare Menge P_x der paarweise verschiedenen Punkte

$$x, x\varphi, x\psi, x\psi^2, x\varphi\psi, \cdots,$$

in die x durch die Transformationen von (G) übergeht; wählen wir aus jeder Menge P_x genau einen Punkt aus, so entsteht eine Menge

$$M = \{x, y, z, \cdots\}$$

und es ist

$$P = M + M\varphi + M\psi + M\psi^2 + M\varphi\psi + \cdots.$$

Wir behaupten jetzt endlich: es ist möglich, diese Mengen oder die entsprechenden Transformationen auf drei Klassen A, B, C so zu verteilen, daß

(1) von zwei Transformationen ϱ, $\varrho\varphi$ die eine zu A und die andere zu $B + C$ gehört;

(2) von drei Transformationen ϱ, $\varrho\psi$, $\varrho\psi^2$ je eine zu A, B, C gehört.

Angenommen nämlich, die Produkte von n oder weniger Faktoren seien bereits so verteilt, daß diese Bedingungen, soweit die fraglichen Transformationen unter den schon verteilten vorkommen, erfüllt sind. Ein Produkt von n Faktoren, deren letzter ψ oder ψ^2 ist, heiße ψ_n; ein solches, dessen letzter Faktor φ ist, heiße φ_n. Jedes Produkt von $n + 1$ Faktoren ist dann von einer der drei Formen $\psi_n\varphi$, $\varphi_n\psi$, $\varphi_n\psi^2$, und wir verteilen sie folgendermaßen:

wenn ψ_n zu A, B, C gehört, so gehöre $\psi_n\varphi$ zu B, A, A;
wenn φ_n zu A, B, C gehört, so gehöre $\varphi_n\psi$ zu B, C, A
und $\varphi_n\psi^2$ zu C, A, B.

Damit sind die Produkte von $n + 1$ oder weniger Faktoren in der gewünschten Weise verteilt; man sieht zugleich, welche Rolle die Unabhängigkeit von φ, ψ spielt, denn wenn ein Produkt $= 1$ oder zwei formal verschiedene Produkte gleich wären, so könnte die verlangte Verteilung auf Widersprüche führen.

Wir deuten, indem wir die Identität in die Klasse A werfen, den Anfang der Verteilung an:

A	1		$\psi\varphi$ $\varphi\psi^2$ $\psi^2\varphi$	$\varphi\psi\varphi$	$\psi\varphi\psi\varphi$ $\psi^2\varphi\psi\varphi$ $\varphi\psi^2\varphi\psi^2$ $\psi\varphi\psi^2\varphi$ $\psi^2\varphi\psi^2\varphi$	$\cdots$
B		ψ φ		$\psi\varphi\psi$ $\psi^2\varphi\psi$ $\varphi\psi^2\varphi$	$\varphi\psi\varphi\psi$	$\cdots$
C		ψ^2	$\varphi\psi$	$\psi\varphi\psi^2$ $\psi^2\varphi\psi^2$	$\varphi\psi\varphi\psi^2$ $\varphi\psi^2\varphi\psi$	$\cdots$

während die beiden folgenden Zusammenstellungen zeigen, wie durch die Bedingung (1) die Klassen A und $B+C$, durch die Bedingung (2) die Klassen A, B, C aufeinander bezogen werden:

A	1	$\psi\varphi$	$\psi^2\varphi$	$\varphi\psi^2$	$\varphi\psi\varphi$	$\psi\varphi\psi\varphi$	$\psi\varphi\psi^2\varphi$	$\psi^2\varphi\psi\varphi$	$\psi^2\varphi\psi^2\varphi$	$\varphi\psi^2\varphi\psi^2$	$\cdots$
$B+C$	φ	ψ	ψ^2	$\varphi\psi^2\varphi$	$\varphi\psi$	$\psi\varphi\psi$	$\psi\varphi\psi^2$	$\psi^2\varphi\psi$	$\psi^2\varphi\psi^2$	$\varphi\psi^2\varphi\psi^2\varphi$	$\cdots$

A	1	$\psi\varphi$	$\psi^2\varphi$	$\varphi\psi^2$	$\varphi\psi\varphi$	$\psi\varphi\psi\varphi$	$\psi\varphi\psi^2\varphi$	$\psi^2\varphi\psi\varphi$	$\psi^2\varphi\psi^2\varphi$	$\varphi\psi^2\varphi\psi^2$	$\cdots$
B	ψ	$\psi\varphi\psi$	$\psi^2\varphi\psi$	φ	$\varphi\psi\varphi\psi$	$\psi\varphi\psi\varphi\psi$	$\psi\varphi\psi^2\varphi\psi$	$\psi^2\varphi\psi\varphi\psi$	$\psi^2\varphi\psi^2\varphi\psi$	$\varphi\psi^2\varphi$	$\cdots$
C	ψ^2	$\psi\varphi\psi^2$	$\psi^2\varphi\psi^2$	$\varphi\psi$	$\varphi\psi\varphi\psi^2$	$\psi\varphi\psi\varphi\psi^2$	$\psi\varphi\psi^2\varphi\psi^2$	$\psi^2\varphi\psi\varphi\psi^2$	$\psi^2\varphi\psi^2\varphi\psi^2$	$\varphi\psi^2\varphi\psi$	$\cdots$

Bezeichnen wir jetzt mit A, B, C auch die Summen der betreffenden Mengen

$$A = M + M\psi\varphi + M\psi^2\varphi + M\varphi\psi^2 + \cdots,$$
$$B = M\psi + M\varphi + \cdots,$$
$$C = M\psi^2 + M\varphi\psi + \cdots,$$

so ist

$$A\varphi = B + C, \quad A\psi = B, \quad A\psi^2 = C,$$

die Mengen $A, B, C, B+C$ sind kongruent und A müßte gleichzeitig die Hälfte und das Drittel des Kugelinhalts haben.

Das Inhaltsproblem selbst ohne die Lebesguesche Forderung (δ) ist also für die Kugel und für den drei- oder mehrdimensionalen Raum nicht lösbar.

Für den Kreis, die gerade Linie und die Ebene muß die Frage nach einer den Bedingungen $(\alpha)(\beta)(\gamma)$ genügenden Inhaltsbestimmung offen bleiben, da die Struktur der Bewegungsgruppe in diesen Fällen das obige Verfahren nicht gestattet.

Greifswald, 27. Februar 1914.

Commentary on [H 1914b]

S. D. Chatterji

The mathematical content of this article is identical with what appears in HAUSDORFF's *Grundzüge* [H 1914a] on pages 401–402, 469–472. We note that the present article is dated 27. 02. 1914 and that the "Vorwort" of the *Grundzüge* carries the date 15. 03. 1914. The problem discussed was originally formulated by LEBESGUE in his 1902 thesis ([L 1902], p. 208); it consists of the following: To assign a non-negative real number $f(A)$ to each bounded subset A of $\mathbb{R}^n$ in such a way that:

(i) $f(E) = 1$ if E is the closed unit cube in $\mathbb{R}^n$;

(ii) $f(A) = f(B)$ if A, B are congruent;

(iii) $f(A \cup B) = f(A) + f(B)$ if A, B are disjoint;

(iv) $f(A_1 \cup A_2 \cup \cdots) = f(A_1) + f(A_2) + \cdots$ if $A_1, A_2, \ldots$ is any denumerable sequence of mutually disjoint sets whose union is bounded.

The congruence condition in (ii) is to be interpreted as follows: A, B are congruent if there exists $\rho \in G_n$, the Euclidean group of (Euclidean) distance preserving transformations in $\mathbb{R}^n$, such that $\rho(A) = B$. Let us call the problem of the existence of such an f, the *σ-additive measure problem in $\mathbb{R}^n$* and the problem of the existence of an f verifying only the conditions (i), (ii), (iii), the *finitely additive measure problem in $\mathbb{R}^n$*. The two major results of HAUSDORFF in this paper can then be formulated as follows: (a) *the σ-additive measure problem in $\mathbb{R}^n$ has no solution for any $n \geq 1$;* (b) *the finitely additive measure problem in $\mathbb{R}^n$ has no solution if $n \geq 3$.* Both of these results are proven by using the axiom of choice; contrary to many of his contemporaries HAUSDORFF always remained an unrepentant user of this axiom. At the end of the paper, HAUSDORFF mentions explicitly that the finitely additive measure problem in $\mathbb{R}^1$ and $\mathbb{R}^2$ remains open since his analysis does not apply to the groups G_1, G_2, the Euclidean groups in $\mathbb{R}^1, \mathbb{R}^2$ respectively. Let us state right away that BANACH showed, in 1923, that the finitely additive measure problem in $\mathbb{R}^1, \mathbb{R}^2$, does have infinitely many solutions ([B 1923]).

Let us recall that LEBESGUE had left the σ-additive measure problem in $\mathbb{R}^n$ unresolved; his construction had proved the existence of $f(A)$ for the so-called LEBESGUE-measurable bounded subsets of $\mathbb{R}^n$ and he had left the existence of non-measurable subsets as an open question. As mentioned by HAUSDORFF, this was first settled by VITALI (in 1905) by the construction of a non-measurable set in $\mathbb{R}^1$. A point of historical interest is the second footnote on p. 428; after having stated in the text that the first such example is due to VITALI, HAUSDORFF indicates in the footnote, among other references, that the example in the text is due to himself. It is clear that HAUSDORFF had discovered it independently of VITALI since the latter's 1905 paper on the subject [V 1905] appears to have been seen by very few contemporaries; VITALI's short paper (the actual text, in Italian, is only 2 1/2 pages long) seems to have been printed privately and was not to be found in any regular mathematical journal. Be that as it may, HAUSDORFF's method is essentially the same as that of VITALI; HAUSDORFF uses the subgroup $G_\delta = \{n\delta, n \in \mathbb{Z}\}$, δ being a fixed irrational number, whereas VITALI works with the subgroup of rational numbers. This method of using a denumerable dense subgroup of the additive group $\mathbb{R}$ (in HAUSDORFF's case, the dense subgroup is $G = G_\delta + \mathbb{Z}$) is probably the most widely disseminated one in the existing text-books, old and new, for the construction of non-measurable sets in $\mathbb{R}$. HAUSDORFF concludes that the σ-additive measure problem in $\mathbb{R}^1$ (and hence in $\mathbb{R}^n, n \geq 1$) has no solution.

The proof of the impossibility of the finitely additive measure problem in $\mathbb{R}^n, n \geq 3$ (statement (b) above) is what has made this paper a mathematical landmark. As in the case of (a), HAUSDORFF reduces the problem rather summarily (but correctly, see below) to one on the unit sphere; for $K = K_2 = S^2 \subset \mathbb{R}^3$, he then produces the so-called *Hausdorff paradoxical decomposition*:

$$K = A \cup B \cup C \cup Q \tag{1}$$

where A, B, C, Q are four disjoint subsets of K, Q being denumerable and

$$A \sim B \sim C \sim B \cup C \tag{2}$$

the congruence $\sim$ here being under the group of rotations SO_3. A decomposition (1) excludes the possibility of having an SO_3- invariant finitely additive positive set function f defined for all subsets of K with $f(K) > 0$; indeed for such an $f, f(Q)$ must be 0 (an easy argument given on page 432) and

$$f(A) = f(B) = f(C) = f(B \cup C) = f(B) + f(C)$$

whence all of these numbers are 0 which is impossible since

$$0 < f(K) = f(A) + f(B) + f(C).$$

The decomposition (1) is obtained by the consideration of a denumerable subgroup $G = G(\varphi, \psi)$ of SO_3 generated by two rotations φ, ψ such that

$$\varphi^2 = 1, \ \psi^3 = 1,$$

1 being the identity map, and such that φ, ψ *satisfy no other non-trivial relations.* Such a group G can then be written as a *disjoint union* of three subsets,

$$G = \tilde{A} \cup \tilde{B} \cup \tilde{C} \tag{3}$$

in such a way that

$$\varphi(\tilde{A}) = \tilde{B} \cup \tilde{C}, \;\; \psi(\tilde{A}) = \tilde{B}, \;\; \psi(\tilde{B}) = \tilde{C}, \;\; \psi(\tilde{C}) = \tilde{A};$$

this is done fairly simply on pages 432–433 (except that we write $\varphi\rho$ for HAUSDORFF's $\rho\varphi$ so that for us $\varphi\rho(x) = \varphi(\rho(x))$ etc.; also $\varphi(\tilde{A}) = \{\varphi\rho : \rho \in \tilde{A}\}$ etc.). From (3) the decomposition (1) is easy to obtain; take Q to be the denumerable set formed of all the fixed points in K of all the rotations $\rho \neq 1$ in G (two such fixed points for each ρ) and write $P = K \setminus Q$; let M be a subset of P obtained by choosing one point from each orbit

$$\{\rho(x) : \rho \in G\}, \;\; x \in P \subset K;$$

now write $A = \tilde{A}M, \;\; B = \tilde{B}M, \;\; C = \tilde{C}M$ where, for any subset $S \subset G$,

$$SM = \{\rho(x) : \rho \in S, \;\; x \in M\}.$$

It is then easy to see that A, B, C, Q provide a decomposition (1) with

$$\varphi(A) = B \cup C, \;\; \psi(A) = B, \;\; \psi(B) = C$$

so that (2) is verified.

A very detailed and readable account of HAUSDORFF's proof for the existence of his paradoxical decomposition (1) is given by SIERPIŃSKI ([S 1954]) where a small gap in HAUSDORFF's construction of the group $G(\varphi, \psi)$ is filled; [S 1954] contains an elementary exposition of other paradoxical decompositions as well, one of which we shall mention in the following.

The proof of the existence of $G = G(\varphi, \psi)$ is an important element of HAUSDORFF's paper; later authors have given simpler constructions (see [W 1993] p. 20 for references). Indeed, it is possible to give explicitly two rotations φ_1, φ_2 which generate a free subgroup F_2 with two generators in SO_3 ([W 1993], p. 15); using such an F_2 in place of $G = G(\varphi, \psi)$ above, the decomposition (3) is even easier to obtain and then the whole proof can be worked out exactly as before. However, it should be pointed out that a group like $G(\varphi, \psi)$ (a free product of $\mathbb{Z}_2$ and $\mathbb{Z}_3$) must necessarily contain a free subgroup with two generators, a fact noticed by several authors (in particular by VON NEUMANN in his important 1929 paper [vN 1929], p. 606). HAUSDORFF's own proof for the existence of $G(\varphi, \psi)$ consists of choosing ψ as a $2\pi/3$-rotation around the z-axis and φ as a π-rotation around an axis (through the origin) in the xz-plane making an angle of $\theta/2$ with the z-axis where θ is chosen suitably (x, y, z here denoting the traditional perpendicular axes in $\mathbb{R}^3$). It is enough to have θ such that $\cos\theta$ is transcendental, although HAUSDORFF does not say this; he shows directly that by avoiding an at most denumerable set of angles, a suitable θ can be determined. HAUSDORFF seems to consider it much too obvious and hence not worth mentioning explicitly that the non-existence of an SO_3-invariant finitely additive non-trivial positive measure defined for all subsets of $K = S^2$ implies the impossibility of the finitely additive measure problem in $\mathbb{R}^3$. This implication can be seen as follows: if there were a finitely additive measure f verifying (i), (ii), (iii) in $\mathbb{R}^3$ then, for $A \subset K$,

$$g(A) = f(\{tx : x \in A,\ 0 < t \leq 1\})$$

would define a non-trivial finitely additive positive SO_3-invariant measure g defined for all subsets of K which would be a contradiction. HAUSDORFF does point out the easy argument which shows that if the finitely additive measure problem is impossible in $\mathbb{R}^3$ then it is also impossible in all $\mathbb{R}^n, n \geq 3$.

The direct and indirect effects of this short paper of HAUSDORFF have been remarkable. As mentioned above, it prodded BANACH to solve (in 1923) the finitely additive measure problem in $\mathbb{R}^1$ and in $\mathbb{R}^2$; here BANACH used methods which were to be fruitfully generalized by VON NEUMANN and others later (in the guise of *amenable* groups). On the other hand, soon afterwards in 1924, BANACH and TARSKI [BT 1924] gave a very striking theorem in $\mathbb{R}^n$, $n \geq 3$, which establishes the existence of even more surprising decompositions; their theorem gives that if A, B *are any two bounded subsets of* $\mathbb{R}^n, n \geq 3$, *with non-empty interiors, then, they are equivalent under finite decomposition using the group* G_n i.e. for some integer $m \geq 1$,

$$A = A_1 \cup \cdots \cup A_m,\ B = B_1 \cup \cdots \cup B_m,\ A_i \sim B_i,\ i = 1, \ldots, m \qquad (4)$$

where $A_1, \ldots, A_m$ is a disjoint partition of A, $B_1, \ldots, B_m$ is a disjoint partition of B and the congruence $A_i \sim B_i$ is with respect to the Euclidean group G_n; they also prove that such a theorem is false for $n = 1, 2$. BANACH and TARSKI give corresponding results for $S^n, n \geq 2$, and S^1 using the congruence group O_n (or SO_n). Decompositions like (4) form what is generally referred to as the BANACH-TARSKI paradox. BANACH and TARSKI based their proof on HAUSDORFF's paradoxical decomposition (1) of S^2 and used a general set-theoretical theorem due to BANACH [B 1924], sometimes called the BANACH-SCHRÖDER-BERNSTEIN theorem since it generalizes the usual SCHRÖDER-BERNSTEIN theorem of set theory.

As regards the finitely additive measure problem the first general analysis valid in abstract spaces was provided by VON NEUMANN in 1929 [vN 1929]; he considered an abstract set X on which acted a group G and studied the problem of the existence of a finitely additive measure $\mu(A)$, with $0 \leq \mu(A) \leq \infty$, defined for every subset A of X which has the property of being G-invariant ($\mu(A) = \mu(\varphi(A)), \varphi \in G, A \subset X$) and which is such that for some fixed non-empty set $E \subset X$, one has $\mu(E) = 1$. Let us call (with VON NEUMANN) such a μ, if it exists, a $[X, E, G]$-measure; one of the merits of VON NEUMANN's analysis is to reduce the problem of the existence of a $[X, E, G]$-measure to a purely group-theoretical problem of the existence of a $[G, G, G]$-measure where G acts on itself say by left multiplication. A group G for which a $[G, G, G]$-measure exists is called (in modern terminology) an *amenable* (more exactly, left amenable) group; VON NEUMANN himself called such groups "messbar".

VON NEUMANN then proves that if G is amenable and a certain general condition is satisfied by X and E (a condition easily verified if, $X = \mathbb{R}^n$, $E =$ closed unit cube in $\mathbb{R}^n$, $G = G_n$ and other similar classical examples) then there is a $[X, E, G]$-measure. In this proof, VON NEUMANN uses BANACH's method as in [B 1923]. If on the other hand G has a free subgroup with two generators F_2 (and then G is not amenable) then by following the HAUSDORFF-BANACH-TARSKI procedure, VON NEUMANN shows (under a very general condition on E) that no $[X, E, G]$-measure can exist. VON NEUMANN then deduces a number of classical existence and non-existence results from his general theory by proving first that the Euclidean groups G_1, G_2 are amenable whereas $G_n, n \geq 3$, contains a free subgroup F_2. VON NEUMANN's analysis was soon completed by a very elegant general theorem of TARSKI (first announced in 1929) which can be stated as follows: *a $[X, E, G]$-measure exists if and only if E is not G-paradoxical* [T 1929]. We say that $E \subset X$ is *G-paradoxical* if for some integers m, n there are mutually disjoint subsets $A_1, \ldots, A_m, B_1, \ldots, B_n$ in E and $\varphi_1, \ldots, \varphi_m, \psi_1, \ldots, \psi_n$ in G such that

$$E = \bigcup_{i=1}^{m} \varphi_i(A_i) = \bigcup_{j=1}^{n} \psi_j(B_j). \tag{5}$$

It is easy to see that if E is G-paradoxical then a $[X, E, G]$-measure μ cannot exist; indeed if (5) holds, such a μ must satisfy

$$\mu(E) \leq \sum_{i=1}^{m} \mu(\varphi_i(A_i)) = \sum_{i=1}^{m} \mu(A_i) = \mu\left(\bigcup_{i=1}^{m} A_i\right)$$

$$\mu(E) \leq \sum_{j=1}^{n} \mu(\psi_j(B_j)) = \sum_{j=1}^{n} \mu(B_j) = \mu\left(\bigcup_{j=1}^{n} B_j\right);$$

but by the disjointness of all the A_i's and the B_j's in E we have

$$\mu(E) \geq \mu\left(\bigcup_{i=1}^{m} A_i\right) + \mu\left(\bigcup_{j=1}^{n} B_j\right) \geq 2\mu(E)$$

which is impossible since $\mu(E)$ must be 1. The proof of the converse (i.e. if E is not G-paradoxical then a $[X, E, G]$-measure μ exists) is very much more subtle; TARSKI gave a proof of a more general result in 1938 in [T 1938] by a careful refinement of his own work with BANACH which in turn was so crucially influenced by HAUSDORFF's. The study of the finitely additive measure problem in $\mathbb{R}^n$ can be completely accomplished via TARSKI's general theorem. A readable modern exposition of TARSKI's theorem and numerous related problems (many unsolved) can be found in [W 1993].

Thus we see that this short paper of HAUSDORFF has given rise to the subject of amenable groups and to that of paradoxical decompositions. Each subject has developed a huge literature; we indicate briefly some recent publications which could serve as further guide to the current developments. A recommended monograph is that of WAGON [W 1993] which contains a very readable exposition of both subjects and a substantial bibliography (upto 1993).

As VON NEUMANN had already noted, the amenability of a group G is equivalent to the existence of a left G-invariant positive linear functional M on the Banach space $B(G)$ of all real-valued bounded functions on G with $M(1) = 1$. If G is a general topological group (the preceding case being that of G with the discrete topology) then one could ask for the existence of a left (or right or two-sided) G-invariant positive linear functional M on other G-invariant topological vector spaces of functions (or other objects like measures or distributions) defined on G. This theory has far-reaching implications (specially for G locally compact or G a LIE group) on the representation theory of G. It is then an important matter to settle the relationship between the different types of amenability which thus arise. A relatively recent account of some of this is given in the monograph of PATERSON [P 1988] which contains references to other relevant work on amenability. One of the most important by-products emanating from HAUSDORFF's paradoxical decomposition, via VON NEUMANN's analysis, is the notion of amenability which seems to play an ever-increasing role in diverse areas of mathematics. To mention one important area of application, let us point out the theory of operator algebras which forms the basis of A. CONNES' ambitious programme of non-commutative geometry; see, for example, his book [Co 1994], section V. 7.

Much work has been devoted to determining how "regular" the sets in the HAUSDORFF decomposition (1) or the BANACH-TARSKI decomposition (4) can be. A very important recent progress is contained in the paper of DOUGHERTY and FORMAN [DF 1994]; they prove (as a special case of a much more general theorem) that the sets in the decompositions (1) and (4) can be chosen to have the property of BAIRE (provided, in (4), A, B have this property). This solves a problem concerning the existence of MARCZEWSKI measures (explained in [W 1993]). LACZKOVICH [La 1992] gives a report on several other interesting and novel aspects of paradoxical decompositions.

A recent article which surveys (and gives complete proofs) of several themes concerning amenability and paradoxical decompositions is [CGH 1999].

HAUSDORFF himself never published anything more on the subject; however, from his Nachlass we know that he followed with interest the work of BANACH and TARSKI. In [NL HAUSDORFF: Fasz. 1028] (dated 19.6.1924, 25.6.1924) HAUSDORFF gives a short proof of the BANACH-TARSKI paradox in $\mathbb{R}^3$ by using his own paradoxical decomposition of S^2, a simple form of the above-mentioned BANACH-SCHRÖDER-BERNSTEIN theorem (HAUSDORFF calls this an analogue of the BERNSTEIN equivalence theorem) and the fact (which he proves) that $S^2 \equiv S^2 \setminus D$ where D is any denumerable set and $\equiv$ stands for equivalence under finite decomposition (using the group SO_3). A similar proof was published later by SIERPIŃSKI and it appears in [S 1954], p. 93. A novel feature of this manuscript is that HAUSDORFF obtains his paradoxical decomposition by using a subgroup $G(\alpha,\beta,\gamma)$ of SO_3 where $\alpha^2 = \beta^2 = \gamma^2 = 1$, α,β,γ being otherwise independent; thus $G(\alpha,\beta,\gamma)$ is isomorphic to the free product $\mathbb{Z}_2 * \mathbb{Z}_2 * \mathbb{Z}_2$, each α,β,γ being a suitable π-rotation. The paradoxical decomposition is obtained by exactly the same method as the one outlined above except that now one has 5 disjoint sets, one of them denumerable as before. One reason why HAUSDORFF prefers this method of arriving at his decomposition seems to lie in the simple and elegant algebra of 3×3 matrices underlying the choice of the π-rotations α,β,γ. Indeed, he returns to this matrix algebra in greater detail in [NL HAUSDORFF: Fasz. 386], dated 19.2.30. I must admit that the matrix algebra concerned is very pleasant to work out. However, given that the only point relevant to the existence of his paradoxical decomposition is the existence of suitable free products in SO_3 for which there are several shorter proofs available now (see references given above), I refrain from reproducing any parts of these manuscripts.

References

[B 1923] BANACH, S.: *Sur le problème de la mesure.* Fund. Math. 4 (1923), 7–33, *Oeuvres*, vol. 1, PWN, Warszawa 1967, 66–89.

[B 1924] BANACH, S.: *Un théorème sur les transformations biunivoques.* Fund. Math. 6 (1924), 236–239. *Oeuvres*, vol. 1, PWN, Warszawa 1967, 114–117.

[BT 1924] BANACH, S.; TARSKI, A.: *Sur la décomposition des ensembles de points en parties respectivement congruentes.* Fund. Math. 6 (1924), 244–277. *Oeuvres,* vol. 1, PWN, Warszawa 1967, 117–148.

[Co 1994] CONNES, A.: *Noncommutative geometry.* Academic Press, New York 1994.

[GCH 1999] CECCHERINI-SILBERSTEIN, T.; GRIGORCHUK, R.; DE LA HARPE, P.: *Amenability and paradoxical decompositions for pseudogroups and for discrete metric spaces.* Proceedings of the Steklov Institute of Mathematics 224 (1999), 57–97.

[DF 1994] DOUGHERTY, R.; FOREMAN, M.: *Banach-Tarski decompositions using sets with the property of Baire.* J. Amer. Math. Soc. 7 (1994), 75–124.

[L 1902] LEBESGUE, H.: *Intégrale, longueur, aire.* Annali di Math. pura ed appl. (3) 7 (1902), 231–259. *Oeuvres Sc.,* vol. 1, Ens. Math., Genève 1972, 203–331.

[La 1992] LACZKOVICH, M.: *Paradoxical decompositions : a survey of recent results.* Proceedings of the First European Congress of Mathematics, Paris 1992, vol. 2, 159–184.

[vN **1929**] von Neumann, J.: *Zur allgemeinen Theorie des Masses.* Fund. Math. 13 (1929), 73–116. *Collected Works*, vol. 1, Pergamon, Oxford 1961, 599–642.

[P **1988**] Paterson, A. T.: *Amenability.* American Mathematical Society, Providence, Rhode Island 1988.

[S **1954**] Sierpiński, W.: *On the congruence of sets and their equivalence by finite decomposition.* Lucknow Univ., Lucknow 1954. Reprinted in Congruence of sets and other monographs, Chelsea, New York 1967.

[T **1929**] Tarski, A.: *Sur les fonctions additives dans les classes abstraites et leurs applications au problème de la mesure.* C. R. Séances Soc. Sci. Lettres Varsovie, Cl. III 22 (1929), 114–117. *Collected Papers*, vol. 1, Birkhäuser, Basel 1986, 245–248.

[T **1938**] Tarski, A.: *Algebraische Fassung des Massproblems.* Fund. Math. 31 (1938), 47–66. *Collected Papers*, vol. 2, Birkäuser, Basel 1986, 453–472.

[V **1905**] Vitali, G.: *Sul problema della misura dei gruppi di punti di una retta.* Tip. Gamberini e Parmeggiani, Bologna 1905. *Opere*, Ed. Cremonese, Bologna 1984, 231–235.

[W **1993**] Wagon, S.: *The Banach-Tarski paradox.* Cambridge University Press, Cambridge 1985. First paperback edition (corrected reprint) 1993.

Dimension und äußeres Maß.

Math. Annalen **79** (1919), 157–179.

[H 1919a]

Dimension und äußeres Maß.

Von

Felix Hausdorff in Greifswald.

Herr Carathéodory hat eine hervorragend einfache und allgemeine, die Lebesguesche als Spezialfall enthaltende Maßtheorie entwickelt*) und damit insbesondere das p-dimensionale Maß einer Punktmenge im q-dimensionalen Raume definiert. Hierzu geben wir im folgenden einen kleinen Beitrag. Nach einleitenden Betrachtungen, die das Carathéodorysche Längenmaß in naheliegender Weise verallgemeinern und einen Überblick über die reiche Fülle analoger Maßbegriffe gestatten, stellen wir eine Erklärung des p-dimensionalen Maßes auf, die sich unmittelbar auf nicht ganzzahlige Werte von p ausdehnen und Mengen *gebrochener Dimension* als möglich erscheinen läßt, ja sogar solche, deren Dimensionen die Skala der positiven Zahlen zu einer verfeinerten, etwa logarithmischen Skala ausfüllen. Die Dimension wird so zu einem Graduierungsmerkmal wie die „Ordnung" des Nullwerdens, die „Stärke" der Konvergenz und verwandte Begriffe. In wesentlich anderer Art hat bekanntlich Herr Fréchet Dimensionstypen definiert, die die Reihe der natürlichen Zahlen interpolieren.**) Nicht so ungezwungen wie unser Dimensionsbegriff ist freilich der Nachweis, daß es Mengen gibt, die genau von vorgeschriebener Dimension sind, d. h. ein entsprechendes Maß besitzen, das weder Null noch unendlich ist; wir beschränken uns in dieser Hinsicht auf die einfachsten Beispiele, nämlich gewisse lineare nirgendsdichte perfekte Mengen (auf welche, für abnormes Verhalten aller Art typische, Mengengattung hier ein neues Licht fällt) und die hieraus durch Multiplikation entstehenden ebenen und räumlichen Mengen.

---

*) C. Carathéodory, Über das lineare Maß von Punktmengen — eine Verallgemeinerung des Längenbegriffs, Gött. Nachr. 1914, S. 404—426. Hierauf beziehen sich unsere Zitate. Die etwas modifizierte Darstellung in den Vorlesungen über reelle Funktionen (Teubner 1918) enthält gerade den Teil der Theorie nicht, an den sich unsere Arbeit anschließt, und konnte daher außer Betracht bleiben.

**) M. Fréchet, Les dimensions d'un ensemble abstrait, Math. Ann. 68 (1910), S. 145—168.

1. Die Voraussetzungen der Carathéodoryschen Maßtheorie sind:

I. Jeder Punktmenge A eines q-dimensionalen euklidischen Raumes ist eine Zahl $L(A)$ eindeutig zugeordnet, die entweder Null oder positiv oder unendlich ist ($0 \leqq L(A) \leqq \infty$).

II. Für eine Teilmenge B von A ist $L(B) \leqq L(A)$.

III. Ist A die Summe von endlich oder abzählbar vielen Mengen $A_1, A_2, \cdots$, so ist $L(A) \leqq L(A_1) + L(A_2) + \cdots$.

IV. Sind A und B zwei Mengen, deren Entfernung positiv ist, so ist

$$L(A+B) = L(A) + L(B).$$

V. $L(A)$ ist die untere Grenze von $L(B)$ für die meßbaren Mengen B über A (d. h. die A als Teilmenge enthalten).

Meßbar (bezüglich L) heißt eine Menge A, wenn für jede Menge W die Gleichung gilt

$$L(W) = L(AW) + L(W - AW).$$

Jede Mengenfunktion $L(A)$, die diesen fünf Bedingungen genügt, heiße ein *äußeres Maß*; ihr entspricht ein System meßbarer Mengen und eine Maßtheorie mit den von Herrn Carathéodory entwickelten Eigenschaften. Auf Grund von IV. sind die Würfel des q-dimensionalen Raumes, die abgeschlossenen Mengen, die offenen Mengen oder Gebiete und die (hieraus durch wiederholte Summen- und Durchschnittsbildung über Mengenfolgen entstehenden) *Borelschen Mengen* stets meßbar.

Wenn $L(A)$ nur die vier ersten Bedingungen erfüllt, so definiere man $M(A)$ resp. $N(A)$ als untere Grenze von $L(B)$ für die (bezüglich L) meßbaren resp. Borelschen Mengen B über A. Diese beiden Funktionen erfüllen dann alle fünf Bedingungen und sind also äußere Maße. Wir unterdrücken den einfachen Beweis dieser Bemerkung, von der wir im folgenden keinen Gebrauch machen.

Wir werden uns naturgemäß auf äußere Maße beschränken, die für kongruente Mengen gleich ausfallen. Wenn überdies $L(B) = m^p L(A)$ ist, sobald B zu A im Verhältnis $m:1$ ähnlich ist, so nennen wir L ein äußeres Maß *von der Dimension p*.

Wenn zwei äußere Maße $L(A)$, $M(A)$ für jede Menge A gleichzeitig Null oder positiv oder unendlich sind, so nennen wir sie *von gleicher Ordnung*; das ist insbesondere der Fall, wenn mit zwei positiven Konstanten h, k stets

$$hL(A) \leqq M(A) \leqq kL(A)$$

gilt. Wenn $M(A)$ stets 0 ist, sobald $L(A)$ endlich ausfällt (oder $L(A)$ stets ∞, sobald $M(A)$ von Null verschieden ist), so heiße L *von niederer*, M *von höherer Ordnung*; das ist insbesondere der Fall, wenn für jedes positive ε

$$M(A) \leqq \varepsilon L(A)$$

gilt.

2. Es sei $\mathfrak{U}$ ein System beschränkter Punktmengen U des q-dimensionalen Raumes von der Art, daß man jede beliebige Menge A dieses Raumes in endlich oder abzählbar viele Mengen U *mit beliebig kleinen Durchmessern* $d(U)$ einschließen kann; jeder Menge U sei eine endliche, nicht negative Zahl $l(U)$ zugeordnet. Schließen wir, bei gegebenem positiven ϱ, A in $\mathfrak{S}\,U_n$ ein mit $d(U_n) < \varrho$; die untere Grenze der bei allen solchen Mengenfolgen auftretenden Summen $\sum l(U_n)$ heiße $L_\varrho(A)$; sie kann Null, positiv oder unendlich sein. Nimmt ϱ ab, so verschärfen sich die Bedingungen, $L_\varrho(A)$ nimmt nicht ab und hat einen endlichen oder unendlichen Grenzwert

$$\begin{aligned} L(A) &= \lim_{\varrho \to 0} L_\varrho(A) \\ &= \lim_{\varrho \to 0} \text{inf.} \sum l(U_n) \\ &\geqq L_\varrho(A). \end{aligned}$$

Diese Mengenfunktion erfüllt, ohne weitere Einschränkung über $l(U)$, die vier ersten Carathéodoryschen Bedingungen und, wenn die U Borelsche Mengen sind, auch die fünfte.

Der Beweis mag unterdrückt werden, da er fast wörtlich wie der Carathéodorysche (S. 17ff.) für das lineare Maß verläuft. Zur fünften Bedingung sei bemerkt, daß es über jeder Menge A eine Menge W mit $L(W) = L(A)$ von folgender besonderer Form gibt: W ist Durchschnitt abzählbar vieler Mengen V, die ihrerseits Summen abzählbar vieler Mengen U sind. Mit den U ist also auch W eine Borelsche, insbesondere meßbare Menge, und die Bedingung V. ist erfüllt.

3. Sei $\mathfrak{V}$ ein zweites Mengensystem wie $\mathfrak{U}$ und jeder Menge V dieses Systems eine endliche Zahl $m(V) \geqq 0$ zugeordnet; wir definieren damit analog wie zuvor die Zahlen $M_\varrho(A)$, $M(A)$. Nehmen wir an, zwischen diesen Systemen und zugeordneten Funktionen l, m bestehe die folgende Beziehung:

α) Zu jeder Menge U und jedem positiven ε gibt es eine Menge V über U derart, daß

$$d(V) < r d(U) + \varepsilon, \quad m(V) < k l(U) + \varepsilon,$$

wo r, k zwei positive Konstanten sind.

Man schließt leicht, daß dann für jede Menge A

$$M_{r\varrho}(A) \leqq k L_\varrho(A), \quad M(A) \leqq k L(A)$$

ist. Ein besonderer Fall dieses Verhaltens (mit $r = k = 1$) ist der, daß $\mathfrak{U}$ Teilsystem von $\mathfrak{V}$ und $l(U) = m(U)$ ist; dann ist also $M(A) \leqq L(A)$

Steht *jedes* der beiden Systeme zum andern in einer solchen Beziehung, so ist mit zwei positiven Konstanten h, k

$$hL(A) \leqq M(A) \leqq kL(A),$$

die beiden Mengenfunktionen sind von gleicher Ordnung. Ist überdies $h = k$, $M(A)$ mit $L(A)$ proportional, und besteht $\mathfrak{B}$ aus Borelschen Mengen, so ist auch für die auf $\mathfrak{U}$ beruhende Mengenfunktion $L(A)$ die fünfte Carathéodorysche Bedingung erfüllt und es gibt über jeder Menge A eine Borelsche Menge B mit $L(B) = L(A)$.

4. Die Funktion $l(U) \geqq 0$, die wir uns übrigens für jede beschränkte Menge definiert denken, habe eine der folgenden Eigenschaften:

A) Für die kleinste abgeschlossene Menge U_α über U ist

$$l(U_\alpha) = l(U).$$

B) Umgibt man jeden Punkt von U als Mittelpunkt mit einer Kugel vom Radius β und ist U_β die Menge der inneren Punkte dieser Kugeln, so ist für beliebiges $\varepsilon > 0$ und hinreichend kleines β

$$l(U_\beta) < l(U) + \varepsilon.$$

Wir wollen die Funktion $l(U)$ im Falle A) *abschließbar*, im Falle B) *stetig* nennen.

Sei nun $\mathfrak{U}$ wieder ein Mengensystem von der bekannten Art; unter $\mathfrak{B}$ verstehen wir entweder das System der abgeschlossenen Mengen U_α oder das der offenen Mengen U_β (wo β alle positiven Zahlen oder eine Menge solcher mit der Häufungsstelle 0 durchläuft). Da auch der Durchmesser $d(U)$ eine abschließbare und stetige Mengenfunktion ist, so kann man zu gegebenem U und ε ein $V = U_\alpha$ oder $V = U_\beta$ so bestimmen,

daß entweder $\quad d(V) = d(U), \qquad l(V) = l(U)$

oder wenigstens $\quad d(V) < d(U) + \varepsilon, \quad l(V) < l(U) + \varepsilon.$

Das ist eine Beziehung von der Form α) und demnach

$$M(A) \leqq L(A),$$

wo das äußere Maß M sich auf das System $\mathfrak{B}$ und die gleiche Funktion $l(V)$ bezieht.

Ist $\mathfrak{U}$ das System *aller* beschränkten Mengen, also $\mathfrak{B}$ Teilsystem von $\mathfrak{U}$, so ist andererseits $\quad L(A) \leqq M(A)$,

und $L(A) = M(A)$ ist ein äußeres Maß, das auch die fünfte Carathéodorysche Bedingung erfüllt und zu jeder Menge A die Existenz einer Borelschen Menge B über A mit $L(B) = L(A)$ sichert. Wir können also den Satz aussprechen:

Ist $l(U) \geqq 0$ eine für beschränktes U definierte, abschließbare oder stetige Mengenfunktion und schließt man A in endlich oder abzählbar viele beschränkte Mengen U_n mit Durchmessern $< \varrho$ ein, so ist

$$L(A) = \liminf_{\varrho \to 0} \sum l(U_n) \qquad \text{ein äußeres Maß.}$$

5. Die Funktion $l(U)$ sei *stetig* und überdies *monoton*, d. h. ist U Teilmenge von V, so ist $l(U) \leqq l(V)$.

Sie ist dann auch abschließbar, denn U_α ist der Durchschnitt der Mengen U_β.

Es seien dann $\mathfrak{U}$, $\mathfrak{V}$ zwei Mengensysteme von folgender Art: Zwischen U und U_β liegt stets ein V; zwischen V und V_β liegt stets ein U.

Da auch der Durchmesser $d(U)$ stetig und monoton ist, so kann man zu jedem U und positiven ε ein V angeben mit

$$d(V) < d(U) + \varepsilon, \qquad l(V) < l(U) + \varepsilon$$

und es ist also $M(A) \leqq L(A)$, umgekehrt aber auch $L(A) \leqq M(A)$, also stimmen die (auf $\mathfrak{U}$, $\mathfrak{V}$ und die Funktion l bezüglichen) Mengenfunktionen $L(A)$, $M(A)$ überein.

Die Voraussetzung trifft z. B. zu, wenn die U abgeschlossene, die V offene Kugeln des q-dimensionalen Raumes sind. Die hierauf gegründeten $L(A)$, $M(A)$ würden zwar ohne jede Einschränkung über die Funktion l (die nur $\geqq 0$ sein muß) äußere Maße sein, da es sich um Borelsche Mengen handelt; aber auf ihre Gleichheit könnte im allgemeinen nicht geschlossen werden.

Dasselbe gilt, wenn man statt der Kugeln Würfel, Quadern (= rechtwinklige Parallelepipeda), Simplexe des q-dimensionalen Raumes verwendet; es ist bei stetiger monotoner Funktion $l(U)$ gleichgültig, ob diese Figuren abgeschlossen oder offen (mit oder ohne Begrenzung) gewählt werden.

6. Wir nennen einige Beispiele monotoner stetiger Funktionen $l = l(U)$.

A) Der Durchmesser d, d. i. die obere Grenze der Entfernung eines zu U gehörigen Punktepaares $u_0 u_1$.

B) Die obere Grenze Δ der Fläche eines Dreiecks $u_0 u_1 u_2$, dessen Ecken auf U liegen.

C) Die obere Grenze Δ_p des p-dimensionalen Volumens eines Simplex $u_0 u_1 \cdots u_p$, dessen Ecken auf U liegen.

Hiervon sind d und Δ Spezialfälle für $p = 1, 2$. Ein auf $l = \Delta_p$ bezügliches äußeres Maß hat die Dimension p. Ein auf Δ_q bezügliches ist nicht nur bei längentreuer, sondern auch bei affiner volumentreuer Transformation des q-dimensionalen Raumes invariant.

D) Die untere Grenze des (elementargeometrischen) q-dimensionalen Volumens einer Kugel (oder eines Würfels, Quaders, Simplex), die die Menge U enthält.

E) Die untere Grenze der Volumensummen *endlich* vieler Kugeln (oder dergl.), die U einschließen, d. h. der äußere *Inhalt* von U (im Jordan-Peanoschen Sinne, nicht das äußere Lebesguesche Maß).

F) Das q-dimensionale Volumen (im Jordanschen oder Lebesgueschen Sinne) der kleinsten *konvexen* Menge U_c über U.

G) Die obere Grenze des p-dimensionalen Volumens der senkrechten Projektion von U_c auf eine p-dimensionale Ebene; dies nennt Carathéodory den p-dimensionalen Durchmesser von U. Hiervon sind A) und F) Spezialfälle für $p = 1$, $p = q$.

Der Beweis, daß diese Mengenfunktionen stetig sind, ist elementargeometrischer Natur bis auf die letzten beiden Fälle, die eingehendere Betrachtungen über konvexe Mengen erfordern; übrigens genügt ja die leichter zu beweisende Abschließbarkeit.

Bedenkt man nun noch, daß jede nichtnegative resp. stetige resp. monotone (mit wachsendem t nicht abnehmende) Funktion $\lambda(t)$ von $t \geqq 0$ aus einer nichtnegativen resp. stetigen resp. monotonen Mengenfunktion $l(U)$ eine ebensolche $\lambda(l(U))$ hervorgehen läßt, daß man auch mehrere Mengenfunktionen in analoger Weise verknüpfen kann und daß endlich noch die Wahl des Systems $\mathfrak{U}$ freisteht, so ergibt sich ein weiter Spielraum von Möglichkeiten, äußere Maße im Sinne Carathéodorys zu definieren. Um abseits der folgenden Betrachtungen, die sich auf Funktionen von $d(U)$ beschränken, noch ein einzelnes unter B) oder D) fallendes Beispiel zu nennen: schließt man die ebene Menge A in Dreiecke Δ_n von Durchmessern $< \varrho$ ein, so erhält man ein äußeres Maß (von der Dimension $\frac{2}{3}$)

$$L(A) = \liminf_{\varrho \to 0} \sum \Delta_n^{\frac{1}{3}},$$

das nach einer Bemerkung von Herrn Blaschke*) für konvexe Kurvenbögen auf die „Affinlänge“

$$\int k^{\frac{1}{3}} ds$$

(k Krümmung, s Bogenlänge) führt.

7. Für $p = 1, 2, \cdots$ erhält man das p-dimensionale äußere Maß von Carathéodory, indem man für die Mengenfunktion $l(U)$ des Satzes am Schlusse von Nr. 4 den in Nr. 6, G) erklärten p-dimensionalen Durchmesser wählt. Da diese Definition ziemlich viel aus der Theorie der kon-

*) W. Blaschke, Über affine Geometrie III. Eine Minimumeigenschaft der Ellipse (Leipz. Berichte 69 (1917), S. 12).

vexen Mengen voraussetzt, scheint eine Vereinfachung erwünscht. Wenn man z. B. statt der Mengen U speziell Kugeln setzt, erhält man ein — im Sinne von Nr. 1 jedenfalls p-dimensionales — äußeres Maß L_p durch die Vorschrift:

Definition 1. Man schließe A in endlich oder abzählbar viele Kugeln K_n von Durchmessern $d_n < \varrho$ ein und bilde

$$L_p(A) = \lim_{\varrho \to 0} \inf. c_p \sum d_n^p,$$

wobei
$$c_p = \pi^{\frac{p}{2}} : 2^p \Pi\left(\frac{p}{2}\right)$$

das Volumen einer p-dimensionalen Kugel vom Durchmesser 1 ist.

Übrigens kann man nun den p-dimensionalen Durchmesser ganz beiseite lassen, denn L_p ist nach Nr. 2 sicherlich ein äußeres Maß, da die Kugeln Borelsche Mengen sind, und würde, da $d(U)^p$ eine stetige Mengenfunktion ist, auch eins bleiben, wenn man sie durch beliebige beschränkte Mengen ersetzt. Man könnte ferner die Definition durch Benutzung von Würfeln, Quadern, Simplexen an Stelle der Kugeln modifizieren, mit eventueller Änderung des Faktors c_p; da $d(U)^p$ auch monoton ist, kommt es nicht darauf an, ob diese Mengen als abgeschlossen oder offen gedacht werden. Alle diese äußeren Maße sind übrigens von gleicher Ordnung, da man jede Menge der einen Gattung vom Durchmesser d in eine Menge der andern vom Durchmesser rd einschließen kann, wo r ein konstanter Faktor ist; z. B. kann man eine beschränkte Menge vom Durchmesser d des q-dimensionalen Raumes gewiß in eine Kugel vom Durchmesser $2d$, sogar vom Durchmesser $\left(\frac{2q}{q+1}\right)^{\frac{1}{2}} d$ einschließen.*)

Bleiben wir bei der Definition 1 und zeigen, daß sie in den Fällen $p = 1$, $p = 2$, $p = q$ wenigstens bei den einfachsten Mengen die üblichen Ausdrücke für Länge, Fläche, Volumen liefert.

α) Für jede Menge A des q-dimensionalen Raumes ist $L_q(A)$ gleich dem äußeren Lebesgueschen Maße $m(A)$.

Es ist einerseits bei jeder Einschließung von A in Kugeln die Summe ihrer Volumina $\geqq m(A)$, also $L_q(A) \geqq m(A)$. Andererseits kann man nach bekannten Überdeckungssätzen von Vitali und Lebesgue A in Kugeln von beliebig kleinen Durchmessern so einschließen, daß die Summe ihrer Volumina $m(A)$ beliebig wenig übertrifft, also ist stets $L_{q\varrho}(A) \leqq m(A)$ und $L_q(A) \leqq m(A)$.

---

*) H. Jung, Über die kleinste Kugel, die eine räumliche Figur einschließt, Diss. Marburg 1899 = Journal f. Math. 123 (1901), S. 241—257.

11*

β) Für einen einfachen Kurvenbogen A ist $L_1(A)$ gleich der Länge $\lambda(A)$, d. h. der oberen Grenze der Längen der in A eingeschriebenen Polygone.

Man hat A in Kugeln K_n von Durchmessern $d_n < \varrho$ einzuschließen und

$$L_1(A) = \lim_{\varrho \to 0} \inf. \sum d_n$$

zu bilden. Der Beweis, daß $L_1 \geqq \lambda$, verläuft genau wie bei Carathéodory (S. 21); man kann auch sagen, er ist in dem Carathéodoryschen Beweis enthalten, da dessen L_1, auf Zulassung aller beschränkten Mengen U beruhend, kleiner oder gleich dem unsrigen, auf Benutzung von Kugeln beruhenden, ist. Um auch $L_1 \leqq \lambda$ zu beweisen, wo λ endlich angenommen werden kann, teile man A in Teilbögen von Längen $\lambda_n < \varrho$ und schließe jeden solchen in eine Kugel vom Durchmesser λ_n ein (ein Kurvenbogen von der Länge λ liegt ganz in einer Kugel vom Radius $\frac{\lambda}{2}$, deren Mittelpunkt der Mittelpunkt des Bogens ist); es ist also $L_{1\varrho} \leqq \sum \lambda_n = \lambda$, $L_1 \leqq \lambda$.

γ) Für das Flächenstück

$$F: \qquad a \leqq x \leqq A, \quad b \leqq y \leqq B, \quad z = f(x, y)$$

mit *stetigen* Ableitungen $p = f_x$, $q = f_y$ ist $L_2(F)$ gleich dem Integral

$$\int_a^A \int_b^B \sqrt{1 + p^2 + q^2}\, dx\, dy\,.$$

Der Beweis braucht nur kurz angedeutet zu werden. Es ist $L_2(F) = L = \lim_{\varrho \to 0} L_\varrho$ und L_ϱ (eigentlich $L_{2\varrho}$) die untere Grenze von $\pi \sum \varrho_n^2$, wenn F in Kugeln von Radien $\varrho_n < \varrho$ eingeschlossen wird. Man kann nun das Rechteck

$$R: \qquad a \leqq x \leqq A, \quad b \leqq y \leqq B$$

in Teilrechtecke mit beliebig kleiner Schwankung von p, q zerlegen; nehmen wir zunächst an, R selbst sei ein solches Teilrechteck, ziehen die Tangentialebene in einem Punkte s_0 von F und projizieren jeden Punkt s von F durch Vertikalen (Parallelen zur z-Achse) in einen Punkt t der Tangentialebene, wodurch ein ebenes Viereck T entsteht; andererseits sei T^* die senkrechte Projektion von F auf dieselbe Ebene. Man kann dann annehmen (wenn man die elementaren Inhalte dieser Mengen mit denselben Buchstaben bezeichnet):

daß T und T^* sich von F (dem obigen Integral) um weniger als εR unterscheiden,

und daß bei der ersten Projektion der Verzerrungsquotient $ss_1 : tt_1$ kleiner als $1 + \varepsilon$ ist.

Nun schließe man T in Kreise mit Mittelpunkten t_n (in T selbst) und Radien $\tau_n < \frac{\varrho}{1+\varepsilon}$ ein derart, daß

$$\pi \sum \tau_n^2 < T + \delta,$$

wo $\delta > 0$ beliebig ist. Dann schließen die Kugeln mit Mittelpunkten s_n (den zu t_n entsprechenden Flächenpunkten) und Radien $(1+\varepsilon)\tau_n < \varrho$ die Fläche F ein und es ist

$$L_\varrho \leqq \pi \sum (1+\varepsilon)^2 \tau_n^2 < (1+\varepsilon)^2 (T+\delta),$$

also, wenn man ϱ und δ nach 0 konvergieren läßt: $L \leqq (1+\varepsilon)^2 T$.

Schließt man andererseits F in Kugeln mit Radien $\varrho_n < \varrho$ und

$$\pi \sum \varrho_n^2 < L_\varrho + \delta$$

ein, so erhält man durch senkrechte Projektion auf die Tangentialebene Kreise mit denselben Radien, die T^* einschließen, also

$$T^* \leqq \pi \sum \varrho_n^2$$

oder $T^* \leqq L$. Zusammengefaßt

$$F - \varepsilon R < L < (1+\varepsilon)^2 \cdot (F + \varepsilon R).$$

Man beachte noch, daß $L(F)$ sich nicht ändert, wenn man die vier Begrenzungslinien (den Rechteckseiten entsprechend) wegläßt, weil sie als ebene Kurven das Lebesguesche Flächenmaß 0 und daher auch das L-Maß 0 haben (vgl. diese Nr., α)).

Kehren wir zu der ursprünglichen Bedeutung von R zurück, zerlegen es in Teilrechtecke R_n obiger Beschaffenheit und beachten, daß nach der letzten Bemerkung $L = \sum L_n$, so ergibt sich obige Ungleichung auch für das ganze Rechteck und daher $L = F$.

8. Nachdem die Definition 1 so ihre Existenzberechtigung wenigstens in gewissem Umfange erwiesen hat, ist es ein naheliegender Gedanke (der bei der Carathéodoryschen Definition ausgeschlossen wäre), sie auch auf *nicht ganzzahlige* positive Zahlen p auszudehnen. Es ist nur die Frage, ob dies nicht vielleicht in dem Sinne zu einer Trivialität führt, daß dann alle Mengen das äußere Maß 0 oder ∞ bekommen, d. h. es erwächst die Aufgabe, Mengen A zu konstruieren, für die $0 < L_p(A) < \infty$ und die in diesem Sinne genau von der Dimension p sind. Dies Problem läßt sich noch erweitern. Bei der Definition von L_p hat, vom Zahlenfaktor c_p abgesehen, die p^{te} Potenz des Durchmessers d die Rolle der Mengenfunktion l gespielt: kann man dafür auch etwa eine Funktion wie $d^p \log \frac{1}{d}$ setzen, die für $d \to 0$ schwächer als d^p, aber stärker als jede niedrigere Potenz Null wird, und in diesem Sinne Mengen bilden, deren Dimension in die

Zwischenstufen der Skala der positiven Zahlen fällt? Wir werden also von der in Nr. 6. hervorgehobenen Freiheit Gebrauch machen und jeder *positiven, stetigen, mit x wachsenden und zugleich mit x nach 0 konvergierenden Funktion* $\lambda(x)$ ein äußeres Maß $L(A)$ zuordnen nach folgender Vorschrift:

Definition 2. Man schließe A in endlich oder abzählbar viele Kugeln K_n ein, deren Durchmesser $d_n < \varrho$ sind, und bilde

$$L(A) = \lim_{\varrho \to 0} L_\varrho(A),$$

wo $L_\varrho(A)$ die untere Grenze der Summen $\sum \lambda(d_n)$ ist.

Die Einschränkungen, denen wir $\lambda(x)$ unterworfen haben, sind zwar nicht unbedingt notwendig, aber im Sinne von Nr. 4 und 5 zweckmäßig und zugleich der Absicht entsprechend, das Null- oder Unendlichwerden aller $L(A)$ auszuschließen.

Wenn $0 < L(A) < \infty$, so sagen wir, A sei von der Dimension $[\lambda(x)]$ Die Dimension $[x^p]$ bezeichnen wir auch mit (p); eine Menge dieser Dimension ist im früheren Sinne (Nr. 1) von der Dimension p, aber nicht umgekehrt (s. u.).

Sind $\lambda(x)$, $\mu(x)$ zwei Funktionen, denen die äußeren Maße $L(A)$, $M(A)$ entsprechen, und sind L, M von gleicher Ordnung, so nennen wir die Dimensionen $[\lambda]$, $[\mu]$ gleich: jede Menge von der Dimension $[\lambda]$ ist gleichzeitig von der Dimension $[\mu]$ und umgekehrt. Ist M von höherer Ordnung als L, so nennen wir auch $[\mu]$ die höhere, $[\lambda]$ die niedere Dimension; eine Menge von bestimmter Dimension hat für jede höhere Dimension das Maß 0, für jede niedere das Maß ∞. Natürlich brauchen zwei Dimensionen nicht in diesem Sinne vergleichbar zu sein.

Offenbar hängt $L(A)$ nur von dem Verhalten von $\lambda(x)$ in einer beliebig kleinen Nachbarschaft der Stelle $x = 0$ ab, d. h. die Dimension erscheint hier als Abstufungsmerkmal wie die „Ordnung" des Nullwerdens einer Funktion und verwandte Begriffe. Ist $\lambda(x) \leqq \mu(x)$ für hinreichend kleines x, so ist $L(A) \leqq M(A)$ für jede Menge A; ist $\mu = c\lambda$ $(c > 0)$, so ist $M = cL$. Liegt $\frac{\mu}{\lambda}$ zwischen zwei positiven Schranken, so sind die Dimensionen $[\lambda]$, $[\mu]$ gleich. Ist $\frac{\mu}{\lambda} \to 0$ für $x \to 0$, so ist $M \leqq \varepsilon L$ für jedes positive ε, M verschwindet bei endlichem L, und $[\mu]$ ist die höhere, $[\lambda]$ die niedere Dimension. Speziell ist (q) die höhere, (p) die niedere Dimension, wenn $q > p$. Einer Funktion wie $e^{-\frac{1}{x}}$, die stärker Null wird als jedes x^p, entspricht eine unendlich große Dimension, die von keiner euklidischen Punktmenge erreicht wird, während unendlich kleine Dimensionen sich im folgenden als realisierbar erweisen werden. Die Funktionen der bekannten logarithmischen Skala

$$\lambda(x) = x^{p_0}\left(\frac{1}{l\frac{1}{x}}\right)^{p_1}\left(\frac{1}{l_2\frac{1}{x}}\right)^{p_2}\cdots\left(\frac{1}{l_k\frac{1}{x}}\right)^{p_k},$$

worin das erste nichtverschwindende p_i positiv sein soll, sind für hinreichend kleines x mitsamt ihren Ableitungen positiv, unseren Voraussetzungen entsprechend; sie definieren Dimensionen, die auch mit

$$P = (p_0, p_1, \cdots, p_k)$$

bezeichnet werden mögen*) und lexikographische Anordnung zeigen, d. h. Q ist höher als P, wenn die erste nichtverschwindende Differenz $q_i - p_i$ positiv ist. Wir scheiden sie in zwei Klassen:

Dimensionen niedriger als (1): $\frac{\lambda(x)}{x} \to \infty.$

Hier ist $\lambda'(x) \to \infty$, $\lambda''(x)$ negativ für kleine x, die Funktion $\lambda(x)$ *konvex* (nach oben). Für die Exponenten gilt

entweder $p_0 = 0$ und das erste nichtverschwindende $p_i > 0$,
oder $0 < p_0 < 1$,
oder $p_0 = 1$ und das nächste nichtverschwindende $p_h < 0$.

Dimensionen höher als (1); $\frac{\lambda(x)}{x} \to 0.$

Hier ist $\lambda'(x) \to 0$, $\lambda''(x)$ positiv, $\lambda(x)$ *konkav*;

entweder $p_0 = 1$ und das nächste nichtverschwindende $p_h > 0$,
oder $p_0 > 1$.

Den Übergang bildet die Dimension (1) mit $\lambda(x) = x$.

9. Um *lineare* Mengen vorgeschriebener Dimension $[\lambda(x)]$ zu bilden, wollen wir nach diesem Fingerzeig $\lambda(x)$ als *konvex* voraussetzen. Unsere Annahmen für die stetige Funktion $\lambda(x)$ der positiven Variablen x sind also:

(α) $$\lambda(x) > 0.$$

(β) $$\lambda(x_1) < \lambda(x_2) \quad \text{für} \quad x_1 < x_2.$$

(γ) $$\begin{vmatrix} \lambda(x_1) & x_1 & 1 \\ \lambda(x_2) & x_2 & 1 \\ \lambda(x_3) & x_3 & 1 \end{vmatrix} > 0 \quad \text{für} \quad x_1 < x_2 < x_3.$$

(δ) $$\lambda(x) \to 0 \quad \text{für} \quad x \to 0$$

(ε) $$\lambda(x) \to \infty \quad \text{für} \quad x \to \infty.$$

---

*) Eine Menge dieser Dimension ist, im Sinne des Verhaltens bei ähnlicher Vergrößerung, von der Dimension p_0; der jetzige Dimensionsbegriff unterscheidet feiner als der frühere.

Wesentlich sind nur die vier ersten Bedingungen für eine Nachbarschaft der Stelle $x = 0$; der Einfachheit wegen denken wir uns aber $\lambda(x)$ so fortgesetzt, daß sie für alle positiven x erfüllt sind und auch (ε) gilt.

Nach (γ) ist die Kurve $y = \lambda(x)$ nach oben konvex, der Kurvenpunkt 2 liegt über der Sehne $\overline{13}$ und es folgt für die Differenzenquotienten

$$12 > 13 > 23,$$

wenn

$$ik = \frac{\lambda(x_k) - \lambda(x_i)}{x_k - x_i}$$

gesetzt wird. Ist also auch $x_1 < x_4 < x_3$, so ist zugleich

$$14 > 13 > 43,$$

also

$$14 > 23, \qquad 12 > 43.$$

In der ersten dieser Relationen nehme man $x_4 = x_1 - x_2 + x_3$ zu x_2 in bezug auf die Mitte von x_1, x_3 symmetrisch; es kommt

$$(\zeta) \qquad \lambda(x_1 - x_2 + x_3) > \lambda(x_1) - \lambda(x_2) + \lambda(x_3) \qquad (x_1 < x_2 < x_3).$$

In der zweiten Relation nehme man, mit $\alpha > 1$, $x_4 = \alpha x_1$ und $x_3 = \alpha x_2$ an; es kommt

$$(\eta) \qquad \alpha\lambda(x_2) - \alpha\lambda(x_1) > \lambda(\alpha x_2) - \lambda(\alpha x_1) \qquad (x_1 < x_2,\ \alpha > 1).$$

Die Funktion $\alpha\lambda(x) - \lambda(\alpha x)$ nimmt also mit x zu und ist größer als ihr Grenzwert 0 für $x \to 0$, also

$$(\vartheta) \qquad \alpha\lambda(x) > \lambda(\alpha x) \qquad (\alpha > 1).$$

Setzt man in (ζ) $x_3 = x_2 + h$, so ist

$$\lambda(x_1 + h) - \lambda(x_1) > \lambda(x_2 + h) - \lambda(x_2) \qquad (x_1 < x_2,\ h > 0),$$

die Funktion $\lambda(x + h) - \lambda(x)$ nimmt mit wachsendem x ab und ist kleiner als ihr Grenzwert $\lambda(h)$ für $x \to 0$, also

$$(\iota) \qquad \lambda(x_1 + x_2) < \lambda(x_1) + \lambda(x_2).$$

Nach dieser Vorbetrachtung wollen wir zeigen, daß es lineare abgeschlossene Mengen A von der Dimension $[\lambda(x)]$, d. h. mit endlichem positiven Maß $L(A)$ gibt; $L(A)$ ist $= \lim\limits_{\varrho \to 0} L_\varrho(A)$ und $L_\varrho(A)$ die untere Grenze von $\sum \lambda(\alpha_n)$, wenn man A in Intervalle von Längen $\alpha_n < \varrho$ einschließt.

10. Wir nehmen eine Folge positiver Zahlen $\xi_0, \xi_1, \xi_2, \cdots$ mit

$$(1) \qquad \xi_0 > 2\xi_1, \quad \xi_1 > 2\xi_2, \quad \cdots$$

an. Aus dem abgeschlossenen Intervall $[0, \xi_0]$ der x-Achse tilgen wir das mittlere offene, zweckmäßig mit $\beta\left(\frac{1}{2}\right)$ zu bezeichnende Intervall von der

Länge $\xi_0 - 2\xi_1$; aus den verbleibenden beiden abgeschlossenen Intervallen von der Länge ξ_1 tilgen wir je das mittlere offene Intervall von der Länge $\xi_1 - 2\xi_2$ und nennen diese getilgten Intervalle links $\beta\left(\frac{1}{4}\right)$, rechts $\beta\left(\frac{3}{4}\right)$; aus den verbleibenden vier abgeschlossenen Intervallen von der Länge ξ_2 tilgen wir je das mittlere offene Intervall von der Länge $\xi_2 - 2\xi_3$ und nennen diese getilgten Intervalle von links nach rechts $\beta\left(\frac{1}{8}\right)$, $\beta\left(\frac{3}{8}\right)$, $\beta\left(\frac{5}{8}\right)$, $\beta\left(\frac{7}{8}\right)$; usw.

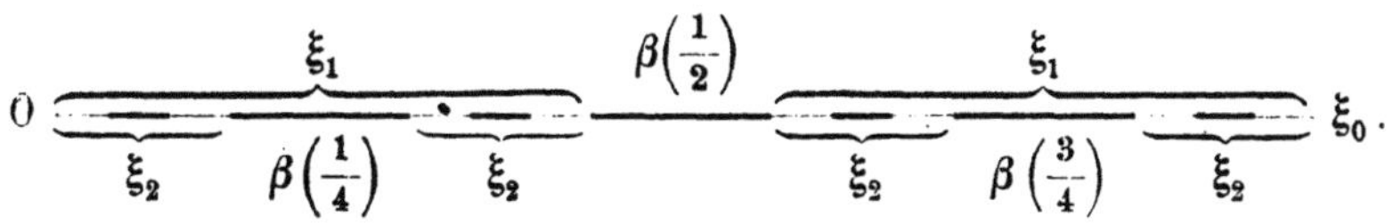

So wird jeder dyadisch rationalen Zahl y zwischen 0 und 1 ein offenes Intervall $\beta(y)$ zugeordnet, und nach Tilgung der offenen Menge $B = \sum \beta(y)$ aus dem Grundintervall $[0, \xi_0]$ verbleibt eine perfekte, nirgendsdichte Menge A, die sich für $n = 0, 1, 2, \cdots$ in 2^n Intervalle von der Länge ξ_n einschließen läßt und deren Maß $L(A)$, wegen $\xi_n \to 0$, daher höchstens gleich $\liminf 2^n \lambda(\xi_n)$ ist. Wir wählen die ξ_n nun der Bedingung

$$2^n \lambda(\xi_n) = 1 \tag{2}$$

entsprechend, wodurch $L \leqq 1$ wird; diese Wahl ist zulässig, da $\lambda(x)$ jeden positiven Wert einmal und nur einmal annimmt*) und wegen (ϑ)

$$\lambda(\xi_{n-1}) = 2\lambda(\xi_n) > \lambda(2\xi_n), \qquad \text{also } \xi_{n-1} > 2\xi_n \text{ ist.}$$

Nun ist andererseits $L \geqq 1$ zu beweisen. Unsere Konstruktion bestand darin, daß zwischen zwei Intervallen $\beta\left(\frac{k-1}{2^n}\right)$ und $\beta\left(\frac{k}{2^n}\right)$, die aufeinanderfolgenden dyadischen Zahlen mit dem Nenner 2^n entsprechen, ein Intervall von der Länge ξ_n frei blieb; nennt man also $u(y)$ den linken, $v(y)$ den rechten Endpunkt von $\beta(y)$ (beide Punkte waren dem offenen Intervall nicht zuzurechnen), so ist

$$u\left(\frac{k}{2^n}\right) - v\left(\frac{k-1}{2^n}\right) = \xi_n \tag{3}$$

---

*) Wir erinnern daran, daß diese Eigenschaft nur zur Vereinfachung dient und an sich unwesentlich ist; L hängt natürlich nur von dem schließlichen Verhalten der ξ_n für $n \to \infty$ ab. Z. B. zerfällt A in zwei kongruente Hälften A_1, A_2 links und rechts von $\beta\left(\frac{1}{2}\right)$ und es ist $L(A) = L(A_1) + L(A_2) = 2L(A_1)$, also von ξ_0 unabhängig, ebenso von beliebig vielen Anfangsgliedern der Folge $\xi_0, \xi_1, \cdots$.

und dies gilt zunächst für $n > 1$ und $k = 2, 3, \cdots, 2^n - 1$, aber auch für $k = 1$, $k = 2^n$ und $n = 1$, $n = 0$, wenn man ergänzungsweise

$$v(0) = 0, \quad u(1) = \xi_0$$

setzt. Die Formel (3), die wir vereinfacht

$$u(y_2) - v(y_1) = \xi_n \tag{4}$$

schreiben, kann zur rekursiven Bestimmung dieser Intervall-Endpunkte dienen, denn eine dyadische Zahl $y = \frac{2k-1}{2^{n+1}}$, die in reduzierter Gestalt den Nenner 2^{n+1} hat, ist arithmetisches Mittel ihrer „Nachbarzahlen", d. h zweier aufeinanderfolgender Zahlen $y_1 = \frac{k-1}{2^n}$, $y_2 = \frac{k}{2^n}$ mit Nennern 2^n und man hat nach (3)

$$u(y_2) - v(y) = u(y) - v(y_1) = \xi_{n+1}. \tag{5}$$

Wir behaupten nun, daß das zwischen zwei Intervallen $\beta(y)$, $\beta(\eta)$ für $y < \eta$ freibleibende Stück

$$\alpha = u(\eta) - v(y) \tag{6}$$

die Ungleichung

$$\lambda(\alpha) \geqq \eta - y \tag{7}$$

erfüllt, die wir sogar in etwas erweitertem Umfange für $0 \leqq y < \eta \leqq 1$ nachweisen wollen. Da sie in den niedrigsten Fällen (z. B. $y = 0$, $\eta = 1$, $\alpha = \xi_0$, $\lambda(\alpha) = 1$) unmittelbar verifiziert werden kann, so beweisen wir sie durch Rekursion, für dyadische Zahlen mit Nennern $\leqq 2^{n+1}$, wenn sie für solche mit Nennern $\leqq 2^n$ bereits feststeht. Es ist zu unterscheiden, ob nur y oder η oder beide den reduzierten Nenner 2^{n+1} haben.

A) y habe den reduzierten Nenner 2^{n+1}, η den Nenner $\leqq 2^n$. Sind y_1, y_2 die wie oben bestimmten Nachbarzahlen von y, also $y_1 < y_2 \leqq \eta$, so ist

$$\begin{aligned} u(y_2) - v(y_1) &= \xi_n, \\ u(y_2) - v(y) &= \xi_{n+1}, \\ v(y) &= v(y_1) + \xi_n - \xi_{n+1}, \\ \alpha &= \alpha^* - \xi_n + \xi_{n+1}, \end{aligned}$$

wobei
$$\alpha^* = u(\eta) - v(y_1) \geqq u(y_2) - v(y_1) = \xi_n.$$

(Man beachte, daß, für $y < \eta$, $\beta(y)$ links von $\beta(\eta)$ liegt). Auf Grund von (ξ) in Nr. 9 ist daher

$$\lambda(\alpha) \geqq \lambda(\alpha^*) - \lambda(\xi_n) + \lambda(\xi_{n+1})$$

und, weil für α^* die Ungleichung (7) bereits feststeht,

$$\lambda(\alpha) \geqq (\eta - y_1) - \frac{1}{2^n} + \frac{1}{2^{n+1}} = \eta - y.$$

B) η habe den reduzierten Nenner 2^{n+1}, y den Nenner $\leqq 2^n$. Sind η_1, η_2 die Nachbarzahlen von η, also $y \leqq \eta_1 < \eta_2$, so ist

$$\begin{aligned} u(\eta_2) - v(\eta_1) &= \xi_n, \\ u(\eta) - v(\eta_1) &= \xi_{n+1}, \\ u(\eta) &= u(\eta_2) - \xi_n + \xi_{n+1}, \\ \alpha &= \alpha^* - \xi_n + \xi_{n+1}, \end{aligned}$$

wobei $$\alpha^* = u(\eta_2) - v(y) \geqq u(\eta_2) - v(\eta_1) = \xi_n.$$

Also wieder $$\begin{aligned} \lambda(\alpha) &\geqq \lambda(\alpha^*) - \lambda(\xi_n) + \lambda(\xi_{n+1}) \\ &\geqq (\eta_2 - y) - \frac{1}{2^n} + \frac{1}{2^{n+1}} = \eta - y. \end{aligned}$$

C) y und η haben den reduzierten Nenner 2^{n+1}. Sind y_1, y_2 und η_1, η_2 die Nachbarzahlen, also $y_1 < y_2 \leqq \eta_1 < \eta_2$, so wird wie oben

$$\begin{aligned} v(y) &= v(y_1) + \xi_n - \xi_{n+1}, \\ u(\eta) &= u(\eta_2) - \xi_n + \xi_{n+1}, \\ \alpha &= \alpha^* - 2\xi_n + 2\xi_{n+1}, \end{aligned}$$

wobei $$\begin{aligned} \alpha^* &= u(\eta_2) - v(y_1) \\ &> u(\eta_2) - v(\eta_1) + u(y_2) - v(y_1) \\ &= 2\xi_n. \end{aligned}$$

Nach den Ungleichungen (ζ), (η) (für $\alpha = 2$) der vorigen Nr. wird also

$$\begin{aligned} \lambda(\alpha) &> \lambda(\alpha^*) - \lambda(2\xi_n) + \lambda(2\xi_{n+1}) \\ &> \lambda(\alpha^*) - 2\lambda(\xi_n) + 2\lambda(\xi_{n+1}) \\ &\geqq (\eta_2 - y_1) - \frac{1}{2^{n-1}} + \frac{1}{2^n} = \eta - y. \end{aligned}$$

Damit ist der Beweis der Ungleichung (7) erbracht.

Schließen wir nun A in zunächst offene Intervalle $\alpha_n < \varrho$ ein mit

$$\sum \lambda(\alpha_n) < L_\varrho + \varepsilon.$$

Ohne die Summe links zu vergrößern, kann man sich mit einer endlichen Anzahl der α begnügen (Borelscher Satz), kann diese durch abgeschlossene Intervalle, die Teile des Grundintervalls $[0, \xi_0]$ sind, ersetzen, kann zwei übereinandergreifende oder zusammenstoßende α nach Nr. 9, (ι) durch ein einziges ersetzen und kann endlich ein α, das in ein $\beta(y)$ übergreift, (ohne $\beta(y)$ ganz in seinem Innern zu enthalten), um das übergreifende Stück verkürzen. So bleiben schließlich $n + 1$ Intervalle $\alpha_0, \alpha_1, \cdots, \alpha_n$, die zusammen mit gewissen Intervallen $\beta_1, \beta_2, \cdots, \beta_n$ aus der Reihe der

$\beta(y)$ das Grundintervall einfach bedecken. Wenn diese letztere den dyadischen Zahlen $y_1, y_2, \cdots, y_n$ entsprechen, so ist nach (7)

$$\begin{aligned} \lambda(\alpha_0) &\geqq y_1, \\ \lambda(\alpha_1) &\geqq y_2 - y_1, \\ &\cdot\ \cdot\ \cdot\ \cdot\ \cdot\ \cdot\ \cdot\ \cdot \\ \lambda(\alpha_{n-1}) &\geqq y_n - y_{n-1}, \\ \lambda(\alpha_n) &\geqq 1 - y_n, \end{aligned}$$

also
$$L_\varrho + \varepsilon > \sum \lambda(\alpha_i) \geqq 1,$$

folglich
$$L_\varrho \geqq 1 \geqq L \geqq L_\varrho, \quad \text{also} \quad L_\varrho = L = 1.$$

Die Menge A ist also von der Dimension $[\lambda(x)]$.

Beispiele: Um eine Menge von der Dimension (p) $(0<p<1)$ zu erhalten, haben wir zu setzen $\lambda(x) = x^p$, welche Funktion für alle positiven x unseren Anforderungen genügt, sodann nach (2)

$$2^n \xi_n^p = 1,$$

$$\xi_n = \xi^n \quad \text{mit} \quad \xi = \left(\frac{1}{2}\right)^{\frac{1}{p}} < \frac{1}{2}.$$

Um z. B. die Dimension $\frac{1}{2}$ zu erhalten, hat man $\xi = \frac{1}{4}$ zu wählen, d. h. jeweils die mittlere Hälfte der verbleibenden Intervalle zu tilgen. Bei gegebenem ξ $\left(0 < \xi < \frac{1}{2}\right)$ bestimmt sich die Dimension zu

$$p = \log 2 : \log \frac{1}{\xi};$$

z. B. hat die klassische Cantorsche Menge, bei der jeweils das mittlere Drittel der Intervalle getilgt wird $\left(\xi = \frac{1}{3}\right)$ die Dimension $p = \log 2 : \log 3 = 0{,}63093$.

Um eine Menge von der „unendlich kleinen“ Dimension $(0, p)$ der logarithmischen Skala zu bilden $(p > 0)$, ist

$$\lambda(x) = 1 : \left(\log \frac{1}{x}\right)^p$$

zu setzen, welche Funktion allerdings erst für hinreichend kleine x konvex ist, sodann von einem gewissen n ab

$$\left(\log \frac{1}{\xi_n}\right)^p = 2^n,$$

$$\xi_n = e^{-\eta^n} \quad \text{mit} \quad \eta = 2^{\frac{1}{p}} > 1;$$

die Forderung (1) $\quad \xi_{n-1} : \xi_n > 2, \quad \eta^n - \eta^{n-1} > \log 2$

wird auch erst von einem gewissen n ab erfüllt.

Ersetzt man (2) durch $2^n \lambda(\xi_n) = L$,

so wird $L(A) = L$. Bringt man in die von A freigelassenen Intervalle $\beta(y)$ wieder solche Mengen wie A, von derselben Dimension $[\lambda(x)]$ und mit konvergenter Summe ihrer L-Maße, verfährt mit den danach freibleibenden Intervallen ebenso und setzt dies, mit endlicher Summe aller L-Maße, unbegrenzt fort, so erhält man eine Menge, die in jedem Intervall von der Dimension $[\lambda(x)]$ ist.

Dagegen ist es nicht möglich, etwa eine Menge A zu bilden, deren Durchschnitt A_0^a mit dem Intervall $0 \leqq x < a$ eine mit a monoton wachsende Dimension $[\lambda_a(x)]$ hätte, in dem S. 166 erklärten Sinne, daß $\lim\limits_{x \to 0} \frac{\lambda_b(x)}{\lambda_a(x)} = 0$ für $b > a$. Denn konvergiert a_n wachsend nach b, so wäre $L_b(A_0^{a_n}) = 0$ und, da das L-Maß aufsteigender Mengen nach dem ihrer Summe konvergiert (Carathéodory, Satz 13), auch $L_b(A_0^b) = 0$, also A_0^b nicht von der Dimension $[\lambda_b(x)]$. Wenn also die Dimension $[\lambda_a(x)]$ überhaupt vorhanden und mit a veränderlich ist, so kommen in jedem noch so kleinen Intervall unvergleichbare Dimensionen vor.

11. Definieren wir, zu der speziellen perfekten Menge A von Nr. 10 zurückkehrend, in der Menge $B = \sum \beta(y)$ die streckenweise konstante Funktion $\varphi(x)$ durch

$$\varphi(x) = y, \quad \text{wenn } x \text{ in } \beta(y) \text{ liegt.}$$

Sind x und $\xi > x$ zwei Stellen in B, so gehören sie entweder demselben $\beta(y)$ an und es ist $\varphi(\xi) - \varphi(x) = 0$, oder sie gehören zu verschiedenen Intervallen $\beta(y)$, $\beta(\eta)$ mit $y < \eta$ und es ist dann

$$\xi - x > u(\eta) - v(y) = \alpha,$$

also nach (7) $\quad \lambda(\xi - x) > \eta - y = \varphi(\xi) - \varphi(x)$,

unter allen Umständen also

$$0 \leqq \varphi(\xi) - \varphi(x) < \lambda(\xi - x) \quad \text{für} \quad x < \xi.$$

Diese Funktion ist also in B gleichmäßig stetig und kann daher zu einer im Grundintervall $[0, \xi_0]$, in dem B dicht ist, stetigen Funktion $\varphi(x)$ erweitert werden, für die allgemein

$$0 \leqq \varphi(\xi) - \varphi(x) \leqq \lambda(\xi - x) \quad \text{für} \quad x < \xi \tag{8}$$

gilt; sie ist monoton, nimmt mit wachsendem x nicht ab, läuft von 0 bis 1 und nimmt jeden ihrer Werte an mindestens einer Stelle von A an. Vermöge der Abbildung $\quad y = \varphi(x)$

wird das Intervall $0 \leqq y \leqq 1$ eindeutiges (nicht umkehrbar eindeutiges) Bild des Intervalls $0 \leqq x \leqq \xi_0$, und einem Intervall α der x-Achse entspricht nach (8) ein Intervall $\gamma \leqq \lambda(\alpha)$ der y-Achse. Diese Abbildung läßt den letzten Teil des Beweises in voriger Nr. noch etwas deutlicher hervortreten: schließt man A in Intervalle α_n mit

$$\sum \lambda(\alpha_n) < L_0 + \varepsilon$$

ein, die wir dem Grundintervall angehörig annehmen, so müssen die entsprechenden Intervalle γ_n das ganze Intervall $0 \leqq y \leqq 1$ bedecken, denn jedem y $(0 \leqq y \leqq 1)$ entspricht mindestens eine Stelle x von A, deren Bild sie ist, und wenn x in α_n liegt, liegt y in γ_n. Demnach ist $\sum \gamma_n \geqq 1$, um so mehr $\sum \lambda(\alpha_n) \geqq 1$ und weiter wie oben.

Die inverse Funktion $\qquad x = \psi(y)$

ist an den dyadisch rationalen Stellen zwischen 0 und 1 unendlich vieldeutig, sie bedeutet dort eben alle Werte von $u(y)$ bis $v(y)$ (beide inkl.), während $\psi(0) = 0$ und $\psi(1) = \xi_0$ ist. Sie läßt sich beiläufig folgendermaßen explizite darstellen: ist y *dyadisch irrational* und

$$y = \frac{y_1}{2} + \frac{y_2}{2^2} + \cdots \qquad (y_n = 0, 1)$$

ihre dyadische Entwicklung, so ist

$$x = \psi(y) = y_1 \xi_0 + (y_2 - y_1)\xi_1 + (y_3 - y_2)\xi_2 + \cdots.$$

Dies gilt auch noch für $y = 0$, $y = 1$; ist dagegen y dyadisch rational und $0 < y < 1$, so gestattet y zwei dyadische Entwicklungen, die eine mit Einsen, die andere mit Nullen endigend:

$$y = \frac{u_1}{2} + \frac{u_2}{2^2} + \cdots \qquad (u_n \to 1)$$

$$= \frac{v_1}{2} + \frac{v_2}{2^2} + \cdots \qquad (v_n \to 0)$$

und diesen entsprechen gerade die Endpunkte des Intervalls $\beta(y)$

$$u(y) = u_1 \xi_0 + (u_2 - u_1)\xi_1 + (u_3 - u_2)\xi_2 + \cdots$$

$$v(y) = v_1 \xi_0 + (v_2 - v_1)\xi_1 + (v_3 - v_2)\xi_2 + \cdots.$$

Den Beweis dieser Behauptungen wollen wir unterdrücken; die Darstellung von $u(y)$, $v(y)$ läßt sich wieder rekursiv mittels (4), (5) verifizieren und daraus der Schluß auf $\psi(y)$ ziehen.

Die Funktion $\varphi(x)$ hat folgende einfache Bedeutung: ist A_a^b der Durchschnitt von A mit dem Intervall J_a^b $(a \leqq x < b)$, so ist

$$\varphi(x) = L(A_0^x), \tag{9}$$

wie man zunächst für die Punkte von $B = \sum \beta(y)$ und auf Grund der Monotonie beider Funktionen allgemein erkennt. Denn liegt x in $\beta(y)$

mit $y = \frac{k}{2^n}$, so zerfällt durch die β-Intervalle, die den dyadischen Zahlen mit dem Nenner 2^n entsprechen, A in 2^n kongruente Stücke, jedes vom Maße $\frac{1}{2^n}$, und da links von $\beta(y)$ k solche Stücke liegen, ist

$$L(A_0^x) = \frac{k}{2^n} = y = \varphi(x).$$

12. Die Funktion (9) läßt sich unter allgemeineren Voraussetzungen betrachten.*) Das äußere Maß L möge für einzelne Punkte verschwinden, und es gebe über jeder Menge eine maßgleiche Borelsche Menge; A liege im Intervall J_0^a und habe positives (endliches) $L(A) = L$. $\varphi(x)$ geht monoton von 0 bis L, wenn x von 0 bis a geht. Wegen der Meßbarkeit der Intervalle ist

$$(10) \qquad \varphi(\xi) - \varphi(x) = L(A_x^\xi) \qquad (x < \xi),$$

insbesondere

$$L - \varphi(x) = L(A_x^a).$$

$\varphi(x)$ ist stetig, denn nach einer schon erwähnten Eigenschaft der äußeren Masse ist

$$L(A_0^x) \to L(A_0^\xi), \quad L(A_x^a) \to L(A_\xi^a),$$

wenn x wachsend resp. abnehmend nach ξ konvergiert.

Die Abbildung

$$x^* = \varphi(x)$$

ordnet jeder Menge X des Intervalls $[0, a]$ eindeutig eine Bildmenge X^* des Intervalls $[0, L]$ zu. Sie ist im allgemeinen nicht eindeutig umkehrbar, denn $\varphi(x)$ kann (höchstens abzählbar viele) Konstanzintervalle haben; sind aber X, Y ohne gemeinsame Punkte, so haben X^*, Y^* höchstens abzählbar viele Punkte gemein. Mit einer Menge X^* ist ihr Urbild nicht eindeutig bestimmt, wohl aber ihr *größtes* Urbild X, d. h. die Menge *aller* Punkte x, deren Bilder in X^* fallen (sie enthält also von einem Konstanzintervall entweder keinen Punkt oder alle). Das Bild und das größte Urbild einer Borelschen Menge ist wieder eine solche.

Für ein Intervall J ist nach (10)

$$m(J^*) = L(AJ),$$

wenn m das Lebesguesche äußere Linearmaß bezeichnet. Für eine beliebige Menge X gilt zunächst nur die *Ungleichung*

---

*) $f(X) = L(AX)$ ist für die bezüglich L meßbaren Mengen X eine absolut additive Mengenfunktion, $\varphi(x)$ die zugeordnete Punktfunktion. Vgl. die Schrift von J. Radon, Theorie und Anwendungen der absolut additiven Mengenfunktionen (Wiener Akad. Ber. 122 (1913), S. 1295—1438), die für die Behandlung Carathéodoryscher Maße noch mancherlei Stoff bietet. Statt der Abbildung $x^* = \varphi(x)$ (vgl. dazu Radon, S. 1343) könnte man auch die eineindeutige Abbildung $x^* = x + \varphi(x)$ heranziehen, auf die mich Herr Carathéodory brieflich aufmerksam machte.

(11) $$m(X^*) \geqq L(AX),$$

denn schließt man X^* in (dem Intervall $[0, L]$ angehörige) Intervalle J_n^* ein mit

$$\sum m(J_n^*) < m(X^*) + \varepsilon,$$

so schließen die größten Urbildintervalle J_n die Menge X ein und es ist

$$L(AX) \leqq \sum L(AJ_n) = \sum m(J_n^*).$$

Die *Gleichung*

(12) $$m(X^*) = L(AX)$$

(deren linke Seite die obere Variation von $\varphi(x)$ in X oder das obere Stieltjes-Lebesguesche Integral $\int_X d\varphi$ ist) gilt aber gewiß in folgenden Fällen:

α) wenn X eine Borelsche Menge ist. Denn ist Y deren Komplement in bezug auf ein Intervall J, so haben die Borelschen Mengen X^*, Y^* höchstens abzählbar viele Punkte gemein und es ist

$$\begin{aligned} m(J^*) &= m(X^*) + m(Y^*) \\ &\geqq L(AX) + L(AY) \geqq L(AJ) = m(J^*), \end{aligned}$$

sodaß für X und Y in (11) das Gleichheitszeichen gilt.

β) wenn X Teilmenge von A ist. Denn ist V eine Borelsche Menge über X mit $L(V) = L(X)$, so liegt AV zwischen X und V, also auch $L(AV) = L(X)$, und man hat

$$m(V^*) \geqq m(X^*) \geqq L(AX) = L(AV) = m(V^*).$$

γ) Sie gilt für jedes X dann und nur dann, wenn A bezüglich L meßbar ist. Denn ist B das Komplement von A (inbezug auf das Grundintervall $[0, a]$) und gilt (12) allgemein, so ist insbesondere

(13) $$m(B^*) = 0,$$

und umgekehrt folgt hieraus für beliebiges X, wegen (β)

$$m(X^*) = m((AX)^*) = L(AX).$$

Aus (13) wieder folgt die Existenz einer Borelschen Menge V^* über B^* mit $m(V^*) = 0$; ihr größtes Urbild V ist eine Borelsche Menge über B mit $L(AV) = 0$ und deren Komplement U also eine Borelsche Menge *unter* A mit $L(U) = L(A)$, A ist bezüglich L meßbar; rückwärts führt dieser Schluß wieder zu (13) zurück.

Wenn A bezüglich L meßbar ist, schließt man leicht aus (12), daß AX dann und nur dann bezüglich L meßbar ist, wenn X^* linear meßbar ist.

Wenn L gemäß Def. 2 aus $\lambda(x)$ entspringt, so ist auch die Funktion

$$\varphi_\varrho(x) = L_\varrho(A_0^x)$$

wegen einer nachherigen Anwendung bemerkenswert. Sie geht monoton von 0 bis $L_\varrho(A)$; wegen

$$L_\varrho(X+Y) \leqq L_\varrho(X) + L_\varrho(Y)$$

ist

$$\varphi_\varrho(\xi) - \varphi_\varrho(x) \leqq L_\varrho(A_x^\xi) \qquad (x < \xi)$$

und offenbar für $\xi - x < \varrho$

$$L_\varrho(A_x^\xi) \leqq \lambda(\xi - x),$$

woraus die Stetigkeit von $\varphi_\varrho(x)$ folgt; die (von ϱ abhängige) Abbildung $x^* = \varphi_\varrho(x)$ ordnet jedem Intervall $\alpha < \varrho$ ein Bildintervall $\alpha^* \leqq \lambda(\alpha)$ zu. Man schließt daraus beiläufig auf die Ungleichung

$$m(X^*) \leqq L_\varrho(X)$$

zwischen einer Menge und ihrem Bilde.

13. Die Konstruktion ebener Mengen vorgeschriebener Dimension ist nicht ohne Schwierigkeit. Sei A eine Menge auf der x-Achse, B eine Menge auf der y-Achse, $C = A \times B$ die ebene Menge der Punkte (x, y), wo x die Menge A und y die Menge B durchläuft. Wir werden unter gewissen Einschränkungen beweisen, daß C von der Dimension $[\lambda(t)\mu(t)]$ ist, wenn A von der Dimension $[\lambda(t)]$ und B von der Dimension $[\mu(t)]$ ist; die entsprechenden äußeren Maße von A, B, C seien L, M, N. Beide Funktionen $\lambda(t)$, $\mu(t)$ seien wie in Nr. 9 gewählt, insbesondere konvex.

A sei die spezielle perfekte Menge der Nr. 10, auf den durch

$$2^m \lambda(\xi_m) = L$$

bestimmten Intervallängen beruhend, während wir über B nichts weiter vorauszusetzen brauchen. Schließen wir B in Intervalle $\eta_n < \varrho$ ein mit

$$\sum \mu(\eta_n) < M + \varepsilon,$$

wodurch C in die Mengen $C_n = A \times \eta_n$ eingeschlossen wird. Wählen wir, $\varrho \leqq \xi_0$ vorausgesetzt, zu jedem n den Index m derart, daß

$$\xi_{m-1} > \eta_n \geqq \xi_m$$

und schließen A in 2^m Intervalle von der Länge ξ_m ein; dadurch wird C_n in 2^m Rechtecke mit den Seiten ξ_m, η_n oder in 2^m Kreise mit den Durchmessern $d_{mn} = \sqrt{\xi_m^2 + \eta_n^2}$ eingeschlossen. Wegen $\xi_m < \frac{1}{2}\xi_{m-1}$ ist

$$d_{mn} \leqq \sqrt{2}\,\eta_n < 2\varrho,$$

$$d_{mn} \leqq \sqrt{\xi_m^2 + \xi_{m-1}^2} < \frac{\sqrt{5}}{2}\xi_{m-1},$$

also nach Nr. 9, (ϑ)

$$\lambda(d_{mn})\mu(d_{mn}) < \frac{\sqrt{5}}{2}\lambda(\xi_{m-1})\cdot\sqrt{2}\,\mu(\eta_n).$$

Daher folgt

$$N_{2\varrho}(C) \leqq \sum_n 2^m \lambda(d_{mn})\mu(d_{mn})$$
$$< \sum_n \sqrt{10}\,2^{m-1}\lambda(\xi_{m-1})\,\mu(\eta_n)$$
$$= \sqrt{10}\,L\sum\mu(\eta_n) < \sqrt{10}\,L(M+\varepsilon),$$

demnach

$$N \leqq \sqrt{10}\,LM.$$

Um N nach unten abzuschätzen, nehmen wir A, B als abgeschlossene Mengen in den Intervallen $[0, \xi_0]$, $[0, \eta_0]$ an und schließen C in Kreise K_n von Durchmessern $d_n < \varrho$ ein mit

$$\sum\lambda(d_n)\,\mu(d_n) < N_\varrho + \varepsilon;$$

zu jedem Kreis gehört ein umschriebenes Quadrat mit achsenparallelen Seiten und dessen Durchschnitt R_n mit dem Grundrechteck $(0 \leqq x \leqq \xi_0$, $0 \leqq y \leqq \eta_0)$; R_n ist ein Rechteck mit Seiten α_n, $\beta_n \leqq d_n$. Nehmen wir nun die am Ende voriger Nr. erwähnten Funktionen

$$\varphi_\varrho(x) = L_\varrho(A_0^x), \quad \psi_\varrho(y) = M_\varrho(B_0^y).$$

Durch

$$u = \varphi_\varrho(x), \quad v = \psi_\varrho(y)$$

wird R_n auf ein Rechteck der uv-Ebene abgebildet mit Seiten

$$\gamma_n \leqq \lambda(\alpha_n), \quad \delta_n \leqq \mu(\beta_n),$$

und diese Rechtecke müssen das ganze Rechteck

$$0 \leqq u \leqq L_\varrho, \quad 0 \leqq v \leqq M_\varrho$$

bedecken, da $\varphi_\varrho(x)$ jeden Wert an mindestens einer Stelle von A, $\psi_\varrho(y)$ jeden an einer Stelle von B annimmt. Also ist $\sum\gamma_n\delta_n \geqq L_\varrho M_\varrho$ und um so mehr

$$\sum\lambda(d_n)\,\mu(d_n) \geqq \sum\lambda(\alpha_n)\,\mu(\beta_n)$$
$$\geqq \sum\gamma_n\delta_n \geqq L_\varrho M_\varrho,$$

also $N_\varrho \geqq L_\varrho M_\varrho$ und

$$N \geqq LM.$$

Kombinieren wir die erhaltenen Ungleichungen, so sehen wir z. B., daß C gewiß von der Dimension $[\lambda\mu]$ wird, wenn A und B spezielle perfekte Mengen von der Art in Nr. 10 sind, von den Dimensionen $[\lambda]$, $[\mu]$, die zu konvexen Funktionen gehören: so kann man der Menge C z. B. jede Dimension der logarithmischen Skala geben, die niedriger als 2 ist. Macht man diese Dimension höher als 1 und ergänzt die punkthafte Menge C (die keine zusammenhängende Teilmenge außer ihren einzelnen

Punkten hat) durch Hinzufügung von abzählbar vielen Strecken, die also das N-Maß 0 haben, zu einer einfachen Kurve*), so hat diese dasselbe N-Maß wie C: es gibt also ebene Jordansche Kurven, die von einer beliebigen Dimension zwischen 1 und 2 sind. Bekanntlich gibt es auch solche von der Dimension 2, und in ähnlicher Weise wie man in diesem Falle verfährt oder wie für lineare Mengen am Schlusse von Nr. 10 angedeutet ist, kann man auch ebene Jordansche Kurven erzeugen, von denen jeder Teilbogen von derselben Dimension zwischen 1 und 2 ist.

Mit drei konvexen Funktionen λ, μ, ν und drei speziellen perfekten Mengen A, B, C (von der Art in Nr. 10) kann man eine räumliche Menge $A \times B \times C$ von der Dimension $[\lambda\mu\nu]$ bilden und entsprechende Schlüsse daran knüpfen.

Greifswald, März 1918.

---

*) Vgl. z. B. meine Grundzüge der Mengenlehre (Leipzig 1914), S. 374.

12*

Commentary on [H 1919a]

S. D. Chatterji

Since the explosion of the theory of fractals in the 1970's, this [H 1919a] is probably the most often cited paper of HAUSDORFF, at least in the popular and semi-popular scientific literature; it is therefore not surprising that its contents are often misquoted and misinterpreted. Hence, we summarize first the mathematical novelties contained in this paper; we shall do so in the language of general metric spaces (X, ρ), although HAUSDORFF restricted himself to $X = \mathbb{R}^q$ equipped with its usual q-dimensional Euclidean distance, $q = 1, 2, \ldots$

Let $\mathcal{U}$ be any family of bounded subsets of the metric space (X, ρ) such that for any $\varepsilon > 0$, every subset A of X can be covered by a finite or denumerable family of sets U in $\mathcal{U}$ with $d(U) < \varepsilon$, $d(U)$ being the diameter of the set U; this last condition on the family $\mathcal{U}$ can be omitted but its absence may lead to trivialities. Suppose that to each U in $\mathcal{U}$ is assigned a non-negative real number $\ell(U)$; define, for $A \subset X, \varepsilon > 0$,

$$L_\varepsilon(A) = inf \left\{ \sum_{n\geq 1} \ell(U_n) : A \subset \bigcup_{n\geq 1} U_n,\ U_n \in \mathcal{U},\ d(U_n) < \varepsilon \right\} \tag{1}$$

and

$$L(A) = \lim_{\varepsilon \downarrow 0} L_\varepsilon(A). \tag{2}$$

To avoid uninteresting difficulties it is best to assume that $\emptyset \in \mathcal{U}$ and $\ell(\emptyset) = 0$, although HAUSDORFF does not do so explicitly; thus $L_\varepsilon(\emptyset) = 0 = L(\emptyset)$; notice that $0 \leq L_\varepsilon(A) \leq \infty$ and that, for obvious reasons, $L_\varepsilon(A)$ increases with decreasing ε i. e. if $0 < \varepsilon_1 < \varepsilon_2$ then

$$L_{\varepsilon_1}(A) \geq L_{\varepsilon_2}(A).$$

HAUSDORFF's first observation is that $A \mapsto L(A)$ defines a *metric outer measure* on the family of all subsets A of the metric space (X, ρ); explicitly, this means that L verifies the conditions I–IV given below:

(I) $0 \leq L(A) \leq \infty$ (with $L(\emptyset) = 0$)

(II) If $B \subset A$ then $L(B) \leq L(A)$.

(III) If $A = A_1 \cup A_2 \cup \cdots$ then $L(A) \leq \sum_{n \geq 1} L(A_n)$.

(IV) If $\delta(A,B) > 0$ ($\delta(A,B)$ being the distance between the non-empty subsets A, B) then

$$L(A \cup B) = L(A) + L(B).$$

Further if the sets in $\mathcal{U}$ are BOREL sets then L satisfies the following as well:

(V) $L(A) = \inf\{L(B) : B \supset A, \quad B \text{ being } L\text{-measurable}\}$

where B is called L-measurable if for any subset W of X,

$$L(W) = L(W \cap B) + L(W \setminus B). \tag{3}$$

Recall that the BOREL sets of X are defined to be the sets belonging to the smallest σ-algebra generated by the open sets of X. According to current terminology, any set function L, defined for all subsets of a set X, satisfying I, II and III, is called an *outer measure* in X; if X is a metric space and the outer measure L in X satisfies IV then L is called a *metric outer measure* in X; finally, any outer measure L in any set X which satisfies V is called a *regular outer measure* in X. The condition (3) is called the CARATHÉODORY condition of measurability and was first introduced in [C 1914]. Although CARATHÉODORY (like HAUSDORFF) supposed that $X = \mathbb{R}^q$, it was obvious that all his work involving only I, II, III was valid for any outer measure in any set X and that all his considerations involving IV applied to any metric space X; for CARATHÉODORY, the purpose of condition IV was to ensure that at least all the BOREL sets of the metric space X were measurable. As observed by HAUSDORFF (p. 158), if L satisfies I–IV then a simple modification of L provides other metric outer measures M, N which satisfy V as well. In [C 1914] CARATHÉODORY showed that if $\mathcal{U}$ is the class of all bounded subsets of $X = \mathbb{R}^1$ and $\ell(U) = d(U)$, the diameter of U, then the corresponding set function $L(A)$ (called the *linear measure* of A) constructed via (1) and (2) verifies the conditions I–V; as HAUSDORFF remarks on p. 159, CARATHÉODORY's proof applies verbatim to the general situation envisaged by HAUSDORFF. In [C 1914] CARATHÉODORY further points out that for the case of the linear measure the sets in the family $\mathcal{U}$ can be restricted to bounded open convex subsets (or bounded closed convex subsets) of $\mathbb{R}^q$; HAUSDORFF indicates on p. 160 that if $\ell(U)$ verifies some simple conditions then in his more general situation also the sets U can be restricted to open or closed subsets without changing the value of $L(A)$. The point is that if the sets of the family $\mathcal{U}$ are BOREL sets then the construction given in (1) and (2) automatically yields L which satisfies V as well.

The greater part of CARATHÉODORY's fundamental paper [C 1914] is devoted to the study of abstract metric outer measures in $\mathbb{R}^q$; the only concrete example CARATHÉODORY discusses in detail is the case of the linear measure mentioned above and it is shown that this measure gives an appropriate generalisation of the elementary notion of the length of curves. CARATHÉODORY briefly mentions the possibility of p-dimensional measures in $\mathbb{R}^q$ (p being an integer with $1 \leq p \leq q$) by replacing $\ell(U)$ by a "p-dimensional volume" of U as indicated in example (G) of HAUSDORFF (p. 162), the idea being that of generalising ordinary p-dimensional volumes of general subsets of $\mathbb{R}^q$. At this point, HAUSDORFF, by restricting himself to $\ell(U)$ of the form $\lambda(d(U))$ where λ is any non-negative *continuous strictly increasing function* of a real variable $x \in [0, \infty[$ $\lambda : [0, \infty[\to [0, \infty[)$ *with* $\lambda(0) = 0$ (such a λ will be called a *Hausdorff function*) constructs a family of regular metric outer measures L^λ (following the formulae (1) and (2)) using $\mathcal{U}$ as the family of balls (say open balls to fix ideas). HAUSDORFF then shows that if $\lambda(x) = x^p$ and $p = 1$ or 2 then the corresponding L^λ-measure reduces to the CARATHÉODORY linear measure or the usual 2-dimensional surface measure (for sets A in $\mathbb{R}^3$ which are smooth surface elements); further, if $p = q$ then, except for a constant factor, L^λ is the usual LEBESGUE outer measure in $\mathbb{R}^q$. Indeed for any $p = 1, 2, \ldots$ HAUSDORFF's L^λ-measure with $\lambda(x) = x^p$ leads to CARATHÉODORY's p-dimensional measure in $\mathbb{R}^q$, except for constant factors; the proofs of these facts are only briefly outlined. These facts are used essentially to justify the study of his L^λ-measures; we shall call L^λ the *Hausdorff measure* associated with the HAUSDORFF function λ; if $\lambda(x) = x^p, p > 0$, then we shall write $L^{(p)}$ for the corresponding HAUSDORFF measure L^λ.

Now HAUSDORFF introduces his notion of dimension; given a HAUSDORFF function λ, a set $A \subset \mathbb{R}^q$ is said to be of *dimension* $[\lambda]$ if

$$0 < L^\lambda(A) < \infty. \tag{4}$$

As HAUSDORFF points out immediately, the condition (4) depends only on the behaviour of λ in an arbitrarily small neighbourhood of $x = 0$; if λ, μ are two HAUSDORFF functions with

$$0 < a \leq \frac{\mu(x)}{\lambda(x)} \leq b < \infty$$

for x in some interval $]0, \varepsilon[$ then a set A is of dimension $[\lambda]$ if and only if it is of dimension $[\mu]$.

HAUSDORFF now considers the following basic problem : *given a Hausdorff function* λ *does there exist a set* A *in* $\mathbb{R}^q$ *of dimension* $[\lambda]$*?*

HAUSDORFF does not solve this problem in all generality. Let us state first his most important result in this direction: *if* $\lambda : [0, \infty[\to [0, \infty[$ *is a strictly increasing, strictly concave function with* $\lambda(0) = 0$, $\lim_{x\to\infty} \lambda(x) = \infty$ *then there exists a bounded perfect non-dense set* $A \subset \mathbb{R}$ *of dimension* $[\lambda]$.

Before describing HAUSDORFF's construction of A, let us note that what HAUSDORFF calls *konvex (nach oben)* is what we call (following standard modern terminology) concave and what HAUSDORFF calls *konkav* is what we call convex; if λ is twice differentiable then λ is concave (convex) in modern terminology if $\lambda'' \leq 0$ ($\lambda'' \geq 0$). Note further that a concave real function defined in $]0, \infty[$ is automatically continuous; the determinant condition (γ) on p. 167 is known to be equivalent to the strict concavity of λ. Further, a strictly concave function $\lambda : [0,\infty[\to [0,\infty[$ is known to be strictly subadditive as HAUSDORFF proves in (ι), p. 168, and as can be easily seen from the fact that such a λ with $\lambda(0) = 0$ is of the form

$$\lambda(x) = \int_0^x f(t)dt, \quad x \geq 0$$

where f is strictly decreasing and integrable on $[0, x], x > 0$. If λ is also strictly increasing then $f(t) > 0$ if $t > 0$; since f is strictly decreasing, $f(0+) = \lim_{t\downarrow 0} f(t)$ is in $]0,\infty]$; the case where $f(0+) < \infty$ gives λ such that

$$0 < \lim_{x\to 0} \frac{\lambda(x)}{x} = f(0+) < \infty$$

so that, in this case, by a remark made above, a set $A \subset \mathbb{R}$ is of dimension $[\lambda]$ if and only if its LEBESGUE outer measure is finite and positive. This case is obviously of little interest for the problem at hand; the interesting case is where $f(0+) = \infty$ so that

$$\lim_{x\to 0} \frac{\lambda(x)}{x} = \infty. \tag{5}$$

The relevance of these remarks will become clear later.

The construction given by HAUSDORFF of the set $A \subset \mathbb{R}$ of dimension $[\lambda]$ follows the classical method for the construction of the CANTOR set. One fixes a sequence of strictly positive numbers $\xi_0, \xi_1, \xi_2, \ldots$ with

$$\xi_0 > 2\xi_1, \ \xi_1 > 2\xi_2, \ldots; \ 2^n\lambda(\xi_n) = 1, \quad n \geq 0 \tag{6}$$

which is easily shown to be possible because of the conditions imposed on λ. From the interval $[0, \xi_0]$ a central open interval of length $\xi_0 - 2\xi_1$ is removed leaving behind two closed intervals, each of length ξ_1; the process is continued with each of the two remaining intervals, leaving behind four closed intervals, each of length ξ_2; at the nth stage one would have 2^n closed intervals left, each of length ξ_n; if the union of these nth stage intervals is called A_n then A is defined as

$$A = \bigcap_{n=1}^{\infty} A_n.$$

It is then obvious that A is a bounded perfect non-dense set with $L^\lambda(A) \leq 1$; the difficult part of HAUSDORFF's work is to show that $L^\lambda(A) > 0$; indeed, he shows that $L^\lambda(A) = 1$.

By taking $\lambda(x) = x^p, 0 < p < 1$, HAUSDORFF obtains A such that $L^{(p)}(A) = 1$; if $p = \log 2/\log 3$, then the numbers ξ_n in (6) are easily seen to be

$$\xi_n = \xi^n, \xi = 2^{-1/p} = \frac{1}{3}$$

so that the set A constructed above in this case becomes the classical CANTOR ternary set in $[0, 1]$.

As HAUSDORFF points out, for his construction it suffices to have λ with the requisite properties only in some interval $[0, x_0]$ with $x_0 > 0$; this allows him to affirm that for

$$\lambda(x) = \left(\log \frac{1}{x}\right)^{-p}$$

his construction will give a set A of dimension $[\lambda]$. It is further implied that this construction will provide sets of dimension $[\lambda]$ for all the functions λ of his logarithmic scale

$$\lambda(x) = x^{p_0} \left(\ell\left(\frac{1}{x}\right)\right)^{-p_1} \left(\ell_2\left(\frac{1}{x}\right)\right)^{-p_2} \cdots \left(\ell_k\left(\frac{1}{x}\right)\right)^{-p_k}$$

where $\ell = \log, \ell_2 = \log\log$ etc. and either $p_0 = 0$ and the first non-vanishing $p_i > 0$ or $0 < p_0 < 1$ or $p_0 = 1$ and the first non-vanishing $p_i < 0$. Note that in all these cases λ satisfies (5) and that $\lambda'(x) \to \infty$ as $x \to 0+$ and $\lambda''(x) < 0$ for all sufficiently small $x > 0$. However, the question of exactly which functions λ will permit sets $A \subset \mathbb{R}$ of dimension $[\lambda]$ is left open. This problem is settled completely by DVORETZKY in 1946; in [D 1948] it is proved that *the necessary and sufficient condition that there exist a set $A \subset \mathbb{R}$ of dimension $[\lambda]$ is that*

$$\liminf_{x \to 0+} \frac{\lambda(x)}{x} > 0. \tag{7}$$

As DVORETSKY points out, if the lim inf in (7) is zero then $L^\lambda(S) = 0$ for any bounded set S in $\mathbb{R}$ and if the lim inf in (7) is a finite positive number α, then for any bounded interval I of length c, $L^\lambda(I) = \alpha c$; thus the significant part of the statement implied by (7) is to establish that if the lim inf in (7) is ∞ (i.e. λ satisfies (5)) then there exists a bounded set $A \subset \mathbb{R}$ with $0 < L^\lambda(A) < \infty$; DVORETZKY's construction is similar to (but more elaborate than) HAUSDORFF's and yields a bounded perfect non-dense set A. DVORETZKY also remarks that *for the existence of $A \subset \mathbb{R}^q$ of dimension $[\lambda]$ it is necessary and sufficient that*

$$\liminf_{x \to 0+} \frac{\lambda(x)}{x^q} > 0. \tag{8}$$

It is further observed in [D 1948] that the continuity and even the monotonicity of λ can be dispensed with; actuallly, HAUSDORFF in his paper had already mentioned that the continuity and monotonicity of λ were just convenient hypotheses, implying that it was the rate of convergence to zero of $\lambda(x)$ as $x \to 0+$ which was essential for dimension $[\lambda]$. In [R 1998] p. 68, ROGERS gives a definitive answer to the question of the existence of a set A of dimension $[\lambda]$; *for any Hausdorff function λ there is a compact metric space (X, ρ) such that X is of dimension* $[\lambda]$. In ROGER's proof, X is realized as a compact subset of $[0, 1]$ in $\mathbb{R}$ but it is endowed with a suitable new metric ρ; an interesting feature of this construction is that the topology given by ρ in X is identical with that induced by the usual topology of $\mathbb{R}$. This illustrates in a vivid manner the great dependence of the notion of dimension $[\lambda]$ on the choice of the metric ρ, a point which might have interested HAUSDORFF. Indeed if

$$\lambda(x) = \exp(-1/x), \quad x > 0, \quad (\lambda(0) = 0) \tag{9}$$

a function explicitly mentioned by HAUSDORFF, p. 166,

$$\lim_{x \to 0+} \frac{\lambda(x)}{x^q} = 0$$

for any $q \in \mathbb{R}$ so that for any bounded set A in any $\mathbb{R}^q$ (endowed with its Euclidean metric) we should have $L^\lambda(A) = 0$. HAUSDORFF interprets this as saying that $\dim[\lambda]$ "corresponds to an infinitely big dimension" (*"entspricht eine unendlich grosse Dimension")*. We should add that in [R 1998], the HAUSDORFF function λ are supposed to be monotonic increasing and only continuous on the right with $\lambda(0) = 0$; an inspection of the proof in [R 1998] seems to imply that no condition on λ beyond $\lambda(x) \to 0$ as $x \to 0+$ is needed to establish ROGER's theorem.

As regards the construction of sets A in $\mathbb{R}^2$ (endowed with the usual Euclidian metric) of dimension $[\lambda]$, λ being a prescribed HAUSDORFF function, HAUSDORFF states (p. 177) that it is *"nicht ohne Schwierigkeit"*. However, he shows (rather easily) that if A is a set of dimension $[\lambda]$ and B is a set of dimension $[\mu]$, A, B *being the special type of sets in* $\mathbb{R}$ *constructed by him previously* then $A \times B$ will be of dimension $[\lambda\mu]$. Here HAUSDORFF comes across a problem which is difficult and which would tax the ingenuity of many mathematicians later: if A is of dimension $[\lambda]$ and B is of dimension $[\mu]$ what can be said of the dimension of $A \times B$? More information on this subtle question is indicated in [R 1998], p. 131.

Let us note that HAUSDORFF's notion of dimension is one of prescribing a suitable HAUSDORFF function λ to the set concerned; what is commonly called *Hausdorff* (fractional) *dimension* these days is a less refined concept. If A is a subset of a metric space (X, ρ), the HAUSDORFF dimension of A is a quantity $\alpha, 0 \le \alpha \le \infty$, defined as follows:

$$\alpha = \sup\{p > 0 : L^{(p)}(A) = \infty\} = \inf\{p > 0 : L^{(p)}(A) = 0\}. \tag{10}$$

In other words, the definition (10) is based only on the HAUSDORFF measures defined by the special HAUSDORFF functions $\lambda(x) = x^p$, $p > 0$; that (10) gives a well-defined number α is seen from the easily proved fact that if $L^{(p)}(A) = \infty$ then $L^{(p')}(A) = \infty$ for all p' with $0 < p' < p$ and if $L^{(p)}(A) = 0$ then $L^{(p')}(A) = 0$ for all $p' > p$. Further, if for some p, $0 < p < \infty$, a set A is such that

$$0 < L^{(p)}(A) < \infty$$

then $L^{(p')}(A) = 0$ for $p' > p$ and $L^{(p')}(A) = \infty$ if $0 < p' < p$ so that the HAUSDORFF dimension of A (in the sense of (10)) is equal to p; however, a set

A may be of HAUSDORFF dimension p, $0 < p < \infty$, and yet $L^{(p)}(A)$ may be or 0 or ∞. Thus saying that the classical CANTOR ternary set C is of HAUSDORFF dimension $\log 2/\log 3$ is less precise than the fact proved by HAUSDORFF (see above) that $L^{(p)}(C)$ is finite and > 0 (indeed equal to 1) if $p = \log 2/\log 3$. Nevertheless, for many problems, a knowledge of α (as defined by (10)) is a sufficiently refined piece of information. On the other hand it must be added that there are sets A for which there is no HAUSDORFF function λ such that A is of dimension $[\lambda]$; however, for A arising in many concrete problems, a suitable HAUSDORFF function λ such that A is of dimension $[\lambda]$ exists and then one has indeed the most refined metrical information about the size of A that one would wish to possess.

The present paper of HAUSDORFF seems to have arisen from a close scrutiny of CARATHÉODORY's paper [C 1914]; he did not seem to have any immediate application elsewhere in view. However, it must be added that HAUSDORFF was always interested in the topological notion of dimension (cf. his reference to FRÉCHET's work on p. 157), a subject that had begun to come into its own through the important papers of BROUWER (1913) and LEBESGUE (1911) (cf. [HW 1941], chapter 1). We shall briefly report at the end on the huge amount of unpublished material that HAUSDORFF has left behind on topological dimension theory. Let us only recall at this point that HAUSDORFF was also interested in working out rigorously the notions of length, area, volume etc. as used in all areas of mathematics; this is clearly seen in the introduction to the tenth chapter of his *Grundzüge* ([H 1914a], *Inhalte von Punktmengen*). His presentation of the relevant measure theory there was based on LEBESGUE's 1902 thesis and LEBESGUE's 1904 book (*Leçons sur l'intégration*) and was somewhat laborious; CARATHÉODORY's paper [C 1914] must have seemed to him then (as it still seems to many of us today) an enormous clarification of the theory.

Although HAUSDORFF never published anything more on his own dimension theory and his publications after 1919 turned to matters in entirely different fields of analysis, the after-effects of this 1919 paper were enormous. It would be impossible, if not foolish, to try to give explicit individual references to all the papers which stemmed directly or indirectly from the present paper of HAUSDORFF; we shall therefore limit ourselves to those references which themselves contain substantial bibliographies related to HAUSDORFF measures.

An early explicit reference to HAUSDORFF's present paper is in a paper of BOULIGAND on the DIRICHLET problem in 1925; for this see [CF 1993] which contains English translations of a number of early papers related to fractals, including a translation of the present paper of HAUSDORFF. BOULIGAND published several other papers in 1928 and 1929 on his notion of dimension in relation to his work on potential theory and he seemed to have come to the conclusion that HAUSDORFF's dimension was not related to his definitions. However, in 1935, FROSTMAN in his famous thesis on potential theory [Fr 1935] established a close relationship between the notion of capacity (of a closed set in an Euclidean space) and the HAUSDORFF measure L^λ (of the closed set for a suitable HAUSDORFF function λ, cf. [Fr 1935], p. 86); further, both of these were closely related to the notion of transfinite diameter of sets (in $\mathbb{R}^2$, due to FEKETE in 1923, in $\mathbb{R}^3$ due to PÓLYA and SZEGÖ in 1931; [Fr 1935], p. 44–46). By introducing HAUSDORFF's fractional dimension as indicated above in (10), FROSTMAN establishes the equality between the fractional dimension and the capacitory dimension for every closed set in $\mathbb{R}^q$ ([Fr 1935], p. 90); this equality has become a powerful analytical method for calculating the HAUSDORFF fractional dimension of sets in $\mathbb{R}^q$. FROSTMAN's paper shows a thorough study of HAUSDORFF's present paper.

A spate of profound papers on HAUSDORFF measures began to be written by BESICOVITCH starting around 1927; a partial (and yet a long list) of these papers is given in the very readable textbook of ROGERS [R 1998] which we have already cited above. BESICOVITCH and his numerous excellent collaborators wrote (and continue to write; BESICOVITCH died in 1970) on almost all aspects of HAUSDORFF measure theory, with much emphasis on geometric measure theory and metric aspects of number theory; six of these papers are reproduced in [CF 1993] and they may give some idea of the wide range of topics handled by these authors. Incidentally, the definition of HAUSDORFF fractional dimension (as in (10) above) seems to have appeared first in a 1929 paper of BESICOVITCH.

We shall not attempt to describe the numerous applications of HAUSDORFF measures $L^{(p)}$ (specially with p an integer) in the detailed analysis of functions and measures in $\mathbb{R}^n$ which constitute geometric measure theory. Any reasonably general development of the change of variables formula in multiple integrals and the GAUSS-GREEN-STOKES formula in $\mathbb{R}^n$ inevitably leads to the measures $L^{(p)}$ and the associated notions of rectifiability. A definitive account of this theory is given in FEDERER's monograph [F 1969]; a more recent account of some of this theory is [M 1995]. Let us note that in FEDERER's book, important use is made of at least seven different types of HAUSDORFF measures formed by using various geometrically important quantities $\ell(U)$ in the construction indicated in (1) and (2).

As regards applications to number theory, let us cite the following 1934 result of BESICOVITCH ([CF 1993], p. 147): let E be the set of real numbers x in $]0,1[$ such that

$$\limsup_{n\to\infty} \frac{P(x,n)}{n} \leq p$$

where $0 < p < \frac{1}{2}$ and $P(x,n)$ is the sum of the first n digits in the dyadic expansion of x; then the HAUSDORFF fractional dimension (in the sense of (10)) of E is given by

$$\alpha = \frac{I(p)}{\log 2}, \quad I(p) = -p\log p - q\log q, \quad q = 1-p. \tag{11}$$

BESICOVITCH does not state the value of α in this form; however, the advantage of the form (11) lies in the interpretation of $I(p)$ as the SHANNON information associated with the two point probability space $\{0,1\}$, p being the probability given to 1, $q = 1 - p$ to 0. Note that $I(1/2) = \log 2$. Subsequent research has established numerous formulae relating HAUSDORFF fractional dimensions of sets with SHANNON information associated with appropriate (often discrete) probability spaces and this has led to applications in ergodic theory and coding; an useful short bibliography is contained in FALCONER's foreword in [R 1998]. Note that by the BOREL-HAUSDORFF law of normal numbers, the LEBESGUE measure of the set E (for any value of $p < \frac{1}{2}$) is zero; the HAUSDORFF fractional dimension measures the size of E as a function of p. This is a typical service rendered by HAUSDORFF dimensions in general and they are used in this sense in many refined investigations; for example, many curves that arise in various studies of dynamical systems or stochastic processes have no tangents anywhere and their HAUSDORFF dimension functions indicate the degree of their *fractal* nature. A survey of many of these results and others are contained in the various articles on the subject in [FH 1996].

The perfect CANTOR type set A constructed by HAUSDORFF via the numbers $\{\xi_n\}$ defined by (6) has played an important part in harmonic analysis. In the 1940's SALEM used A (and its generalisations) to construct singular probability measures μ supported by A whose FOURIER-STIELTJES coefficients tend to zero; in fact μ is nothing but HAUSDORFF's measure L^λ. Since L^λ has a very simple probabilistic interpretation, its FOURIER-STIELTJES transformation can be written down almost immediately; if $\xi_0 = 1, L^\lambda$ is the probability law of the random variable

$$\eta = \sum_{k=1}^{\infty} \varepsilon_k r_k, \quad r_1 = (1 - \xi_1), \quad r_k = (1 - \xi_k)\xi_1 \ldots \xi_{k-1} \quad (k \geq 2)$$

where ε_k's form a sequence of independent, identically distributed random variables taking the values 0 or 1 with probability 1/2. Thus the FOURIER-STIELTJES transform of L^λ is given by

$$\int_0^1 \exp(it\,x)dL^\lambda(x) = \exp(it/2) \prod_{k=1}^{\infty} \cos(r_k t/2)$$

(using the fact that $\sum_{k \geq 1} r_k = 1$).

The elegant book by KAHANE and SALEM [KS 1994] uses sets A and their generalisations to answer a large number of questions of classical FOURIER analysis; it gives a good introduction to HAUSDORFF measures and the capacity formula of FROSTMAN; it also establishes HAUSDORFF's dimension result about A (p. 30); KAHANE and SALEM call the sets A *"ensembles parfaits symétriques"* (p. 13).

Since MANDELBROT introduced the notion of *fractal objects*, more and more areas of physics and other natural sciences are using concepts related to HAUSDORFF measures. A very complete bibliography can be found in MANDELBROT's book [Ma 1983].

To complete our rapid survey of the after-effects of HAUSDORFF's paper, let us mention its influence on topological dimension theory; to our knowledge, it has not been great. Chapter VII of [HW 1941] is devoted to this topic. As pointed out there, both the CANTOR triadic set as well as the set of irrational numbers in [0, 1] have topological dimension zero; however, we have seen that the CANTOR set has HAUSDORFF fractional dimension $\log 2/\log 3$ (which is bigger than 0.63) and the HAUSDORFF fractional dimension of the irrational numbers in [0, 1] (or in $\mathbb{R}$) is obviously 1 since its 1-dimensional (LEBESGUE) measure is > 0. The basic theorem establishing a relationship between the two notions of dimension was established in 1937 by the Polish analyst SZPILRAJN (who published under the name of EDWARD MARCZEWSKI, after 1945). We state one of its consequences as follows: let $\dim X$ denote the topological dimension of the separable metric space (X, ρ) (defined inductively, $\dim X$ is always an integer ≥ 0 or ∞ and is a topological invariant; it does not depend on the choice of the particular metric ρ); let $\alpha(X, \rho')$ be the HAUSDORFF fractional dimension of (X, ρ') where ρ' is any metric on X such that (X, ρ') is homeomorphic to (X, ρ) as topological spaces; then

$$\dim X = \inf_{\rho'} \alpha(X, \rho') \tag{12}$$

where the infimum is taken over all possible metrics ρ' in X verifying the condition prescribed.

From HAUSDORFF's unpublished papers we know that he remained interested in topological dimension theory all through his life. There are several hundred pages of studies on the ongoing work on dimension theory of HUREWICZ, MENGER, P. ALEXANDROFF, URYSOHN, KURATOWSKI and others. NL HAUSDORFF: Kapsel 47: Fasz. 986 (written between 1930–1936) is a book length study of approx. 200 pages incorporating many of the results of the mathematicians mentioned. All of this shows his permanent interest in dimension theory as a point-set topologist; but we have not found any further work on his own measure theoretical dimension theory.

References

[C 1914] CARATHÉODORY, C.: *Über das lineare Mass von Punktmengen – eine Verallgemeinerung des Längenbegriffs.* Nachrichten der K. Gesellschaft der Wissenschaften zu Göttingen, Mathematisch-physik. Klasse (1914), 404–426. *Ges. Math. Schr. Band IV*, Beck, München 1956, 249–275.

[CF 1993] : *Classics on Fractals.* (Ed. Edgar, G. A.) Addison-Wesley Publishing Co., Reading, Massachusetts 1993.

[D 1948] DVORETZKY, A.: *A note on Hausdorff dimension function.* Math. Proc. of the Cambridge Phil. Soc. 44 (1948), 13–16.

[F 1969] FEDERER, H.: *Geometric measure theory.* Springer, Berlin 1969.

[**FH 1996**] *Felix Hausdorff zum Gedächtnis*, Band I. (Ed. Brieskorn, E.) Vieweg, Braunschweig–Wiesbaden 1996.

[**Fr 1935**] FROSTMAN, O.: *Potentiel d'équilibre et capacité des ensembles.* Meddelanden fran Lunds Universitets Matematiska Seminarium 3 (1935), 1–118.

[**H 1914a**] HAUSDORFF, F.: *Grundzüge der Mengenlehre.* Verlag Veit & Co. Leipzig. Reprint: Chelsea Publishing Co. 1949, 1965.

[**HW 1941**] HUREWICZ, W.; WALLMAN, H.: *Dimension theory.* Princeton University Press, Princeton 1941.

[**KS 1994**] KAHANE, J.-P.; SALEM, R.: *Ensembles parfaits et séries trigonométriques.* Hermann, Paris 1994 (1st. ed. 1963).

[**M 1995**] MATTILA, P.: *Geometry of sets and measures in Euclidean spaces.* Cambridge University Press, Cambridge 1995.

[**Ma 1983**] MANDELBROT, B. B.: *The fractal geometry of nature.* W. H. Freeman & Co., San Francisco 1983.

[**R 1998**] ROGERS, C. A.: *Hausdorff measures.* Cambridge University Press, Cambridge 1998 (1st. ed. 1970).

Der Wertvorrat einer Bilinearform.

Math. Zeitschrift **3** (1919), 314–316.

[H 1919b]

Der Wertvorrat einer Bilinearform.

Von

Felix Hausdorff in Greifswald.

Herr Toeplitz hat in dieser Zeitschrift kürzlich gezeigt[1]), daß der Wertvorrat W einer Bilinearform, als Punktmenge in der komplexen Zahlenebene, außen von einer konvexen Kurve begrenzt ist, aber die Frage offen gelassen, ob er das ganze Innere dieser Kurve erfüllt. Es ist nun sehr einfach zu zeigen, daß diese Frage zu bejahen, nämlich W selbst eine konvexe Menge ist.

Wenn

$$C = \begin{pmatrix} c_{11} \dots c_{1n} \\ \dots\dots\dots\dots \\ c_{n1} \dots c_{nn} \end{pmatrix}, \qquad C^* = \begin{pmatrix} \bar{c}_{11} \dots \bar{c}_{n1} \\ \dots\dots\dots\dots \\ \bar{c}_{1n} \dots \bar{c}_{nn} \end{pmatrix}$$

eine n-reihige Matrix und ihre begleitende (konjugiert-transponierte) Matrix bedeuten, so sind durch

$$A = \frac{1}{2}(C + C^*), \qquad B = \frac{1}{2i}(C - C^*)$$

oder umgekehrt

$$C = A + iB, \qquad C^* = A - iB$$

zwei Hermitesche Matrizen A, B, die *Komponenten* von C, definiert. Eine lineare Substitution (nichtverschwindender Determinante) mit der Matrix P, die C in

$$\mathfrak{C} = PCP^*$$

überführt, führt gleichzeitig C^* in $\mathfrak{C}^*$ und die Komponenten A, B in die Komponenten $\mathfrak{A}$, $\mathfrak{B}$ über.

Der Wertvorrat W von C ist, nach Herrn Toeplitz, die Menge der komplexen Zahlen w, welche die Form

---

[1]) O. Toeplitz, Das algebraische Analogon zu einem Satze von Fejér, Math. Zeitschrift 2 (1918), S. 187–197.

$$C(x, \bar{x}) = \sum_{\alpha, \beta} c_{\alpha\beta} x_\alpha \bar{x}_\beta = w$$

durchläuft, wenn die komplexen Veränderlichen $x_1, x_2, \ldots, x_n$ der Bedingung

$$(1) \qquad E(x, \bar{x}) = \sum_\alpha x_\alpha \bar{x}_\alpha = 1$$

unterworfen werden. Zerlegen wir C in seine Komponenten, so ist W die Menge der reellen Wertpaare (u, v) oder der Punkte mit rechtwinkligen Koordinaten u, v, die ein Paar Hermitescher Formen

$$A(x, \bar{x}) = u, \qquad B(x, \bar{x}) = v$$

unter der Bedingung (1) durchläuft.

Durch eine unitäre Substitution $(PP^* = E)$, die offenbar den Wertvorrat von C nicht ändert, können wir die Hermitesche Matrix A in eine Diagonalmatrix überführen oder also von vornherein

$$A(x, \bar{x}) = \sum_\alpha a_\alpha x_\alpha \bar{x}_\alpha$$

als Diagonalform mit den Eigenwerten $a_1, a_2, \ldots, a_n$ annehmen. Sei dann u_0 ein Wert, den $A(x, \bar{x})$ unter der Bedingung (1) annimmt, der also zwischen dem kleinsten und größten Eigenwert liegt; geometrisch gesprochen: die zur v-Achse parallele Gerade $u = u_0$ schneide die Menge W.

Es kommt nun einfach darauf an, zu zeigen, daß die Menge M der Wertsysteme $x = (x_1, x_2, \ldots, x_n)$, für die gleichzeitig

$$A(x, \bar{x}) = u_0, \qquad E(x, \bar{x}) = 1$$

gilt, *zusammenhängend* ist. In der Tat lassen sich zwei solche Wertsysteme oder Punkte x, y (im Raume von n komplexen oder $2n$ reellen Dimensionen) folgendermaßen durch eine in M verlaufende stetige Kurve verbinden, wobei mit $|x_\alpha| = \xi_\alpha$, $|y_\alpha| = \eta_\alpha$

$$x_\alpha = \xi_\alpha e^{i\varphi_\alpha}, \qquad y_\alpha = \eta_\alpha e^{i\psi_\alpha}$$

gesetzt sei und für jedes der drei Kurvenstücke der Parameter t das Intervall $0 \leqq t \leqq 1$ durchläuft:

Durch

$$z_\alpha = \xi_\alpha e^{i(1-t)\varphi_\alpha}$$

wird x mit ξ verbunden.

Durch

$$z_\alpha = \sqrt{(1-t)\xi_\alpha^2 + t\eta_\alpha^2} \geqq 0$$

wird ξ mit η verbunden.

Durch

$$z_\alpha = \eta_\alpha e^{it\psi_\alpha}$$

wird η mit y verbunden.

Auf allen drei Kurvenbögen ist

$$A(z, \bar{z}) = A(\xi, \xi) = A(\eta, \eta) = A(x, \bar{x}) = A(y, \bar{y}) = u_0$$

und ebenso $E(z, \bar{z}) = 1$; die Kurve liegt in M.

Überdies ist M beschränkt und abgeschlossen. Die Werte, die $v = B(x, \bar{x})$ als stetige Funktion von x in M annimmt, bilden also eine zusammenhängende, beschränkte, abgeschlossene Menge, d. h. ein Intervall; die Menge W wird von jeder sie treffenden Geraden $u = u_0$ in einer Strecke (ev. in einem einzigen Punkte) geschnitten. Auf die Matrix $e^{i\varphi} C$ angewandt, deren Wertvorrat aus W durch eine Drehung entsteht, besagt dies, daß die Menge W von jeder sie treffenden Geraden beliebiger Richtung in einer Strecke geschnitten wird: *W ist konvex.*

Auf mehr als zwei Hermitesche Formen

$$u_1 = A_1(x, \bar{x}),\ u_2 = A_2(x, \bar{x}),\ \ldots,\ u_r = A_r(x, \bar{x})$$

läßt sich das Verfahren nicht übertragen; die Menge W der Punkte $(u_1, u_2, \ldots, u_r)$, die unter der Bedingung (1) erhalten werden, braucht nicht mehr konvex zu sein. Für $r = 3$ kann man noch wie Herr Toeplitz (a. a. O., S. 194) auf Grund unseres zweidimensionalen Resultats beweisen, daß W von jeder Stützebene in einer konvexen ebenen Menge geschnitten, also außen von einer konvexen Fläche begrenzt wird; für $r > 3$ ist auch dies nicht mehr allgemein richtig.

(Eingegangen am 28. November 1918.)

Commentary on [H 1919b]

S. D. Chatterji

The theorem proven in this paper is widely known as the TOEPLITZ-HAUSDORFF theorem. Let us first state its completely general form (due to STONE [S 1930]): (i) *Let E be a complex vector space and let R, S be two sesquilinear forms defined in E, S being Hermitian and strictly positive; then*

$$\{R(x,x) : S(x,x) = 1\}$$

is a convex subset of $\mathbb{C}$.

Recall that a sesquilinear form F in E is a map $F : E \times E \to \mathbb{C}$ such that $x \mapsto F(x,y)$ is $\mathbb{C}$-linear for each fixed y and such that $y \mapsto F(x,y)$ is conjugate-$\mathbb{C}$-linear for each fixed x (thus, $F(x,\lambda y) = \overline{\lambda}F(x,y)$, $\lambda \in \mathbb{C}$); such an F is Hermitian if $F(x,y) = \overline{F(y,x)}$ (which is equivalent to having $F(x,x) \in \mathbb{R}$, $x \in E$) and is strictly positive if $F(x,x) > 0$ for all $x \in E \setminus \{0\}$; a strictly positive, Hermitian sesquilinear form in E is also called an inner product in E. An operator theoretical version of this theorem can be stated as follows: (ii) *Let T be a linear operator with domain $\mathcal{D}_T$* (a not necessarily closed linear submanifold) *of a prehilbertian space E* (with inner product $< \cdot, \cdot >$, norm $\|\cdot\|$); then

$$W(T) = \{< Tx, x >: x \in \mathcal{D}_T, \|x\| = 1\}$$

is a convex subset of $\mathbb{C}$. The set $W(T)$ is universally called the *numerical range* of T, a terminology proposed by STONE [S 1932] in his well-known monograph of 1932; HAUSDORFF (following TOEPLITZ) calls the set $W(T)$ "Wertvorrat" of the operator T (in his case an $n \times n$ complex matrix C acting in $\mathbb{C}^n$); WINTNER [W 1929a], [W 1929b] uses similar terminology in German; later authors in German seem to prefer "numerischer Wertebereich".

It is obvious that (ii) is a special case of (i) and that these theorems are essentially algebraic in nature, continuity, completion etc. playing no direct role. Indeed a moment's thought shows that both of these theorems can be derived immediately from their two-dimensional versions as is also made clear by STONE's proofs in [S 1930] and [S 1932], p. 131 (in [S 1932], E is a HILBERT space but its completeness is not used anywhere in the proof). For instance, if we consider (i) and let ξ, η be the two elements of E such that

$$R(\xi,\xi) = c, \quad R(\eta,\eta) = d$$

with $\|\xi\| = \|\eta\| = 1$ (writing $S(\xi,\xi) = \|\xi\|$) then it is enough to consider the two-dimensional linear manifold spanned by ξ, η and to show that in this manifold there is, for each α, $0 < \alpha < 1$, an element ζ such that

$$R(\zeta,\zeta) = \alpha c + (1-\alpha)d.$$

We can now follow HAUSDORFF's luminous proof without any trouble to establish the latter fact; by an easy argument, HAUSDORFF shows that this can be accomplished by proving that

$$\{A(x,x) = a : x \in \mathbb{C}^2, \quad \|x\| = 1\}$$

is a connected subset of $\mathbb{C}^2$ where

$$A(x,x) = a_1 x_1 \overline{x}_1 + a_2 x_2 \overline{x}_2, \quad \|x\|^2 = x_1\overline{x}_1 + x_2\overline{x}_2, \quad x = (x_1, x_2),$$

a, a_1, a_2 being real numbers. The main geometrical fact used is that a set in $\mathbb{C}$ is convex if and only if its intersection with any line in $\mathbb{C}$ is connected (i. e. is a segment of the line concerned or else is empty).

An essentially similar proof is presented very elegantly in [Hal 1982], p. 314, where, however, HALMOS attributes the geometrical idea to a thesis of DEKKER (1969). Very few authors seem to have reproduced the elegant connectedness argument given by HAUSDORFF; WINTNER's book [W 1929b] is an exception. Many authors use the reduction to two dimensions and then use an algebraic argument (as for exemple STONE in [S 1930] and [S 1932]); actually, $W(T)$ turns out to be an ellipse (or a segment or a point), if T is a linear operator in $\mathbb{C}^2$ (or any other 2-dimensional HILBERT space). This last fact was also known to HAUSDORFF as we have discovered from [NL HAUSDORFF: Fasz. 802] dated 19. 9. 1918. In the first two pages of this manuscript, HAUSDORFF briefly outlines the proof which appeared later in the present paper [H 1919b] (received by Math. Zeitschrift on 28. 11. 1918); he then goes on to calculate $W(T)$ for some simple operators T in $\mathbb{C}^2$ and $\mathbb{C}^3$; he first establishes (by a very easy calculation, after having unitarily transformed T to a lower triangular matrix) that $W(T)$ is always an ellipse in the two dimensional case; in $\mathbb{C}^3$ however, HAUSDORFF gives elementary examples of matrices T where the sets $W(T)$ are quite different; first an example of a normal matrix T (in $\mathbb{C}^3$) where $W(T)$ is a triangle; then two examples of non-normal matrices T (in $\mathbb{C}$) where $W(T)$ is a disc in one case and a more elaborate convex set in another. HAUSDORFF is of course aware of the fact that in case of a normal matrix T (in any $\mathbb{C}^n$) the set $W(T)$ is the convex polygon spanned by the eigenvalues of T, a fact clearly mentioned by TOEPLITZ in his paper [T 1918], the starting point of HAUSDORFF's own investigation. HAUSDORFF never published any of these calculations, probably because he had come to the conclusion that not much could be said generally about $W(T)$ beyond its convexity. That he did try further is evidenced by the last part of [NL HAUSDORFF: Fasz. 802] as well as [NL HAUSDORFF: Fasz. 803] (dated 10. 10. 18 and 12. 10. 18) where HAUSDORFF goes into simultaneous diagonalization of two matrices; these manuscripts were difficult to read and did not seem to reach any new conclusion as regards $W(T)$.

As indicated above (and in the paper [H 1919b] itself), the starting point of HAUSDORFF is [T 1918] of TOEPLITZ (1881–1940). It is to be noted that TOEPLITZ's major interest, starting with 1906, is the study of bilinear forms in infinitely many variables, a subject initiated by HILBERT and which is the precursor of the modern theory of operators in HILBERT spaces. Without going into the details of the other results contained in [T 1918], let us mention only that TOEPLITZ proves there that $W(T)$ (in our notation) has a frontier which is a closed convex curve and he explicitly conjectures that $W(T)$ itself is convex; this is what HAUSDORFF proves in his paper. Reading TOEPLITZ's paper now, one sees, a posteriori, by how little TOEPLITZ missed proving his convexity result; all the geometric ideas are there, he just overlooked the connectedness argument picked up by HAUSDORFF. A recent publication containing new insights into TOEPLITZ's life and work is the TOEPLITZ centenary volume [Goh 1982].

HAUSDORFF himself does not seem to have pursued the subject later; however, the study of numerical range itself has positively exploded, starting in particular with the 50's and the 60's. WINTNER [W 1929a] is probably the first to use $W(T)$ in the study of the spectrum $\sigma(T)$ of a general bounded linear operator T in a HILBERT space proving that

$$\sigma(T) \subset \overline{W(T)} \tag{1}$$

for any bounded operator T and

$$co\{\sigma(T)\} = \overline{W(T)} \tag{2}$$

for certain bounded normal operators T. Here, *co* denotes the convex hull. Note that $W(T)$ need not be closed if the underlying space is infinite dimensional, $W(T)$ being obviously compact in the finite dimensional case. WINTNER discusses (1) and (2) in his book [W 1929b] as well and he makes good use of this in his work on the spectral theory of "infinite matrices", a precursor to the more modern coordinate free theory worked out soon afterwards by VON NEUMANN and STONE. In particular STONE in his book [S 1932] proves (1) for general bounded linear operators and indicates that (1) cannot be extended to general unbounded linear operators (ibid. pp. 147–149); however, (2) is proved by STONE for general unbounded normal (called by him "maximal normal") linear operators (ibid. p. 327).

We now give a brief description of the enormous subsequent development of the theory of numerical ranges; we refer to [BD 1971] and [GR 1997] for full bibliographical references. There are a number of papers in the 50's and 60's by numerical analysts who use $W(T)$ for the study of the eigenvalues of T in the finite dimensional case (F. BAUER, W. GIVENS, P. HENRICI, ...). W. F. DONONGHUE (1957) gives a fresh proof of the convexity of $W(T)$, independently rediscovering the elliptic nature of $W(T)$ in the two dimensional case. The dilatation theory of operators (due to HALMOS, B. SZ.-NAGY) gives new impetus to the study of $W(T)$ and its generalisations (see [Hal 1982] chapters 21–23); a small mistake in WINTNER's paper [W 1929a] concerning (1) and (2) and related matters give rise to a number of papers in 1960–70 (S. HILDEBRANDT, A. LEBOW, C. H. MENG, M. SCHREIBER, ...). The notion of numerical range was extended in the 1960's to operators in a normed space (F. BAUER, G. LUMER) and from there to the elements of a normed algebra; the two volumes of [BD 1971] give a readable introduction to this last aspect, showing clearly why the notion of numerical range can be useful in the study of various normed algebras. The recent volume [GR 1997] is the only one to our knowledge devoted entirely to the theory of numerical range for operators in a HILBERT space; it contains numerous references; at the end of the volume, the authors give explicit numerical examples (with suitable diagrams) determining $W(T)$ for various operators T defined in $\mathbb{C}^n$ for $n = 3, 4, 5, 6, 9$, which would probably have pleased HAUSDORFF; naturally, the authors carry out the calculations by using appropriate computer programmes to which references are given. This volume shows how many varied and interesting questions at all levels are attached to the elementary notion of numerical range of an operator in a HILBERT space.

It may be appropriate to add here that AUREL WINTNER (1903–1958) whose work had generated so much interest in numerical ranges had come to Leipzig to work with L. LICHTENSTEIN. He obtained a doctorate (*Promotion*) from the University of Leipzig in 1928–29 and in 1931 submitted a *Habilitationsschrift* there for obtaining a *venia legendi.* Curiously, his *Habilitation* was refused by the University on a seemingly trivial technical ground. This is all the more astounding in that WINTNER's mathematical production during his few years in Leipzig is remarkable, covering as it does a wide variety of subjects in mathematics, mathematical physics and celestial mechanics. From the Leipzig University documents concerning WINTNER which we have consulted, it is difficult not to conclude that mean-minded prejudice was at work. WINTNER emigrated to the USA shortly afterwards where (at Johns Hopkins University) he continued to publish prolifically on almost all branches of mathematics. Thanks are due to Prof. S. HILDEBRANDT for sending me a very interesting letter on WINTNER's activity in Leipzig; thanks are due also to Prof. W. PURKERT for furnishing me with some relevant documents from the Universitätsarchiv Leipzig.

References

[BD 1971] BONSALL, F. F. AND DUNCAN, J.: *Numerical ranges of operators on normed spaces and of elements of normed algebras*, vols. 1, 2. Cambridge University Press, Cambridge, 1971, 1973.

[Goh 1982] Edited by GOHBERG, I. C.: *Toeplitz Centennial. Operator Theory: Advances and applications*, vol. 4. Birkhäuser Verlag, Basel, 1982.

[**GR 1997**] GUSTAFSON, K. E. AND RAO, D. K. M.: *Numerical range.* Springer-Verlag, Berlin, 1997.

[**Hal 1982**] HALMOS, P. R.: *A Hilbert space problem book,* 2nd ed. Springer-Verlag, Berlin, 1982.

[**S 1930**] STONE, M. H.: *Hausdorff's theorem concerning Hermitian forms.* Bull. of the Amer. Math. Soc. 36 (1930), 259–261.

[**S 1932**] STONE, M. H.: *Linear transformations in Hilbert space and their applications to analysis.* American Mathematical Society Colloquium Publications, vol. 15, New York, 1932.

[**T 1918**] TOEPLITZ, O.: *Das algebraische Analogon zu einem Satze von Fejér.* Math. Zeitschrift 2 (1918), 187–197.

[**W 1929a**] WINTNER, A.: *Zur Theorie der beschränkten Bilinearformen.* Math. Zeitschrift 30 (1929), 228–282.

[**W 1929b**] WINTNER, A.: *Spektraltheorie der unendlichen Matrizen.* S. Hirzel Verlag, Leipzig, 1929.

Archives:

NL HAUSDORFF: Kapsel 44: Fasz. 802. *Zu O. Toeplitz, Das algebraische Analogon zu einem Satz von Fejér.* Studie [Greifswald], 19. 9. 1918, 5 Bll.

NL HAUSDORFF: Kapsel 44: Fasz. 803. *Transformation von Matrizen auf Diagonalgestalt.* Studie [Greifswald], 10. u. 12. 10. 1918, 7 Bll.

Zur Verteilung der fortsetzbaren Potenzreihen.

Math. Zeitschrift 4 (1919), 98–103.

[H 1919c]

Zur Verteilung der fortsetzbaren Potenzreihen.

Von

Felix Hausdorff in Greifswald.

Daß die über ihren Konvergenzkreis hinaus fortsetzbaren Potenzreihen die Ausnahme, die nichtfortsetzbaren die Regel bilden, ist eine häufig ausgesprochene Ansicht, der aber erst Herr Pólya[1]) eine präzise Bedeutung gegeben hat, indem er, unter geeigneten mengentheoretischen Festsetzungen über den „Raum" der Potenzreihen mit dem Konvergenzradius 1, den Satz bewies: *Die Menge der fortsetzbaren Potenzreihen ist perfekt und nirgends dicht, die der nichtfortsetzbaren hat nur innere Punkte und ist überall dicht.* Als schwierigster und die meisten Hilfsmittel erfordernder Teil dieses Satzes erscheint bei Pólya die Behauptung[2]), daß die Menge der fortsetzbaren Potenzreihen in sich dicht ist; hierfür gebe ich in § 1 einen ganz elementaren Beweis. In § 2 zeige ich, daß in gewissen Klassen von Potenzreihen die fortsetzbaren eine höchstens abzählbare Menge bilden: ein Resultat, das in seiner Art also wieder die oben erwähnte Ansicht bestätigt.

§ 1.

Es sei zunächst ganz kurz an die zugrunde liegenden, von der zitierten Arbeit etwas abweichenden mengentheoretischen Festsetzungen[3]) erinnert. Als Elemente („Punkte") figurieren die Potenzreihen

$$A = a_0 + a_1 x + a_2 x^2 + \dots$$

mit dem Konvergenzradius 1, wobei jedoch A und B dann und nur dann denselben Punkt bedeuten sollen, wenn $A - B$ einen Konvergenzradius > 1 hat; wenn wir diese Relation etwa als *Äquivalenz* bezeichnen, so wird also

---

[1]) G. Pólya, Über die Potenzreihen, deren Konvergenzkreis natürliche Grenze ist, Acta math. 41 (1917), S. 99–118.

[2]) G. Pólya, loc. cit. [1]), Satz III, S. 110–117.

[3]) Sie stammen ebenfalls von Herrn Pólya, der sie mir brieflich mitgeteilt hat.

jeder Klasse äquivalenter Potenzreihen ein einziger Punkt zugeordnet. *Umgebung* einer Potenzreihe A heißt die Gesamtheit der Potenzreihen B mit

$$\overline{\lim} \frac{|b_n - a_n|}{\varepsilon_n} \leqq 1,$$

wo $(\varepsilon_0, \varepsilon_1, \ldots)$ eine Folge positiver Zahlen mit

$$\varepsilon_n^{\frac{1}{n}} \to 1$$

ist; man erkennt, daß hierin A und B durch äquivalente Potenzreihen ersetzt werden können, daß es sich also um eine Relation zwischen Punkten handelt. Wir wollen nun den Satz beweisen:

Die Menge der fortsetzbaren Potenzreihen hat keinen isolierten Punkt. D. h. in jeder Umgebung $(\varepsilon_0, \varepsilon_1, \ldots)$ einer fortsetzbaren Potenzreihe A liegt eine mit A nicht äquivalente fortsetzbare Potenzreihe B. Das beruht auf dem

Hilfssatz: *Sei* $\varepsilon_n > 0$, $\varepsilon_n^{\frac{1}{n}} \to 1$. *Dann gibt es eine Potenzreihe* $C = \Sigma c_n x^n$ *mit* $|c_n| \leqq \varepsilon_n$, *die den Einheitskreis zum Konvergenzkreis und auf ihm nur den singulären Punkt* $x = 1$ *hat.*

Sei $\gamma_n = \min(\varepsilon_0, \varepsilon_1, \ldots, \varepsilon_n)$, also $\gamma_n > 0$, $\gamma_0 \geqq \gamma_1 \geqq \ldots$, so daß $\gamma = \lim \gamma_n \geqq 0$ existiert. Wir behaupten, daß auch $\gamma_n^{\frac{1}{n}} \to 1$. Denn *entweder* ist $\gamma > 0$, und $\gamma_n^{\frac{1}{n}}$ liegt zwischen den Grenzen $\gamma_0^{\frac{1}{n}}$ und $\gamma^{\frac{1}{n}}$, die für $n \to \infty$ nach 1 konvergieren. *Oder* es ist $\gamma = 0$; dann ist $\gamma_n = \varepsilon_\nu$, wo $\nu (\leqq n)$ von n abhängt und mit n unbegrenzt wächst, und da schließlich $\gamma_n < 1$, so folgt

$$1 > \gamma_n^{\frac{1}{n}} = \varepsilon_\nu^{\frac{1}{n}} \geqq \varepsilon_\nu^{\frac{1}{\nu}} \to 1$$

also auch in diesem Falle $\gamma_n^{\frac{1}{n}} \to 1$. Die Potenzreihe $\sum \gamma_n y^n$ hat demnach den Konvergenzradius 1, und da die Koeffizienten positiv sind, so ist bekanntlich der Punkt $y = 1$ sicher singulär. Ist nun ϱ eine positive Zahl, so ist die Funktion

$$C(x) = \frac{1}{1+\varrho} \sum \gamma_n \left(\frac{x+\varrho}{1+\varrho}\right)^n$$

regulär im Kreise $\left|\frac{x+\varrho}{1+\varrho}\right| < 1$, dessen Peripherie den Einheitskreis einschließt und nur im Punkte $x = 1$ berührt, und für $x = 1$ gewiß singulär; d. h. $C(x)$ ist für $|x| \leqq 1$ bis auf $x = 1$ regulär. Ferner ist für $|x| < 1$

$$C(x) = \sum c_m x^m,$$

$$c_m = \sum_n \gamma_n \binom{n}{m} \frac{\varrho^{n-m}}{(1+\varrho)^{n+1}} \qquad (n \geqq m)$$

7*

und wegen $\gamma_m \geqq \gamma_{m+1} \geqq \cdots$

$$c_m \leqq \gamma_m \sum_n \binom{n}{m} \frac{\varrho^{n-m}}{(1+\varrho)^{n+1}} = \gamma_m.$$

Also $0 < c_m \leqq \gamma_m \leqq \varepsilon_m$; $C(x)$ erfüllt die Forderungen des Hilfssatzes.

Offenbar kann man auch verlangen, daß C als einzigen singulären Punkt statt $x = 1$ einen beliebigen Punkt des Einheitskreises haben soll.

Ist nun A eine fortsetzbare Potenzreihe mit dem Konvergenzradius 1, so wähle man C dem Hilfssatz entsprechend so, daß ihr einziger singulärer Punkt in einen regulären Punkt von A fällt. Dort ist dann auch $B = A + C$ singulär; B hat also den Konvergenzradius 1, ist aber fortsetzbar, da alle übrigen für A regulären Punkte des Einheitskreises auch für C regulär sind. B gehört der Umgebung $(\varepsilon_0, \varepsilon_1, \ldots)$ von A an und ist mit A nicht äquivalent, w. z. b. w.

Dieselbe Methode (A nicht fortsetzbar, C dem Hilfssatz entsprechend, $B = A + C$ nichtfortsetzbar) zeigt auch, daß die Menge der nichtfortsetzbaren Reihen keinen isolierten Punkt hat, was aber weniger besagt als Pólyas Sätze I, II (S. 105, 107), daß diese Menge überall dicht ist und nur innere Punkte hat.

§ 2.

Satz I. *Es sei (für $n = 0, 1, 2, \ldots$) A_n eine Menge komplexer Zahlen, von denen je zwei verschiedene eine Differenz vom Betrage $\geqq \delta_n > 0$ haben, und es sei $\delta_n^{\frac{1}{n}} \to 1$. Es sei ferner G_x ein das Innere des Einheitskreises umfassendes, aber darüber hinausragendes Gebiet. Dann gibt es höchstens abzählbar viele Potenzreihen*

$$f(x) = a_0 + a_1 x + a_2 x^2 + \ldots, \tag{1}$$

die in G_x eindeutig-regulär sind und Koeffizienten a_n aus A_n haben.

Beweis. Es sei E_x das Innere des Einheitskreises ($|x| < 1$); G_x kann, indem man es durch ein Teilgebiet ersetzt, als beschränkt und einfach zusammenhängend angenommen werden. Es sei sodann

$$y = \varphi(x), \qquad x = \psi(y)$$

die konform-schlichte Abbildung von G_x auf E_y ($|y| < 1$), bei der die Nullpunkte $x = 0$, $y = 0$ und die Richtungen der positiven reellen Achsen einander entsprechen; es ist also $\varphi(x)$ in G_x, $\psi(y)$ in E_y regulär und in E_x

$$\varphi(x) = \lambda_1 x + \lambda_2 x^2 + \lambda_3 x^3 + \ldots \qquad (\lambda_1 > 0).$$

Hierbei ist bekanntlich $\lambda_1 < 1$; denn das Bild von $E_x < G_x$ ist ein

Gebiet $< E_y$ mit einem Flächeninhalt $\mu < \pi$; das Bild des Kreisinnern $|x| < \xi < 1$ hat den Flächeninhalt

$$\mu(\xi) = \pi \cdot \sum m \, |\lambda_m|^2 \xi^{2m} < \mu,$$

woraus die Konvergenz der Reihe $\mu(1)$ und

$$\mu = \lim_{\xi \to 1} \mu(\xi) = \mu(1),$$

$$\sum m \, |\lambda_m|^2 = \frac{\mu}{\pi} < 1$$

folgt.

Jeder in G_x regulären Funktion $f(x)$ entspricht eine in E_y reguläre Funktion

$$g(y) = f(\psi(y)) = b_0 + b_1 y + b_2 y^2 + \dots \tag{2}$$

und umgekehrt jeder in E_y regulären Funktion $g(y)$ eine in G_x reguläre

$$f(x) = g(\varphi(x)) = b_0 + b_1 \varphi(x) + b_2 \varphi(x)^2 + \dots,$$

die in E_x die Reihenentwicklung hat

$$\begin{aligned} f(x) &= b_0 + b_1(\lambda_1 x + \lambda_2 x^2 + \dots) + b_2(\lambda_1 x + \lambda_2 x^2 + \dots)^2 + \dots \\ &= a_0 + a_1 x + a_2 x^2 + \dots, \end{aligned}$$

wobei

$$\left\{ \begin{array}{l} a_0 = b_0, \\ a_1 = b_1 \lambda_1, \\ a_2 = b_1 \lambda_2 + b_2 \lambda_1^2, \\ \dots\dots\dots\dots\dots\dots \\ a_n = (b_1, \dots, b_{n-1}) + b_n \lambda_1^n, \\ \dots\dots\dots\dots\dots\dots\dots\dots\dots \end{array} \right. \tag{3}$$

$(b_1, \dots, b_{n-1})$ bedeutet eine lineare homogene Funktion dieser Größen mit Koeffizienten, die von den λ_m abhängen. Nennen wir $\mathfrak{F}$ die Menge der in G_x regulären $f(x)$, deren Koeffizienten a_n den Mengen A_n angehören, $\mathfrak{G}$ die Menge der entsprechenden in E_y regulären $g(y)$.

Wir wählen nun η fest zwischen λ_1 und 1 $(\lambda_1 < \eta < 1)$. Da $g(\eta) = \sum b_n \eta^n$ konvergiert, ist schließlich $|b_n| \eta^n < \frac{1}{2}$; es sei $\mathfrak{G}_p$ die Menge der Funktionen $g(y)$ aus $\mathfrak{G}$, die diese Ungleichung für $n \geqq p$ erfüllen, und $\mathfrak{F}_p$ die Menge der entsprechenden $f(x)$. Andererseits ist schließlich (für $n \geqq \nu$) $\delta_n^{\frac{1}{n}} \geqq \frac{\lambda_1}{\eta}$, $\delta_n \geqq \left(\frac{\lambda_1}{\eta}\right)^n$. Betrachten wir, für $n \geqq p \geqq \nu$, zwei Funktionen $g(y)$, $\bar{g}(y)$ aus $\mathfrak{G}_p$, die überdies dieselben Anfangskoeffizienten $b_0, b_1, \dots, b_{n-1}$ haben; wir behaupten, daß sie dann auch den nächsten Koeffizienten gemein haben. Denn aus (3) folgt

$$\bar{a}_n - a_n = (\bar{b}_n - b_n) \lambda_1^n$$

und hier ist die rechte Seite dem Betrage nach $< \left(\frac{\lambda_1}{\eta}\right)^n$, während die linke, falls $\bar{a}_n$ von a_n verschieden wäre, dem Betrage nach $\geqq \delta_n \geqq \left(\frac{\lambda_1}{\eta}\right)^n$ sein müßte. Also muß $\bar{a}_n = a_n$, $\bar{b}_n = b_n$ sein. Wendet man diesen Schluß auf $n = p, p+1, p+2, \ldots$ an, so ergibt sich, daß zwei Funktionen aus $\mathfrak{G}_p (p \geqq \nu)$, die in den Anfangskoeffizienten $b_0, b_1, \ldots, b_{p-1}$ übereinstimmen, auch alle weiteren Koeffizienten gemein haben, d. h. identisch sind; eine Funktion $g(y)$ aus $\mathfrak{G}_p$ ist, für $p \geqq \nu$, durch ihre ersten Koeffizienten $b_0, b_1, \ldots, b_{p-1}$ oder eine Funktion $f(x)$ aus $\mathfrak{F}_p$ durch ihre ersten Koeffizienten $a_0, a_1, \ldots, a_{p-1}$ eindeutig bestimmt. Da A_n als isolierte Menge höchstens abzählbar ist, so gibt es höchstens abzählbar viele Komplexe $a_0, a_1, \ldots, a_{p-1}$, also höchstens abzählbar viele Funktionen in $\mathfrak{F}_p$ (für $p \geqq \nu$, aber auch für $p < \nu$, da $\mathfrak{F}_0 \leqq \mathfrak{F}_1 \leqq \mathfrak{F}_2 \leqq \ldots$), und $\mathfrak{F}$ ist als Summe aller $\mathfrak{F}_p$ ebenfalls höchstens abzählbar.

Satz II: *Es sei A_n eine Menge komplexer Zahlen, von denen je zwei verschiedene eine Differenz vom Betrage $\geqq \delta_n > 0$ haben, und $\delta_n^{\frac{1}{n}} \to 1$. Dann gibt es höchstens abzählbar viele Potenzreihen*

$$f(x) = a_0 + a_1 x + a_2 x^2 + \ldots, \tag{1}$$

die im Einheitskreise $|x| < 1$ regulär und darüber hinaus fortsetzbar sind und Koeffizienten a_n aus A_n haben.

Denn jedes $f(x)$ dieser Art ist in einem Gebiet G_x regulär, das durch Vereinigung des Einheitskreises $|x| < 1$ mit einem Kreise $|x - \alpha| < \frac{1}{k}$ entsteht, wo α eine Einheitswurzel und k eine natürliche Zahl ist; es gibt nur abzählbar viele G_x dieser Art, und für jedes G_x höchstens abzählbar viele in G_x reguläre $f(x)$.

Andererseits: wenn unter den Potenzreihen (1) mit Koeffizienten a_n aus A_n auch nur zwei, $f(x)$ und $\bar{f}(x)$, vorhanden sind, die für $|x| < 1$ konvergieren und nicht äquivalent sind (d. h. in diesem Falle: unendlich oft $\bar{a}_n \neq a_n$), so gibt es deren eine Menge von der Mächtigkeit des Kontinuums, nämlich alle, deren $n$ter Koeffizient entweder a_n oder $\bar{a}_n$ ist, und man sieht, daß in unserer Klasse von Potenzreihen schon der Mächtigkeit nach (was im Raume aller Potenzreihen nicht zutrifft) die fortsetzbaren einen verschwindend seltenen Ausnahmefall darstellen.

Wir heben noch einige Spezialfälle des Satzes II hervor, wobei wir bemerken, daß auch beliebig viele von den Mengen A_n aus einer einzigen Zahl bestehen dürfen (man kann dann δ_n beliebig, etwa gleich 1 wählen).

Satz III: *Es sei A eine Menge komplexer Zahlen, von denen je zwei verschiedene eine Differenz vom Betrage $\geqq \delta > 0$ haben, und $c_0, c_1, \ldots$*

eine feste Zahlenfolge, in der die von Null verschiedenen die Bedingung $|c_n|^{\frac{1}{n}} \to 1$ *erfüllen. Dann gibt es höchstens abzählbar viele Potenzreihen*

$$(4) \qquad f(x) = a_0 c_0 + a_1 c_1 x + a_2 c_2 x^2 + \ldots,$$

die im Einheitskreis $|x| < 1$ *regulär und darüber hinaus fortsetzbar sind und Koeffizienten* a_n *aus* A *haben.*

Denn bei festem n gehören die $a_n c_n$ der Menge A_n an, die aus den mit c_n multiplizierten Zahlen von A (für $c_n = 0$ also aus der einzigen Zahl 0) besteht, und worin für $c_n \neq 0$ zwei verschiedene Zahlen eine Differenz vom Betrage $\geqq \delta |c_n| = \delta_n > 0$ mit $\delta_n^{\frac{1}{n}} \to 1$ haben.

Satz IV: *Es sei* $c_0, c_1, \ldots$ *eine feste Zahlenfolge, in der die von Null verschiedenen die Bedingung* $|c_n|^{\frac{1}{n}} \to 1$ *erfüllen. Dann gibt es höchstens abzählbar viele Potenzreihen* (4) *mit ganzzahligen* a_n, *die im Einheitskreis* $|x| < 1$ *regulär und darüber hinaus fortsetzbar sind.*

Insbesondere gibt es höchstens abzählbar viele Potenzreihen der Gestalt

$$\pm c_0 \pm c_1 x \pm c_2 x^2 \pm \ldots,$$

die für $|x| < 1$ regulär und fortsetzbar sind; dies ist eine Verschärfung eines bekannten Satzes der Herren Hurwitz und Pólya[4]).

Satz V. *Es gibt höchstens abzählbar viele Potenzreihen*

$$f(x) = a_0 + a_1 x + a_2 x^2 + \ldots$$

mit ganzzahligen a_n, *die im Einheitskreise* $|x| < 1$ *regulär und darüber hinaus fortsetzbar sind.*

Herr Pólya[5]) hat die Vermutung zur Diskussion gestellt, daß diese $f(x)$ *rationale* Funktionen sind; ihre Pole im Endlichen sind dann Einheitswurzeln und $f(x)$ von der Gestalt

$$f(x) = \frac{\text{ganzzahliges Polynom}}{(1 - x^p)^q}.$$

Der Satz V kann als Stütze für diese Vermutung angesehen werden.

---

[4]) A. Hurwitz und G. Pólya, Zwei Beweise eines von Herrn Fatou vermuteten Satzes, Acta math. 40 (1916), S. 179—183.

[5]) G. Pólya, Über Potenzreihen mit ganzzahligen Koeffizienten, Math. Ann. 77 (1916), S. 510.

(Eingegangen am 28. November 1918.)

Kommentar zu [H 1919c]

R. Remmert

Eine Potenzreihe $a_0 + a_1z + a_2z^2 + \cdots$ mit Konvergenzradius 1 heißt (*nicht*) *fortsetzbar*, wenn sie in (keinen) wenigstens einen Randpunkt des Einheitskreises holomorph fortsetzbar ist. Schon 1896 waren E. FABRY und E. BOREL der Meinung, daß Potenzreihen mit Konvergenzradius 1 „im allgemeinen" nicht fortsetzbar sind; BOREL sah darin ein Problem der Wahrscheinlichkeiten, vgl. [B 1965]. G. PÓLYA hat 1917 in [P 1917] den „Raum der Potenzreihen mit Konvergenzradius 1" topologisiert und die Redeweise „im allgemeinen" so präzisiert: Die Menge der nicht fortsetzbaren Potenzreihen ist *offen* und *dicht*, die der fortsetzbaren hat keine isolierten Punkte.

HAUSDORFF gibt „einen ganz elementaren Beweis" für die letzte Aussage. Er zeigt ferner, daß in gewissen Mengen von Potenzreihen *höchstens abzählbar viele* fortsetzbare liegen, so ist z.B. für jede Folge (c_n) komplexer Zahlen, in der die von Null verschiedenen die Bedingung $|c_n|^{1/n} \to 1$ erfüllen, die Menge der fortsetzbaren Reihen der Form

$$a_0c_0 + a_1c_1z + a_2c_2z^2 + \cdots$$

mit ganzzahligen a_n höchstens abzählbar; damit verschärfte HAUSDORFF einen damals viel beachteten Satz von HURWITZ und PÓLYA, vgl. [HP 1917].

Die *topologischen* Untersuchungen von PÓLYA und HAUSDORFF wurden nicht weitergeführt. Indessen hat H. STEINHAUS 1930 in [S 1930] die BORELschen Vorstellungen der Wahrscheinlichkeiten präzisiert; 1938 gab H. BOERNER in [Bo 1938] dem STEINHAUSschen Satz eine suggestive Form. Zur Theorie der *fast sicheren Nichtfortsetzbarkeit* vergleiche auch [K 1985], chap. 4.

Literatur

[B 1965] BIEBERBACH, L.: *Analytische Fortsetzung.* Ergeb. Math. Grenzgeb. 3, 91–102, Springer 1965.

[Bo 1938] BOERNER, H.: *Über die Häufigkeit der nicht analytisch fortsetzbaren Potenzreihen.* Sitz. Ber. Bayer. Akad. Wiss., Math.-Nat. Abt. 1938, 165–174.

[**HP 1917**] HURWITZ, A., PÓLYA, G.: *Zwei Beweise eines von Herrn Fatou vermuteten Satzes.* Acta Math. 40 (1917), 179–183; auch in HURWITZ' *Math. Werke* 1, 731–734, sowie in PÓLYA's *Coll. Pap.* 1, 17–21.

[**K 1985**] KAHANE, J.-P.: *Some random series of functions.* 2. Aufl., Cambridge University Press 1985.

[**P 1917**] PÓLYA, G.: *Über die Potenzreihen, deren Konvergenzkreis natürliche Grenze ist.* Acta Math. 41 (1917), 99–118; *Coll. Pap.* 1, 64–83.

[**S 1930**] STEINHAUS, H.: *Über die Wahrscheinlichkeit dafür, daß der Konvergenzkreis einer Potenzreihe ihre natürliche Grenze ist.* Math. Z. 31 (1930), 408–416.

Zur Entstehungsgeschichte dieser Arbeit: Korrespondenz mit Pólya.

Die Anregung erhielt HAUSDORFF durch folgende faszinierende Vermutung (V) von PÓLYA (1887–1985), die dieser 1916 in seiner Arbeit *Über Potenzreihen mit ganzzahligen Koeffizienten*, Math. Ann. 77 (1916), S. 510, auch *Coll. Papers* 1, S. 44, zur Diskussion gestellt hatte (vgl. S. 103 in HAUSDORFFs Arbeit):

(V) *Eine Potenzreihe $\sum a_n x^n$ mit ganzen Koeffizienten und dem Einheitskreis als Konvergenzkreis ist, wenn fortsetzbar, eine rationale Funktion.*

Am 15. September 1917 schreibt HAUSDORFF an PÓLYA:

> In einer früheren Arbeit... stellten Sie ein interessantes Problem [(V)] bezüglich Potenzreihen $\sum a_n x^n$ mit ganzen Coeffizienten ... Ich habe ... ein paar Überlegungen darüber angestellt, aber nichts herausbekommen; ist es Ihnen inzwischen besser gegangen?

Dieser erste Brief an PÓLYA enthält bereits den Hilfssatz nebst Beweis aus der oben abgedruckten Arbeit (S. 99/100); HAUSDORFF sagt, daß man damit

> Ihren Satz III [daß die Menge der fortsetzbaren Potenzreihen in sich dicht ist] ganz elementar und ohne Berufung auf die tiefer liegenden Sätze beweisen [kann], die Sie herangezogen haben.

Etwas später erhält PÓLYA von HAUSDORFF folgende Postkarte:

> Greifswald, 21. Nov. 1917
>
> Sehr geehrter Herr College,
> Für Ihren freundlichen Brief vom 21. Sept. und für die Zusendung Ihrer sehr interessanten Abhandlungen danke ich Ihnen vielmals. Dass dies erst so spät geschieht, kommt von der Beschäftigung mit Ihrem hypothetischen Satz, von der ich Ihnen gerne ein einigermassen beträchtliches Ergebnis mittheilen wollte. Damit ist es nun leider nichts; ich kann zwar beweisen, dass es höchstens abzählbar viele Functionen $f(x) = \sum a_m x^m$ mit ganzzahliger Potenzreihe giebt, die für $|x| < 1$ regulär und über dies Gebiet hinaus fortsetzbar sind (was für die Richtigkeit Ihres Satzes

spricht), aber dass dies rationale Functionen sind, habe ich noch nicht heraus. – Ihre formale Vereinfachung der letzten Arbeit ist sehr sympathisch. Ich würde vorschlagen, Potenzreihen $\mathcal{A} = \sum a_m x^m$ mit dem Convergenzradius $\geqq 1$ zu betrachten, einen Äquivalenzbegriff $\mathcal{A} \backsim \mathcal{B}$ zu definiren ($\mathcal{A}$ gleichsingulär mit $\mathcal{B}$), wenn $\mathcal{A} - \mathcal{B}$ einen Convergenzradius > 1 hat usw.; Ihr Raum erhält dann noch einen Punkt mehr, der durch die Function Null repräsentirt ist, d. h. durch die Gesamtheit der Potenzreihen mit Conv.radius > 1. Jedenfalls ist es sehr angenehm, dass man dann die gewöhnliche Mengenlehre anwenden kann. Eine Arbeit mit Ihnen zusammen zu publiciren wäre mir sehr recht, aber die Censurschwierigkeiten sind wohl zu gross.
Mit bestem Gruss Ihr erg. F. Hausdorff.

Am 25. Dezember 1917 schließlich schreibt HAUSDORFF an PÓLYA:

> Mein Beweis, dass es nur abzählbar viele Funktionen $\sum a_n x^n$ mit ganzen Coeffizienten gibt, die für $|x| < 1$ regulär und darüber hinaus fortsetzbar sind, ist so einfach, dass es mir keine Mühe machen wird, ihn ganz mitzutheilen.

HAUSDORFF beweist in diesem Brief dann sogleich den Satz III seiner Arbeit und notiert den Satz IV als Folgerung. Zur Vermutung (V) schreibt er, daß es von seinem Satz mit ganzzahligen Koeffizienten a_n bis zum Beweis der Vermutung „aber die längere Weghälfte zu sein“ scheint.

HAUSDORFFs Arbeit war also schon im Dezember 1917 fertig. Er hat sie aber erst im November 1918 eingereicht; die Verzögerung erklärt er PÓLYA am 14. Mai 1919 so:

> Mit der Erwähnung meines Satzes durch Herrn SZEGŐ bin ich sehr einverstanden; inzwischen aber wird hoffentlich meine Arbeit, die schon gedruckt ist, im 4. Bande der Mathematischen Zeitschrift erscheinen. Ich hatte die Sache längere Zeit liegen lassen in der Hoffnung, mich dem Beweis Ihrer Vermuthung noch mehr zu nähern; da ich aber nichts weiter herausbekam, sandte ich im November 1918 eine kleine Note (zusammen mit einer zweiten, noch kleineren „Über den Werthvorrath einer Bilinearform“, die schon gedruckt ist [vgl. hierzu [Hausdorff 1919b]] an die Math. Ztschr. ... In meiner Note gebe ich auch die kleine Vereinfachung Ihres Satzes, dass die Menge der fortsetzbaren Potenzreihen insichdicht ist, die ich Ihnen einmal brieflich [am 15. September 1917] mittheilte.

Die HAUSDORFFschen Briefe an PÓLYA zeigen, daß sein vorrangiges Streben dem Beweis der Vermutung (V) galt. Ein Beweis gelang erst F. CARLSON in seiner 1919 eingereichten Arbeit *Über Potenzreihen mit ganzzahligen Koeffizienten*, Math. Z. 9 (1921), 1–13, hier wird HAUSDORFFs Arbeit auf Seite 2 zitiert. Einen weiteren Beweis von (V) gab 1922 G. SZEGŐ (1895–1985) in *Tschebyscheffsche Polynome und nicht fortsetzbare Potenzreihen*, Math. Ann. 87 (1922), 90–111, auch *Coll. Papers* 1, 564–585.
(Quelle der Briefe: Archiv der ETH Zürich, Signatur Hs 89, 233–236.)

Über halbstetige Funktionen und deren Verallgemeinerung.

Math. Zeitschrift **5** (1919), 292–309.

[H 1919d]

Über halbstetige Funktionen und deren Verallgemeinerung.

Von

Felix Hausdorff in Greifswald.

Für einige bekannte Sätze über stetige und halbstetige Funktionen gebe ich in § 1 neue und, wie mir scheint, besonders einfache Beweise sowie einen merkwürdigen logischen Zusammenhang. Den Mittelpunkt bildet der *Hahnsche*[1]) *Einschiebungssatz* II, seinerseits gestützt auf den Baireschen[2]) Satz I über halbstetige Funktionen als Grenzen monotoner Folgen von stetigen Funktionen; aus II folgere ich unmittelbar drei Sätze des Herrn H. Tietze[3]), wovon der wichtigste, der *Ergänzungssatz* III, auf etwas künstlichem Wege auch von Herrn H. Bohr[4]) bewiesen wurde. Für III gebe ich auch noch einen direkten Beweis, der, wie der Beweis von I, wohl die äußerste Vereinfachung in der von Herrn Tietze eingeschlagenen Richtung sein dürfte. — In § 2 übertrage ich die Hauptsätze auf allgemeinere Funktionensysteme, zu denen z. B. die Baireschen Funktionenklassen gehören; die hier entwickelte Theorie berührt sich vielfach mit einer Abhandlung von Herrn H. Lebesgue[5]), doch erforderte die (von Herrn W. H. Young[6]) begonnene) Berücksichtigung monotoner Folgen wesentliche Zusätze.

---

[1]) H. Hahn, Über halbstetige und unstetige Funktionen, Wiener Akad. Ber. **126** (1917), S. 91–110.

[2]) R. Baire, Leçons sur les fonctions discontinues (Paris 1905), S. 124.

[3]) H. Tietze, Über Funktionen, die auf einer abgeschlossenen Menge stetig sind, Journ. f. Math., **145** (1915), S. 9–14.

[4]) C. Carathéodory, Vorlesungen über reelle Funktionen (Leipzig und Berlin 1918), §§ 541–43 und S. VI. Einen Beweis für den Euklidischen Raum gibt auch L. E. J. Brouwer, Über die Erweiterung des Definitionsbereichs einer stetigen Funktion, Math. Ann. **79** (1918), S. 209–211.

[5]) H. Lebesgue, Sur les fonctions représentables analytiquement, Journ. de Math., (6) **1** (1905), S. 139–216.

[6]) W. H. Young, On functions and their associated sets of points, Lond. Math. Soc. Proc., (2) **12** (1912), S. 260–287, und anderwärts.

Die im folgenden betrachteten Funktionen $f(x)$ sollen reell und endlich sein $(-\infty < f(x) < +\infty)$, aber nicht notwendig beschränkt: gerade dieser Standpunkt bedingt einige Erschwerungen, die bei beschränkten Funktionen oder bei Zulassung der Werte $\pm\infty$ wegfallen. Sie sollen ferner sämtlich in einem *metrischen Raume* R, d. h. in einer Menge definiert sein, deren Elemente (Punkte) dem Dreiecksaxiom genügende Entfernungen xy haben:

$$xx = 0, \quad xy = yx > 0 \quad \text{für} \quad x \neq y,$$

$$xy + yz \geqq xz;$$

R kann z. B. ein Euklidischer, ein Hilbertscher, ein Funktionenraum oder eine beliebige Teilmenge solcher Räume sein.

§ 1.

I. *Jede unterhalb stetige Funktion ist Limes einer aufsteigenden Folge stetiger Funktionen* (R. Baire).

Die Funktion $\varphi(x)$ sei unterhalb stetig, d. h. für jedes positive ε sei in einer hinlänglich kleinen Umgebung[7]) von x (für $xz < \varrho$)

$$\varphi(z) > \varphi(x) - \varepsilon$$

oder auch: es sei

$$\underline{\lim}\, \varphi(z) \geqq \varphi(x) \quad \text{für} \quad z \to x.$$

Nehmen wir zunächst $\varphi(x) \geqq \lambda$ nach unten beschränkt an und definieren $f(x)$, nach Wahl einer positiven Zahl k, als untere Grenze des Ausdrucks $\varphi(z) + k \cdot xz$ für alle Punkte z des Raumes, oder mit einer von Herrn M. Pasch empfohlenen Bezeichnung

$$f(x) = \inf_z [\varphi(z) + k \cdot xz].$$

Offenbar ist $f(x) \geqq \lambda$ und (wenn man speziell $z = x$ nimmt) $f(x) \leqq \varphi(x)$.

Die Stetigkeit von $f(x)$ ist leicht einzusehen. Sind x, y zwei Punkte mit $xy = \delta > 0$ und bestimmt man z so, daß

$$\varphi(z) + k \cdot xz < f(x) + \delta,$$

so ist

$$f(y) \leqq \varphi(z) + k \cdot yz < f(x) + \delta + k(yz - xz) \leqq f(x) + (k+1)\delta,$$

also (wegen der Vertauschbarkeit von x, y) $|f(y) - f(x)| < (k+1)\delta$.

Nunmehr setzen wir für $n = 1, 2, 3, \ldots$

$$f_n(x) = \inf [\varphi(z) + n \cdot xz],$$

---

[7]) In isolierten Punkten des Raumes, deren Existenz wir ja nicht ausschließen, ist jede Funktion (unterhalb und oberhalb) stetig.

also $f_n(x)$ stetig und $\lambda \leqq f_n(x) \leqq f_{n+1}(x) \leqq \varphi(x)$; es existiert $\lim f_n(x) = f(x) \leqq \varphi(x)$.

Bestimmen wir aber einen Punkt z_n mit

$$\varphi(z_n) + n \cdot xz_n < f_n(x) + \frac{1}{n},$$

so ist

$$xz_n < \frac{1}{n}(\varphi(x) + 1 - \lambda),$$

also $z_n \to x$, und man erhält

$$\varphi(x) \leqq \underline{\lim}\, \varphi(z_n) \leqq f(x),$$

also $\varphi(x) = f(x)$ ist Limes der aufsteigenden stetigen Funktionen $f_n(x)$.

Sodann sei $\Phi(x)$ unterhalb stetig, aber nicht nach unten beschränkt. Die Funktion

$$\varphi = \frac{\Phi}{1 + |\Phi|}$$

ist unterhalb stetig und beschränkt $(-1 < \varphi < 1)$, also Limes aufsteigender stetiger Funktionen φ_n mit $-1 \leqq \varphi_n \leqq \varphi < 1$. Um diese durch Funktionen zu ersetzen, die zwischen ± 1 mit *Ausschluß* beider Grenzen liegen, verfahren wir so. Es sei $\varepsilon_n > 0$, $\sum \varepsilon_n$ konvergent und $1 > \varepsilon_1 > \varepsilon_2 > \ldots$. Bilden wir dann die Reihe

$$f_n = \varphi_n + \varepsilon_1(\varphi_{n+1} - \varphi_n) + \varepsilon_2(\varphi_{n+2} - \varphi_{n+1}) + \cdots,$$

die wegen $0 \leqq \varphi_{\nu+1} - \varphi_\nu < 2$ gleichmäßig konvergiert und eine stetige Funktion f_n darstellt, so ist

$$\varphi_n \leqq f_n \leqq \varphi_n + (\varphi_{n+1} - \varphi_n) + (\varphi_{n+2} - \varphi_{n+1}) + \cdots = \varphi,$$
$$f_{n+1} = \varphi_n + (\varphi_{n+1} - \varphi_n) + \varepsilon_1(\varphi_{n+2} - \varphi_{n+1}) + \cdots \geqq f_n,$$

f_n konvergiert aufsteigend nach φ. Endlich ist $f_n > -1$, nämlich entweder $\varphi_n = \varphi_{n+1} = \varphi_{n+2} = \ldots$ und $f_n = \varphi > -1$, oder $f_n > \varphi_n \geqq -1$. Die stetigen Funktionen

$$F_n = \frac{f_n}{1 - |f_n|}$$

konvergieren nunmehr aufsteigend nach $\frac{\varphi}{1 - |\varphi|} = \Phi$.

Damit ist I bewiesen. Umgekehrt ist der Limes $g(x) = \lim g_n(x)$ einer aufsteigenden Folge stetiger oder unterhalb stetiger Funktionen $g_n(x)$ wieder unterhalb stetig. Denn wählt man erst n so, daß $g_n(x) > g(x) - \varepsilon$, dann eine Umgebung von x, in der $g_n(z) > g_n(x) - \varepsilon$, so ist in dieser Umgebung $g(z) > g(x) - 2\varepsilon$.

Jede oberhalb stetige Funktion ist Limes einer absteigenden Folge stetiger Funktionen; der Limes einer absteigenden Folge (oberhalb) stetiger Funktionen ist oberhalb stetig.

II. *Ist $g(x)$ unterhalb, $h(x)$ oberhalb stetig und überall $g(x) \geqq h(x)$, so gibt es eine stetige Funktion $f(x)$ mit $g(x) \geqq f(x) \geqq h(x)$* (H. Hahn).

Setzen wir zur Abkürzung für reelles t

$$\{t\} = \max[t, 0] = \tfrac{1}{2}|t| + \tfrac{1}{2}t \geqq 0,$$

es ist dies eine stetige, mit wachsendem t nicht abnehmende Funktion von t. Sei nun $g \geqq h$,

$$g = \lim g_n, \qquad g_1 \leqq g_2 \leqq \ldots$$
$$h = \lim h_n, \qquad h_1 \geqq h_2 \geqq \ldots$$

$g_n = g_n(x)$ und $h_n = h_n(x)$ stetige Funktionen. Es ist

$$(1) \qquad h_1 - g_1 \geqq h_1 - g_2 \geqq h_2 - g_2 \geqq h_2 - g_3 \geqq \ldots$$

Daher auch

$$\{h_1 - g_1\} \geqq \{h_1 - g_2\} \geqq \{h_2 - g_2\} \geqq \{h_2 - g_3\} \geqq \ldots$$

und diese Funktionen konvergieren nach $\{h - g\} = 0$. Die alternierende Reihe

$$f = g_1 + \{h_1 - g_1\} - \{h_1 - g_2\} + \{h_2 - g_2\} - \{h_2 - g_3\} + \ldots$$

konvergiert daher für jedes x, ihre Partialsummen sind stetige Funktionen und f ist als Limes der aufsteigenden (absteigenden) Partialsummen ungerader (gerader) Ordnung eine unterhalb (oberhalb) stetige, d. h. schlechthin stetige Funktion.

Endlich ist $g \geqq f \geqq h$. Denn für $g = h$ sind alle Glieder der Folge (1) $\geqq 0$, also

$$f = g_1 + (h_1 - g_1) - (h_1 - g_2) + (h_2 - g_2) - (h_2 - g_3) + \ldots$$
$$= \lim g_n = \lim h_n = g = h.$$

Für $g > h$ achten wir auf das erste negative Glied in (1); ist es $h_n - g_n$, so ist

$$f = g_1 + (h_1 - g_1) - (h_1 - g_2) + \ldots - (h_{n-1} - g_n) = g_n,$$
$$g \geqq g_n > h_n \geqq h;$$

ist es $h_n - g_{n+1}$, so ist

$$f = g_1 + (h_1 - g_1) - (h_1 - g_2) + \ldots + (h_n - g_n) = h_n,$$
$$g \geqq g_{n+1} > h_n \geqq h.$$

In den folgenden Sätzen bedeute A eine (im Raume R) abgeschlossene Menge, $B = R - A$ die komplementäre offene Menge (Gebiet). Mit x, y, z bezeichnen wir Punkte von A, B, R. Es sei

$$\varrho(z) = \inf_x xz$$

der Abstand des Punktes z von A, also $\varrho(x)=0$, $\varrho(y)>0$. Bekanntlich ist

$$|\varrho(z)-\varrho(z_0)|\leqq z_0 z,$$

also $\varrho(z)$ stetige Funktion von z.

III. *Eine in der abgeschlossenen Menge A definierte, stetige Funktion $\varphi(x)$ läßt sich zu einer im ganzen Raume stetigen Funktion $f(z)$ ergänzen* (H. Tietze).

Sei zunächst $\varphi(x)$ beschränkt, $\lambda\leqq\varphi(x)\leqq\mu$. Die durch

$$g(x)=\varphi(x),\qquad g(y)=\mu$$

definierte Funktion $g(z)$ ist unterhalb stetig, die durch

$$h(x)=\varphi(x),\qquad h(y)=\lambda$$

definierte Funktion $h(z)$ oberhalb stetig und durchweg $g(z)\geqq h(z)$. Nach dem Hahnschen Einschiebungssatz II gibt es also eine stetige Funktion $f(z)$ mit $g(z)\geqq f(z)\geqq h(z)$, also $f(x)=\varphi(x)$. Übrigens ist auch $\lambda\leqq f(z)\leqq\mu$.

Sei sodann $\Phi(x)$ in A stetig, aber unbeschränkt;

$$\varphi(x)=\frac{\Phi(x)}{1+|\Phi(x)|}$$

ist stetig und $-1<\varphi(x)<1$. Es gibt also eine in A mit $\varphi(x)$ übereinstimmende stetige Funktion $f(z)$ mit $-1\leqq f(z)\leqq 1$; indem wir aber $f(z)$ durch $\frac{f(z)}{1+\varrho(z)}$ ersetzen, erhalten wir eine ebensolche Funktion vom Betrage <1. Nehmen wir daher $-1<f(z)<1$ an, so stimmt die stetige Funktion $F(z)=\frac{f(z)}{1-|f(z)|}$ in A mit $\Phi(x)$ überein.

Um auch direkt eine Funktion $f(z)$ der verlangten Eigenschaft zu bilden (wieder im Falle eines beschränkten $\varphi(x)$, $\lambda\leqq\varphi(x)\leqq\mu$), definieren wir

$$f(x)=\varphi(x),\quad f(y)=\inf_x\left[\varphi(x)+\frac{xy}{\varrho(y)}-1\right].$$

Wegen $xy\geqq\varrho=\varrho(y)$ ist $f(y)\geqq\lambda$, überdies für jedes x

$$f(y)\leqq\mu+\frac{xy}{\varrho}-1,$$

und wenn man x eine Punktfolge mit $xy\to\varrho$ beschreiben läßt: $f(y)\leqq\mu$.

Es ist die Stetigkeit von $f(z)$ zu zeigen, d. h. wenn x_0, y_0 Punkte von A, B bedeuten, zu beweisen, daß

$$f(y)\to f(y_0)\quad\text{für}\quad y\to y_0,$$
$$f(y)\to\varphi(x_0)\quad\text{für}\quad y\to x_0.$$

Zu dem Zweck ist zu bemerken, daß wir uns bei der Bestimmung von $f(y)$ auf Punkte x beschränken können, für die

$$\varphi(x) + \frac{xy}{\varrho} - 1 < f(y) + 1,$$

also

$$\frac{xy}{\varrho} < \mu - \lambda + 2,$$

d. h. $xy < c\varrho$ (c eine Konstante).

Sei nun $yy_0 = \delta$ $(0 < \delta < 1)$ und bestimmen wir einen Punkt x mit

$$\varphi(x) + \frac{xy}{\varrho} - 1 < f(y) + \delta, \quad xy < c\varrho. \tag{2}$$

Dann ist

$$\begin{aligned} f(y_0) &\leqq \varphi(x) + \frac{xy_0}{\varrho_0} - 1 \\ &< f(y) + \delta + \frac{xy_0}{\varrho_0} - \frac{xy}{\varrho} \\ &= f(y) + \delta + \frac{xy_0 - xy}{\varrho_0} + xy\left(\frac{1}{\varrho_0} - \frac{1}{\varrho}\right) \\ &< f(y) + \delta + \frac{\delta}{\varrho_0} + c\varrho \cdot \frac{\delta}{\varrho\varrho_0}, \\ f(y_0) &< f(y) + \delta\left(1 + \frac{c+1}{\varrho_0}\right). \end{aligned}$$

Ebenso durch Vertauschung von y, y_0

$$f(y) < f(y_0) + \delta\left(1 + \frac{c+1}{\varrho}\right).$$

Für $y \to y_0$ $(\delta \to 0,\ \varrho \to \varrho_0)$ konvergiert also $f(y)$ nach $f(y_0)$.

Ferner sei $x_0 y = \delta < 1$; wir bestimmen wieder einen Punkt x gemäß (2) und einen Punkt ξ (ebenfalls in A) mit $\xi y < \varrho(1 + \delta)$, also

$$f(y) \leqq \varphi(\xi) + \frac{\xi y}{\varrho} - 1 < \varphi(\xi) + \delta,$$

so daß

$$\varphi(x) - \delta < f(y) < \varphi(\xi) + \delta$$

wird. Da nun wegen $\varrho \leqq \delta$ und auf Grund der Dreiecksungleichung mit y auch x und ξ nach x_0 konvergieren, so konvergiert $f(y)$ nach $\varphi(x_0)$.

IV. *Es sei $\varphi(z)$ nach unten beschränkt und in der abgeschlossenen Menge A stetig. Es gibt eine stetige Funktion $f(z) \leqq \varphi(z)$, die in A mit $\varphi(z)$ übereinstimmt* (H. Tietze).

Hier wird also die Gesamtfunktion $\varphi(z)$, in III nur die Teilfunktion $\varphi(x)$ in A stetig angenommen. — Es sei $\varphi(z) \geqq \lambda$. Man definiere $g(z)$ als untere Grenze von $\varphi(z)$ im Punkte z, d. h. $g(z_0) = \underline{\lim}\, \varphi(z)$ für $z \to z_0$ ($z = z_0$ nicht ausgeschlossen). Es ist also $g(z_0) \leqq \varphi(z_0)$, während es für beliebige positive δ, ε auch einen Punkt z mit $z_0 z < \delta$, $\varphi(z) < g(z_0) + \varepsilon$

gibt. Diese Funktion g ist bekanntlich unterhalb stetig, denn für $z_n \to z_0$ bestimme man einen Punkt ζ_n mit $z_n \zeta_n < \frac{1}{n}$, $\varphi(\zeta_n) < g(z_n) + \frac{1}{n}$, dann ist auch $\zeta_n \to z_0$ und

$$g(z_0) \leqq \underline{\lim}\, \varphi(\zeta_n) \leqq \underline{\lim}\, g(z_n).$$

Überdies ist $g(x) = \varphi(x)$ und $\varphi(y) \geqq g(y) \geqq \lambda$. Andererseits ist die durch

$$h(x) = \varphi(x), \qquad h(y) = \lambda$$

definierte Funktion oberhalb stetig und durchweg $g(z) \geqq h(z)$. Es gibt also eine stetige Funktion $f(z)$ mit $g(z) \geqq f(z) \geqq h(z)$, also

$$f(x) = \varphi(x) \quad \text{und} \quad f(y) \leqq \varphi(y).$$

Direkt kann man eine solche Funktion, wenigstens für beschränktes $\varphi(z)$, durch

$$f(x) = \varphi(x), \qquad f(y) = \inf_z \left[\varphi(z) + \frac{yz}{\varrho(y)}\right]$$

definieren; der Beweis der Stetigkeit ist ähnlich wie bei III.

V. *Jede unterhalb stetige, in der abgeschlossenen Menge A stetige Funktion $\varphi(z)$ ist Limes einer aufsteigenden Folge stetiger Funktionen, die in A mit $\varphi(z)$ übereinstimmen.* (H. Tietze.)

$\varphi(z)$ sei zunächst nach unten beschränkt, es gibt also nach IV eine stetige Funktion $f(z) \leqq \varphi(z)$ mit $f(x) = \varphi(x)$. Andererseits ist nach I $\varphi(z)$ Limes aufsteigender stetiger Funktionen $\varphi_n(z) \leqq \varphi(z)$. Die stetigen Funktionen

$$f_n(z) = \max\,[\varphi_n(z), f(z)]$$

konvergieren dann aufsteigend nach $\max\,[\varphi(z), f(z)] = \varphi(z)$, während $f_n(x) = \max\,[\varphi_n(x), f(x)] = \max\,[\varphi_n(x), \varphi(x)] = \varphi(x)$ ist.

Der Fall eines unbeschränkten $\varphi(z)$ ist genau wie in I zu behandeln.

§ 2.

Wir übertragen die wichtigsten der vorstehenden Sätze, indem wir an Stelle der stetigen Funktionen ein ziemlich allgemeines System von reellen Funktionen mit gemeinsamem Definitionsbereich R zugrunde legen; diese Menge R (die wir Raum und deren Elemente wir Punkte nennen) darf zunächst eine ganz beliebige Menge sein, zwischen deren Elementen keine (durch Umgebungen, Entfernungen o. dgl. vermittelte) Relationen vorausgesetzt werden. Erst bei der Anwendung auf die „analytisch darstellbaren", d. h. durch wiederholte Limesbildung aus den stetigen Funktionen hervorgehenden *Baireschen Funktionen* werden wir R als metrischen Raum annehmen. Wie zuvor sollen alle Funktionen endlich sein; wenn wir also z. B. von der oberen Grenze $\sup f_n(x)$ einer Folge von Funktionen sprechen, so setzen wir voraus, daß die $f_n(x)$ für jedes x eine nach oben beschränkte Zahlenfolge bilden.

Eine gegebene Funktion $f = f(x)$ bestimmt die *Lebesgueschen Mengen*

$$[f > y], \qquad [f \geqq y]$$

der Punkte x, worin f größer oder nicht kleiner als die gegebene reelle Zahl y ist. Wenn die Mengen M, N gegebene Mengensysteme durchlaufen und die Menge $[f > y]$ für jedes y ein M, oder die Menge $[f \geqq y]$ für jedes y ein N ist, oder beides zugleich eintrifft, so sagen wir, daß die Funktion f von der Klasse $(M, *)$ oder $(*, N)$ oder (M, N) ist.

Durchläuft z. B. A die abgeschlossenen, B die offenen Mengen eines metrischen Raumes R, so sind die oberhalb stetigen Funktionen mit denen der Klasse $(*, A)$, die unterhalb stetigen mit denen der Klasse $(B, *)$, die stetigen mit denen der Klasse (B, A) identisch. Denn ist $f(x)$ unterhalb stetig, also für jedes $\varepsilon > 0$ in einer hinlänglich kleinen Umgebung von x_0 $f(x) > f(x_0) - \varepsilon$, so enthält die Menge $[f > y]$ von jedem ihrer Punkte auch eine gewisse Umgebung, ist also eine offene Menge, und umgekehrt.

Es ist zu unterscheiden, ob wir von Mengen M, N gegebener Systeme ausgehend alle Funktionen f der Klasse (M, N) oder umgekehrt von Funktionen f eines gegebenen Systems ausgehend alle Mengen $M = [f > y]$, $N = [f \geqq y]$ bilden (für alle f und y). Deuten wir diese Bestimmungen für den Augenblick durch die Bezeichnung $(M, N) \to f$, $f \to (M, N)$ an und üben sie wiederholt aus, so werden bei

$$(M, N) \to f \to (M_1, N_1)$$

die M_1 im allgemeinen nur einen Teil der M, die N_1 nur einen Teil der N bilden, bei

$$f \to (M, N) \to f_1$$

umgekehrt die f nur einen Teil der f_1, und die Behauptung, daß, etwa im zweiten Fall, jede Funktion f_1 der Klasse (M, N) wieder ein f ist, wird eines Beweises bedürfen.

Es durchlaufe nun f ein Funktionensystem mit folgenden Eigenschaften:

(α) *Jede Konstante ist ein f.*

(β) *Das Maximum und Minimum zweier f ist wieder ein f.*

(γ) *Summe, Differenz, Produkt und Quotient* (mit durchweg nichtverschwindendem Nenner) *zweier f ist wieder ein f.*

Hiernach ist auch der Betrag eines f

$$|f| = \max[f, 0] - \min[f, 0]$$

wieder ein f.

Es bedeute nun g den Limes einer aufsteigenden, h den Limes einer absteigenden Folge von Funktionen f; k eine Funktion, die zugleich ein g und ein h ist; endlich f^* den Limes einer konvergenten Folge von Funktionen f. Wir bemerken sofort, daß $-g$ ein h ist und umgekehrt; von den auf Limites monotoner Folgen bezüglichen Sätzen genügt es also, die auf g bezüglichen auszusprechen. Jedes f ist ein k, jedes k ein g und h, jedes g und h ein f^*.

Statt $g = \lim f_n$ $(f_1 \leqq f_2 \leqq \ldots)$ können wir auch $g = \sup f_n$ schreiben; umgekehrt ist die obere Grenze einer Folge von f ein g, denn

$$\sup f_n = \lim \max [f_1, f_2, \ldots, f_n],$$

und sogar die obere Grenze einer Folge von g wieder ein g, denn ist $g_n = \sup\limits_p f_{np}$, so ist

$$\sup g_n = \sup [f_{11}, f_{12}, f_{21}, f_{13}, f_{22}, f_{31}, \ldots].$$

I. *Maximum, Minimum und Summe zweier g ist wieder ein g.*

Denn wenn f_n aufsteigend nach g, f'_n aufsteigend nach g' konvergiert, so konvergieren

$$\max [f_n, f'_n], \qquad \min [f_n, f'_n], \qquad f_n + f'_n$$

aufsteigend nach

$$\max [g, g'], \qquad \min [g, g'], \qquad g + g'.$$

II. *Der Limes einer gleichmäßig konvergenten Folge von Funktionen f ist ein k.*

Sei gleichmäßig $f^* = \lim f_n$; ist $\varepsilon = \Sigma \varepsilon_n$ eine konvergente Reihe positiver Zahlen, so können wir aus den f_n Funktionen $f_\alpha, f_\beta, f_\gamma, \ldots$ mit wachsenden Indizes herausgreifen, die sich von allen folgenden um weniger als $\varepsilon_1, \varepsilon_2, \varepsilon_3, \ldots$ unterscheiden. Schreiben wir dann

$$\begin{aligned} f^* &= f_\alpha + (f_\beta - f_\alpha) + (f_\gamma - f_\beta) + \cdots \\ &= \varphi_0 + \varphi_1 + \varphi_2 + \cdots, \end{aligned}$$

wo die φ_n wieder Funktionen f und, von φ_0 abgesehen, vom Betrage $< \varepsilon_n$ sind. Demnach ist

$$\begin{aligned} f^* &= (\varphi_0 - \varepsilon) + (\varphi_1 + \varepsilon_1) + (\varphi_2 + \varepsilon_2) + \cdots \\ &= (\varphi_0 + \varepsilon) + (\varphi_1 - \varepsilon_1) + (\varphi_2 - \varepsilon_2) + \cdots \end{aligned}$$

zugleich ein g und ein h.

III. *Maximum und Minimum, Summe, Differenz, Produkt und Quotient zweier f^* ist wieder ein f^*.*

Beweis wie von I; nur der Quotient bedarf einer Bemerkung, wobei es genügt zu zeigen, daß, für $f^* \neq 0$, $\frac{1}{f^*}$ wieder ein f^* ist. Ist $f^* = \lim f_n$ überall positiv, so kann man auch $f_n > 0$ annehmen (indem man es durch $\max\left[f_n, \frac{1}{n}\right]$ ersetzt, welches nach $\max[f^*, 0] = f^*$ konvergiert), und dann ist $\frac{1}{f^*} = \lim \frac{1}{f_n}$. Ist $f^* \neq 0$, so ist $f^* \cdot \frac{1}{f^{*2}} = \frac{1}{f^*}$ wieder ein f^*.

IV. *Der Limes einer gleichmäßig konvergenten Folge von Funktionen f^* ist wieder ein f^*.*

Ist gleichmäßig $F = \lim f_n^*$, so kann man wie bei II

$$F = \varphi_0 + \varphi_1 + \varphi_2 + \cdots$$

setzen, wo die φ_n Funktionen f^* und für $n > 0$ vom Betrage $< \varepsilon_n$ sind. Für eine Funktion $f^* = \lim f_p$ vom Betrage $< \varepsilon$ kann man $|f_p| \leqq \varepsilon$ voraussetzen, indem man f_p durch $f_p' = \max[f_p, -\varepsilon]$ und sodann durch $f_p'' = \min[f_p', \varepsilon]$ ersetzt. Sei demnach

$$\varphi_0 = \lim_p f_{0p}, \quad \varphi_n = \lim_p f_{np}, \quad |f_{np}| \leqq \varepsilon_n.$$

Die Funktion

$$f_p = f_{0p} + f_{1p} + \cdots + f_{pp},$$

die ein f ist, konvergiert aber nach F, welches also ein f^* ist. Denn man wähle, bei gegebenem $\delta > 0$ und Argument x, n so groß, daß $\varepsilon_{n+1} + \varepsilon_{n+2} + \cdots < \delta$, und $p_0 \geqq n$ so groß, daß, für $p \geqq p_0$, $f_{0p} + \cdots + f_{np}$ sich von $\varphi_0 + \cdots + \varphi_n$ um weniger als δ unterscheidet. Dann unterscheidet sich F von $\varphi_0 + \cdots + \varphi_n$, dieses von $f_{0p} + \cdots + f_{np}$, dieses von $f_{0p} + \cdots + f_{np} + \cdots + f_{pp}$ um weniger als δ, also $|F - f_p| < 3\delta$ für $p \geqq p_0$.

Man bemerke noch, daß wegen

$$\overline{\lim} f_n = \lim g_n, \quad g_n = \sup[f_n, f_{n+1}, f_{n+2}, \ldots]$$

der obere Limes einer Folge von Funktionen f zugleich Limes (oder untere Grenze) einer absteigenden Folge von Funktionen g ist, kurz

$$\overline{\lim} f_n = \inf g_n, \quad \underline{\lim} f_n = \sup h_n;$$

die Funktionen f^* sind beider Darstellungen fähig.

Wir führen nun die Lebesgueschen Mengen unserer Funktionen ein; die Mengen

$$[f > y], \quad [f \geqq y], \quad [g > y], \quad [h \geqq y], \quad [f^* > y], \quad [f^* \geqq y]$$

mögen mit

$$M, \quad N, \quad P, \quad Q, \quad M^*, \quad N^*$$

bezeichnet werden (wobei f usw. alle bezeichneten Funktionen und y alle reellen Zahlen zu durchlaufen hat; offenbar kann man aber y fest lassen, z. B. $y = 0$ setzen, da $f - y$ wieder ein f ist usw.). Es wird sich erstens um die Bestimmung der P, Q, M^*, N^* aus den gegebenen M, N und zweitens um die Umkehrung der Tatsache handeln, daß die Funktionen g, h, k, f^* von den Klassen $(P, *)$, $(*, Q)$, (P, Q), (M^*, N^*) sind; wobei nicht vorausgesetzt wird, daß jede Funktion der Klasse (M, N) umgekehrt ein f sei (vgl. Satz VIII).

Die Summen und Durchschnitte aus Folgen von Mengen M bezeichnen wir generell mit

$$M_\sigma = M_1 \dotplus M_2 \dotplus M_3 \dotplus \ldots,$$
$$M_\delta = M_1 M_2 M_3 \ldots;$$

ebenso bedeute $M_{\sigma\delta}$ den Durchschnitt einer Folge von Mengen M_σ, $M_{\delta\sigma}$ die Summe einer Folge von Mengen M_δ usw. Man bemerkt ohne weiteres, daß die M und N Komplemente voneinander sind, ebenso die P und Q, ebenso die M^* und N^* (denn $-f$ ist ein f, $-g$ ein h usw.); ferner ist Summe und Durchschnitt zweier M wieder ein M, und dasselbe gilt für die übrigen Mengengattungen, denn ist $M_1 = [f_1 > 0]$, $M_2 = [f_2 > 0]$, so ist $M_1 \dotplus M_2$ die Menge, wo $\max[f_1, f_2] > 0$, und $M_1 M_2$ die Menge, wo $\min[f_1, f_2] > 0$.

Es gilt nun, auch wenn die M und N ganz beliebige Mengensysteme durchlaufen:

V. *Jede Funktion der Klasse $(M, *)$ ist von der Klasse $(*, M_\delta)$, jede Funktion der Klasse $(*, N)$ ist von der Klasse $(N_\sigma, *)$.*

Denn $[f \geqq y]$ ist Durchschnitt der Mengen $\left[f > y - \frac{1}{n}\right]$, $[f > y]$ Summe der Mengen $\left[f \geqq y + \frac{1}{n}\right]$ für $n = 1, 2, \ldots$

VI. *Die obere Grenze einer Folge von Funktionen $(M, *)$ ist von der Klasse $(M_\sigma, *)$, die untere Grenze einer Folge von Funktionen $(*, N)$ ist von der Klasse $(*, N_\delta)$.*

Denn für $g = \sup f_n$ ist $[g > y]$ Summe der Mengen $[f_n > y]$; für $h = \inf f_n$ ist $[h \geqq y]$ Durchschnitt der Mengen $[f_n \geqq y]$.

Hiernach gilt zur Bestimmung unserer Mengen aus den M, N der Satz

VII. *Die P sind mit den M_σ, die Q mit den N_δ, die M^* mit den Q_σ, die N^* mit den P_δ identisch.*

Jede dieser vier Behauptungen besteht aus zwei Hälften, z. B. besagt die erste: jedes P ist ein M_σ und jedes M_σ ist ein P. Die erste Hälfte (jedes P ist ein M_σ usw.) ist nach V, VI unmittelbar evident. f ist ein (M, N), also $g = \sup f_n$ ein $(M_\sigma, *)$, $h = \inf f_n$ ein $(*, N_\delta)$; das heißt eben: *jedes P ist ein M_σ, jedes Q ein N_δ.* Ferner ist g ein $(P, *)$ oder $(*, P_\delta)$, $\overline{\lim} f_n = \inf g_n$ ein $(*, P_{\delta\delta}) = (*, P_\delta)$, ebenso $\underline{\lim} f_n$ ein $(Q_\sigma, *)$, f^* ein (Q_σ, P_δ); also *jedes M^* ist ein Q_σ, jedes N^* ein P_δ.*

Um auch die zweite Hälfte (jedes M_σ ist ein P usw.) zu beweisen, benutzen wir die einfachen Hilfssätze, die auch nachher noch Verwendung finden:

(1) Zu jeder Menge M gibt es eine Funktion f, die in M positiv ist und sonst verschwindet.

Denn es gibt eine Funktion f mit $M = [f > 0]$, und man kann sie $\geqq 0$, übrigens auch $\leqq \varepsilon$ annehmen, indem man sie durch $f' = \max[f, 0]$ und $f'' = \min[f', \varepsilon]$ ersetzt.

(2) Zu jeder Menge M_σ gibt es eine Funktion F, die Limes einer gleichmäßig konvergenten Folge von Funktionen f, in M positiv ist und sonst verschwindet.

Ist $M_\sigma = M_1 \dot{+} M_2 \dot{+} \ldots$, so bestimmen wir zu M_n gemäß (1) eine Funktion f_n mit $0 \leqq f_n \leqq \varepsilon_n$, die in M_n positiv ist und sonst verschwindet; ist $\Sigma \varepsilon_n$ konvergent, so erfüllt

$$F = f_1 + f_2 + f_3 + \cdots$$

die gestellten Forderungen.

(3) Zu jeder Menge M gibt es eine Funktion g, die in M gleich 1 ist und sonst verschwindet.

Wir bestimmen f gemäß (1); die Funktion $(n = 1, 2, \ldots)$

$$g = \lim \frac{nf}{1 + nf}$$

ist Limes aufsteigender f, in M gleich 1 und sonst gleich 0.

(4) Zu jeder Menge M_σ gibt es eine Funktion g, die in M_σ gleich 1 ist und sonst verschwindet.

Ist $M_\sigma = M_1 \dot{+} M_2 \dot{+} \ldots$, so bestimmen wir gemäß (3) eine Funktion g_n, die in M_n gleich 1 ist und sonst verschwindet; die Funktion

$$g = \sup g_n$$

erfüllt unsere Forderungen.

Aus (4) ergibt sich nun, daß $M_\sigma = [g \dot{>} 0]$ ein P ist: *jedes M_σ ist ein P, jedes N_δ ein Q.* Andererseits ist $M_\sigma = [g \geqq \frac{1}{2}]$ auch ein N^*, da g jedenfalls ein f^* ist, also: *jedes P ist ein N^*, jedes Q ein M^*.* Wendet man sodann (2) nicht auf die Funktionen f, sondern auf die (wegen III denselben Axiomen (α) (β) (γ) genügenden) Funktionen f^* an, wobei F wegen IV wieder ein f^* ist, so ist $M_\sigma^* = [F > 0]$ ein M^*, also: *jedes M_σ^* ist ein M^*, jedes N_δ^* ein N^*.* Endlich folgt dann, daß jedes Q_σ ein

M_σ^* und daher ein M^* ist: *jedes Q_σ ist ein M^*, jedes P_δ ein N^*.* Damit ist VII vollständig bewiesen.

Nunmehr gehen wir zu den *Umkehrungssätzen* über:

VIII. *Wenn der Limes jeder gleichmäßig konvergenten Folge von Funktionen f wieder ein f ist, so ist jede Funktion der Klasse (M, N) ein f.*

Sei φ von der Klasse (M, N). Wenn $y_1 < y_2$ ist, so gibt es eine Funktion f folgenden Verhaltens:

$$\begin{array}{llll} \text{für} & \varphi \leqq y_1, & y_1 < \varphi < y_2, & \varphi \geqq y_2 \\ \text{ist} & f = 0, & 0 < f < 1, & f = 1. \end{array}$$

Denn zu der Menge $[\varphi > y_1]$, die ein M ist, gibt es nach (1) eine Funktion f_1, die in dieser Menge positiv und sonst 0 ist; ebenso zur Menge $[\varphi < y_2]$, die ein $R - N = M$ ist, eine entsprechende Funktion f_2. Dann ist überall $f_1 + f_2 > 0$ und $f = \frac{f_1}{f_1 + f_2}$ erfüllt die obige Forderung.

Sei nun φ zunächst beschränkt, etwa $0 \leqq \varphi \leqq 1$; wir wählen eine natürliche Zahl n und bestimmen (mit neuer Bedeutung von f_1, f_2) für $\nu = 1, 2, \ldots, n$ eine Funktion f_ν so, daß für

$$\begin{array}{lll} \varphi \leqq \frac{\nu - 1}{n}, & \frac{\nu - 1}{n} < \varphi < \frac{\nu}{n}, & \varphi \geqq \frac{\nu}{n} \\ f_\nu = 0, & 0 < f_\nu < 1, & f_\nu = 1. \end{array}$$

Die Funktion

$$f = \frac{1}{n}(f_1 + f_2 + \cdots + f_n)$$

ist wieder ein f. Ist, in einem Punkt x, $\frac{\nu - 1}{n} \leqq \varphi \leqq \frac{\nu}{n}$, so ist $f_1 = \ldots = f_{\nu-1} = 1$, $f_{\nu+1} = \ldots = f_n = 0$,

$$f = \frac{\nu - 1}{n} + \frac{f_\nu}{n}, \quad \frac{\nu - 1}{n} \leqq f \leqq \frac{\nu}{n},$$

also $|\varphi - f| \leqq \frac{1}{n}$ überall. Läßt man n unbegrenzt wachsen, so konvergiert f gleichmäßig nach φ, welches also nach Voraussetzung wieder ein f ist.

Ist Φ unbeschränkt und von der Klasse (M, N), so ist $\varphi = \frac{\Phi}{1 + |\Phi|}$ beschränkt und von derselben Klasse; denn die Menge $[\varphi > y]$ ist für $|y| < 1$ mit der Menge $[\Phi > Y]$, $Y = \frac{y}{1 - |y|}$ identisch, während sie für $y \geqq 1$ die Nullmenge und für $y \leqq -1$ der ganze Raum ist; 0 und R gehören nach dem Axiom (α) zu den Mengen M. Dasselbe gilt für $[\varphi \geqq y]$ und für den umgekehrten Schluß von φ auf Φ. Hiernach ist φ ein f, und da $|\varphi| < 1$ ebenfalls ein f ist, so auch $\Phi = \frac{\varphi}{1 - |\varphi|}$.

Die Voraussetzung von VIII bezüglich der gleichmäßigen Konvergenz trifft nach IV jedenfalls für die Funktionen f^* zu, daher

IX. *Jede Funktion der Klasse* (M^*, N^*) *ist ein* f^*.

Sodann gilt:

X. *Jede nach unten beschränkte Funktion der Klasse* $(P, *)$ *ist ein* g.

Sei φ von der Klasse $(P, *)$ und etwa $\varphi > 0$. Wir wählen $\delta > 0$ und bestimmen für $n = 1, 2, 3, \ldots$ nach Hilfssatz (4) zu der Menge $[\varphi > n\delta]$ eine Funktion g_n (ein g), die in dieser Menge $= 1$ ist und sonst verschwindet. Die Reihe

$$g = \delta(g_1 + g_2 + g_3 + \ldots)$$

konvergiert für jedes x, da schließlich g_n verschwindet, und g ist als Limes aufsteigender g wieder ein g. Ist in einem Punkt $(n-1)\delta < \varphi \leqq n\delta$, so ist $g_1 = \ldots = g_{n-1} = 1$, $g_n = g_{n+1} = \ldots = 0$, also $g = (n-1)\delta$ und daher überall $0 < \varphi - g \leqq \delta$. Läßt man δ eine Folge von Zahlen $\to 0$ beschreiben, so konvergiert g nach φ und zwar aufsteigend bei passender Wahl der δ (z. B. $\delta = 1, \frac{1}{2}, \frac{1}{4}, \frac{1}{8}, \ldots$); φ ist also ebenfalls ein g.

Die Einschränkung in X läßt sich dahin mildern, daß es nur eine Funktion $f \leqq \varphi$ zu geben braucht. Der folgende Satz ist gänzlich frei von ihr:

XI. *Jede Funktion der Klasse* $(P, *)$ *ist Limes einer aufsteigenden Folge von Funktionen der Klasse* (P, Q).

Für eine nach unten beschränkte Funktion behauptet XI weniger als X, da jedes f auch von der Klasse (P, Q) ist. Sei also Φ von der Klasse $(P, *)$ und nicht beschränkt; die Funktion $\varphi = \frac{\Phi}{1 + |\Phi|}$ ist von derselben Klasse und beschränkt, also ein g und daher Limes aufsteigender Funktionen f_n, die man von vornherein (indem man f_n durch $\max[f_n, -1]$ ersetzt) der Bedingung $-1 \leqq f_n \leqq \varphi < 1$ entsprechend annehmen kann. Verfahren wir nun wie beim Beweise von § 1, I, so erhalten wir Funktionen

$$k_n = f_n + \varepsilon_1(f_{n+1} - f_n) + \varepsilon_2(f_{n+2} - f_{n+1}) + \ldots,$$

die mit $-1 < k_n < 1$ aufsteigend nach φ konvergieren; dabei ist k_n als gleichmäßiger Limes von Funktionen f ein k, nach Satz II, also jedenfalls von der Klasse (P, Q). Von derselben Klasse sind die Funktionen $K_n = \frac{k_n}{1 - |k_n|}$, die aufsteigend nach Φ konvergieren.

Die zu X, XI entsprechenden Sätze gelten für Funktionen der Klasse $(*, Q)$. Jede beschränkte Funktion der Klasse (P, Q) ist ein k.

X und XI sind die Verallgemeinerungen des B a i r e schen Satzes über unterhalb stetige Funktionen. Der H a h n sche Einschiebungssatz überträgt sich, mit demselben Beweis wie § 1, II, in folgender Form:

XII. *Ist überall* $g \geqq h$, *so gibt es eine Funktion* k *mit* $g \geqq k \geqq h$.

Um den Ergänzungssatz zu übertragen, verstehen wir unter X irgendeine Teilmenge von R, und unter der Aussage, eine in X definierte Funktion $\varphi(x)$ sei von der Klasse (M, N), daß jede Menge $[\varphi > t]$ der Durchschnitt MX eines M mit X, jede Menge $[\varphi \geqq t]$ der Durchschnitt NX eines N mit X sei.

Sei nun Q_0 eine Menge Q, $P_0 = R - Q_0$ ihr Komplement, also ein P. Dann gilt:

XIII. *Eine in Q_0 definierte Funktion von der Klasse (P, Q) läßt sich zu einer im ganzen Raum definierten Funktion von dieser Klasse ergänzen.*

Es mögen x, y, z Punkte von Q_0, P_0, R bedeuten. Es sei $\varphi(x)$ von der Klasse (P, Q) und zunächst beschränkt, $\lambda \leqq \varphi(x) \leqq \mu$. Die durch

$$h(x) = \varphi(x), \quad h(y) = \lambda$$

definierte Funktion $h(z)$ ist ein h, nämlich beschränkt und von der Klasse $(*, Q)$, da die Menge $[h \geqq t]$ für $t > \lambda$ ein $Q\,Q_0$, also ein Q, und für $t \leqq \lambda$ der ganze Raum ist. Analog schließt man, daß die vermöge

$$g(x) = \varphi(x), \quad g(y) = \mu$$

definierte Funktion $g(z)$ ein g ist. Wegen $g(z) \geqq h(z)$ gibt es zwischen ihnen eine Funktion $k(z)$, also mit $k(x) = \varphi(x)$, die ein k und also von der Klasse (P, Q) ist. Überdies ist auch $\lambda \leqq k(z) \leqq \mu$.

Ist sodann $\Phi(x)$ unbeschränkt und von der Klasse (P, Q), so ist $\varphi(x) = \frac{\Phi(x)}{1 + |\Phi(x)|}$ beschränkt und von derselben Klasse; es gibt demnach eine Funktion $k_1(z)$, ein k, mit $-1 \leqq k_1(z) \leqq 1$ und $k_1(x) = \varphi(x)$. Nach Hilfssatz (2) gibt es aber eine Funktion $k_0(z)$, die in P_0 positiv ist, in Q_0 verschwindet und gleichmäßiger Limes von Funktionen f, also ebenfalls ein k ist. (Für stetige Funktionen f und abgeschlossenes Q_0 leistete dies die Funktion $\varrho(z) =$ Abstand des Punktes z von Q_0.) Die Funktion $k_1 - t k_0$ ist für reelles t wieder ein k, woraus folgt, daß die Funktion $k = \frac{k_1}{1 + k_0}$ von der Klasse (P, Q) und, weil beschränkt, wieder ein k ist; denn die Menge $\left[\frac{k_1}{1 + k_0} > t\right] = [k_1 - t k_0 > t]$ ist ein P usw. Wir haben nun eine Funktion k vom Betrage < 1 mit $k(x) = \varphi(x)$; die Funktion $K = \frac{k}{1 - |k|}$ ist dann jedenfalls von der Klasse (P, Q) und $K(x) = \Phi(x)$.

Eine leichte Ausdehnung des Ergänzungssatzes liefert:

XIV. *Sind $Q_1, Q_2, \ldots, Q_n$ endlich viele Mengen Q, paarweise ohne gemeinsame Punkte, und $\varphi_1, \varphi_2, \ldots, \varphi_n$ in ihnen definierte Funktionen von der Klasse (P, Q), so ist die in $Q_0 = Q_1 + Q_2 + \cdots + Q_n$ definierte*

Funktion φ, die in Q_1 mit φ_1, in Q_2 mit $\varphi_2, \ldots$, in Q_n mit φ_n übereinstimmt, ebenfalls von der Klasse (P, Q) und läßt sich also zu einer im ganzen Raum definierten Funktion von dieser Klasse ergänzen.

In der Tat ist Q_0 ein Q; ferner ist $[\varphi \geqq t]$ Summe der Mengen $[\varphi_\nu \geqq t]$ und diese, als Durchschnitte zweier Q, sind wieder Mengen Q, also ist $[\varphi \geqq t]$ ein in Q_0 enthaltenes Q oder QQ_0; ebenso ist $[\varphi \leqq t]$ ein QQ_0, $[\varphi > t]$ ein $Q_0 - QQ_0 = (R - Q)Q_0 = PQ_0$, also φ in Q_0 von der Klasse (P, Q).

Als Gegenstück, das aber den Ergänzungssatz nicht zuläßt, möge noch der folgende Satz bemerkt werden:

XV. *Sind $P_1, P_2, \ldots$ endlich oder abzählbar viele Mengen P, paarweise ohne gemeinsame Punkte, und $\varphi_1, \varphi_2, \ldots$ in ihnen definierte Funktionen von der Klasse (P, Q), so ist die in $P_0 = P_1 + P_2 + \ldots$ definierte Funktion φ, die in P_1 mit φ_1, in P_2 mit $\varphi_2, \ldots$ übereinstimmt, ebenfalls von der Klasse (P, Q).*

Denn P_0 ist ein P_σ, also, da die P mit den M_σ übereinstimmen, wieder ein P, und ähnlich wie zuvor erkennt man, daß die Menge $[\varphi > t]$ ein PP_0, die Menge $[\varphi \geqq t]$ ein QP_0 ist.

Schließen wir hiermit die allgemein mengentheoretische Untersuchung. Mit Hilfe ihrer Ergebnisse, die wir nur wiederholt anzuwenden haben, beherrschen wir alle Funktionen, die aus einem gegebenen Funktionensystem durch wiederholte Limesbildung hervorgehen; wir deuten dies speziell für die *Baireschen Funktionen* an, indem wir jetzt R als metrischen Raum voraussetzen. Es durchlaufe

$$\alpha = 0, 1, 2, \ldots, \omega, \omega + 1, \ldots$$

die Cantorschen Ordnungszahlen der ersten und zweiten Zahlenklasse.

Durch „transfinite Induktion" definieren wir die f^0 als die stetigen Funktionen und für $\alpha > 0$ die $g^\alpha, h^\alpha, f^\alpha$ als die Limites aufsteigender, absteigender, konvergenter Folgen von bereits definierten Funktionen f^ξ $(\xi < \alpha)$, die k^α als solche Funktionen, die gleichzeitig g^α und h^α sind. Die Menge der Funktionen f^α heiße die Klasse α, wobei jede Klasse die früheren enthält und in den späteren enthalten ist. Die zugehörigen Lebesgueschen Mengen

$$[f^\alpha > y], \quad [f^\alpha \geqq y], \quad [g^\alpha > y], \quad [h^\alpha \geqq y]$$

oder

$$M^\alpha, \qquad N^\alpha, \qquad P^\alpha, \qquad Q^\alpha$$

heißen die *Borelschen* (falls R ein euklidischer Raum ist: im Borelschen Sinne meßbaren) *Mengen* des Raumes R.

Wir haben dann die zuvor entwickelte Theorie in der Weise anzu-

20*

wenden, daß wir unter den f die Funktionen f^ξ aller Klassen $< \alpha$ verstehen und die g, h, k, f^* also mit den $g^\alpha, h^\alpha, k^\alpha, f^\alpha$ identifizieren; eine erste Anwendung sichert induktiv, vermöge III, die Gültigkeit der Axiome $(\alpha)(\beta)(\gamma)$ für die Funktionen jeder Klasse α oder aller Klassen $< \alpha$. Zur Bestimmung der Borelschen Mengen liefert VII für $\alpha > 0$:

Die P^α sind die Summen aus Folgen von Mengen M^ξ, die Q^α die Durchschnitte aus Folgen von Mengen N^ξ von Klassen $\xi < \alpha$; die M^α sind die Q^α_σ, die N^α die P^α_δ.

Die Ausdrucksweise „die U sind die V" ist so zu verstehen, daß jedes U ein V und jedes V ein U ist; wir schreiben das kurz $U = V$. Die M^0 sind die offenen Mengen B, die N^0 die abgeschlossenen Mengen A. Denn einerseits ist jedes M^0 ein B, andererseits jedes B ein M^0 als Menge $[\varrho > 0]$ der stetigen Funktion $\varrho(x) =$ Abstand des Punktes x von der abgeschlossenen Menge $A = R - B$ (übrigens ist hier die einzige Stelle, wo die Annahme eines *metrischen* Raumes zur Verwendung kommt; sonst würde auch ein topologischer Raum mit geeigneten Umgebungen genügen). Hiernach entstehen die Borelschen Mengen aus offenen oder abgeschlossenen Mengen durch wiederholte Summen- und Durchschnittsbildung über Mengenfolgen. Ferner ist $P^{\alpha+1} = M^\alpha_\sigma = M^\alpha$, $Q^{\alpha+1} = N^\alpha_\delta = N^\alpha$ (auch für $\alpha = 0$), so daß nur für Limeszahlen α die P^α, Q^α als Zwischenstufe zwischen den M^ξ, N^ξ und M^α, N^α eine eigene Rolle spielen; es ist auch $M^{\alpha+1} = N^\alpha_\sigma$, $N^{\alpha+1} = M^\alpha_\delta$. Für die ersten Ordnungszahlen hat man

$M^0 = P^1 = B$	$N^0 = Q^1 = A$
$M^1 = P^2 = A_\sigma$	$N^1 = Q^2 = B_\delta$
$M^2 = P^3 = B_{\delta\sigma}$	$N^2 = Q^3 = A_{\sigma\delta}$
...	...
$P^\omega = M^0 \dotplus M^1 \dotplus M^2 \dotplus \ldots$	$Q^\omega = N^0 N^1 N^2 \ldots$
$M^\omega = P^{\omega+1} = Q^\omega_\sigma$	$N^\omega = Q^{\omega+1} = P^\omega_\delta$
$M^{\omega+1} = P^{\omega+2} = N^\omega_\sigma$	$N^{\omega+1} = Q^{\omega+2} = M^\omega_\delta$
...	...

Die Umkehrungssätze lauten (vgl. VIII — XI):

Jede Funktion der Klasse (M^α, N^α) ist ein f^α. (Auch für $\alpha = 0$.)

Jede nach unten beschränkte Funktion der Klasse $(P^\alpha, *)$ ist ein g^α.

Jede Funktion der Klasse $(P^\alpha, *)$ ist Limes einer aufsteigenden Folge von Funktionen der Klasse (P^α, Q^α). Hieraus durch Vertauschung von α mit $\alpha + 1$:

Jede Funktion der Klasse $(M^\alpha, *)$ ist Limes einer aufsteigenden Folge von Funktionen f^α. (Auch für $\alpha = 0$: Satz von Baire.)

Die Funktionen $k^{\alpha+1}$ sind mit den f^{α} identisch, denn jedes $k^{\alpha+1}$ ist von der Klasse $(P^{\alpha+1}, Q^{\alpha+1}) = (M^{\alpha}, N^{\alpha})$, also ein f^{α}. Nur für Limeszahlen α bilden die k^{α} eine Zwischenstufe zwischen den $f^{\xi}\,(\xi < \alpha)$ und den f^{α}.

Der Einschiebungssatz lautet:

Ist $g^{\alpha} \geqq h^{\alpha}$, *so gibt es zwischen beiden eine Funktion* k^{α},

und durch Vertauschung von α mit $\alpha + 1$:

Ist g *von der Klasse* $(M^{\alpha}, *)$, h *von der Klasse* $(*, N^{\alpha})$ *und* $g \geqq h$, *so gibt es zwischen beiden eine Funktion* f^{α}. (Auch für $\alpha = 0$: Satz von Hahn.)

Endlich der Ergänzungssatz:

Eine in Q *(einem* Q^{α}*) definierte Funktion von der Klasse* (P^{α}, Q^{α}) *läßt sich zu einer im ganzen Raume definierten Funktion von dieser Klasse ergänzen,*

und durch Vertauschung von α mit $\alpha + 1$:

Eine in N *(einem* N^{α}*) definierte Funktion* f^{α} *läßt sich zu einer im ganzen Raume definierten Funktion* f^{α} *ergänzen.* (Auch für $\alpha = 0$: Satz von Tietze).

XIV und XV werden, auf Bairesche Funktionen angewandt, mit Sätzen von Lebesgue im wesentlichen identisch.

(Eingegangen am 7. Juli 1919.)

Commentary on [H 1919d]

S.D. Chatterji

The first part of this paper [H 1919d] gives new and simple proofs for five useful theorems concerning real-valued continuous and semi-continuous functions. The second part generalizes some results of LEBESGUE concerning real-valued BOREL and BAIRE functions by using the techniques used in the first part. In order to be able to present the later developments in a succinct manner, let us first introduce some terminology.

Let X be a topological space; consider the following five statements concerning real-valued functions defined on X:

(I). (BAIRE's Approximation Theorem) Every lower semi-continuous function $\varphi : X \to \mathbb{R}$ is the limit of an increasing sequence of continuous functions $f_n : X \to \mathbb{R}$, $n = 1, 2, \ldots$ (i.e. $f_1(x) \leq f_2(x) \leq \ldots \to \varphi(x)$, $x \in X$)

(II). (HAHN's Interposition Theorem) For any pair of functions $g, h : X \to \mathbb{R}$ with g lower semi-continuous, h upper semi-continuous and $g(x) \geq h(x)$, $x \in X$, there exists a continuous function $f : X \to \mathbb{R}$ such that $g(x) \geq f(x) \geq h(x)$, $x \in X$.

(III). (TIETZE's Extension Theorem) Let A be a closed subset of X and $\varphi : A \to \mathbb{R}$ continuous. Then there exists a continuous function $f : X \to \mathbb{R}$ such that $f|_A = \varphi$ (i.e. f is a continuous extension of φ).

(IV). (Extension Theorem bis) Let $\varphi : X \to \mathbb{R}$ be any function which is bounded below and which is continuous on a closed subset A of X. Then there exists a continuous function $f : X \to \mathbb{R}$ such that $f|_A = \varphi|_A$ and $f(x) \leq \varphi(x), x \in X$.

(V). (Approximation-Extension Theorem) Let $\varphi : X \to \mathbb{R}$ be a lower semi-continuous function which is continuous on a closed subset A of X. Then there is an increasing sequence of continuous functions $f_n : X \to \mathbb{R}$, $n = 1, 2, \ldots$ which converges to φ everywhere in X and such that $f_n|_A = \varphi|_A$, $n \geq 1$.

All of these five statements were known to HAUSDORFF to be true for *metric spaces* X; (I) and (II) were proved by HAHN in 1917 and (III), (IV), (V) by TIETZE in 1915 (all for arbitrary metric spaces X). (I) had indeed been established by BAIRE (in 1904) for $X = \mathbb{R}$, the reference to BAIRE given by HAUSDORFF being imprecise; the correct reference is: R. BAIRE, *Sur les séries à termes continus et tous de même signe*, Bull. Soc. Math. France 32 (1904), 125–128 (also in *Oeuvres Scientifiques* of R. BAIRE, Gauthier-Villars, Paris 1990, 184–187). BAIRE mentions that his theorem and proof would carry over to $X = \mathbb{R}^n$ which assertion seems perfectly justified; however, as HAHN remarks in his paper (mentioned by HAUSDORFF; it appears in *Ges. Abh.* of H. HAHN, vol. 1, Springer, Wien 1996, 405–424) the proof given does not extend to general metric spaces. HAHN's interest in the matter arose from his desire to prove another statement of BAIRE (in the generality of metric spaces) which does not concern us here and he proved (I) and (II) for an arbitrary metric space X in order to achieve his goal; statement (II) originates with HAHN and no earlier references to this type of theorem are known. The extension theorems contained in statements (III), (IV) and (V) appear in other contexts and were proved (before TIETZE) by other authors for $X = \mathbb{R}^n$, more or less implicitly; we shall not discuss its exact pre-history here. Some relevant references for this are given in URYSOHN's famous (posthumous) paper [U 1925] in which (p. 293) it is proved that *statement* (III) *is valid for a topological space X if and only if X is normal* (i. e. X is a T_1-space, so that one-point sets are closed in X, and two disjoint closed sets in X have disjoint open neighbourhoods). Incidentally, it is in this paper of URYSOHN that the famous URYSOHN lemma also appears (p. 290). Some authors refer to statement (III) as TIETZE-URYSOHN extension theorem. Let us recall in passing that S. URYSOHN (1898–1924), who died of drowning in France, and his friend P. ALEXANDROFF (1896–1982) were regular correspondents of HAUSDORFF.

The originality of the first part of HAUSDORFF's paper lies in the extreme simplicity with which HAUSDORFF proves all the five statements in arbitrary metric spaces X. He proves them using the following scheme: (I) $\to$ (II) $\to$ (III) $\to$ (IV) $\to$ (V). HAUSDORFF borrows various technical manoeuvres from the proofs of BAIRE, HAHN and TIETZE but his personal combination of these is admirable in its simplicity; it is hard to imagine easier proofs even when $X = \mathbb{R}^n$. Since these theorems are of wide use in many areas of analysis, HAUSDORFF's proofs have been taken over by many authors (e. g. CARATHÉODORY in the second (1927) edition of his well-known book, its first edition being referred to by HAUSDORFF himself; cf. also several references in HOBSON's well-known book [Hob 1926]). Later authors have often preferred to refer to HAUSDORFF's book [H 1927a] whose Chapter 9 (§41–44) is in large part based on the present paper.

We must now report here on some important later developments in general topology which are directly related to the five statements above (here proved by HAUSDORFF for metric spaces). First we mention the fine short paper by TONG ([T 1952]; an earlier version without proofs dates from 1948; this and other references to follow can be looked up in ENGELKING's very informative book [E 1989]). TONG's goal (no doubt motivated by HAUSDORFF's and URYSOHN's paper) was to determine exactly which T_1-topological spaces X are characterized by the validity of each of the statements (I)–(V) above; he proves that

$$(II) \iff (III) \iff (IV) \iff X \text{ normal}$$

(the result about (III) being URYSOHN's) and further that

$$(I) \iff (V) \iff X \text{ perfectly normal}$$

where a normal space is called perfectly normal if every closed subset in it is a G_δ-set. TONG's proof uses a very general but simple result on abstract lattices but the rest of his proof uses methods which would have been familiar to HAUSDORFF. For other references to related partial results due to KATĚTOV and to DIEUDONNÉ we refer to [E 1989] pp. 61–62, 113, 347.

It is interesting to mention here two apparently mild variations of statement (II) which lead to rather different characterizations:

(II′) (Strict Interposition Theorem) For any pair of functions $g, h : X \to \mathbb{R}$ with g lower semi-continuous, h upper semi-continuous and $g(x) > h(x)$, $x \in X$, there exists a continuous function $f : X \to \mathbb{R}$ such that $g(x) > f(x) > h(x)$, $x \in X$.

(II″) (Ultrastrict Interposition Theorem) For any pair of functions $g, h : X \to \mathbb{R}$ with g lower semi-continuous, h upper semi-continuous and $g(x) \geq h(x)$, $x \in X$, there exists a continuous function $f : X \to \mathbb{R}$ such that $g(x) \geq f(x) \geq h(x)$, $x \in X$ and further $g(x) > f(x) > h(x)$ whenever $g(x) > h(x)$.

It turns out that for T_1-spaces, (II′) is equivalent to X being normal and countably paracompact, a result due to DOWKER (1951) (cf. [E 1989] p. 347; we donot define here the notion of countable paracompactness which can be looked up in the cited reference). On the other hand, for T_1-spaces, (II″) is again equivalent to X being perfectly normal, a result due to MICHAEL (1956) (cf. [E 1989] p. 62); MICHAEL's paper (*Continuous selections.* I, Ann. Math. 63 (1956), 361–382) containes a thorough study of several problems going well-beyond the statements (I)–(V). Curiously, it turned out to be rather difficult to find examples of normal spaces which were not countably paracompact; such spaces (which are normal without being countably paracompact) were dubbed DOWKER spaces. A first example of such a space was finally given by MARY ELLEN RUDIN in 1971; for further information on this see [E 1989] p. 319.

A paper of BLATTER and SEEVER [BS 1976] has generalized the considerations above in terms of very general lattice cones; their approach gives far-reaching generalizations of TONG's method and theorems; besides including almost all the results mentioned above, their method applies to several other areas of analysis; the terminology "strict", "ultra-strict" in (II′), (II″) is theirs.

So far our attention was focussed on functions $f : X \to \mathbb{R}$; for extension problems like the one contained in statement (III) above, it has turned out to be fruitful to consider functions $f : X \to Y$. Thus, an important extension problem in many areas of topology and analysis can be formulated as follows: let X, Y be two topological spaces and A a closed subset of X; when can a continuous function $f : A \to Y$ be extended to a continuous function $\tilde{f} : X \to Y$? We mention this problem here, not simply because of its importance but rather to point out that some of the later topological papers of HAUSDORFF were devoted to such theorems (cf. [H 1938], this edition, vol. 3); these will not be discussed here.

We now come to the longer second part of HAUSDORFF's paper; the aim of this part is to generalize LEBESGUE's theorems on real-valued BOREL and BAIRE functions defined in $\mathbb{R}^n$ to those defined in a general metric space. In this HAUSDORFF succeeds entirely, not only by obtaining all the desired generalizations but also by introducing very streamlined methods; one new feature in HAUSDORFF's work is the systematic use of monotonic sequences. This is generally absent in LEBESGUE's work (as contained in LEBESGUE's massive and important 1904 paper referred to in HAUSDORFF's article); a systematic use of monotonic sequences in the theory of real functions and more specially in the integration of such functions was made in numerous papers of W. H. YOUNG, one of which is cited explicitely by HAUSDORFF. We need not analyse these papers of YOUNG in detail since HAUSDORFF's approach is entirely independent; let us mention only that YOUNG had also given an independent proof of BAIRE's Approximation Theorem (Statement (I)) for $X = \mathbb{R}$.

To be able to describe some of HAUSDORFF's work briefly in the context of the earlier work of BAIRE and LEBESGUE and later work, let us introduce some modern terminology. Let X be a topological space; the BOREL sets, $\mathcal{B}(X)$, are formed by the smallest σ-algebra of sets containing the closed sets of X; the BAIRE sets, $\mathcal{B}a(X)$, are formed by the smallest σ-algebra of sets containing the zero sets of X, a zero set being a set of the form $[f = 0]$ where f is a continuous real-valued function on X. Recall that a σ-algebra in X is a family of sets containing the whole space X and stable under the formation of complements and denumerable unions. A function $f : X \to \mathbb{R}$ is called BOREL-measurable (resp. BAIRE-measurable) if, for every real y, the set $[f > y]$ is in $\mathcal{B}(X)$ (resp. $\mathcal{B}a(X)$). If X is a metric space then $\mathcal{B}(X) = \mathcal{B}a(X)$ since, in this case, the closed sets and the zero sets form identical families; this latter fact is briefly mentioned by HAUSDORFF (p. 308) by invoking the identity of open sets and sets of the form $[f > 0], f : X \to \mathbb{R}$ continuous, (called co-zero sets); he adds parenthetically:

> übrigens ist hier die einzige Stelle, wo die Annahme eines *metrischen* Raumes zur Verwendung kommt; sonst würde auch ein topologischer Raum mit geeigneten Umgebungen genügen.

It is now known that the identity between open sets and co-zero sets (or, equivalently, that between closed sets and zero sets) occurs if and only if X is a perfectly normal space (VEDENISSOFF's theorem (1936, 1940); cf. [E 1989], pp. 45–46). Hence, for such spaces, the real-valued BOREL-measurable and BAIRE-measurable functions in X form identical families.

The classical notion of BAIRE functions (introduced by BAIRE in his 1899 thesis) is obtained by taking limits of sequences of functions repeatedly, starting with continuous functions. The notion can be formulated for any class of (say real-valued) functions $\mathcal{F}$ defined on any abstract set X; let $\mathcal{F}_1$ be those real-valued functions on X which are limits of convergent sequences of functions in $\mathcal{F} = \mathcal{F}_0$; by repeating this process one obtains classes $\mathcal{F}_\alpha$ for every ordinal number $\alpha = 1, 2, \ldots, \omega, \omega+1, \ldots$ up to the first uncountable ordinal Ω; clearly, if $\alpha \leq \beta$, then $\mathcal{F}_\alpha$ is contained in $\mathcal{F}_\beta$; we write

$$\mathcal{F}_\Omega = \bigcup_{\alpha<\Omega} \mathcal{F}_\alpha.$$

If X is a topological space and $\mathcal{F}$ is the class of all real-valued continuous functions on X, then $\mathcal{F}_\Omega$ is the class of BAIRE functions on X; if $f \in \mathcal{F}_\alpha$ then f is called a BAIRE function of class α.

It is fairly easy to show that for any topological space X, the real-valued BAIRE functions on X are the same as those which are BAIRE-measurable. The classical theory of BAIRE (and that of LEBESGUE as contained in his 1904 paper mentioned above) consists in identifying those BAIRE functions f which are of the class α, α being a fixed ordinal number $< \Omega$; BAIRE's characterizations consist in the study of the sets of continuity of such an f; LEBESGUE's characterizations depend on the study of the "LEBESGUE sets" (in HAUSDORFF's terminology) associated with f viz. sets of the form

$$[f > y], \quad [f \geq y], \quad y \in \mathbb{R}.$$

This involves classifying the BOREL sets of X in classes ordered by ordinal numbers $\alpha < \Omega$.

The novelty in HAUSDORFF's paper is that one starts with a general class of real-valued functions $\mathcal{F}$, verifying $(\alpha), (\beta), (\gamma)$ on p. 299, defined on an abstract set X and then one associates $\mathcal{F}_\alpha$, $\alpha \leq \Omega$, as indicated above. To each $\mathcal{F}_\alpha$, $0 \leq \alpha < \Omega$, one can associate the family $\mathcal{G}_\alpha$ of real-valued functions which are limits of monotone increasing sequences of functions in $\mathcal{F}_\alpha$; further, one can associate the family $\mathcal{H}_\alpha$ of real-valued functions which are limits of monotone decreasing sequences of functions in $\mathcal{F}_\alpha$. Let us now write

$$\mathcal{G}_\Omega = \bigcup_{\alpha<\Omega} \mathcal{G}_\alpha, \quad \mathcal{H}_\Omega = \bigcup_{\alpha<\Omega} \mathcal{H}_\alpha.$$

Since any convergent sequence can be obtained as the limit of an increasing sequence or as the limit of a decreasing sequence, it is obvious that

$$\mathcal{F}_\Omega = \mathcal{G}_\Omega = \mathcal{H}_\Omega.$$

The point of the further analysis is to see the relationships between the LEBESGUE sets of functions belonging to $\mathcal{F}_\alpha, \mathcal{G}_\alpha, \mathcal{H}_\alpha$ for a fixed $\alpha < \Omega$. This is the abstract refined version due to HAUSDORFF of BAIRE's and LEBESGUE's work in case $X = \mathbb{R}^n$. If X is a metric space the results thus obtained are called by later authors the *theorem of Lebesgue-Hausdorff* ([K 1958], p. 299).

The theory presented in this paper was much extended by HAUSDORFF himself in the second edition of his *Grundzüge* ([H 1927a]), specially in its chapter 9. Thus later authors have often referred to this 1927 book rather than to his 1919 paper. Many further refinements (all in the setting of metric spaces) are given in KURATOWSKI's book [K 1958] (§26–28). Let us mention explicitly BANACH's 1931 extension of HAUSDORFF's analysis to functions $f : X \to Y$ where X is an arbitrary metric space and Y is a separable metric space [B 1931].

In 1916–17, an important error in LEBESGUE's 1905 paper was discovered by the young Russian mathematician SOUSLIN who in collaboration with his mentor LUSIN developed the theory of what are now called SUSLIN sets or Analytic sets; this theory has entirely altered our intuitive ideas concerning functions which are analytically representable (cf. the title of LEBESGUE's 1905 paper). Further, this abstract theory has had far-reaching consequences in many concrete areas of analysis including some so-called applied fields of mathematics like probability theory and potential theory; as ROGERS and JAYNE say in their paper in [AS 1980], the works of LEBESGUE and HAUSDORFF (and ALEXANDROFF) form the pre-history of the modern theory of analytic sets; the story of SOUSLIN's and LUSIN's discovery of the mistake in LEBESGUE is related there (ibid. p. 6). HAUSDORFF's 1927 book also gives a good introduction to the theory of analytic sets in the framework of general metric spaces (cf. this edition, vol. 3). The numerous developments of the theory in more general topological spaces are reported on by the articles in [AS 1980]; the article by ROGERS and JAYNE give references specially pertinent to HAUSDORFF's 1919 paper; see, in particular, JAYNE's article *Spaces of Baire functions I*, Ann. Inst. Fourier 24, 4 (1974), 47–76 where the BAIRE classification is worked out in detail for completely regular(TYCHONOFF) spaces.

References

[AS 1980] *Analytic sets*: Ed. by ROGERS, C. A., JAYNE, J. E. et al. Academic Press, London 1980.

[B 1931] BANACH, S: *Über analytisch darstellbare Operationen in abstrakten Räumen.* Fund. Math. 17 (1931), 283–295. *Oeuvres*, vol. 1, PWN, Warszawa 1967, 207–217.

[BS 1976] BLATTER, J.; SEEVER, G. L.: *Interposition and lattice cones of functions.* Trans. Amer. Math. Soc. 222 (1976), 65–96.

[E 1989] ENGELKING, R.: *General Topology.* Heldermann Verlag, Berlin 1989.

[H 1927a] HAUSDORFF, F.: *Mengenlehre.* (2nd ed. of Grundzüge, 3rd ed. in 1935) Verlag Walter de Gruyter, Berlin, 1927, 1935. English translation *Set Theory*, Chelsea, New York 1957, 1962.

[H 1938] HAUSDORFF, F.: *Erweiterung einer stetigen Abbildung.* Fund. Math. 30 (1938), 40–47.

[**Hob 1926**] HOBSON, E. W.: *The theory of functions of a real variable and the theory of Fourier's series.* Vol. II. Cambridge University Press, Cambridge (2nd ed.) 1926. Reprinted Dover, New York 1957.

[**K 1958**] KURATOWSKI, C.: *Topologie.* vol. I. PWN, Warszawa 1958 (4e éd.).

[**T 1952**] TONG, H.: *Some characterizations of normal and perfectly normal spaces.* Duke Math. J. 19 (1952), 289–292.

[**U 1925**] URYSOHN, P. S.: *Über die Mächtigkeit der zusammenhängenden Mengen.* Math. Ann. 94 (1925), 262–295.

Summationsmethoden und Momentfolgen I, II.

Math. Zeitschrift **9** (1921), I: 74–109, II: 280–299.

[H 1921]

Summationsmethoden und Momentfolgen. I.

Von

Felix Hausdorff in Greifswald.

Die folgenden Betrachtungen knüpfen an die sehr einfache Bemerkung an, daß die Beziehung zwischen einer Zahlenfolge $a_0, a_1, a_2, \ldots$ und ihren Cesàroschen Mitteln $A_0, A_1, A_2, \ldots$ irgendwelcher Ordnung sich in den *Differenzen*

$$b_n = a_0 - \binom{n}{1} a_1 + \binom{n}{2} a_2 - \ldots + (-1)^n a_n,$$

$$B_n = A_0 - \binom{n}{1} A_1 + \binom{n}{2} A_2 - \ldots + (-1)^n A_n$$

rein *multiplikativ* ausdrückt:

$$(0) \qquad B_n = \mu_n b_n.$$

Die gleiche Bemerkung gilt von den Hölderschen Mitteln, die sich hierdurch auch für nicht ganzzahlige Ordnung definieren lassen. Allgemein sind die linearen Beziehungen zwischen den a_n, A_n, die die Form (0) haben, paarweise *vertauschbar* und bilden insofern ein natürliches System. Wenn hierbei jeder konvergenten Folge a_n eine konvergente Folge A_n entsprechen soll, so muß die Multiplikatorenfolge μ_n gewissen Bedingungen genügen; unser Hauptresultat ist, daß ihr dann eine im wesentlichen eindeutig bestimmte Funktion $\chi(u)$ beschränkter Schwankung zugehört, deren Stieltjessche *Momentfolge* sie ist:

$$\mu_n = \mu(n), \qquad \mu(t) = \int_0^1 u^t d\chi(u).$$

Durch passende Annahmen über die Funktion $\chi(u)$ oder die Momentfunktion $\mu(t)$ erhalten wir als Nebenergebnisse einen einfachen Beweis für die Äquivalenz der Hölderschen und Cesàroschen Grenzwerte gleicher (beliebiger) Ordnung, ferner die Ausfüllung der Hölderschen Skala zu einer logarithmischen und ihre Ergänzung durch stärkere Skalen exponentialen Charakters. Überdies gelangen wir zu einer einfachen, den Umweg über Kettenbrüche vermeidenden Lösung des Momentproblems für ein endliches Intervall.

§ 1.

Die unendliche Matrix $\lambda = (\lambda_{p,m})$ $(p, m = 0, 1, 2, \ldots)$ sei „zeilenfinit", d. h. für jedes p gebe es nur endlich viele $\lambda_{p,m} \neq 0$. Wenn das Gleichungssystem

$$(1) \qquad A_p = \sum_m \lambda_{p,m} a_m$$

ein „Summationsverfahren"[1]) definieren, nämlich dazu dienen soll, einer divergenten Folge a_m den eventuell existierenden $\lim A_p$ als verallgemeinerten Grenzwert zuzuordnen, so verlangt man naturgemäß, daß dies Verfahren „konsistent" sei, d. h. bei einer konvergenten Folge a_m den gewöhnlichen Grenzwert liefere: mit $a_m \to \alpha$ soll stets $A_p \to \alpha$ sein. Die notwendigen und hinreichenden Bedingungen dafür hat Herr Toeplitz[2]) gefunden. Es ist für unseren Zweck passender, die Forderung zu zerlegen, und wir nennen die Matrix λ eine *C-Matrix* (Konvergenz erhaltende Matrix), wenn aus der Konvergenz von a_m die von A_p folgt; speziell eine *reine C-Matrix*, wenn mit $a_m \to 0$ auch $A_p \to 0$, und noch spezieller eine *normierte C-Matrix*, wenn mit $a_m \to \alpha$ auch $A_p \to \alpha$. Die notwendigen und hinreichenden Bedingungen für eine C-Matrix sind:

(A) $\sum_m |\lambda_{p,m}|$ ist für $p = 0, 1, 2, \ldots$ beschränkt.

(B) $\lim_p \lambda_{p,m} = l_m$ existiert, für $m = 0, 1, 2, \ldots$

(C) $\lim_p \sum_m \lambda_{p,m} = l$ existiert.

Wir unterdrücken den Beweis, der dem Toeplitzschen Vorbild folgt. Für $a_m \to \alpha$ hat man dann

$$A_p \to \left(l - \sum l_m\right)\alpha + \sum l_m a_m.$$

Für eine *reine* C-Matrix ist das Verschwinden sämtlicher l_m, für eine *normierte* überdies $l = 1$ notwendig und hinreichend. Eine reine C-Matrix mit $l \neq 0$ kann man „normieren", indem man sie mit $\frac{1}{l}$ multipliziert. Summe, Differenz und Produkt von zwei (reinen) C-Matrizen ist wieder eine (reine) C-Matrix.

---

[1]) Für die *Reihe* $\sum (a_m - a_{m-1})$; es fehlt an einem entsprechenden Ausdruck für *Folgen*.

[2]) O. Toeplitz, Über allgemeine lineare Mittelbildungen, Prace Matematyczno-Fizyczne, 22 (1911), S. 113–119.

Wir schreiben (1) in Matrizenform

$$(2) \qquad A = \lambda a,$$

$$a = \begin{Vmatrix} a_0 & 0 & 0 & \ldots \\ a_1 & 0 & 0 & \ldots \\ a_2 & 0 & 0 & \ldots \\ . & . & . & \ldots \\ . & . & . & \ldots \\ . & . & . & \ldots \end{Vmatrix}, \qquad A = \begin{Vmatrix} A_0 & 0 & 0 & \ldots \\ A_1 & 0 & 0 & \ldots \\ A_2 & 0 & 0 & \ldots \\ . & . & . & \ldots \\ . & . & . & \ldots \\ . & . & . & \ldots \end{Vmatrix}$$

und setzen fest, daß bei solchen „einspaltigen“ Matrizen die Anhängung des Index p das Glied in der Zeile p, Spalte 0 bedeuten soll, also

$$(3) \qquad A_p = (\lambda a)_p.$$

Nennen wir mit Herrn Toeplitz die Menge der Folgen a, für die $(\lambda a)_p$ konvergiert, das *Konvergenzfeld* $C(\lambda)$ der Matrix λ. Für zwei Matrizen λ, μ bestehen vier Möglichkeiten, die zur Aufstellung einer ***Rangordnung*** dienen können:

I. $C(\lambda) = C(\mu)$: λ mit μ ***äquivalent.***
II. $C(\lambda)$ echte Teilmenge von $C(\mu)$: λ ***schwächer*** als μ.
III. $C(\mu)$ echte Teilmenge von $C(\lambda)$: λ ***stärker*** als μ.
IV. Keiner der Fälle I II III trifft zu : λ mit μ ***unvergleichbar.***

In Zeichen etwa:

I: $\lambda \sim \mu$. II: $\lambda < \mu$. III: $\lambda > \mu$. IV: $\lambda \parallel \mu$.

Bezüglich des Rechnens mit Äquivalenzen sei nur bemerkt, daß aus $\lambda \sim \lambda'$ zwar $\lambda\mu \sim \lambda'\mu$, aber nicht $\mu\lambda \sim \mu\lambda'$ folgt. Aus $\lambda \sim \lambda'$, $\mu \sim \mu'$ folgt, wenn λ' mit μ vertauschbar ist: $\lambda\mu \sim \lambda'\mu = \mu\lambda' \sim \mu'\lambda'$. In einem System paarweise vertauschbarer Matrizen dürfen also Äquivalenzen multipliziert werden.

Wenn die Matrizen λ, μ Reziproke haben, so verteilen sich die obigen vier Fälle folgendermaßen:

I. $\mu\lambda^{-1}$ und $\lambda\mu^{-1}$ sind C-Matrizen.
II. $\mu\lambda^{-1}$ ist C-Matrix, $\lambda\mu^{-1}$ nicht.
III. $\lambda\mu^{-1}$ ist C-Matrix, $\mu\lambda^{-1}$ nicht.
IV. Weder $\mu\lambda^{-1}$ noch $\lambda\mu^{-1}$ ist C-Matrix.

Sind $\mu\lambda^{-1}$ und $\lambda\mu^{-1}$ reine (normierte) C-Matrizen, so wollen wir λ und μ rein (normiert) äquivalent nennen und die normierte Äquivalenz mit

$$\lambda \approx \mu$$

bezeichnen.

Sind λ und λ^{-1} reine C-Matrizen, so ist λ im vorhin erwähnten Sinne der Normierung fähig. Sind λ, μ rein äquivalent, so kann man durch Anbringung eines nichtverschwindenden Zahlfaktors (Normierung von $\mu\lambda^{-1}$) normierte Äquivalenz herstellen.

Sei nun ϱ eine *feste* Matrix, die eine Reziproke hat, und

$$\mu = \left\{\begin{array}{llll} \mu_0 & 0 & 0 & \ldots \\ 0 & \mu_1 & 0 & \ldots \\ 0 & 0 & \mu_2 & \ldots \\ . & . & . & \ldots \\ . & . & . & \ldots \end{array}\right\}$$

eine *willkürliche Diagonalmatrix.* Wir beschränken uns nunmehr auf Matrizen der Gestalt

$$(4) \qquad \lambda = \varrho^{-1}\mu\varrho,$$

die vermöge des festen ϱ in eine Diagonalmatrix überführbar sind; ***diese Matrizen sind paarweise vertauschbar.*** Ist umgekehrt $\lambda^* = \varrho^{-1}\mu^*\varrho$ eine der Matrizen (4), worin die Elemente μ_n^* der Diagonalmatrix μ^* paarweise verschieden sind, so sind *alle* mit λ^* vertauschbaren Matrizen λ durch (4) gegeben; denn setzt man $\mu = \varrho\lambda\varrho^{-1}$, also $\lambda = \varrho^{-1}\mu\varrho$, so ist μ mit μ^* vertauschbar und daher, wie unmittelbar folgt, ebenfalls eine Diagonalmatrix.

Die Beziehung $A = \lambda a$ nimmt nach (4) vermöge der einspaltigen Hilfsmatrizen

$$(5) \qquad b = \varrho a, \quad B = \varrho A$$

die einfache Form

$$(6) \qquad B = \mu b,$$

also die multiplikative Gestalt

$$(7) \qquad B_n = \mu_n b_n$$

an; der Matrix λ entspricht die Diagonalmatrix μ oder die ***Multiplikatorenfolge*** μ_n umkehrbar eindeutig. Wir nennen diese eine (reine, normierte) ***C-Folge***, wenn λ eine (reine, normierte) C-Matrix ist, und übertragen auch die Graduierung (äquivalent, schwächer, stärker, unvergleichbar) auf die Multiplikatorenfolgen. Dieses einfache Prinzip wollen wir für eine ganz spezielle, numerisch bestimmte Wahl der transformierenden Matrix ϱ genauer verfolgen.

§ 2.

Aus einer Zahlenfolge a_m bilden wir die Doppelfolge der Differenzen verschiedener Ordnung

$$(8) \qquad a_{m,n} = a_m - \binom{n}{1} a_{m+1} + \binom{n}{2} a_{m+2} - \cdots + (-1)^n a_{m+n}$$

mit der *Rekursionsformel*

$$a_{m,n} = a_{m+1,n} + a_{m,n+1}.$$

Insbesondere nennen wir die einfache Folge der Zahlen

$$(9) \qquad b_n = a_{0,n} = a_0 - \binom{n}{1} a_1 + \binom{n}{2} a_2 - \dots + (-1)^n a_n$$

kurz die *Differenzenfolge* der a_m. Die Differenzen der b_n sind dann

$$b_{n,m} = a_{m,n},$$

denn dies gilt für $m = 0$ und wird vermöge der Rekursionsformel von m auf $m+1$ übertragen; insbesondere ist

$$a_m = a_{m,0} = b_{0,m},$$

die a_m bilden also auch die Differenzenfolge der b_n, so daß die zu (9) gehörige Matrix

$$\varrho = \begin{pmatrix} 1 & 0 & 0 & 0 \dots \\ 1 & -1 & 0 & 0 \dots \\ 1 & -2 & 1 & 0 \dots \\ 1 & -3 & 3 & -1 \dots \\ \cdot & \cdot & \cdot & \cdot\;\dots \\ \cdot & \cdot & \cdot & \cdot\;\dots \\ \cdot & \cdot & \cdot & \cdot\;\dots \end{pmatrix}$$

($b = \varrho a$) ihre eigene Reziproke ist. Auf diese festgewählte Matrix ϱ gründen wir die Zuordnung (4) zwischen Matrizen λ und Diagonalmatrizen μ, betrachten jetzt also *nur solche Gleichungssysteme* (1), *die in den Differenzenfolgen* b_n, B_n *die multiplikative Gestalt* (7) *haben.*

Der Zusammenhang zwischen den a_m, b_n kann auf bekannte Arten mittels erzeugender Funktionen einfach ausgedrückt werden (man braucht die auftretenden Potenzreihen nicht einmal konvergent vorauszusetzen, sondern kann sie als komplexe Zahlen mit unendlich vielen Einheiten auffassen). Einerseits ist

$$(10) \qquad \sum_n b_n \frac{z^n}{n!} = e^z \sum_m (-1)^m a_m \frac{z^m}{m!},$$

andererseits

$$(11) \qquad \sum_n b_n y^n = \sum_m (-1)^m a_m \frac{y^m}{(1-y)^{m+1}};$$

dies letzte können wir so ausdrücken, daß vermöge der Eulerschen Transformation

$$(1-x)(1-y) = 1$$

zwischen

$$(12) \qquad f(x) = \sum_m a_m x^m, \qquad g(y) = \sum_n b_n y^n$$

der Zusammenhang

$$f(x) = (1 - y)g(y), \qquad g(y) = (1 - x)f(x)$$

besteht.

Drücken wir nun die Beziehungen $B_n = \mu_n b_n$ in den a_m, A_p aus, so kommt

$$A_p = \sum_{n=0}^{p} (-1)^n \binom{p}{n} \mu_n b_n$$

$$= \sum_{n=0}^{p} \sum_{m=0}^{n} (-1)^n \binom{p}{n} \mu_n (-1)^m \binom{n}{m} a_m$$

$$= \sum_{m=0}^{p} \sum_{n=m}^{p} (-1)^{n-m} \binom{p}{m} \binom{p-m}{n-m} \mu_n a_m$$

$$= \sum_{m=0}^{p} \binom{p}{m} a_m \sum_{n=0}^{p-m} (-1)^n \binom{p-m}{n} \mu_{m+n},$$

oder

$$(13) \qquad A_p = \sum_{m=0}^{p} \binom{p}{m} \mu_{m,\,p-m}\, a_m$$

nach der Bezeichnungsweise (8), d. h. die $\mu_{m,n}$ sind die Differenzen der μ_n.

Setzt man alle $a_m = 1$, so kommt

$$(14) \qquad \sum_{m=0}^{p} \binom{p}{m} \mu_{m,\,p-m} = \mu_0.$$

Die Bedingungen § 1, (A) (B) dafür, daß die Gleichungen (13) einer C-Matrix $\lambda = \varrho \mu \varrho$ entsprechen, lauten nun:

(α) $M_p = \sum_{m=0}^{p} \binom{p}{m} |\mu_{m,\,p-m}|$ ist für $p = 0, 1, 2, \ldots$ beschränkt:

$$M_p \leqq M.$$

(β) $\lim\limits_{p} \binom{p}{m} \mu_{m,\,p-m} = l_m$ existiert, für $m = 0, 1, 2, \ldots$.

Die Bedingung (C) ist wegen (14) von selbst erfüllt. Das sind also die notwendigen und hinreichenden Bedingungen für eine C-Folge μ_n; für $a_m \to \alpha$ ist dann

$$A_p \to \left(\mu_0 - \sum l_m\right) \alpha + \sum l_m a_m.$$

Für eine reine C-Folge ist das Verschwinden aller l_m, für eine normierte überdies $\mu_0 = 1$ notwendig und hinreichend.

In Wahrheit steht aber, wie wir nun zeigen wollen, die Sache noch einfacher: *die Bedingung* (α) *allein genügt*, und aus ihr folgen sämtliche Bedingungen (β) und zwar mit

$$l_1 = l_2 = \ldots = 0.$$

Es wird also (α) die notwendige und hinreichende Bedingung für eine C-Folge, und aus $a_m \to \alpha$ folgt dann

$$A_p \to \mu_0 \alpha + l_0 (a_0 - \alpha), \qquad l_0 = \lim \mu_{0,p}.$$

Für eine reine C-Folge tritt die Bedingung $l_0 = 0$, für eine normierte $\mu_0 = 1$ hinzu.

§ 3.

Eine (reelle) Folge μ_m heiße *total monoton* (I. Schur), *wenn alle Differenzen* $\mu_{m,n} \geqq 0$ *sind*[3]). Wir zeigen, daß für eine total monotone Folge die Grenzwerte l_m existieren und, bis auf $l_0 \geqq 0$, verschwinden.

Setzen wir

$$\lambda_{p,m} = \binom{p}{m} \mu_{m,p-m}, \qquad \Lambda_{p,m} = \lambda_{p,0} + \lambda_{p,1} + \ldots + \lambda_{p,m},$$

so erhält man aus der Rekursionsformel

$$\mu_{m,p-m} = \mu_{m,p-m+1} + \mu_{m+1,p-m}$$

durch Multiplikation mit $\frac{(p+1)!}{m!\,(p-m)!}$

$$(p+1)\lambda_{p,m} = (p-m+1)\lambda_{p+1,m} + (m+1)\lambda_{p+1,m+1}$$

oder

$$(p+1)(\lambda_{p,m} - \lambda_{p+1,m}) = (m+1)\lambda_{p+1,m+1} - m\lambda_{p+1,m},$$

also

$$(p+1)(\Lambda_{p,m} - \Lambda_{p+1,m}) = (m+1)\lambda_{p+1,m+1}.$$

Hiernach ist $\Lambda_{p,m} \geqq \Lambda_{p+1,m} \geqq 0$ und es existiert $L_m = \lim\limits_p \Lambda_{p,m}$, also auch $l_m = L_m - L_{m-1}$ ($l_0 = L_0$); ferner ist nach der letzten Formel $\sum\limits_p \frac{1}{p+1} \lambda_{p+1,m+1}$ konvergent, und wegen der Divergenz von $\sum\limits_p \frac{1}{p+1}$ kann demnach $\lim\limits_p \lambda_{p+1,m+1} = l_{m+1}$ nicht $\neq 0$ sein.

Sodann zeigen wir, *daß eine reelle Folge* μ_n, *die der Bedingung* (α) *genügt, Differenz zweier total monotoner Folgen ist.* Vermöge der Rekursionsformel der Differenzen hat man

$$|\mu_{m,n}| \leqq |\mu_{m,n+1}| + |\mu_{m+1,n}| \leqq |\mu_{m,n+2}| + 2|\mu_{m+1,n+1}| + |\mu_{m+2,n}| \leqq \cdots$$

[3]) Nur für eine total monotone Folge mit $\mu_0 = 1$ stellen die Gleichungen (13) eine lineare *Mittel*bildung im eigentlichen Sinne dar.

(speziell für $m = n = 0$: $M_0 \leqq M_1 \leqq M_2 \leqq \ldots$, so daß die Forderung ($\alpha$) durch die der Konvergenz $M_p \to M$ ersetzt werden kann). Die Folge dieser Größen ist beschränkt, da

$$\sum_{h=0}^{p} \binom{p}{h} \mu_{m+h,\,n+p-h} \leqq \sum_{h=0}^{p} \binom{m+n+p}{m+h} |\mu_{m+h,\,n+p-h}| \leqq M_{m+n+p} \leqq M,$$

hat also einen Grenzwert $\pi_{m,n}$; ersichtlich ist

$$\pi_{m,n} = \pi_{m,n+1} + \pi_{m+1,n}$$

und daher sind die $\pi_{m,n}$ die Differenzen der Größen $\pi_{m,0} = \pi_m$:

$$\pi_{m,n} = \pi_m - \binom{n}{1} \pi_{m+1} + \ldots + (-1)^n \pi_{m+n}.$$

Wegen $\pi_{m,n} \geqq |\mu_{m,n}| \geqq \pm \mu_{m,n}$ sind die Folgen

$$\alpha_m = \tfrac{1}{2}(\pi_m + \mu_m), \qquad \beta_m = \tfrac{1}{2}(\pi_m - \mu_m)$$

total monoton und $\mu_m = \alpha_m - \beta_m$ Differenz total monotoner Folgen. Beiläufig sind dies die „kleinsten" total monotonen Folgen, als deren Differenz μ_m darstellbar ist, d. h. man erhält jede andere Darstellung, indem man α_m, β_m um eine und dieselbe, willkürliche, total monotone Folge vermehrt.

Endlich ist bei jeder komplexen Folge μ_n, die der Bedingung (α) genügt, sowohl Realteil als Imaginärteil Differenz total monotoner Folgen, und demnach existieren die Grenzwerte l_m mit $l_{m+1} = 0$.

Damit sind die Behauptungen am Schlusse von § 2 bewiesen; man sieht übrigens unmittelbar, daß die bloße Verwandlung des Anfangsgliedes μ_0 in $\mu_0 - l_0$ aus der C-Folge eine reine C-Folge macht. Und wir können als Ergebnis der bisherigen Untersuchungen aussprechen:

Satz I. *Damit μ_n eine C-Folge sei, ist notwendig und hinreichend, daß*

$$(\alpha) \qquad M_p = \sum_{m=0}^{p} \binom{p}{m} |\mu_{m,\,p-m}| \quad \textit{beschränkt } (M_p \to M)$$

sei; mit $l_0 = \lim \mu_{0,n}$ ist dann $\mu_0 - l_0, \mu_1, \mu_2, \ldots$ eine reine C-Folge.

§ 4.

Wir zeigen zunächst, daß zu den hier betrachteten Beziehungen $A = \lambda a$ oder $B = \mu b$ die Cesàrosche und Höldersche Mittelbildung gehört[4]).

[4]) Dies ist, soviel ich weiß, nur in der (nach Abfassung der vorliegenden Arbeit durch freundliche Mitteilung des Herrn I. Schur zu meiner Kenntnis gelangten) Abhandlung bemerkt worden: W. A. Hurwitz and L. L. Silverman, On the consistency and equivalence of certain definitions of summability, Transact. Amer. Math.

Wir definieren die Matrix S^α (Summenmatrix der Ordnung α) in der Schreibweise (3) durch

$$(S^\alpha a)_n = a_n + \binom{\alpha}{1} a_{n-1} + \binom{\alpha+1}{2} a_{n-2} + \dots + \binom{\alpha+n-1}{n} a_0$$
$$= a_n + \frac{\alpha}{1} a_{n-1} + \frac{\alpha(\alpha+1)}{1\cdot 2} a_{n-2} + \dots + \frac{\alpha(\alpha+1)\dots(\alpha+n-1)}{1\cdot 2\cdot \dots \cdot n} a_0,$$

so daß formal

$$\sum_n (S^\alpha a)_n x^n = (1-x)^{-\alpha} \sum_n a_n x^n,$$

wo $(1-x)^{-\alpha}$ die Binomialreihe bedeutet; daraus folgt

$$S^\alpha S^\beta = S^{\alpha+\beta}.$$

Hierin kann α beliebig (auch komplex) sein. Nehmen wir aber α von $-1, -2, -3, \dots$ verschieden an, so daß $\left[\binom{\alpha}{0} = 1 \text{ zu setzen}\right]$

$$\binom{n+\alpha}{n} = \frac{(\alpha+1)(\alpha+2)\dots(\alpha+n)}{1\cdot 2\cdot \dots \cdot n}$$

für $n = 0, 1, 2, \dots$ von Null verschieden ist, so können wir eine Matrix C_α, die *Cesàrosche Matrix* der Ordnung α, durch

$$A = C_\alpha a,$$

(15) $$A_n = (C_\alpha a)_n = (S^\alpha a)_n : \binom{n+\alpha}{n}$$

erklären. Wir behaupten, daß dies mit

(16) $$B_n = b_n : \binom{n+\alpha}{n}$$

identisch ist; d. h. also: bedeutet c_α die Diagonalmatrix mit dem allgemeinen Gliede $1 : \binom{n+\alpha}{n}$, so ist $C_\alpha = c_\alpha S^\alpha = \varrho c_\alpha \varrho$.

Nehmen wir zum Beweise α positiv an und benutzen die erzeugenden Funktionen (12). Es ist

$$1 : \binom{n+\alpha}{n} = \frac{\Gamma(n+1)\Gamma(\alpha+1)}{\Gamma(n+\alpha+1)} = \alpha \int_0^1 u^n (1-u)^{\alpha-1} du,$$

Soc., **18** (1917), S. 1–20. Daß es nicht häufiger geschehen ist, dürfte an der verbreiteten Gewohnheit liegen, in der Definition (15) der Cesàroschen Mittel den Divisor $\binom{n+\alpha}{n}$ durch den (für $n \to \infty$) äquivalenten $(n+1)^\alpha : \Gamma(\alpha+1)$ zu ersetzen, also an Stelle der „natürlichen" Cesàroschen Matrix C_α die „modifizierte"

$$C_\alpha^* = E_\alpha C_\alpha \approx C_\alpha$$

zu betrachten, wo E_α die Diagonalmatrix mit dem allgemeinen Gliede $\Gamma(\alpha+1)\binom{n+\alpha}{n} : (n+1)^\alpha$ ist. Vgl. dazu Fußnote [8]).

also

$$F(x) = \sum A_n x^n = \alpha \int_0^1 \sum (S^\alpha a)_n x^n u^n (1-u)^{\alpha-1} du$$

$$= \alpha \int_0^1 f(ux)(1-ux)^{-\alpha}(1-u)^{\alpha-1} du$$

$$= \frac{\alpha}{x} \int_0^x f(\xi)(1-\xi)^{-\alpha}\left(1-\frac{\xi}{x}\right)^{\alpha-1} d\xi,$$

also mittels der Eulerschen Transformation

$$(1-x)(1-y) = (1-\xi)(1-\eta) = 1:$$

$$G(y) = (1-x)F(x) = \frac{\alpha}{y}\int_0^y g(\eta)(1-\eta)^{\alpha+1}\left(\frac{1-\frac{\eta}{y}}{1-\eta}\right)^{\alpha-1} \frac{d\eta}{(1-\eta)^2}$$

$$= \frac{\alpha}{y}\int_0^y g(\eta)\left(1-\frac{\eta}{y}\right)^{\alpha-1} d\eta = \alpha \int_0^1 g(uy)(1-u)^{\alpha-1} du,$$

also

(17) $$B_n = b_n \cdot \alpha \int_0^1 u^n (1-u)^{\alpha-1} du = b_n : \binom{n+\alpha}{n} \qquad (\alpha > 0).$$

Damit ist (16) für $\alpha > 0$ bewiesen, gilt aber allgemein für $\alpha \neq -1, -2, \ldots$, da beide Seiten rationale Funktionen von α und in dem angegebenen Gebiet regulär sind. Wir wollen uns übrigens, wie üblich, auf Cesàrosche Mittelbildung von reeller Ordnung $\alpha > -1$ beschränken.

Die Bildung des arithmetischen Mittels entspricht der Matrix $C_1 = C$, die wir auch mit H bezeichnen wollen, und liefert für die Differenzenfolgen

$$B_n = b_n : (n+1).$$

Die wiederholte, *Höldersche Mittelbildung* gibt für die Matrix H^k $(k = 1, 2, \ldots)$ die Beziehung

$$B_n = b_n : (n+1)^k,$$

wonach es sich von selbst gebietet, sie für jede beliebige (auch komplexe) Ordnung α durch

(18) $$B_n = b_n : (n+1)^\alpha$$

zu definieren. Die zugehörige Matrix H^α hat, wie S^α (aber nicht C_α), die Eigenschaft

$$H^\alpha H^\beta = H^{\alpha+\beta}$$

Speziell für $\alpha > 0$ können wir analog zu (17) den Multiplikator durch ein Integral ausdrücken und schreiben

$$(19)\qquad B_n = b_n \cdot \frac{1}{\Gamma(\alpha)} \int_0^\infty e^{-(n+1)x} x^{\alpha-1} dx$$

$$= b_n \cdot \frac{1}{\Gamma(\alpha)} \int_0^1 u^n \left(\log \frac{1}{u}\right)^{\alpha-1} du \qquad (\alpha > 0).$$

Wir beschränken uns auf Höldersche Mittelbildung reeller Ordnung.

Da H der Multiplikatorenfolge $1, \frac{1}{2}, \frac{1}{3}, \ldots$ mit paarweise verschiedenen Gliedern entspricht, so können wir, nach der Bemerkung am Ende von § 1, unsere Matrizen $\lambda = \varrho \mu \varrho$ als *die mit H vertauschbaren Matrizen* definieren[5]). Bemerken wir noch mit Herrn I. Schur, daß die Funktionalgleichung $H(\alpha) H(\beta) = H(\alpha + \beta)$ mit der Anfangsbedingung $H(1) = H$ die Matrix $H(\alpha)$ eindeutig bestimmt, wenn man sie (nämlich jedes ihrer Elemente) als reelle stetige Funktion der reellen Variablen α voraussetzt. Denn $H(\alpha)$ ist mit H vertauschbar, also $H(\alpha) = \varrho \mu(\alpha) \varrho$, gebildet mit einer Diagonalmatrix $\mu(\alpha)$, für deren Elemente sich $\mu_n(\alpha) \mu_n(\beta) = \mu_n(\alpha + \beta)$ mit $\mu_n(1) = 1 : (n+1)$, also bekanntlich $\mu_n(\alpha) = 1 : (n+1)^\alpha$ ergibt, d. h. $H(\alpha)$ ist unser H^α. Entsprechendes gilt beiläufig auch von S^α.

§ 5.

Dem Fingerzeige folgend, den die Integraldarstellungen (17), (19) geben, bilden wir mit einer Funktion $\chi(u)$, die im Intervall $0 \leqq u \leqq 1$ von beschränkter Schwankung ist, die Stieltjesschen Integrale

$$(20)\qquad \mu_n = \int_0^1 u^n d\chi(u) \qquad (n = 0, 1, 2, \ldots)$$

und nennen dies eine *Momentfolge.* Wir werden erkennen, daß *C-Folgen und Momentfolgen identisch* sind. Einstweilen genügt uns die eine Hälfte dieser Behauptung:

Satz II. *Jede Momentfolge ist eine C-Folge; dann und nur dann, wenn $\chi(u)$ an der Stelle $u = 0$ stetig ist, ist sie eine reine C-Folge.*

---

5) Als solche werden sie von Hurwitz und Silverman (loc. cit. 4)) behandelt und in der Form $\lambda = \varphi(H)$ dargestellt, die definitionsgemäß (im Einklang mit dem Spezialfall eines Polynoms $\varphi(x)$) der Multiplikatorenfolge $\mu_n = \varphi\left(\frac{1}{n+1}\right)$ entspricht; $\varphi(x)$ wird dabei für $x = 0$ als regulär angenommen. Aber gerade diese Annahme ist zu eng (sie läßt z. B. Cesàrosche und Höldersche Matrizen nur von ganzzahliger Ordnung zu) und das Hauptergebnis der Verf., daß eine für $|x - \frac{1}{2}| \leqq \frac{1}{2}$ reguläre Funktion $\varphi(x)$ eine reine C-Matrix $\varphi(H)$ liefert, hat nur hinreichenden, nicht notwendigen Charakter.

Da die Differenz von zwei (reinen) C-Folgen eine (reine) C-Folge ist, so genügt es, $\chi(u)$ als monoton zunehmend vorauszusetzen. Dann ist aber

$$\mu_{m,n} = \int_0^1 u^m (1-u)^n d\chi(u) \geqq 0,$$

die Folge μ_m ist total monoton und (α) ist wegen (14) von selbst erfüllt. Statt der Zusatzbehauptung können wir ohne mehr Mühe gleich die Erfüllung sämtlicher Bedingungen (β) beweisen. Es ist im ganzen Intervall

$$\binom{p}{m} u^m (1-u)^{p-m} \leqq [u + (1-u)]^p = 1,$$

daher bei Zerlegung $\int_0^1 = \int_0^\delta + \int_\delta^1 \quad (0 < \delta < 1)$

$$\binom{p}{m} \mu_{m,p-m} \leqq \int_0^\delta d\chi(u) + \binom{p}{m} (1-\delta)^{p-m} \int_\delta^1 d\chi(u),$$

also für $p \to \infty$

$$\lim_p \binom{p}{m} \mu_{m.p-m} \leqq \chi(\delta) - \chi(0)$$

und für $\delta \to 0$, falls $\chi(u)$ an der Stelle $u = 0$ stetig ist: $\lim\limits_p \binom{p}{m} \mu_{m,p-m} = 0$; die Bedingungen ($\beta$) sind mit $l_0 = l_1 = \ldots = 0$ erfüllt, μ_n bildet eine reine C-Folge.

Für eine Unstetigkeit an der Stelle $u = 0$ ist der einfachste Fall, daß $\chi(u)$ dort den Sprung 1 macht und sonst konstant ist; dem entspricht die Momentfolge

$$\mu_0 = 1, \quad \mu_1 = \mu_2 = \ldots = 0,$$

für die sich $A_p = a_0$ ergibt, also eine C-Folge, aber keine reine. Im allgemeinen Fall, wenn $\chi(u)$ an der Stelle $u = 0$ den Sprung $\chi(+0) - \chi(0) = \chi_0$ macht, können wir $\chi(u)$ auffassen als Summe einer bei $u = 0$ stetigen Funktion und einer solchen, die bei $u = 0$ den Sprung χ_0 macht und sonst konstant ist, also ist μ_n eine C-Folge und

$$\mu_0 - \chi_0, \ \mu_1, \ \mu_2, \ldots$$

eine reine C-Folge. Beiläufig folgt daraus $\chi_0 = \lim \mu_{0,n}$.

Aus Satz I folgt unmittelbar, daß auch die Differenzen $\lambda_n = \mu_{0,n}$ einer C-Folge eine C-Folge bilden; die Bedingung einer reinen C-Folge λ_n ist hier $\lim \lambda_{0,n} = \lim \mu_n = 0$, bei Momentfolgen also die Stetigkeit von $\chi(u)$ an der Stelle $u = 1$. Im allgemeinen Fall ist $\chi(1) - \chi(1-0) = \lim \mu_n$ der Sprung an der Stelle $u = 1$.

Läßt man $\chi(u)$ an der Stelle $\vartheta(0<\vartheta<1)$ einen Sprung machen und sonst konstant sein, so erhält man die reine C-Folge

$$\mu_n = \vartheta^n. \tag{21}$$

Prüfen wir ihre Stärke, auf die wir noch zurückkommen (§ 7), an der Folge $a_m = z^m$, die für $|z|<1$ nach 0 konvergiert. Es wird hier

$$A_p = \sum_{m=0}^{p} \binom{p}{m} z^m \vartheta^m (1-\vartheta)^{p-m} = (1-\vartheta+\vartheta z)^p$$

und dies konvergiert nach 0, falls $(z = x + iy)$

$$|1-\vartheta+\vartheta z|^2 = 1 - 2\vartheta(1-x) + \vartheta^2[(1-x)^2 + y^2] < 1,$$

eine Bedingung, die man dann und nur dann durch geeignetes $0<\vartheta<1$ erfüllen kann, falls $1-x>0$. Für jeden Wert z in der Halbebene $\Re z < 1$ kann also die Folge z^m durch eine Multiplikatorenfolge (21) mit hinreichend kleinem ϑ zur Konvergenz nach 0 gebracht werden. Man bemerke, daß der Borelsche Grenzwert

$$\lim_{t\to\infty} e^{-t} \sum z^n \frac{t^n}{n!}$$

ebenfalls für $\Re z < 1$, der Abelsche

$$\lim_{t\to 1} (1-t) \sum z^n t^n$$

nur für $|z| \leqq 1$ existiert.

Für $|z| \leqq 1$, $z \neq 1$ wird übrigens die Folge z^m durch jede noch so schwache Momentfolge, die einer bei $u=0$ und $u=1$ stetigen Funktion $\chi(u)$ entspricht, zur Konvergenz nach 0 gebracht. Es genügt, $|z|=1$, $z = e^{i\varphi}$ (φ kein Vielfaches von 2π) anzunehmen; dann wird

$$A_p = \int_0^1 (1-u+ue^{i\varphi})^p \, d\chi(u),$$

$$|1-u+ue^{i\varphi}|^2 = 1 - 4u(1-u)\sin^2\frac{\varphi}{2}$$

und bei Zerlegung des Integrals ($0<\delta<\frac{1}{2}$ und $\chi(u)$ monoton zunehmend gedacht)

$$|A_p| \leqq \int_0^\delta d\chi(u) + \left[1 - 4\delta(1-\delta)\sin^2\frac{\varphi}{2}\right]^{\frac{p}{2}} \int_\delta^{1-\delta} d\chi(u) + \int_{1-\delta}^1 d\chi(u),$$

woraus wie oben

$$\overline{\lim}\, |A_p| \leqq \chi(\delta) - \chi(0) + \chi(1) - \chi(1-\delta)$$

und auf Grund der Stetigkeitsannahme $A_p \to 0$ folgt.

Beschränken wir uns des weiteren auf den Fall, daß $\chi(u)$ für $0 \leqq u \leqq 1$ stetig ist und für $0 < u < 1$ eine stetige Ableitung $\varphi(u)$ hat, also auf reine C-Folgen der Gestalt

$$\mu_n = \int_0^1 \varphi(u)\, u^n\, du \tag{22}$$

mit Existenz des eventuell uneigentlichen Integrals $\int_0^1 |\varphi(u)|\, du$, oder ($u = e^{-x}$, $\Phi(x) = u\varphi(u)$)

$$\mu_n = \int_0^\infty \Phi(x)\, e^{-xn}\, dx \tag{23}$$

mit stetigem $\Phi(x)$ für $x > 0$ und Existenz von $\int_0^\infty |\Phi(x)|\, dx$. Man sieht unmittelbar, daß auch mehrfache Integrale wie

$$(24)\quad \begin{cases} \mu_n = \int_0^1\int_0^1 \varphi(u, v)\, u^n\, du\, dv = \int_0^\infty\int_0^\infty \Phi(x, y)\, e^{-xn}\, dx\, dy, \\ \mu_n = \int_0^1\int_0^1 \varphi(u, v)\, (uv)^n\, du\, dv = \int_0^\infty\int_0^\infty \Phi(x, y)\, e^{-(x+y)n}\, dx\, dy, \end{cases}$$

worin $\Phi(x, y)$ für $x, y > 0$ stetig und $\int_0^\infty\int_0^\infty |\Phi(x, y)|\, dx\, dy$ existierend angenommen ist, reine C-Folgen liefern (auch ohne Zurückführung auf einfache Integrale).

Beispiele. Die Annahme

$$\varphi(u) = \frac{\Gamma(\alpha+\beta)}{\Gamma(\alpha)\Gamma(\beta)}\, u^{\beta-1}(1-u)^{\alpha-1} \qquad (\alpha, \beta > 0)$$

gibt nach (22) die normierte C-Folge

$$\mu_n = \frac{\Gamma(\alpha+\beta)\Gamma(n+\beta)}{\Gamma(\beta)\Gamma(n+\alpha+\beta)} = \binom{n+\beta-1}{n} : \binom{n+\alpha+\beta-1}{n}.$$

Diese Multiplikatorenfolge entspricht nach (16) der Matrix[6])

$$\lambda = C_{\alpha+\beta-1} : C_{\beta-1},$$

die also eine normierte C-Matrix ist; d. h. mit einem Cesàroschen Mittel der Ordnung > -1 konvergiert jedes Mittel höherer Ordnung und zwar nach demselben Grenzwert. Übrigens ist λ^{-1} keine C-Matrix $\Big(\frac{1}{\mu_n}$ divergiert mit n nach ∞ und ist also keine C-Folge, da eine solche wegen (α) jedenfalls beschränkt sein muß$\Big)$ und daher $C_{\alpha+\beta-1}$ *stärker* als $C_{\beta-1}$.

[6]) Wegen der Vertauschbarkeit aller unserer Matrizen können wir Matrizenquotienten mit Doppelpunkt oder Bruchstrich schreiben. Aus demselben Grunde dürfen hier Äquivalenzen multipliziert werden (§ 1), wobei aus reinen (normierten) Äquivalenzen wieder solche entstehen.

Für $\alpha = 1$ erhält man speziell die C-Folge

$$\mu_n = \frac{\beta}{n+\beta}$$

und die normierte C-Matrix

$$\Gamma_\beta = C_\beta : C_{\beta-1}$$

deren zugehörige lineare Substitution $A = \Gamma_\beta\, a$ übrigens

$$A_p = \left[a_0 + \binom{\beta}{1} a_1 + \binom{\beta+1}{2} a_2 + \dots + \binom{\beta+p-1}{p} a_p\right] : \binom{\beta+p}{p}$$

lautet, mit den in umgekehrter Reihenfolge angeordneten Koeffizienten von C_β. Kombiniert man linear dies μ_n mit der Folge $\mu_n = 1$, die der Einheitsmatrix E entspricht, so erhält man

$$\mu_n = \left(1 + \frac{n}{\alpha}\right) : \left(1 + \frac{n}{\beta}\right) \qquad (\alpha, \beta > 0)$$

als normierte C-Folge, zugleich aber auch $\frac{1}{\mu_n}$, und das besagt $\Gamma_\alpha \approx \Gamma_\beta$; die Matrizen Γ_β $(\beta > 0)$ sind allesamt normiert äquivalent; insbesondere $\Gamma_\beta \approx \Gamma_1 = C$.

Die Annahme

$$\varphi(u) = \frac{\beta^\alpha}{\Gamma(\alpha)} u^{\beta-1} \left(\log \frac{1}{u}\right)^{\alpha-1} \qquad (\alpha, \beta > 0)$$

oder

$$\Phi(x) = \frac{\beta^\alpha}{\Gamma(\alpha)} e^{-\beta x} x^{\alpha-1}$$

gibt

$$\mu_n = \left(\frac{\beta}{n+\beta}\right)^\alpha$$

als normierte C-Folge; ihr entspricht für $\beta = 1$ die Hölder sche Matrix H^α, für beliebiges β die als α-te Potenz von Γ_β aufzufassende Matrix Γ_β^α. H^α ist also stärker als die Einheitsmatrix und $H^{\alpha+\gamma}$ stärker als H^γ bei beliebigem γ: mit einem Hölderschen Mittel konvergiert jedes Mittel höherer Ordnung nach demselben Grenzwert. Das gleiche gilt von Γ_β^α.

Die Relation $\Gamma_\alpha \approx \Gamma_1$ oder $C_\alpha : C_{\alpha-1} \approx H$ läßt sich nun schreiben $C_{\alpha-1} : H^{\alpha-1} \approx C_\alpha : H^\alpha$ oder $(\alpha > 0)$

$$(25) \qquad \frac{C_{\alpha-1}}{H^{\alpha-1}} \approx \frac{C_\alpha}{H^\alpha} \approx \frac{C_{\alpha+1}}{H^{\alpha+1}} \approx \dots,$$

insbesondere $(\alpha = 1)$

$$E = \frac{C}{H} \approx \frac{C_2}{H^2} \approx \frac{C_3}{H^3} \approx \dots,$$

d. h.

$$C_k \approx H^k$$

für $k = 1, 2, 3, \dots$ Das ist der Äquivalenzsatz der Herren Knopp und

Schnee[7]); die Einschränkung auf ganzes k werden wir sogleich beseitigen. Unserem Beweis liegt die Äquivalenz

$$T_\alpha = \Gamma_1 : \Gamma_\alpha \approx E$$

zugrunde; dieser Matrix T_α entspricht die C-Folge

$$\mu_n = \left(1 + \frac{n}{\alpha}\right) : (1+n) = \frac{1}{\alpha} + \frac{\alpha - 1}{\alpha} \frac{1}{n+1},$$

und daher ist

$$T_\alpha = \frac{1}{\alpha} E + \frac{\alpha - 1}{\alpha} H$$

genau die Matrix, die Herr I. Schur[7]) in seinem Beweise des Äquivalenzsatzes verwendet: ihre Rolle tritt durch die Einfachheit der zugehörigen Multiplikatoren hier besonders klar hervor.

§ 6.

Wenn in (23) $\Phi(x)$ für $x > 0$ eine stetige Ableitung hat und außer $\int\limits_0^\infty |\Phi(x)|\,dx$ auch $\int\limits_0^\infty |\Phi'(x)|\,dx$ existiert, so ist außer μ_n auch $n\mu_n$ eine reine C-Folge.

Denn es existiert $\int\limits_0^\infty \Phi'(x)\,dx$, also $\Phi(+0)$ und $\Phi(+\infty)$; der letztere Grenzwert muß wegen der Integrabilität von $\Phi(x)$ verschwinden. Aus (23) folgt dann durch partielle Integration

$$n\mu_n = \Phi(+0) + \int\limits_0^\infty e^{-nx} \Phi'(x)\,dx \tag{26}$$

als Summe einer konstanten und einer Momentfolge wie (23).

Hiervon machen wir folgende Anwendung. Bilden wir mit den Funktionen $(\alpha, \beta > 0)$

$$\Phi(x) = e^{-\alpha x}(1 - e^{-x})^{\beta - 1} : \Gamma(\beta), \qquad \Psi(x) = e^{-x} x^{\beta-1} : \Gamma(\beta)$$

die Momente

$$\varphi_n = \frac{\Gamma(n+\alpha)}{\Gamma(n+\alpha+\beta)}, \qquad \psi_n = \frac{1}{(n+1)^\beta}.$$

Da nun $\Phi(x) : x^{\beta-1}$ und $\Psi(x) : x^{\beta-1}$ an der Stelle $x = 0$ regulär sind mit gleichem konstanten Glied, so sind dort auch

$$[\Phi(x) - \Psi(x)] : x^\beta \quad \text{und} \quad [\Phi'(x) - \Psi'(x)] : x^{\beta-1}$$

[7]) K. Knopp, Grenzwerte von Reihen bei Annäherung an die Konvergenzgrenze, Diss. Berlin 1907. W. Schnee, Die Identität des Cesàroschen und Hölderschen Grenzwertes, Math. Ann., **67** (1909), S. 110—125. W. B. Ford, On the relation between the sum-formulas of Hölder and Cesàro, Amer. Journ. of Math., **32** (1910), S. 315—326. I. Schur, Über die Äquivalenz der Cesàroschen und Hölderschen Mittelwerte, Math. Ann., **74** (1913), S. 447—458.

regulär, also $\Phi'(x) - \Psi'(x)$ bis nach $x = 0$ integrabel (die obere Grenze ∞ bedarf keiner Erörterung). Hiernach bildet außer φ_n, ψ_n auch $n(\varphi_n - \psi_n)$ eine reine C-Folge, ebenso

$$(n+\alpha)\varphi_n - (n+1)\psi_n = \frac{\Gamma(n+\alpha+1)}{\Gamma(n+\alpha+\beta)} - (n+1)^{1-\beta}.$$

Speziell für $\alpha + \beta = 1$ (also $0 < \alpha < 1$) ist

$$\Gamma(\alpha+1)\binom{n+\alpha}{n} - (n+1)^{\alpha}$$

eine reine C-Folge; multipliziert man dies mit einer der reinen C-Folgen $1:\binom{n+\alpha}{n}$ oder $(n+1)^{-\alpha}$, so ergibt sich

$$\mu_n = (n+1)^{\alpha} : \binom{n+\alpha}{n}$$

nebst $\frac{1}{\mu_n}$ als normierte C-Folge; die zugehörige Matrix $C_\alpha : H^\alpha$ ist also der Einheitsmatrix normiert äquivalent oder

$$C_\alpha \approx H^\alpha. \tag{27}$$

Dies gilt zunächst für $0 < \alpha \leqq 1$, aber auf Grund von (25) für jedes $\alpha > -1$, womit der Äquivalenzsatz auch auf nicht ganzzahlige Ordnung ausgedehnt ist. Es folgt noch[8]) für $\alpha, \beta, \alpha + \beta > -1$

$$C_{\alpha+\beta} \approx H^{\alpha+\beta} = H^\alpha H^\beta \approx C_\alpha C_\beta.$$

Wenn in (26) $\Phi(+0) = 0$ und auch noch $\int\limits_0^\infty |\Phi''(x)|\,dx$ existiert, so ist auch noch $n^2\mu_n$ eine C-Folge. Wenn $\Phi(x)$ für $x > 0$ unbeschränkt differenzierbar ist, wenn ferner sämtliche Ableitungen, $\Phi(x)$ selbst eingeschlossen, von 0 bis ∞ absolut integrabel sind und für $x \to 0$ nach 0 konvergieren, so sind

$$\mu_n = \int\limits_0^\infty \Phi(x)e^{-xn}\,dx, \quad n\mu_n = \int\limits_0^\infty \Phi'(x)e^{-xn}\,dx, \quad n^2\mu_n = \int\limits_0^\infty \Phi''(x)e^{-xn}\,dx, \ldots$$

sämtlich Momentfolgen, d. h. die C-Folge μ_n ist stärker als alle Multiplikatorenfolgen der Hölderschen oder Cesàroschen Skala.

Solche Funktionen sind z. B.

$$\Phi(x) = e^{-ax-\frac{b}{x}}x^{\lambda-1} \qquad (a > 0,\ b > 0,\ \lambda \text{ beliebig}),$$

$$\Phi(x) = e^{-\frac{b}{x}}x^{\lambda-1} \qquad (b > 0,\ \lambda < 0).$$

[8]) Mit der Formel $C_\alpha C_\beta \approx C_{\alpha+\beta}$ für „natürliche" Cesàrosche Matrizen verwandt, aber nicht identisch ist die für „modifizierte" (s. Fußnote [4])) $C_\alpha^* C_\beta^* \approx C_{\alpha+\beta}^*$, die als Spezialfall in einem von Herrn G. Faber, Über die Hölderschen und Cesàroschen Grenzwerte, Münch. Ak. Ber. 1913, S. 519–531, bewiesenen allgemeinen Grenzwertsatz enthalten ist.

Speziell erhält man aus

$$\int_0^\infty e^{-ax-\frac{b}{x}} x^{-\frac{3}{2}}\, dx = \sqrt{\pi}\, e^{-2(ab)^{\frac{1}{2}}} b^{-\frac{1}{2}} \qquad (a \geqq 0,\ b > 0),$$

indem man a durch $n + a$ ersetzt, eine reine C-Folge der Gestalt

$$\mu_n = e^{-A(n+a)^{\frac{1}{2}}} \qquad (A > 0,\ a \geqq 0), \tag{28}$$

die stärker ist als alle Hölderschen C-Folgen.

In ähnlicher Weise kann man mehrfache Integrale[9]) vom Typus

$$\int_0^\infty\!\!\int_0^\infty e^{-ax-by-\frac{c}{xy}} x^{\lambda-1} y^{\mu-1}\, dx\, dy$$

behandeln ($\lambda - \frac{1}{3}$, $\mu - \frac{2}{3}$ ganzzahlig) und findet so die reinen C-Folgen

$$\mu_n = e^{-A(n+a)^{\alpha}} \quad (A > 0,\ a > 0,\ 0 < \alpha < 1,\ \alpha \text{ rational}), \tag{29}$$

worin speziell für $\alpha = \frac{1}{2}, \frac{1}{3}, \frac{1}{4}, \ldots$ auch $a = 0$ sein darf; wir werden dieses dürftige Resultat in § 9 vervollständigen.

§ 7.

Hier ist der Ort, auf die Tatsache hinzuweisen, daß keineswegs, wie man aus der Hölderschen Skala schließen könnte, das infinitäre Verhalten der Multiplikatoren μ_n für ihre Wirksamkeit oder Rangordnung als C-Folgen maßgebend ist; eine zu starke Konvergenz von μ_n nach 0 kann diese Wirksamkeit beeinträchtigen oder aufheben, offenbar weil dann A_p überwiegend von den Anfangsgliedern der Folge a_m abhängt. Als Beispiel betrachten wir die drei Scharen von C-Folgen (vgl. (21), (28))

$$e^{-\alpha \log(n+1)} = (n+1)^{-\alpha}, \quad e^{-\beta n^{\frac{1}{2}}}, \quad e^{-\gamma n} = \vartheta^n$$
$$(\alpha, \beta, \gamma > 0, \quad 0 < \vartheta < 1),$$

deren Matrizen H^α, J^β, K^γ heißen mögen. Während nun stets $H^\alpha < J^\beta$ ist und dem infinitären Verhalten nach auch $J^\beta < K^\gamma$ zu erwarten wäre, ist in Wahrheit nicht einmal $H^\alpha < K^\gamma$, sondern K^γ mit H^α und J^β stets *unvergleichbar*.

Denn zunächst kann nicht $K^\gamma \gtrsim H$ sein. In diesem Fall wäre $(n+1)\vartheta^n$ oder

$$\mu_n = n\vartheta^n (1 - \vartheta) = \vartheta(1 - \vartheta) \frac{d}{d\vartheta} \vartheta^n$$

---

[9]) J. Liouville, Détermination des valeurs d'une classe remarquable d'intégrales définies multiples, Journ. de Math. (2), 1 (1856), S. 82–88.

eine C-Folge, also

$$\mu_{m,n} = \vartheta(1-\vartheta)\frac{d}{d\vartheta}[\vartheta^m(1-\vartheta)^n] = \vartheta^m(1-\vartheta)^n[m-(m+n)\vartheta].$$

Nach (α) müßte

$$M_p = \sum_{m=0}^{p}\binom{p}{m}\vartheta^m(1-\vartheta)^{p-m}|m-p\vartheta|$$

beschränkt sein, während nach bekannten Abschätzungen der Wahrscheinlichkeitsrechnung

$$\frac{M_p}{\sqrt{p}} \to \sqrt{\frac{2\vartheta(1-\vartheta)}{\pi}}.$$

Es ist auch niemals $K^\gamma \gtrsim H^\alpha$, denn durch Erhebung in eine hinlänglich hohe Potenz würde man $K^{m\gamma} \gtrsim H^{m\alpha} > H$ erhalten. Wegen $J^\beta > H^\alpha$ ist auch nicht $K^\gamma \gtrsim J^\beta$.

Andererseits ist natürlich auch nicht $K^\gamma \lesssim J^\beta$, denn $e^{-\beta\sqrt{n}+\gamma n}$ ist gewiß, da es mit n nach ∞ divergiert, keine C-Folge. Um so weniger ist $K^\gamma \lesssim H^\alpha$. Daher ist K^γ mit H^α und mit J^β unvergleichbar.

Während hier ϑ^n noch wenigstens eine C-Folge war, kann diese Eigenschaft bei noch stärkerem Verschwinden von $\lim \mu_n$ auch ganz verloren gehen. Wir wollen z. B. zeigen, daß $1 : n!$ keine C-Folge ist.

Aus (10) erhält man

$$\varphi(z) = \sum_n (-1)^n \mu_n \frac{z^n}{n!} = e^{-z}\sum_n \mu_{0,n}\frac{z^n}{n!}$$

und durch Erhöhung der Indizes um m

$$(30)\quad \begin{cases} (-1)^m \varphi^{(m)}(z) = \sum_n (-1)^n \mu_{m+n}\frac{z^n}{n!} = e^{-z}\sum_n \mu_{m,n}\frac{z^n}{n!}, \\ (-1)^m \frac{z^m}{m!}\varphi^{(m)}(z) = e^{-z}\sum_n \binom{m+n}{m}\mu_{m,n}\frac{z^{m+n}}{(m+n)!} \\ \qquad = e^{-z}\sum_p \binom{p}{m}\mu_{m,p-m}\frac{z^p}{p!}. \end{cases}$$

Ist nun μ_m eine C-Folge, so ist nach (β) $\lim\limits_p \binom{p}{m}\mu_{m,p-m} = l_m$ und es muß dann auch der Borelsche Grenzwert dieser Folge, d. h. der Limes der rechten Seite von (30) für $z \to \infty$ oder

$$\lim_{z\to\infty} z^m \varphi^{(m)}(z) = (-1)^m m!\, l_m \qquad (m = 0, 1, 2, \ldots)$$

existieren. Da dies z. B. für

$$\mu_n = \frac{n!}{(2n)!}, \qquad \varphi(z) = \cos\sqrt{z},$$

$$\mu_n = \frac{n!}{(2n+1)!}, \qquad \varphi(z) = \frac{\sin\sqrt{z}}{\sqrt{z}}$$

nicht zutrifft, so bilden diese μ_n keine C-Folgen. Andererseits sind 4^{-n} und $1:\binom{n+\frac{1}{2}}{n}=\frac{4^n n!^2}{(2n+1)!}$ C-Folgen, und mit $\frac{1}{n!}$ müßte auch das Produkt dieser drei, also $\frac{n!}{(2n+1)!}$ eine C-Folge sein, demnach ist auch $\frac{1}{n!}$ keine.

Für die Momentfolge (20) einer monotonen Funktion $\chi(u)$ erhält man $(0<\vartheta<1)$

$$\mu_n \geqq [\chi(1)-\chi(\vartheta)]\vartheta^n,$$

so daß, wenn $\chi(u)$ im Intervall $\vartheta \leqq u \leqq 1$ nicht konstant ist, μ_n nicht stärker als ϑ^n nach 0 konvergieren kann. Der Konvergenzradius von $\sum \mu_n x^n$ ist dann gewiß $\leqq 1:\vartheta$, und diese Reihe kann nur dann eine ganze Funktion sein, wenn $\chi(u)$ für $0<u\leqq 1$ konstant ist, also alle μ_n bis auf höchstens μ_0 verschwinden.

§ 8.

Mittels geeigneter Momentfolgen können wir die Höldersche Skala zu einer *logarithmischen* Skala von bekanntem Bau ausfüllen, bei der auch, im Gegensatz zu dem in § 7 Gesagten, die Rangordnung der Multiplikatorenfolgen als C-Folgen genau mit ihrer infinitären Rangordnung übereinstimmt.

Es bedeute l_k den iterierten Logarithmus und

$$e_0=0,\quad e_1=1,\quad e_2=e,\quad e_{k+1}=e^{e_k},$$

so daß $l_k a$ für $a>e_{k-1}$ reell, für $a>e_k$ positiv ist. Man hat für $a>0$, $y>0$:

$$\int_0^\infty dx\,\frac{x^{y-1}}{\Gamma(y)}e^{-xa}=a^{-y}=e^{-y\,la}; \tag{31}$$

für $a>1$, $z>0$:

$$\int_0^\infty dy\,\frac{y^{z-1}}{\Gamma(z)}\int_0^\infty dx\,\frac{x^{y-1}}{\Gamma(y)}e^{-xa}=[la]^{-z}=e^{-z l_2 a}; \tag{32}$$

für $a>e$, $u>0$:

$$\int_0^\infty dz\,\frac{z^{u-1}}{\Gamma(u)}\int_0^\infty dy\,\frac{y^{z-1}}{\Gamma(z)}\int_0^\infty dx\,\frac{x^{y-1}}{\Gamma(y)}e^{-xa}=[l_2 a]^{-u}=e^{-u l_3 a} \tag{33}$$

usf. Ersetzt man a durch $n+a$, so sind also nach (24)

$$[n+a]^{-y},\quad [l(n+a)]^{-z},\quad [l_2(n+a)]^{-u},\ldots,[l_k(n+a)]^{-y_k}$$

reine C-Folgen (die letzte für $y_k>0$, $a>e_k$), denn aus der Existenz der iterierten Integrale folgt, da der Integrand positiv ist, die Existenz der betreffenden mehrfachen Integrale.

Multipliziert man (31) mit $\Gamma(y)$ und differenziert nach y, so kommt

$$\int_0^\infty dx \log x\, x^{y-1} e^{-xa} = e^{-yla}[\Gamma'(y) - \Gamma(y) la],$$

woraus, mit Ersetzung von a durch $n+a$, folgt, daß auch

$$[n+a]^{-y} l(n+a)$$

für $a>0$, $y>0$ eine C-Folge ist. Durch Erhebung in eine ganze Potenz und Multiplikation mit $[l(n+a)]^{-z}$ $(z>0)$ ergibt sich, daß

$$[n+a]^{-y}[l(n+a)]^{-z}$$

für $a>1$, $y>0$ und *beliebiges* z eine C-Folge ist. Operiert man ebenso an (32), so ergibt sich

$$[l(n+a)]^{-z}[l_2(n+a)]^{-u}$$

für $a>e$, $z>0$ und beliebiges u als C-Folge; sodann ist für $a>e$, $y>0$, beliebiges z und u

$$[n+a]^{-y}[l(n+a)]^{-z}[l_2(n+a)]^{-u}$$
$$=(n+a)^{-y}[l(n+a)]^{-z+1}\cdot[l(n+a)]^{-1}[l_2(n+a)]^{-u}$$

eine C-Folge. So fortfahrend erhält man

$$(34) \qquad [n+a]^{-y}[l(n+a)]^{-y_1}\ldots[l_k(n+a)]^{-y_k}$$

als reine C-Folge, falls $a>e_k$ und der erste nicht verschwindende der Exponenten $y, y_1, \ldots, y_k$ positiv ist.

Ferner folgt aus (31) für $a, b, y>0$

$$\int_0^\infty dx \frac{x^y}{\Gamma(y+1)} \frac{e^{-xa}-e^{-xb}}{x} = \frac{a^{-y}-b^{-y}}{y}$$

und diese Formel gilt auch noch für $y>-1$ $(y \neq 0)$. Verwandelt man y in $-y$ und nimmt dann $0<y<1$, so ergibt sich also (a, b durch $n+a$, $n+b$ ersetzt)

$$(n+b)^y - (n+a)^y$$

und nach Multiplikation mit $(n+b)^{-y}$ auch

$$(n+a)^y : (n+b)^y$$

als C-Folge, zunächst für $0<y<1$, durch Potenzierung für $y>0$ und durch Vertauschung von a, b für jedes y. Genau ebenso zeigt sich

$$[l_k(n+a)]^{y_k} : [l_k(n+b)]^{y_k}$$

für $a, b > e_k$ und beliebiges y_k als C-Folge, womit wir statt (34) die allgemeinere reine C-Folge

(35) $$\varphi_n = [n+a]^{-y}[l(n+a_1)]^{-y_1}\dots[l_k(n+a_k)]^{-y_k}$$

erhalten, falls $a > 0$, $a_1 > 1, \dots, a_k > e_k$ und der erste nicht verschwindende der Exponenten $y, y_1, \dots, y_k$ positiv ist. Ist

$$\psi_n = [n+b]^{-z}[l(n+b_1)]^{-z_1}\dots[l_k(n+b_k)]^{-z_k}$$

ein zweiter Ausdruck dieser Form (die Faktorenzahl kann in beiden gleich angenommen werden), so ist $\frac{\psi_n}{\varphi_n}$ eine C-Folge $\left(\frac{\varphi_n}{\psi_n}\text{ aber keine}\right)$, falls die erste nicht verschwindende der Differenzen $z-y$, $z_1-y_1, \dots, z_k-y_k$ positiv ist, während bei Gleichheit aller Exponenten sowohl $\frac{\psi_n}{\varphi_n}$ wie $\frac{\varphi_n}{\psi_n}$ C-Folgen sind. D. h. die Rangordnung der φ_n als C-Folgen ist dieselbe wie die ihres infinitären Verhaltens.

§ 9.

Jede total monotone Folge ($\mu_{m,n} \geqq 0$) ist eine C-Folge, da hier (α) wegen (14) erfüllt ist. Um total monotone Folgen zu erhalten, verstehen wir unter $\mu(t)$ eine für $t \geqq 0$ stetige, für $t > 0$ unbeschränkt differenzierbare Funktion mit

(36) $$(-1)^n \mu^{(n)}(t) \geqq 0 \qquad (n = 0, 1, 2, \dots)$$

und setzen

(37) $$\mu_m = \mu(m);$$

da bekanntlich ($n \geqq 1$)

$$\mu_{m,n} = (-1)^n \mu^{(n)}(t)$$

(t ein Wert zwischen m und $m+n$), so ist μ_m total monoton. Wir kommen auf diese „total monotonen" Funktionen $\mu(t)$ am Ende von § 10 zurück und werden dann auch zeigen, daß wegen der hier vorausgesetzten Stetigkeit bei $t=0$ die Folge (37) eine *reine* C-Folge ist.

Die Bedingung (36) ist erfüllt, wenn wir setzen

(38) $$\mu(t) = e^{\varrho(t)}, \qquad (-1)^n \varrho^{(n)}(t) \geqq 0 \quad (n = 1, 2, 3, \dots),$$

wie aus

$$\mu' = e^{\varrho}\varrho', \qquad \mu'' = e^{\varrho}(\varrho'' + \varrho'^2), \qquad \mu''' = e^{\varrho}(\varrho''' + 3\varrho'\varrho'' + \varrho'^3), \dots$$

hervorgeht. Wir geben zwei Beispiele: das eine liefert einen neuen Beweis des Äquivalenzsatzes, das andere eine Vervollständigung unserer Ergebnisse über Exponentialfolgen (§ 6).

Für

(A) $$\varrho(t) = \log\Gamma(\alpha+t) - \log\Gamma(\beta+t) + (\beta-\alpha)\log(1+t) \quad (\alpha, \beta > 0)$$

ist

$$-\varrho'(t)=\frac{\Gamma'(\beta+t)}{\Gamma(\beta+t)}-\frac{\Gamma'(\alpha+t)}{\Gamma(\alpha+t)}-\frac{\beta-\alpha}{1+t}$$
$$=\sum_{m=0}^{\infty}\left(\frac{1}{m+\alpha+t}-\frac{1}{m+\beta+t}\right)-\frac{\beta-\alpha}{1+t}$$

$$(-1)^n\varrho^{(n)}(t):(n-1)!=\sum_{m=0}^{\infty}[(m+\alpha+t)^{-n}-(m+\beta+t)^{-n}]-(\beta-\alpha)(1+t$$

Da die zweite Ableitung von t^{-n} $(t>0)$ positiv, diese Funktion nach oben konkav ist, gilt für $0<\alpha<\beta<\gamma$

$$\begin{vmatrix}\alpha^{-n} & \alpha & 1\\ \beta^{-n} & \beta & 1\\ \gamma^{-n} & \gamma & 1\end{vmatrix}<0,$$

insbesondere für $\gamma=\alpha+1$, also $0<\beta-\alpha<1$

$$\alpha^{-n}-\beta^{-n}>(\beta-\alpha)[\alpha^{-n}-(\alpha+1)^{-n}]$$

und hierin kann man die Argumente α, β um $m+t$ vermehren. Daher

$$(-1)^n\varrho^{(n)}(t):(n-1)!\,(\beta-\alpha)>\sum_{m=0}^{\infty}[(m+\alpha+t)^{-n}-(m+1+\alpha+t)^{-n}]-(1+$$
$$=(\alpha+t)^{-n}-(1+t)^{-n}$$

und dies ist $\geqq 0$, falls $\alpha\leqq 1$ angenommen wird. Mit Einschließung der trivialen Grenzfälle haben wir also für

$$0<\alpha\leqq 1,\qquad 0\leqq\beta-\alpha\leqq 1$$

$(-1)^n\varrho^{(n)}(t)\geqq 0$ und es ist

$$\mu_n=\frac{\Gamma(\alpha+n)}{\Gamma(\beta+n)}(n+1)^{\beta-\alpha}$$

oder nach Anbringung eines positiven Faktors

$$\binom{\alpha+n-1}{n}(n+1)^{\beta-\alpha}:\binom{\beta+n-1}{n}$$

eine total monotone Folge, $C_{\beta-1}:C_{\alpha-1}H^{\beta-\alpha}$ oder

$$C_{\alpha+\gamma-1}:C_{\alpha-1}H^{\gamma}\qquad(0<\alpha\leqq 1,\quad 0\leqq\gamma\leqq 1)$$

eine reine C-Matrix. Speziell (für $\alpha=1$ oder $\gamma=1-\alpha$) sind

$$C_\alpha:H^\alpha,\qquad H^{\alpha-1}:C_{\alpha-1}\qquad(0<\alpha\leqq 1)$$

C-Matrizen[10]); in Verbindung mit (25) folgt daraus, daß $C_\alpha:H^\alpha$ und $H^\alpha:C_\alpha$ für $\alpha>-1$ (normierte) C-Matrizen sind, also $C_\alpha\approx H^\alpha$.

[10]) Daß diesen total monotone Multiplikatorenfolgen entsprechen, kann man nach einer brieflichen Mitteilung von Herrn I. Schur noch elementarer beweisen.

Für

(B) $$\varrho(t) = -A(t+a)^{\alpha} \qquad (A>0,\ a \geqq 0,\ 0<\alpha<1)$$

ist

$$(-1)^n \varrho^{(n)}(t) = A\alpha(1-\alpha)(2-\alpha)\dots(n-1-\alpha)(t+a)^{\alpha-n}$$
$$= A\alpha \frac{\Gamma(n-\alpha)}{\Gamma(1-\alpha)} : (t+a)^{n-\alpha} > 0,$$

also ist die *Exponentialfolge*

(39) $$e^{-A(n+a)^{\alpha}} \qquad (A>0,\ a \geqq 0,\ 0<\alpha<1)$$

total monoton. Prüfen wir ferner

$$\varrho(t) = -A(t+a)^{\alpha} + B(t+b)^{\beta}$$

und nehmen alsbald

(40) $$A>0, \quad B>0, \quad 0 \leqq a < b, \quad 0<\beta<\alpha<1$$

an, so wird

$$(-1)^n \varrho^{(n)}(t) = \frac{\Gamma(n-\alpha)}{\Gamma(1-\alpha)} \frac{A\alpha}{(t+a)^{n-\alpha}} - \frac{\Gamma(n-\beta)}{\Gamma(1-\beta)} \frac{B\beta}{(t+b)^{n-\beta}}$$

und (38) verlangt, daß

$$\frac{B}{A} \leqq \frac{\alpha}{\beta} \frac{\Gamma(1-\beta)}{\Gamma(1-\alpha)} \frac{\Gamma(n-\alpha)}{\Gamma(n-\beta)} \frac{(t+b)^{n-\beta}}{(t+a)^{n-\alpha}}$$

für $n = 1, 2, 3, \dots$ und $t>0$. Der Quotient $(t+b)^{n-\beta} : (t+a)^{n-\alpha}$ ist für $t > -a$ positiv und divergiert nach ∞ für $t \to -a$ und $t \to \infty$; sein Minimum für $t > -a$ ist

$$\left(\frac{b-a}{\alpha-\beta}\right)^{\alpha-\beta} \frac{(n-\beta)^{n-\beta}}{(n-\alpha)^{n-\alpha}}$$

und unsere Bedingung ist also gewiß erfüllt, wenn für $n = 1, 2, 3, \dots$

$$B : A(b-a)^{\alpha-\beta} \leqq \frac{\alpha}{\beta} \frac{\Gamma(1-\beta)}{\Gamma(1-\alpha)} \frac{1}{(\alpha-\beta)^{\alpha-\beta}} \frac{\Gamma(n-\alpha)}{\Gamma(n-\beta)} \frac{(n-\beta)^{n-\beta}}{(n-\alpha)^{n-\alpha}}.$$

Hier hat der Ausdruck rechts für $n \to \infty$ einen positiven Grenzwert, die rechte Seite der folgenden Ungleichung, und daher für $n = 1, 2, 3, \dots$ eine positive untere Grenze

$$c_{\alpha,\beta} \leqq \frac{\alpha}{\beta} \frac{\Gamma(1-\beta)}{\Gamma(1-\alpha)} \left(\frac{e}{\alpha-\beta}\right)^{\alpha-\beta}$$

Demnach ist

$$e^{-A(n+a)^{\alpha} + B(n+b)^{\beta}}$$

unter den Bedingungen (40) und

(41) $$B \leqq A(b-a)^{\alpha-\beta} c_{\alpha,\beta}$$

eine total monotone Folge, d. h. von den Exponentialfolgen

$$e^{-A(n+a)^\alpha}, \qquad e^{-B(n+b)^\beta}$$

die erstere die stärkere; dabei muß also, bei Festhaltung der übrigen Parameter, b oder A über einer gewissen unteren Grenze liegen, und da $c_{\alpha,\beta}$ für $\alpha \to 1$ nach 0 konvergiert, so rückt diese Grenze bei Annäherung von α an 1 ins Unendliche. Allerdings sind unsere jetzigen Bedingungen nur hinreichend, nicht notwendig; immerhin erhalten wir doch eine Bestätigung der uns schon bekannten Tatsache, daß die Exponentialfolge (39) für $\alpha = 1$ ihre Stärke verliert.

Ähnlich wie das letzte Beispiel (oder durch Grenzübergang) ist

$$\varrho(t) = -A(t+a)^\alpha + B \log(t+b)$$

zu behandeln, wieder unter den Bedingungen (40) (die letzte durch $0 < \alpha < 1$ zu ersetzen); statt (41) kommt

$$B \leqq A(b-a)^\alpha c_\alpha, \qquad 0 < c_\alpha \leqq \alpha^{1-\alpha} e^\alpha : \Gamma(1-\alpha).$$

Es ist also

$$e^{-A(n+a)^\alpha}(n+b)^B$$

eine C-Folge, sobald bei Fixierung der übrigen Parameter b eine gewisse Grenze übertrifft; da aber $(n+c)^B : (n+b)^B$ bei beliebigen $b, c > 0$ eine C-Folge ist (§ 8), ist jene Bedingung überflüssig. D. h. die Exponentialfolge (39) ist stärker als alle C-Folgen $(n+b)^{-B}$, insbesondere als alle Multiplikatorenfolgen der Hölderschen Skala.

§ 10.

Zum Abschluß dieser Untersuchung beweisen wir noch die Umkehrung von II:

Satz III. *Jede C-Folge ist eine Momentfolge.*

D. h. wenn die Zahlen μ_n der Bedingung (α) genügen, so lassen sie sich als die Momente (20) einer Funktion $\chi(u)$ darstellen, die für $0 \leqq u \leqq 1$ von beschränkter Schwankung ist; wir werden überdies sehen, daß $\chi(u)$ im wesentlichen eindeutig bestimmt ist.

Zunächst zeigen wir, daß ein im Intervall $0 \leqq u \leqq 1$ positives Polynom $f(u)$ in der Form

$$f(u) = \sum_{m=0}^{p} a_m u^m (1-u)^{p-m} \tag{42}$$

mit positiven Koeffizienten a_m dargestellt werden kann.

Ist $f(u)$ linear, so hat man

$$f(u) = a_0(1-u) + a_1 u,$$

wo $a_0 = f(0)$ und $a_1 = f(1)$ positiv sind.

Ist $f(u)$ irreduzibel quadratisch,

$$f(u) = \alpha + 2\beta u + \gamma u^2 \qquad (\alpha, \gamma, \alpha\gamma - \beta^2 > 0),$$

so setze man mit noch zu bestimmendem $p \geqq 2$

$$\begin{aligned} f(u) = \alpha \sum_{m=0}^{p} \binom{p}{m} u^m (1-u)^{p-m} \\ + 2\beta u \sum_{m=1}^{p} \binom{p-1}{m-1} u^{m-1} (1-u)^{p-m} \\ + \gamma u^2 \sum_{m=2}^{p} \binom{p-2}{m-2} u^{m-2} (1-u)^{p-m} \\ = \sum_{m=0}^{p} \frac{(p-2)!}{m!\,(p-m)!} u^m (1-u)^{p-m} \\ [p(p-1)\alpha + 2m(p-1)\beta + m(m-1)\gamma]. \end{aligned}$$

Der Ausdruck in eckiger Klammer

$$p(p-1)\alpha + m(2p\beta - 2\beta - \gamma) + m^2\gamma$$

soll für $m = 0, 1, \ldots, p$ positiv werden; wir können ihn sogar für jedes reelle m positiv machen, indem wir seine Determinante

$$\begin{aligned} p(p-1)\alpha\gamma - \tfrac{1}{4}(2p\beta - 2\beta - \gamma)^2 \\ = p^2(\alpha\gamma - \beta^2) + p(2\beta^2 + \beta\gamma - \alpha\gamma) - \tfrac{1}{4}(2\beta + \gamma)^2 \end{aligned}$$

positiv machen, was für hinlänglich großes p der Fall ist.

Also gestatten lineare und irreduzibel quadratische Polynome die gewünschte Darstellung, und durch Multiplikation solcher ergibt sie sich für beliebige $f(u)$.

Wir beweisen III nun zunächst für total monotone Folgen μ_n und schließen dabei den trivialen Fall des Verschwindens aller $\mu_{m,n}$, d. h. nach (14) das Verschwinden von μ_0 aus; es können dann auch nicht alle Zahlen $\mu_{0,p}, \ldots, \mu_{p,0}$ einer Diagonale der Matrix $(\mu_{m,n})$ verschwinden.

Ordnen wir jedem Polynom

$$f(u) = \alpha_0 + \alpha_1 u + \ldots + \alpha_n u^n$$

die Zahl

$$Mf = \alpha_0 \mu_0 + \alpha_1 \mu_1 + \ldots + \alpha_n \mu_n$$

zu, so hat diese lineare Funktionaloperation die Eigenschaft: *wenn $f(u)$ im Intervall $0 \leqq u \leqq 1$ positiv ist, so ist $Mf > 0$.* Denn aus der Darstellung (42) folgt

$$Mf = \sum_{m=0}^{p} a_m \mu_{m,p-m} > 0$$

($Mf = 0$ würde das Verschwinden aller $\mu_{m,p-m}$ für $m = 0, 1, \ldots, p$ bedingen). *Wenn $f(u)$ im Intervall $0 \leqq u \leqq 1$ nicht negativ ist, so ist $Mf \geqq 0$.* Denn $\varepsilon + f(u)$ ist dann positiv, bei beliebig kleinem $\varepsilon > 0$, also $\varepsilon\mu_0 + Mf > 0$ und daher $Mf \geqq 0$.

Insbesondere sind für

$$f(u) = (x_0 + x_1 u + \ldots + x_n u^n)^2, \quad g(u) = u(x_0 + x_1 u + \ldots + x_n u^n)^2$$

die beiden Formen

$$(43) \qquad Mf = \sum_0^n \mu_{i+k} x_i x_k, \quad Mg = \sum_0^n \mu_{i+k+1} x_i x_k$$

der reellen Variablen $x_0, \ldots, x_n$ für jedes n nicht negativ. Nehmen wir zunächst an, sie seien für jedes n definit positiv, so gibt es nach der Stieltjesschen Kettenbruchtheorie[11]) gewiß eine Lösung des Momentproblems, d. h. eine für $u \geqq 0$ monotone (nicht abnehmende) Funktion $\chi(u)$ derart, daß

$$\mu_n = \int_0^\infty u^n d\chi(u).$$

Hier ist aber gewiß $\chi(u)$ für $u > 1$ konstant; denn für $1 < \alpha < \beta$, $\chi(\alpha) < \chi(\beta)$ würde

$$\mu_{m,1} = \int_0^1 u^m(1-u)\, d\chi(u) - \int_1^\infty u^m(u-1)\, d\chi(u)$$
$$\leqq \int_0^1 d\chi(u) - \alpha^m(\alpha - 1)\int_\alpha^\beta d\chi(u)$$

mit $m \to \infty$ nach $-\infty$ divergieren, während $\mu_{m,n} \geqq 0$ sein soll. Setzen wir also, unter eventueller, für die Momente belangloser Abänderung von $\chi(u)$ für Sprungstellen, $\chi(1) = \chi(1+0)$, so ist

$$\mu_n = \int_0^1 u^n d\chi(u)$$

und, da es sich demgemäß um ein endliches Intervall handelt, so tritt der Stieltjessche Bestimmtheitsfall (Konvergenz des Kettenbruchs) ein: das Momentproblem hat, von einer additiven Konstanten und von den Sprungstellen abgesehen, nur eine Lösung $\chi(u)$. Man kann das so ausdrücken: setzen wir $\chi(0) = 0$ und präzisieren $\chi(u)$ für $0 < u < 1$ durch

---

[11]) T. J. Stieltjes, Recherches sur les fractions continues, Ann. Fac. Toulouse, **8** (1894), S. 1–122; **9** (1895), S. 1–47. Vgl. auch O. Perron, Die Lehre von den Kettenbrüchen (Teubner, 1913), Kap. 9. In § 11 beweisen wir Satz III ohne Berufung auf die Stieltjessche Theorie.

die *Forderung des arithmetischen Mittels*

$$\chi(u) = \tfrac{1}{2}\chi(u-0) + \tfrac{1}{2}\chi(u+0),$$

so ist $\chi(u)$ durch die vorgeschriebenen Momente eindeutig bestimmt für $0 \leqq u \leqq 1$. Wir wollen auch im folgenden $\chi(u)$ durch irgendwelche Vorschriften eindeutig bestimmt nennen, wenn es durch diese Vorschriften, sowie $\chi(0) = 0$ und die Bedingung des arithmetischen Mittels eindeutig bestimmt ist.

Den Fall, daß die quadratischen Formen Mf, Mg semidefinit werden können, kann man durch Grenzübergang erledigen. Ersetzen wir μ_n durch

$$\mu_n + \frac{\varepsilon}{n+1} = \mu_n + \varepsilon \int_0^1 u^n\,du \qquad (\varepsilon > 0),$$

so ist Mf durch

$$Mf + \varepsilon \int_0^1 f(u)\,du$$

zu ersetzen, und wenn $f(u) \geqq 0$ im Intervall $0 \leqq u \leqq 1$, so wird dieser Ausdruck positiv, außer wenn $f(u)$ durchweg verschwindet; die zugehörigen an Stelle von (43) auftretenden quadratischen Formen werden also jetzt definit, und es gibt eine eindeutig bestimmte monotone Funktion $\chi(u, \varepsilon)$ mit

$$\mu_n + \frac{\varepsilon}{n+1} = \int_0^1 u^n\,d\chi(u, \varepsilon).$$

Ist $0 < \delta < \varepsilon$, so schließen wir aus

$$\mu_n + \frac{\delta}{n+1} + (\varepsilon - \delta)\frac{1}{n+1} = \mu_n + \frac{\varepsilon}{n+1}$$

wieder wegen der Bestimmtheit des Momentproblems auf

$$\chi(u, \delta) + (\varepsilon - \delta)\,u = \chi(u, \varepsilon),$$

d. h. die Funktion

$$\chi(u) = \chi(u, \delta) - \delta u = \chi(u, \varepsilon) - \varepsilon u$$

hängt in Wahrheit von ε nicht ab und es ist

$$\mu_n = \int_0^1 u^n\,d\chi(u).$$

Aus der Monotonie von $\chi(u, \varepsilon) = \chi(u) + \varepsilon u$ geht für $\varepsilon \to 0$ die von $\chi(u)$ hervor. Also sind auch in diesem Falle die μ_n die Momente einer eindeutig bestimmten monotonen Funktion $\chi(u)$, die hier bekanntlich nur endlich viele Wachstumsstellen haben kann, d. h. endlich viele Sprünge macht und sonst konstant ist.

Also: jede total monotone Folge μ_n ist Momentfolge einer eindeutig bestimmten monotonen Funktion $\chi(u)$.

Eine reelle C-Folge μ_n ist (§ 3) Differenz total monotoner Folgen: $\mu_n = \alpha_n - \beta_n$; hier sind die α_n, β_n Momente monotoner Funktionen $\alpha(u)$, $\beta(u)$ und daher die μ_n Momente einer Funktion $\chi(u) = \alpha(u) - \beta(u)$ von beschränkter Schwankung. Wenn wir diese Funktionen wieder durch Verschwinden an der Stelle $u = 0$ und durch die Forderung des arithmetischen Mittels präzisieren, so ist auch jetzt $\chi(u)$ eindeutig bestimmt, denn ist $\mu_n = \alpha_n^* - \beta_n^*$ eine zweite Darstellung, so ist die total monotone Folge

$$\alpha_n + \beta_n^* = \alpha_n^* + \beta_n$$

Momentfolge einer eindeutig bestimmten monotonen Funktion

$$\alpha(u) + \beta^*(u) = \alpha^*(u) + \beta(u),$$

also $\chi(u) = \chi^*(u)$. Den in § 3 angegebenen kleinsten total monotonen Folgen α_n, β_n entsprechen offenbar die kleinsten monotonen Funktionen $\alpha(u), \beta(u)$, wobei also $\alpha(u) + \beta(u) = \int_0^u |d\chi(u)|$ die totale Variation von $\chi(u)$ im Intervall $[0, u]$ ist.

Damit ist III für reelle C-Folgen bewiesen und überträgt sich unmittelbar auf komplexe. *C-Folgen und Momentfolgen sind identisch.*

Aus der Bestimmtheit des Momentproblems ziehen wir noch folgenden Schluß. Es ist stets, und zwar nur auf eine einzige Weise, möglich, in eine gegebene C-Folge $\mu_0, \mu_1, \ldots$ solche Zahlen $\mu_{\frac{1}{2}}, \mu_{\frac{3}{2}}, \ldots$ einzuschieben, daß $\mu_0, \mu_{\frac{1}{2}}, \mu_1, \mu_{\frac{3}{2}}, \ldots$ eine C-Folge wird. Denn macht man den Ansatz

$$\mu_{\frac{n}{2}} = \int_0^1 v^n \, d\psi(v) = \int_0^1 u^{\frac{n}{2}} \, d\psi(u^{\frac{1}{2}}) = \int_0^1 u^{\frac{n}{2}} \, d\chi(u),$$

so ist $\chi(u)$, und damit die $\mu_{\frac{n}{2}}$, bereits durch die Momente μ_n mit ganzen Indizes bestimmt, und andererseits liefert dieser Ansatz wirklich eine C-Folge $\mu_{\frac{n}{2}}$; nämlich die Momentfolge der Funktion $\psi(v) = \chi(v^2)$. Ebenso läßt sich μ_n für alle rationalen positiven Indizes eindeutig derart interpolieren, daß $\mu_0, \mu_t, \mu_{2t}, \mu_{3t}, \ldots$ für rationales $t > 0$ eine C-Folge ist.

Nennen wir eine für $t \geqq 0$ definierte, für $t > 0$ stetige Funktion $\mu(t)$ eine (reine) *C-Funktion*, speziell eine *total monotone Funktion*, wenn für jedes rationale positive t die Folge $\mu(0), \mu(t), \mu(2t), \ldots$ eine (reine) C-Folge, speziell eine total monotone Folge ist, so folgt aus dem Gesagten, daß es zu einer C-Folge μ_n höchstens eine einzige C-Funktion $\mu(t)$ mit $\mu(n) = \mu_n$ geben kann. Andererseits gibt es aber wirklich eine, nämlich die *Momentfunktion*

$$(44)\qquad \mu(t)=\int_0^1 u^t\,d\chi(u)=\mu_{0,0}-\binom{t}{1}\mu_{0,1}+\binom{t}{2}\mu_{0,2}-\cdots,$$

wo $\chi(u)$ die Funktion mit den Momenten μ_n ist[12]); denn offenbar ist $\mu(nt)$ sogar für jedes $t>0$ eine C-Folge, und $\mu(t)$ ist für $t>0$ nicht nur stetig, sondern sogar unbeschränkt differenzierbar (mehr noch: für $\Re t>0$ regulär) mit

$$\mu^{(n)}(t)=\int_0^1 u^t(\log u)^n\,d\chi(u).$$

Einer monotonen Funktion $\chi(u)$ entspricht eine total monotone Funktion $\mu(t)$ und umgekehrt. An der Stelle $t=0$ macht $\mu(t)$ denselben Sprung wie $\chi(u)$ an der Stelle $u=0$:

$$(45)\qquad \mu(0)-\mu(+0)=\chi(+0)-\chi(0).$$

Es genügt, dies für monotones $\chi(u)$ zu zeigen. Für $t>0$, $0<\delta<1$ folgt aus

$$\mu(0)-\mu(t)=\left(\int_0^\delta+\int_\delta^1\right)(1-u^t)\,d\chi(u)$$

einerseits

$$\mu(0)-\mu(t)\geqq(1-\delta^t)[\chi(\delta)-\chi(0)],$$

andererseits

$$\mu(0)-\mu(t)\leqq[\chi(\delta)-\chi(0)]+(1-\delta^t)[\chi(1)-\chi(\delta)].$$

Läßt man in der ersten Ungleichung erst δ, dann t nach 0 konvergieren, in der zweiten umgekehrt, so kommt

$$\mu(0)-\mu(+0)\geqq\quad\text{und}\quad\leqq\chi(+0)-\chi(0).$$

Je nachdem $\chi(+0)-\chi(0)=l_0=\lim\mu_{0,n}$ verschwindet oder nicht, ist die Folge μ_n rein oder unrein, und dies gilt offenbar zugleich für alle Folgen $\mu(nt)$; d. h. wir haben eine reine oder unreine C-Funktion $\mu(t)$, mit lauter reinen oder lauter unreinen C-Folgen $\mu(nt)$, je nachdem $\mu(t)$ an der Stelle $t=0$ stetig oder unstetig ist. Die in § 9 verwendeten total monotonen Funktionen $\mu(t)$, die bei $t=0$ stetig angenommen waren, sind reine C-Funktionen und liefern reine C-Folgen μ_n.

---

[12]) Die Reihe für $\mu(t)$ erhält man durch Integration der gleichmäßig konvergenten Binomialreihe

$$u^t=[1-(1-u)]^t=1-\binom{t}{1}(1-u)+\binom{t}{2}(1-u)^2-\ldots$$

§ 11.

Der Satz III oder das Momentproblem für ein endliches Intervall (das man ja linear auf das Intervall $[0,1]$ transformieren kann) läßt sich auch ohne Berufung auf die etwas verwickelte Stieltjessche Theorie und ihre Vorstufen (Tschebyscheff, Markoff) in nahezu elementarer Weise behandeln. Wir zeigen zuerst, daß eine total monotone Folge Momentfolge einer monotonen Funktion $\chi(u)$ ist, für die wir einen äußerst einfachen Ausdruck geben, sodann, daß diese Funktion eindeutig bestimmt ist.

Aus der Identität

$$\sum_{m=0}^{p} \binom{p}{m} u^m (1-u)^{p-m} (m-pu)^2 = pu(1-u)$$

schließen wir ($0 \leqq u \leqq 1$, $\varepsilon > 0$)

$$pu(1-u) \geqq \sum^{*} \binom{p}{m} u^m (1-u)^{p-m} (m-pu)^2$$

$$\geqq p^2 \varepsilon^2 \sum^{*} \binom{p}{m} u^m (1-u)^{p-m},$$

$$\sum^{*} \binom{p}{m} u^m (1-u)^{p-m} \leqq \frac{u(1-u)}{p\varepsilon^2},$$

wo die Summe $\overset{*}{\Sigma}$ nur über die Werte m mit $|m-pu| \geqq p\varepsilon$ zu erstrecken ist. In der Sprache der Wahrscheinlichkeitsrechnung ist dies die einfachste Aussage des Gesetzes der großen Zahlen: wenn ein Ereignis die Wahrscheinlichkeit u hat, so konvergiert die Wahrscheinlichkeit, daß seine relative Häufigkeit $\frac{m}{p}$ bei p Versuchen sich von u um mindestens (weniger als) ε unterscheide, für $p \to \infty$ nach $0(1)$. Hieraus folgt übrigens sehr einfach, daß für eine in $0 \leqq u \leqq 1$ stetige Funktion $g(u)$ das Polynom

$$g_p(u) = \sum_{m=0}^{p} \binom{p}{m} u^m (1-u)^{p-m} g\left(\frac{m}{p}\right)$$

gleichmäßig nach $g(u)$ konvergiert[13]).

Nun sei $0 \leqq \xi < \eta \leqq 1$, $\eta - \xi = 2\varepsilon$. In jedem der beiden Fälle

$$m \leqq p\xi, \qquad \xi + \varepsilon \leqq u,$$

$$m \geqq p\eta, \qquad \eta - \varepsilon \geqq u$$

---

[13]) S. Bernstein, Démonstration du théorème de Weierstraß, fondée sur le calcul des probabilités, Commun. Soc. Math. Charkow (2) **13** (1912), S. 1—2.

ist auch $|m - pu| \geqq p\varepsilon$, also

(46)
$$\begin{cases} \sum\limits_{m \leqq p\xi} \binom{p}{m} u^m (1-u)^{p-m} \leqq \frac{u(1-u)}{p\varepsilon^2} & (\xi + \varepsilon \leqq u \leqq 1), \\ \sum\limits_{m \geqq p\eta} \binom{p}{m} u^m (1-u)^{p-m} \leqq \frac{u(1-u)}{p\varepsilon^2} & (0 \leqq u \leqq \eta - \varepsilon), \end{cases}$$

und wenn wir in der zweiten Gleichung die natürliche Zahl p durch eine andere q ersetzen und $r = \min[p, q]$ nehmen, so ist *im ganzen Intervall* $0 \leqq u \leqq 1$

$$\sum_{m \leqq p\xi} \binom{p}{m} u^m (1-u)^{p-m} + \sum_{m \geqq q\eta} \binom{q}{m} u^m (1-u)^{q-m} \leqq 1 + \frac{u(1-u)}{r\varepsilon^2}$$

oder

(47)
$$\sum_{m \leqq p\xi} \binom{p}{m} u^m (1-u)^{p-m} - \sum_{m < q\eta} \binom{q}{m} u^m (1-u)^{q-m} \leqq \frac{u(1-u)}{r\varepsilon^2}.$$

Wir machen nun wie in § 10 den Übergang von einem Polynom $f(u) \geqq 0$ zu dem Ausdruck $Mf \geqq 0$. Setzen wir

(48)
$$\begin{cases} \varphi_p(u) = \sum\limits_{m < pu} \binom{p}{m} \mu_{m,p-m}, & \varphi(u) = \underline{\lim}\, \varphi_p(u), \\ \psi_p(u) = \sum\limits_{m \leqq pu} \binom{p}{m} \mu_{m,p-m}, & \psi(u) = \overline{\lim}\, \psi_p(u), \end{cases}$$

so liefert (47)

$$\psi_p(\xi) - \varphi_q(\eta) \leqq \frac{\mu_{11}}{r\varepsilon^2}.$$

Hieraus folgt für $q \to \infty$

$$\psi_p(\xi) \leqq \varphi(\eta) + \frac{\mu_{11}}{p\varepsilon^2}$$

und sodann für $p \to \infty$

$$\psi(\xi) \leqq \varphi(\eta) \qquad (0 \leqq \xi < \eta \leqq 1),$$

also offenbar

$$\varphi(\xi) \leqq \psi(\xi) \leqq \varphi(\eta) \leqq \psi(\eta).$$

Beide Funktionen sind monoton; läßt man η nach ξ oder ξ nach η konvergieren, so kommt

$$\varphi(\xi) \leqq \psi(\xi) \leqq \varphi(\xi + 0), \quad \psi(\eta - 0) \leqq \varphi(\eta) \leqq \psi(\eta),$$

und durch Wiederholung

$$\varphi(\xi + 0) = \psi(\xi + 0), \quad \varphi(\eta - 0) = \psi(\eta - 0).$$

Beide Funktionen haben also im Intervall $[0, 1]$ dieselben Stetigkeitsstellen und an ihnen die gleichen Werte. Da, wo $\varphi(u) = \psi(u)$, also mindestens an den Stetigkeitsstellen, ist nach (48)

49)
$$\varphi(u) = \lim \varphi_p(u), \quad \psi(u) = \lim \psi_p(u);$$

wir wollen noch zeigen, daß diese Beziehungen im ganzen Intervall gelten und daß $\varphi(u) = \psi(u)$ für $0 < u < 1$, auch an den Unstetigkeitsstellen. Zunächst ist an den Intervallgrenzen

$$\begin{aligned} \varphi_p(0) &= 0, & \varphi(0) &= 0, \\ \varphi_p(1) &= \mu_0 - \mu_{p,0}, & \varphi(1) &= \mu_0 - \lim \mu_{p,0}, \\ \psi_p(0) &= \mu_{0,p}, & \psi(0) &= \lim \mu_{0,p}, \\ \psi_p(1) &= \mu_0, & \psi(1) &= \mu_0. \end{aligned}$$

Sei sodann $0 < \xi < 1$ und $f(u)$ ein für $0 \leqq u \leqq 1$ nicht negatives Polynom; ε sei so klein gewählt, daß, bei vorgeschriebenem $\sigma > 0$, $f(u) \geqq f(\xi) - \sigma$ für $|u - \xi| \leqq 2\varepsilon$. Dann ist, wenn die Summe $\sum^{*}$ über die Werte m mit $|m - p\xi| < p\varepsilon$ erstreckt wird, im ganzen Intervall

$$f(\xi) \sum^{*} \binom{p}{m} u^m (1-u)^{p-m} \leqq f(u) + \sigma + f(\xi) \frac{u(1-u)}{p\varepsilon^2};$$

denn für $0 \leqq u \leqq \xi - 2\varepsilon$ und $\xi + 2\varepsilon \leqq u \leqq 1$ ist $\sum^{*} \leqq u(1-u) : p\varepsilon^2$, und für $\xi - 2\varepsilon \leqq u \leqq \xi + 2\varepsilon$ ist $\sum^{*} \leqq 1$ und $f(\xi) \leqq f(u) + \sigma$. Aus dieser Relation erhalten wir durch die Operation M

$$f(\xi)\,[\varphi_p(\xi + \varepsilon) - \psi_p(\xi - \varepsilon)] \leqq Mf + \sigma\mu_0 + f(\xi) \frac{\mu_{11}}{p\varepsilon^2},$$

also für $p \to \infty$

$$f(\xi)\,[\varphi(\xi + \varepsilon) - \psi(\xi - \varepsilon)] \leqq Mf + \sigma\mu_0$$

und also, wenn $\varphi(u)$ an der Stelle ξ den Sprung

$$\delta = \varphi(\xi + 0) - \varphi(\xi - 0) = \varphi(\xi + 0) - \psi(\xi - 0)$$

macht:

$$f(\xi)\,\delta \leqq Mf$$

für jedes Polynom $f(u) \geqq 0$. Insbesondere für $f(u) = u^m(1-u)^n$:

$$\delta\,\xi^m (1-\xi)^n \leqq \mu_{m,n}, \tag{50}$$

und dies besagt, daß die Folge

$$\mu_n - \delta\,\xi^n$$

total monoton ist. Ihr entspricht an Stelle von $\varphi_p(u)$ die monotone Funktion

$$\varphi_p(u) - \delta \sum_{m < pu} \binom{p}{m} \xi^m (1-\xi)^{p-m}.$$

Die mit δ multiplizierte Summe konvergiert für $p \to \infty$, wie wir bereits wissen, nach $\begin{smallmatrix}0\\1\end{smallmatrix}$ für $u \lessgtr \xi$; überdies aber konvergiert sie nach $\frac{1}{2}$ für $u = \xi$, denn die Wahrscheinlichkeit, daß bei p Versuchen die relative Häufigkeit eines Ereignisses, von der Wahrscheinlichkeit ξ, unter oder über ξ liege, konvergiert nach

$$\frac{1}{\sqrt{\pi}}\int_{-\infty}^{0} e^{-x^2}dx = \frac{1}{\sqrt{\pi}}\int_{0}^{\infty} e^{-x^2}dx = \frac{1}{2}$$

(dasselbe gilt von der Summe $\sum\limits_{m\leqq pu}$ statt $\sum\limits_{m<pu}$). An Stelle von $\varphi(u)$, $\psi(u)$ treten also die monotonen Funktionen

$$\begin{array}{lll}\varphi(u), & \varphi(\xi)-\frac{1}{2}\delta, & \varphi(u)-\delta,\\ \psi(u), & \psi(\xi)-\frac{1}{2}\delta, & \psi(u)-\delta\end{array}$$

für $u<\xi$, $u=\xi$, $u>\xi$. Diese aber sind an der Stelle ξ stetig, da der linke Grenzwert $\varphi(\xi-0)$ mit dem rechten $\varphi(\xi+0)-\delta$ übereinstimmt, und sind also auch an dieser Stelle gleich; demnach $\varphi(\xi)=\psi(\xi)$; zugleich erkennt man, daß

$$\varphi(\xi)=\tfrac{1}{2}\varphi(\xi-0)+\tfrac{1}{2}\varphi(\xi+0).$$

Also: die Gleichungen (49) gelten für $0\leqq u\leqq 1$, und für $0<u<1$ ist

$$\varphi(u)=\psi(u)=\tfrac{1}{2}\varphi(u-0)+\tfrac{1}{2}\varphi(u+0). \tag{51}$$

Da nun die (monotonen, also im Riemannschen Sinne) integrablen Funktionen $\varphi_p(u)$ *gleichmäßig beschränkt* sind $(0\leqq\varphi_p(u)\leqq\mu_0)$ und nach der integrablen Funktion $\varphi(u)$ konvergieren, so konvergiert bekanntlich $\int_0^1\varphi_p(u)\,du$ nach $\int_0^1\varphi(u)\,du$, ferner

$$\int_0^1\varphi_p(u)\,u^{k-1}du\to\int_0^1\varphi(u)\,u^{k-1}du \qquad (k=1,2,\ldots)$$

und wegen

$$\int_0^1 u^k d\varphi(u)=\varphi(1)-k\int_0^1\varphi(u)\,u^{k-1}du$$

$$\int_0^1 u^k d\varphi_p(u)\to\int_0^1 u^k d\varphi(u) \qquad (k=0,1,2,\ldots).$$

Die linke Seite ist leicht zu ermitteln: die streckenweise konstante Funktion $\varphi_p(u)$ macht an den Stellen $\frac{m}{p}$ die Sprünge $\binom{p}{m}\mu_{m,p-m}$ $(m=0,1,\ldots,p-1)$ und es ist

$$\int_0^1 u^k d\varphi_p(u)=\sum_{m=0}^{p-1}\binom{p}{m}\left(\frac{m}{p}\right)^k\mu_{m,p-m}=\sum_{m=0}^{p}\binom{p}{m}\left(\frac{m}{p}\right)^k\mu_{m,p-m}-\mu_{p,0}.$$

Hier konvergiert der Minuend nach μ_k; denn es ist

$$\sum_{m=0}^{p}\binom{p}{m}\binom{m}{k}\mu_{m,p-m}=\sum_{m=k}^{p}\binom{p}{k}\binom{p-k}{m-k}\mu_{m,p-m}$$

$$=\binom{p}{k}\sum_{m=0}^{p-k}\binom{p-k}{m}\mu_{k+m,p-k-m}=\binom{p}{k}\mu_k,$$

$$\sum_{m=0}^{p}\binom{p}{m}\frac{m(m-1)\ldots(m-k+1)}{p^k}\mu_{m,p-m}\to\mu_k,$$

woraus die Behauptung der Reihe nach für $k=0,1,2,\ldots$ folgt. Also ist

$$\int_0^1 u^k\,d\varphi(u)=\mu_k-\lim\mu_{p,0}=\mu_k-[\psi(1)-\varphi(1)]$$

und definiert man daher die Funktion $\chi(u)$ durch

$$(52)\qquad \begin{cases}\chi(u)=\varphi(u)\quad\text{für}\quad 0\leqq u<1,\quad \chi(1)=\psi(1)\quad\text{oder}\\ \chi(0)=\varphi(0),\quad \chi(u)=\psi(u)\quad\text{für}\quad 0<u\leqq 1,\end{cases}$$

so ist $\int_0^1 u^k\,d\chi(u)=\mu_k$, $\chi(u)$ eine Lösung des Momentproblems. Nun ist noch umgekehrt die Einzigkeit der Lösung zu zeigen. Setzen wir dazu $\mu_n=\int_0^1 u^n\,d\chi(u)$ voraus, so folgt aus der ersten Gleichung (46)

$$\psi_p(\xi)=\left(\int_0^{\xi+\varepsilon}+\int_{\xi+\varepsilon}^1\right)\sum_{m\leqq p\xi}\binom{p}{m}u^m(1-u)^{p-m}\,d\chi(u)$$

$$\leqq\int_0^{\xi+\varepsilon}d\chi(u)+\int_{\xi+\varepsilon}^1\frac{u(1-u)}{p\varepsilon^2}\,d\chi(u)\leqq\chi(\xi+\varepsilon)+\frac{\mu_{11}}{p\varepsilon^2}$$

($\chi(0)=0$ angenommen) und daraus für $p\to\infty$, sodann $\varepsilon\to 0$

$$\psi(\xi)\leqq\chi(\xi+0);$$

ebenso aus der zweiten Gleichung (46)

$$\varphi(\eta)\geqq\chi(\eta-0).$$

Also

$$\chi(u-0)\leqq\varphi(u)\leqq\psi(u)\leqq\chi(u+0)$$

und hieraus wie früher

$$\chi(u-0)=\varphi(u-0)=\psi(u-0),\qquad \chi(u+0)=\varphi(u+0)=\psi(u+0),$$

wegen (51) auf Grund der Forderung des arithmetischen Mittels also $\chi(u)=\varphi(u)=\psi(u)$ für $0<u<1$, während $\chi(0)=0=\varphi(0)$ und $\chi(1)=\mu_0=\psi(1)$ ist; $\chi(u)$ ist mit der oben gefundenen Lösung (52) identisch. Also: *das zu einer total monotonen Folge* (oder C-Folge) *gehörige Momentproblem hat, durch* $\chi(0)=0$ *und die Bedingung des arithmetischen Mittels präzisiert, eine und nur eine Lösung, nämlich*

$$\chi(0)=0, \quad \chi(1)=\mu_0,$$

$$\chi(u)=\lim_p \sum_{m<pu} \binom{p}{m} \mu_{m,p-m} = \lim_p \sum_{m\leqq pu} \binom{p}{m} \mu_{m,p-m}$$

für $0<u<1$.

Etwas allgemeiner ist

$$\chi(u)=\lim \varphi_p(u_p) \qquad (0<u<1),$$

wenn u_p derart nach u konvergiert, daß $\sqrt{p}(u_p-u)\to 0$; ferner gilt

$$\chi(u+0)-\chi(u-0)=\sqrt{2\pi u(1-u)}\lim \sqrt{p}\binom{p}{m}\mu_{m,p-m} \qquad (0<u<1),$$

wenn m mit p so nach ∞ divergiert, daß $\sqrt{p}\left(\frac{m}{p}-u\right)\to 0$. Den Beweis dieser Behauptungen, mit Benutzung der Stirlingschen Formel, wollen wir dem Leser überlassen.

(Eingegangen am 11. Februar 1920.)

Summationsmethoden und Momentfolgen. II.

Von

Felix Hausdorff in Greifswald.

In der vorangehenden, gleichbetitelten Arbeit, die wir als Note I zitieren, haben wir das System *vertauschbarer* linearer Substitutionen

$$A_p = \sum_m \lambda_{p,m} a_m \qquad \text{oder} \qquad A = \lambda a$$

betrachtet, deren Matrix

$$\lambda = \varrho^{-1} \mu \varrho$$

durch eine numerisch feste, aus Binomialkoeffizienten gebildete Matrix ϱ in eine willkürliche Diagonalmatrix μ überführbar ist. Wir ordnen jetzt jeder (geeigneten) Folge reeller Zahlen t_n eine Matrix ϱ und das entsprechende System $S(t_n)$ der Matrizen λ zu; das in Note I behandelte ist das System $S(n)$. Wenn die Elemente μ_n von μ die Momente

$$\mu_n = \mu(t_n), \qquad \mu(t) = \int_0^1 u^t d\chi(u)$$

einer Funktion beschränkter Schwankung sind, ist λ eine C-Matrix, d. h. führt jede konvergente Folge a_m in eine konvergente Folge A_p über; und hiervon gilt unter gewissen Bedingungen auch die Umkehrung. In verschiedenen Systemen $S(t_n)$ entsprechen einander die zu gleichem $\chi(u)$ oder $\mu(t)$ gehörigen Matrizen; es gibt z. B. in jedem System Cesàrosche und Höldersche Matrizen, die bei gleicher Ordnung äquivalent sind, nebst Matrizen logarithmischen und exponentialen Charakters, die die Höldersche Skala ausfüllen und verstärken.

§ 1.

Interpolationsformeln.

Es sei t_p $(p = 0, 1, 2, \ldots)$ eine Folge *paarweise verschiedener* Zahlen,

$$\varphi_p(t) = (t - t_0)(t - t_1) \ldots (t - t_p), \tag{1}$$

μ_p eine beliebige Zahlenfolge,

$$(2)\qquad f_p(t) = f\left(t \begin{matrix}\mu_0\, \mu_1 \ldots \mu_p \\ t_0\, t_1 \ldots t_p\end{matrix}\right) = \sum_{m=0}^{p} \frac{\mu_m}{\varphi_p'(t_m)} \frac{\varphi_p(t)}{t - t_m}$$

das Polynom vom Grade $\leqq p$, das an den Stellen $t_0, \ldots, t_p$ die Werte $\mu_0, \ldots, \mu_p$ annimmt, und der Differenzenquotient

$$(3)\qquad \begin{pmatrix}\mu_0\, \mu_1 \ldots \mu_p \\ t_0\, t_1 \ldots t_p\end{pmatrix} = \sum_{m=0}^{p} \frac{\mu_m}{\varphi_p'(t_m)}$$

sein höchster Koeffizient. Da $f_p(t) - f_{p-1}(t)$ durch $\varphi_{p-1}(t)$ teilbar, also gleich $\begin{pmatrix}\mu_0 \ldots \mu_p \\ t_0 \ldots t_p\end{pmatrix} \varphi_{p-1}(t)$ ist, folgt

$$(4)\qquad \begin{aligned} f_p(t) &= \sum_{m=0}^{p} \begin{pmatrix}\mu_0 \ldots \mu_m \\ t_0 \ldots t_m\end{pmatrix} (t - t_0)(t - t_1) \ldots (t - t_{m-1}) \\ &= \sum_{m=0}^{p} \begin{pmatrix}\mu_0 \ldots \mu_m \\ t_0 \ldots t_m\end{pmatrix} \varphi_{m-1}(t), \end{aligned}$$

wobei $\varphi_{-1}(t) = 1$, $f_0(t) = \mu_0$, $\begin{pmatrix}\mu_0 \\ t_0\end{pmatrix} = \mu_0$ zu setzen ist. Verwendet man die Wertpaare t_m, μ_m in umgekehrter Reihenfolge, so wird

$$(5)\qquad \begin{aligned} f_p(t) &= \sum_{m=0}^{p} \begin{pmatrix}\mu_m \ldots \mu_p \\ t_m \ldots t_p\end{pmatrix} (t - t_p)(t - t_{p-1}) \ldots (t - t_{m+1}) \\ &= \sum_{m=0}^{p} \begin{pmatrix}\mu_m \ldots \mu_p \\ t_m \ldots t_p\end{pmatrix} \frac{\varphi_p(t)}{\varphi_m(t)}. \end{aligned}$$

Wir setzen nun dauernd, für $m \leqq p$,

$$(6)\qquad \begin{aligned} \lambda_{p,m} &= \begin{pmatrix}\mu_m \ldots \mu_p \\ t_m \ldots t_p\end{pmatrix} (t_0 - t_p)(t_0 - t_{p-1}) \ldots (t_0 - t_{m+1}) \\ &= \begin{pmatrix}\mu_m \ldots \mu_p \\ t_m \ldots t_p\end{pmatrix} \frac{\varphi_p'(t_0)}{\varphi_m'(t_0)}, \end{aligned}$$

speziell

$$\lambda_{p,p} = \mu_p,$$

hingegen, für $m > p$, $\lambda_{p,m} = 0$; die Matrix

$$\lambda = (\lambda_{p,m}) = \begin{Vmatrix} \lambda_{0,0} & 0 & 0 & \ldots \\ \lambda_{1,0} & \lambda_{1,1} & 0 & \ldots \\ \lambda_{2,0} & \lambda_{2,1} & \lambda_{2,2} & \ldots \\ \cdot & \cdot & \cdot & \ldots \\ \cdot & \cdot & \cdot & \ldots \\ \cdot & \cdot & \cdot & \ldots \end{Vmatrix},$$

auf deren Betrachtung wir hinaus wollen, hängt außer von den μ_p nur

19*

von den Differenzenverhältnissen der t_p ab und bleibt ungeändert, wenn man t_p durch $a\,t_p + b$ $(a \neq 0)$ ersetzt.

Aus (5) folgt für $t = t_0$

$$\sum_{m=0}^{p} \lambda_{p,\,m} = \mu_0. \tag{7}$$

Sei für den Augenblick $g_p(t) = f\begin{pmatrix} t & \mu_1 \dots \mu_{p+1} \\ & t_1 \dots t_{p+1} \end{pmatrix}$ in der obigen durch (2) erklärten Bedeutung. Aus

$$f_{p+1}(t) - f_p(t) = \begin{pmatrix} \mu_0 \dots \mu_{p+1} \\ t_0 \dots t_{p+1} \end{pmatrix} (t - t_0)(t - t_1) \dots (t - t_p)$$

$$f_{p+1}(t) - g_p(t) = \begin{pmatrix} \mu_0 \dots \mu_{p+1} \\ t_0 \dots t_{p+1} \end{pmatrix} (t - t_1) \dots (t - t_p)(t - t_{p+1})$$

folgt

$$f_p(t) - g_p(t) = \begin{pmatrix} \mu_0 \dots \mu_{p+1} \\ t_0 \dots t_{p+1} \end{pmatrix} (t_0 - t_{p+1})(t - t_1) \dots (t - t_p),$$

also für den Koeffizienten von t^p

$$\begin{pmatrix} \mu_0 \dots \mu_p \\ t_0 \dots t_p \end{pmatrix} - \begin{pmatrix} \mu_1 \dots \mu_{p+1} \\ t_1 \dots t_{p+1} \end{pmatrix} = (t_0 - t_{p+1}) \begin{pmatrix} \mu_0 \dots \mu_{p+1} \\ t_0 \dots t_{p+1} \end{pmatrix},$$

mit anderer Bezeichnung

$$\begin{pmatrix} \mu_m \dots \mu_p \\ t_m \dots t_p \end{pmatrix} = (t_m - t_{p+1}) \begin{pmatrix} \mu_m \dots \mu_{p+1} \\ t_m \dots t_{p+1} \end{pmatrix} + \begin{pmatrix} \mu_{m+1} \dots \mu_{p+1} \\ t_{m+1} \dots t_{p+1} \end{pmatrix}$$

und mit $(t_0 - t_{m+1}) \dots (t_0 - t_p)(t_0 - t_{p+1})$ multipliziert:

$$(t_{p+1} - t_0)\,\lambda_{p,\,m} = (t_{p+1} - t_m)\,\lambda_{p+1,\,m} + (t_{m+1} - t_0)\,\lambda_{p+1,\,m+1}. \tag{8}$$

Dies nennen wir die *Rekursionsformel*; sie gilt allgemein, auch für $m > p$.

Sind die t_p reell, a die kleinste und b die größte unter den Zahlen $t_0, \dots, t_p$, und ist die reelle Funktion $\mu(t)$ für $a \leqq t \leqq b$ stetig und für $a < t < b$ p-mal differenzierbar, so ist

$$\begin{pmatrix} \mu(t_0)\,\mu(t_1) \dots \mu(t_p) \\ t_0 \quad t_1 \dots \quad t_p \end{pmatrix} = \frac{1}{p!}\,\mu^{(p)}(t), \tag{9}$$

wie man durch wiederholte Anwendung des Rolleschen Satzes auf $f_p(t) - \mu(t)$ erkennt; t ist ein gewisser Wert zwischen a, b.

Wir haben diese bekannten Dinge zur Bequemlichkeit des Lesers und zur Einführung unserer Bezeichnungen hier zusammengestellt.

§ 2.

Total monotone Folgen.

Die reelle Folge μ_p heiße bezüglich der reellen Folge t_p *total monoton*, wenn stets

$$(-1)^{p-m} \begin{pmatrix} \mu_m \dots \mu_p \\ t_m \dots t_p \end{pmatrix} \geqq 0 \qquad (0 \leqq m \leqq p) \tag{10}$$

Dies wird mit

(11) $$\lambda_{p,m} \geqq 0$$

gleichbedeutend, falls $t_p > t_0$ $(p = 1, 2, \ldots)$, wie wir künftig voraussetzen; ohne Einbuße an Allgemeinheit kann

(12) $$t_0 = 0, \quad t_p > 0 \qquad (p = 1, 2, \ldots)$$

angenommen werden. Insbesondere ist $\lambda_{p,p} = \mu_p \geqq 0$; mit Ausschluß des Falles $\mu_0 = 0$, wo alle $\lambda_{p,m}$ nach (7) verschwinden, werde $\mu_0 > 0$ vorausgesetzt. Wir behaupten nun:

Satz I. *Wenn die Folge t_p den Bedingungen* (12) *genügt und μ_p bezüglich t_p total monoton ist, so existieren die Grenzwerte*

(13) $$l_m = \lim_p \lambda_{p,m};$$

wenn $\sum_{p=1}^{\infty} \frac{1}{t_p}$ *divergiert, ist* $l_1 = l_2 = \ldots = 0$.

Denn aus der Rekursionsformel

(14) $$\lambda_{p,m} - \lambda_{p+1,m} = (t_{m+1}\lambda_{p+1,m+1} - t_m \lambda_{p+1,m}) : t_{p+1}$$

folgt mit

(15) $$\Lambda_{p,m} = \lambda_{p,0} + \cdots + \lambda_{p,m}$$

(16) $$\Lambda_{p,m} - \Lambda_{p+1,m} = t_{m+1}\lambda_{p+1,m+1} : t_{p+1}.$$

Nach (16) ist $\Lambda_{p,m} \geqq \Lambda_{p+1,m} \geqq 0$, also existiert $L_m = \lim_p \Lambda_{p,m}$ und folglich auch $l_m = L_m - L_{m-1}$ $(l_0 = L_0)$. Ferner ist, ebenfalls nach (16), $\sum_p \frac{\lambda_{p+1,m+1}}{t_{p+1}}$ konvergent, und wenn $\sum_p \frac{1}{t_{p+1}}$ divergiert, kann $\lim_p \lambda_{p+1,m+1} = l_{m+1}$ nicht von 0 verschieden sein.

Nehmen wir an, daß t_p den Bedingungen

(17) $$\begin{cases} t_0 = 0, \quad t_p > 0 & (p \geqq 1) \\ \sum_{p=1}^{\infty} \frac{1}{t_p} \text{ divergent, } t_p \to \infty \end{cases}$$

genügt (von denen die letzte an verschiedenen Stellen des Folgenden gemildert werden könnte, vgl. Anm.[1])). Nach I ist dann in einer bezüglich t_p total monotonen Folge *jedes Glied* μ_p $(p \geqq 1)$ sowie $\mu_0 - l_0$ *durch die folgenden eindeutig bestimmt*, natürlich bei gegebenen t_p. Denn man hat bei Hervorhebung des Anfangsgliedes in (6)

$$\lambda_{p,m} = (-1)^{p-m} t_{m+1} \ldots t_p \left[\frac{\mu_m}{(t_m - t_{m+1}) \ldots (t_m - t_p)} + \cdots\right],$$

$$\lambda_{p,m}\left(1 - \frac{t_m}{t_{m+1}}\right) \ldots \left(1 - \frac{t_m}{t_p}\right) = \mu_m + \cdots,$$

also für $p \to \infty$

$$0 = \lim [\mu_m + \ldots] \qquad (m \geqq 1)$$

$$l_0 = \lim [\mu_0 + \ldots]$$

was die Behauptung beweist.

§ 3.

Total monotone Funktionen.

Die für $t \geqq 0$ definierte reelle Funktion $\mu(t)$ heiße *total monoton*, wenn für irgend $p+1$ verschiedene Werte $t_0, t_1, \ldots, t_p$ $(\geqq 0)$

$$(-1)^p \begin{pmatrix} \mu(t_0) & \mu(t_1) & \ldots & \mu(t_p) \\ t_0 & t_1 & \ldots & t_p \end{pmatrix} \geqq 0$$

oder, was dasselbe ist, wenn jede Folge $\mu(t_p)$ bezüglich t_p total monoton ist.

Satz II. *Wenn die Folge t_p den Bedingungen* (17) *genügt und μ_p bezüglich t_p total monoton ist, so gibt es eine und nur eine total monotone Funktion $\mu(t)$, für die $\mu(t_p) = \mu_p$.*

Zunächst kann es nur eine einzige solche geben. Denn ist $t > 0$ ein von den t_p verschiedener Wert mit $\mu(t) = \mu$, so ist die Folge $\mu_0, \mu, \mu_1, \mu_2, \ldots$ total monoton bezüglich der Folge $t_0, t, t_1, t_2, \ldots$, die ebenfalls den Bedingungen (17) genügt, also μ durch $\mu_1, \mu_2, \ldots$ eindeutig bestimmt (natürlich als Funktion von t).

Um andererseits eine Funktion $\mu(t)$ wirklich nachzuweisen, zeigen wir zuerst, daß die Interpolationsformel (4) sich auf *alle* Wertpaare der Folge ausdehnen läßt, d. h. daß

$$(18) \qquad f(t) = \lim f_p(t) = \sum_{m=0}^{\infty} \begin{pmatrix} \mu_0 & \ldots & \mu_m \\ t_0 & \ldots & t_m \end{pmatrix} (t - t_0) \ldots (t - t_{m-1})$$

für $t \geqq 0$ konvergiert[1]). Man hat für $p > n > 0$

---

[1]) Solche Reihen sind mehrfach untersucht worden, z. B. J. Bendixson, Sur une extension à l'infini de la formule d'interpolation de Gauss, Acta math., **9** (1887), S. 1—34; E. Landau, Über die Grundlagen der Theorie der Fakultätenreihen, Münch. Ber. **36**, (1906), S. 151—221. Unser $f(t)$ ist übrigens für $\Re t > 0$ konvergent und regulär, wie aus leichter Umformung des obigen Konvergenzbeweises hervorgeht. Ersetzt man die letzte Bedingung (17) durch $\lim t_p = \tau > 0$, so liefert (18) eine für $0 \leq t \leq \tau$ total monotone, für $|t - \tau| < \tau$ reguläre Funktion; vgl. dazu S. Bernstein, Sur la définition et les propriétés des fonctions analytiques d' une variable réelle, Math. Ann., **75** (1914), S. 449–468.

$$f_p(t) - f_n(t) = \sum_{m=n+1}^{p} \binom{\mu_0 \ldots \mu_m}{t_0 \ldots t_m} (t - t_0) \ldots (t - t_{m-1})$$

$$= \sum_{m=n+1}^{p} \lambda_{m,0} \frac{(t_0 - t) \ldots (t_{m-1} - t)}{t_1 \ldots t_m}$$

$$= -\left(1 - \frac{t}{t_1}\right) \ldots \left(1 - \frac{t}{t_{n-1}}\right) \sum_{m=n+1}^{p} \lambda_{m,0} \left(1 - \frac{t}{t_n}\right) \ldots \left(1 - \frac{t}{t_{m-1}}\right) \frac{t}{t_m}.$$

Ist $t > 0$ und n so groß gewählt, daß $t < t_n, t_{n+1}, \ldots$, so hat die letzte Summe lauter nichtnegative Glieder und ist mit

$$\tau_m = \left(1 - \frac{t}{t_n}\right) \ldots \left(1 - \frac{t}{t_{m-1}}\right)\left(1 - \frac{t}{t_m}\right) \qquad (m \geqq n)$$

gleich

$$\sum_{m=n+1}^{p} \lambda_{m,0} (\tau_{m-1} - \tau_m) \leqq \mu_0 \sum_{m=n+1}^{p} (\tau_{m-1} - \tau_m)$$

$$= \mu_0 (\tau_n - \tau_p)$$

$$\leqq \mu_0 \tau_n = \mu_0 \left(1 - \frac{t}{t_n}\right),$$

womit ihre Konvergenz für $p \to \infty$ und die von $f_p(t)$ nachgewiesen ist; überdies ist

$$|f(t) - f_n(t)| \leqq \mu_0 \left|\left(1 - \frac{t}{t_1}\right) \ldots \left(1 - \frac{t}{t_n}\right)\right| \tag{19}$$

$$(\text{für } t < t_n, t_{n+1}, \ldots).$$

Um sodann $f(t)$ als total monoton nachzuweisen, verwenden wir die zweite Darstellung (5)

$$f_p(t) = \sum_{m=0}^{p} \lambda_{p,m} \left(1 - \frac{t}{t_{m+1}}\right) \ldots \left(1 - \frac{t}{t_p}\right). \tag{20}$$

Zerlegen wir $\sum_{m=0}^{p}$ in $\sum_{m=0}^{n-1} + \sum_{m=n}^{p}$; bei festem $n \geqq 1$ konvergiert $\sum_{m=0}^{n-1}$ für $p \to \infty$ nach 0 oder l_0, je nachdem $t > 0$ oder $t = 0$, oder nach $l_0 \cdot 0^t$, wie wir mit ersichtlicher Verabredung sagen wollen. Demnach hat auch

$$g_p(t) = \sum_{m=n}^{p} \lambda_{p,m} \left(1 - \frac{t}{t_{m+1}}\right) \ldots \left(1 - \frac{t}{t_p}\right)$$

für $p \to \infty$ einen von n unabhängigen Grenzwert $g(t) = \lim_p g_p(t)$. Ist nun $a > 0$ und n so groß, daß $a < t_{n+1}, t_{n+2}, \ldots$, so ist offenbar $g_p(t)$ ein Polynom in $a - t$ mit nichtnegativen Koeffizienten, woraus für $k = 0, 1, 2, \ldots$

$$(-1)^k \frac{d^k}{dt^k} g_p(t) \geqq 0 \qquad (t \leqq a)$$

folgt; mit Erinnerung an (9) ist also für $k+1$ verschiedene Werte $\tau_0, \ldots, \tau_k$ des Intervalls $0 \leqq t \leqq a$

$$(-1)^k \binom{g_p(\tau_0) \ldots g_p(\tau_k)}{\tau_0 \ldots \tau_k} \geqq 0$$

und für $p \to \infty$

$$(-1)^k \binom{g(\tau_0) \ldots g(\tau_k)}{\tau_0 \ldots \tau_k} \geqq 0,$$

d. h. $g(t)$ ist total monoton (für $0 \leqq t \leqq a$, d. h. für $t \geqq 0$). Da auch 0^t total monoton und $l_0 \geqq 0$, so ist $f(t) = l_0 \cdot 0^t + g(t)$ total monoton. Damit ist II bewiesen, die fragliche total monotone Funktion ist durch (18) gegeben.

§ 4.

Momentfunktionen.

Mit einer für $0 \leqq u \leqq 1$ monotonen, für wachsendes u nicht abnehmenden Funktion $\chi(u)$ bilden wir das Stieltjessche Integral

$$\mu(t) = \int_0^1 u^t d\chi(u) \qquad (t \geqq 0) \tag{21}$$

und nennen dies eine *Momentfunktion*. u^t ist hierbei als stetige Funktion von u gedacht, auch für $t = 0$, also $u^0 = 1$ auch für $u = 0$, so daß wie vorhin $0^t = {0 \atop 1}$ für $t \geqq 0$ zu setzen ist.

Für $t > 0$ ist $\mu(t)$ unbeschränkt differenzierbar mit

$$\mu^{(k)}(t) = \int_0^1 u^t (\log u)^k d\chi(u), \tag{22}$$

so daß $(-1)^k \mu^{(k)}(t) \geqq 0$; an der Stelle $t = 0$ ist die eventuelle Unstetigkeit von $\mu(t)$ dieselbe wie die von $\chi(u)$ an der Stelle $u = 0$, nämlich[2])

$$\mu(0) - \mu(+0) = \chi(+0) - \chi(0). \tag{23}$$

Für die Integralwerte sind die Werte von $\chi(u)$ an den Sprungstellen zwischen 0 und 1 und die Hinzufügung einer additiven Konstanten belanglos; wir präzisieren daher $\chi(u)$ durch die Anfangsbedingung $\chi(0) = 0$ und die Forderung des *arithmetischen Mittels*

$$\chi(u) = \tfrac{1}{2}\chi(u+0) + \tfrac{1}{2}\chi(u-0) \qquad (0 < u < 1)$$

und wir wollen sagen, daß $\chi(u)$ durch irgendwelche Vorschriften eindeutig bestimmt ist, wenn sie durch diese Vorschriften unter Hinzunahme der eben genannten eindeutig bestimmt ist.

---

[2]) Vgl. Note I, Formel (45). Auch das Integral (21) ist oft untersucht worden; es existiert und ist regulär jedenfalls für $\Re t > 0$.

Satz III. *Jede Momentfunktion ist total monoton, und jede total monotone Funktion ist Momentfunktion einer eindeutig bestimmten monotonen Funktion* $\chi(u)$.

Ist die Momentfunktion $\mu(t)$ bei $t=0$ stetig, so ergibt sich ihre totale Monotonie unmittelbar aus dem Vorzeichen der Ableitungen (22); ist sie unstetig, so ist sie gleich einer stetigen Momentfunktion plus $l_0 \cdot 0^t$, wo $l_0 > 0$ der Sprung (23) ist, also ebenfalls total monoton.

Sei umgekehrt $f(t)$ total monoton; dann ist die Folge $f(n)$ bezüglich n total monoton, d. h. im Sinne der vorangehenden Note I schlechthin total monoton, denn für $t_n = n$ ist

$$\lambda_{p,m} = \binom{p}{m} \mu_{m,p-m} = \binom{p}{m} \sum_{n=0}^{p-m} (-1)^n \binom{p-m}{n} \mu_{m+n}.$$

Nach den dortigen Entwicklungen § 10, 11 gibt es also eine, eindeutig bestimmte, monotone Funktion $\chi(u)$ mit

$$f(n) = \int_0^1 u^n \, d\chi(u).$$

Bilden wir mit ihr die Momentfunktion (21), so sind $f(t)$ und $\mu(t)$ beide total monoton und $\mu(n) = f(n)$, und da die Folge $t_n = n$ von der Art (17) ist, so muß nach Satz II $\mu(t) = f(t)$ sein, womit III bewiesen ist.

Aus II und III folgt nun unmittelbar:

Satz IV. *Wenn die Folge* t_n *den Bedingungen* (17) *genügt und* μ_n *bezüglich* t_n *total monoton ist, so ist*

$$\mu_n = \int_0^1 u^{t_n} \, d\chi(u) \tag{24}$$

die Momentfolge (mit den Exponenten t_n*) einer eindeutig bestimmten monotonen Funktion* $\chi(u)$.

Umgekehrt ist natürlich jede Momentfolge (24) bezüglich der Exponentenfolge total monoton, auch wenn diese nur den Bedingungen (12) genügt.

Für den mit (24) gebildeten Grenzwert $l_0 = \lim \lambda_{p,0}$ folgt

$$l_0 = \mu(0) - \mu(+0) = \chi(+0) - \chi(0). \tag{25}$$

Denn nennt man den Sprung (23) zunächst λ_0, so kann man so schließen:

Einerseits ist $\mu_0 - l_0, \mu_1, \mu_2, \ldots$ noch eine total monotone Folge (die zugehörigen λ sind $\lambda_{p,0} - l_0, \lambda_{p,m}$ für $m \geq 1$, also nichtnegativ); sie gehört zu einer monotonen Funktion $\chi(u) - l_0 \operatorname{sg} u$ und diese macht an der Stelle $u = 0$ den Sprung $\lambda_0 - l_0 \geq 0$, oder auch: sie gehört zu einer total monotonen Funktion $\mu(t) - l_0 \cdot 0^t$ und diese macht an der Stelle $t = 0$ den Sprung $\lambda_0 - l_0 \geqq 0$.

Andererseits ist $\chi(u) - \lambda_0 \operatorname{sg} u$ noch eine monotone (bei $u = 0$ stetige) Funktion; ihr entspricht eine total monotone Folge $\mu_0 - \lambda_0, \mu_1, \mu_2, \ldots$ und für diese ist der dem l_0 entsprechende Grenzwert $l_0 - \lambda_0 \geqq 0$. Zusammen ergibt dies: $l_0 = \lambda_0$.

§ 5.

Umformungen; Bestimmung von $\chi(u)$.

t_n genüge den Bedingungen (17) und μ_n sei bezüglich t_n total monoton, so daß (18) die zugehörige Momentfunktion darstellt. Betrachten wir insbesondere, bei festem u $(0 \leqq u \leqq 1)$, die Momentfunktion $\mu(t) = u^t$ (das zugehörige $\chi(u)$ macht an der Stelle u den Sprung 1 und ist sonst konstant); die zugehörigen $\lambda_{p,m}$ und $f_p(t)$ seien

$$(26) \qquad \lambda_{p,m}(u) = (-1)^{p-m} t_{m+1} \ldots t_p \begin{pmatrix} u^{t_m} & \ldots & u^{t_p} \\ t_m & \ldots & t_p \end{pmatrix},$$

$$(27) \qquad f_p(t,u) = \sum_{m=0}^{p} \lambda_{p,m}(u) \left(1 - \frac{t}{t_{m+1}}\right) \ldots \left(1 - \frac{t}{t_p}\right)$$

$$= \sum_{m=0}^{p} \begin{pmatrix} u^{t_0} & \ldots & u^{t_m} \\ t_0 & \ldots & t_m \end{pmatrix} (t - t_0) \ldots (t - t_{m-1}).$$

Es ist also $\lim\limits_p f_p(t,u) = u^t$, und aus (19)

$$|u^t - f_p(t,u)| \leqq \left| \left(1 - \frac{t}{t_1}\right) \ldots \left(1 - \frac{t}{t_p}\right) \right|,$$

was für hinreichend großes p $(t < t_p, t_{p+1}, \ldots)$ gilt, schließen wir, daß diese Konvergenz, für gegebenes $t > 0$, in $0 \leqq u \leqq 1$ gleichmäßig ist, oder daß die Reihe

$$u^t = u^{t_0} + \begin{pmatrix} u^{t_0} & u^{t_1} \\ t_0 & t_1 \end{pmatrix} (t - t_0) + \begin{pmatrix} u^{t_0} & u^{t_1} & u^{t_2} \\ t_0 & t_1 & t_2 \end{pmatrix} (t - t_0)(t - t_1) + \ldots$$

bei gegebenem $t > 0$ in $0 \leqq u \leqq 1$ gleichmäßig konvergiert (für $t = 0$ erhält man $1 = 1 + 0 + 0 + \ldots$). Es läßt sich also u^t, insbesondere $1, u, u^2, \ldots$ und daher jede in $[0,1]$ stetige Funktion $g(u)$ durch lineare Aggregate von $u^{t_0} (= 1), u^{t_1}, u^{t_2}, \ldots$ gleichmäßig approximieren[3]).

---

[3]) Ch. H. Müntz, Über den Approximationssatz von Weierstraß, Math. Abh., H. A. Schwarz gewidmet, Berlin 1914, S. 303–312; O. Szász, Über die Approximation stetiger Funktionen durch lineare Aggregate von Potenzen, Math. Ann., 77 (1916), S. 482–496. — Für $t_n = n$ wird $u^t = 1 - (1-u)\binom{t}{1} + (1-u)^2\binom{t}{2} - \ldots$ einfach die Binomialreihe für $[1-(1-u)]^t$.

Wir wollen noch die nach $\mu(t)$ konvergierenden Funktionen $f_p(t)$ durch andere, teilweise bequemere ersetzen. Sei zunächst (nur in diesem Paragraphen, abweichend von (1))

$$\varphi_p(t) = \sum_{m=0}^{p} \lambda_{p,m} e^{-t\left(\frac{1}{t_{m+1}} + \cdots + \frac{1}{t_p}\right)}.$$

Bei festem $t > 0$ sind diese Funktionen für alle p *in gleichem Grade stetig* (également continues); denn für $t > h > 0$, $\alpha > 0$ ist

$$0 < e^{-\alpha t} - e^{-\alpha(t+h)} < e^{-\alpha t}\alpha h < \frac{h}{t},$$

$$0 < e^{-\alpha(t-h)} - e^{-\alpha t} < \frac{h}{t-h},$$

also

$$|\varphi_p(t \pm h) - \varphi_p(t)| \leqq \mu_0 \frac{h}{t-h}.$$

Hieraus folgt, daß

$$\underline{\varphi}(t) = \underline{\lim}\, \varphi_p(t), \qquad \overline{\varphi}(t) = \overline{\lim}\, \varphi_p(t)$$

(die, wie $\varphi_p(t)$, zwischen 0 und μ_0 liegen), für $t > 0$ stetig sind.

Allgemeiner sei

$$\Phi_p = \sum_{m=0}^{p} \lambda_{p,m} \varepsilon_{m+1} \cdots \varepsilon_p,$$

worin $\varepsilon_p = e^{-\tau_p : t_p}$ (wenigstens schließlich, so daß endlich viele $\varepsilon_p \leqq 0$ zugelassen werden) und $\tau_p \to t > 0$. Dann ist

$$\underline{\Phi} = \underline{\lim}\, \Phi_p = \underline{\varphi}(t), \qquad \overline{\Phi} = \overline{\lim}\, \Phi_p = \overline{\varphi}(t).$$

Denn wählen wir, $t > h > 0$ gegeben, n so groß, daß für $p > n$ $\varepsilon_p = e^{-\tau_p : t_p}$ ist und τ_p zwischen $t \pm h$ liegt. Sei

$$\Phi_p^* = \sum_{m=n}^{p} \lambda_{p,m} \varepsilon_{m+1} \cdots \varepsilon_p, \qquad \varphi_p^*(t) = \sum_{m=n}^{p} \lambda_{p,m} e^{-t\left(\frac{1}{t_{m+1}} + \cdots + \frac{1}{t_p}\right)}.$$

$\Phi_p - \Phi_p^*$ und $\varphi_p(t) - \varphi_p^*(t)$ konvergieren nach 0, ferner ist

$$\varphi_p^*(t+h) \leqq \Phi_p^* \leqq \varphi_p^*(t-h),$$

also

$$\underline{\varphi}(t+h) \leqq \underline{\Phi} \leqq \underline{\varphi}(t-h)$$

und, für $h \to 0$, $\underline{\Phi} = \underline{\varphi}(t)$, ebenso $\overline{\Phi} = \overline{\varphi}(t)$.

Wir bemerken noch folgende Abschätzung:

$$|\Phi_p - \Phi_p^*| \leqq \mu_0 \sum_{m=0}^{n-1} |\varepsilon_{m+1} \cdots \varepsilon_p|$$

$$|\varphi_p(t) - \varphi_p^*(t)| \leqq \mu_0 \sum_{m=0}^{n-1} e^{-t\left(\frac{1}{t_{m+1}} + \cdots + \frac{1}{t_p}\right)}$$

$$|\Phi_p^* - \varphi_p^*(t)| \leqq \mu_0 \frac{h}{t-h}.$$

Wenn die ε_p nicht von den μ_n abhängen (sondern nur von den t_n und t), so kann man also, *von den* μ_n *unabhängig*, erst h so klein, dann das zugehörige n und dann p_0 so groß wählen, daß bei vorgeschriebenem $\varepsilon > 0$

(28) $$|\Phi_p - \varphi_p(t)| < \mu_0 \varepsilon \qquad (p \geqq p_0)$$

Unter den Φ_p befindet sich, nach (20), insbesondere $f_p(t)$ mit $\varepsilon_p = 1 - \frac{t}{t_p}$, und da hier $\lim f_p(t) = \mu(t)$ existiert, so existiert allgemein $\Phi = \lim \Phi_p$ und $\varphi(t) = \lim \varphi_p(t)$, immer gleich $\mu(t)$. Ein anderes, für uns zweckmäßigeres Φ_p wird durch

$$\varepsilon_p = \left(1 + \frac{1}{t_p}\right)^{-t},$$

also mit Einführung der Bezeichnung

(29) $$D_p = d_0 + \ldots + d_p = \left(1 + \frac{1}{t_1}\right) \ldots \left(1 + \frac{1}{t_p}\right) \qquad (D_0 = 1),$$

aus der umgekehrt

(30) $$t_p = D_{p-1} : d_p \qquad (D_{-1} = 0)$$

folgt, durch

(31) $$\Phi_p(t) = \sum_{m=0}^{p} \lambda_{p,m} \left(\frac{D_m}{D_p}\right)^t$$

erhalten; indessen könnte man allgemeiner

$$\varepsilon_p = \left(1 + \frac{\beta}{t_p}\right)^{-\frac{t}{\beta}} \qquad (\beta > 0)$$

$$\varepsilon_p = \left(1 + \frac{\beta_p}{t_p}\right)^{-t} \qquad (\beta_p > 0, \quad \beta_p \to 1)$$

u. dgl., also in (31)

$$D_p = \left[\left(1 + \frac{\beta}{t_1}\right) \ldots \left(1 + \frac{\beta}{t_p}\right)\right]^{\frac{1}{\beta}},$$

$$D_p = \left(1 + \frac{\beta_1}{t_1}\right) \ldots \left(1 + \frac{\beta_p}{t_p}\right)$$

u. dgl. setzen. Alle diese $\Phi_p(t)$ konvergieren nach $\mu(t)$ für $t > 0$, aber auch für $t = 0$.

Nimmt man wieder die Momentfunktion u^t, so wird aus (31)

(32) $$\Phi_p(t, u) = \sum_{m=0}^{p} \lambda_{p,m}(u) \left(\frac{D_m}{D_p}\right)^t$$

und dies konvergiert nach u^t; aus (28) folgt, daß $\Phi_p(t,u) - f_p(t,u)$, bei gegebenem $t > 0$, gleichmäßig in u nach Null und daher $\Phi_p(t,u)$ gleichmäßig nach u^t konvergiert. (Für $t = 0$ wird $\Phi_p(t,u) = 1$.) Hieraus erhält man, mit Durchgang über Polynome in u, für jede in $[0,1]$ stetige Funktion $g(u)$ die gleichmäßig gültige Darstellung

$$(33)\qquad g(u) = \lim_p \sum_{m=0}^{p} \lambda_{p,m}(u)\, g\left(\frac{D_m}{D_p}\right)$$

und daher durch Integration

$$(34)\qquad \int_0^1 g(u)\, d\chi(u) = \lim_p \sum_{m=0}^{p} \lambda_{p,m}\, g\left(\frac{D_m}{D_p}\right).$$

Das gibt eine, zu I § 11 analoge, Darstellung von $\chi(u)$ bei gegebenen Momenten (24). Sei

$$\psi_p(u) = \sum_{D_m \leqq D_p u} \lambda_{p,m}$$

$$\underline{\psi}(u) = \underline{\lim}\, \psi_p(u), \qquad \overline{\psi}(u) = \overline{\lim}\, \psi_p(u).$$

Wählen wir, $0 \leqq \xi < \eta \leqq 1$ angenommen, die Funktion $g(u)$ gleich

$$1,\ \frac{\eta - u}{\eta - \xi},\ 0 \text{ in den Intervallen } [0,\xi],\ [\xi,\eta],\ [\eta,1],$$

so liegt die linke Seite von (34) zwischen $\chi(\xi)$ und $\chi(\eta)$, die Summe rechts zwischen $\psi_p(\xi)$ und $\psi_p(\eta)$, also ihr Grenzwert zwischen $\overline{\psi}(\xi)$ und $\underline{\psi}(\eta)$, so daß wir

$$\chi(\xi) \leqq \underline{\psi}(\eta), \qquad \chi(\eta) \geqq \overline{\psi}(\xi)$$

erhalten. Hieraus leitet man leicht ab, daß alle drei monotonen Funktionen $\chi(u)$, $\underline{\psi}(u)$, $\overline{\psi}(u)$ dieselben Stetigkeitsstellen zwischen 0, 1 und an ihnen gleiche Werte

$$\chi(u) = \lim \psi_p(u) = \psi(u)$$

haben.

§ 6.

C-Matrizen und *C*-Folgen.

Zwischen zwei Zahlenfolgen a_n, b_n nehmen wir die Beziehung an — indem wir zur Bezeichnung (1) zurückkehren —

$$(35)\qquad a_n = \varphi_n'(t_0)\begin{pmatrix} b_0 \ldots b_n \\ t_0 \ldots t_n \end{pmatrix} = \sum_{m=0}^{n} b_m \frac{\varphi_n'(t_0)}{\varphi_n'(t_m)}.$$

Da dann nach (4)

$$f\left(t\, \begin{matrix} b_0 \ldots b_n \\ t_0 \ldots t_n \end{matrix}\right) = \sum_{m=0}^{n} a_m \frac{\varphi_{m-1}(t)}{\varphi_m'(t_0)}$$

ist, so folgt

$$b_n = \sum_{m=0}^{n} a_m \frac{\varphi_{m-1}(t_n)}{\varphi'_m(t_0)}. \tag{36}$$

Dieses Gleichungssystem schreiben wir in Matrizenform (vgl. hier und zum Folgenden den § 1 der vorigen Note)

$$b = \varrho a, \quad a = \varrho^{-1} b;$$

die Matrix ϱ hängt nur von den t_n, genauer von ihren Differenzenquotienten ab. Mit dieser festen Matrix ϱ und einer willkürlichen Diagonalmatrix μ bilden wir

$$\lambda = \varrho^{-1} \mu \varrho,$$

so daß die lineare Substitution $A = \lambda a$ vermöge der Hilfsmatrizen $b = \varrho a$, $B = \varrho A$ die rein multiplikative Form $B = \mu b$ $(B_n = \mu_n b_n)$ annimmt.

Diese Matrix λ ist nun mit der bisher betrachteten gleichen Namens identisch. Denn die Rechnung ergibt:

$$A_p = \sum_{n=0}^{p} \frac{\varphi_p'(t_0)}{\varphi_p'(t_n)} \mu_n \sum_{m=0}^{n} \frac{\varphi_{m-1}(t_n)}{\varphi'_m(t_0)} a_m$$

$$= \sum_{m=0}^{p} \frac{\varphi_p'(t_0)}{\varphi'_m(t_0)} a_m \sum_{n=m}^{p} \frac{\varphi_{m-1}(t_n)}{\varphi_p'(t_n)} \mu_n,$$

wo nun die innere Summe $= \begin{pmatrix} \mu_m \ldots \mu_p \\ t_m \ldots t_p \end{pmatrix}$, also

$$\lambda_{p,m} = \frac{\varphi_p'(t_0)}{\varphi'_m(t_0)} \begin{pmatrix} \mu_m \ldots \mu_p \\ t_m \ldots t_p \end{pmatrix}$$

ist, mit (6) übereinstimmend.

Ist λ eine (reine, normierte) C-Matrix, so heiße die Folge μ_n bezüglich der Folge t_n eine (reine, normierte) C-Folge. Für $t_n = n$ haben wir den in der vorangehenden Note ausführlich behandelten Spezialfall. Die Toeplitzschen Bedingungen für eine C-Matrix sind

$$(\alpha) \qquad \mathsf{M}_p = \sum_{m=0}^{p} |\lambda_{p,m}| \leqq \mathsf{M},$$

$$(\beta) \qquad l_m = \lim_p \lambda_{p,m} \text{ existiert.}$$

Die dritte Bedingung $\lim\limits_p \sum\limits_{m=0}^{p} \lambda_{p,m} = l$ ist wegen (7) von selbst erfüllt. Den Bedingungen (α) (β) genügt nun, falls wieder (12) angenommen wird, nach Satz I jede bezüglich t_n total monotone Folge μ_n, insbesondere jede Momentfolge (24) einer monotonen Funktion $\chi(u)$; wenn überdies $\sum_1^\infty \frac{1}{t_n}$ divergiert, ist $l_1 = l_2 = \ldots = 0$. Aus $a_m \to a$ folgt dann

$$A_p \to (\mu_0 - l_0)\alpha + l_0 a_0$$

und wir erhalten eine reine C-Folge für $l_0 = 0$, d. h. wenn $\chi(u)$ an der Stelle $u = 0$ stetig ist; eine normierte C-Folge, wenn überdies $\mu_0 = 1$. Das überträgt sich unmittelbar auf Funktionen $\chi(u)$ von beschränkter Schwankung und gibt den

Satz V. *Wenn die Folge t_n den Bedingungen* (12) *genügt, so ist die Momentfolge* (24) *einer Funktion $\chi(u)$ von beschränkter Schwankung stets eine C-Folge; falls $\sum_1^\infty \frac{1}{t_n}$ divergiert und $\chi(u)$ bei $u = 0$ stetig ist, ist sie eine reine, falls $\mu_0 = 1$, eine normierte C-Folge.*

Bei festen t_n, also fester Matrix ϱ, haben wir das System $S(t_n)$ der paarweise vertauschbaren Matrizen $\lambda = \varrho^{-1}\mu\varrho$, wo μ alle Diagonalmatrizen durchläuft; in ihm werden durch

$$\mu_n = \mu(t_n), \quad \mu(t) = \int_0^1 u^t d\chi(u)$$

gewisse (unter Umständen alle, vgl. Satz VII) C-Matrizen geliefert. Andererseits werden durch gleiche $\chi(u)$ oder $\mu(t)$ diese C-Matrizen verschiedener Systeme $S(t_n)$ einander zugeordnet, und wir können sie, genauere Bezeichnung im Bedarfsfalle vorbehalten, so wie die C-Matrizen des speziellen Systems $S(n)$ bezeichnen, also als Cesàrosche, Höldersche Matrizen usw.

Nehmen wir die Momentfunktion in der Form

$$\mu(t) = \int_0^1 u^t \varphi(u)\, du$$

an. Der Annahme

$$\varphi(u) = \frac{\Gamma(\alpha+\beta)}{\Gamma(\alpha)\Gamma(\beta)} u^{\beta-1}(1-u)^{\alpha-1} \qquad (\alpha, \beta > 0)$$

mit Spezialisierungen ($\beta = 1$ oder $\alpha = 1$ oder $\alpha = \beta = 1$) entsprechen die folgenden Momentfunktionen und normierten C-Matrizen:

$$\frac{\Gamma(\alpha+\beta)\,\Gamma(t+\beta)}{\Gamma(\beta)\,\Gamma(t+\alpha+\beta)} \qquad C_{\alpha+\beta-1} : C_{\beta-1}$$

$$\frac{\Gamma(\alpha+1)\,\Gamma(t+1)}{\Gamma(t+\alpha+1)} \qquad C_\alpha$$

$$\frac{\beta}{t+\beta} \qquad \Gamma_\beta = C_\beta : C_{\beta-1}$$

$$\frac{1}{t+1} \qquad \Gamma_1 = C_1 = C$$

C_α ist die *Cesàrosche Matrix* der Ordnung α des Systems $S(t_n)$; die Ordnung kann übrigens > -1 angenommen werden, aber nur $\alpha \geqq 0$ gibt eine C-Matrix.

Für die Matrix $\lambda = \Gamma_\beta$ $(\beta > 0)$ ist, wie man leicht findet,

$$\lambda_{p,m} = \beta\, t_{m+1} \dots t_p : (t_m + \beta) \dots (t_p + \beta)$$

oder, wenn man

$$D_p(\beta) = \sum_{m=0}^{p} d_m(\beta) = \left(1 + \frac{\beta}{t_1}\right) \dots \left(1 + \frac{\beta}{t_p}\right) \qquad (D_0(\beta) = 1)$$

setzt:

$$\lambda_{p,m} = d_m(\beta) : D_p(\beta).$$

Im Fall $\beta = 1$ erhält man für die Matrix $\lambda = C$

$$\lambda_{p,m} = d_m : D_p$$

mit der Bezeichnung (29), die Substitution $A = Ca$ lautet also

$$A_p = (d_0 a_0 + \dots + d_p a_p) : D_p. \tag{37}$$

Auf den hierdurch hergestellten Zusammenhang unserer C_α mit den „typischen Mitteln" des Herrn M. Riesz[4]) werde ich bei anderer Gelegenheit zurückkommen. *$S(t_n)$ ist das System der mit C vertauschbaren Matrizen.*

Will man eine *gegebene* Substitution (37) als $A = Ca$ in das zugehörige System einreihen, so hat man aus gegebener divergenter Reihe Σd_n die $t_p = D_{p-1} : d_p$ zu bestimmen; daß diese, wie bisher vorausgesetzt (vgl. aber § 8), paarweise verschieden ausfallen, kann man erreichen, indem man nötigenfalls (37) durch eine äquivalente Substitution gleicher Form ersetzt[5]).

Die Annahme

$$\varphi(u) = \frac{\beta^\alpha}{\Gamma(\alpha)} u^{\beta-1} \left(\log \frac{1}{u}\right)^{\alpha-1} \qquad (\alpha, \beta > 0),$$

sodann mit $\beta = 1$ gibt die Momentfunktionen und normierten C-Matrizen

$$\left(\frac{\beta}{t+\beta}\right)^\alpha \qquad \Gamma_\beta^\alpha$$

$$\left(\frac{1}{t+1}\right)^\alpha \qquad C^\alpha = H^\alpha$$

wobei α die Rolle eines Exponenten spielt und beliebig sein kann, aber nur $\alpha \geqq 0$ eine C-Matrix liefert. H^α ist die *Höldersche Matrix* der Ordnung α im System $S(t_n)$.

---

[4]) M. Riesz, Sur la sommation des séries de Dirichlet, Compt. rend. 5. Juli 1909; Sur les séries de Dirichlet et les séries entières, ib. 22. Nov. 1909.

[5]) G. H. Hardy, On certain oscillating series, Quart. Journ., **38** (1907), S. 269–288; I. Schur, Über die Äquivalenz der Cesàroschen und Hölderschen Mittelwerte, Math. Ann., **74** (1913), S. 447–458, § 4.

Der Äquivalenzsatz $C_\alpha \approx H^\alpha$ $(\alpha > -1)$, darauf beruhend, daß

$$\mu(t) = \left(1+\frac{t}{\alpha}\right) : \left(1+\frac{t}{\beta}\right)$$

und

$$\mu(t) = \frac{\Gamma(t+\alpha+1)}{\Gamma(t+\alpha+\beta)} - (t+1)^{1-\beta}$$

für $\alpha, \beta > 0$ Momentfunktionen sind (Note I, § 5, 6), überträgt sich unverändert vom System $S(n)$ auf jedes andere, ebenso die Ausfüllung der Hölderschen Skala zu einer logarithmischen und ihr Überbau durch stärkere Exponentialskalen entsprechend den total monotonen Funktionen

$$\mu(t) = e^{-A(t+a)^\alpha} \quad (A>0,\ a\geqq 0,\ 0<\alpha<1).$$

Man hat in allen zum Spezialfall gehörigen Multiplikatorenfolgen μ_n einfach n durch t_n zu ersetzen.

§ 7.

Identität von C-Folgen und Momentfolgen.

Satz VI. *Wenn* $0 = t_0 < t_1 < t_2 < \ldots$, *so ist jede reelle, der Bedingung*

$$(\alpha) \qquad \mathsf{M}_p = \sum_{m=0}^{p} |\lambda_{p,m}| \leqq \mathsf{M}$$

genügende Folge μ_n *Differenz zweier total monotoner Folgen.*

Beweis. Die Rekursionsformel

$$t_{p+1}\lambda_{p,m} = (t_{p+1} - t_m)\lambda_{p+1,m} + t_{m+1}\lambda_{p+1,m+1}$$

hat hier $(m \leqq p)$ positive Koeffizienten. Drücken wir mittels wiederholter Anwendung $\lambda_{p,m}$ durch $\lambda_{p+2,m}$, $\lambda_{p+2,m+1}$, $\lambda_{p+2,m+2}$ aus usw., so kommt allgemein

$$\lambda_{p,m} = \sum_n \binom{p\,m}{q\,n}\lambda_{q,n} \qquad (q \geqq p),$$

wo n die Werte $m, \ldots, m+q-p$ durchläuft und die Koeffizienten positiv sind, oder n die Werte $0, \ldots, q$ durchläuft und $\binom{p\,m}{q\,n} \geqq 0$.

Die aus (20) für $t = t_n$, $n \leqq p$ hervorgehende Formel

$$\mu_n = \sum_{m=0}^{p} \lambda_{p,m}\left(1-\frac{t_n}{t_{m+1}}\right)\cdots\left(1-\frac{t_n}{t_p}\right),$$

wo man $\sum\limits_{m=0}^{p}$ durch $\sum\limits_{m=n}^{p}$ ersetzen kann, ist ein spezieller Fall dieser verallgemeinerten Rekursionsformel und zeigt überdies: da $\lambda_{p,0} \ldots \lambda_{p,p}$ durch

$\mu_0 \ldots \mu_p$ und diese wieder durch jene linear homogen ausdrückbar sind, so sind $\lambda_{p,0} \ldots \lambda_{p,p}$ *linear unabhängig*, d. h. in jeder Relation $\sum_{m=0}^{p} c_m \lambda_{p,m} = 0$, wo die c_m Konstanten (von den μ_n unabhängig) sind, muß $c_0 = \ldots = c_p = 0$ sein, und es können also darin die $\lambda_{p,m}$ durch beliebige Größen, insbesondere durch ihre absoluten Beträge ersetzt werden.

Für $p \leqq q \leqq s$ folgt nun

$$\lambda_{p,m} = \sum_r \binom{pm}{sr} \lambda_{s,r} = \sum_{n,r} \binom{pm}{qn} \binom{qn}{sr} \lambda_{s,r}$$

und demnach wegen der linearen Unabhängigkeit der $\lambda_{s,r}$ $(r = 0, 1, \ldots, s)$

$$\sum_r \binom{pm}{sr} |\lambda_{s,r}| = \sum_{n,r} \binom{pm}{qn} \binom{qn}{sr} |\lambda_{s,r}| \tag{38}$$

$$\geqq \sum_n \binom{pm}{qn} \left| \sum_r \binom{qn}{sr} \lambda_{s,r} \right| = \sum_n \binom{pm}{qn} |\lambda_{q,n}|,$$

d. h. die Ausdrücke

$$\binom{pm}{q} = \sum_n \binom{pm}{qn} |\lambda_{q,n}|$$

haben die Eigenschaft

$$\binom{pm}{q} \leqq \binom{pm}{s}$$

für $q \leqq s$.

Ferner war

$$\mu_0 = \sum_m \lambda_{p,m} = \sum_{m,n} \binom{pm}{qn} \lambda_{q,n} = \sum_n \lambda_{q,n};$$

woraus wir wieder auf

$$\sum_{m,n} \binom{pm}{qn} |\lambda_{q,n}| = \sum_n |\lambda_{q,n}|$$

oder

$$\sum_m \binom{pm}{q} = \mathsf{M}_q$$

schließen. Aus (α) folgt also, daß die mit wachsendem $q = p, p+1, \ldots$ aufsteigenden Größen $\binom{pm}{q}$ beschränkt bleiben und folglich einen Grenzwert

$$l_{p,m} = \lim_q \binom{pm}{q} \geqq \binom{pm}{p} = |\lambda_{p,m}|$$

haben; aus (38) oder

$$\binom{pm}{s} = \sum_n \binom{pm}{qn} \binom{qn}{s}$$

folgt dann für $s \to \infty$

$$l_{p,m} = \sum_n \binom{pm}{qn} l_{q,n},$$

also bestehen zwischen den $l_{p,m}$ dieselben Rekursionsformeln wie zwischen den $\lambda_{p,m}$ und es muß sich $l_{p,m}$ aus den $l_{n,n} = m_n$ ebenso bilden, wie $\lambda_{p,m}$ aus den $\lambda_{n,n} = \mu_n$ (Gleichungen (6)). Nun war $l_{p,m} \geqq |\lambda_{p,m}|$, also bei reellen μ_n

$$\lambda'_{p,m} = \tfrac{1}{2} l_{p,m} + \tfrac{1}{2} \lambda_{p,m} \geqq 0$$
$$\lambda''_{p,m} = \tfrac{1}{2} l_{p,m} - \tfrac{1}{2} \lambda_{p,m} \geqq 0$$

und $\lambda_{p,m} = \lambda'_{p,m} - \lambda''_{p,m}$, d. h. es ist $\mu_n = \mu'_n - \mu''_n$ Differenz total monotoner Folgen. Beiläufig sind μ'_n, μ''_n die kleinsten total monotonen Folgen dieser Art, d. h. jedes andere Paar entsteht hieraus durch Addition einer und derselben willkürlichen, total monotonen Folge.

Aus IV und VI ergibt sich schließlich:

Satz VII. *Wenn die Folge t_n den Bedingungen* (17) *und* $t_n < t_{n+1}$ *genügt, so ist jede zugehörige C-Folge die Momentfolge* (24) *einer eindeutig bestimmten Funktion $\chi(u)$ von beschränkter Schwankung.*

Im Fall reeller μ_n liefert die zu $\mu_n = \mu'_n - \mu''_n$ gehörige Darstellung $\chi(u) = \chi'(u) - \chi''(u)$ die kleinsten monotonen Funktionen dieser Art, d. h. jedes andere Paar entsteht aus $\chi'(u)$, $\chi''(u)$ durch Addition einer und derselben, willkürlichen, monotonen Funktion; demnach ist

$$\chi'(u) + \chi''(u) = \int_0^u |d\chi(u)|$$

die totale Variation von $\chi(u)$ im Intervall $[0, u]$.

§ 8.

Verallgemeinerung.

Bisher hatten wir die t_n als paarweise verschieden angenommen; die Modifikationen, die bei Preisgabe dieser Voraussetzung eintreten, mögen noch kurz erwähnt und zwar durch *Grenzübergang* hergeleitet werden. Wir fassen diejenigen Indizes $i < k < l < \dots$, deren zugehörige t zusammenfallen sollen, mögen es endlich viele (eventuell nur einer) oder unendlich viele sein, zu einer *Gruppe* zusammen, die wir nach ihrem kleinsten Element die Gruppe G_i nennen. Die Voraussetzung (12) bleibe bestehen, so daß G_0 nur den einen Index 0 enthält.

Statt der Zahlenfolgen μ_n, b_n, B_n führen wir neue ν_n, c_n, C_n ein, indem wir für jede Gruppe G_i setzen

$$\nu_i = \mu_i, \quad \nu_k = \lim \begin{pmatrix} \mu_i\, \mu_k \\ t_i\; t_k \end{pmatrix}, \quad \nu_l = \lim \begin{pmatrix} \mu_i\, \mu_k\, \mu_l \\ t_i\; t_k\; t_l \end{pmatrix}, \dots$$
$$c_i = b_i, \quad c_k = \lim \begin{pmatrix} b_i\, b_k \\ t_i\; t_k \end{pmatrix}, \quad c_l = \lim \begin{pmatrix} b_i\, b_k\, b_l \\ t_i\; t_k\; t_l \end{pmatrix}, \dots$$
$$C_i = B_i, \quad C_k = \lim \begin{pmatrix} B_i\, B_k \\ t_i\; t_k \end{pmatrix}, \quad C_l = \lim \begin{pmatrix} B_i\, B_k\, B_l \\ t_i\; t_k\; t_l \end{pmatrix}, \dots$$

wobei sich das Limeszeichen auf $t_k \to t_i$, $t_l \to t_i$, ... bezieht.

20*

Die Formeln (36), worin wir m alle ganzen Zahlen $\geqq 0$ durchlaufen lassen können, da $\varphi_{m-1}(t_n)$ für $m > n$ verschwindet, geben dann

$$c_i = \sum_m a_m \frac{\varphi_{m-1}(t_i)}{\varphi'_m(t_0)}$$

$$c_k = \sum_m a_m \frac{\varphi'_{m-1}(t_i)}{\varphi'_m(t_0)}$$

$$c_l = \frac{1}{2!}\sum_m a_m \frac{\varphi''_{m-1}(t_i)}{\varphi'_m(t_0)}$$

$$\cdots\cdots\cdots\cdots$$

Diese, für jede Gruppe G_i aufzustellenden, Gleichungen drücken die c_n durch die a_m (und zwar c_n durch $a_0, a_1, \ldots, a_n$) aus; wir schreiben

$$c = \sigma a,$$

welche Matrizengleichung also an Stelle von $b = \varrho a$ tritt.

Die Umkehrung

$$a = \sigma^{-1} c$$

kann durch direkte Auflösung, oder durch Grenzübergang aus (35), gewonnen werden. Das Polynom $f\left(t \begin{smallmatrix} b_0 \ldots b_n \\ t_0 \ldots t_n \end{smallmatrix}\right)$ resp. sein Grenzwert ist nur jetzt nicht mehr durch die Lagrangesche, sondern durch die Hermitesche Interpolationsformel, nämlich durch die Forderung zu bestimmen, an vorgeschriebenen Stellen vorgeschriebene Werte und Ableitungen bis zu einer gewissen Ordnung zu besitzen. Wenn sich z. B. unter den Ziffern $0, \ldots, n$ die ersten drei Indizes i, k, l der Gruppe G_i befinden, so ist

$$f\left(t \begin{matrix} b_0 \ldots b_n \\ t_0 \ldots t_n \end{matrix}\right) \equiv b_i + \begin{pmatrix} b_i b_k \\ t_i t_k \end{pmatrix}(t - t_i) + \begin{pmatrix} b_i b_k b_l \\ t_i t_k t_l \end{pmatrix}(t - t_i)(t - t_k)$$

$\mod (t - t_i)(t - t_k)(t - t_l)$, also

$$\lim f\left(t \begin{matrix} b_0 \ldots b_n \\ t_0 \ldots t_n \end{matrix}\right) \equiv c_i + c_k(t - t_i) + c_l(t - t_i)^2$$

$\mod (t - t_i)^3$, d. h. unser Polynom hat an der Stelle t_i den Wert c_i und die ersten beiden Ableitungen c_k, $2!\, c_l$. Durch diese für jede Gruppe anzusetzenden Bedingungen ist das Polynom und sein höchster Koeffizient $\lim \begin{pmatrix} b_0 \ldots b_n \\ t_0 \ldots t_n \end{pmatrix} = a_n : \varphi'_n(t_0)$ bestimmt.

Ebenso ist

$$C = \sigma A, \qquad A = \sigma^{-1} C.$$

Um nun die Beziehungen $B_n = \mu_n b_n$ umzuformen, benutzen wir, etwa wieder für die ersten drei Indizes von G_i, die $\mod (t - t_i)(t - t_k)(t - t_l)$ gültige Kongruenz

$$f\left(t \begin{matrix} B_i\, B_k\, B_l \\ t_i\;\, t_k\;\, t_l \end{matrix}\right) \equiv f\left(t \begin{matrix} \mu_i\, \mu_k\, \mu_l \\ t_i\;\, t_k\;\, t_l \end{matrix}\right) f\left(t \begin{matrix} b_i\, b_k\, b_l \\ t_i\;\, t_k\;\, t_l \end{matrix}\right)$$

und erhalten durch Grenzübergang die Kongruenz mod $(t-t_i)^3$

$$C_i + C_k(t-t_i) + C_l(t-t_i)^2 \equiv [\nu_i + \nu_k(t-t_i) + \nu_l(t-t_i)^2] \times [c_i + c_k(t-t_i) + c_l(t-t_i)^2],$$

also

$$\begin{aligned} C_i &= \nu_i c_i \\ C_k &= \nu_k c_i + \nu_i c_k \\ C_l &= \nu_l c_i + \nu_k c_k + \nu_i c_l \\ &\dots \end{aligned}$$

Diese, für jedes G_i anzusetzenden Gleichungen drücken die C_n durch die c_n aus; wir haben damit an Stelle von $B = \mu b$ die Matrizengleichung

$$C = \nu c,$$

wo ν aber keine Diagonalmatrix mehr ist, sondern in der angegebenen Weise, den Indexgruppen oder *verschiedenen* t_i entsprechend, in Teilmatrizen zerfällt.

Nunmehr ist $A = \lambda a$ mit

$$\lambda = \sigma^{-1} \nu \sigma,$$

wobei die $\lambda_{p,m}$ auch aus (6) durch Grenzübergang (Hermitesche Interpolationsformel) erhalten werden können. Bei festen t_n, variablen ν_n (oder fester Matrix σ, variabler ν) durchläuft λ ein System $S(t_n)$ vertauschbarer Matrizen.

Ist $\chi(u)$ von beschränkter Schwankung, $\mu(t)$ die zugehörige Momentfunktion (21) und setzt man für jede Gruppe G_i

$$\nu_i = \mu(t_i), \qquad \nu_k = \mu'(t_i), \qquad \nu_l = \frac{1}{2!}\mu''(t_i), \dots,$$

so wird λ eine C-Matrix, insbesondere eine reine, falls $\sum_1^\infty \frac{1}{t_n}$ divergiert und $\chi(u)$ an der Stelle $u = 0$ stetig ist.

(Eingegangen am 8. September 1920.)

Zusatz bei der Korrektur. Dem im Text gegebenen Beweise von (25), dessen erste Hälfte auf (17) beruht, ist ein anderer vorzuziehen, der ohne die Annahme $t_n \to \infty$ auskommt und die aus (26) für $u > 0$ folgende Formel

$$\frac{d}{du}[u^{-t_m}\lambda_{p,m}(u)] = -t_{m+1} u^{-1-t_m} \lambda_{p,m+1}(u)$$

benutzt. Die Fassung des Satzes V, ohne die Voraussetzung $t_n \to \infty$, erhält erst hierdurch ihre Rechtfertigung (d. 26. 11. 20).

Commentary on [H 1921] I, II, [H 1930a]

S. D. Chatterji

The mathematical contents of the four papers [H 1921] I, II, [H 1923b], [H 1930a] are interrelated; however, the problem of moments treated in [H 1923b] has had a considerable independent development and hence we shall discuss it separately.

We first summarize the contents of [H 1921] I, II, using essentially HAUSDORFF's notations with some minor variations. These concern infinite *triangular* matrices λ with real or complex entries :

$$\lambda = [\lambda_{p,m}];\ \lambda_{p,m} = 0,\ m > p,\ p, m \in \mathbb{N} = \{0, 1, 2, \ldots\};$$

each such λ can be considered as a linear map

$$\lambda : \mathbb{C}^{\mathbb{N}} \to \mathbb{C}^{\mathbb{N}},\ \lambda a = A,$$

where $a = (a_m),\ A = (A_m),\ m \in \mathbb{N}$, and

$$(\lambda a)_p = A_p = \Sigma_m \lambda_{p,m} a_m.$$

The matrix λ is called a *C-matrix* (convergence preserving matrix) if $\lim_m A_m = \beta$ exists (in $\mathbb{C}$) whenever $\lim_m a_m = \alpha$ exists (in $\mathbb{C}$); λ is called a *regular* matrix (HAUSDORFF's terminology is : normierte C-Matrix) if, furthermore, $\alpha = \beta$. The matrices λ which HAUSDORFF studies specially are of the form

$$\lambda = T^{-1}\mu T \tag{1}$$

where T is an invertible triangular matrix and μ is a diagonal matrix

$$\mu = \operatorname{diag}(\mu_0, \mu_1, \ldots).$$

The matrices λ of the form (1) which are now generally called HAUSDORFF *matrices* or transformations are obtained by fixing

$$T = \rho = [\rho_{p,m}];\ \rho_{p,m} = \begin{cases} \binom{p}{m}(-1)^m, & 0 \le m \le p \\ 0, & m > p. \end{cases} \tag{2}$$

It is easily verified that $\rho^{-1} = \rho$ so that

$$\rho^2 = I = \operatorname{diag}(1, 1, \ldots).$$

The numbers $\rho_{p,m}$ come from the coefficients of the formal binomial expansion

$$\nabla^p = (I - E)^p = \sum_{m=0}^{p} \binom{p}{m} (-1)^m E^m$$

which is used for forming the n-th order differences of a given sequence $(a_m)_{m \in \mathbf{N}}$:

$$a_{m,n} = \nabla^n a_m = a_m - \binom{n}{1} a_{m+1} + \binom{n}{2} a_{m+2} - \cdots + (-1)^n a_{m+n}$$

using the convention $E^k a_m = a_{m+k}$.

One of the starting points for HAUSDORFF's work here is the fact that the matrices associated with the CESÀRO and HÖLDER means can be obtained as special cases of his matrices $\rho\mu\rho$ with suitable choices for the diagonal matrix μ; this becomes perfectly clear later, once HAUSDORFF's theory in [H 1921]I has been set up. There are two related remarks, valid for the general class of matrices (1), which seemed to have motivated HAUSDORFF's work further. The first remark is that if λ is given by (1) and $\lambda a = A$, $Ta = b$ then $B = TA$ if and only if $B = \mu b$; this follows from the obvious formulae

$$TA = T\lambda a = T(T^{-1}\mu T)a = \mu T a = \mu b;$$

this is the content of HAUSDORFF's introductory observation on p. 74. The second remark is that if $\lambda^* = T^{-1}\mu^* T$ is a matrix of the type (1) with

$$\mu^* = \operatorname{diag}(\mu_0^*, \mu_1^*, \ldots)$$

where the numbers $\mu_0^*, \mu_1^*, \ldots$ are all distinct, then *any matrix λ which commutes with λ^* must necessarily be of the form* (1); this follows from the observation that if a matrix S commutes with μ^* then S must be a diagonal matrix; since $\lambda\lambda^* = \lambda^*\lambda$ is equivalent to $S\mu^* = \mu^* S$ where

$$S = T\lambda T^{-1}$$

it follows that S is a diagonal matrix μ which is, in turn, equivalent to the fact that $\lambda = T^{-1}\mu T$. This is HAUSDORFF's observation on p. 77 (after equation (4)). Since the CESÀRO mean (of order 1) C_1 is given by the matrix

$$C_1 = \rho\tilde{\mu}\rho, \quad \tilde{\mu} = \operatorname{diag}(1, \frac{1}{2}, \frac{1}{3}, \ldots)$$

(see pp. 83–84 of [H 1921]), it follows that *the Hausdorff matrices $\rho\mu\rho$ are exactly those matrices which commute with C_1*. This was the starting point of an earlier investigation by W.A. HURWITZ and L.L. SILVERMAN from 1917 as was pointed out to HAUSDORFF by I. SCHUR (cf. footnotes on pp. 81-82, 84); hence some authors attach the names of HURWITZ and SILVERMAN to that of HAUSDORFF in this context; however, the appellation "HAUSDORFF matrix" seems to be the most prevalent one in this theory as evidenced by the presentations in the well-known monographs of HARDY [Har 1949], chapter XI, LORENTZ [Lor 1953], pp. 81–86, WIDDER [Wid 1946] pp. 113–124, ZELLER [Z 1970] and elsewhere. The appellation seems entirely justified in so far as HAUSDORFF's independent analysis revealed for the first time the important connexion between his matrices and the moment problem.

HAUSDORFF's results in [H 1921]I concern his matrices $\lambda = \rho\mu\rho$; these are best described by using his terminology. He calls the sequence $\{\mu_n\}$ a *C-sequence* (C-Folge) if the corresponding matrix $\lambda = \rho\mu\rho$ is a C-matrix; the sequence $\{\mu_n\}$ is called a *moment-sequence* (Momentfolge) if there is a (complex BOREL) measure χ on [0, 1] (called the *generating measure* for $\{\mu_n\}$) such that

$$\mu_n = \int_0^1 u^n d\chi(u), \qquad n \in \mathbb{N}. \tag{3}$$

Following the prevalent integration theories of his period, HAUSDORFF considers χ in (1) as being a complex function of bounded variation in [0, 1] and the integral in (3) as a STIELTJES integral; we prefer to translate this into modern integration theory, thus avoiding fastidious normalizations which are irrelevant to the development; we shall adopt the convention (as HAUSDORFF explicitly does in [H 1921]II, p. 286) that $u^0 = 1$ for all u in [0, 1]. The BOREL measure χ in (3) is uniquely determined by the moment-sequence $\{\mu_n\}$ – a fact which is an immediate consequence of the WEIERSTRASS theorem concerning the density of the polynomials in $C([0,1])$, the (BANACH) space of all continuous complex functions defined in [0, 1] endowed with the sup norm topology.

The central result of [H 1921]I can now be formulated as follows : *A Hausdorff matrix $\lambda = \rho\mu\rho$ is a C-matrix if and only if $\{\mu_n\}$ is a moment-sequence*; further, λ is a regular matrix if and only if the complex measure χ associated with the moment sequence $\{\mu_n\}$ is such that

$$\chi([0,1]) = 1, \qquad \chi(\{0\}) = 0. \tag{4}$$

The proof of this result is spread over three theorems (Satz I, II, III); one of the steps in the proof is the introduction of *completely monotonic* sequences $\{\mu_n\}$ which are real sequences such that

$$\mu_{m,n} = \nabla^n \mu_m \geq 0, \qquad m, n \in \mathbb{N}; \tag{5}$$

HAUSDORFF calls such a sequence "total monoton", following I. SCHUR ([H 1921]I p. 80); the standard terminology in English now is the one which we have indicated, although HARDY in [Har 1949] uses the term "totally monotone" for such sequences. An important step in HAUSDORFF's work is the proof that a real C-sequence is characterized as being the difference of two completely monotonic sequences; he then proves that completely monotonic sequences are exactly those moment sequences for which the measures χ in (3) are positive, thus completing the proof of his central result. In the proof of his characterisation of completely monotonic sequences, HAUSDORFF first uses (in §10 of [H 1921]I)

STIELTJES work on the moment problem and then later gives an independent proof of the theorem needed (in §11); we shall discuss these matters separately in the comments on [H 1923b].

An important part of the paper [H 1921]I is devoted to explicit calculations of the measures χ associated with moment-sequences $\{\mu_n\}$ which give rise to (HAUSDORFF) matrices associated with well-known summability procedures; we list below three of the best known with $n \in \mathbb{N}$ and $C_\alpha = \rho\mu\rho$, $\mu = \mathrm{diag}(\mu_0, \mu_1, \ldots)$ etc.:

$$C_\alpha : \mu_n = 1/\binom{n+\alpha}{n} = \alpha \int_0^1 u^n (1-u)^{\alpha-1} du, \quad \alpha > 0$$

$$H_\alpha : \mu_n = (n+1)^{-\alpha} = \frac{1}{\Gamma(\alpha)} \int_0^1 u^n (\log \frac{1}{u})^{\alpha-1} du, \quad \alpha > 0 \tag{6}$$

$$E_\alpha : \mu_n = \alpha^n = \int_0^1 u^n d\delta_\alpha(u), \quad 0 < \alpha < 1,$$

(δ_α = DIRAC-measure concentrated at α.)

The matrices C_α give CESÀRO means of order α, H_α give HÖLDER means of order α and E_α the EULER-KNOPP means; note that the sequence $\{\mu_n\}$ in C_α is well-defined for all complex $\alpha \neq -1, -2, \ldots$ by defining

$$\binom{\alpha}{0} = 1, \quad \binom{n+\alpha}{n} = \frac{(\alpha+1)\ldots(\alpha+n)}{n!}, \quad n = 1, 2, \ldots$$

as in [H 1921]I, p. 82, so that C_α is a well-defined matrix for all $\alpha \in \mathbb{C} \setminus \{-1, -2, \ldots\}$; similarly, H_α is a well-defined matrix for all $\alpha \in \mathbb{C}$ (as also E_α). The CESÀRO and HÖLDER means were originally defined for $\alpha = 1, 2, \ldots$; HAUSDORFF's procedure gives a natural extension to their definitions. The matrices E_α are mentioned by HAUSDORFF only in passing ([H 1921]I, p. 86, pp. 91-92); their detailed theory was developed by KNOPP in 1922-23. An important part of [H 1921]I and the paper [H 1930a] are devoted to the comparison of the matrices C_α, H_α (for α real) from the point of view of their efficiency in summing sequences; in order to describe the results obtained, we introduce some of the terminology used by HAUSDORFF which is fairly standard in summability theory. Given a triangular matrix λ, let $C(\lambda)$ denote the set of all sequences $a \in \mathbb{C}^{\mathbb{N}}$ such that $\lim_n (\lambda a)_n$ exists in $\mathbb{C}$; given two triangular matrices λ, λ' we say that $\lambda \leq \lambda'$ (λ is *weaker* than λ') if $C(\lambda) \subset C(\lambda')$; we write $\lambda \sim \lambda'$ if $C(\lambda) = C(\lambda')$. Two triangular matrices λ, λ' are called *mutually consistent* if whenever $a \in C(\lambda) \cap C(\lambda')$ then

$$\lim_n (\lambda a)_n = \lim_n (\lambda' a)_n.$$

It is easy to see that if λ, λ' are two regular matrices which commute then they are mutually consistent. This remark is particularly useful for HAUSDORFF matrices since any two of them commute; indeed if $\lambda = \rho\mu\rho$, $\lambda' = \rho\mu'\rho$, $\mu = \text{diag}(\mu_0, \mu_1, \ldots)$, $\mu' = \text{diag}(\mu'_0, \mu'_1, \ldots)$, then

$$\begin{aligned} \lambda\lambda' &= \rho\mu\mu'\rho = \rho\mu'\mu\rho = \lambda'\lambda, \\ \mu\mu' &= \mu'\mu = \text{diag}(\mu_0\mu'_0, \mu_1\mu'_1, \ldots). \end{aligned} \tag{7}$$

Two of HAUSDORFF's main results concerning C_α, H_α can now be stated as follows :
(a) For $\alpha > -1$, we have $C_\alpha \sim H_\alpha$: further, C_α, H_α are mutually consistent.
(b) For $\alpha, \beta, \alpha + \beta > -1$, we have, $C_\alpha C_\beta \sim C_{\alpha+\beta}$; further $C_\alpha C_\beta, C_{\alpha+\beta}$ are mutually consistent.
Note that for H_α we have, obviously, the stronger property

$$H_\alpha H_\beta = H_{\alpha+\beta}$$

valid for all α, β in $\mathbb{C}$; the matrices C_α, H_α are regular only for $Re\ \alpha > 0$.
For $\alpha = 1, 2, \ldots$ KNOPP proved $H_\alpha \leq C_\alpha$ in 1907 and SCHNEE proved $C_\alpha \leq H_\alpha$ in 1909; hence (a) is often called the KNOPP-SCHNEE theorem in this context although the full result was first established by HAUSDORFF in [H 1921]I. Since the proofs given by KNOPP and SCHNEE were difficult several authors had earlier tried to simplify the equivalence proof $C_\alpha \sim H_\alpha$; references can be easily found in [Har 1949] and [Z 1970]. However, we shall see that in the context of HAUSDORFF matrices the proof provided by HAUSDORFF is perfectly natural and simple.

The general problem of comparing any two regular HAUSDORFF matrices was solved completely by GARABEDIAN, HILLE and WALL in 1941; the exact reference can be found in [W 1948]. The discussion given in [H 1921]I covers the following case: let $\lambda = \rho\mu\rho$, $\lambda' = \rho\mu'\rho$ be two regular matrices with $\mu = \text{diag}(\mu_0, \mu_1, \ldots)$, $\mu' = \text{diag}(\mu'_0, \mu'_1, \ldots)$ with $\mu_n \neq 0, \mu'_n \neq 0, n = 0, 1, 2, \ldots$ Then the simple argument given in HAUSDORFF yields immediately the following: $\lambda \leq \lambda'$ if and only if $\{\mu'_n/\mu_n\}$ is a regular moment-sequence (i.e. the generating measure χ for $\{\mu'_n/\mu_n\}$ verifies (4)); thus $\lambda \sim \lambda'$ if and only if both sequences $\{\mu'_n/\mu_n\}, \{\mu_n/\mu'_n\}$ are regular moment-sequences. This is fairly easy to prove from the obvious relations (7) (se [Har 1948] p. 262). To establish the KNOPP-SCHNEE theorem for $\alpha > 0$ it suffices to apply the above observation to μ_n, μ'_n defining C_α, H_α as in (6); the complete result for $\alpha > -1$ is not much harder ([H 1921]I, p. 96).

In [H 1930a], HAUSDORFF studies the relationship between C_α, H_α for $\alpha \leq -1$; since C_α is not defined for $\alpha = -1, -2, \ldots$, HAUSDORFF introduces matrices Γ_α which are naturally associated with C_α, Γ_α being defined for all real α. HAUSDORFF now gives a complete analysis of the relationships between Γ_α and H_α for $\alpha \leq -1$; these are not as simple as in the KNOPP-SCHNEE theorem for $\alpha > -1$; these results of HAUSDORFF have not attracted as much attention as those in [H 1921]I; for example, HARDY's classic text [Har 1948] does not mention them nor do the other references; it is however contained in the exhaustive listing of references in [Z 1970].

At the end of [H 1921]I (cf. p. 103, also p. 95) HAUSDORFF introduces a *moment-function* μ associated to a measure χ on $[0,1]$:

$$\mu(t) = \int_0^1 u^t d\chi(u) \tag{8}$$

where t can be in $\mathbb{C}$ or $\mathbb{R}$. If χ is a positive measure then μ is a C^∞ function for $t > 0$ with

$$(-1)^n \mu^{(n)}(t) \geq 0, \qquad n = 0, 1, \ldots \tag{9}$$

since

$$\mu^{(n)}(t) = \int_0^1 u^t (\log u)^n d\chi(u).$$

A continuous function $\mu : [0, \infty[\to \mathbb{R}_+$ which is C^∞ in $]0, \infty[$ and satisfies (9) is now-a-days called a *completely monotonic function* in $[0, \infty[$ (a definition going back to S. BERNSTEIN, 1914). S. BERNSTEIN proved in 1928 that a completely monotonic function μ in $[0, \infty[$ is a moment-function given by (8) where χ is a positive measure; actually BERNSTEIN proved that μ is of the form

$$\mu(t) = \int_0^\infty e^{-xt} d\alpha(x) \tag{10}$$

where α is a finite positive BOREL measure on $[0, \infty[$. A change of variables $u = e^{-x}$ establishes that the representations (8) and (10) are equivalent. Except for the fact that HAUSDORFF's definition of a completely monotonic function (given in [H 1921]I, p. 102, more generally in [H 1921]II, p. 284, and called *total monoton*) is somewhat different, HAUSDORFF's two papers of 1921 anticipate BERNSTEIN's theorem, a fact not realized by BERNSTEIN. A complete account (with references) of this circle of ideas is given in WIDDER's book [Wid 1946], chapter IV. The theory of completely monotonic functions has been greatly generalized; thus, the notion of complete monotonicity has been extended to functions $\varphi : S \to \mathbb{R}$ where S is an abelian semigroup and an integral representation theorem generalizing the formulae (8) and (10) have been established; we refer to [BCR 1984], pp. 129-143, for a detailed description with references.

The paper [H 1921]II is referred to in various writings almost always in conjunction with its companion [H 1921]I; however, its contents have not become well-integrated in the standard expositions. The inspiration for the paper [H 1921]II seems to have come from two sources which were revealed to HAUSDORFF through the completion of the paper [H 1921]I; the first concerns a generalization of his moment problem : let $\{t_n\}, n \in \mathbb{N}$, be a denumerable set of points in $[0, \infty[$; given a sequence of real or complex numbers $\{\mu_n\}$, the problem now is to determine when $\{\mu_n\}$ is a $\{t_n\}$-*moment-sequence* of a complex measure χ on [0, 1] in the sense that

$$\mu_n = \int_0^1 u^{t_n} d\chi(u), \qquad n \in \mathbb{N} \tag{11}$$

and when is χ necessarily a positive measure. Under the natural hypotheses

$$\text{(i) } t_0 = 0 < t_1 < t_2 < \dots; \quad \text{(ii) } \lim_{n\to\infty} t_n = \infty; \quad \text{(iii) } \sum_{n=1}^{\infty} \frac{1}{t_n} = \infty \qquad (12)$$

HAUSDORFF gives a complete solution to this $\{t_n\}$*-moment problem.* The conditions in (12) are natural in the sense that according to a well-known theorem of CH. MÜNTZ (from 1914, referred to in [H 1921]II, p. 288) a necessary and sufficient condition that the vector space spanned by the functions $u \mapsto u^{t_n}$, $t_0 = 0$, $t_n > 0$, $n \in \mathbb{N}^*$, be dense in $C([0,1])$ in the uniform norm is that condition (iii) of (12) holds; note that if the t_n's have a finite limit point then (iii) of (12) holds trivially. In particular, if the sequence $\{t_n\}$ satisfies (12) then the measure χ in (11) is uniquely determined whenever it exists. HAUSDORFF's solution of the $\{t_n\}$-moment problem (for $\{t_n\}$ satisfying (12)) now follows the same path which he had taken in [H 1921]I where his moment problem concerns the case $t_n = n$, $n \in \mathbb{N}$; he first introduces the notion of complete monotonicity of a real sequence $\{\mu_n\}$ relative to $\{t_n\}$ (total monoton "bezüglich der reellen Folge t_p" [H 1921]II, p. 282) and shows that $\{\mu_n\}$ has a representation as in (11) with a positive measure χ if and only if $\{\mu_n\}$ is completely monotone relative to $\{t_n\}$; it is then shown that a real sequence $\{\mu_n\}$ is a $\{t_n\}$-moment-sequence if and only if it is a difference of two completely monotone sequences relative to $\{t_n\}$ which thus completes the solution of the $\{t_n\}$-moment problem. Although the details of the solution are necessarily more involved than in his original solution for the case $t_n = n$, the steps taken are very much similar to those in [H 1921]I.

Now, in view of MÜNTZ's density theorem mentioned above and the so-called HAHN-BANACH theorem, it is obvious that if condition (iii) of (12) does not hold (i.e. $\Sigma_{n\geq 1} 1/t_n < \infty$; let us call this the *Convergence case*) then the $\{t_n\}$-moment problem can *never* have an unique solution. HAUSDORFF, who spent considerable effort, in vain, in order to extend his analysis of the $\{t_n\}$-moment problem to the convergence case, did not seem to be aware of this fact at the time (in 1920–21). In several of his Nachlass documents (e. g. NL HAUSDORFF, Fasz. 913–916, 918, 920–922, 924–926, some are reproduced in this volume) he shows, with great effort, that non-uniqueness *may* result in the convergence case, instead of noting that non-uniqueness *must always* occur in the convergence case. Of course, the HAHN-BANACH theorem came openly to light only with the publications of HAHN in 1927 and of BANACH in 1929, although similar results had been published much earlier by HELLY and F. RIESZ. We shall briefly discuss the general $\{t_n\}$-moment problem in our discussion of [H 1923b].

The second source of inspiration for the generalization contained in [H 1921]II consists in considering matrices of the type (1) ($\lambda = T^{-1}\mu T$) where T is an invertible triangular matrix other than ρ as defined in (2). For each choice of $\{t_n\}$ verifying (12), it is possible to determine a matrix T in such a way that the matrix λ of type (1) is a C-matrix iff $\{\mu_n\}$ is a $\{t_n\}$-moment-sequence of a complex measure χ on $[0,1]$; this is achieved in Satz V and Satz VII of [H

1921]II. The matrices T (depending on $\{t_n\}$) and $\lambda = T^{-1}\mu T$ are explicitly written down (ibid. p. 292) and there was a reasonable hope that by varying $\{t_n\}, \{\mu_n\}$ one would be able to obtain and study other interesting summability matrices λ; indeed on p. 294 (ibid.), HAUSDORFF shows that M. RIESZ's "typical means" can be obtained via such "generalized" HAUSDORFF matrices and he promises their further study for a later occasion. In fact, there were no further publications of HAUSDORFF on this subject, although in at least three unpublished documents (NL HAUSDORFF: Fasz. 1038, 1039, 1040) composed at various times (1922, 1929, 1923–32) he returned to this theme; the results obtained seemed to have been unsatisfactory (in particular, the t_n's involved corresponded to the convergence case mentioned above).

A few authors have studied matrices of the form $\lambda = T^{-1}\mu T$ with T different from ρ. One case described in detail in [Har 1948], pp. 277–279, is that of $T = {}^t\rho$, the transpose of ρ (obtained by exchanging rows and columns of ρ); note however that here T is no longer a triangular matrix (it is now an upper triangular matrix with $T^{-1} = T$). ENDL (1960, 1963) has studied another choice of T which is slightly different from ρ; exact references can be found in [Z 1970] which offers other related papers.

We have now completed our description of the results of HAUSDORFF as contained in the three papers under consideration. Let us now briefly describe the antecedents of these papers and their important after-effects. From HAUSDORFF's Nachlass we know that he had made a thorough study of the various publications on the Moment Problem and on Summability Theory during 1917–1924; although Summability Theory already had some general theorems (associated with the names of TOEPLITZ, SCHUR, SILVERMAN and others, some of which were cited by HAUSDORFF himself in [H 1921]I), the theory itself seemed to be concerned with very special theorems (many of which individually highly non-trivial) around very special summability methods (like those of CESÀRO, HÖLDER, NÖRLUND, M. RIESZ, ABEL, BOREL etc.). The HAUSDORFF matrices provided a first general class of summability methods which included a number of important methods as special cases and provided a general theory, based on a solution of HAUSDORFF's moment problem, which seems really satisfactory. Hence, almost all the monographs after 1930 dealing with Summability Theory devote an important place to HAUSDORFF matrices; we have already cited some of these. HAUSDORFF himself has left behind long manuscripts giving overviews of Summability Theory; NL HAUSDORFF, Fasz 45 (197 pp., 1925) and NL HAUSDORFF, Fasz 1092 (97 pp., 1923) are examples of such manuscripts, prepared in connexion with his lectures on "Divergente Reihen" during the Summer Semester, 1925, of the Univ. of Bonn.

The applications of Summability Theory are so diverse that it would be impossible, and perhaps useless, to try to compile one single monograph containing all of it. However, the remarkable monograph [Z 1970] must be cited for its exhaustive bibliography on the subject; its 108 pages of references covers the period 1880-1968. At the same time, it gives a general modern account of Summability Theory including brief expositions of HAUSDORFF's work and its later developments (on pp. 147-153, pp. 190-191).

HAUSDORFF himself generalized his summability theory to two-parameter sequences (cf. NL HAUSDORFF : Fasz. 455, 1933; Fasz. 1029, 1932; Fasz. 1034, 1931) and one of his doctoral students F. HALLENBACH wrote a dissertation on the subject at the Univ. of Bonn, 1933; although HALLENBACH's dissertation was not published in any mathematical journal, it was reviewed in the Fortschritte and in the Zentralblatt (see [Z 1970]) and it was cited by several contemporary mathematicians (e.g. BOAS, SHOHAT & TAMARKIN and others). Some of this work led to two-parameter moment problems and we shall report on this in connexion with [H 1923b].

The theorem of MÜNTZ cited above has given rise to a considerable literature; a fair-sized monograph devoted to just this theorem and its many generalizations would be of interest. A brief modern account can be found in [DL 1993] which cites some relevant references. HAUSDORFF's own proof of MÜNTZ density theorem (based on formula (27), [H 1921]II) is very short and elegant; it does not seem to have been registered in the standard literature. We note that CHAIM H. MÜNTZ (1884-1936) emigrated to Leningrad in 1933; information about the end of his life is somewhat uncertain (cf. *Mitgliedergesamtverzeichnis der DMV 1890–1990*, ed. MICHAEL TOEPELL, 1991; also *Mathematiker auf der Flucht vor Hitler* by R. SIEGMUND-SCHULTZE, Vieweg, Wiesbaden, 1998).

References

[BCR 1984] BERG, C.; CHRISTENSEN, J.P.R.; RESSEL, P.: *Harmonic analysis on semigroups.* Springer-Verlag, Berlin 1984.

[DL 1993] DEVORE, R.A.; LORENTZ, G.G. : *Constructive approximation.* Springer-Verlag, Berlin 1993.

[Har 1949] HARDY, G.H. : *Divergent series.* Oxford University Press, Oxford 1949.

[HP 1957] HILLE, E.; PHILLIPS, R.S. : *Functional analysis and semi-groups.* American Mathematical Society, Providence 1957.

[Lor 1953] LORENTZ, G.G. : *Bernstein polynomials.* University of Toronto Press, Toronto 1953. (2nd ed. 1997 AMS Chelsea Publishing Series).

[W 1948] WALL, H.S. : *Analytic theory of continued fractions.* Chelsea Publishing Co., New York 1967 (First published by D. Van Nostrand Co., New York, 1948; reprint AMS Chelsea Publishing Series).

[Wid 1946] WIDDER, D.W. : *The Laplace transform.* Princeton University Press, Princeton 1946.

[Z 1970] ZELLER, K.; BEEKMANN, W. : *Theorie der Limitierungsverfahren,* 2nd ed., Springer-Verlag, Berlin 1970 (1st ed. 1958 by K. Zeller only).

Eine Ausdehnung des Parsevalschen Satzes über Fourierreihen.

Math. Zeitschrift **16** (1923), 163–169.

[H 1923a]

Eine Ausdehnung des Parsevalschen Satzes über Fourierreihen.

Von

Felix Hausdorff in Bonn.

Es sei $f(t)$ eine reelle oder komplexe, im Intervall $0 \leqq t \leqq 2\pi$ (im Lebesgueschen Sinn) integrable Funktion mit den Fourierkonstanten

$$a_k = \frac{1}{2\pi}\int_0^{2\pi} f(t)\, e^{-ikt}\, dt \qquad (k = 0, \pm 1, \pm 2, \ldots).$$

Wir setzen für $\alpha > 0$

$$(1) \qquad J_\alpha(f) = \left[\frac{1}{2\pi}\int_0^{2\pi} |f(t)|^\alpha\, dt\right]^{\frac{1}{\alpha}}, \qquad S_\alpha(f) = \left[\sum_{-\infty}^{\infty} |a_k|^\alpha\right]^{\frac{1}{\alpha}},$$

falls das Integral existiert, resp. die Reihe konvergiert; wenn keine Verwechselung zu befürchten ist, schreiben wir einfach J_α, S_α. Nun seien α, β zwei positive, durch

$$(2) \qquad \frac{1}{\alpha} + \frac{1}{\beta} = 1$$

verknüpfte Zahlen, also gewiß $\alpha > 1$, $\beta > 1$ und entweder

$$\alpha < 2 < \beta \quad \text{oder} \quad \alpha = 2 = \beta \quad \text{oder} \quad \alpha > 2 > \beta.$$

Wir wollen die folgenden beiden Sätze beweisen:

I. *Ist* $\alpha \leqq \beta$ *und* $\Sigma |a_k|^\alpha$ *konvergent, so sind die* a_k *die Fourierkonstanten einer Funktion* $f(t)$ *mit integrablem* $|f(t)|^\beta$ *und zwar*

$$J_\beta \leqq S_\alpha.$$

II. *Ist* $\alpha \leqq \beta$ *und* $|f(t)|^\alpha$ *integrabel, so ist* $\Sigma |a_k|^\beta$ *konvergent und zwar*

$$S_\beta \leqq J_\alpha.$$

11*

Für $\alpha=\beta=2$ ist dies der bekannte Riesz-Fischersche Satz, zusammen mit der *Parsevalschen Gleichung* $J_2=S_2$. Ferner hat Herr W. H. Young[1]) beide Sätze (in etwas anderer Form) für die Wertepaare

$$(3)\qquad \begin{cases} \alpha=2, & \frac{4}{3}, & \frac{6}{5}, & \frac{8}{7}, & \ldots \\ \beta=2, & 4, & 6, & 8, & \ldots \end{cases}$$

bewiesen. Wir werden unseren Beweis auf den Hilfssatz stützen:

III. *Ist* $\alpha \leqq \beta$, *so ist für jedes trigonometrische Polynom* $f(t)$

$$J_\beta \leqq S_\alpha.$$

Dabei werden wir, mit einem von Herrn Young stammenden Schlußverfahren, ebenfalls mit der Skala (3) beginnen, dann aber durch den Schluß von β auf $\frac{\beta}{2}+1$ zu allen dyadisch rationalen und endlich zu allen reellen $\beta \geqq 2$ gelangen.

Unsere Sätze gestatten nur den Schluß vom kleineren Konvergenzexponenten α auf den größeren Integrabilitätsexponenten β und vom kleineren Integrabilitätsexponenten α auf den größeren Konvergenzexponenten β, also, grob gesprochen, von starker Konvergenz auf starke Integrabilität und von schwacher Integrabilität auf schwache Konvergenz. Die Ausdehnung des Parsevalschen Theorems ist also nur einseitig. Daß unsere Sätze in der Tat für $\alpha > \beta$ falsch sind, wollen wir nur durch die beiden extremen Beispiele belegen: die Herren Hardy und Littlewood[2]) haben an dem Fall

$$\sum_1^\infty \frac{e^{in^2t}}{n^{\frac{1}{2}}}$$

gezeigt, daß die a_k überhaupt keine Fourierkonstanten zu sein brauchen, selbst wenn $\Sigma|a_k|^\alpha$ für jedes $\alpha > 2$ konvergiert, und Herr Carleman[3]) hat eine stetige, also in beliebig hoher Potenz integrable Funktion $f(t)$ angegeben, bei der $\Sigma|a_k|^\beta$ für jedes $\beta < 2$ divergiert.

---

1) Young, W. H.: Sur la généralisation du théorème de Parseval, Sur la sommabilité d'une fonction dont la série de Fourier est donnée [Comptes rendus **155** (1912, 1. Juli u. 26. August), S. 30–33, 472–475]; On the multiplication of successions of Fourier constants [Lond. Roy. Soc. Proc. **87** (1912), S. 331–339]; On the determination of the summability of a function by means of its Fourier constants [Lond. Math. Soc. Proc. (2) **12** (1912), S. 71–88].

2) Hardy, G. H. and Littlewood, J. E.: Some problems of Diophantine approximation [Acta math. **37** (1914), S. 155–239], vgl. S. 237.

3) Carleman, T.: Über die Fourierkoeffizienten einer stetigen Funktion [Acta math. **41** (1918), S. 377–384]. Landau, E.: Bemerkungen zu einer Arbeit von Herrn Carleman [Math. Zeitschr. **5** (1919), S. 147–153].

Den Beweis des Satzes III für ein beliebiges trigonometrisches Polynom

(4) $$f(t)=\sum_{-n}^{n} a_k e^{ikt}$$

stützen wir auf folgende Überlegungen.

A. Für $u_k \geqq 0$, $v_k \geqq 0$, $\lambda > 0$, $\mu > 0$, $\lambda+\mu=1$ gilt die Höldersche Ungleichung

$$\sum u_k v_k \leqq \left(\sum u_k^{\frac{1}{\lambda}}\right)^{\lambda}\left(\sum v_k^{\frac{1}{\mu}}\right)^{\mu},$$

sei es, daß es sich um Summen von endlich oder abzählbar vielen Gliedern handelt. Wir schließen daraus

(5) $$S_{\alpha_2}^{\alpha_2(\alpha_3-\alpha_1)} \leqq S_{\alpha_1}^{\alpha_1(\alpha_3-\alpha_2)} S_{\alpha_3}^{\alpha_3(\alpha_2-\alpha_1)} \qquad (0<\alpha_1<\alpha_2<\alpha_3),$$

was sich so aussprechen läßt, daß $\alpha \log S_\alpha$ eine nach oben konkave Funktion von $\alpha > 0$ ist. Sei in der Tat

$$\alpha_2=\lambda\alpha_1+\mu\alpha_3, \qquad \lambda=\frac{\alpha_3-\alpha_2}{\alpha_3-\alpha_1}, \qquad \mu=\frac{\alpha_2-\alpha_1}{\alpha_3-\alpha_1},$$

so entsteht

$$\sum |a_k|^{\alpha_2}=\sum |a_k|^{\lambda\alpha_1}|a_k|^{\mu\alpha_3} \leqq \left(\sum |a_k|^{\alpha_1}\right)^{\lambda}\left(\sum |a_k|^{\alpha_3}\right)^{\mu}$$

oder, in die Potenz $\alpha_3-\alpha_1$ erhoben, Ungleichung (5).

Aus derselben Quelle, der Hölderschen Ungleichheit für Summen und Integrale, fließen noch andere Abschätzungen, z. B. dieselbe Formel (5) für J_α; wir begnügen uns mit den folgenden beiden:

$$S_\alpha^\alpha=\sum_{-n}^{n}|a_k|^\alpha \leqq \left(\sum_{-n}^{n}|a_k|^{\frac{\alpha}{\lambda}}\right)^{\lambda}\left(\sum_{-n}^{n}1\right)^{\mu}=S_{\frac{\alpha}{\lambda}}^{\alpha}(2n+1)^{1-\lambda}$$

und

$$2\pi J_\alpha^\alpha=\int_0^{2\pi}|f(t)|^\alpha\,dt \leqq \left[\int_0^{2\pi}|f(t)|^{\frac{\alpha}{\lambda}}dt\right]^{\lambda}\left[\int_0^{2\pi}dt\right]^{\mu}=2\pi J_{\frac{\alpha}{\lambda}}^{\alpha}$$

d. h.

(6) $$S_\alpha(2n+1)^{-\frac{1}{\alpha}} \leqq S_{\alpha_1}(2n+1)^{-\frac{1}{\alpha_1}}, \qquad J_\alpha \leqq J_{\alpha_1} \quad (0<\alpha<\alpha_1).$$

B. Für $u_k, v_k, w_k \geqq 0$, ferner $\lambda, \mu, \nu > 0$, $\lambda+\mu+\nu=1$ lautet die Höldersche Ungleichung

$$\sum u_k v_k w_k \leqq \left(\sum u_k^{\frac{1}{\lambda}}\right)^{\lambda}\left(\sum v_k^{\frac{1}{\mu}}\right)^{\mu}\left(\sum w_k^{\frac{1}{\nu}}\right)^{\nu}.$$

Ersetzt man hierin w_k durch $u_k^{\frac{\nu}{\lambda}} v_k^{\frac{\nu}{\mu}}$, sodann u_k durch $u_k^{\frac{\lambda}{\lambda+\nu}}$, v_k durch $v_k^{\frac{\mu}{\mu+\nu}}$, und erhebt in die $\frac{1}{\nu}$-te Potenz, so entsteht

(7) $$\left(\sum u_k v_k\right)^{\frac{1}{\nu}} \leqq \left(\sum u_k^{\frac{1}{\lambda+\nu}}\right)^{\frac{\lambda}{\nu}}\left(\sum v_k^{\frac{1}{\mu+\nu}}\right)^{\frac{\mu}{\nu}} u_k^{\frac{1}{\lambda+\nu}} \sum v_k^{\frac{1}{\mu+\nu}}.$$

Nun seien

$$f(t) = \sum a_k e^{ikt}, \qquad g(t) = \sum b_l e^{ilt}$$

zwei Polynome (wir lassen die Indizes alle ganzen Zahlen durchlaufen, während nur endlich viele Koeffizienten $\neq 0$ sind) und

$$f(t)g(t) = \sum c_m e^{imt}, \qquad c_m = \sum_k a_k b_{m-k},$$

dann erhält man aus (7) für $u_k = |a_k|$, $v_k = |b_{m-k}|$

$$|c_m|^{\frac{1}{\nu}} \leqq \Big(\sum_k |a_k|^{\frac{1}{\lambda+\nu}}\Big)^{\frac{\lambda}{\nu}} \Big(\sum_l |b_l|^{\frac{1}{\mu+\nu}}\Big)^{\frac{\mu}{\nu}} \sum_k |a_k|^{\frac{1}{\lambda+\nu}} |b_{m-k}|^{\frac{1}{\mu+\nu}}$$

und durch Summation nach m

$$\sum |c_m|^{\frac{1}{\nu}} \leqq \Big(\sum |a_k|^{\frac{1}{\lambda+\nu}}\Big)^{\frac{\lambda+\nu}{\nu}} \Big(\sum |b_l|^{\frac{1}{\mu+\nu}}\Big)^{\frac{\mu+\nu}{\nu}},$$

d. h.

$$S_{\frac{1}{\nu}}(fg) \leqq S_{\frac{1}{\lambda+\nu}}(f)\, S_{\frac{1}{\mu+\nu}}(g)$$

oder endlich, mit Vertauschung von λ, μ,

$$S_{\frac{1}{1-\lambda-\mu}}(fg) \leqq S_{\frac{1}{1-\lambda}}(f)\, S_{\frac{1}{1-\mu}}(g), \tag{8}$$

wobei also $\lambda, \mu > 0$ und $\lambda + \mu < 1$ vorausgesetzt ist. Diese bemerkenswerte Ungleichung stammt von Herrn Young; zur Bequemlichkeit des Lesers haben wir den kurzen Beweis wiedergegeben. Sie dehnt sich sofort auf mehrere Polynome aus; insbesondere erhält man für p gleiche Faktoren $f(t) = g(t) = \ldots$ und gleiche Exponenten $\lambda = \mu = \ldots = \frac{1}{2p}$

$$S_2(f^p) \leqq [S_{\frac{2p}{2p-1}}(f)]^p,$$

also

$$\frac{1}{2\pi}\int_0^{2\pi} |f(t)|^{2p}\, dt = [S_2(f^p)]^2 \leqq [S_{\frac{2p}{2p-1}}(f)]^{2p}, \qquad J_{2p}(f) \leqq S_{\frac{2p}{2p-1}}(f),$$

womit die Formel $J_\beta \leqq S_\alpha$ für die Werte (3) bewiesen ist.

C. Suchen wir unter den Polynomen (4), für die

$$S_\alpha^\alpha = \sum_{-n}^{n} |a_k|^\alpha \qquad (\alpha > 1)$$

einen vorgeschriebenen positiven Wert hat, dasjenige „Maximalpolynom“ (oder diejenigen), wofür

$$J_\beta^\beta = \frac{1}{2\pi}\int_0^{2\pi} |f(t)|^\beta\, dt \qquad \left(\frac{1}{\alpha} + \frac{1}{\beta} = 1\right)$$

möglichst groß wird. Da S_α^α, J_β^β stetige, partiell differenzierbare Funktionen der Komponenten x_k, y_k der Zahlen $a_k = x_k + i y_k$ sind, so ist sowohl die Existenz eines Maximalpolynoms als auch die Anwendbarkeit der Regeln der Differentialrechnung gesichert; man erhält, indem man schließlich wieder ins Komplexe zurückgeht, die Bedingungen

$$(9) \qquad \frac{1}{2\pi}\int_0^{2\pi} |f(t)|^{\beta-1} \operatorname{sg} f(t)\, e^{-ikt}\, dt = \lambda\, |a_k|^{\alpha-1} \operatorname{sg} a_k \qquad (|k| \leqq n),$$

wobei wie üblich $\operatorname{sg} z = \frac{z}{|z|}$ $(\operatorname{sg} 0 = 0)$ bedeutet. Der Multiplikator λ ergibt sich, indem man (9) mit $\bar{a}_k$ multipliziert und summiert, gleich

$$\lambda = J_\beta^\beta : S_\alpha^\alpha .$$

Nun liefert (9) unmittelbar die $2n+1$ ersten Fourierkonstanten der Funktion $|f(t)|^{\beta-1} \operatorname{sg} f(t)$; die auf diese Funktion angewandte Gleichung $J_2 = S_2$ gibt

$$\frac{1}{2\pi}\int_0^{2\pi} |f(t)|^{2\beta-2}\, dt \geqq \lambda^2 \sum_{-n}^{n} |a_k|^{2\alpha-2}, \qquad \lambda^2 \leqq J_{2\beta-2}^{2\beta-2} : S_{2\alpha-2}^{2\alpha-2},$$

und für jedes Maximalpolynom gilt also

$$(10) \qquad J_\beta^\beta : S_\alpha^\alpha \leqq J_{2\beta-2}^{\beta-1} : S_{2\alpha-2}^{\alpha-1}.$$

Wir nehmen nun $\beta > 2 > \alpha$ an und setzen

$$\beta_0 = 2\beta - 2, \qquad \frac{1}{\alpha_0} + \frac{1}{\beta_0} = 1,$$

daher

$$\alpha_0 = \frac{2}{3-\alpha}, \qquad \alpha - \alpha_0 = \frac{(\alpha-1)(2-\alpha)}{3-\alpha}, \qquad \alpha_0 - 2\alpha + 2 = 2\frac{(2-\alpha)^2}{3-\alpha},$$

so daß

$$0 < 2\alpha - 2 < \alpha_0 < \alpha$$

ausfällt. Auf diese drei Argumente wenden wir (5) an:

$$S_{\alpha_0}^{\alpha_0(2-\alpha)} \leqq S_{2\alpha-2}^{(2\alpha-2)(\alpha-\alpha_0)}\, S_\alpha^{\alpha(\alpha_0-2\alpha+2)},$$

also bei Kürzung der Exponenten durch $2\cdot\frac{2-\alpha}{3-\alpha}$

$$S_{\alpha_0} \leqq S_{2\alpha-2}^{(\alpha-1)^2}\, S_\alpha^{1-(\alpha-1)^2}$$

oder

$$S_{\alpha_0}^{\beta-1} \leqq S_{2\alpha-2}^{\alpha-1}\, S_\alpha^{\beta-\alpha},$$

mit (10) verbunden

$$\left(\frac{J_\beta}{S_\alpha}\right)^\beta \leqq \left(\frac{J_{\beta_0}}{S_{\alpha_0}}\right)^{\beta-1}.$$

Wenn also für den Exponenten $\beta_0 > 2$ bereits bekannt ist, daß für *jedes* Polynom $J_{\beta_0} \leqq S_{\alpha_0}$, so erfüllt für den Exponenten $\beta = \frac{\beta_0}{2} + 1$ das Maximalpolynom (mit größtem J_β bei vorgeschriebenem S_α) und folglich *jedes* Polynom auch die Ungleichung $J_\beta \leqq S_\alpha$. Diese Ungleichung, für $\beta = 2p$ $(p = 1, 2, 3, \ldots)$ bewiesen, überträgt sich nun also auf die Zahlen

$$\beta = p + 1, \ \frac{p+3}{2}, \ \frac{p+7}{4}, \ \frac{p+15}{8}, \ \ldots,$$

d. h. auf alle dyadisch rationalen Zahlen $\beta \geqq 2$, sodann auf *alle* Zahlen $\beta \geqq 2$ entweder durch eine Stetigkeitsbetrachtung oder mit Hilfe von (6). Denn für $\alpha_0 < \alpha < \beta < \beta_0$ wird

$$J_\beta \leqq J_{\beta_0}, \qquad S_\alpha (2n+1)^{-\frac{1}{\alpha}} \geqq S_{\alpha_0} (2n+1)^{-\frac{1}{\alpha_0}},$$

also für dyadisch rationales $\beta_0 > 2$

$$J_\beta : S_\alpha \leqq (2n+1)^{\frac{1}{\alpha_0} - \frac{1}{\alpha}} = (2n+1)^{\frac{1}{\beta} - \frac{1}{\beta_0}}$$

und, wenn man β_0 nach β konvergieren läßt: $J_\beta \leqq S_\alpha$.

Damit ist der Hilfssatz III bewiesen. Der Übergang von Polynomen zu integrablen Funktionen vollzieht sich nun am einfachsten in folgender Weise:

Beweis von I. Mit $\sum |a_k|^\alpha$ konvergiert erst recht $\sum |a_k|^2$ und die a_k sind die Fourierkonstanten einer (quadratisch) integrablen Funktion $f(t)$, deren Fourierreihe die Partialsummen

$$f_n(t) = \sum_{-n}^{n} a_k e^{ikt} \tag{11}$$

hat; bekanntlich konvergiert

$$F_n(t) = \int_0^t f_n(t)\,dt \rightarrow \int_0^t f(t)\,dt = F(t).$$

Um zu zeigen, daß $|f(t)|^\beta$ $(\beta > 1)$ integrabel ist, hat man nach Herrn F. Riesz[4]) zu beweisen, daß das Hellingersche Integral

$$\frac{1}{2\pi} \int_0^{2\pi} \frac{|dF(t)|^\beta}{dt^{\beta-1}}, \tag{12}$$

d. i. die obere Grenze der Summen

$$\frac{1}{2\pi} \sum_{i=1}^{m} \frac{|F(t_i) - F(t_{i-1})|^\beta}{(t_i - t_{i-1})^{\beta-1}} \qquad (0 = t_0 < t_1 < \ldots < t_{m-1} < t_m = 2\pi)$$

[4]) Riesz, F.: Untersuchungen über Systeme integrierbarer Funktionen [Math. Ann. 69 (1910), S. 449–497]; vgl. S. 462.

für alle Intervallteilungen, endlich ist; diese Bedingung ist notwendig wie hinreichend, und das **Hellingersche** Integral ist dann gleich $\frac{1}{2\pi}\int_0^{2\pi}|f(t)|^\beta dt$. In unserem Falle ist nun auf Grund von III

$$J_\beta(f_n) \leqq S_\alpha(f_n) \leqq S_\alpha(f) = S_\alpha,$$

also

$$\frac{1}{2\pi}\sum_{i=1}^{m}\frac{|F_n(t_i)-F_n(t_{i-1})|^\beta}{(t_i-t_{i-1})^{\beta-1}} \leqq S_\alpha^\beta$$

für jede Intervallteilung, daher $(n\to\infty)$

$$\frac{1}{2\pi}\sum_{i=1}^{m}\frac{|F(t_i)-F(t_{i-1})|^\beta}{(t_i-t_{i-1})^{\beta-1}} \leqq S_\alpha^\beta$$

für jede Intervallteilung; das **Hellingersche** Integral (12) ist also endlich $\leqq S_\alpha^\beta$, und $|f(t)|^\beta$ integrabel mit $J_\beta \leqq S_\alpha$.

Beweis von II. Ist $|f(t)|^\alpha$ integrabel,

$$g(t) = \sum_{-n}^{n} b_k e^{ikt}$$

ein beliebiges Polynom, so liefert die **Höldersche** Ungleichung für Integrale

$$\left|\sum_{-n}^{n} a_k b_k\right| = \left|\frac{1}{2\pi}\int_0^{2\pi} f(t)\,g(-t)\,dt\right| \leqq J_\alpha(f)\,J_\beta(g)$$

und auf Grund von III

$$\left|\sum_{-n}^{n} a_k b_k\right| \leqq J_\alpha(f)\,S_\alpha(g).$$

Nimmt man insbesondere $b_k = |a_k|^{\beta-1}\,\mathrm{sg}\,\bar{a}_k$, so wird

$$a_k b_k = |a_k|^\beta = |b_k|^\alpha,$$

und man erhält, mit (11),

$$S_\beta^\beta(f_n) \leqq J_\alpha(f)\,S_\beta^{\frac{\beta}{\alpha}}(f_n), \qquad S_\beta(f_n) \leqq J_\alpha(f),$$

d. h. $\sum_{-\infty}^{\infty}|a_k|^\beta$ ist konvergent mit $S_\beta \leqq J_\alpha$.

(Eingegangen am 20. Mai 1922.)

Commentary on [H 1923a]

S. D. Chatterji

Before discussing the contents of this paper [H 1923a] let us state the general form of its main theorem in the context of an arbitrary locally compact abelian group G; let $\hat{G}$ be the dual group (consisting of all the continuous characters $\gamma : G \to \mathbb{T}$, $\mathbb{T}$ being the multiplicative group of all complex numbers of modulus 1). Then, *for any* $f \in L^1(G) \cap L^2(G)$ *and* $1 \leq p \leq 2$ *we have*

$$||\hat{f}||_{p'} \leq ||f||_p \tag{1}$$

where $p' = p/(p-1)$ if $1 < p < \infty, \quad 1' = \infty$,

$$\hat{f}(\gamma) = \int_G f(x)\overline{\gamma(x)}dx, \tag{2}$$

dx representing integration with respect to a fixed HAAR measure on G; *on* $\hat{G}$ *we consider that* HAAR *measure which gives equality in* (1) *for* $p = p' = 2$ (PLANCHEREL's theorem). Here

$$||f||_p = (\int_G |f(x)|^p dx)^{1/p}$$

with an analogous definition for $||\hat{f}||_{p'}$ with respect to HAAR integration on $\hat{G}$ (with $||\hat{f}||_\infty$ defined in the usual way by taking the essential supremum of $|\hat{f}(\gamma)|, \gamma \in \hat{G}$; for more technical details cf. [HR 1963]). The inequality (1) is generally known as the HAUSDORFF-YOUNG inequality (or HAUSDORFF-YOUNG theorem); it shows that the map $f \mapsto \hat{f} = \mathcal{F}f$ can be extended to be a contraction map between $L^p(G)$ and $L^{p'}(\hat{G})$:

$$\mathcal{F} : L^p(G) \to L^{p'}(\hat{G}), \quad 1 \leq p \leq 2; \tag{3}$$

this is because $L^1(G) \cap L^2(G)$ is obviously dense in $L^p(G)$ for every p, $1 \leq p < \infty$. It turns out that there is no danger in writing $\mathcal{F}$ instead of the more accurate $\mathcal{F}_p$ (cf [HR 1963], vol. 2, p. 227, p. 229); further, as is usual, we donot distinguish between f and its equivalence class. Let us note that for each p, $1 \leq p < 2$, the map $\mathcal{F}$ in (3) is *always injective but never surjective except if G is a finite abelian group*; the non-surjectivity follows immediately from the general fact that infinite-dimensional spaces $L^p(\mu), L^q(\nu)$ can never be isomorphic unless

$p = q$ $(1 \leq p,\ q \leq \infty)$, μ, ν being any two positive measures (not necessarily σ-finite) in any two measurable spaces X, Y. A reference for this last fact is [C 1998] (faute de mieux; the fact seems to be "well-known" to all specialists); the usual proofs of the non-surjectivity of $\mathcal{F}$ in (3) for $1 < p < 2$ tend to be unnecessarily subtle. However, for $p = 2$, $\mathcal{F}$ in (3) is a bijection and an isometry between $L^2(G)$ and $L^2(\hat{G})$; in this case, $\mathcal{F}$ is an unitary map between the HILBERT spaces $L^2(G), L^2(\hat{G})$ (a fact generally referred to as PLANCHEREL'S *theorem*) so that one has the PARSEVAL *formula* :

$$\int_G f(x)\overline{g(x)}dx = \int_{\hat{G}} \hat{f}(\gamma)\overline{\hat{g}(\gamma)}d\gamma \tag{4}$$

valid for f, g in $L^2(G)$. Let us remark that, for $1 \leq p < 2$, the image of $L^p(G)$ under $\mathcal{F}$ is always dense in $L^{p'}(\hat{G})$ so that $\mathcal{F}^{-1}$ is necessarily discontinuous (since $\mathcal{F}(L^p(G))$ is an unclosed dense linear subspace of $L^{p'}(\hat{G})$); note further that the non-surjectivity of $\mathcal{F}$ in (3) $(1 \leq p < 2)$ implies that *an inequality like* (1) *can never be valid in any infinite abelian group* G *if* $\infty > p > 2$. We omit the easy proof using the inversion formula for $\hat{f}$; we mention the fact here only to underline the inherent lack of symmetry between p and p' in (1) (for $p \neq 2$), a point carefully underlined by several authors by the construction of refined examples (cf. the references to CARLEMAN, HARDY and LITTLEWOOD, LANDAU on p. 164 of the article).

The general account of the HAUSDORFF-YOUNG inequality given above originates with WEIL's 1940 formulation of harmonic analysis in locally compact groups as given in [W 1965] (cf., in particular, p. 117). WEIL's proof uses an interpolation theorem due to M. RIESZ ([RM 1927]), a theorem which itself grew out of HAUSDORFF's work as given in this paper and that of F. RIESZ's work ([RF 1923]), as we shall explain in the sequel. Using M. RIESZ's interpolation theorem, WEIL's proof is a mere formality (assuming, of course as known, the validity of PLANCHEREL's theorem in this generality, a non-trivial fact) and almost all the modern texts (of which there are many) which deal with the HAUSDORFF-YOUNG inequality (even in the case of special groups $G = \mathbb{T}$ or $\mathbb{R}$) follow the way paved by M. RIESZ's theorem. This is understandable since the proof given by HAUSDORFF, although absolutely clear, is subtle; the same can be said for F. RIESZ's independent proof of a somewhat more general inequality which we shall mention later.

The two inequalities proved in this paper by HAUSDORFF correspond to choosing in (1), $1 < \alpha = p < 2, G = \mathbb{Z}, \hat{G} = \mathbb{T}$ (for inequality (I), p. 163) and $G = \mathbb{T}, \hat{G} = \mathbb{Z}$ (for inequality (II), p. 163); for HAUSDORFF, $\beta = p'$, his J_β is our norm in $L^\beta(\mathbb{T})$ and his S_α is our norm in $L^\alpha(\mathbb{Z})$, the HAAR measure in $\mathbb{Z}$ being the counting measure, the HAAR measure in $\mathbb{T}$ being given by $dt/2\pi$ and where the usual identifications have been made to obtain $\hat{\mathbb{Z}} = \mathbb{T}, \hat{\mathbb{T}} = \mathbb{Z}$. Recall that the equality $J_2 = S_2$ (in HAUSDORFF's notation) i. e.

$$J_2(f) = \left\{\frac{1}{2\pi}\int_0^{2\pi} |f(t)|^2 dt\right\}^{1/2} = \left\{\sum_{-\infty}^{\infty} |a_k|^2\right\}^{1/2} = S_2(f) \tag{5}$$

corresponds to what was already known in HAUSDORFF's time as *Parseval's formula* (or theorem); (5) had been proven for the first time in complete generality (i.e. supposing only that $f \in L^2(\mathbb{T})$) by FATOU in a famous paper (*Séries trigonométriques et séries de Taylor*, Acta Math. 30 (1906), 335–400) which was well-known to contemporary mathematicians like W.H. YOUNG, HAUSDORFF, F. RIESZ and many others. Note that (5) is a special case of (4) with $f = g, G = \mathbb{T}, \hat{G} = \mathbb{Z}$. For our further discussion, let us recall further that the so-called *Riesz-Fischer theorem* (proved separately and independently by F. RIESZ and E. FISCHER in 1907) was considered by many to be the precise converse of PARSEVAL's theorem : if $\{a_k\}, k \in \mathbb{Z}$, is a sequence of complex numbers giving an element of ℓ^2 (i.e. the series in (5) is convergent) then there exists a function $f \in L^2(\mathbb{T})$ such that a_k is the k-th FOURIER coefficient of f i. e.

$$a_k(f) = a_k = \frac{1}{2\pi}\int_0^{2\pi} f(t)exp(-ikt)dt, \qquad k \in \mathbb{Z}.$$

The converse of the above is also considered to be a part of the RIESZ-FISCHER theorem : if $f \in L^2(\mathbb{T})$ then $\{a_k(f)\}_{k\in\mathbb{Z}}$ is in ℓ^2. To modern day analysts, the RIESZ-FISCHER theorem is an obvious consequence of the fact that $L^2(\mathbb{T})$ and ℓ^2 are both separable infinite-dimensional HILBERT spaces and hence isometrically isomorphic; here, the deep fact is the completeness of $L^2(\mathbb{T})$, a result which vitally depends on the integration theory of LEBESGUE. However, this structural approach does not seem to have been obvious to the analysts of 1907.

Starting about 1910, W. H. YOUNG subjected these two theorems (PARSEVAL's and RIESZ-FISCHER's) to sustained scrutiny in his quest for a clearer understanding of the nature of general trigonometrical series; this led to his writing a spate of over 40 papers on that subject during the ensuing decade, of which HAUSDORFF cites four directly relevant to the inequalities which were under consideration. Let us cite one paper by W.H. YOUNG (written in collaboration with his wife G.C. YOUNG, [YY 1913]) which throws further light on YOUNG's thoughts on the subject around 1912-1913. W.H. YOUNG's work in this area is pioneering; he asked the right questions, furnished many answers and produced new tools which were to be useful to later workers. However, nowhere in his work, do we find the inequalities (I) and (II) that go under his name, even though many later writers (not however HAUSDORFF, who made a more guarded statement on p. 164) state that inequaltities (I) and (II) had been proved by YOUNG for

$$p = \frac{2k}{2k-1}, \qquad p' = 2k, \qquad k = 1, 2, \dots . \tag{6}$$

What YOUNG did prove was that, for p, p' as in (6), if $f \in L^p(\mathbb{T})$ then $\{a_k(f)\}$ is in $\ell^{p'}$ and if $\{a_k\}$ is in ℓ^p then there is an $f \in L^{p'}(\mathbb{T})$ such that $a_k = a_k(f)$, $k \in \mathbb{Z}$. YOUNG worked with real Fourier series in the form

$$\frac{1}{2}\alpha_0 + \sum_{n=1}^{\infty}(\alpha_n \cos nx + \beta_n \sin nx)$$

and his notations for p, p' were different, but these are minor details of no importance; what is more important is that YOUNG established and used another inequality (known rightly to-day as YOUNG*'s inequality* for convolutions) which plays such a crucial role in HAUSDORFF's paper (cf. his inequality (8) on p. 166). In one of its general forms, this inequality of YOUNG can be stated as follows: if $f \in L^p(G), g \in L^q(G)$ and $(1/p) + (1/q) - 1 > 0$, $1 < p < \infty$, $1 < q < \infty$, and r is defined by

$$\frac{1}{p} + \frac{1}{q} = 1 + \frac{1}{r} \tag{7}$$

then $f * g \in L^r(G)$ and

$$\|f * g\|_r \leq \|f\|_p \|g\|_q \tag{8}$$

where

$$(f * g)(x) = \int_G f(x-y)g(y)dy$$

and G is any locally compact abelian group, dy representing an integration with respect to any HAAR measure on G (cf. [W 1965], p. 55; [HR 1963], vol. 1, p. 296; in these references, G need not be abelian; note that r defined by (7) is necessarily > 1). HAUSDORFF's inequality (8) on p. 166 is the special case of our (8) with $G = \mathbb{Z}$; HAUSDORFF gives a direct proof for his inequality (8) by using HÖLDER's inequality, following essentially the method set out earlier by YOUNG. The general inequality (8) above is now-a-days often proved (as in [W 1965]) by another application of M. RIESZ's interpolation theorem mentioned above.

Not the least of HAUSDORFF's merits in this paper is to have formulated his theorem in the form of two simple and crisp inequalities (I) and (II). His proof of these two inequalities depends directly on his establishing an elementary inequality (III) (p. 164) for trigonometrical polynomials; (III) is in fact the inequality (I) formulated in terms of finite sums. To prove (III), HAUSDORFF first uses YOUNG's method for values of $\alpha = p, \beta = p'$ as in (6) and then passes to the case of arbitrary dyadic rationals $\beta > 2$ by induction. This last step contains the real technical originality of the paper; it is given on p. 167–168 with complete clarity. As with the rest of the paper, there is hardly anything that can be further simplified or that need any supplementary explanation. Once (III) has been established for a dense set of $\beta > 2$, the general inequality (III) follows by an obvious limiting process. From (III), HAUSDORFF deduces (I) by a routine argument based on F. RIESZ's characterization of measurable functions which are in L^p. Inequality (II) then follows from (I). If it were not for the fact that current proofs based on M. RIESZ's theorem are much shorter, the proof given here by HAUSDORFF would certainly have been more widely known.

The present paper led to a series of developments which clarified and simplified many problems. The first step was taken by F. RIESZ; from [RF 1923] we know that HAUSDORFF presented his results in September 1922 at the Naturforscherversammlung at Leipzig, giving reference to his forthcoming paper (viz. the present paper [H 1923a]); stimulated by this communication of HAUSDORFF, F. RIESZ started to work out his own proof of HAUSDORFF's results. The end product, contained in [RF 1923], was a theorem about arbitrary, uniformly bounded, orthonormal systems of functions which completely subsumed HAUSDORFF's results. We state F. RIESZ's theorem here to indicate that it showed clearly that the basic reason for its validity lay not in group theory but rather in a general "arithmetical" inequality.

Let $\{\varphi_1, \varphi_2, \ldots\}$ be any orthonormal system (of real or complex-valued functions) on an arbitrary measure space (X, μ); suppose further that $|\varphi_k(x)| \leq M$, for $x \in X$ and $k = 1, 2, \ldots$; if $f \in L^p(\mu)$, $1 \leq p \leq 2$, define

$$c_k(f) = \int_X f\overline{\varphi_k} d\mu, \quad k = 1, 2, \ldots. \tag{9}$$

Note that the integral in (9) exists if $1 \leq p \leq 2$ whether or not $\mu(X)$ is finite; this is obvious if $p = 1$ or 2; further $\varphi_k \in L^2(\mu) \cap L^\infty(\mu)$ implies that $\varphi_k \in L^q(\mu)$ for all $q > 2$ and, in particular, $\varphi_k \in L^{p'}(\mu)$ whence the convergence of the integral in (9) via HÖLDER's inequality. F. RIESZ considers only real-valued functions on $X = [a, b]$, a compact interval endowed with LEBESGUE measure μ but he clearly states the validity of his results *"für Orthogonalsysteme auf abstrakten Mengen"* without any appreciable changes in his proofs. F. RIESZ now proves the following two inequalities :

(I′) If $f \in L^p(\mu)$, $1 < p < 2$, and $c = (c_k(f))_{k \geq 1}$ then

$$||c||_{p'} \leq M^{(2-p)/p} ||f||_p.$$

(II′) If $c = (c_k)_{k \geq 1} \in \ell^p$, $1 < p < 2$, then there exists $f \in L^{p'}(\mu) \cap L^2(\mu)$ such that

$$||f||_{p'} \leq M^{(2-p)/p} ||c||_p.$$

Note that, by the RIESZ-FISCHER theorem, (I′) and (II′) are also valid if $p = 2 = p'$ with equality holding in both statements. Their validity for $p = 1$, $p' = \infty$ are also immediate; for (I′) this is trivial; for (II′), note that if $c = (c_k) \in \ell^1$ then $c \in \ell^2$ and $f = \Sigma_k c_k \varphi_k$ is in $L^2(\mu)$ (by the RIESZ-FISCHER theorem) with

$$|f(x)| \leq M \sum_k |c_k| = M \cdot ||c||_1.$$

Once again, these obvious deductions from the RIESZ-FISCHER theorem (for $p = 2 = p'$ and $p = 1$, $p' = \infty$) imply the inequalities (I′) and (II′) forthwith as consequences of the M. RIESZ theorem mentioned several times above; see [Z 1959], vol. 2, p. 102. F. RIESZ's own proof is somewhat similar to HAUSDORFF's but it follows a different track; he first proves (I′) by taking $M = 1$; he considers

$$\theta = \inf\{||f||_p : ||c||_{p'} = 1\}$$

and shows that $\theta \geq 1$. From this, (I′) follows if $M = 1$; the case $M \neq 1$ is handled by an obvious scaling (here F. RIESZ's proof profits from $X = [a, b]$) and then (II′) is deduced rather easily from (I′) by following what to-day would be called standard functional analysis in L^p-spaces (due originally to F. RIESZ himself).

From the point of view of later developments, it is the last remark of F. RIESZ's paper which seems to have been the most productive; let $x \in \mathbb{R}^n$ and $T = [T_{ij}]$ an $n \times n$ real orthogonal matrix with $|T_{ij}| \leq M$; then F. RIESZ observs that the inequality

$$||Tx||_{p'} \leq M^{(2-p)/p} \cdot ||x||_p \tag{10}$$

is contained in both his inequalities (I′) and (II′). However, he states that in a discussion with his colleage A. HAAR they concluded that if a direct "arithmetical" proof of (10) could be found then (I′) and (II′) could be deduced by an easy limiting process. It is certain that this observation played an important role in leading M. RIESZ towards his interpolation theorem in [MR 1927]; he states his theorem in the following form : let $A(x, y)$ be a complex bilinear form with x, y in $\mathbb{C}^n$; let

$$M_{\alpha,\beta} = \sup\{|A(x,y)| : ||x||_{1/\alpha} \leq 1, ||y||_{1/\beta} \leq 1\}$$

with $0 \leq \alpha, \beta \leq 1$; then $\log M_{\alpha,\beta}$ is a convex function of (α, β) for (α, β) in the triangle

$$\alpha \leq 1, \ \beta \leq 1, \ \alpha + \beta \geq 1.$$

As M. RIESZ points out right away, this theorem contains *en germe* all the results of his paper and in particular the theorems of YOUNG, HAUSDORFF and F. RIESZ; all of this (and much more, including (10)) is proved in detail. M. RIESZ's proof was simplified and generalized by his student G.O. THORIN in 1938 by a brilliant use of classical complex analysis; this is the proof which is reproduced in most texts in some form or another (e.g. in [Z 1959], vol. 2, p. 95; many further references can be found here on p. 332). Let us recall, parenthetically, that M. RIESZ was F. RIESZ's younger brother; whereas F. RIESZ's career was concentrated in Hungary, M. RIESZ spent most of his life in Sweden (and partly in U.S.A.); their scientific biographies are given in their collected works mentioned in the references.

The inequalities of HAUSDORFF-YOUNG-F. RIESZ are all in a sense optimal; as HAUSDORFF's paper already points out, they cannot be extended to $p > 2$; further, F. RIESZ's inequalities (I′) and (II′) cannot hold without the uniform boundedness condition on the orthonormal functions φ_k; a suitable counter-example is given in [KS 1951], p. 208; KACZMARZ and STEINHAUS also give several extensions of F. RIESZ's theorem, without using M. RIESZ's theorem, although they do use the latter for other purposes.

With the availability of M. RIESZ's theorem in 1927, the HAUSDORFF-YOUNG inequalities and their generalizations became widely accessible. Somewhat before this, in 1923, TITCHMARSH provided a first generalization of the

HAUSDORFF-YOUNG theorems, to the group $\mathbb{R}$, though not in the form of inequalities. In his book of 1937 however, TITCHMARSH proved the inequality (1) for the group $\mathbb{R}$ ([T 1948], p. 96); he gives two different proofs of this, following the lines of HAUSDORFF and YOUNG, although he does mention the possibility of a proof via M. RIESZ's theorem. One novel feature in TITCHMARSH's work is that he obtains an explicit formula for $\hat{f}$, $f \in L^p(\mathbb{R})$, $1 < p \leq 2$:

$$\hat{f}(\xi) = \frac{d}{d\xi}\left\{\frac{1}{\sqrt{2\pi}}\int_{-\infty}^{\infty} f(x)\frac{e^{-i\xi x}-1}{-ix}dx\right\} \qquad \xi \in \mathbb{R} \text{ almost everywhere.} \quad (11)$$

PLANCHEREL had given similar formulae in 1910 for $f \in L^2(\mathbb{R})$; exact references can be found in [T 1948], p. 69. In his paper of 1923, [T 1925], TITCHMARSH had considered the equivalent formulae for the so-called sine and cosine transforms (as had PLANCHEREL).

It would be difficult to enumerate the numerous theorems which followed the HAUSDORFF-YOUNG-RIESZ inequalities. In the collected papers of G. H. HARDY ([Ha 1969]) all of Volume 3 is devoted to trigonometric series and integrals; here, 7 of the papers (all written with LITTLEWOOD between 1926 to 1944) are directly related to these inequalities. Further references are to be found in [T 1948] and [Z 1959]. However, it seems to me, that the most important impact of these inequalities came through the discovery of the RIESZ-THORIN interpolation theorem. Through its many applications and generalizations, the theorem has created a new branch of functional analysis called the theory of Interpolation Spaces; we refer to [BL 1976] for a serious introduction to this subject.

We have already mentioned that the HAUSDORFF-YOUNG-RIESZ inequalites are optimal in a certain sense; in the case of $G = \mathbb{T}, \hat{G} = \mathbb{Z}$ or in the more general F. RIESZ inequalities, they are also optimal from the point of view of the constants which appear there (1 in the HAUSDORFF-YOUNG inequality and $M^{(2-p)/p}$ in F. RIESZ's inequality). In fact the functions f for which these inequalities become equalities were determined exactly by HARDY and LITTLEWOOD (1935) and VERBLUNSKY (1935) (see [Z 1959], p. 104–105, p. 332). However, it was discovered by HEWITT and HIRSCHMAN in 1954 that there are non-trivial f (i.e. $f \neq 0$) for which equality holds in (1) in the case of a general locally compact abelian group G *if and only if* G has a compact open subgroup ([HR 1963], vol. 2, p. 630). This means that in groups like $G = \mathbb{R}^n$ which have no compact open subgroups, there is equality in (1) if and only if $f = 0$. It came as a surprise later that in the case of $G = \mathbb{R}^n$, the map $\hat{f} = \mathcal{F}f$ is a strict contraction for each p, $1 < p < 2$. After an important preliminary result by BABENKO in 1961, BECKNER proved in 1975 that $\mathcal{F} : L^p(\mathbb{R}^n) \to L^{p'}(\mathbb{R}^n)$, $1 < p < 2$, satisfies

$$||\mathcal{F}f||_{p'} \leq (A_p)^n ||f||_p \qquad (12)$$

where $A_p = (p^{1/p}/p'^{1/p'})^{1/2}$. Note that $A_p < 1$ for each p, $1 < p < 2$, and that $A_p \to 1$ as $p \to 1$ or 2. BECKNER also proved an analogous sharpening of YOUNG's inequality (8) for $G = \mathbb{R}^n$. Finally, LIEB ([L 1990]) proved a generalization of the HAUSDORFF-YOUNG inequality for transforms more general than the FOURIER transform, providing at the same time all the exact constants and determining exactly the functions for which equality holds; the exact statements (which are not complicated) can be seen in LIEB's paper. LIEB's proofs (as well as BECKNER's and BABENKO's) use methods entirely different from the interpolation arguments of M. RIESZ. LIEB's paper also gives descriptions of related recent work of several other authors including exact references to BABENKO and BECKNER. The results in LIEB's paper constitute a remarkable generalization as well as a sharpening of the inequalities of HAUSDORFF and YOUNG.

We shall not try to describe the generalizations of the HAUSDORFF-YOUNG inequality to locally compact non-abelian groups; an account, describing some of the relevant results due to KUNZE (1958), is contained in [HR 1963], vol. 2, §31, p. 252.

It is interesting to note that HAUSDORFF published nothing else beyond this paper in the general area of harmonic analysis; however, a study of his *Nachlass* shows his considerable interest in FOURIER series starting at least around 1914 and which remained vigorous well into the 30's. In the period 1914-18, HAUSDORFF seems to have tried very hard to prove the almost everywhere convergence of orthogonal series under very general conditions, aiming no doubt at some definitive result in this direction in the theory of FOURIER series. Most of the results we have found in his unpublished papers (cf. for instance this vol., p. 305) were immediately improved by other authors like MENSHOV, LUSIN, RADEMACHER, PLANCHEREL, WEYL, and others; so we can understand that he did not publish any of this. However, his unpublished papers show a careful study of the publications of other authors (like W.H. YOUNG) resulting sometimes in simplifications (or improvements) of their work. The present paper is a magnificient instance of this; starting with some simplifications of YOUNG's papers he arrived at his own general inequalities which, as we have tried to indicate above, eventually ended up in the development of far-ranging new theories.

References

[BL 1976] BERGH, J.; LÖFSTRÖM, J. : *Interpolation Spaces.* Springer, Berlin 1976.

[C 1998] CHATTERJI, S.D. : *Measure theory and probability theory.* Atti Sem. Mat. Fis. Univ. Modena, Supplemento al vol. XLVI (1998) 151–169.

[Ha 1969] HARDY, G.H. : *Collected papers,* vol. 3. Oxford University Press, Oxford 1969.

[HR 1963] HEWITT, E.; ROSS, K.A. : *Abstract harmonic analysis,* vols. 1, 2. Springer, Berlin 1963, 1970.

[**KS 1951**] KACZMARZ, S.; STEINHAUS, H. : *Theorie der Orthogonalreihen.* Chelsea Publishing Co., New York 1951 (1st ed., Warsaw, 1935).

[**L 1990**] LIEB, E.H. : *Gaussian kernels have only Gaussian maximizers.* Invent. Math. 102 (1990), 179–208.

[**RF 1923**] RIESZ, F. : *Über eine Verallgemeinerung der Parsevalschen Formel.* Math. Zeitschr. 18 (1923), 117–124. *Oeuvres complètes*, vol. 1. Akadémiai Kiadó, Budapest 1960, 504–511.

[**RM 1927**] RIESZ, M. : *Sur les maxima des formes bilinéaires et sur les fonctionnelles linéaires.* Acta Math. 49 (1927), 465–497. *Collected papers*, Springer, Berlin 1988, 377–409.

[**T 1925**] TITCHMARSH, E.C. : *A contribution to the theory of Fourier transforms.* Proc. London Math. Soc. (2) 23 (1925), 279–289.

[**T 1948**] TITCHMARSH, E.C. : *Introduction to the theory of Fourier integrals.* Oxford University Press, Oxford 1948 (1st ed. 1937).

[**W 1965**] WEIL, A. : *L'intégration dans les groupes topologiques et ses applications.* Hermann, Paris 1965 (1ère éd. 1940).

[**YY 1913**] YOUNG, G.C.; YOUNG, W.H. : *On the theorem of Riesz-Fischer.* Quarterly Journal of pure and applied maths. 44 (1913), 49–88.

[**Z 1959**] ZYGMUND, A. : *Trigonometric series*, vols. 1, 2. Cambridge University Press, Cambridge 1959.

Momentprobleme für ein endliches Intervall.

Math. Zeitschrift **16** (1923), 220–248.

[H 1923b]

Momentprobleme für ein endliches Intervall.

Von

Felix Hausdorff in Bonn.

Ist die Funktion $\chi(x)$ im Intervall $0 \leqq x \leqq 1$ von beschränkter Schwankung, so heißen die durch Stieltjessche Integrale definierten Zahlen

$$\mu_k = \int_0^1 x^k d\chi(x) \qquad (k = 0, 1, 2, \ldots)$$

die *Momente* der *Belegungsfunktion* $\chi(x)$. Ist insbesondere $\chi(x) = \int_0^x \varphi(x)\,dx$ das Integral einer (im Lebesgueschen Sinne) integrablen Funktion $\varphi(x)$, so heißen die Zahlen

$$\mu_k = \int_0^1 x^k \varphi(x)\,dx$$

die *Momente* der *Dichtigkeitsfunktion* $\varphi(x)$. Die Bestimmung von $\chi(x)$ oder $\varphi(x)$ aus vorgeschriebenen Momenten ist das Momentproblem für das Intervall $[0, 1]$.

Das Momentproblem einer monotonen Belegungsfunktion für das einseitig unbegrenzte Intervall $[0, \infty)$ ist bekanntlich von Stieltjes[1]) gestellt und gelöst worden; den Fall des beiderseits unbegrenzten Intervalls $(-\infty, +\infty)$ hat zuerst Herr Hamburger[2]) erledigt. Stieltjes, wie seine Vorgänger und Nachfolger, approximiert die gesuchte Funktion $\chi(x)$ durch solche „Treppenfunktionen" (d. h. bis auf endlich viele Sprünge konstante Funktionen) $\chi_p(x)$, die eine mit wachsendem $p = 1, 2, 3, \ldots$ gleichfalls wachsende Zahl anfänglicher Momente *genau* ergeben, etwa

$$\mu_k = \int x^k d\chi_p(x) \qquad (k = 0, 1, \ldots, 2p).$$

[1]) Stieltjes, T. J.: Recherches sur les fractions continues, Ann. Fac. Toulouse 8 (1894), S. 1–122; 9 (1895), S. 1–47.

[2]) Hamburger, H: Über eine Erweiterung des Stieltjesschen Momentenproblems I II III, Math. Ann. 81 (1920), S. 235–319; 82 (1921), S. 120–164, 168–187.

Diese Methode bedingt den Zusammenhang mit der Kettenbruchtheorie, denn die Sprungstellen jener Annäherungsfunktionen sind die Nullstellen von Polynomen, die als Nenner in den Näherungsbrüchen gewisser Kettenbruchentwicklungen für die analytische Funktion

$$\int \frac{d\chi(x)}{z-x} \sim \frac{\mu_0}{z} + \frac{\mu_1}{z^2} + \frac{\mu_2}{z^3} + \dots$$

auftreten.

Im Laufe einer Untersuchung[3]), die eigentlich ein anderes Ziel hatte, wurde ich indirekt auf das Momentproblem für das Intervall $[0, 1]$ geführt und bemerkte, daß dieses zwar durch Stieltjes mitgelöste Problem sich auch ohne jenen umfänglichen algebraischen und funktionentheoretischen Apparat in fast elementarer Weise behandeln läßt. Die Treppenfunktionen $\chi_p(x)$, durch die ich $\chi(x)$ annähere, liefern allerdings keinen Abschnitt der Momentfolge genau, sondern ihre Momente $\int_0^1 x^k \, d\chi_p(x)$ konvergieren nur, für $p \to \infty$, gegen die vorgeschriebenen Momente μ_k. Dafür aber sind sie wesentlich einfacher als die Stieltjesschen; die Sprungstellen von $\chi_p(x)$ sind die äquidistanten Teilpunkte $\frac{m}{p}$ $(m = 0, 1, \dots, p)$ des Intervalls, und ihre Sprünge $\lambda_{p,m}$ einfache *lineare* Verbindungen (Differenzen höherer Ordnung, mit Zahlfaktoren) der vorgeschriebenen Momente. Diese Größen $\lambda_{p,m}$ sind in meiner Behandlungsweise von ausschlaggebender Bedeutung, indem sie die einfachsten Kriterien dafür zu bilden gestatten, daß das Momentproblem durch eine monotone Belegungsfunktion oder eine solche von beschränkter Schwankung lösbar ist.

In der vorliegenden Arbeit will ich mit Hilfe derselben $\lambda_{p,m}$ auch Kriterien für Lösbarkeit des Momentproblems durch eine *Dichtigkeitsfunktion* $\varphi(x)$ aufstellen, die entweder schlechthin integrabel oder — eine durch Herrn F. Riesz[4]) veranlaßte Fragestellung — in einer höheren Potenz integrabel ist. Neben der vorhin erwähnten Lösung des Momentproblems, die ich noch einmal in vereinfachter Fassung auseinandersetze, benutze ich noch andere Lösungsformen, bei denen die approximierenden $\chi_p(x)$ nicht Treppenfunktionen, sondern Polynome sind und die schließlich auf die Darstellung von $\chi(x)$ durch die integrierte Legendresche Reihe der Belegungsfunktion $\chi(x)$ hinauslaufen. Endlich übertrage ich meine Methode auf das trigonometrische oder Fouriersche Momentproblem, wie man es nennen kann, nämlich auf die Bestimmung einer Belegungsfunktion $\chi(t)$

---

[3]) Hausdorff, F.: Summationsmethoden und Momentfolgen I II, Math. Zeitschr. 9 (1921), S. 74–109, 280–299.

[4]) Riesz, F.: Untersuchungen über Systeme integrierbarer Funktionen, Math. Ann. 69 (1910), S. 449–497.

oder Dichtigkeitsfunktion $\varphi(t)$ aus ihren trigonometrischen Momenten, d. h. Fourierkoeffizienten

$$\mu_k = \frac{1}{2\pi}\int_0^{2\pi} e^{-ikt} d\chi(t), \qquad \mu_k = \frac{1}{2\pi}\int_0^{2\pi} e^{-ikt}\varphi(t)dt \quad (k = 0, \pm 1, \pm 2, \ldots),$$

wobei die entsprechenden Kriterien für Existenz eines $\chi(t)$ oder $\varphi(t)$ vorgeschriebener Art herauskommen.

Das Stieltjessche Momentproblem für das Intervall [0, 1].

§ 1.

$\chi(x)$ monoton.

Wenn eine Folge reeller oder komplexer Zahlen $\mu_0, \mu_1, \mu_2, \ldots$ vorgegeben ist, ordnen wir jedem Polynom

$$f(x) = \alpha_0 + \alpha_1 x + \ldots + \alpha_n x^n$$

die Zahl

$$Mf(x) = Mf = \alpha_0\mu_0 + \alpha_1\mu_1 + \ldots + \alpha_n\mu_n$$

zu und nennen sie kurz das *Moment* von $f(x)$.

Das Momentproblem verlangt, eine Funktion $\chi(x)$ von beschränkter Schwankung — eventuell eine monotone, mit wachsendem x nicht abnehmende Funktion $\chi(x)$ — derart zu finden, daß für jedes Polynom

$$\int_0^1 f(x)d\chi(x) = Mf. \tag{1}$$

Da die Änderung von $\chi(x)$ um eine additive Konstante und die Werte von $\chi(x)$ an den Sprungstellen im Innern des Intervalls auf die Stieltjesintegrale ohne Einfluß sind, so wollen wir diese Unbestimmtheit durch folgende Normierung beseitigen:

$$\chi(0) = 0, \qquad \chi(x) = \frac{1}{2}\chi(x-0) + \frac{1}{2}\chi(x+0) \quad (0 < x < 1). \tag{2}$$

Dann kann höchstens eine einzige Lösung existieren (wie auch aus der Stieltjesschen Theorie folgt, von der wir aber nichts voraussetzen). Denn aus (1) folgt durch partielle Integration

$$Mf = f(1)\chi(1) - \int_0^1 f'(x)\chi(x)dx \tag{3}$$

und weiter mit $\omega(x) = \int_0^x \chi(x)\,dx$:

$$Mf = f(1)\chi(1) - f'(1)\omega(1) + \int_0^1 f''(x)\omega(x)dx$$

$$= f(1)\mu_0 - f'(1)(\mu_0 - \mu_1) + \int_0^1 f''(x)\omega(x)dx,$$

wie man durch die Substitutionen $f(x)=1$, $f(x)=x-1$ erkennt. Hiernach sind bei vorgegebenen μ_k alle Integrale $\int\limits_0^1 x^k\omega(x)\,dx$ $(k=0,1,2,\ldots)$ bekannt und dadurch die stetige Funktion $\omega(x)$ eindeutig bestimmt (Satz von M. Lerch, unmittelbare Folge der Approximierbarkeit stetiger Funktionen durch Polynome). Ist also $\chi(x)$ eine Lösung, so ist an jeder ihrer Stetigkeitsstellen $\chi(x)=\omega'(x)$ bekannt, auf Grund von (2) auch an den Sprungstellen zwischen 0 und 1, und $\chi(0)=0$ sowie $\chi(1)=\mu_0$ sind von vornherein bekannt.

Zur Existenz einer *monotonen* Belegungsfunktion $\chi(x)$ ist nun offenbar notwendig, daß jedes Polynom $f(x)$, das im Intervall $[0,1]$ nirgends negativ ist, ein nichtnegatives Moment habe[5]). Speziell müssen die Polynome $x^m(1-x)^n$ $(m,n=0,1,2,\ldots)$ nichtnegative Momente haben, d. h. die Differenzen

$$\mu_{m,n}=\mu_m-\binom{n}{1}\mu_{m+1}+\binom{n}{2}\mu_{m+2}-\cdots+(-1)^n\mu_{m+n}$$

$\geqq 0$ sein; eine Folge μ_n dieser Art heiße *total monoton*. Setzen wir für $p=0,1,2,\ldots;\ m=0,1,\ldots,p$

$$\lambda_{p,m}(x)=\binom{p}{m}x^m(1-x)^{p-m}, \tag{4}$$

$$\lambda_{p,m}=M\lambda_{p,m}(x)=\binom{p}{m}\mu_{m,p-m}, \tag{5}$$

so ist

$$\lambda_{p,m}\geqq 0 \tag{A}$$

die Bedingung der totalen Monotonie und eine notwendige Bedingung für

---

[5]) Diese Forderung ist damit äquivalent, daß für jedes Polynom

$$f(x)=\alpha_0+\alpha_1x+\ldots+\alpha_nx^n$$

mit reellen Koeffizienten die Momente

$$Mx\,f(x)^2,\qquad M(1-x)\,f(x)^2$$

oder auch die Momente

$$Mf(x)^2,\qquad Mx(1-x)f(x)^2$$

nichtnegativ seien. Soll $\chi(x)$ unendlich viele Wachstumsstellen haben, also keine Treppenfunktion sein, so müssen die genannten quadratischen Formen der Variablen $\alpha_0,\ldots,\alpha_n$ nicht nur nichtnegativ, sondern definit positiv sein, und man erhält die Determinantenbedingungen der Stieltjesschen Theorie. Diese geben zugleich der Reihe nach die Intervalle, in denen die Elemente μ_n einer total monotonen Folge variieren können ($\xi_n<\mu_n<\eta_n$, wo ξ_n,η_n von $\mu_0,\mu_1,\ldots,\mu_{n-1}$ abhängen). Daß jene Formenbedingungen durch abzählbar viele, in den μ_n lineare Ungleichungen — wie z. B. unsere Bedingungen (A) — ersetzbar sind, ist an sich natürlich nichts Merkwürdiges; man könnte sich ja auf ganzzahlige $\alpha_0,\ldots,\alpha_n$ beschränken.

15*

Existenz einer monotonen Belegungsfunktion mit den vorgeschriebenen Momenten.

Wir werden sehen, daß dies auch hinreicht. Zunächst ist zu zeigen, daß auf Grund von (A) jedes in $[0,1]$ nichtnegative Polynom ein nichtnegatives Moment hat.

Jedes Polynom

$$f(x)=\sum_{k=0}^{n}\alpha_k x^k$$

läßt sich, sobald p mindestens gleich seinem Grade n ist, auf eine einzige Art in der Gestalt

$$f(x)=\sum_{m=0}^{p}a_m\lambda_{p,m}(x) \tag{6}$$

darstellen, die wir seine *p-Form* nennen wollen. Für die (auch von p abhängigen) Koeffizienten ergibt sich nach einfacher Rechnung

$$a_m=\sum_{k=0}^{n}\alpha_k\frac{m!\,(p-k)!}{p!\,(m-k)!}=\sum_{k=0}^{n}\alpha_k\frac{m(m-1)\ldots(m-k+1)}{p(p-1)\ldots(p-k+1)}$$

oder $a_m=f_p\left(\frac{m}{p}\right)$, wenn für den Augenblick

$$f_p(x)=\sum_{k=0}^{n}\alpha_k\frac{px(px-1)\ldots(px-k+1)}{p(p-1)\ldots(p-k+1)}$$

gesetzt wird. Da nun im Intervall $0\leqq x\leqq 1$ gleichmäßig $\frac{px-h}{p-h}$ nach x und folglich $f_p(x)$ nach $f(x)$ konvergiert, so ist, für hinreichend großes p, $\left|a_m-f\left(\frac{m}{p}\right)\right|<\varepsilon$ für alle Werte $m=0,1,\ldots,p$. Daraus schließen wir:

Wenn das Polynom $f(x)$ im Intervall $[0,1]$ positiv ist, so hat seine p-Form für genügend großes p lauter positive Koeffizienten[6]).

Vermöge

$$Mf=\sum_{m=0}^{p}a_m\lambda_{p,m} \tag{7}$$

ist also, wenn (A) erfüllt ist, das Moment jedes in $[0,1]$ positiven (und, wie daraus unmittelbar folgt, auch jedes nichtnegativen) Polynoms nichtnegativ.

Ferner aber folgt, wenn p so groß gewählt wird, daß $\left|a_m-f\left(\frac{m}{p}\right)\right|<\varepsilon$:

$$\left|Mf-\sum_{m=0}^{p}f\left(\frac{m}{p}\right)\lambda_{p,m}\right|\leqq\varepsilon\sum_{m=0}^{p}\lambda_{p,m}=\varepsilon\mu_0,$$

[6]) Ein anderer Beweis a. a. O. [3]), S. 98. Die in $[0,1]$ nichtnegativen Polynome bilden einen konvexen Bereich, von dem also jeder innere „Punkt" als Schwerpunkt von Randpunkten $\lambda_{p,m}(x)$ mit positiven Massen darstellbar ist.

also

$$\sum_{m=0}^{p} f\left(\frac{m}{p}\right)\lambda_{p,m} \to Mf \qquad (p \to \infty) \tag{8}$$

für jedes Polynom.

Erste Lösung. Die Gleichung (8) liefert sofort eine *Lösung des Momentproblems durch approximierende Treppenfunktionen.* Es sei $\chi_p(x)$ die Funktion, die an den Stellen $\frac{m}{p}$ $(m = 0, 1, \ldots, p)$ die Sprünge $\lambda_{p,m}$ macht, sonst konstant ist und den Bedingungen (2) genügt, also, ausführlich geschrieben:

$$\chi_p(0) = 0, \qquad \chi_p(1) = \sum_{m=0}^{p} \lambda_{p,m} = \mu_0,$$

und für $0 < x < 1$

$$\chi_p(x-0) = \sum_{\frac{m}{p} < x} \lambda_{p,m}, \qquad \chi_p(x+0) = \sum_{\frac{m}{p} \leqq x} \lambda_{p,m},$$

$$\chi_p(x) = \frac{1}{2}\chi_p(x-0) + \frac{1}{2}\chi_p(x+0).$$

Mit diesen monotonen Funktionen schreibt sich (8)

$$\int_0^1 f(x)\,d\chi_p(x) \to Mf. \tag{9}$$

Aus der Folge der *gleichmäßig beschränkten* monotonen Funktionen $\chi_p(x)$ (es ist ja $0 \leqq \chi_p(x) \leqq \mu_0$) läßt sich nun nach dem *Hellyschen Auswahlsatz* [7]) eine durchweg konvergente Teilfolge $\chi_q(x)$ herausheben, deren Limes

$$\bar{\chi}(x) = \lim \chi_q(x)$$

natürlich wieder monoton ist und an den Stellen $0, 1$ die Werte $0, \mu_0$ annimmt, jedoch vielleicht nicht der Forderung (2) des arithmetischen Mittels an den Sprungstellen genügt. Wegen der gleichmäßigen Beschränktheit der $\chi_p(x)$ konvergiert aber bekanntlich für jedes Polynom $\int_0^1 f'(x)\chi_q(x)\,dx$ nach $\int_0^1 f'(x)\bar{\chi}(x)\,dx$ und wegen (3) also $\int_0^1 f(x)\,d\chi_q(x)$ nach $\int_0^1 f(x)\,d\bar{\chi}(x)$; auf Grund von (9) ist also $\bar{\chi}(x)$ eine Lösung des Momentproblems.

Wir wissen aber, daß es mit der Normierung (2) nur eine einzige Lösung $\chi(x)$ gibt. An jeder Stetigkeitsstelle von $\chi(x)$ ist also

$$\bar{\chi}(x) = \lim \chi_q(x) = \chi(x),$$

---

[7]) Helly, E.: Über lineare Funktionaloperationen, Wiener Akad. Ber. **121** (1912), S. 265–297. Der Satz ist völlig elementaren Charakters.

d. h. die Folge der $\chi_p(x)$ enthält eine nach $\chi(x)$ konvergente Teilfolge, und da dies auch von jeder Teilfolge der $\chi_p(x)$ gilt, so ergibt sich die Konvergenz der ganzen Folge $\chi_p(x)$: an jeder Stetigkeitsstelle von $\chi(x)$ ist

$$(10) \qquad \chi(x) = \lim \chi_p(x).$$

Wir wollen doch den Nebenumstand hervorheben, daß (10) *überall* gilt, auch an den Sprungstellen zwischen 0 und 1 (für $x = 0$ und $x = 1$ gilt sie ebenfalls). Betrachten wir zuerst eine Treppenfunktion mit einem einzigen Sprung 1 an der Stelle ξ $(0 < \xi < 1)$; $\chi(x, \xi)$ sei diese Funktion (gleich $\frac{0}{1}$ für $x \lesseqgtr \xi$, gleich $\frac{1}{2}$ für $x = \xi$). Ihre Momente sind $\mu_k = \xi^k$, die entsprechenden $\lambda_{p,m} = \lambda_{p,m}(\xi)$, die zugehörige p-te Treppenfunktion also für $0 < x < 1$

$$\chi_p(x, \xi) = \frac{1}{2}\Big(\sum_{m<px} + \sum_{m \leqq px}\Big)\lambda_{p,m}(\xi).$$

Daß nun, wie verlangt wird, $\chi_p(\xi, \xi) \to \frac{1}{2}$, ist aus Untersuchungen der Wahrscheinlichkeitsrechnung bekannt: $\sum\limits_{m<p\xi} \lambda_{p,m}(\xi)$ ist die Wahrscheinlichkeit, daß ein Ereignis von der Wahrscheinlichkeit ξ bei p Versuchen in einer relativen Häufigkeit $< \xi$ eintrete, und konvergiert mit wachsendem p nach $\frac{1}{2}$, ebenso $\sum\limits_{m \leqq p\xi} \lambda_{p,m}(\xi)$. — Ist sodann $\chi(x)$ eine monotone Funktion, die an der Stelle ξ den Sprung $\delta = \chi(\xi + 0) - \chi(\xi - 0)$ macht, während zugleich $\chi(\xi) = \frac{1}{2}\chi(\xi - 0) + \frac{1}{2}\chi(\xi + 0)$, so ist die monotone Funktion $\chi(x) - \delta\chi(x, \xi)$ an der Stelle ξ stetig, und die Anwendung von (10) auf diese Funktion an der Stelle ξ gibt $\chi_p(\xi) \to \chi(\xi)$.

Wir haben mit dem Bisherigen den Satz bewiesen:

I. *Die Zahlen μ_n sind dann und nur dann die Momente einer monotonen Belegungsfunktion $\chi(x)$, wenn sie eine total monotone Folge bilden, d. h. die Ungleichungen* (A) *erfüllen.*

Die Lösung ist durch (10) gegeben, wo $\chi_p(x)$ die Treppenfunktion bedeutet, die an den Stellen $\frac{m}{p}$ die Sprünge $\lambda_{p,m}$ macht $(m = 0, 1, \ldots, p)$.

Im Vorbeigehen sei ohne Beweis erwähnt, daß auch die Sprünge der Funktion $\chi(x)$ und die Werte ihrer Ableitung $\chi'(x)$ (wo diese existiert, d. i. überall bis auf eine Menge vom Maße Null) sich sehr einfach durch die $\lambda_{p,m}$ ausdrücken lassen. Man hat nämlich für $0 < x < 1$

$$\sqrt{p+1}\,\lambda_{p,m} \to [\chi(x+0) - \chi(x-0)] : \sqrt{2\pi x(1-x)}$$
$$(p+1)\,\lambda_{p,m} \to \chi'(x),$$

wobei m mit p derart variiert, daß $\sqrt{p}\left(\frac{m}{p} - x\right) \to 0$.

Wie wir in der Einleitung hervorhoben, geben unsere approximierenden Lösungen $\chi_p(x)$ nicht, wie bei Stieltjes, den Anfang der Momentfolge exakt, sondern nur angenähert im Sinne der Gleichung (9). Dies läßt uns einen größeren Spielraum in der Wahl der $\chi_p(x)$, für die wir jetzt statt Treppenfunktionen Polynome setzen wollen.

Zweite Lösung. Das Polynom

$$\varphi_p(x) = (p+1)\sum_{m=0}^{p} \lambda_{p,m}\lambda_{p,m}(x) \tag{11}$$

ist auf Grund der Bedingungen (A) nichtnegativ im Intervall $[0, 1]$, das Polynom

$$\chi_p(x) = \int_0^x \varphi_p(x)\,dx \tag{12}$$

monoton[8]. Man hat $(k = 0, 1, 2, \ldots)$

$$\begin{aligned}\int_0^1 x^k d\chi_p(x) &= \int_0^1 x^k \varphi_p(x)\,dx \\ &= (p+1)\sum_{m=0}^{p} \lambda_{p,m}\binom{p}{m}\int_0^1 x^{k+m}(1-x)^{p-m}dx \\ &= (p+1)\sum_{m=0}^{p} \lambda_{p,m}\binom{p}{m}\frac{(m+k)!\,(p-m)!}{(p+k+1)!} \\ &= \sum_{m=0}^{p} \lambda_{p,m}\frac{(m+1)(m+2)\ldots(m+k)}{(p+2)(p+3)\ldots(p+k+1)},\end{aligned}$$

welcher Ausdruck infolge von $\sum_{m=0}^{p}\lambda_{p,m}\left(\frac{m}{p}\right)^k \to \mu_k$ ebenfalls nach μ_k konvergiert (vgl. (8)). Also gilt auch mit diesen $\chi_p(x)$ die Relation (9); wegen $\chi_p(0) = 0$, $\chi_p(1) = \mu_0$ sind die monotonen Polynome $\chi_p(x)$ gleichmäßig beschränkt, und dieselben Überlegungen wie oben führen zur Darstellung (10). Die Gültigkeit auch an den Sprungstellen wird aus den Schlußbemerkungen dieses Paragraphen hervorgehen.

Wir wollen diese Lösung, bei der $\chi(x)$ als Grenzfunktion monotoner Polynome erscheint, mit Hilfe der *Legendreschen Polynome*

$$L_p(x) = \frac{1}{p!}\frac{d^p}{dx^p}[x(x-1)]^p = P_p(2x-1)$$

des Intervalls $[0, 1]$ ausdrücken; $P_p(\xi)$ ist das gewöhnliche, auf das

---

[8]) Wir verwenden in den verschiedenen Lösungen dieselben Bezeichnungen $\chi_p(x)$, $\varphi_p(x)$ für die approximierenden Belegungs- und Dichtigkeitsfunktionen.

Intervall $[-1, 1]$ bezügliche Legendresche Polynom p-ten Grades. Setzen wir

$$\varphi_p(x, y) = (p+1)\sum_{m=0}^{p} \lambda_{p,m}(x)\,\lambda_{p,m}(y),$$

so kommt mit

$$x = \cos^2\frac{\alpha}{2}, \qquad y = \cos^2\frac{\beta}{2}.$$

$$\frac{1}{p+1}\varphi_p(x, y) = \sum_{m=0}^{p} \binom{p}{m}^2 \left(\cos\frac{\alpha}{2}\cos\frac{\beta}{2}\right)^{2m} \left(\sin\frac{\alpha}{2}\sin\frac{\beta}{2}\right)^{2p-2m}$$

$$= \frac{1}{2\pi}\int_0^{2\pi} \left(\cos\frac{\alpha}{2}\cos\frac{\beta}{2} + \sin\frac{\alpha}{2}\sin\frac{\beta}{2}e^{it}\right)^p \left(\cos\frac{\alpha}{2}\cos\frac{\beta}{2} + \sin\frac{\alpha}{2}\sin\frac{\beta}{2}e^{-it}\right)^p dt$$

$$= \frac{1}{2\pi}\int_0^{2\pi} \left(\frac{1+\zeta}{2}\right)^p dt,$$

wo

$$\zeta = \cos\alpha\cos\beta + \sin\alpha\sin\beta\cos t \tag{13}$$

gesetzt ist. Auf Grund der bekannten Formeln

$$\left(\frac{1+\zeta}{2}\right)^p = \sum_{m=0}^{p} \frac{p!^2}{(p-m)!\,(p+m+1)!}(2m+1)\,P_m(\zeta)$$

und

$$\frac{1}{2\pi}\int_0^{2\pi} P_m(\zeta)\,dt = P_m(\cos\alpha)\,P_m(\cos\beta) \tag{14}$$

erhält man also

$$\varphi_p(x, y) = \sum_{m=0}^{p} \frac{p!\,(p+1)!}{(p-m)!\,(p+m+1)!}(2m+1)\,L_m(x)\,L_m(y) \tag{15}$$

$$= (p+1)\sum_{m=0}^{p} \lambda_{p,m}(x)\,\lambda_{p,m}(y);$$

wenn man das Moment (nach y) nimmt und die Momente der Legendreschen Polynome mit

$$\lambda_m = M\,L_m(x)$$

bezeichnet, ergibt sich

$$\varphi_p(x) = \sum_{m=0}^{p} \frac{p!\,(p+1)!}{(p-m)!\,(p+m+1)!}(2m+1)\,\lambda_m L_m(x) \tag{16}$$

$$= (p+1)\sum_{m=0}^{p} \lambda_{p,m}\lambda_{p,m}(x)$$

als Darstellung des Polynoms (11) durch Legendresche Polynome. Man erhält hieraus wegen der Orthogonalität der Legendreschen Polynome

$$\int_0^1 L_m(x)\,\varphi_p(x)\,dx = \frac{p!\,(p+1)!}{(p-m)!\,(p+m+1)!}\lambda_m$$
$$= \frac{p(p-1)\ldots(p-m+1)}{(p+2)(p+3)\ldots(p+m+1)}\lambda_m,$$

was mit $p\to\infty$ nach λ_m konvergiert und abermals die Formel (9) beweist. Die Reihe

$$(17)\qquad u_0+u_1+u_2+\ldots=\lambda_0 L_0(x)+3\lambda_1 L_1(x)+5\lambda_2 L_2(x)+\ldots$$

ist die Legendresche Reihe der *Belegungsfunktion* $\chi(x)$, wenn

$$\lambda_m=\int_0^1 L_m(x)\,d\chi(x),$$

resp. der *Dichtigkeitsfunktion* $\varphi(x)$, wenn $\chi(x)=\int^x \varphi(x)\,dx$ ein Integral und

$$\lambda_m=\int_0^1 L_m(x)\,\varphi(x)\,dx$$

ist. Von der Reihe (17) ist nun

$$\varphi_p(x)=\sum_{m=0}^{p}\frac{p!\,(p+1)!}{(p-m)!\,(p+m+1)!}u_m$$
$$=u_0+\frac{p}{p+2}u_1+\frac{p(p-1)}{(p+2)(p+3)}u_2+\ldots+\frac{p!\,(p+1)!}{(2p+1)!}u_p$$

die nach der Methode des Herrn de la Vallée Poussin[9]) gebildete p-te Summe, und die Formel (10) läßt sich also so aussprechen: die aus (17) durch gliedweise Integration hervorgehende Reihe

$$(18)\qquad \lambda_0\int_0^x L_0(x)\,dx+3\lambda_1\int_0^x L_1(x)\,dx+5\lambda_2\int_0^x L_2(x)\,dx+\ldots$$

ist nach de la Vallée Poussin summierbar und liefert als Summe die Belegungsfunktion $\chi(x)$ mit den vorgeschriebenen (eine total monotone Folge bildenden) Momenten μ_k.

---

[9]) Ch.-J. de la Vallée Poussin: Sur l'approximation des fonctions d'une variable réelle et de leurs dérivées par des polynômes et des suites limitées de Fourier, Bull. classe des sciences Acad. Roy. Belg., 1908, S. 193—254. Unsere von der dortigen unwesentlich abweichende Erklärung der Summe findet sich auch bei M. Plancherel: Sur la sommation des séries de Laplace et de Legendre, Rend. Palermo **33** (1912), S. 41—66.

Dritte Lösung. Man kann die zweite Lösung so modifizieren, daß man mit Cesàroscher oder Hölderscher Summation der Reihe (18) zum Ziele kommt. Es bedeute

$$S^\alpha u_n = u_n + \binom{\alpha}{1} u_{n-1} + \binom{\alpha+1}{2} u_{n-2} + \cdots + \binom{\alpha+n-1}{n} u_0$$

die Cesàrosche Summe α-ter Ordnung der Folge u_n. Herr Fejér[10]) hat bewiesen, daß

$$S^3 (2n+1) P_n(\zeta) \geqq 0,$$

wenn ζ im Intervall $[-1, 1]$ liegt, und aus (13), (14) schließt man, daß auch

$$S^3 (2n+1) P_n(\xi) P_n(\eta) \geqq 0,$$

wenn ξ, η im Intervall $[-1, 1]$ liegen. D. h. die Cesàroschen Mittel zweiter Ordnung der Partialsummen der Reihe

$$\Sigma (2n+1) L_n(x) L_n(y)$$

sind $\geqq 0$, falls x, y dem Intervall $[0, 1]$ angehören; es sind dies die Polynome

$$\varphi_p(x, y) = \sum_{m=0}^{p} \frac{(p-m+1)(p-m+2)}{(p+1)(p+2)} (2m+1) L_m(x) L_m(y). \tag{19}$$

Wenn also die Folge μ_n total monoton ist, so sind die Momente dieser Polynome nach y, d. h. die Polynome

$$\varphi_p(x) = \sum_{m=0}^{p} \frac{(p-m+1)(p-m+2)}{(p+1)(p+2)} (2m+1) \lambda_m L_m(x) \tag{20}$$

nicht negativ, die Polynome (12) $\chi_p(x) = \int_0^x \varphi_p(x)\,dx$ monoton, und da $(p \geqq m)$

$$\int_0^1 L_m(x)\,d\chi_p(x) = \int_0^1 L_m(x)\,\varphi_p(x)\,dx = \frac{(p-m+1)(p-m+2)}{(p+1)(p+2)} \lambda_m$$

für $p \to \infty$ nach λ_m konvergiert, so bleibt (9) auch hier gültig. Die gleichmäßige Beschränktheit der $\chi_p(x)$ — wegen $\chi_p(0) = 0$, $\chi_p(1) = \lambda_0 = \mu_0$ — führt wieder zu (10), die Reihe (18) ist nach Cesàro oder Hölder von zweiter Ordnung summierbar und liefert als Summe die Belegungsfunktion $\chi(x)$, auch an den Sprungstellen, wie sich sofort ergeben wird.

In Wahrheit ist die Reihe (18) sogar konvergent. Bezeichnen wir die mit der *Dichtigkeitsfunktion* $\chi(x)$ gebildeten Momente durch einen Stern, so daß (3) die Gestalt

$$Mf = \mu_0 f(1) - M^* f'$$

[10]) Fejér, L.: Über die Laplacesche Reihe, Math. Ann. 67 (1909), S. 76—109.

annimmt, so erhalten wir für $m \geqq 1$ und

$$f(x) = \frac{1}{2} L_{m+1}(x) - \frac{1}{2} L_{m-1}(x) = (2m+1)\int_0^x L_m(x)\,dx:$$

$$\frac{1}{2}(\lambda_{m+1} - \lambda_{m-1}) = -(2m+1)\lambda_m^*$$

und daraus durch eine einfache Rechnung

$$\sum_{m=0}^{p} (2m+1)\lambda_m \int_0^x L_m(x)\,dx = \sum_{m=0}^{p}(2m+1)\lambda_m^* L_m(x) + \frac{1}{2}\lambda_p L_{p+1}(x) + \frac{1}{2}\lambda_{p+1} L_p(x).$$

Wegen $|L_p(x)| \leqq 1$ ist $|\lambda_p| \leqq \mu_0$ beschränkt. Ist x ein innerer Punkt des Intervalls $(0 < x < 1)$, so ist $L_p(x) \to 0$, die beiden Zusatzglieder rechts konvergieren nach 0. Bekanntlich ist ferner die Legendresche Reihe

$$\sum_{m=0}^{\infty}(2m+1)\lambda_m^* L_m(x)$$

der monotonen Dichtigkeitsfunktion $\chi(x)$ in jedem innern Punkte konvergent[11]) mit der Summe $\frac{1}{2}\chi(x-0) + \frac{1}{2}\chi(x+0) = \chi(x)$. Also ist auch

$$\sum_{m=0}^{\infty}(2m+1)\lambda_m \int_0^x L_m(x)\,dx = \chi(x)$$

in inneren Punkten, überdies auch für $x = 0$ und $x = 1$.

Die Belegungsfunktion $\chi(x)$, deren Existenz durch den Satz I gesichert ist, ist also einfach die Summe der Reihe (18).

§ 2.

$\chi(x)$ von beschränkter Schwankung.

Soll das Momentproblem (1) durch eine reelle Funktion beschränkter Schwankung

$$\chi(x) = \chi^1(x) - \chi^2(x)$$

($\chi^1(x)$, $\chi^2(x)$ monoton, d. h. mit wachsendem x nicht abnehmend) lösbar sein, so erhält man mit evidenter Bezeichnung

$$\lambda_{p,m} = \lambda_{p,m}^1 - \lambda_{p,m}^2,$$

$$\sum_{m=0}^{p}|\lambda_{p,m}| \leqq \sum_{m=0}^{p}\lambda_{p,m}^1 + \sum_{m=0}^{p}\lambda_{p,m}^2 = \mu_0^1 + \mu_0^2,$$

---

[11]) Da ihre Glieder, wie leicht zu sehen, $= O\left(\frac{1}{m}\right)$ sind, kann man aus ihrer Summierbarkeit irgendwelcher Ordnung auf Konvergenz, sogar auf Summierbarkeit negativer Ordnung > -1 schließen (Satz von Hardy-Littlewood).

also

$$\text{(B)} \qquad \sum_{m=0}^{p} |\lambda_{p,m}| \text{ beschränkt } \leqq L.$$

Daß diese notwendige Bedingung auch hinreichend ist, geht aus folgenden Schlüssen hervor.

Zunächst folgt aus (6), (7), wenn p so groß gewählt wird, daß $\left|a_m - f\left(\frac{m}{p}\right)\right| < \varepsilon$:

$$\left|Mf - \sum_{m=0}^{p} f\left(\frac{m}{p}\right)\lambda_{p,m}\right| \leqq \varepsilon \sum_{m=0}^{p} |\lambda_{p,m}| \leqq \varepsilon L,$$

so daß auch hier die Limesgleichung (8) besteht. Nun setze man

$$\lambda'_{p,m} = \frac{1}{2}|\lambda_{p,m}| + \frac{1}{2}\lambda_{p,m}, \qquad \lambda''_{p,m} = \frac{1}{2}|\lambda_{p,m}| - \frac{1}{2}\lambda_{p,m};$$

diese Zahlen sind $\geqq 0$ (jedoch noch nicht etwa die mit monotonen Funktionen gebildeten Momente von $\lambda_{p,m}(x)$!). Sodann seien $\chi'_p(x)$, $\chi''_p(x)$ die monotonen Treppenfunktionen, die an den Stellen $\frac{m}{p}$ $(m = 0, \ldots, p)$ die Sprünge $\lambda'_{p,m}$, $\lambda''_{p,m}$ machen und der Normierung (2) genügen; sie sind wegen (B) gleichmäßig beschränkt. Ihre Differenz $\chi_p(x) = \chi'_p(x) - \chi''_p(x)$ ist eine Treppenfunktion, die an den Stellen $\frac{m}{p}$ die Sprünge $\lambda_{p,m}$ macht und folglich (9) erfüllt. Nach dem Hellyschen Auswahlsatz kann man nun eine Folge natürlicher Zahlen q bestimmen derart, daß $\chi'_q(x)$, $\chi''_q(x)$ nach monotonen Funktionen $\chi'(x)$, $\chi''(x)$ konvergieren, wobei $\chi_q(x)$ nach der Funktion beschränkter Schwankung $\chi(x) = \chi'(x) - \chi''(x)$ konvergiert; aus

$$\int_0^1 f(x)\, d\chi'_q(x) \to \int_0^1 f(x)\, d\chi'(x)$$

usw. schließt man dann wie oben, daß $\chi(x)$ Lösung des Momentproblems ist und (10) besteht. Also:

II. *Die Zahlen μ_n sind dann und nur dann die Momente einer Belegungsfunktion $\chi(x)$ von beschränkter Schwankung, wenn die Bedingung* (B) *besteht.*

Beiläufig ergibt sich, daß eine reelle Zahlenfolge μ_n mit der Eigenschaft (B) Differenz von zwei total monotonen Zahlenfolgen ist[12]). Satz II gilt offenbar auch für komplexe Zahlenfolgen μ_n.

Daß man $\chi(x)$ statt durch Treppenfunktionen auch durch die andern approximierenden Belegungsfunktionen des § 1 darstellen kann, bedarf keiner Erwähnung.

---

[12]) A. a. O. [3]) habe ich erst dies bewiesen und daraus Satz II gefolgert.

§ 3.

$'\chi(x)$ ein Integral.

Ist $\chi(x)=\int_0^x \varphi(x)\,dx$ ein Integral (hier und weiterhin im Lebesgueschen Sinne), so nimmt das Momentproblem (1) die Gestalt

$$\int_0^1 f(x)\,\varphi(x)\,dx = Mf \tag{21}$$

an; diese Gleichung soll für jedes Polynom $f(x)$ gelten.

Zur Lösbarkeit durch eine integrable Funktion $\varphi(x)$ ist die Bedingung (B) des vorigen Paragraphen notwendig, aber nicht hinreichend. Indem wir diese Frage bis zum Schluß des gegenwärtigen Paragraphen zurückstellen, gehen wir sogleich zu der verschärften Forderung über, daß $|\varphi(x)|^\alpha$ integrabel sein soll, wo α eine feste Zahl >1 ist; $\beta>1$ sei die mit α durch

$$\frac{1}{\alpha}+\frac{1}{\beta}=1, \qquad \alpha+\beta=\alpha\beta$$

verknüpfte Zahl. Zur Abkürzung setzen wir

$$J_\alpha(\varphi)=\left[\int_0^1 |\varphi(x)|^\alpha\,dx\right]^{\frac{1}{\alpha}} \tag{22}$$

($J_\alpha(\varphi)$ endlich oder ∞, je nachdem $|\varphi|^\alpha$ integrabel ist oder nicht). Es sei an die bekannten Ungleichungen

$$J_\alpha(\varphi+\psi)\leqq J_\alpha(\varphi)+J_\alpha(\psi) \qquad \text{(Minkowski)}, \tag{23}$$

$$\int_0^1 |\varphi(x)\,\psi(x)|\,dx \leqq J_\alpha(\varphi)\,J_\beta(\psi) \qquad \text{(Hölder)} \tag{24}$$

erinnert; ein spezieller Fall der zweiten ist

$$\left[\int_0^1 \lambda(x)\,|\varphi(x)|\,dx\right]^\alpha \leqq \int_0^1 \lambda(x)\,|\varphi(x)|^\alpha\,dx \tag{25}$$

$$\left(\lambda(x)\geqq 0,\ \int_0^1 \lambda(x)\,dx=1\right),$$

den man erhält, wenn man in (24) φ,ψ durch $\varphi\lambda^{\frac{1}{\alpha}}$, $\lambda^{\frac{1}{\beta}}$ ersetzt. Die analogen Ungleichungen gelten für Summen an Stelle der Integrale.

Soll nun (21) mit endlichem $J_\alpha(\varphi)$ gelten, so folgt nach (25) aus

$$(p+1)\lambda_{p,m}=(p+1)\int_0^1 \lambda_{p,m}(x)\,\varphi(x)\,dx, \quad (p+1)\int_0^1 \lambda_{p,m}(x)\,dx=1:$$

$$|(p+1)\lambda_{p,m}|^\alpha \leqq (p+1)\int_0^1 \lambda_{p,m}(x)\,|\varphi(x)|^\alpha\,dx,$$

$$(p+1)^{\alpha-1}\sum_{m=0}^{p}|\lambda_{p,m}|^\alpha \leqq \int_0^1 |\varphi(x)|^\alpha\,dx,$$

also

(C) $$(p+1)^{\alpha-1}\sum_{m=0}^{p}|\lambda_{p,m}|^\alpha \text{ beschränkt } \leqq L^\alpha.$$

Diese Bedingung wird sich auch als hinreichend erweisen. Die linke Seite von (C) nimmt übrigens mit wachsendem p nicht ab. Denn die $\lambda_{p,m}$ genügen der leicht beweisbaren Rekursionsformel

$$(p+1)\lambda_{p,m} = (p+1-m)\lambda_{p+1,m} + (m+1)\lambda_{p+1,m+1};$$

schreibt man

$$\frac{p+1}{p+2}\lambda_{p,m} = \frac{p+1-m}{p+2}\lambda_{p+1,m} + \frac{m+1}{p+2}\lambda_{p+1,m+1},$$

so folgt nach der zu (25) analogen Summenformel

$$\left(\frac{p+1}{p+2}\right)^\alpha |\lambda_{p,m}|^\alpha \leqq \frac{p+1-m}{p+2}|\lambda_{p+1,m}|^\alpha + \frac{m+1}{p+2}|\lambda_{p+1,m+1}|^\alpha$$

und daraus durch Summation die Behauptung. (C) kann also durch die Forderung ersetzt werden, daß die linke Seite für $p\to\infty$ einen endlichen Grenzwert

$$L^\alpha \leqq \int_0^1 |\varphi(x)|^\alpha dx$$

habe. Übrigens gilt dies auch für $\alpha = 1$, d. h. die linke Seite von (B) nimmt mit wachsendem p nicht ab und hat, wenn sie beschränkt ist, einen endlichen Grenzwert.

Nehmen wir nun (C) in dieser Weise (d. h. mit der kleinstmöglichen Zahl L) als erfüllt an, so ist wegen

$$\sum_{m=0}^{p}|\lambda_{p,m}| \leqq \Big[\sum_{m=0}^{p}|\lambda_{p,m}|^\alpha\Big]^{\frac{1}{\alpha}}\Big[\sum_{m=0}^{p}1^\beta\Big]^{\frac{1}{\beta}} \leqq L$$

auch (B) erfüllt und die μ_n sind die Momente einer Belegungsfunktion $\chi(x)$, von der zu zeigen bleibt, daß sie das Integral einer in α-ter Potenz integrablen Dichtigkeitsfunktion $\varphi(x)$ ist. Hierzu entlehnen wir den Hilfssatz (F. Riesz, a. a. O. [4]), S. 462):

Für $\alpha > 1$ ist $\chi(x)$ dann und nur dann das Integral einer Funktion $\varphi(x)$ mit integrablem $|\varphi(x)|^\alpha$, wenn das Hellingersche *Integral* $\int_0^1 \frac{|d\chi(x)|^\alpha}{dx^{\alpha-1}}$, *d. i. die obere Grenze der Summen*

$$\sum_{i=1}^{n}\frac{|\chi(x_i)-\chi(x_{i-1})|^\alpha}{(x_i-x_{i-1})^{\alpha-1}} \quad (0 = x_0 < x_1 < \ldots < x_{n-1} < x_n = 1)$$

für alle Intervallteilungen, endlich ist; dies Integral ist dann gleich $\int_0^1 |\varphi(x)|^\alpha dx$.

Sei nun $f(x)$ ein Polynom; nach der Hölderschen Summenformel ist

$$\left|\sum_{m=0}^{p} \lambda_{p,m} f\left(\frac{m}{p}\right)\right| \leqq \left[\sum_{m=0}^{p} |\lambda_{p,m}|^\alpha\right]^{\frac{1}{\alpha}} \left[\sum_{m=0}^{p} \left|f\left(\frac{m}{p}\right)\right|^\beta\right]^{\frac{1}{\beta}}$$

$$\leqq L\left[\frac{1}{p+1}\sum_{m=0}^{p} \left|f\left(\frac{m}{p}\right)\right|^\beta\right]^{\frac{1}{\beta}}$$

und für $p \to \infty$ wegen (8)

$$(26) \qquad |Mf| \leqq L\left[\int_0^1 |f(x)|^\beta dx\right]^{\frac{1}{\beta}} = L J_\beta(f).$$

Hiermit könnte übrigens unsere Aufgabe als erledigt gelten, da nach Herrn F. Riesz (a. a. O. [4]), § 8, S. 470) dies gerade die notwendige und hinreichende Bedingung für Lösbarkeit des Gleichungssystems

$$\mu_k = \int_0^1 x^k \varphi(x) dx \qquad (k = 0, 1, 2, \ldots)$$

durch ein in α-ter Potenz integrables $\varphi(x)$ ist. Um den Beweis mit unseren Mitteln kurz zu Ende zu führen, verwenden wir etwa die zweite Lösung in § 1, d. h. die Darstellung von $\chi(x)$ durch die Formeln (10), (11), (12). Mit einer beliebigen Intervallteilung $(0 = x_0 < \ldots < x_n = 1)$ und beliebigen Konstanten $c_1, c_2, \ldots, c_n$ bilden wir das Polynom

$$(27) \quad f(x) = \sum_{i=1}^{n} c_i f_i(x), \qquad f_i(x) = (p+1) \sum_{m=0}^{p} \lambda_{p,m}(x) \int_{x_{i-1}}^{x_i} \lambda_{p,m}(x) dx$$

mit dem Moment

$$Mf = \sum_{i=1}^{n} c_i [\chi_p(x_i) - \chi_p(x_{i-1})].$$

Da nun $f_i(x) > 0$ und

$$\sum_{i=1}^{n} f_i(x) = (p+1) \sum_{m=0}^{p} \lambda_{p,m}(x) \int_0^1 \lambda_{p,m}(x) dx = 1,$$

$$\int_0^1 f_i(x) dx = \sum_{m=0}^{p} \int_{x_{i-1}}^{x_i} \lambda_{p,m}(x) dx = x_i - x_{i-1},$$

so folgt nach der zu (25) analogen Summenformel

$$|f(x)|^\beta \leqq \sum_{i=1}^{n} |c_i|^\beta f_i(x)$$

und (26) liefert

$$\left|\sum_{i=1}^{n} c_i[\chi_p(x_i)-\chi_p(x_{i-1})]\right|^\beta \leqq L^\beta \sum_{i=1}^{n} |c_i|^\beta (x_i - x_{i-1}),$$

also für $p \to \infty$

(28) $$\left|\sum_{i=1}^{n} c_i[\chi(x_i)-\chi(x_{i-1})]\right|^\beta \leqq L^\beta \sum_{i=1}^{n} |c_i|^\beta (x_i - x_{i-1}).$$

Setzt man insbesondere

$$c_i = \left|\frac{\chi(x_i)-\chi(x_{i-1})}{x_i - x_{i-1}}\right|^{\alpha-1} \overline{sg}\,[\chi(x_i)-\chi(x_{i-1})],$$

so erhält man

$$\sum_{i=1}^{n} \frac{|\chi(x_i)-\chi(x_{i-1})|^\alpha}{(x_i - x_{i-1})^{\alpha-1}} \leqq L^\alpha$$

für jede Intervallteilung, das Hellingersche Integral des obigen Hilfssatzes ist endlich und demnach $\chi(x) = \int_0^x \varphi(x)\,dx$ mit

$$\int_0^1 |\varphi(x)|^\alpha dx \leqq L^\alpha,$$

welche Ungleichung zusammen mit der früher gefundenen in eine Gleichung übergeht. Also:

III. *Die Zahlen* μ_n *sind dann und nur dann die Momente einer in* α*-ter Potenz* ($\alpha > 1$) *integrablen Dichtigkeitsfunktion* $\varphi(x)$, *wenn die Bedingung* (C) *besteht.*

Die linke Seite von (C) konvergiert dann für $p \to \infty$ zunehmend nach $\int_0^1 |\varphi(x)|^\alpha dx$.

Als Grenzfall ($\alpha \to \infty$, $\beta \to 1$) können wir den Fall einer ***beschränkten*** Dichtigkeitsfunktion $\varphi(x)$ ansehen. Für $|\varphi(x)| \leqq L$ ergibt sich als notwendige Bedingung

$$|\lambda_{p,m}| \leqq L \int_0^1 \lambda_{p,m}(x)\,dx = \frac{L}{p+1},$$

(D) $$(p+1)\,|\lambda_{p,m}| \text{ beschränkt } \leqq L.$$

Sie ist auch hinreichend. Denn ist sie erfüllt, so wird

$$\left|\sum_{m=0}^{p} \lambda_{p,m} f\left(\frac{m}{p}\right)\right| \leqq \frac{L}{p+1} \sum_{m=0}^{p} \left|f\left(\frac{m}{p}\right)\right|,$$

$$|Mf| \leqq L \int_0^1 |f(x)|\,dx = L\,J_1(f),$$

die Formel (26) für $\beta = 1$. Dieselben Schlüsse wie oben führen zu (28) für $\beta = 1$, speziell

$$|\chi(\eta) - \chi(\xi)| \leqq L|\eta - \xi|,$$

d. h. $\chi(x)$ hat beschränkte Differenzenquotienten und ist $= \int_0^x \varphi(x)\,dx$ mit $|\varphi(x)| \leqq L$ (man setze $\varphi(x) = \chi'(x)$, wo diese Ableitung existiert, sonst $= 0$). Also:

IV. *Die Zahlen* μ_n *sind dann und nur dann die Momente einer beschränkten Dichtigkeitsfunktion* $\varphi(x)$, *wenn die Bedingung* (D) *besteht.*

Noch einfacher schließt man bei reellen Momenten direkt aus (A):

$$a \leqq (p+1)\lambda_{p,m} \leqq b$$

ist die notwendige und hinreichende Bedingung dafür, daß $\chi(x) - ax$ und $bx - \chi(x)$ monoton seien, d. h. die Differenzenquotienten von $\chi(x)$ zwischen a und b liegen, oder daß $\chi(x) = \int_0^x \varphi(x)\,dx$ mit $a \leqq \varphi(x) \leqq b$.

Man kann diese Betrachtungen noch weiterführen, nämlich der Dichtigkeitsfunktion $\varphi(x)$ die Forderungen auferlegen, die bisher an die Belegungsfunktion gestellt wurden: $\varphi(x)$ monoton, von beschränkter Schwankung usw. Dazu braucht man nur die bisherigen Bedingungen in den (durch (3) definierten) Momenten μ_n^* der Dichtigkeitsfunktion $\chi(x)$ auszudrücken und dann $\chi(x)$ durch $\varphi(x)$, also die μ_n^* durch die μ_n zu ersetzen. Beispielsweise ergibt sich

$$\text{(E)} \qquad (p+1)\sum_{m=1}^{p} |\lambda_{p,m} - \lambda_{p,m-1}| \text{ beschränkt}$$

als notwendige und hinreichende Bedingung dafür, daß die μ_n die Momente einer *Dichtigkeitsfunktion* $\varphi(x)$ *von beschränkter Schwankung* seien.

Von größerem Interesse ist der entgegengesetzte Grenzfall ($\alpha \to 1$, $\beta \to \infty$) einer schlechthin (bloß in erster Potenz) integrablen Dichtigkeitsfunktion $\varphi(x)$. Die Bedingung (C) für $\alpha = 1$, nämlich (B), ist dafür nur notwendig, nicht hinreichend; sie sichert zwar die Lösbarkeit des Momentproblems durch eine Belegungsfunktion $\chi(x)$ von beschränkter Schwankung, aber nicht durch ein Integral.

Wir bemerkten, daß die linke Seite von (B), falls beschränkt, zunehmend nach einem Grenzwert L konvergiert. Dieser ist gleich der absoluten Variation $\int_0^1 |d\chi(x)|$ der Belegungsfunktion. In der Tat hat man[13])

[13]) $\int_0^1 f|d\chi|$ bedeutet das Stieltjesintegral $\int_0^1 f\,d\psi$ mit der monotonen Funktion $\psi(x) = \int_0^x |d\chi|$, und $\int_0^1 |d\chi|$ das obige Hellingerintegral für $\alpha = 1$.

$$|\lambda_{p,m}| \leqq \int_0^1 |\lambda_{p,m}(x)|\,|d\chi(x)|, \qquad \sum_{m=0}^{p} |\lambda_{p,m}| \leqq \int_0^1 |d\chi(x)|,$$

$$L \leqq \int_0^1 |d\chi(x)|.$$

Andererseits ist wegen (B)

$$\Big|\sum_{m=0}^{p} \lambda_{p,m} f\Big(\frac{m}{p}\Big)\Big| \leqq L \max |f(x)|,$$

an Stelle von (26) tritt

$$|Mf| \leqq L \max |f(x)|,$$

und speziell für das Polynom (27), für das

$$|f(x)| \leqq \max |c_i|,$$

ergibt sich wie oben an Stelle von (28)

$$\Big|\sum_{i=1}^{n} c_i [\chi(x_i) - \chi(x_{i-1})]\Big| \leqq L \max |c_i|,$$

insbesondere

$$\sum_{i=1}^{n} |\chi(x_i) - \chi(x_{i-1})| \leqq L, \qquad \int_0^1 |d\chi(x)| \leqq L,$$

also

$$\int_0^1 |d\chi(x)| = L = \lim_{p\to\infty} \sum_{m=0}^{p} |\lambda_{p,m}|. \tag{29}$$

Dies vorausgeschickt, beweisen wir:

(α) Sind die Funktionen $\chi_p(x) = \int_0^x \varphi_p(x)\,dx$ Integrale $(p = 1, 2, \ldots)$, $\chi(x)$ von beschränkter Schwankung, und besteht

$$\int_0^1 |d\chi - d\chi_p| \to 0, \tag{30}$$

so ist auch $\chi(x)$ ein Integral.

Ist nämlich $\int_0^1 |d\chi - d\chi_p| < \varepsilon$, so erhält man für jede Intervallmenge $0 \leqq \xi_1 < \eta_1 \leqq \xi_2 < \eta_2 \leqq \ldots \leqq \xi_n < \eta_n \leqq 1$

$$\Big|\sum_{i=1}^{n} [\chi(\eta_i) - \chi(\xi_i)] - \sum_{i=1}^{n} [\chi_p(\eta_i) - \chi_p(\xi_i)]\Big| < \varepsilon.$$

Die Variationen beider Funktionen in jeder endlichen oder abzählbaren Intervallmenge, also in jeder meßbaren Menge, unterscheiden sich um nicht mehr als ε; die Variation von $\chi(x)$ in jeder Nullmenge ist $< \varepsilon$, also Null, d. h. $\chi(x)$ ist total stetig und daher ein Integral.

(β) Ist $\chi(x) = \int_0^x \varphi(x)\,dx$ ein Integral, so gilt für die approximierenden Belegungsfunktionen $\chi_p(x)$ der dritten (übrigens auch der zweiten) Lösung aus § 1 die Relation (30).

Wir haben die Formeln (19) und (20) anzuwenden; die letztere lautet

$$\varphi_p(x) = \int_0^1 \varphi_p(x, y)\,\varphi(y)\,dy.$$

Wegen $\varphi_p(x, y) \geqq 0$ ist

$$|\varphi_p(x)| \leqq \int_0^1 \varphi_p(x, y)\,|\varphi(y)|\,dy,$$

$$\int_0^1 |\varphi_p(x)|\,dx \leqq \int_0^1 |\varphi(y)|\,dy \int_0^1 \varphi_p(x, y)\,dx = \int_0^1 |\varphi(x)|\,dx.$$

Nach Herrn Fejér (a. a. O. [10])) konvergieren für eine stetige Funktion $\psi(x)$ die Cesàroschen Mittel zweiter Ordnung der Partialsummen ihrer Legendrereihe gleichmäßig nach $\psi(x)$, d. h. gleichmäßig

$$\psi_p(x) = \int_0^1 \varphi_p(x, y)\,\psi(y)\,dy \to \psi(x)$$

und um so mehr

$$\int_0^1 |\psi - \psi_p|\,dx \to 0.$$

Wählt man zu der integrablen Funktion $\varphi(x)$ eine stetige $\psi(x)$ mit $\int_0^1 |\varphi - \psi|\,dx < \varepsilon$, so erhält man

$$\int_0^1 |\varphi - \varphi_p|\,dx \leqq \int_0^1 |\varphi - \psi|\,dx + \int_0^1 |\psi - \psi_p|\,dx + \int_0^1 |\psi_p - \varphi_p|\,dx$$

$$\leqq 2\int_0^1 |\varphi - \psi|\,dx + \int_0^1 |\psi - \psi_p|\,dx,$$

also für $p \to \infty$: $\overline{\lim} \int_0^1 |\varphi - \varphi_p|\,dx < 2\varepsilon$, d. h. $\int_0^1 |\varphi - \varphi_p|\,dx \to 0$ oder (30). Demnach wird

$$\int_0^1 |d\chi - d\chi_q| \to 0$$

die notwendige und hinreichende Bedingung dafür, daß $\chi(x)$ ein Integral sei, wobei $\chi_q(x) = \int_0^x \varphi_q(x)\,dx$ und $\varphi_q(x)$ durch (20) erklärt ist. Wegen (29) können wir diese Bedingung so schreiben:

$$(\mathrm{B}^*) \qquad \lim_q \lim_p \sum_{m=0}^{p} |\lambda_{p,m} - \lambda_{p,m,q}| = 0, \qquad \lambda_{p,m,q} = \int_0^1 \lambda_{p,m}(x)\,\varphi_q(x)\,dx,$$

und den Satz aussprechen (da offenbar (B) eine Folge von (B*) ist):

16*

II*. *Die Zahlen μ_n sind dann und nur dann die Momente einer integrablen Dichtigkeitsfunktion $\varphi(x)$, wenn die Bedingung* (B*) *besteht.*

Hierzu vgl. Zusatz (α) am Schluß.

Das Fouriersche Momentproblem.

§ 4.

Ist t eine reelle Veränderliche, $\chi(t)$ im Intervall $0 \leqq t \leqq 2\pi$ von beschränkter Schwankung, so heißen die durch Stieltjesintegrale definierten Zahlen

$$\mu_k = \frac{1}{2\pi}\int_0^{2\pi} e^{-ikt} d\chi(t) \qquad (k = 0, \pm 1, \pm 2, \ldots)$$

die trigonometrischen Momente oder Fourierkoeffizienten der *Belegungsfunktion* $\chi(t)$; ist $\chi(t) = \int^t \varphi(t)dt$, so heißen dieselben Zahlen

$$\mu_k = \frac{1}{2\pi}\int_0^{2\pi} e^{-ikt}\varphi(t)dt$$

die Momente oder Koeffizienten der *Dichtigkeitsfunktion* $\varphi(t)$. Wir denken uns $\chi(t)$ über das Intervall $[0, 2\pi]$ hinaus durch

$$\chi(t+2\pi) - \chi(t) = \chi(2\pi) - \chi(0)$$

fortgesetzt, entsprechend $\varphi(t)$ periodisch, so daß die Integrale $\int_0^{2\pi}$ durch $\int_\alpha^{\alpha+2\pi}$ ersetzt werden können und die Stellen $0, 2\pi$ keine besondere Rolle spielen. Wiederum sei die Normierung vorgeschrieben

$$\chi(0) = 0, \qquad \chi(t) = \frac{1}{2}\chi(t-0) + \frac{1}{2}\chi(t+0).$$

Jedem trigonometrischen Polynom

$$f(t) = \sum_{k=-n}^{n} \alpha_k e^{ikt}$$

ordnen wir bei vorgegebenen μ_k sein Moment

$$Mf = \sum_{k=-n}^{n} \alpha_k \mu_{-k}$$

zu; das Momentproblem verlangt, die für jedes Polynom gültigen Gleichungen

(31) $$\frac{1}{2\pi}\int_0^{2\pi} f(t)d\chi(t) = Mf$$

durch eine Belegungsfunktion $\chi(t)$ zu erfüllen. Es gibt höchstens eine Lösung, denn setzt man

$$\omega(t) = \int_0^t \chi(t)\,dt - ct, \qquad c = \frac{1}{2\pi}\int_0^{2\pi} \chi(t)\,dt,$$

so folgt durch partielle Integration, weil $\omega(0) = \omega(2\pi) = 0$,

$$2\pi Mf = f(0)[\chi(2\pi) - \chi(0)] - \int_0^{2\pi} f'(t)[\chi(t) - c]\,dt$$

$$= f(0)\cdot 2\pi\mu_0 + \int_0^{2\pi} f''(t)\,\omega(t)\,dt.$$

Es sind also bei vorgeschriebenen μ_k alle Fourierkonstanten $\left(\text{bis auf } \frac{1}{2\pi}\int_0^{2\pi}\omega(t)\,dt\right)$ der periodischen stetigen Dichtigkeitsfunktion $\omega(t)$, sowie $\omega(0) = 0$ bekannt, dadurch ist $\omega(t)$ eindeutig und $\chi(t) = \omega'(t) + c$ an jeder Stetigkeitsstelle von $\chi(t)$ bis auf die Konstante c bekannt; durch die Normierung wird $\chi(t)$ sodann überall eindeutig bestimmt.

Zur Existenz einer monotonen Belegungsfunktion $\chi(t)$ ist notwendig, daß jedes Polynom $f(t) \geqq 0$ ein Moment $Mf \geqq 0$ habe. Das Analogon zur Stieltjesschen Lösung des gewöhnlichen Momentproblems nimmt hier folgende, als Toeplitzsches Kriterium für das Carathéodorysche Problem[14]) bekannte Form an: man hat, da sich jedes Polynom $\geqq 0$ in der Gestalt $|f(t)|^2$ mit

$$f(t) = \sum_{k=0}^{n} \alpha_k e^{ikt}$$

darstellen läßt, die Bedingung, daß die Hermiteschen Formen

$$M\,|f(t)|^2 = \sum_{h,k=0}^{n} \alpha_h \bar{\alpha}_k \mu_{k-h}$$

der komplexen Variablen $\alpha_0, \ldots, \alpha_n$ nichtnegativ seien. Man gelangt so wieder zu approximierenden Treppenfunktionen $\chi_p(t)$, die einen mit p wachsenden Abschnitt der Momentfolge genau ergeben.

Wollen wir dies beiseite lassen und unsere Betrachtungsweise anwenden, so müssen wir uns zunächst, analog zu den $\lambda_{p,m}(x)$, ein einfaches System nichtnegativer (trigonometrischer) Polynome verschaffen, die jedes

---

[14]) Carathéodory, C.: Über den Variabilitätsbereich der Fourierschen Konstanten von positiven harmonischen Funktionen, Rend. Palermo 32 (1911), S. 193–217; Toeplitz, O.: Über die Fouriersche Entwicklung positiver Funktionen, ib. S. 191–192; Fischer, E.: Über das Carathéodorysche Problem, Potenzreihen mit positivem reellen Teil betreffend, ib. S. 240–256. Vgl. Zusatz (β) am Schluß.

positive Polynom als lineare Verbindung (p-Form) mit positiven Koeffizienten darzustellen gestatten. (Vgl. Zusatz (γ) am Schluß.) Führen wir das nirgends negative Polynom

$$(32)\quad \begin{aligned}\lambda_p(t) &= \left[\sin\frac{p+1}{2}t : (p+1)\sin\frac{1}{2}t\right]^2 \\ &= [p+1+2p\cos t + 2(p-1)\cos 2t + \ldots + 2\cos pt] : (p+1)^2 \\ &= \sum_{k=-p}^{p} \frac{p+1-|k|}{(p+1)^2} e^{ikt}\end{aligned}$$

und die $2p+2$ äquidistanten Teilpunkte (t_0 willkürlich, von p abhängig)

$$t_m = \frac{m\pi}{p+1} + t_0$$

der Kreisperipherie ein, wo m ein volles Restsystem nach $2p+2$ durchläuft (zur Abkürzung unterdrücken wir in der Bezeichnung die Abhängigkeit der t_m von p), so behaupten wir:

Jedes Polynom vom Grade $\leqq p$ läßt sich in der Gestalt

$$(33)\qquad f(t) = \frac{1}{2}\sum_{m=0}^{2p+1} a_m \lambda_p(t - t_m)$$

darstellen und zwar, wenn

$$(34)\qquad \sum_{m=0}^{2p+1} (-1)^m a_m = 0$$

vorgeschrieben wird, nur auf eine Weise.

Man erhält nämlich, wenn man (33) mit

$$f(t) = \sum_{k=-p}^{p} \alpha_k e^{ikt}$$

vergleicht, die Bedingungen

$$\frac{2(p+1)^2}{p+1-|k|}\alpha_k = \sum_{m=0}^{2p+1} a_m e^{-ikt_m} \qquad (k = -p, \ldots, p),$$

dazu nach (34)

$$0 = \sum_{m=0}^{2p+1} a_m e^{-i(p+1)t_m},$$

ein System nichtverschwindender Determinante, mit der Auflösung

$$(35)\qquad a_m = \sum_{k=-p}^{p} \frac{p+1}{p+1-|k|}\alpha_k e^{ikt_m} \qquad (m = 0, 1, \ldots, 2p+1).$$

Für $f(t) = 1$ erhält man

$$1 = \frac{1}{2}\sum_{m=0}^{2p+1} \lambda_p(t - t_m),$$

überdies ist

$$0 = \sum_{m=0}^{2p+1} (-1)^m \lambda_p (t - t_m),$$

also einzeln

$$\sum_{m=0}^{p} \lambda_p (t - t_{2m}) = \sum_{m=0}^{p} \lambda_p (t - t_{2m+1}) = 1.$$

Ein festes Polynom

$$f(t) = \sum_{k=-n}^{n} \alpha_k e^{ikt}$$

läßt sich für jedes $p \geqq n$ in der Gestalt (33), (34), die seine *p-Form* heiße, darstellen; setzt man für den Augenblick

$$f_p(t) = \sum_{k=-n}^{n} \frac{p+1}{p+1-|k|} \alpha_k e^{ikt},$$

so sind $a_m = f_p(t_m)$ die Koeffizienten der p-Form. Da für $p \to \infty$ gleichmäßig $f_p(t) \to f(t)$, so wird für hinlänglich großes p und alle $m = 0, 1, \ldots, 2p+1$

$$|a_m - f(t_m)| < \varepsilon;$$

für jedes positive Polynom sind also, bei hinreichend großem p, sämtliche Koeffizienten der p-Form positiv[15]).

Die Momente

$$(36) \qquad \lambda_{p,m} = M \lambda_p (t - t_m) = \sum_{k=-p}^{p} \frac{p+1-|k|}{(p+1)^2} \mu_k e^{ikt_m}$$

spielen nun hier genau dieselbe Rolle wie die gleichbenannten Größen des Stieltjesschen Momentproblems (nur ist hier $m = 0, 1, \ldots, 2p+1$). Sie drücken sich übrigens durch die *Fejérschen Mittel*

$$(37) \qquad \varphi_p(t) = \sum_{k=-p}^{p} \frac{p+1-|k|}{p+1} \mu_k e^{ikt}$$

der Partialsummen der Fourierreihe

$$(38) \qquad \mu_0 + (\mu_1 e^{it} + \mu_{-1} e^{-it}) + (\mu_2 e^{2it} + \mu_{-2} e^{-2it}) + \ldots$$

in einfachster Weise aus:

$$(39) \qquad \lambda_{p,m} = \frac{\varphi_p(t_m)}{p+1}.$$

[15]) Für jede stetige periodische Funktion $f(t)$ konvergieren die Polynome $\frac{1}{2} \sum_{m=0}^{2p+1} f(t_m) \lambda_p (t - t_m)$ oder $\sum_{m=0}^{p} f(t_{2m}) \lambda_p (t - t_{2m})$ gleichmäßig nach $f(t)$ (Interpolationsformel von D. Jackson). Analog konvergieren für jede in $0 \leqq x \leqq 1$ stetige Funktion $f(x)$ die S. Bernsteinschen Polynome $\sum_{m=0}^{p} f\left(\frac{m}{p}\right) \lambda_{p,m}(x)$ gleichmäßig nach $f(x)$.

Soll eine monotone Belegungsfunktion existieren, so erhalten wir die notwendige Bedingung

(A) $$(p+1)\lambda_{p,m} = \varphi_p(t_m) \geqq 0.$$

Auf Grund der Eigenschaften der p-Form schließen wir, wenn (A) erfüllt ist, daß das Moment

(40) $$Mf = \frac{1}{2}\sum_{m=0}^{2p+1} a_m \lambda_{p,m}$$

jedes positiven, folglich auch jedes nichtnegativen Polynoms $\geqq 0$ ist und daß $\left(\text{unter Beachtung von } \frac{1}{2}\sum_{m=0}^{2p+1}\lambda_{p,m} = \mu_0\right)$ wieder

(41) $$\frac{1}{2}\sum_{m=0}^{2p+1} f(t_m)\lambda_{p,m} \to Mf.$$

Erste Lösung. Ist $\chi_p(t)$ die monotone Treppenfunktion[16]), die an den Stellen t_m die Sprünge $\pi\lambda_{p,m}$ macht $(m = 0, \ldots, 2p+1)$ und die übliche Normierung hat, so geht (41) über in

(42) $$\frac{1}{2\pi}\int_0^{2\pi} f(t)\,d\chi_p(t) \to Mf$$

und man erhält wie in § 1 die (auch an den Sprungstellen gültige) Lösung

(43) $$\chi(t) = \lim \chi_p(t),$$

womit (A) als hinreichend erkannt ist.

Zweite Lösung. Diese ist das unmittelbare Analogon zur dritten Lösung des § 1; sie arbeitet mit der Fourierreihe wie jene mit der Legendrereihe. Auf Grund von (A) ist auch (τ reell)

$$M\lambda_p(t-\tau) = \sum_{k=-p}^{p} \frac{p+1-|k|}{(p+1)^2}\mu_k e^{ik\tau} = \frac{\varphi_p(\tau)}{p+1}$$

$\geqq 0$, also die Fejérschen Mittel $\varphi_p(t)$ durchweg $\geqq 0$ und die Funktionen

$$\chi_p(t) = \int_0^t \varphi_p(t)\,dt$$

monoton; für $p \geqq |k|$ ist

$$\frac{1}{2\pi}\int_0^{2\pi} e^{-ikt}\,d\chi_p(t) = \frac{1}{2\pi}\int_0^{2\pi} e^{-ikt}\varphi_p(t)\,dt = \frac{p+1-|k|}{p+1}\mu_k$$

---

[16]) Man könnte — vgl. Anm. [15]) — auch die Treppenfunktion wählen, die an den Stellen t_{2m} die Sprünge $2\pi\lambda_{p,2m}$ macht $(m = 0, 1, \ldots, p)$.

und konvergiert für $p \to \infty$ nach μ_k, so daß wieder (42) und (43) folgt. D. h. die aus der Fourierreihe (38) durch gliedweise Integration (von $t = 0$ an) hervorgehende Reihe ist durch Mittel erster Ordnung summierbar und liefert als Summe die Belegungsfunktion $\chi(t)$ mit den vorgeschriebenen Momenten. In Wahrheit ist diese Reihe sogar konvergent mit der Summe $\chi(t)$; man erkennt dies, noch leichter als in § 1, indem man sie durch partielle Integration auf die Fourierreihe der (periodischen) Dichtigkeitsfunktion $\chi(t) - \mu_0 t$ zurückführt.

Da die Analogie zwischen dem Stieltjesschen und dem Fourierschen Momentproblem nun hinlänglich durchgeführt ist, so begnügen wir uns schließlich mit Zusammenstellung der hier wie dort fast gleichlautenden, notwendigen und hinreichenden Kriterien für die folgenden Eigenschaften der Belegungsfunktion $\chi(t)$ resp. der Dichtigkeitsfunktion $\varphi(t)$:

(A) $\chi(t)$ monoton:

$$(p+1)\lambda_{p,m} = \varphi_p(t_m) \geqq 0$$

(B) $\chi(t)$ von beschränkter Schwankung:

$$\sum_{m=0}^{2p+1} |\lambda_{p,m}| = \frac{1}{p+1} \sum_{m=0}^{2p+1} |\varphi_p(t_m)| \text{ beschränkt.}$$

(B*) $\chi(t) = \int_0^t \varphi(t)\,dt$ ein Integral:

$$\lim_q \lim_p \sum_{m=0}^{2p+1} |\lambda_{p,m} - \lambda_{p,m,q}| = 0$$

mit

$$\lambda_{p,m,q} = \frac{1}{2\pi} \int_0^{2\pi} \lambda_p(t - t_m)\,\varphi_q(t)\,dt$$

oder einfacher

$$\lim_q \lim_p \frac{1}{p+1} \sum_{m=0}^{2p+1} \left| \varphi_p\left(\frac{m\pi}{p+1}\right) - \varphi_q\left(\frac{m\pi}{p+1}\right) \right| = 0.$$

(C) $\varphi(t)$ in α-ter Potenz ($\alpha > 1$) integrabel:

$$(p+1)^{\alpha-1} \sum_{m=0}^{2p+1} |\lambda_{p,m}|^\alpha = \frac{1}{p+1} \sum_{m=0}^{2p+1} |\varphi_p(t_m)|^\alpha \text{ beschränkt.}$$

(D) $\varphi(t)$ beschränkt:

$$(p+1)\lambda_{p,m} = \varphi_p(t_m) \text{ beschränkt.}$$

(E) $\varphi(t)$ von beschränkter Schwankung:

$$\frac{1}{p+1} \sum_{m=0}^{2p+1} |\varphi_p'(t_m)| \text{ beschränkt.}$$

Für $\alpha = 2$ liefert (C) wegen

$$\frac{1}{2p+2}\sum_{m=0}^{2p+1}|\varphi_p(t_m)|^2 = \sum_{k=-p}^{p}\left(\frac{p+1-|k|}{p+1}\right)^2|\mu_k|^2$$

unmittelbar den Riesz-Fischerschen Satz: für quadratisch-integrables $\varphi(t)$ ist die Konvergenz von $\sum_{-\infty}^{\infty}|\mu_k|^2$ notwendig und hinreichend.

(Eingegangen am 12. April 1922.)

Zusätze bei der Korrektur (5. Okt. 1922).

(α) Die in unseren Kriterien auftretenden Summen lassen sich auch durch Integrale ersetzen. Man erhält so, im Falle des Stieltjesschen Momentproblems, für

(B) χ von beschränkter Schwankung

(B*) φ integrabel

(C) $|\varphi|^\alpha$ integrabel

(E) φ von beschränkter Schwankung

die notwendigen und hinreichenden Bedingungen:

(B) $\int_0^1 |\varphi_p|\,dx$ beschränkt

(B*) $\lim\limits_{p,q\to\infty}\int_0^1 |\varphi_p - \varphi_q|\,dx = 0$

(C) $\int_0^1 |\varphi_p|^\alpha dx$ beschränkt

(E) $\int_0^1 |\varphi_p'|\,dx$ beschränkt,

wo die φ_p die de la Vallée Poussinschen Summen (16) oder die Fejérschen Summenmittel zweiter Ordnung (20) der Legendrereihe bedeuten. Das (im Text etwas unübersichtliche) Kriterium (B*) gewinnt hier einen einfachen Sinn: es verlangt, daß im Raume der integrablen Funktionen mit der Entfernungsdefinition $\int_0^1 |\varphi - \psi|\,dx$ die Polynome φ_p eine „Fundamentalfolge" bilden („stark" konvergieren, „im Mittel" konvergieren). Die Notwendigkeit dieser Bedingung geht aus der im Text bewiesenen

Relation $\int_0^1 |\varphi - \varphi_p| dx \to 0$ hervor. Um sie als hinreichend zu erkennen, zeigt man, daß $\chi_p = \int_0^x \varphi_p dx$ einen (im Intervall $[0, 1]$ gleichmäßigen) Grenzwert χ hat, schließt aus der für jede Intervallteilung gültigen Ungleichung

$$\sum_{i=1}^{n} |\chi_p(x_i) - \chi_p(x_{i-1}) - \chi_q(x_i) + \chi_q(x_{i-1})| \leqq \int_0^1 |\varphi_p - \varphi_q| dx$$

durch zweimaligen Grenzübergang auf $\int_0^1 |d\chi - d\chi_p| \to 0$, folgert daraus, daß $\chi = \int_0^x \varphi dx$ ein Integral mit $\int_0^1 |\varphi - \varphi_p| dx \to 0$ ist (d. h. daß jene Fundamentalfolge im Funktionenraum einen Limes hat) und daß für die Legendreschen Polynome

$$\int_0^1 L_m(x)\varphi(x) dx = \lim_p \int_0^1 L_m(x)\varphi_p(x) dx = \lambda_m,$$

also φ Dichtigkeitsfunktion mit den vorgeschriebenen Momenten ist. Den Beweis der übrigen Integralkriterien müssen wir übergehen.

Die genau entsprechenden Kriterien gelten für Fourierkonstanten, wobei die φ_p die Fejérschen Mittel erster Ordnung (37) (oder auch die unten in Zusatz (γ) angegebenen de la Vallée Poussinschen Mittel) bedeuten. Die Integralkriterien (B), (C) finden sich bereits bei W. H. Young: On the condition that a trigonometrical series should have a certain form, Proc. Lond. Roy. Soc. A 88 (1913), S. 569—574; W. H. Young and G. Chisholm Young: On a theorem of Riesz-Fischer, Quart. Journ. 44 (1913), S. 49—88; das Integralkriterium (B^*) nach einer Mitteilung des Herrn Neder bei H. Steinhaus, Bulletin Krakau, Juli—Okt. 1916, S. 467—468.

(β) Ordnen wir jeder Folge komplexer Zahlen μ_k ($k = 0, \pm 1, \ldots$) die beiden Potenzreihen

$$f(z) = \mu_0 + 2\sum_{k=1}^{\infty} \mu_k z^k, \qquad g(z) = \mu_0 + 2\sum_{k=1}^{\infty} \mu_{-k} z^k$$

zu, so lassen sich unsere Kriterien für Fourierreihen unmittelbar auf Potenzreihen übertragen. Beschränken wir uns auf den (einer reellen Belegungsfunktion $\chi(t)$ entsprechenden) Fall, daß μ_k und μ_{-k} konjugiert komplex sind, insbesondere μ_0 reell. Sind

$$f_p(z) = \mu_0 + 2\sum_{k=1}^{p} \frac{p+1-k}{p+1} \mu_k z^k$$

die Summenmittel erster Ordnung der Potenzreihe $f(z)$,

$$\varphi_p(t) = \Re f_p(e^{it})$$

die Fejérschen Mittel der Fourierreihe, so ist

$$\text{(A)} \qquad \Re f_p(e^{it_m}) \geqq 0$$

notwendiges und hinreichendes Kriterium für ein im Einheitskreis reguläres $f(z)$ mit $\Re f(z) \geqq 0$. Der umkehrbar eindeutige Zusammenhang zwischen solchen $f(z)$ und monotonen Funktionen $\chi(t)$ wurde zuerst bemerkt von G. Herglotz: Über Potenzreihen mit positivem reellen Teil im Einheitskreis, Leipz. Ber. **63** (1911), S. 501—511. Vgl. E. Study: Konforme Abbildung einfach-zusammenhängender Bereiche (Leipzig und Berlin 1913), S. 107; C. Carathéodory: Über die Fourierschen Koeffizienten monotoner Funktionen, Berl. Akad. Ber. **30** (1920), S. 559—573, sowie Anm. [14]). Ferner ist

$$\text{(B)} \qquad \frac{1}{p+1} \sum_{m=0}^{2p+1} |\Re f_p(e^{it_m})| \text{ beschränkt}$$

Kriterium dafür, daß $f(z)$ im Einheitskreis regulär und Differenz von Funktionen mit positivem Realteil sei;

$$\text{(D)} \qquad \Re f_p(e^{it_m}) \text{ beschränkt}$$

Kriterium für ein im Einheitskreise reguläres $f(z)$ mit beschränktem Realteil,

$$f_p(e^{it_m}) \text{ beschränkt}$$

Kriterium für ein im Einheitskreise reguläres beschränktes $f(z)$ u. dgl.

(γ) Die ganze Untersuchung des § 4 läßt sich, statt mit den Polynomen $\lambda_p(t)$ des Textes, auch mit den Polynomen

$$\left(2\cos\frac{t}{2}\right)^{2p} : \binom{2p}{p} = \sum_{k=-p}^{p} \frac{p!^2}{(p-k)!\,(p+k)!} e^{ikt}$$

durchführen; man erhält dadurch eine neue Lösung (der zweiten in § 1 analog) und neue Kriterien, in denen statt der Fejérschen Mittel die de la Vallée Poussinschen Summen (vgl. [9]))

$$\varphi_p(t) = \sum_{k=-p}^{p} \frac{p!^2}{(p-k)!\,(p+k)!} \mu_k e^{ikt}$$

auftreten.

Commentary on [H 1923b]

S. D. Chatterji

Given a sequence of complex numbers $\mu_0, \mu_1, \ldots$ the HAUSDORFF moment problem consists in the determination of a complex (BOREL) measure χ on $[0,1]$ such that

$$\mu_k = \int_0^1 x^k d\chi(x), \qquad k \in \mathbb{N}; \tag{1}$$

the μ_n's are then called the *moment sequence* associated with χ. If the sequence $\mu_0, \mu_1, \ldots$ is a sequence of real numbers, an important variation of the HAUSDORFF moment problem consists in the determination of a positive measure χ on $[0,1]$ such that (1) holds. Other variations consist in asking for a measure χ on $[0,1]$ verifying (1) and which satisfy some other conditions such as χ have a density φ belonging to $L^\alpha([0,1])$ for some α in $[1,\infty]$ (i.e. $d\chi(x) = \varphi(x)dx$ with $\int_0^1 |\varphi(x)|^\alpha dx < \infty$ if $1 \leq \alpha < \infty$, the condition $\varphi \in L^\infty([0,1])$ meaning that φ is essentially bounded). The appellation "HAUSDORFF moment problem" is now universally accepted to mean any one of the variations alluded to above. In HAUSDORFF's work (and in that of his contemporaries), χ was considered to be a function of bounded variation and the integral (1) was taken in the sense of a RIEMANN-STIELTJES integral; this meant that to ensure the uniqueness of χ, some auxiliary "normalizing" conditions had to be imposed on $\chi(0)$ and on $\chi(x)$ at those (at most denumerably many) points x $(0 < x < 1)$ where χ was discontinuous. We can, in principle, ignore these; however, to match some of HAUSDORFF's statements, we shall, nevertheless, introduce these normalizations by indulging in the following abuse of notation: if χ is any complex measure on $[0,1]$ (i.e. $A \mapsto \chi(A) \in \mathbb{C}$ is a σ-additive set function defined on the BOREL sets of $[0,1]$) then we shall write $\chi(x)$ also for $\chi([0,x])$ if $0 < x < 1$ and $\chi(\{x\}) = 0$; however, we write $\chi(0) = 0$, $\chi(1) = \chi([0,1])$, and whenever $\chi(\{x\}) \neq 0$, $0 < x < 1$, we write

$$\chi(x) = \frac{1}{2}\{\chi([0,x[) + \chi([0,x]))\}.$$

This corresponds to HAUSDORFF's normalization and is standard. We shall call $x \mapsto \chi(x)$ the function associated with the measure χ; it is increasing (i.e. non-decreasing) if χ is a positive measure and it is of bounded variation if χ is any real or complex measure on $[0,1]$.

HAUSDORFF had encountered his moment problem in a very natural way during the course of his investigations of his summability methods ([H 1921]I) and he had given there a complete solution to his problem. Let us briefly recall his main results in [H 1921]I concerning his moment problem; given a sequence of complex numbers $\mu_0, \mu_1, \ldots$, let us write, with HAUSDORFF, for $m, n = 0, 1, 2, \ldots$,

$$\mu_{m,n} = \mu_m - \binom{n}{1}\mu_{m+1} + \binom{n}{2}\mu_{m+2} - \cdots + (-1)^n \mu_{m+n} \tag{2}$$

and for $p = 0, 1, 2, \ldots,\ m = 0, 1, \ldots, p$,

$$\lambda_{p,m} = \binom{p}{m}\mu_{m,p-m}. \tag{3}$$

Then HAUSDORFF proved that: (i) $\{\mu_n\}$ *is a moment sequence associated with a positive measure* χ *if and only if*

$$\mu_{m,n} \geq 0, \quad (m \geq 0,\ n \geq 0) \tag{4}$$

(i. e. $\lambda_{p,m} \geq 0$ for $p \geq 0,\ 0 \leq m \leq p$); (ii) $\{\mu_n\}$ *is a moment sequence associated with a complex measure* χ *if and only if*

$$\sup_{p\geq 0} \sum_{n=0}^{p} |\lambda_{p,m}| < \infty. \tag{5}$$

The associated measure χ is unique in each case; this is an immediate consequence of the density of the polynomials in the space $C([0,1])$ equipped with its uniform norm, a fact immediately observed by HAUSDORFF and others.

A real sequence $\{\mu_n\}$ is called *completely monotonic* ("total monoton" in HAUSDORFF's terminology) if (4) holds. Note that a completely monotonic sequence $\{\mu_n\}$ must be a non-increasing, convex sequence of non-negative numbers since (4) implies that, for $m \geq 0$,

$$\mu_m = \mu_{m,0} \geq 0,\ \mu_m - \mu_{m+1} = \mu_{m,m+1} \geq 0,\ \mu_m - 2\mu_{m+1} + \mu_{m+2} = \mu_{m,m+2} \geq 0.$$

One possible approach to proving the statements (i) and (ii) above is first to establish (i) and then to prove that any real sequence $\{\mu_n\}$ verifies (ii) if and only if it is the difference of two completely monotonic sequences; this was the procedure adopted by HAUSDORFF in his previous paper [H 1921]I. In the present paper, HAUSDORFF deduces (ii) from (i) in a much more straight-forward manner. In the current literature, there are also several proofs which establish (ii) first, either by using the F. RIESZ representation theorem for the dual of C([0, 1]), as in [Lor 1953], p. 59, following an argument due to HILDEBRANDT (1932), or directly by using HELLY's selection theorem (for sequences of functions of bounded variation in [0, 1]) as in [Wid 1946], p. 104; (i) is then deduced immediately from (ii). In any case, the close relationship between the F. RIESZ representation theorem for the dual of C([0, 1]) and the statement (ii) as a solution of HAUSDORFF's moment problem for complex measures was observed very early by HILDEBRANDT and SCHOENBERG in 1932-1933 and this fact is clearly pointed out in many places (in particular in the two references cited immediately above).

We shall now turn to the proof of (i) i.e. to the proof that HAUSDORFF's moment problem for positive measures has a solution if and only if the real sequence concerned is completely monotonic. For this, HAUSDORFF offers two proofs in [H 1921]I and three others in the present paper; the objective of the three proofs in the present paper and one of the proofs in the paper [H 1921]I is to give as explicit a procedure as possible for determining the positive measure χ associated with a completely monotonic sequence $\{\mu_n\}$, without using any of the results of the older STIELTJES' moment problem (see below for its description). In [H 1921]I, HAUSDORFF's first proof for his moment problem for positive measures is an immediate deduction from the solution of STIELTJES' moment problem which gives a positive measure χ in $[0, \infty[$ with

$$\mu_n = \int_0^\infty x^n d\chi(x), \qquad n = 0, 1, 2, \ldots \tag{6}$$

whenever $\{\mu_n\}$ is completely monotonic and then to establish by a straightforward argument that the support of the positive measure χ is [0, 1]. In principle, the associated function χ can be obtained by using STIELTJES' theory of continued fractions; this is spelt out in [Wall 1948], chapter XIV. But HAUSDORFF was interested in presenting a development independent of STIELTJES' theory of continued fractions. Let us note that in 1918, M. RIESZ and M.E. STRIDSBERG in Sweden were also developing an approach to the moment problem which was independent of STIELTJES' theory; M. RIESZ's highly successful papers on the subject were actually published during 1921-1923 ([MR 1921-23]) where references to work in 1918 are made (cf. foot-note 2, page 1; foot-note 2, page 4; in troisième note of [MR 1921-23]). The basic strategy for solving the moment problem adopted by M. RIESZ and M.E. STRIDSBERG as well as by HAUSDORFF (already in his paper [H 1921]I, received by Math. Zeit. on 11.02 1920) is one which is very familiar to modern functional analysts and will be outlined below. Although we have evidence that HAUSDORFF had a fruitful discussion with M. RIESZ on the moment problem on Sept. 20, 1920 at a meeting in Sassnitz (cf. NL HAUSDORFF, Fasz. 867, Fasz 873, dated October 1920) it would seem that HAUSDORFF had arrived at his method independently in 1919.

The STIELTJES moment problem was generalized by HAMBURGER in 1920-1921 (cf. exact references in [H 1923b]) as follows: given a real sequence $\{\mu_n\}$, to determine a positive-measure χ on $\mathbb{R}$ such that

$$\mu_k = \int_{-\infty}^\infty x^k d\chi(x), \qquad k = 0, 1, \ldots. \tag{7}$$

The STIELTJES moment problem (6) corresponds to determining the positive measure χ on $\mathbb{R}$ such that

$$\chi(\mathbb{R} \setminus [0, \infty[) = 0;$$

the HAUSDORFF moment problem (for positive measures) corresponds to determing the positive measure χ on $\mathbb{R}$ such that

$$\chi(\mathbb{R} \setminus [0, 1]) = 0.$$

The basic difference between the HAUSDORFF moment problem and the STIELTJES-HAMBURGER moment problem is that the positive measure χ in the first case is unique whenever it exists whereas in the second case the uniqueness is not all certain; indeed, the study of the non-uniqueness of χ (called the indeterminate case) is one of the basic problems in the theory of STIELTJES-HAMBURGER moment problem.

Be that as it may, in modern terminology, the basic strategy of M. RIESZ-STRIDSBERG-HAUSDORFF is to associate with each sequence $\{\mu_n\}$ a linear functional M (the moment functional) on the vector space P of all polynomials as follows: if $f(x) = a_0 + a_1 x + \ldots + a_n x^n$ then

$$Mf = a_0 \mu_0 + a_1 \mu_1 + \ldots + a_n \mu_n. \tag{8}$$

For the STIELTJES-HAMBURGER moment problem, P will be the space of all real polynomials considered as functions in $[0, \infty[$ or $\mathbb{R}$; for the HAUSDORFF moment problem for positive measures, P will consist of the same polynomials considered as functions in $[0, 1]$. An obvious necessary condition for the existence of a solution (positive) measure χ is that $M : P \to \mathbb{R}$ be a positive linear functional i.e. M is linear and

$$f \in P, f \geq 0 \Rightarrow Mf \geq 0. \tag{9}$$

It turns out that the obvious necessary condition (9) is also sufficient for the existence of a solution (positive) measure χ; the proof of this was given by M. RIESZ in 1918 (it appears in [MR 1921-23], troisième note, as "le théorème d'existence") and it will be immediately recognized by modern analysts as being a form of the so-called HAHN-BANACH theorem which appeared formally in publications of HAHN in 1927 and of BANACH in 1929. However, as is well-known, and as was pointed out by M. RIESZ in his paper mentioned above, previous studies of F. RIESZ from 1914 and of E. HELLY from 1912 contained methods and statements which can be seen as precursors of the HAHN-BANACH theorem. (For further references see [DS 1958], p. 86). In any case, a general form of the HAHN-BANACH theorem which permits a straight-forward deduction that the necessary condition (9) is also sufficient for the moment problems is given in the well-known book of SHOHAT and TAMARKIN [ST 1950], p. xiii, which then obtains the standard existence theorems for the moment problems of STIELTJES-HAMBURGER-HAUSDORFF by using the method outlined.

In essence, for the proof that (9) is also a sufficient condition, both M. RIESZ and HAUSDORFF show that the linear functional M can be extended to a larger vector space of functions containing the indicator functions of intervals in such a way that the extended functional remains positive and linear; the measure χ is then obtained from the value of the extended functional at the indicator functions of intervals. M. RIESZ carries out this process quite explicitly; HAUSDORFF's procedure, which we shall outline in the sequel, amounts to the same although it is not presented in this way.

Once it has been established that (9) is a necessary and sufficient condition for the existence of a solution (positive) measure χ, it remains to clarify the following three points in order to have a satisfactory solution of the moment problem: (a) reformulate condition (9) more explicitly in terms of the given sequence $\{\mu_n\}$; (b) give a constructive procedure for obtaining a solution measure χ starting with the moment sequence $\{\mu_n\}$; (c) obtain all possible solution measures χ. As we shall see, (a) can be settled rather easily; the point (c) does not arise in the HAUSDORFF moment problem for here the solution is unique whenever it exists; for the STIELTJES-HAMBURGER problem, this point give rise to some very subtle and elegant analysis which we shall not describe here, contenting ourselves with suitable references later. As for (b), the traditional approach, going back to CHEBYSHEV, MARKOV and STIELTJES, for obtaining χ was via an appropriate continued fraction associated with $\{\mu_n\}$; the direct method, initiated by HAUSDORFF already in [H 1921]I and continued in the present paper, was a novelty; we shall sketch its main outline later. Other procedures, most notably via the spectral theory of hermitian operators in HILBERT spaces as also via classical function theory, are known in the literature; we shall give appropriate references below.

For the elucidation of condition (9) as well as for the construction of χ, HAUSDORFF uses the BERNSTEIN polynomials. If $f : [0,1] \to \mathbb{C}$ is given, write

$$B_p(f,x) = \sum_{m=0}^{p} f(\frac{m}{p})\ell_{p,m}(x) \tag{10}$$

where

$$\ell_{p,m}(x) = \binom{p}{m} x^m (1-x)^{p-m}.$$

Clearly, $B_p(f,x)$ defines a polynomial $B_p(f)$ of degree $\leq p$; it is called the p-th BERNSTEIN polynomial associated with f. HAUSDORFF proves first that if f is any real polynomial which is ≥ 0 on [0, 1] then f is a positive linear combination of the polynomials $\ell_{p,m}$ i.e., for some p

$$f(x) = \sum_{m=0}^{p} a_m \ell_{p,m}(x)$$

with $a_m \geq 0,\ 0 \leq m \leq p$. A proof of this is given in the present paper (p. 224) and another proof appears in [H 1921]I, p. 104; both proofs are entirely elementary. From the definition of Mf in (8) it is clear via an obvious calculation that

$$M\ell_{p,m} = \lambda_{p,m} = \binom{p}{m}\mu_{m,p-m}$$

(cf. (2) and (3)); it is now clear that the condition (9) is equivalent to (4) i. e. (9) is equivalent to the complete monotonicity of the sequence $\{\mu_n\}$ in the HAUSDORFF moment problem. Our previous discussion now shows that the complete monotonicity of $\{\mu_n\}$ is a necessary and sufficient condition for the existence of a positive measure χ on [0, 1] verifying (1). To spell out this discussion in modern terms involves stating that M can be extended to a positive linear functional on the space $C([0,1])$ whence the existence of χ is deduced via the F. RIESZ representation theorem. However, HAUSDORFF proceeds directly to the existence of χ without using the F. RIESZ theorem (dating from 1909) which must have been well-known to him. HAUSDORFF actually gives four variations for his basic method for obtaining χ, three of them appearing in the present paper and another one in [H 1921]I, §11. His method can be described in modern notation as follows: let (for $p = 1, 2, \ldots$)

$$\chi_p = \sum_{m=0}^{p} \lambda_{p,m}\delta_{\frac{m}{p}} \tag{11}$$

where δ_x represents the DIRAC measure concentrated at x and $\lambda_{p,m}$ are defined by (3). In other words, χ_p is a purely atomic finite positive measure in [0, 1] (if $\{\mu_n\}$ is a completely monotonic sequence) such that

$$\int_0^1 f(x)d\chi_p(x) = \sum_{m=0}^{p} f(\frac{m}{p})\lambda_{p,m} \tag{12}$$

for any function $f : [0,1] \to \mathbb{C}$. If $B_p(f)$ is the p-th BERNSTEIN polynomial associated with f via (10), then it is immediate from (12) that

$$\int_0^1 f(x)d\chi_p(x) = MB_p(f). \tag{13}$$

Now if f is a polynomial (more generally, if f is continuous) then

$$B_p(f,x) \stackrel{p\to\infty}{\longrightarrow} f(x) \tag{14}$$

uniformly in $x \in [0,1]$, a fact well-known to HAUSDORFF which he however does not use in the present paper. From (13) and (14) it follows immediately that if f is a polynomial then

$$\lim_{p\to\infty} \int_0^1 f(x)d\chi_p(x) = Mf. \tag{15}$$

In the present paper, HAUSDORFF deduces (15) by an elementary direct estimation (p. 224). Note that, for $p = 1, 2, \ldots$,

$$\chi_p([0,1]) = \sum_{m=0}^{p} \lambda_{p,m} = \mu_0 \tag{16}$$

as an easy calculation (based on (2), (3)) shows. Equipped with (15) and (16) HAUSDORFF now proves (in modern terminology) that there exists a positive measure χ on [0, 1] such that

$$\chi = \lim_{p\to\infty} \chi_p \text{ weakly} \tag{17}$$

i. e. for every $f \in C([0,1])$

$$\int_0^1 f d\chi = \lim_{p\to\infty} \int_0^1 f d\chi_p. \tag{18}$$

Comparing (18) with (15) we see immediately that the measure χ is the solution to the HAUSDORFF moment problem for the completely monotonic sequence $\{\mu_n\}$. To establish (17), HAUSDORFF uses the so-called HELLY selection theorem which says (in modern terminology) that if $\{\chi_p\}_{p\geq 1}$ is any sequence of positive measures on [0, 1] which is bounded i.e.

$$\sup_{p\geq 1} \chi_p([0,1]) < \infty,$$

then $\{\chi_p\}$ is weakly sequentially compact. Given that (15) holds for all polynomials, a dense subset of the normed space $C([0,1])$, it follows that the sequence itself converges to a positive measure χ. HAUSDORFF's first proof in the present paper corresponds exactly to what is outlined here. The fact that (18) holds is known to be equivalent to having

$$\chi(x) = \chi([0,x]) = \lim_{p\to\infty} \chi_p([0,x]) \tag{19}$$

for all points of continuity of χ; indeed, it is sufficient to verify (19) for any denumerable dense set of x's in [0, 1]. For the case at hand, HAUSDORFF points out the secondary fact ("Nebenumstand") that (19) holds in the somewhat stricter sense that

$$\frac{1}{2}\{\chi(x+0) + \chi(x-0)\} = \lim_{p\to\infty} \frac{1}{2}\{\chi_p(x+0) + \chi_p(x-0)\} \tag{20}$$

for all $x \in [0,1]$ where χ, χ_p are the increasing functions assotiated with the corresponding measures.

The proof of HAUSDORFF which we have outlined above in all its essential details turns on some very simple properties of the BERNSTEIN polynomials and the fact that for $p = 0, 1, \ldots, \quad m = 0, 1, \ldots, p$,

$$0 \leq \int_0^1 x^m (1-x)^{p-m} d\chi(x) = \mu_{m,p-m}$$

where χ is a positive measure on [0, 1] and $\mu_{m,p-m}$ is defined via the moment sequence $\{\mu_n\}$ of χ and (2). In the case of the STIELTJES-HAMBURGER problems, there are no obvious types of polynomials (like the BERNSTEIN polynomials) which are useful everywhere; nevertheless, the general scheme of the proof (outlined above around the condition (9)) can be used to establish that (9) remains a necessary and sufficient condition for these problems as well. This is given (as indicated before) in all detail in [MR 1921-23] where the standard conditions equivalent to (9) using $\{\mu_n\}$ are spelled out; this part of the work is really very easy; the added difficulty of the STIELTJES-HAMBURGER problems derives from the non-compactness of the sets $[0, \infty[$ and $\mathbb{R}$, resulting in the non-uniqueness of the solution measure χ and thus demanding a complete description of the family of all solution measures χ. The books of SHOHAT and TAMARKIN [ST 1943], WIDDER [Wid 1946], WALL [Wall 1948], AKHIEZER [Ak 1965] all give accounts of various aspects of the STIELTJES-HAMBURGER moment problems as well as of the HAUSDORFF moment problem (which, according to WIDDER, is sometimes called the *little moment problem*). The continued fraction free proof given for the (HAUSDORFF) moment problem in [H 1921]I is in principle the same as the one outlined above except that there HAUSDORFF proves by a direct analysis (without using HELLY's selection theorem or any other theory) that

$$\chi(u) = \lim_{p \to \infty} \sum_{m < pu} \lambda_{p,m} \tag{21}$$

exists for all u, $0 < u < 1$; with $\chi(0) = 0$, $\chi(1) = \mu_0$, it is then verified that χ gives the solution measure. That the solution given by (21) is intuitively evident follows from the following observation : fix ξ, $0 < \xi < 1$; then (for $0 < u < 1$)

$$\lim_{p \to \infty} \sum_{m < p\xi} \binom{p}{m} u^m (1-u)^{p-m} = \begin{cases} 1 \text{ if } u < \xi \\ 0 \text{ if } u > \xi \end{cases} \tag{22}$$

as was well-known to HAUSDORFF from his study of BERNSTEIN polynomials which he mentions explicitly in [H 1921]I, p. 104; in fact, HAUSDORFF's knowledge of probability theory permitted him to see the intuitive probabilistic significance of (22) immediately. Notice that the sum on the left hand side of (22) is simply $B_p(f, u)$ with f equal to the indicator function of the interval $[0, \xi[$; although f is not continuous (it has only one simple discontinuity at ξ), it can be shown easily (the analytical argument is actually given on p. 104 [H 1921]I) that, as $p \to \infty$, $B_p(f, u) \to f(u)$ for all $u \neq \xi$ (and further $B_p(f, \xi) \to 1/2$). If we integrate (22) with respect to a measure χ then we immediately get (21). In my opinion, HAUSDORFF's proof strategy springs entirely from the intuitively evident relation (22).

The two other proofs of his moment problem which HAUSDORFF gives in [H 1923b] are based on the same principles but now the measure χ is obtained as the limit of measures χ_p, each one of which is the integral of a non-negative polynomial. This gives rise to an elegant formula for the associated function $\chi(x)$, $0 \leq x \leq 1$, and paves the way to answering other questions relative to the nature of the measure χ. Let us outline HAUSDORFF's procedure. Write

(for $p = 1, 2, \ldots$)

$$\varphi_p(x) = (p+1) \sum_{m=0}^{p} \lambda_{p,m} \ell_{p,m}(x) \tag{23}$$

where $\lambda_{p,m}$, $\ell_{p,m}(x)$ are defined as before (cf. (3), (10)); let χ_p be the positive measure in [0, 1] defined by $\chi_p(dx) = \varphi_p(x)dx$; recall that $\lambda_{p,m} \geq 0$ if $\{\mu_n\}$ is completely monotonic and $\ell_{p,m}(x) \geq 0$, $0 \leq x \leq 1$; in HAUSDORFF's notation

$$\chi_p(x) = \int_0^x \varphi_p(u)du, \qquad 0 \leq x \leq 1. \tag{24}$$

It is very easy to verify that, for $k = 0, 1, \ldots,$

$$\lim_{p\to\infty} \int_0^1 x^k d\chi_p(x) = \lim_{p\to\infty} \int_0^1 x^k \varphi_p(x)dx = \mu_k. \tag{25}$$

From (25) it follows, as in the proof outlined before, that there exists a positive measure χ on [0, 1] such that

$$\chi = \lim_{p\to\infty} \chi_p \text{ weakly.}$$

The content of the second and the third proofs of HAUSDORFF in [H 1923b] is to show that if $\chi(x)$, $0 \leq x \leq 1$, is the function associated with the measure χ, then

$$\chi(x) = \sum_{m=0}^{\infty} (2m+1)\lambda_m \int_0^x L_m(t)dt \tag{26}$$

where $\{L_m\}_{m\geq 0}$ is the sequence of LEGENDRE (orthogonal) polynomials associated with [0, 1] i.e. L_m is a polynomial of degree m with coefficient of x^m positive such that

$$\int_0^1 L_m(t)L_n(t)dt = \begin{cases} 0 & \text{if } m \neq n \\ \frac{1}{2m+1} & \text{if } m = n \end{cases}$$

and

$$\lambda_m = \int_0^1 L_m(x)d\chi(x) = M(L_m)$$

where M is the moment functional defined by (8). The series in (26) converges for every x in [0, 1]. In the second proof, the convergence is given in the sense of a summability method of DE LA VALLÉE POUSSIN and in the third proof it is shown to be convergent via CESÀRO-HÖLDER summability and a theorem of HARDY-LITTLEWOOD. A shorter proof for (26) (and for the convergence of the series there for all x in [0, 1]) is given in [ST 1950], p. 91. The explicit formula (26) is remarkable; no analogous general formula seems to be known for STIELTJES-HAMBURGER problems.

HAUSDORFF now passes on to the existence of solution (complex) measures χ verifying auxiliary conditions. This can be done most efficiently by analysing the relation $\chi = \lim \chi_p$ (weakly) where the χ_p's are given by polynomial densities φ_p defined by (23) and (24); this remains valid if only $\{\mu_n\}$ is a complex sequence satisfying (5), as can be seen immediately. The problem then reduces to the study of the sequence of continuous (polynomial) functions $\{\varphi_p\}$ as a sequence in various spaces $L^\alpha([0,1])$, $1 \leq \alpha \leq \infty$, or in some other space. Thus the solution measure χ will have a density in $L^\alpha([0,1])$ (where α is a fixed number, $1 < \alpha < \infty$) if and only if

$$\sup_p ||\varphi_p||_\alpha < \infty.$$

HAUSDORFF indicates these conditions in terms of the functions $\{\varphi_p\}$ in an appendix (*Zusätze bei der Korrektur*, p. 246) after having formulated them in terms of $\lambda_{p,m}$ in the body of the paper. For modern functional analysts each of the conditions formulated in the appendix in terms of the functions $\{\varphi_p\}$ has an obvious topological significance; apparently, HAUSDORFF also thought that in this functional analytical form the conditions become more transparent than those given in terms of $\lambda_{p,m}$; cf. his remark *"Das (im Text etwas unübersichtliche) Kriterium* (B^*) *gewinnt hier einen einfachen Sinn ..."* HAUSDORFF's method will permit the study of conditions for the solution measure χ to belong to many other spaces; some later results of this type were given by LORENTZ; cf. his book [Lor 1953], p. 80. Let us note simply that the condition (D) of HAUSDORFF which is necessary and sufficient for the solution measure χ to have a bounded density φ ($\varphi \in L^\infty([0,1])$) can also be given in terms of the φ_p's as follows :

$$\sup_p ||\varphi_p||_\infty < \infty$$

where $||\varphi_p||_\infty = \sup_{0 \leq x \leq 1} |\varphi_p(x)|$ (since the φ_p's are continuous). For some reason, HAUSDORFF does not state this; it is however quite easy to prove. The condition for φ to belong to $L^1([0,1])$ is somewhat surprising and more exigent; it is that $\{\varphi_p\}$ must converge in the L^1-norm to a function $\varphi \in L^1([0,1])$.

HAUSDORFF now moves on to studying what he calls the FOURIER moment problem (*Das Fouriersche Momentproblem*), also known as the trigonometric moment problem. Given a sequence $\{\mu_n\}, n \in \mathbb{Z}$, find necessary and sufficient conditions for the existence of a complex measure χ on $[0, 2\pi[$ such that

$$\mu_n = \frac{1}{2\pi} \int_0^{2\pi} exp(-int) d\chi(t), \qquad n \in \mathbb{Z};$$

one can then ask for χ to be a measure of a special type (positive, with density in $L^\alpha([0,2\pi])$ etc.). The trigonometric moment problem was already (in 1923) a much studied problem; indeed, the results obtained by HAUSDORFF here were known as he himself points out in the appendix, p. 247. However, HAUSDORFF's proofs are of methodological interest; by introducing the non-negative trigonometric polynomials $\lambda_p(t)$ and the equidistant points t_m (p. 242) HAUSDORFF can follow the lines of his previous work using the BERNSTEIN polynomials without much change. It turns out that the functions φ_p which come up now (p. 243) are exactly the FEJÉR means (the same as the CESÀRO means of order 1 associated with the formal trigonometric series $\Sigma\mu_n e^{int}, n \in \mathbb{Z}$); thus the criteria obtained by HAUSDORFF based on the sequence $\{\varphi_p\}_{p\geq 0}$ are exactly the ones which were given by previous authors and are still much in use; see, for example, [Hoff 1962], p. 23. HAUSDORFF's work here, however, is seldom explicitly mentioned. It is to be noted, as indicated by HAUSDORFF in the appendix, p. 248, that other polynomials could be fruitfully used instead of the $\lambda_p(t)$ on p. 242; he points out, in particular, those which lead to the functions φ_p associated with DE LA VALLÉE POUSSIN sums which would then lead to new criteria.

Modern analysts, guided by the moment problems mentioned above as well as others which we have not brought up yet, tend to formulate the general "moment" problem in the following terms. Let E be a real or complex vector space, E^* its (algebraic) dual; let $S \subset E$ and $T \subset E^*$ be given non-empty subsets and let $\mu : S \to \mathbb{C}$ be some given function; the T-moment problem for μ is to find all $\chi \in T$ such that

$$\chi(f) = \mu(f), \qquad f \in S.$$

Thus for the STIELTJES moment problem we could take $E = C(\mathbb{R}_+)$, S to be the set of functions $x \mapsto x^n$, $n = 0, 1, \ldots$, T to be the set of those positive measures χ on $\mathbb{R}_+$ such that

$$\int_0^\infty x^k d\chi(x) < \infty, \qquad k = 0, 1, \ldots .$$

The literature devoted to such general moment problems is immense; let us just mention [BCR 1984] which gives far-reaching generalizations of HAUSDORFF-HAMBURGER-STIELTJES problems including their multi-dimensional forms in a modern context.

The general "moment" problem can be (and has been) further generalized by considering vector or operator valued functions μ; T would then be a subset of some $Hom(E, F)$ for some appropriate vector space F.

In closing, let us mention two moment problems around which the literature seems to be rather thin. One is naturally allied to the HAUSDORFF-HAMBURGER-STIELTJES problems but not treated by HAUSDORFF; the other was treated by HAUSDORFF in [H 1921]II but not completely.

A natural question that arises after a study of the HAUSDORFF moment problem for the existence of a *complex* measure is to ask similarly for the existence of a complex measure in the STIELTJES-HAMBURGER problem; in other words, given a sequence of complex numbers $\{\mu_n\}$, find complex measures χ such that (6) or (7) be verified. The reason why the literature around this problem is rather scarce is that the answer to it is somewhat disappointing; BOAS who first raised the problem in 1938 showed that any complex sequence $\{\mu_n\}$ can be represented by infinitely many distinct complex measures χ satisfying (6) and (7). PÓLYA (1938) showed in a very elementary way that the measures χ could be chosen in a bewildering variety of ways; χ could be a purely atomic measure concentrated on an arbitrarily given infinite discrete subset of $\mathbb{R}$ or χ could be such that its associated function is an entire transcendental function; PÓLYA also pointed out the relationship of the problem with a classical result of BOREL from 1895. All of these results are referred to in [ST 1950], p. 104; [Wid 1946], p. 139, also mentions BOAS' result and gives independent proof. HAUSDORFF never seemed to have considered this problem.

A moment problem which HAUSDORFF considered in some detail in [H 1921]II is as follows: let $t_0 = 0, t_n > 0$ for $n \geq 1$ an infinite denumerable set; given a sequence of real or complex numbers $\{\mu_n\}$, $n \geq 0$, to determine a complex measure χ in [0, 1] such that

$$\int_0^1 x^{t_n} d\chi(x) = \mu_n, \qquad n \geq 0 \tag{27}$$

i.e. $\{\mu_n\}$ is a $\{t_n\}$-moment sequence for χ; to study also when χ can be chosen to be a positive measure. The condition for $n = 0$ in (27) is to be interpreted as saying that

$$\chi([0,1]) = \mu_0;$$

taking $t_0 = 0$ is a convenience and in no way affects the generality of the problem. Thus if χ verifies (27) for $n \geq 1$ and if $\chi([0,1]) = c_0$ then $\tilde{\chi} = \chi + (\mu_0 - c_0)\delta$, $\delta =$ DIRAC measure concentrated at 0, will satisfy all the equations in (27) for $n \geq 0$ if we write $\tilde{\chi}$ for χ. HAUSDORFF solves the $\{t_n\}$-moment problem (27) in [H 1921]II completely under the hypothesis that $t_n \to \infty$ as $n \to \infty$ and $\sum_{n \geq 1} 1/t_n = \infty$; under this hypothesis, the t_n's can be ordered in an increasing sequence, though this fact plays no role in HAUSDORFF's solution. We shall not restate HAUSDORFF's solution here explicitly except to recall that, under the hypothesis mentioned on the t_n's, the solution measure χ is unique; further, given a non-negative sequence of real numbers $\{\mu_n\}$, a positive solution measure χ exists if and only if $\{\mu_n\}$ is a completely monotonic sequence with respect to $\{t_n\}$, a new concept introduced by HAUSDORFF, the ordinary complete monotonicity defined before being that with respect to the sequence $t_n = n, n \geq 0$. It turns out that a real sequence $\{\mu_n\}$ is a $\{t_n\}$-moment sequence for a real measure χ in [0, 1] if and only if $\{\mu_n\}$ is the difference of two completely monotonic sequences with respect to $\{t_n\}$. Indeed, under the hypothesis mentioned on the t_n's, HAUSDORFF can extend many of his results to the $\{t_n\}$-moment problem; however, he does not consider extensions of his results concerning the existence of solution measures χ with densities belonging to various function spaces nor does he obtain quite as explicit formulae for the measure χ in terms of t_n, μ_n as he does for his moment problem with $t_n = n$. On the other hand, it is clear from his Nachlass as well as from some remarks of his in [H 1921]II that he tried very hard to solve the $\{t_n\}$-moment problem without making any hypotheses on $t_n, n \geq 1$; we have reproduced later some of his Nachlass on this topic, even though he did not completely solve the problem concerned. At this point, let us simply add some simple remarks which throw some light on the $\{t_n\}$-moment problem when no hypotheses are made on t_n, $n \geq 1$, except that they be distinct and > 0. The first remark is that one has to distinguish between two cases: (i) $\sum_{n\geq 1} 1/t_n = \infty$; (ii) $\sum_{n\geq 1} 1/t_n < \infty$; we call (i) the divergence case and (ii) the convergence case. In the divergence case there are two possibilities: either $t_n \to \infty$ or $t_n \not\to \infty$ as $n \to \infty$. HAUSDORFF's hypothesis concerns the divergence case with $t_n \to \infty$; however, according to a theorem of MÜNTZ (cf. commentary on [H 1921]I, II), in the divergence case, the finite linear combinations of $x^{t_n}, n \geq 0$, (let us call them *quasi-polynomials*) form a dense subspace of the normed space $C([0,1])$ with the uniform norm, whether or not $t_n \to \infty$ as $n \to \infty$; this fact immediately implies the uniqueness of the solution measure χ whenever it exists in the divergence case. In the convergence case, $t_n \to \infty$ as $n \to \infty$ necessarily; in this case, the quasi-polynomials can never be dense and a solution measure χ, when it exists, cannot be unique. An obvious necessary and sufficient condition for the existence of a positive solution measure for the $\{t_n\}$-moment problem, for any $t_n > 0, n \geq 1$, is clearly that $Mf \geq 0$ whenever f is a quasi-polynomial which is ≥ 0 in [0, 1] where, for $f(x) = a_0 x^{t_0} + \ldots + a_n x^{t_n}$,

$$Mf = a_0\mu_0 + \ldots + a_n\mu_n.$$

This result follows immediately from our preliminary discussion involving the HAHN-BANACH theorem. For further simple remarks of this nature cf. [ST 1950], p. 105. However, to the best of our knowledge, there is not very much else known about the general $\{t_n\}$-moment problem beyond what appears in HAUSDORFF's Nachlass.

References

[Ak 1965] AKHIEZER, N.I.: *The classical moment problem.*, (Translated by N. Kemmer) Oliver and Boyd, Edinburgh and London 1965.

[BCR 1984] BERG, C.; CHRISTENSEN, J.P.R.; RESSEL, P.: *Harmonic analysis on semigroups.* Springer-Verlag, Berlin 1984.

[DS 1958] DUNFORD, N.; SCHWARTZ, J.T.: *Linear Operators,* Part. I. Interscience Publishers, New York 1958.

[Hoff 1962] HOFFMAN, K.: *Banach spaces of analytic functions.* Prentice-Hall, Englewood Cliffs, N.J. 1962.

[Lor 1953] LORENTZ, G.G.: *Bernstein polynomials.* University of Toronto Press, Toronto 1953. (2nd ed. 1997 AMS Chelsea Publishing series).

[MR 1921–23] RIESZ, M.: *Sur le problème des moments. Première Note :* Ark. Math. Astr. Fys. 16, no. 12 (1921), 1–23. *Deuxième Note :* ibid. 16, no. 19 (1922), 1–21. *Trosième Note:* ibid. 17, no. 16 (1923), 1–52. *Collected Papers,* Springer, Berlin 1988, 216–311.

[**ST 1950**] SHOHAT, J.A.; TAMARKIN, J.D.: *The problem of moments.* Mathematical Surveys and Monographs, vol. 1. American Mathematical Society, Providence, Rhode Island 1950. (Fourth printing 1970).

[**Wall 1948**] WALL, H.S.: *Analytic theory of continued fractions.* Chelsea Publishing Co., New York 1967 (First published by D. Van Nostrand Co., New York 1948; reprint AMS Chelsea Publishing Series).

[**Wid 1946**] WIDDER, D.W.: *The Laplace transform.* Princeton University Press, Princeton 1946.

Zum Hölderschen Satz über $\Gamma(x)$.

Math. Annalen **94** (1925), 244–247.

[H 1925]

Zum Hölderschen Satz über $\Gamma(x)$.

Von

F. Hausdorff in Bonn.

Der folgende Beweis, daß $\Gamma(x)$ keiner algebraischen Differentialgleichung genügt, dürfte wesentlich einfacher sein als die bisherigen (O. Hölder 1887, E. H. Moore 1897, A. Ostrowski 1919; Math. Ann. **28**, **48**, **79**).

I. *Es sei $\varphi(x)$ eine rationale Funktion, die für $x = \infty$ verschwindet und kein Paar verschiedener Pole mit ganzzahliger Differenz hat. Dann kann eine Funktion $y = y(x)$ nicht gleichzeitig einer algebraischen Differentialgleichung und der Differenzengleichung*

$$y(x+1) - y(x) = \varphi(x) \tag{1}$$

genügen, außer wenn $\varphi(x)$ identisch verschwindet.

Hierin ist für $\varphi(x) = \frac{1}{x}$ enthalten, daß $\Gamma'(x) : \Gamma(x)$ keiner algebraischen Differentialgleichung genügt. — Wir beweisen zuerst den Sonderfall:

Hilfssatz. *Eine rationale Funktion $y(x)$ kann der Differenzengleichung (1) nur dann genügen, wenn $\varphi(x)$ identisch verschwindet, also $y(x)$ konstant ist.*

Beweis. Hat $y(x)$ Pole im Endlichen, so sei in einer Reihe mod 1 kongruenter Pole α der erste (mit kleinstem Realteil), $\beta = \alpha + m$ der letzte (m ganze Zahl $\geqq 0$). Nach (1) sind dann $\alpha - 1$ und β Pole von $\varphi(x)$, gegen die Voraussetzung. Also haben $y(x)$ und $\varphi(x)$ keine Pole im Endlichen, $\varphi(x)$ verschwindet.

Nun sei

$$f(x, y, y_1, \ldots, y_\nu) = 0$$

eine algebraische Differentialgleichung, der y genügt $\left(y_1 = \frac{dy}{dx} \text{ usw.}\right)$; der Differentialausdruck linker Hand, den wir abkürzend auch $f(x, y)$ oder f nennen, sei also eine Summe von Gliedern

$$A(x)\,Y = A(x)\,y^{n_0} y_1^{n_1} \ldots y_\nu^{n_\nu}$$

mit ganzen Exponenten $n_k \geqq 0$ und rationalen Koeffizienten $A(x)$. Nach der Dimension

$$d = n_0 + n_1 + \dots + n_\nu$$

spalten wir

$$f = f_d + f_{d-1} + \dots + f_0,$$

wo also f_d die Summe der Glieder höchster Dimension d bedeutet; unter sämtlichen Gleichungen $f = 0$, denen y genügt, nehmen wir eine solche, wo die höchste Dimension d möglichst klein, unter diesen eine solche, wo die Anzahl der verschiedenen Glieder von f_d möglichst klein ist, und setzen den Koeffizienten eines dieser Glieder gleich 1:

$$f_d = Y_0 + A_1(x)\,Y_1 + \dots.$$

Wenn nun y zugleich der Differenzengleichung (1) genügt, so genügt sie auch der Differentialgleichung $g = 0$, wo

$$\begin{aligned} g &= f(x+1, y+\varphi, y_1+\varphi_1, \dots, y_\nu+\varphi_\nu) \\ &= \left(1 + \Delta + \frac{\Delta^2}{2!} + \dots\right) f(x+1, y, y_1, \dots, y_\nu); \end{aligned}$$

hier ist $\varphi_1 = \frac{d\varphi}{dx}, \dots$ und Δ der Differentiator

$$\Delta = \varphi \frac{\partial}{\partial y} + \varphi_1 \frac{\partial}{\partial y_1} + \dots + \varphi_\nu \frac{\partial}{\partial y_\nu},$$

der offenbar die Dimension um 1 erniedrigt. Danach wird $g = g_d + g_{d-1} + \dots$ und

$$g_d = f_d(x+1, y) = Y_0 + A_1(x+1)\,Y_1 + \dots;$$

dann muß aber identisch $g = f$ sein, da andernfalls $g - f$ das Glied Y_0 nicht enthielte und also entweder weniger Glieder höchster Dimension d als f oder nur Glieder von Dimensionen $< d$ hätte, im Widerspruch zur Wahl von f. Demnach ist identisch

$$f(x, y) = \left(1 + \Delta + \frac{\Delta^2}{2!} + \dots\right) f(x+1, y)$$

und bei Trennung nach Dimensionen

$$\begin{aligned} f_d(x, y) &= f_d(x+1, y), \\ f_{d-1}(x, y) &= f_{d-1}(x+1, y) + \Delta f_d(x+1, y). \end{aligned}$$

Die erste dieser Gleichungen sagt, daß f_d konstante Koeffizienten hat. Die zweite besagt: wenn irgendein Glied Y in f_{d-1} den rationalen Koeffizienten $B(x)$ und in $\frac{\partial f_d}{\partial y_k}$ den konstanten Koeffizienten a_k hat, so ist

$$B(x) - B(x+1) = a\varphi + a_1\varphi_1 + \dots + a_\nu\varphi_\nu. \tag{2}$$

Hier steht rechts eine Funktion wie φ selbst (die im Unendlichen verschwindet und keine Pole mit ganzzahliger Differenz hat). Der Hilfssatz sagt, daß $B(x)$ konstant und die rechte Seite identisch Null ist; wenn aber $\varphi(x)$ einen Pol im Endlichen hat, so lehrt die Betrachtung des zugehörigen Hauptteils, daß φ und seine Ableitungen linear unabhängig sind, die rechte Seite von (2) also nur für $a = \ldots = a_\nu = 0$ identisch verschwindet. Dann hat also jedes Glied Y in $\frac{\partial f_d}{\partial y_k}$ den Koeffizienten 0, d. h. alle Ableitungen von f_d nach $y, y_1, \ldots, y_\nu$ verschwinden identisch und die höchste Dimension wäre $d = 0$, was absurd ist.

Damit ist I bewiesen. Der Satz bleibt noch richtig, wenn man die rechte Seite von (1) durch $\varphi(x) + \pi(x)$ ersetzt, wo $\pi(x)$ ein Polynom ist; man erkennt das durch Betrachtung von $y - \eta$, wo η die Polynomlösung von $\eta(x+1) - \eta(x) = \pi(x)$ ist. Man kann diese Verallgemeinerung auch so aussprechen:

II. *Es sei $\varphi(x)$ eine rationale Funktion, die im Endlichen kein Paar verschiedener Pole mit ganzzahliger Differenz hat. Dann kann eine Funktion $y(x)$ nicht gleichzeitig einer algebraischen Differentialgleichung und der Differenzengleichung*

$$(1) \qquad y(x+1) - y(x) = \varphi(x)$$

genügen, außer wenn $\varphi(x)$ ein Polynom ist.

Um noch den Schluß von $\Gamma' : \Gamma$ auf Γ selbst zu erledigen, haben wir zu beweisen, daß mit y auch die logarithmische Ableitung $z = \frac{y_1}{y}$ einer algebraischen Differentialgleichung genügt; auch dies läßt sich sehr kurz und ohne Eliminationsschwierigkeiten machen. Da bekanntlich z und seine Ableitungen $z_1, \ldots, z_{\nu-1}$ Polynome in $\frac{y_1}{y}, \ldots, \frac{y_\nu}{y}$ sind und umgekehrt, so ist zu zeigen:

III. *Wenn die Funktion y einer algebraischen Differentialgleichung genügt, so genügt sie auch einer homogenen* (mit lauter Gliedern gleicher Dimension).

Wir ordnen die linke Seite der Differentialgleichung $f = 0$ (die wir als Polynom in $x, y, \ldots, y_\nu$ annehmen können) nach Dimensionen

$$f = f_D + f_{D-1} + \cdots + f_d,$$

D sei die höchste, d die niedrigste vorkommende Dimension; wir nehmen einen Differentialausdruck mit kleinster *Dimensionsspanne* $D - d$ und unter diesen einen von kleinster Ordnung ν. Nun genügt y auch der Differentialgleichung $g = \frac{df}{dx} = 0$, wo der Differentiator

$$\frac{d}{dx} = \frac{\partial}{\partial x} + \sum_{k=0}^{\nu} y_{k+1} \frac{\partial}{\partial y_k}$$

die Dimension nicht ändert, also

$$g = g_D + g_{D-1} + \cdots + g_d$$

mit $g_k = \frac{df_k}{dx}$. Die Verbindung $f_d g - f g_d$ muß identisch verschwinden, da sie andernfalls eine Dimensionsspanne $< D - d$ hätte. Insbesondere ist hierin der Koeffizient von $y_{\nu+1}$ (welche Ableitung in g nur linear auftritt) identisch 0, d. h. $f_d \frac{\partial f}{\partial y_\nu} - f \frac{\partial f_d}{\partial y_\nu} = 0$, $\frac{\partial}{\partial y_\nu}\left(\frac{f}{f_d}\right) = 0$, so daß die rationale Funktion $\frac{f}{f_d} = \frac{\varphi}{\psi}$ Quotient zweier Polynome φ, ψ ist, die y_ν nicht enthalten. y genügt der Differentialgleichung $\psi f = \varphi f_d = 0$, aber nicht der Differentialgleichung $\varphi = 0$ von einer Ordnung $< \nu$, sondern also der homogenen Differentialgleichung $f_d = 0$.

In fast ebenso einfacher Weise kann man zeigen, daß y auch einer (homogenen und) *isobaren* Differentialgleichung genügt, d. h. einer solchen, in der alle Glieder das gleiche *Gewicht* $n_1 + 2n_2 + \ldots + \nu n_\nu$ haben.

Bonn, 9. Dezember 1924.

(Eingegangen am 10. 12. 1924.)

Commentary on [H 1925]

S. D. Chatterji

This paper of HAUSDORFF concerns a 1887 theorem of O. HÖLDER stating that $\Gamma(x)$ does not satisfy any algebraic differential equation. HÖLDER's theorem has certainly a curiosity value since all the elementary functions exp, sin, cos etc. and the standard special functions (Bessel, hypergeometric, elliptic) are solutions of well-known algebraic differential equations; a form of the theorem was apparently known to WEIERSTRASS (cf. [WW 1927], p. 236, where references are given to proofs by HÖLDER, MOORE (1897) as also by BARNES (1900)). In his famous speech at the International Congress of Mathematicians in Paris in 1900, HILBERT makes a mention of this theorem in a transitional passage from the 18th problem to the 19th and later problems which all concern analytic functions; he says there that

> [in der] Klasse derjenigen Funktionen, *die sich durch gewöhnliche oder partielle algebraische Differentialgleichungen charakterisieren lassen*... gerade solche Funktionen *nicht* vor[kommen], die aus der Zahlentheorie stammen und deren Erforschung für uns von höchster Wichtigkeit ist. ([Hil 1900], S. 319/320)

As examples he cites $\Gamma(x)$ and $\zeta(s)$ the RIEMANN zeta-function; for the latter HILBERT says that

> ...$\zeta(s)$ keiner algebraischen Differentialgleichung [genügt], wie man leicht mit Hilfe der bekannten Relation zwischen $\zeta(s)$ und $\zeta(1-s)$ erkennen kann, wenn man den von HÖLDER bewiesenen Satz benutzt, ... ([Hil 1900], S. 320)

here referring to HÖLDER's 1887 theorem concerning $\Gamma(x)$. He goes on to add the following conjecture: the function of two variables

$$\zeta(s,x) = x + \frac{x^2}{2^s} + \frac{x^3}{3^s} + \frac{x^4}{4^s} + \cdots$$

> ...genügt... wahrscheinlich keiner partiellen algebraischen Differentialgleichung; ... ([Hil 1900], S. 320)

HILBERT's remark led to some further work, notably to OSTROWSKI's Inauguraldissertation [O 1919] which was devoted to DIRICHLET series and algebraic differential equations where OSTROWSKI proves HILBERT's conjecture as a special case of a more general result; OSTROWSKI gives several references to further work in this area. This must have been the origin of OSTROWSKI's

1919 proof of HÖLDER's theorem (referred to in this paper of HAUSDORFF); although HAUSDORFF does not mention this, HAUSDORFF had discovered an error in OSTROWSKI's 1919 proof and communicated this observation to the latter in a letter. This induced OSTROWSKI to write out a new proof of HÖLDER's theorem [O 1925] which appears in the same issue of the Mathematische Annalen as HAUSDORFF's paper (in fact, it follows the latter); OSTROWSKI mentions HAUSDORFF's letter in a foot-note and adds a possible rectification of his earlier 1919 proof, noting that his new 1925 proof renders the older proof devoid of interest; indeed, OSTROWSKI's 1919 paper is not reprinted in his collected works, one of his few papers thus excluded. Note that HAUSDORFF's paper is dated 9th Dec. 1924 and that both papers (OSTROWSKI's and HAUSDORFF's) were received by Math. Ann. on 10th Dec. 1924.

HAUSDORFF's proof, based on (1) of his paper, is entirely algebraic and actually uses very few properties of complex numbers; thus his theorems I, II, III are valid in other fields of characteristic 0. Be that as it may, his theorem I establishes that $h(x) = \Gamma'(x)/\Gamma(x)$ verifies no algebraic differential equation (since $h(x+1)-h(x) = 1/x$, from a well-known formula concerning the gamma-function); from this, the result for $\Gamma(x)$ is derived by a very simple argument, noting that h is the logarithmic derivative of Γ. All the other proofs of the theorem which I have examined are also entirely algebraic and are valid over fairly general fields. HÖLDER and BARNES base their proofs (like HAUSDORFF) on the functional equation for Γ'/Γ, OSTROWSKI (1919 and 1925) and MOORE directly on the functional equation for Γ $(\Gamma(x+1) = x\Gamma(x))$. All of them use the basic argument that if an algebraic differential equation of a certain degree n is verified then a similar equation of degree $n-1$ is verified. NÖRLUND's article [N 1922], p. 703–705, provides further references (without mentioning HAUSDORFF).

Of the more recent books, REMMERT's ([R 1991], p. 41) states HÖLDER's theorem, without proof, but with several references; BIEBERBACH's book ([B 1965], p. 359) gives the theorem along with OSTROWSKI's 1925 proof, considered to be particularly simple. BIEBERBACH gives several other relevant references to later work, in particular to that of WITTICH (p. 364); however, HAUSDORFF is not mentioned. My own assessment is that HAUSDORFF's proof is equally simple and elementary as well as being general.

It may be that only the discovery of the mistake in OSTROWSKI's 1919 proof set HAUSDORFF on a line of thought which resulted in this paper. In any case, there are no other papers of HAUSDORFF, published or unpublished, related to this topic.

References

[B 1965] BIEBERBACH, L. : *Theorie der gewöhnlichen Differentialgleichungen.* Springer-Verlag, Berlin (2nd ed. 1965).

[Hil 1900] HILBERT, D. : *Mathematische Probleme,* Göttinger Nachrichten (1900), 253–297. *Gesammelte Abhandlungen,* Springer-Verlag, Berlin 1935, 1970, vol. 3, 290–329.

[N 1922] NÖRLUND, N.E. : *Neuere Untersuchungen über Differenzengleichungen*. Encyclopädie der Math. Wissenschaften, Band 2, Teil 3 (zweite Hälfte), Analysis II C7, 1922.

[O 1919] OSTROWSKI, A. : *Über Dirichletsche Reihen und algebraische Differentialgleichungen*. Math. Zeitschrift 8 (1919), 241–298. *Collected Mathematical Papers*, Birkhäuser, Basel 1985, vol. 4, 401–458.

[O 1925] OSTROWSKI, A. : *Zum Hölderschen Satz über* $\Gamma(x)$. Math. Annalen 94 (1925), 248–251. *Collected Mathematical Papers*, Birkhäuser, Basel 1985, vol. 4, 29–32.

[R 1991] REMMERT, R. : *Funktionentheorie II.* Springer-Verlag, Berlin 1991.

[WW 1927] WHITTAKER, E. T., WATSON, G.N. : *A course of modern analysis.* Cambridge Univ. Press, Cambridge (4th ed. 1928, reprinted 1965).

Beweis eines Satzes von Arzelà.

Math. Zeitschrift **26** (1927), 135–137.

[H 1927b]

Beweis eines Satzes von Arzelà.

Von

F. Hausdorff in Bonn.

Wir betrachten reelle Funktionen $f = f(x)$, die in einem festen Intervall $[a, b]$ (d. h. für $a \leqq x \leqq b$) definiert und *beschränkt* sind. Die Ausdrücke Integral und integrabel sind im Riemannschen Sinne gemeint. $Jf = \int_a^b f\,dx$ sei das Integral von f, wenn es existiert, ebenso $\underline{J}f$ das untere und $\bar{J}f$ das obere Riemann-Darbouxsche Integral. Über die Vertauschbarkeit von Limes und Integral hat C. Arzelà[1]) schon vor vierzig Jahren den folgenden Satz bewiesen:

I. *Wenn die gleichmäßig beschränkten, integrablen Funktionen f_n nach der integrablen Funktion f konvergieren, so konvergiert Jf_n nach Jf.*

Sein Beweis beruht auf einem Lemma über Folgen von Intervallsummen[2]). Einen Sonderfall von I, der Annahme stetiger Funktionen f_n und f entsprechend, hat W. F. Osgood[3]) neu entdeckt. Im folgenden möchte ich einen kurzen und natürlichen, auch für eine elementare Vorlesung geeigneten Beweis von I mitteilen, der auf einer Ungleichung für Darbouxsche Integrale beruht und den allgemeinen Fall nicht, wie das Arzelàsche Lemma, auf Treppenfunktionen, sondern auf die bequemer zu handhabenden stetigen Funktionen zurückführt.

Das untere Integral $\underline{J}f$ ist definitionsgemäß die obere Grenze der „Untersummen" oder der Integrale aller Treppenfunktionen $t \leqq f$; es ist

---

1) Rend. Acc. Linc. (4) 1 (1885), S. 537; Mem. Ist. Bologna (5) 8 (1899), S. 723—725.

2) Spätere Beweise dieses Lemmas bei F. Hartogs, Schwarz-Festschrift (1914), S. 55; L. Bieberbach, Math. Zeitschrift 2 (1918), S. 155—157; vgl. auch E. Landau, Math. Zeitschrift 2 (1918), S. 350—351.

3) American Journal of Math. 19 (1896), S. 175—182. Ein vereinfachter Beweis des Osgoodschen Satzes bei F. Riesz, Jahresbericht d. Deutschen Math.-Vereinigung 26 (1918), S. 274—278.

aber auch die obere Grenze der Integrale aller stetigen Funktionen $g \leqq f$. Denn wenn eine Treppenfunktion t an der Stelle ξ einen Sprung von $t(\xi - 0) = \lambda_1$ zu $t(\xi + 0) = \lambda_2$ macht, so ersetze man sie in einem hinlänglich kleinen Intervall $[\xi - h, \xi + h]$ durch eine stetige Funktion g mit $g(\xi - h) = \lambda_1$, $g(\xi + h) = \lambda_2$, $g(\xi) = \min[\lambda_1, \lambda_2]$, die in $[\xi - h, \xi]$ und $[\xi, \xi + h]$ linear verläuft. Durch diese „Abschleifung" der Sprünge erhält man eine stetige Funktion $g \leqq t$, deren Integral $Jg > Jt - \varepsilon$ gemacht werden kann.

Zu zwei Funktionen f_1, f_2 bilden wir $f = \min[f_1, f_2]$, $F = \max[f_1, f_2]$; dann ist

$$(1) \qquad \underline{J}f + \underline{J}F \geqq \underline{J}f_1 + \underline{J}f_2, \qquad \bar{J}f + \bar{J}F \leqq \bar{J}f_1 + \bar{J}f_2.$$

Denn sind $g_1 \leqq f_1$, $g_2 \leqq f_2$ stetige Funktionen, also auch $g = \min[g_1, g_2] \leqq f$, $G = \max[g_1, g_2] \leqq F$, so ist

$$\underline{J}f + \underline{J}F \geqq Jg + JG = Jg_1 + Jg_2;$$

nimmt man rechts die obere Grenze, so erhält man die erste Ungleichung (1). (Man kann den Beweis auch mittels der Untersummen führen: sind $\lambda_1, \lambda_2, \lambda, \Lambda$ die unteren Grenzen von f_1, f_2, f, F in einem Intervall, so ist $\lambda = \min[\lambda_1, \lambda_2]$, $\Lambda \geqq \max[\lambda_1, \lambda_2]$, $\lambda + \Lambda \geqq \lambda_1 + \lambda_2$.)

II. *Wenn die Funktionen φ_n abnehmend* ($\varphi_1 \geqq \varphi_2 \geqq \cdots$) *nach* 0 *konvergieren, so konvergiert $\underline{J}\varphi_n$ nach* 0.

Dies ist bekanntlich für stetige Funktionen φ_n richtig, da die Konvergenz gleichmäßig ist. (Satz von Dini. Ist $\delta_n = \max \varphi_n = \varphi_n(x_n)$, $\delta_1 \geqq \delta_2 \geqq \cdots$, $\delta_n \to \delta \geqq 0$, so haben die x_n eine konvergente Teilfolge; indem wir uns auf diese beschränken, sei $x_n \to x$. Für $m < n$ ist $\delta \leqq \delta_n = \varphi_n(x_n) \leqq \varphi_m(x_n)$, für $n \to \infty$ $\delta \leqq \varphi_m(x)$, für $m \to \infty$ $\delta \leqq 0$, also $\delta = 0$.) Im allgemeinen Falle bestimmen wir eine Folge stetiger Funktionen $g_n \leqq \varphi_n$ mit $Jg_n > \underline{J}\varphi_n - \varepsilon$; es ist zu zeigen, daß man $g_1 \geqq g_2 \geqq \cdots$ annehmen kann. Wenn g_{n-1} bereits bestimmt ist, sei $\varphi = \min[\varphi_n, g_{n-1}]$, $\Phi = \max[\varphi_n, g_{n-1}] \leqq \varphi_{n-1}$; dann ist nach (1)

$$\underline{J}\varphi + \underline{J}\varphi_{n-1} \geqq \underline{J}\varphi + \underline{J}\Phi \geqq \underline{J}\varphi_n + Jg_{n-1} > \underline{J}\varphi_n + \underline{J}\varphi_{n-1} - \varepsilon,$$
$$\underline{J}\varphi > \underline{J}\varphi_n - \varepsilon$$

und man kann eine stetige Funktion $g_n \leqq \varphi$ mit $Jg_n > \underline{J}\varphi_n - \varepsilon$ bestimmen, wobei zugleich $g_n \leqq \varphi_n$ und $g_n \leqq g_{n-1}$ ist. — Die Funktionen g_n können ferner durch $\max[g_n, 0]$ ersetzt, also $\geqq 0$ angenommen werden. Sie konvergieren dann abnehmend nach 0, also $\lim Jg_n = 0$, $\lim \underline{J}\varphi_n \leqq \varepsilon$, d. h. $\lim \underline{J}\varphi_n = 0$.

Nunmehr ist I, worin $f = 0$ angenommen werden kann, so zu beweisen: es sei $\varphi_n = \sup[f_n, f_{n+1}, f_{n+2}, \cdots]$ (sup = Supremum = obere

Grenze). Diese Funktionen konvergieren abnehmend nach 0; nach II ist also $\lim \underline{J} \varphi_n = 0$ und, wegen $f_n \leqq \varphi_n$, $\overline{\lim} J f_n \leqq 0$. Vertauschung von f_n mit $-f_n$ gibt $\underline{\lim}\ J f_n \geqq 0$, d. h. $\lim\ J f_n = 0$.

Die Sätze I, II lassen sich mit Hilfe der bekannten, ebenso wie (1) zu beweisenden Formeln $(f = f_1 + f_2)$

$$(2) \qquad \underline{J} f_1 + \underline{J} f_2 \leqq \underline{J} f \leqq \underline{J} f_1 + \bar{J} f_2 \leqq \bar{J} f \leqq \bar{J} f_1 + \bar{J} f_2$$

leicht verallgemeinern. Aus II wird:

III. *Wenn die Funktionen φ_n abnehmend $(\varphi_1 \geqq \varphi_2 \geqq \ldots)$ nach φ konvergieren, so ist*

$$(3) \qquad \underline{J} \varphi \leqq \lim \underline{J} \varphi_n \leqq \bar{J} \varphi .$$

Die erste Hälfte dieser Ungleichung ist selbstverständlich, die zweite folgt aus $\underline{J} \varphi_n \leqq \underline{J}(\varphi_n - \varphi) + \bar{J} \varphi$ wegen $\underline{J}(\varphi_n - \varphi) \to 0$.

Als Verallgemeinerung von I erhalten wir:

IV. *Wenn die Funktionen f_n gleichmäßig beschränkt sind, so gilt für $\underline{f} = \underline{\lim} f_n$, $\bar{f} = \overline{\lim} f_n$:*

$$(4) \qquad \overline{\lim} \underline{J} f_n \leqq \bar{J} \bar{f}, \qquad \underline{\lim} \bar{J} f_n \geqq \underline{J} \underline{f}.$$

Denn wird wieder $\varphi_n = \sup[f_n, f_{n+1}, \ldots]$ gesetzt, so konvergiert φ_n abnehmend nach $\bar{f}$, woraus $\lim \underline{J} \varphi_n \leqq \bar{J} \bar{f}$ und wegen $f_n \leqq \varphi_n$ die erste Hälfte der Behauptung folgt.

Wenn die f_n die charakteristischen Funktionen der Mengen X_n sind (d. h. $f_n = 1$ in X_n, $f_n = 0$ im Komplement $[a, b] - X_n$), so sind $\underline{f}, \bar{f}$ die charakteristischen Funktionen der Mengen $\underline{X} = \underline{\mathrm{Lim}}\, X_n$, $\bar{X} = \overline{\mathrm{Lim}}\, X_n$, deren Punkte fast allen resp. unendlich vielen Mengen X_n angehören. Aus (4) folgt dann

$$\overline{\lim}\, \underline{i}\, X_n \leqq \bar{i}\, \bar{X}, \qquad \underline{\lim}\, \bar{i}\, X_n \geqq \underline{i}\, \underline{X},$$

wo $\underline{i}$ und $\bar{i}$ den inneren und äußeren Peano-Jordanschen Inhalt bedeuten. Ein Spezialfall der ersten Formel ist das Arzelàsche Lemma.

(Eingegangen am 26. Februar 1926.)

Commentary on [H 1927b]

S. D. Chatterji

This little known paper by HAUSDORFF concerns a well-known difficulty in Riemanian integration which concerns the validity of

$$\lim_{n\to\infty}\int_a^b f_n(x)dx = \int_a^b f(x)dx \qquad (1)$$

under the hypotheses that f_n, $n = 1, 2, \ldots$, f are (real-valued) RIEMANN-integrable,

$$\lim_{n\to\infty} f_n(x) = f(x), \quad a \leq x \leq b\,,$$

and that the f_n's are uniformly bounded in $[a, b]$, $-\infty < a < b < \infty$. As HAUSDORFF points out, such a theorem was first given by ARZELÀ; the latter's proof was considered to be rather difficult by many contemporaries and several subsequent authors attempted more straight-forward proofs, some of whom are mentioned by HAUSDORFF. It must be said that HAUSDORF's proof is really "short and natural" and well-adapted for an "elementary lecture". Indeed, an analysis of his proof shows that it provides more modern results of a similar type with no extra effort. Suppose that J is a positive linear functional on a vector-lattice E of real functions defined on some abstract set X, verifying the usual continuity condition: if $\varphi_n \downarrow 0$, $\varphi_n \in E$, $n = 1, 2, \ldots$ then $J\varphi_n \to 0$ as $n \to \infty$; in HAUSDORFF's case, E is the space of real continuous functions on $X = [a, b]$ and $J : E \to \mathbb{R}$ is the usual CAUCHY-RIEMANN integral. Write

$$\underline{J}f = \sup\{J\varphi : \varphi \in E, \varphi \leq f\}, \quad \overline{J}f = -J(-f)$$

where $f : X \to \mathbb{R}$ is any function; then all the results starting with (1) in HAUSDORFF's paper remain valid provided we only suppose that the functions f used are such that $\underline{J}f$, $\overline{J}f$ are finite; no change in the proofs given is needed. This gives then a general form of his theorem I, the RIEMANN-integrability of a function f being replaced by the condition $\underline{J}f = \overline{J}f$.

This type of reasoning had been introduced by DANIELL ([D 1918]) to generalize the integration theories of LEBESGUE, RADON, YOUNG, RIESZ, FRÉCHET and others. It is curious that HAUSDORFF who was so well-informed in matters of integration theory never referred to DANIELL's work neither here nor in his several lecture notes on the subject, although he does refer to all the other well-known contemporary works. His lectures on *Reelle Funktionen und Masstheorie* (Winter Semester 1932/33, [NL HAUSDORFF: Fasz. 53]) treats integrals as linear functionals in the generality indicated above (cf. p. 37 there); similar developments occur in *Der moderne Integralbegriff* (Winter Semester 1922/23, Winter Semester 1927/28, [NL HAUSDORFF: Fasz. 43] p. 142) or in his unrealized book project (*Mass- und Integrationstheorie*, [NL HAUSDORFF: Fasz. 1129], p. 147, dated around 1930). In many places in these manuscripts HAUSDORFF refers to W. H. YOUNG and the latter's technique of using monotone sequences which was indeed also DANIELL's inspiration as well. In any case, it seems clear that HAUSDORFF had been using techniques like the one used in the present paper at least from around 1922/23.

It should be pointed out that the abstract definitions of $\overline{J}f$, $\underline{J}f$ must be refined further to obtain the general DANIELL- LEBESGUE integral; HAUSDORFF is clearly aware of this in his above-mentioned lecture notes.

Another curious point is that HAUSDORFF who was fully informed of the validity of (1) in the LEBESGUE theory never mentions this fact here; he, of course, does not need this fact and the whole point of this paper (and the other post-LEBESGUE papers mentioned by him here) is to avoid the LEBESGUE theory which was generally considered to be an advanced subject well into the fifties. Note that already in his *Grundzüge* (1914) HAUSDORFF had presented (p. 440) LEBESGUE's dominated convergence theorem (which gives an immediate justification of (1) under broader hypotheses) as a high-water mark of LEBESGUE's theory.

A later reference to this paper of HAUSDORFF is in EBERLEIN's 1957 article [E 1957] written in order to provide another "elementary" justification of (1) for f_n, f continuous; I find HAUSDORFF's proof much shorter and neater.

There is a long list of other authors (before and after this paper of HAUSDORFF) who have provided alternative "elementary" proofs (i.e. avoiding LEBESGUE's theory) to variations of the theorem treated here; it does not seem useful to list them here.

References

[D 1918] DANIELL, P. J. : *A general form of the integral.* Annals of Math. (2) 19 (1918), 279–294.

[E 1957] EBERLEIN, W. F. : *Notes on integration I : the underlying convergence theorem.* Communications on pure and applied mathematics 10 (1957), 357–360.

Die Äquivalenz der Hölderschen und Cesàroschen Grenzwerte negativer Ordnung.

Math. Zeitschrift **31** (1930), 186–196.

[H 1930a]

Die Äquivalenz der Hölderschen und Cesàroschen Grenzwerte negativer Ordnung.

Von

F. Hausdorff in Bonn.

Die Cesàroschen Mittel α-ter Ordnung

$$C_\alpha x_n = \frac{\Pi(n)\,\Pi(\alpha)}{\Pi(n+\alpha)} S^\alpha x_n = \sum_{m=0}^{n} \binom{m+\alpha-1}{m} x_{n-m} : \binom{n+\alpha}{n}$$

einer Folge x_n, ursprünglich für $\alpha = k$ (k natürliche Zahl) eingeführt, sind durch die angegebene Formel für alle reellen α außer $\alpha = -k$ definiert. Die Hölderschen Mittel α-ter Ordnung $H^\alpha x_n$, ursprünglich für $\alpha = k$ rekursiv durch

$$H^k x_n = \sum_{m=0}^{n} H^{k-1} x_n : (n+1)$$

mit $H^0 x_n = x_n$ erklärt, lassen sich in natürlicher Weise für alle reellen α definieren[1]); sie bilden, da die Ordnung sich wie ein Exponent verhält ($H^\alpha(H^\beta x_n) = H^{\alpha+\beta} x_n$), theoretisch die einfachste Skala von Limitierungs- oder Summierungsmethoden, während praktisch die Cesàrosche Skala gewisse Vorteile bietet. Beide sind durch den *Äquivalenzsatz* verbunden, der für $\alpha = k$ durch die Herren Knopp und Schnee bewiesen wurde, aber für alle $\alpha > -1$ gilt (a. a. O. [1]), S. 90, 96): mit $C_\alpha x_n \to x$ ist $H^\alpha x_n \to x$ und umgekehrt. Im folgenden wird die Beziehung beider Skalen für $\alpha \leqq -1$ betrachtet. Dabei ist zunächst zu beachten, daß $C_{-k} x_n$ nicht existiert; wir lassen aus $C_\alpha x_n$ den Faktor $\Pi(\alpha)$ fort und setzen

$$\Gamma_\alpha x_n = \frac{\Pi(n)}{\Pi(n+\alpha)} S^\alpha x_n,$$

[1]) F. Hausdorff, Summationsmethoden und Momentfolgen I, Math. Zeitschr. 9 (1921), S. 74—109; vgl. S. 83.

so daß an Stelle von $C_\alpha x_n \to x$ die Konvergenzbeziehung

$$\Gamma_\alpha x_n \to \frac{x}{\Pi(\alpha)} \qquad (\Gamma_{-k} x_n \to 0)$$

tritt. Nun folgt zwar diese stets aus $H^\alpha x_n \to x$; um aber den umgekehrten Schluß zu ziehen, muß man für $\alpha \leqq -1$ noch eine Zusatzforderung heranziehen, als welche sich die Existenz des Abelschen Grenzwerts

$$\lim_{t \to 1} (1-t) \sum_n x_n t^n = x$$

empfiehlt; für $\alpha \neq -k$ reicht schon die Beschränktheit von $(1-t)\sum\limits_n x_n t^n$ für $0 \leqq t < 1$ aus. Dieser einfache Tatbestand wird in § 2 entwickelt, nachdem zwecks Abkürzung der Beweise in § 1 einige Ergebnisse meiner oben angeführten Arbeit zusammengestellt sind.

1. Wir betrachten die lineare Transformation

$$(1) \qquad y_n = \sum_m a_{nm} x_m \qquad (m, n = 0, 1, 2, \ldots)$$

wo je nach den Eigenschaften, die wir von den Folgen $X = (x_m)$ und $Y = (y_n)$ verlangen, die unendliche Matrix A entsprechende Bedingungen erfüllen muß. Soll insbesondere die Transformation oder Matrix *konvergenztreu* sein, d. h. jeder konvergenten Folge $x_m \to x$ eine konvergente Folge $y_n \to y$ zuordnen, so sind die folgenden, im wesentlichen von Herrn Toeplitz[2]) herrührenden Bedingungen notwendig und hinreichend:

$$(\mathrm{A}) \qquad A_n = \sum_m |a_{nm}| \leqq \mathsf{A},$$

$$(\mathrm{B}) \qquad \lim_n a_{nm} = a_m,$$

$$(\mathrm{C}) \qquad \lim_n \sum_m a_{nm} = a.$$

Es wird dann

$$y = ax + \sum_m a_m (x_m - x).$$

Wegen (A) führt eine konvergenztreue Matrix eo ipso jede beschränkte Folge X in eine beschränkte Y über. Soll die Matrix auch *nulltreu* sein, d. h. aus $x = 0$ stets $y = 0$ folgen, so müssen alle $a_m = 0$ sein; soll sie überdies *limestreu*, d. h. stets $y = x$ sein, so muß $a = 1$ ausfallen.

Es sei H die Matrix, die zur einfachen arithmetischen Mittelbildung

$$(2) \qquad y_n = (x_0 + x_1 + \ldots + x_n) : (n+1)$$

---

[2]) O. Toeplitz, Über allgemeine lineare Mittelbildungen, Prace Matematyczno-Fizyczne 22 (1911), S. 113—119.

gehört, und $S(H)$ das System der mit H *vertauschbaren* Matrizen A. Jede solche Matrix A entsteht, wie ich a. a. O. bewiesen habe, aus einer *„Multiplikatorenfolge“* (μ_n) vermöge

$$a_{nm} = \binom{n}{m} \Delta^{n-m} \mu_m,$$

wobei

$$\Delta^n \mu_m = \sum_{\alpha=0}^{n} (-1)^\alpha \binom{n}{\alpha} \mu_{m+\alpha} \tag{3}$$

die Differenzen aller Ordnungen von den μ_n bedeutet, und die Transformation (1) nimmt, in den Differenzen

$$\xi_n = \Delta^n x_0, \qquad \eta_n = \Delta^n y_0 \tag{4}$$

der x_n, y_n ausgedrückt, die einfach multiplikative Form

$$\eta_n = \mu_n \xi_n \tag{5}$$

an. Oder: bezeichnet P die feste Matrix mit den Elementen $p_{nm} = (-1)^m \binom{n}{m}$ und M eine willkürliche Diagonalmatrix mit den Diagonalelementen $\mu_0, \mu_1, \ldots$, so ist

$$A = PMP^{-1} = PMP;$$

das System $S(H)$ ist mit dem System aller Diagonalmatrizen ähnlich, je zwei Matrizen A sind vertauschbar. Die Zeilensummen von A sind konstant,

$$\sum_m a_{nm} = \mu_0, \tag{6}$$

so daß eine konstante Folge $x_0 = x$ in eine konstante Folge $y_n = \mu_0 x$ übergeführt wird.

Wir betrachten im folgenden der Einfachheit wegen nur reelle Matrizen des Systems $S(H)$.

Eine *Folge* μ_n heißt *total monoton*, wenn alle Differenzen $\Delta^n \mu_m \geqq 0$. Damit A konvergenztreu sei, ist notwendig und hinreichend, daß die Multiplikatorenfolge (μ_n) *Differenz von zwei total monotonen Folgen* sei, wobei die unter (B) (C) geforderten Grenzwerte von selbst existieren und zwar $a_1 = a_2 = \ldots = 0$, während $a_0 = \lim\limits_n \Delta^n \mu_0 \neq 0$ sein kann, und wegen (6) $a = \mu_0$ ist. Die Matrix A ist nulltreu für $a_0 = 0$, limestreu für $\mu_0 = 1$. Ist A nulltreu, so können auch die genannten beiden total monotonen Folgen so gewählt werden, daß sie einzeln nulltreue Matrizen liefern.

Eine *Funktion* $\mu(t)$ heißt für $t > \tau$ *total monoton*, wenn sie für $t > \tau$ beliebig oft differentiierbar und $(-1)^n \mu^{(n)}(t) \geqq 0$ ist ($n = 0, 1, 2, \ldots$); sie heißt für $t \geqq \tau$ total monoton, wenn sie für $t > \tau$ total monoton und $\mu(\tau) \geqq \mu(\tau + 0)$ ist. Eine für $t \geqq 0$ total monotone Funktion $\mu(t)$ gibt eine total monotone Folge $\mu_n = \mu(n)$; umgekehrt aber gehört auch zu jeder total monotonen Folge μ_n eine eindeutig bestimmte, für $t \geqq 0$ total monotone Funktion $\mu(t)$ mit $\mu_n = \mu(n)$. Hierbei ist $a_0 = \mu(0) - \mu(+0)$ und die entsprechende Matrix A also nulltreu, falls $\mu(t)$ bei $t = 0$ stetig ist.

Eine für $0 \leqq u \leqq 1$ monotone Funktion $\chi(u)$ (wobei $\chi(1) \geqq \chi(0) = 0$ sei) liefert in ihren *Momenten*

$$\mu_n = \int_0^1 u^n \, d\chi(u) \tag{7}$$

eine total monotone Folge, in

$$\mu(t) = \int_0^1 u^t \, d\chi(u) \qquad (t \geqq 0)$$

die zugehörige total monotone Funktion, wobei

$$\mu(0) = \chi(1), \qquad \mu(0) - \mu(+0) = \chi(+0);$$

die entsprechende Matrix ist nulltreu, wenn $\chi(u)$ bei $u = 0$ stetig ist. Umgekehrt gehört zu jeder total monotonen Folge eine solche monotone Funktion $\chi(u)$, die wiederum eindeutig bestimmt ist (wenn man $\chi(0) = 0$ und für $0 < u < 1$ $\chi(u) = \frac{1}{2}\chi(u-0) + \frac{1}{2}\chi(u+0)$ fordert).

Der Matrix H in (2) entspricht die Multiplikatorenfolge $\mu_n = 1:(n+1)$. Die der Multiplikatorenfolge $\mu_n = (n+1)^{-\alpha}$ entsprechende Matrix H^α heißt die *Höldersche Matrix* der Ordnung α, für jedes reelle α; sie hat wegen $H^\alpha H^\beta = H^{\alpha+\beta}$ den Charakter einer Potenz. Wir definieren ferner für jedes reelle α die *Summenmatrix* S^α der Ordnung α durch[3])

$$S^\alpha x_n = x_n + \binom{\alpha}{1} x_{n-1} + \binom{\alpha+1}{2} x_{n-2} + \cdots + \binom{\alpha+n-1}{n} x_0; \tag{8}$$

auch hier ist $S^\alpha S^\beta = S^{\alpha+\beta}$. Ferner heißt die der Multiplikatorenfolge

$$\mu_n = 1 : \binom{n+\alpha}{n} = \frac{\Pi(n)\,\Pi(\alpha)}{\Pi(n+\alpha)}$$

für $\alpha \neq -k$ $(k = 1, 2, 3, \ldots)$ entsprechende Matrix C_α die *Cesàrosche Matrix* der Ordnung α; die zugehörige lineare Transformation lautet

$$y_n = C_\alpha x_n = S^\alpha x_n : \binom{n+\alpha}{n}.$$

Der Äquivalenzsatz für $\alpha > -1$ besagt, daß $C_\alpha : H^\alpha$ und $H^\alpha : C_\alpha$ limestreue Matrizen sind[4]).

---

[3]) Die Schreibweise $A x_n$ für die rechte Seite von (1), nach deren Muster die Bezeichnungen $S^\alpha x_n$, $C_\alpha x_n$, $H^\alpha x_n$ u. dgl. zu verstehen sind, ist nicht ganz korrekt, aber bequem und kaum mißverständlich.

[4]) Eine Matrix A mit lauter nichtverschwindenden Multiplikatoren μ_n hat die Reziproke A^{-1} mit den Multiplikatoren μ_n^{-1}. Ein Quotient $A^{-1}B = BA^{-1}$ kann $\frac{B}{A}$ oder $B : A$ geschrieben werden.

2. Für $\alpha \leqq -1$ fallen erstens die Matrizen $C_{-1}, C_{-2}, \ldots$ als sinnlos fort, aber auch die übrigen C_α spielen, wie sich zeigen wird, eine andere Rolle als die H^α gleicher Ordnung. Beseitigen wir den Faktor $\Pi(\alpha)$, der durch seine Pole für $\alpha = -k$ den Wegfall von C_{-k} bewirkt, und betrachten die für jedes reelle α sinnvolle Multiplikatorenfolge

$$(9) \qquad \mu_n = \frac{\Pi(n)}{\Pi(n+\alpha)},$$

deren zugehörige Matrix Γ_α heiße und durch

$$(10) \qquad \Gamma_\alpha x_n = \frac{\Pi(n)}{\Pi(n+\alpha)} S^\alpha x_n$$

erklärt ist; für $\alpha = -k$ ist $\mu_n = n(n-1)\ldots(n-k+1)$, also $\mu_0 = \mu_1 = \ldots = \mu_{k-1} = 0$, so daß Γ_{-k} keine Reziproke hat; für $\alpha \neq -k$ ist $C_\alpha = \Pi(\alpha)\Gamma_\alpha$. Eine konstante Folge $x_n = x$ geht in die konstante Folge $\Gamma_\alpha x_n = \frac{x}{\Pi(\alpha)}$ über, wobei $\frac{1}{\Pi(-k)} = 0$ zu setzen ist.

I. *Die Matrix* $\Gamma_\alpha \Gamma_{-\alpha}$ *ist nulltreu.*

Denn sie entspricht der Multiplikatorenfolge

$$\mu_n = \frac{\Pi(n)^2}{\Pi(n+\alpha)\Pi(n-\alpha)}.$$

Wegen

$$\frac{1}{\Pi(t)} = e^{Ct} \prod_{k=1}^{\infty} \left(1 + \frac{t}{k}\right) e^{-\frac{t}{k}}$$

ist

$$\mu(t) = \frac{\Pi(t)^2}{\Pi(t+\alpha)\Pi(t-\alpha)} = \prod_{k=1}^{\infty} \left[1 - \left(\frac{\alpha}{t+k}\right)^2\right]$$

in der t-Ebene bis auf die Doppelpole $t = -k$ regulär; da die Funktionen $(t+k)^{-2}$ und ihre Produkte sämtlich für $t > -1$ total monoton sind, so ergibt die Entwicklung von $\prod\limits_{k=1}^{\infty}$ die Funktion $\mu(t)$ als Differenz von zwei für $t > -1$ total monotonen Funktionen. Die zu $\mu_n = \mu(n)$ gehörige Matrix ist konvergenztreu und wegen der Stetigkeit von $\mu(t)$ bei $t = 0$ nulltreu. Für $\alpha \neq \pm k$ ist $C_\alpha C_{-\alpha}$ limestreu.

II. *Die Matrix* $H^{-\alpha}\Gamma_\alpha$ *ist nulltreu. Mit* $H^\alpha x_n$ *ist also* $\Gamma_\alpha x_n$ *beschränkt; wenn* $H^\alpha x_n \to x$, *ist* $\Gamma_\alpha x_n \to \frac{x}{\Pi(\alpha)}$.

In der Tat ist für $\alpha > -1$ $H^{-\alpha} C_\alpha$ limestreu (eine Hälfte des Äquivalenzsatzes), $H^{-\alpha}\Gamma_\alpha$ nulltreu; aber auch $H^\alpha C_\alpha^{-1}$ limestreu (die andere Hälfte) oder $H^\alpha \Gamma_\alpha^{-1}$ nulltreu; dies mit der nulltreuen Matrix $\Gamma_\alpha\Gamma_{-\alpha}$ multipliziert ergibt $H^\alpha \Gamma_{-\alpha}$ als nulltreu (für $\alpha > -1$). Demnach ist $H^{-\alpha}\Gamma_\alpha$

sowohl für $\alpha > -1$ als für $\alpha < 1$, d. h. für alle α nulltreu. Daraus folgt die Erhaltung der Beschränktheit, ferner aus $H^{\alpha}(x_n - x) \to 0$: $\Gamma_{\alpha}(x_n - x) \to 0$, womit II bewiesen ist. Für $\alpha \neq -k$ ist $H^{-\alpha} C_{\alpha}$ limestreu.

Der Satz II ist für $\alpha \leqq -1$ nicht umkehrbar. Das ist für $\alpha = -k$ evident, da ja aus $\Gamma_{-k} x_n \to 0$ unmöglich die Relation $H^{-k} x_n \to x$ mit einem in der Voraussetzung nicht vorkommenden x folgen kann. Aber auch für nichtganzes $\alpha < -1$ braucht aus $C_{\alpha} x_n \to x$ nicht $H^{\alpha} x_n \to x$, oder für nichtganzes $\beta > 1$ aus $C_{-\beta} x_n \to x$ nicht $H^{-\beta} x_n \to x$ zu folgen. Ist z. B.

$$x_n = S^{\beta}(n+1)^{-\beta} = (n+1)^{-\beta} + \binom{\beta}{1} n^{-\beta} + \ldots + \binom{n+\beta-1}{n} 1^{-\beta},$$

so ist

$$C_{-\beta} x_n = \frac{1}{\binom{n-\beta}{n}} S^{-\beta} x_n = \frac{(n+1)^{-\beta}}{\binom{n-\beta}{n}} \to \Pi(-\beta),$$

während $x_n \geqq \binom{n+\beta-1}{n} \to \infty$, also nicht einmal $x_n \to \Pi(-\beta)$, geschweige denn $H^{-\beta} x_n \to \Pi(-\beta)$ ist.

Es muß also, um II umzukehren, noch eine Bedingung hinzukommen. Als eine solche (möglichst schwache) Zusatzbedingung empfiehlt sich die Existenz des Abelschen Grenzwerts

$$x_n \to x(A),$$

worunter bekanntlich Konvergenz der Potenzreihe

$$f(t) = \sum_n x_n t^n$$

für $|t| < 1$ und

$$(1-t) f(t) \to x$$

für $t \to 1 - 0$ verstanden wird; unter Umständen reicht schon die schwächere Forderung aus, daß $(1-t) f(t)$ für $0 \leqq t < 1$ *beschränkt* sei, was wir kurz so ausdrücken wollen: *x_n ist A-beschränkt.*

Über die Beziehung dieser Begriffe zu unserm System $S(H)$ gelten folgende Sätze.

III. *Ist B eine konvergenztreue Matrix des Systems $S(H)$, so ist mit x_n auch $B x_n$ A-beschränkt. Ist B limestreu, so ist mit $x_n \to x(A)$ auch $B x_n \to x(A)$.*

Mittels der Eulerschen Transformation

$$\tau = \frac{t}{1-t}, \qquad t = \frac{\tau}{1+\tau}$$

ergibt sich, daß die für $\Re \tau > -\frac{1}{2}$ reguläre Funktion

$$\varphi(\tau) = (1-t) f(t)$$

für $|\tau| < \frac{1}{2}$ durch

$$\varphi(\tau) = \sum_n (-1)^n \xi_n \tau^n$$

dargestellt wird, wo ξ_n die in (4) eingeführten Differenzen der x_n sind. Ein A-beschränktes x_n bedeutet, daß $\varphi(\tau)$ für $\tau \geqq 0$ beschränkt ist; $x_n \to x(A)$ bedeutet, daß $\varphi(\tau) \to x$ für $\tau \to +\infty$. Die konvergenztreue Matrix B, deren Multiplikatorenfolge wir unbeschadet der Allgemeinheit als total monoton, also als Momentfolge (7) einer monotonen Funktion $\chi(u)$ annehmen können, verwandelt $\varphi(\tau)$ in

$$\psi(\tau) = \sum_n (-1)^n \mu_n \xi_n \tau^n = \int_0^1 \varphi(\tau u)\, d\chi(u),$$

zunächst für $|\tau| < \frac{1}{2}$, aber vermöge analytischer Fortsetzung auch für $\Re\tau > -\frac{1}{2}$. Hieraus geht hervor: mit $\varphi(\tau)$ ist auch $\psi(\tau)$ für $\tau \geqq 0$ beschränkt. Ferner sei B nulltreu, also $\chi(+0) = 0$; dann folgt aus $\varphi(\tau) \to 0$ (für $\tau \to +\infty$) auch $\psi(\tau) \to 0$. Denn mit Einschiebung des Teilpunktes $u = \frac{\tau_0}{\tau}$ $(0 < \tau_0 < \tau)$ erhält man

$$|\psi(\tau)| \leqq M(\tau_0)\, \chi\left(\frac{\tau_0}{\tau}\right) + m(\tau_0)\, \chi(1),$$

wo $M(\tau_0)$, $m(\tau_0)$ die Maxima von $|\varphi(\tau)|$ für $0 \leqq \tau \leqq \tau_0$ resp. $\tau \geqq \tau_0$ bedeuten; hieraus folgt die Behauptung, wenn man erst τ und dann $\tau_0 \to \infty$ gehen läßt. Für nulltreues B folgt also aus $x_n \to 0\,(A)$ auch $B x_n \to 0\,(A)$ oder aus $x_n - x \to 0\,(A)$ auch $B(x_n - x) \to 0\,(A)$; dies gibt für limestreues B die zweite Behauptung von III.

IV. *Es sei* x_n *(einseitig) beschränkt und* $x_n \to x(A)$; *dann haben (für* $k = 1, 2, 3, \ldots$ *und reelles* α*) auch* $C_k^{-1} x_n$, $H^{-k} x_n$, $H^\alpha x_n$ *den Abelschen Grenzwert* x. *Ist* x_n *beschränkt, so sind* $C_k^{-1} x_n$, $H^{-k} x_n$, $H^\alpha x_n$ *jedenfalls A-beschränkt.*

Eine für $|t| < 1$ konvergente Potenzreihe $f(t)$ mit *nichtnegativen* Koeffizienten gestattet bekanntlich[5]) den Schluß von $f(t) \sim x(1-t)^{-\alpha}$ (d. h. $(1-t)^\alpha f(t) \to x$ für $t \to 1-0$) auf

$$f'(t) \sim \alpha x (1-t)^{-\alpha-1}, \qquad f''(t) \sim \alpha(\alpha+1)\, x (1-t)^{-\alpha-2}, \ldots,$$

insbesondere von $f(t) \sim x(1-t)^{-1}$ auf $f^{(k)}(t) \sim k!\, x(1-t)^{-k-1}$, und dies letztere gilt auch für ein $f(t) = \sum_n x_n t^n$ mit einseitig beschränkten Koeffizienten (wenn etwa $x_n \geqq c$, so wende man den Schluß auf $f(t) - c(1-t)^{-1} = \sum_n (x_n - c)\, t^n$ an). Sei nun $x_n \to x(A)$, $f(t) \sim x(1-t)^{-1}$ und

$$y_n = C_k^{-1} x_n, \qquad g(t) = \sum_n y_n t^n,$$

[5]) E. Landau, Neuere Ergebnisse der Funktionentheorie (Berlin 1916), S. 46.

so ist

$$x_n = C_k y_n = S^k y_n : \binom{n+k}{n},$$

$$(1-t)^{-k} g(t) = \sum_n S^k y_n \cdot t^n = \sum_n \binom{n+k}{n} x_n t^n$$

$$= \frac{1}{k!} \frac{d^k}{dt^k} [t^k f(t)] \sim x(1-t)^{-k-1},$$

weil $t^k f(t) \sim x(1-t)^{-1}$. Es ist also $g(t) \sim x(1-t)^{-1}$, d. h. $y_n \to x(A)$ oder $C_k^{-1} x_n \to x(A)$ und, weil $C_k H^{-k}$ und (für $k > -\alpha$) $H^{k+\alpha}$ limestreu sind, nach III auch $H^{-k} x_n \to x(A)$, $H^\alpha x_n \to x(A)$.

Die zweite Hälfte von IV ist ganz trivial, denn aus $|x_n| \leqq M$ folgt für $0 \leqq t < 1$ mit den obigen Bezeichnungen

$$(1-t)^{-k} |g(t)| \leqq M \sum_n \binom{n+k}{n} t^n = M(1-t)^{-k-1},$$

also $(1-t) g(t)$ beschränkt, d. h. $C_k^{-1} x_n$ A-beschränkt und ebenso wieder für die beiden andern Matrizen. (Übrigens gilt die Behauptung auch, wenn x_n nur einseitig beschränkt und A-beschränkt ist.)

Wir können dem Satze II jetzt die folgende Form geben, in der sich seine Umkehrung ermöglichen läßt:

II*. *Ist* $H^\alpha x_n$ *beschränkt, so ist* $\Gamma_\alpha x_n$ *beschränkt und* x_n *A-beschränkt; ist* $H^\alpha x_n \to x$, *so ist* $\Gamma_\alpha x_n \to \frac{x}{\Pi(\alpha)}$ *und* $x_n \to x(A)$.

Die hinzugekommenen Behauptungen ergeben sich durch Anwendung von IV auf $z_n = H^\alpha x_n$; ist z_n beschränkt, so ist $H^{-\alpha} z_n = x_n$ A-beschränkt und ist $z_n \to x$, also auch $z_n \to x(A)$, so ist $H^{-\alpha} z_n \to x(A)$.

Wir werden nun die Umkehrung von II* durch Kombination der Schlüsse von α auf $\alpha + 1$ und von $\alpha + 1$ auf α beweisen.

V. *Ist* x_n *A-beschränkt,* $\Gamma_\alpha x_n$ *beschränkt, so ist auch* $\Gamma_{\alpha+1} x_n$ *beschränkt. Ist* x_n *A-beschränkt,* $\Gamma_\alpha x_n \to \frac{x}{\Pi(\alpha)}$, *so ist für* $\alpha \neq -1$ *auch* $\Gamma_{\alpha+1} x_n \to \frac{x}{\Pi(\alpha+1)}$; *für* $\alpha = -1$ *gilt: ist* $x_n \to x(A)$, $\Gamma_{-1} x_n \to 0$, *so ist* $x_n \to x$.

Wir unterscheiden die drei Fälle $\alpha \gtreqless -1$. Ist $\alpha > -1$, so kann man von der Beschränktheit von $C_\alpha x_n$ auf die von $C_{\alpha+1} x_n$, von $C_\alpha x_n \to x$ auf $C_{\alpha+1} x_n \to x$ ohne weitere Voraussetzung schließen, da $C_{\alpha+1} : C_\alpha$ limestreu ist.

Für $\alpha < -1$ folgt aus der Beschränktheit von $\Gamma_\alpha x_n = \frac{\Pi(n)}{\Pi(n+\alpha)} S^\alpha x_n$, daß $S^\alpha x_n = O(n^\alpha)$, $\sum_n S^\alpha x_n$ konvergiert, also

$$y_n = \sum_{m=0}^{n} S^\alpha x_m = S^{\alpha+1} x_n \to y.$$

Weiter ist $(1-t)\sum\limits_n y_n t^n = (1-t)^{-\alpha-1}\cdot(1-t)f(t)$ und das konvergiert, wenn x_n A-beschränkt ist, für $t\to 1$ nach 0. Also $y_n \to 0\,(A)$, folglich $y=0$, also

$$S^{\alpha+1}x_n = -\sum_{\nu=n+1}^{\infty} S^\alpha x_\nu = O\Big(\sum_{\nu=n+1}^{\infty} \nu^\alpha\Big) = O(n^{\alpha+1}),$$

also $\Gamma_{\alpha+1}x_n$ beschränkt. Ebenso folgt aus $S^\alpha x_n = o(n^\alpha)$ auch $S^{\alpha+1}x_n = o(n^{\alpha+1})$, aus $\Gamma_\alpha x_n \to 0$ auch $\Gamma_{\alpha+1}x_n \to 0$ oder aus $\Gamma_\alpha(x_n - x)\to 0$ auch $\Gamma_{\alpha+1}(x_n - x)\to 0$, immer unter der bloßen Voraussetzung, daß x_n A-beschränkt sei.

Für $\alpha=-1$ ist $\Gamma_{-1}x_n = n(x_n - x_{n-1}) = n u_n$, wenn $x_n = u_0 + u_1 + \dots + u_n$ gesetzt wird, also

$$\varphi(t) = \sum_n u_n t^n = (1-t)f(t).$$

Unsere Behauptungen lauten also:

Ist $\varphi(t)$ beschränkt $(0\leqq t<1)$, $n u_n$ beschränkt, so ist $x_n = S u_n$ beschränkt; ist $\lim\limits_{t\to 1}\varphi(t) = x$, $n u_n \to 0$, so ist $\sum\limits_n u_n = x$.

Die zweite ist der alte Taubersche Umkehrsatz[6]), die erste eine vergröberte Form davon; wir haben, wenn $v_n = Hn|u_n| = \sum\limits_{\nu=0}^{n}\nu|u_\nu| : (n+1)$ und w_n die obere Grenze von $\nu|u_\nu|$ für $\nu>n$ bedeutet, für $0<t<1$

$$x_n = \varphi(t) + \sum_{\nu=0}^{n} u_\nu(1-t^\nu) - \sum_{\nu=n+1}^{\infty} u_\nu t^\nu,$$

$$|x_n| \leqq |\varphi(t)| + (1-t)(n+1)v_n + \frac{w_n}{(1-t)(n+1)},$$

$$|x_n| \leqq \left|\varphi\Big(1-\frac{1}{n+1}\Big)\right| + v_n + w_n$$

und damit beide Behauptungen (die zweite für $x=0$, also allgemein).

Hiernach gelangen wir zu folgender Umkehrung von II*:

VI. *Ist $\Gamma_\alpha x_n$ beschränkt und x_n A-beschränkt, so ist $H^\alpha x_n$ beschränkt. Ist $\Gamma_\alpha x_n \to \frac{x}{\Pi(\alpha)}$ und $x_n\to x\,(A)$ (wobei aber für $\alpha \neq -k$ statt $x_n \to x\,(A)$ die bloße A-Beschränktheit von x_n genügt), so ist $H^\alpha x_n \to x$.*

Für $\alpha > -1$ ist dies richtig, auch ohne die Abelschen Zusatzforderungen, weil $C_\alpha^{-1}H^\alpha$ limestreu ist. Wir beweisen den Satz demgemäß durch den Schluß von $\alpha+1$ auf α $(\alpha\leqq -1)$ und benutzen dabei die aus der Multiplikatorengleichung

$$\frac{\Pi(n)}{\Pi(n+\alpha+1)}(n+1) = \frac{\Pi(n)}{\Pi(n+\alpha)} - \alpha\frac{\Pi(n)}{\Pi(n+\alpha+1)}$$

---

[6]) Bekanntlich braucht $n u_n$ nur beschränkt (Littlewood) oder einseitig beschränkt (Hardy-Littlewood) zu sein; vgl. Satz VII.

folgende Matrizengleichung

(11) $\Gamma_{\alpha+1} H^{-1} = \Gamma_\alpha - \alpha \Gamma_{\alpha+1}, \quad \Gamma_{\alpha+1} H^{-1} x_n = \Gamma_\alpha x_n - \alpha \Gamma_{\alpha+1} x_n.$

Sei $\Gamma_\alpha x_n$ beschränkt, x_n A-beschränkt. Dann ist nach V (für alle α) $\Gamma_{\alpha+1} x_n, \Gamma_{\alpha+2} x_n, \ldots$ beschränkt, wodurch wir einen Index β im Intervall $-1 < \beta \leqq 0$ erhalten, für den $\Gamma_\beta x_n$ beschränkt, also (C_β^{-1} limestreu) x_n beschränkt ist; nach IV ist $H^{-1} x_n$ A-beschränkt. Jetzt ist also nach (11) $\Gamma_{\alpha+1} H^{-1} x_n$ beschränkt, $H^{-1} x_n$ A-beschränkt; weil VI für $\alpha+1$ richtig sein sollte, ist $H^{\alpha+1}(H^{-1} x_n) = H^\alpha x_n$ beschränkt, die erste Hälfte von VI also auch für α richtig. — Ferner sei $\Gamma_\alpha x_n \to \frac{x}{\Pi(\alpha)}$, $x_n \to x\,(A)$. Nach V ist (wieder für alle α) $\Gamma_{\alpha+1} x_n \to \frac{x}{\Pi(\alpha+1)}, \Gamma_{\alpha+2} x_n \to \frac{x}{\Pi(\alpha+2)}, \ldots, \Gamma_\beta x_n \to \frac{x}{\Pi(\beta)}$ oder $C_\beta x_n \to x$ $(-1 < \beta \leqq 0)$, $x_n \to x$, nach IV $H^{-1} x_n \to x\,(A)$. Aus (11) folgt $\Gamma_{\alpha+1} H^{-1} x_n \to \frac{x}{\Pi(\alpha)} - \frac{\alpha x}{\Pi(\alpha+1)} = \frac{x}{\Pi(\alpha+1)}$, und daraus, weil VI für $\alpha+1$ als gültig angenommen war, $H^{\alpha+1}(H^{-1} x_n) = H^\alpha x_n \to x$, die Gültigkeit für α. Schließlich, wenn $\Gamma_\alpha x_n \to \frac{x}{\Pi(\alpha)}$, x_n nur A-beschränkt und $\alpha \neq -k$, so folgt nach V immer noch ($C_\alpha x_n \to x$) $C_{\alpha+1} x_n \to x$, $C_{\alpha+2} x_n \to x, \ldots, C_\beta x_n \to x$, $x_n \to x$, so daß auch $x_n \to x\,(A)$ ist. Damit ist VI bewiesen.

Das Ergebnis läßt sich so formulieren. Wir sagen, x_n ist (C, α)-beschränkt, wenn

$$C_\alpha x_n \text{ beschränkt} \qquad (\alpha > -1),$$
$$\Gamma_\alpha x_n \text{ beschränkt}, \quad x_n \ A\text{-beschränkt} \qquad (\alpha \leqq -1).$$

Wir sagen: $x_n \to x\,(C, \alpha)$, wenn

$$C_\alpha x_n \to x \qquad (\alpha > -1),$$
$$C_\alpha x_n \to x, \quad x_n \ A\text{-beschränkt} \qquad (\alpha < -1,\ \alpha \neq -k),$$
$$\Gamma_\alpha x_n \to 0, \quad x_n \to x\,(A) \qquad (\alpha = -k),$$

wo k eine natürliche Zahl ist. Dann ist für alle reellen α

$$x_n \ (C, \alpha)\text{-beschränkt soviel wie } H^\alpha x_n \text{ beschränkt},$$
$$x_n \to x\,(C, \alpha) \text{ soviel wie } H^\alpha x_n \to x.$$

In dieser Gestalt, mit den Abelschen Zusatzbedingungen, überträgt sich also der Äquivalenzsatz auf die Ordnungen $\alpha \leqq -1$.

Wir bemerken schließlich noch den folgenden Satz:

VII. *Ist $H^\alpha x_n$ beschränkt und $x_n \to x\,(A)$, so ist $H^{\alpha+\varepsilon} x_n \to x$ für $\varepsilon > 0$.*

Die Herren Hardy und Littlewood haben bewiesen[7]): wenn $n u_n$ beschränkt und die Reihe $\sum_n u_n$ A-summierbar ist, so ist sie $C_{-1+\varepsilon}$-summierbar. Oder mit $x_n = S u_n$: wenn $n(x_n - x_{n-1}) = \Gamma_{-1} x_n$ beschränkt und $x_n \to x\,(A)$, so ist $C_{-1+\varepsilon} x_n \to x$. Da mit $H^{-1} x_n$ nach II auch $\Gamma_{-1} x_n$ beschränkt und $C_{-1+\varepsilon}$ mit $H^{-1+\varepsilon}$ äquivalent ist, gilt VII für $\alpha = -1$. Der allgemeine Fall führt sich auf diesen speziellen zurück durch $y_n = H^{\alpha+1} x_n$. Es ist dann $H^{-1} y_n$ beschränkt, außerdem $y_n \to x\,(A)$ (nämlich für $\alpha + 1 > 0$ nach III mit $B = H^{\alpha+1}$; für $\alpha < 0$ ist mit $H^{\alpha} x_n$ auch x_n beschränkt und IV heranzuziehen); also ist $H^{-1+\varepsilon} y_n = H^{\alpha+\varepsilon} x_n \to x$.

Danach können wir V und VI ergänzen durch

VIII. *Ist $\Gamma_\alpha x_n$ beschränkt und $x_n \to x\,(A)$, so ist $\Gamma_{\alpha+\varepsilon} x_n \to \frac{x}{\Pi(\alpha+\varepsilon)}$ für $\varepsilon > 0$.*

Die drei Matrizenfolgen Γ_{-k}, Γ_k^{-1}, H^{-k} $(k = 0, 1, 2, \ldots)$ lassen sich übrigens linear mit ganzen rationalen Koeffizienten durch einander ausdrücken, wie aus den zugehörigen Multiplikatoren

$$n(n-1)\ldots(n-k+1), \quad (n+1)(n+2)\ldots(n+k), \quad (n+1)^k$$

hervorgeht; z. B. ist (E Einheitsmatrix)

$$\Gamma_{-k} = (H^{-1} - E)(H^{-1} - 2E)\ldots(H^{-1} - kE),$$
$$\Gamma_k^{-1} = H^{-1}(H^{-1} + E)\ldots(H^{-1} + (k-1)E).$$

---

[7]) J. E. Littlewood, The converse of Abel's theorem on power series, Proc. Lond. Math. Soc. (2) **9** (1911), S. 434–448; G. H. Hardy and J. E. Littlewood, Contributions to the arithmetic theory of series, ib. (2) **11** (1913), S. 411–478 (Theorem 37).

(Eingegangen am 31. Juli 1929.)

Diese Arbeit ist zusammen mit HAUDORFFs Aufsatz *Summationsmethoden und Momentfolgen I, II* ([H 1921]) kommentiert.

Zur Theorie der linearen metrischen Räume.

Journal für reine und angewandte Mathematik **167** (1931/32), 294–311.

[H 1931]

Zur Theorie der linearen metrischen Räume.

Von *Felix Hausdorff* in Bonn.

Bei einer kürzlich gehaltenen Vorlesung über lineare metrische Räume hatte ich den Eindruck, daß die in den bisherigen Arbeiten übliche Beschränkung auf vollständige Räume der Theorie nicht zum Vorteil gereicht, da sie den Zusammenhang der einzelnen Tatsachen verschleiert und die Fälle, wo Vollständigkeit ein wirklich notwendiger Beweisgrund ist, nicht von solchen unterscheidet, wo nur ein Raum zweiter Kategorie oder gar nichts vorausgesetzt zu werden braucht. Die folgende, möglichst allgemein gehaltene Darstellung, die auch auf die Verschiedenheiten der Baireschen Kategorie bei linearen Räumen eingeht, möge daher nicht als überflüssig angesehen werden, obwohl sie natürlich auch viel Bekanntes wiederbringt; ihr Kern liegt in drei einfachen Hauptsätzen (VI, X, XI), die sich auf die beiden Begriffe „stetig umkehrbar", „normal auflösbar" beziehen und alle bisher aufgestellten speziellen Sätze in sich enthalten dürften.

Die Arbeit ist im wesentlichen ohne Kenntnis der am Schluß zitierten Literatur lesbar.

§ 1.

Ein *linearer Raum* E ist eine additiv geschriebene Abelsche Gruppe, d. h. eine Menge, für deren Elemente (Punkte) x, y eine (innerhalb E ausführbare) kommutative, assoziative, eindeutig umkehrbare Addition $x + y$ erklärt ist. Überdies ist eine (innerhalb E ausführbare) Multiplikation αx der Punkte x mit reellen [1]) Zahlen α definiert, gemäß den Vorschriften

$$\alpha(\beta x) = (\alpha\beta)x, \quad \alpha x + \beta x = (\alpha + \beta)x, \quad \alpha x + \alpha y = \alpha(x + y), \quad 1x = x, \quad 0x = 0,$$

wobei in der letzten Gleichung links die Zahl 0, rechts der Nullpunkt des Raumes (das Nullelement der Addition) gemeint ist.

Die Punkte $e_1, e_2, \ldots, e_n$ heißen *linear unabhängig*, wenn die Gleichung

$$\xi_1 e_1 + \xi_2 e_2 + \cdots + \xi_n e_n = 0 \text{ nur für } \xi_1 = \xi_2 = \cdots = \xi_n = 0$$

besteht. Eine beliebige Menge heißt linear unabhängig, wenn endlich viele (verschiedene) Punkte von ihr stets linear unabhängig sind.

Eine nicht leere Teilmenge L des linearen Raumes E heißt *linear*, wenn sie nebst x auch αx, nebst x und y auch $x + y$ enthält. Der Durchschnitt beliebig vieler linearer Teilmengen ist wieder linear; daher gibt es zu jeder Menge [2]) $A \leqq E$ einen kleinsten linearen Raum $\geqq A$ (den Durchschnitt aller linearen Räume $\leqq E$, die $\geqq A$

[1]) Der Fall komplexer α bedingt keine wesentlichen Unterschiede, soll aber hier nicht behandelt werden.

[2]) $A \leqq E$ heißt: A ist Teilmenge von E (eventuell E selbst); $A < E$ heißt: A ist echte Teilmenge von E ($\neq E$); $x \varepsilon A$ heißt: x ist Element (Punkt) der Menge A.

sind); er heiße die *lineare Hülle* $A_\lambda = L$ von A und besteht offenbar aus den linearen Kombinationen endlich vieler Punkte aus A, d. h. aus den Punkten

$$x = \sum_1^n \xi_\varkappa a_\varkappa$$

($n = 1, 2, \ldots$; $\xi_\varkappa$ reell, $a_\varkappa \varepsilon A$). Wenn dabei die Menge A linear unabhängig und folglich die ebengenannte Darstellung der Punkte $x \varepsilon L$ eindeutig bestimmt ist, heiße A eine *Basis* von L. Man kann aus jeder Menge A (die nicht den Nullpunkt enthalten soll) ohne Änderung ihrer linearen Hülle L eine linear unabhängige Teilmenge B, also eine Basis von L, aussondern, indem man A wohlordnet und in dieser Wohlordnung jeden Punkt wegläßt, der zu der linearen Hülle der Menge seiner Vorgänger gehört.

Ein *linearer metrischer* Raum E entsteht aus einem linearen Raum, wenn jedem Punkt x eine reelle Zahl $|x|$, der *Betrag* von x, gemäß den Vorschriften

$$|0| = 0, \quad |x| > 0 \text{ für } x \neq 0,$$
$$|\alpha x| = |\alpha|\,|x|, \quad |x + y| \leqq |x| + |y|$$

zugeordnet und $|x - y|$ als *Entfernung* der Punkte x, y erklärt wird. Wir werden im folgenden unter einem Raum, wenn nichts Gegenteiliges gesagt ist, immer einen linearen metrischen Raum verstehen.

Die Konvergenz einer Punktfolge

$$x_n \to x \text{ oder } \lim x_n = x$$

ist durch $|x_n - x| \to 0$ erklärt; die Summe einer unendlichen Reihe ist der Limes ihrer Partialsummen:

$$x_1 + x_2 + \cdots = \lim (x_1 + \cdots + x_n).$$

Der Durchschnitt beliebig vieler abgeschlossener Mengen ist wieder abgeschlossen; demnach gibt es zu einer Menge A die kleinste abgeschlossene Menge $\geqq A$, die *abgeschlossene Hülle* $\bar{A}$ von A. *Die abgeschlossene Hülle* $\bar{L}$ *einer linearen Menge* L *ist wieder linear*, da sie mit $x = \lim x_n$, $y = \lim y_n$ ($x_n, y_n \varepsilon L$) auch $x + y = \lim (x_n + y_n)$ und mit x auch $\alpha x = \lim \alpha x_n$ enthält.

Der Durchschnitt beliebig vieler abgeschlossener linearer Mengen ist wieder abgeschlossen und linear; demnach gibt es zu einer Menge A die kleinste abgeschlossene lineare Menge $\geqq A$, die *abgeschlossene lineare Hülle* von A. Sie ist die abgeschlossene Hülle $\bar{L} = \bar{A}_\lambda$ der linearen Hülle $L = A_\lambda$ von A; denn einerseits ist jede abgeschlossene lineare Menge $\geqq A$ auch $\geqq L$ und $\geqq \bar{L}$, andererseits ist $\bar{L}$ selbst abgeschlossen linear. (Wenn man in umgekehrter Reihenfolge erst die abgeschlossene Hülle $F = \bar{A}$ und dann deren lineare Hülle F_λ bildet, so ist nur $F_\lambda \leqq \bar{L}$, da die lineare Hülle einer abgeschlossenen Menge nicht notwendig abgeschlossen ist.) Wenn A linear unabhängig ist, so heiße sie eine *Grundmenge* ihrer abgeschlossenen linearen Hülle $\bar{L}$; man kann wie oben aus jeder Menge A eine linear unabhängige Teilmenge B ohne Änderung der linearen Hülle L, also eine Basis von L oder Grundmenge von $\bar{L}$ aussondern. Ist der Raum E *separabel*, d. h. eine abzählbare Menge A in ihm dicht ($E = \bar{A} = \bar{A}_\lambda$), so hat er eine endliche oder abzählbare Grundmenge B, während er eine endliche, abzählbare oder unabzählbare Basis haben kann. Ein Raum mit endlicher, aus n Punkten bestehender Basis heißt *n-dimensional*.

Umgekehrt ist ein Raum mit höchstens abzählbarer Grundmenge separabel. Denn ein Raum endlicher Dimension ist separabel, da wegen

$$x = \sum_1^n \xi_\varkappa a_\varkappa, \quad |x| \leqq \sum_1^n |\xi_\varkappa|\,|a_\varkappa|$$

die Punkte mit rationalen $\xi_\varkappa$ in ihm dicht liegen; und ist E ein Raum mit der Grundmenge $\{a_1, a_2, \ldots\}$, L deren lineare Hülle, L_n die lineare Hülle von $\{a_1, \ldots, a_n\}$, so sind L_n, $L = \mathfrak{S}L_n$ und $E = \overline{L}$ separabel.

Beispiele. Wir beschränken uns auf die folgenden [1]), bei denen die Tatsachen der allgemeinen Theorie genügend deutlich hervortreten. Die Folgen reeller Zahlen

$$x = (\xi_1, \xi_2, \ldots), \quad y = (\eta_1, \eta_2, \ldots)$$

bilden einen linearen (nicht metrischen) Raum, wobei die Gleichheit $x = y$ durch $\xi_1 = \eta_1$, $\xi_2 = \eta_2, \ldots$ und die linearen Verknüpfungen durch

$$\alpha x = (\alpha\xi_1, \alpha\xi_2, \ldots), \quad x + y = (\xi_1 + \eta_1, \xi_2 + \eta_2, \ldots)$$

erklärt sind. Die Punkte $e_\varkappa = (0, \ldots, 0, 1_\varkappa, 0, \ldots)$, die eine einzige Eins (an $\varkappa$-ter Stelle) und sonst lauter Nullen haben, heißen *Einheitspunkte*. Ist p eine beliebige Zahl $\geqq 1$, so bilden die x, für die $\Sigma |\xi_\varkappa|^p$ konvergiert, mit der Betragsdefinition

$$|x| = (\Sigma |\xi_\varkappa|^p)^{\frac{1}{p}}$$

einen linearen metrischen Raum H^p, gemäß der Minkowskischen Ungleichung $|x + y| \leqq |x| + |y|$; H^2 ist der (reelle) Hilbertsche Raum. In H^p bilden die Einheitspunkte eine Grundmenge, und es ist

$$x = \Sigma\, \xi_\varkappa e_\varkappa.$$

Ferner bilden die beschränkten Folgen mit der Betragsdefinition

$$|x| = \sup |\xi_\varkappa|$$

einen linearen metrischen Raum H^∞, der nicht separabel ist (die Punkte mit $\xi_\varkappa = \pm 1$ haben paarweise Entfernungen $= 2$ und bilden eine Menge von der Mächtigkeit des Kontinuums) und also keine abzählbare Grundmenge besitzt. Dagegen bilden die Nullfolgen ($\xi_\varkappa \to 0$) mit derselben Betragsdefinition einen Teilraum von H^∞, in dem die $e_\varkappa$ wieder eine Grundmenge mit $x = \Sigma\, \xi_\varkappa e_\varkappa$ darstellen.

§ 2.

$E_x (= E)$ und E_y seien zwei lineare metrische Räume, beide nicht bloß aus einem Nullpunkt bestehend. Durch

$$y = sx,$$

wo s ein Funktionszeichen [2]) ist, werde jedem Punkt $x \varepsilon E_x$ eindeutig ein Punkt $y \varepsilon E_y$ als *Bild* zugeordnet, so daß

$$sE_x = L_y \leqq E_y$$

das Bild des ganzen Raumes E_x ist; dies heiße eine *Abbildung* von E_x *auf* L_y oder von E_x *in* E_y (letzteres also eine Abkürzung der Redeweise: Abbildung von E_x auf einen Teil von E_y). Die Abbildung heißt *linear*, wenn

$$s(\alpha x) = \alpha \cdot sx, \quad s(x_1 + x_2) = sx_1 + sx_2,$$

wobei natürlich die linearen Operationen links in E_x, rechts in E_y gemeint sind. L_y ist dann ein linearer Teilraum von E_y. Das Bild von $x = 0$ (und vielleicht auch noch von anderen Punkten x) ist der Punkt $y = 0$. Die Abbildung heißt *stetig*, wenn für $x_n \to x$ (d. h. $|x_n - x| \to 0$ in der Metrik von E_x) auch $sx_n \to sx$ oder $y_n \to y$ (d. h. $|y_n - y| \to 0$ in der Metrik von E_y).

[1]) F. Riesz 9.

[2]) Wir schreiben absichtlich keine Klammern. In gewissen Fällen läßt sich sx als Matrizenprodukt auffassen.

I. *Die lineare Abbildung $y = sx$ ist dann und nur dann stetig, wenn sie (nach oben) beschränkt ist, d. h. mit einer von x unabhängigen Konstanten M die Ungleichung*

$$|sx| \leqq M\,|x| \tag{1}$$

für alle x besteht.

Denn aus (1) folgt $|sx' - sx| \leqq M\,|x' - x|$ und damit die (gleichmäßige) Stetigkeit von sx. Wenn andererseits (1) nicht gilt, so existiert eine Punktfolge x_n mit $|sx_n| > n\,|x_n|$, wobei $x_n \neq 0$ und, wegen der Homogeneität der Beträge, x_n durch $\alpha_n x_n$ mit beliebigem $\alpha_n \neq 0$ ersetzt werden kann; nimmt man demgemäß $|x_n| = \frac{1}{n}$, so ist $x_n \to 0$, aber $|sx_n| > 1$, die Abbildung an der Stelle $x = 0$ unstetig.

Es ist evident, daß eine lineare Funktion sx, wenn auch nur in einem einzigen Punkte, überall stetig ist.

Ist die lineare Funktion sx von der ersten Baireschen Klasse, d. h. Limes einer konvergenten Folge stetiger (nicht notwendig linearer) Funktionen, und der Raum E_x in sich von zweiter Kategorie [1]), so ist sx stetig. Denn die Menge der Unstetigkeitspunkte von sx ist von erster Kategorie [2]) in E_x, in diesem Falle also echte Teilmenge von E_x, d. h. sx hat Stetigkeitspunkte und ist überall stetig.

Eine stetige lineare Funktion sx ist durch die Bilder sa der Punkte a einer Grundmenge A von E_x völlig bestimmt.

Wenn in einer (nicht notwendig linearen) Menge $A < E$ eine Funktion sa (wobei stets sa ein Punkt von E_y ist) definiert ist, so wollen wir diese Funktion *linear* nennen, wenn sie sich zu einer in $L = A_\lambda$ linearen Funktion sx erweitern läßt. Dazu ist notwendig und hinreichend, daß jede lineare Relation

$$\sum_1^n \lambda_\varkappa a_\varkappa = 0 \qquad (a_\varkappa \,\varepsilon\, A)$$

zwischen Punkten von A auch für die Bilder gelte:

$$\sum_1^n \lambda_\varkappa \cdot sa_\varkappa = 0.$$

Die Notwendigkeit ist evident, aber auch die Hinlänglichkeit, da dann für $x = \sum_1^n \xi_\varkappa a_\varkappa$

$$sx = \sum_1^n \xi_\varkappa \cdot sa_\varkappa$$

eine eindeutige, offenbar lineare Funktion von $x \varepsilon L$ wird. Wir nennen die ursprüngliche Funktion *sa stetig linear*, wenn sie sich zu einer in L stetigen linearen Funktion erweitern läßt, also

$$|sx| \leqq M\,|x| \qquad (x \varepsilon L)$$

ist (es genügt nicht, dies nur für $x \varepsilon A$ zu fordern). Beide Bedingungen lassen sich dahin zusammenfassen: es muß für jede endliche Kombination von Punkten aus A

$$\left|\sum_1^n \lambda_\varkappa \cdot sa_\varkappa\right| \leqq M \left|\sum_1^n \lambda_\varkappa a_\varkappa\right|$$

sein.

Wenn der Raum E_y vollständig [3]) ist, läßt sich sx noch von L auf $\overline{L}$ erweitern. Denn ist $x_n \to x$ ($x_n \varepsilon L$), so bilden wegen $|sx_n - sx_m| \leqq M\,|x_n - x_m|$ die Punkte sx_n

[1]) Die Menge $E < A$ heißt in E nirgends dicht, wenn ihre abgeschlossene Hülle $\overline{A}$ keinen inneren Punkt hat. Die Menge $A \leqq E$ heißt von erster Kategorie in E, wenn sie Summe abzählbar vieler, in E nirgends dichter Mengen ist, andernfalls von zweiter Kategorie in E.

[2]) C. Kuratowski, 8, S. 80.

[3]) Die Punkte x_n bilden eine Fundamentalfolge, wenn der Durchmesser der von den Punkten $x_n, x_{n+1}, x_{n+2}, \cdots$ gebildeten Menge mit $n \to \infty$ nach 0 konvergiert. Ein Raum, in dem jede Fundamentalfolge konvergent ist ($x_n \to x$), heißt vollständig.

eine Fundamentalfolge; definiert man dann $sx = \lim sx_n$, so erkennt man leicht, daß dies eindeutig von x abhängt und eine in $\bar{L}$ lineare Funktion mit $|sx| \leqq M|x|$ ergibt.

Diese Erweiterungen von A auf L und $\bar{L}$ sind nur auf eine Weise möglich.

Wenn die lineare (nicht notwendig stetige) Abbildung $y = sx$ von E_x auf L_y *schlicht*, d. h. eindeutig umkehrbar ist, so ist die inverse Abbildung

$$x = \tilde{s}y$$

von L_y auf E_x wieder linear. Zur Stetigkeit dieser Abbildung ist notwendig und hinreichend, daß eine positive Zahl m mit $|\tilde{s}y| \leqq \frac{1}{m}|y|$ oder also mit

$$(2) \qquad |sx| \geqq m|x| \qquad (m > 0)$$

existiere: wir nennen die Abbildung $y = sx$ dann *nach unten beschränkt*. Umgekehrt folgt aus (2), daß $y = sx$ schlicht (weil $sx = 0$ nur für $x = 0$ gilt) und die inverse Abbildung stetig ist.

Wenn die Abbildung $y = sx$ stetig, schlicht und stetig umkehrbar ist, nennen wir E_x und L_y *linear homöomorph*.

Jeder mit einem vollständigen Raum linear homöomorphe Raum ist wieder vollständig [1]). Denn einer Fundamentalfolge y_n in L_y entspricht wegen (2) eine Fundamentalfolge x_n in E_x; ist E_x vollständig, so konvergiert $x_n \to x$ und wegen (1) $y_n \to y$.

Jeder n-dimensionale Raum ist mit dem n-dimensionalen euklidischen Raum linear homöomorph. Denn hat E_y die Basis $\{e_1, \ldots, e_n\}$ und ordnen wir seinen Punkten

$$y = \xi_1 e_1 + \cdots + \xi_n e_n$$

die Punkte

$$x = (\xi_1, \ldots, \xi_n)$$

des euklidischen Raumes mit $\xi_1, \ldots, \xi_n$ als rechtwinkligen Koordinaten, also dem Betrag $|x| = (\xi_1^2 + \cdots + \xi_n^2)^{\frac{1}{2}}$ zu, so ist dies eine schlichte lineare Abbildung, bei der zunächst

$$|y| \leqq \Sigma|\xi_\varkappa|\,|e_\varkappa| \leqq (\Sigma\xi_\varkappa^2)^{\frac{1}{2}}(\Sigma|e_\varkappa|^2)^{\frac{1}{2}} = M|x|,$$

also y stetige Funktion von x ist. Andererseits ist die Kugelfläche $|x| = 1$ kompakt, ihr Bild K ebenfalls, und die Entfernungen des Punktes $y = 0$ von den Punkten von K haben ein positives Minimum, d. h. es ist $|y| \geqq m > 0$ für $|x| = 1$ oder allgemein $|y| \geqq m|x|$, x stetige Funktion von y.

Sei $y = sx$ wieder eine stetige lineare Abbildung von E_x in E_y. Jede Zahl M, mit der (1) richtig ist, heiße eine *Schranke* dieser Abbildung s; die kleinste Schranke

$$|s| = \sup_{x \neq 0} \frac{|sx|}{|x|} \quad \text{oder} \quad |s| = \sup_{|x|=1} |sx|$$

heiße der *Betrag* $|s|$ der Abbildung. *Die sämtlichen stetigen linearen Abbildungen s des festen Raumes E_x in den festen Raum E_y bilden, mit dem Betrag $|s|$ metrisiert, wieder einen linearen metrischen Raum E_s.* Hierbei ist, wie sich von selbst versteht, die Gleichheit $s = s_1$ durch $sx = s_1 x$ für jedes $x \varepsilon E_x$ und die linearen Verknüpfungen αs, $s_1 + s_2$ durch

$$(\alpha s)x = \alpha \cdot sx, \qquad (s_1 + s_2)x = s_1 x + s_2 x$$

erklärt. Daß $|s|$ die Betragseigenschaften hat, ist leicht einzusehen, z. B.

$$|(s_1 + s_2)x| \leqq |s_1 x| + |s_2 x| \leqq (|s_1| + |s_2|)\,|x|,$$

---

[1]) Übrigens ist schon jeder mit einem vollständigen (nicht notwendig linearen) Raum homöomorphe (nicht notwendig linear homöomorphe) lineare Raum vollständig.

also $|s_1 + s_2| \leqq |s_1| + |s_2|$. Der Nullpunkt $s = 0$ des Raumes E_s ist die Abbildung $0 = sx$ des ganzen Raumes E_x auf den Nullpunkt $y = 0$ von E_y.

II. *Der Raum E_s ist vollständig, falls E_y vollständig ist* (auf E_x kommt es nicht an).

Denn bildet s_n eine Fundamentalfolge, also für $m < n$

$$|s_n - s_m| \leqq \varepsilon_m,$$

wo $\varepsilon_m \to 0$ mit $m \to \infty$, so ist für jedes x

$$|s_n x - s_m x| \leqq \varepsilon_m |x|,$$

die Punkte $s_n x$ bilden eine Fundamentalfolge, und wir definieren $sx = \lim s_n x$; dies ist jedenfalls eine lineare Abbildung von E_x in E_y. Aus der letzten Ungleichung folgt für $n \to \infty$

$$|sx - s_m x| \leqq \varepsilon_m |x|,$$

$s - s_m$ und s sind also stetig; endlich ist $|s - s_m| \leqq \varepsilon_m$, also $s_m \to s$.

In dem besonderen Falle, daß E_y der Raum der reellen Zahlen ist, haben wir die *reellen linearen stetigen Funktionen* von $x \varepsilon E_x$ vor uns, die man auch *lineare Funktionale* oder *Linearformen* nennt; wir werden sie in der Regel mit ux bezeichnen. Sie bilden mit dem Betrage

$$|u| = \sup_{x \neq 0} \frac{|ux|}{|x|} = \sup_{|x|=1} |ux|$$

einen (wegen der Vollständigkeit des reellen Zahlenraumes) *vollständigen* linearen metrischen Raum E_u, den zu E_x *konjugierten* Raum.

Ist

$$y = sx \text{ eine stetige lineare Abbildung von } E_x \text{ in } E_y,$$
$$z = ty \text{ eine stetige lineare Abbildung von } E_y \text{ in } E_z,$$

so ergibt sich durch Zusammensetzung eine stetige lineare Abbildung von E_x in E_z, nämlich $z = t(sx)$, wofür wir auch

$$z = (ts)x = rx$$

oder kurz $r = ts$ schreiben (in dieser Reihenfolge; st hat im allgemeinen keinen Sinn). Hierbei ist

$$|ts| \leqq |t|\,|s|.$$

In derselben Weise lassen sich auch mehr als zwei Abbildungen zusammensetzen, wobei das assoziative Gesetz $s_3(s_2 s_1) = (s_3 s_2) s_1$ gilt.

Ist z. B. E_z der Raum der reellen Zahlen, so erhalten wir vermöge der stetigen linearen Abbildung $y = sx$ von E_x in E_y aus jeder in E_y definierten Linearform vy eine in E_x definierte Linearform

$$vy = v(sx) = (vs)x = ux,$$

oder es gibt

$$u = vs$$

eine wegen $|u| \leqq |v|\,|s|$ stetige lineare Abbildung des zu E_y konjugierten Raumes E_v auf einen linearen Teilraum $L_u = E_v s$ des zu E_x konjugierten Raumes E_u. Diese Abbildung $u = vs$ heißt die zu $y = sx$ *konjugierte Abbildung*. Ihr Betrag

$$\|s\| = \sup_{v \neq 0} \frac{|vs|}{|v|} = \sup_{|v|=1} |vs|$$

ist jedenfalls $\leqq |s|$, wird sich aber $= |s|$ ergeben.

Ist bei der obigen Zusammensetzung der dritte Raum E_z mit dem ersten E_x identisch, also

38*

$$y = sx \text{ stetige lineare Abbildung von } E_x \text{ in } E_y,$$
$$x' = ty \text{ stetige lineare Abbildung von } E_y \text{ in } E_x,$$

so stellt ts eine stetige lineare Abbildung

$$x' = ty = t(sx) = (ts)x$$

von E_x in sich und st eine stetige lineare Abbildung

$$y' = sx' = s(ty) = (st)y$$

von E_y in sich dar. Wenn die erste Abbildung $x' = x$ ergibt, d. h. $ts = 1_x$ die identische Abbildung von E_x auf sich ist, wird t eine *linke Reziproke* von s, s eine *rechte Reziproke* von t genannt; ebenso im Falle $st = 1_y$ t eine rechte Reziproke von s, s eine linke Reziproke von t. Die Existenz einer linken Reziproken t zu s ist damit gleichbedeutend, daß die Abbildung $y = sx$ eine eindeutige stetige Umkehrung $x = \bar{s}y$, Abbildung von L_y auf E_x, besitzt, die sich zu einer stetigen linearen Abbildung $x = ty$ des ganzen Raumes E_y auf E_x *erweitern* läßt[1]). Die Existenz einer rechten Reziproken t zu s ist damit gleichbedeutend, daß die Abbildung $y = sx$, auf eine geeignete lineare Teilmenge L_x von E_x *eingeschränkt*, diese schlicht und beiderseits stetig auf den ganzen Raum E_y abbildet. s kann eine linke Reziproke haben, ohne eine rechte zu besitzen, z. B. wenn $y = sx$ eine lineare Homöomorphie zwischen dem Hilbertschen Raum und einer echten Teilmenge des Hilbertschen Raumes ist ($E_x = E_y = H^2$, $L_y < E_y$). Wenn s sowohl eine linke Reziproke t ($ts = 1_x$) als eine rechte t'($st' = 1_y$) hat, so stimmen sie überein, da nach dem assoziativen Gesetz

$$t = t\,1_y = tst' = 1_x t' = t'$$

ist; man spricht in diesem Fall von einer *Reziproken* schlechthin, und hierfür ist notwendig und hinreichend, daß die Abbildung $y = sx$ (mit der Umkehrung $x = ty$) eine lineare Homöomorphie zwischen E_x und E_y darstelle.

Sind noch die Räume $E_x = E_y = E$ identisch, so sind alle Abbildungen $s, t, \ldots$ von E in sich zusammensetzbar, und man kann auch Potenzen $ss = s^2$ usw. bilden. Wenn beide Gleichungen $st = ts = 1$ (1 die identische Abbildung von E auf sich) bestehen, sind s, t Reziproke voneinander, und man hat eine lineare Homöomorphie von E mit sich selbst. Wenn E und daher nach II der Raum E_s vollständig ist und $|s| < 1$, so hat die Abbildung $1 - s$ (d. h. $y = x - sx$) die Reziproke $t = 1 + s + s^2 + \cdots$, welche Reihe auf Grund von $|s^n| \leqq |s|^n$ konvergiert.

§ 3.

Im linearen Raum E sei F eine lineare Teilmenge, die weder mit E noch mit dem Nullpunkt zusammenfällt. Wir schreiben $x' \equiv x \pmod F$, wenn $x' - x \varepsilon F$, und verteilen vermöge dieser reflexiven, symmetrischen, transitiven Relation die Punkte von E auf *Restklassen* mod F. Die Restklasse

$$\xi = kx,$$

der der Punkt x angehört, besteht aus den Punkten $x + x_0$ (x fest, x_0 durchläuft F) und kann in verständlicher Redeweise als der durch x gehende *Parallelraum* zu F bezeichnet werden. Da die Kongruenzen mod F addiert und mit reellen Zahlen multipliziert werden dürfen, so bilden die Restklassen mit den Festsetzungen

[1]) Diese Erweiterungsfähigkeit besteht sicher, wenn E_y der Hilbertsche Raum und L_y in ihm abgeschlossen ist; denn dann gibt es (E. Schmidt 13) eine lineare stetige Abbildung (orthogonale Projektion) $y_0 = py$ von E_y auf L_y, die jeden Punkt von L_y in sich überführt, und die Abbildung $x = \bar{s}y_0$ wird vermöge $x = \bar{s}py$ von L_y auf E_y erweitert. Hieraus folgen die Reziprokensätze von O. Toeplitz 15.

$$\alpha \cdot kx = k(\alpha x), \quad kx + ky = k(x + y)$$

einen linearen Raum $E_\xi = E/F$, den *Quotientenraum* [1]) von E nach F. Der „Nullpunkt" dieses Raumes, die Klasse $\xi = 0$, ist der Teilraum F selbst.

Ist E metrisch und F *abgeschlossen*, so läßt sich der Quotientenraum durch

$$|\xi| = |kx| = \inf_{x_0 \varepsilon F} |x - x_0| = \inf_{x \varepsilon \xi} |x|$$

metrisieren, wobei $|\xi| = 0$ wegen der Abgeschlossenheit von F nur für $\xi = 0$ gilt und die Gültigkeit der übrigen Betragsaxiome leicht ersichtlich ist. $|\xi - \eta|$ ist die untere Entfernung eines (beliebigen) Punktes $x \varepsilon \xi$ vom Raum η (oder umgekehrt, oder auch die untere Entfernung der beiden Räume ξ, η). Die Beziehung $\xi = kx$ ist eine stetige lineare Abbildung von $E_x = E$ auf E_ξ mit dem Betrage $|k| = 1$, da einerseits $|\xi| \leqq |x|$ und andererseits, bei Wahl eines geeigneten $x \varepsilon \xi$, $|x|$ beliebig nahe an $|\xi|$ liegt.

In den trivialen Fällen $F = \{0\}$, $F = E$ fällt E/F mit E resp. dem Nullpunkt zusammen.

III. *Bei der Abbildung $\xi = kx$ hat jede in E_x offene Menge G_x ein in E_ξ offenes Bild G_ξ.*

Denn ist $x_0 \varepsilon G_x$ und gehören alle Punkte x mit $|x - x_0| < \varrho$ zu G_x, ist ferner $\xi_0 = kx_0$ und $|\xi - \xi_0| < \varrho$, so kann man $x \varepsilon \xi$ so wählen, daß $|x - x_0| < \varrho$, also $kx = \xi \varepsilon G_\xi$.

IV. *Mit E ist auch jeder Quotientenraum E/F vollständig.*

Denn wenn ξ, η und $x \varepsilon \xi$ gegeben sind, kann man $y \varepsilon \eta$ so wählen, daß $|x - y| \leqq 2|\xi - \eta|$. Ist ξ_n eine Fundamentalfolge in E_ξ und zunächst $\Sigma |\xi_n - \xi_{n+1}|$ konvergent, so wähle man, mit beliebigem $x_1 \varepsilon \xi_1$ beginnend, die Punkte $x_2 \varepsilon \xi_2, x_3 \varepsilon \xi_3, \ldots$ der Reihe nach so, daß $|x_n - x_{n+1}| \leqq 2|\xi_n - \xi_{n+1}|$. Dann bilden die x_n eine Fundamentalfolge, also $x_n \to x$, folglich $kx_n \to kx$, $\xi_n \to \xi$. Im allgemeinen Falle wähle man von den ξ_n eine Teilfolge ξ_p mit der obigen Konvergenzeigenschaft und erhält $\xi_p \to \xi$, also auch $\xi_n \to \xi$. Hierzu sei bemerkt: Nach einem Satze, den Herr Sierpiński (14) für Teilmengen des euklidischen Raumes bewiesen hat, der aber in viel weiterem Umfange gilt, verwandelt eine stetige Abbildung des metrischen Raumes E auf den metrischen Raum E', bei der offene Mengen in E als Bilder offene Mengen in E' haben, einen topologisch vollständigen Raum E (d. h. der mit einem vollständigen homöomorph ist) wieder in einen topologisch vollständigen E'. Diesem natürlich viel tiefer liegenden Satze entsprechend ist IV eine Folge von III, da gemäß Anm. S. 298 ein linearer, topologisch vollständiger Raum vollständig ist.

Ist $y = sx$ wieder eine stetige lineare Abbildung von E_x auf L_y und F_x die lineare abgeschlossene Menge der Punkte x_0, die auf den Nullpunkt $y = 0$ abgebildet werden ($sx_0 = 0$), so entspricht jedem $y \varepsilon L_y$ als Urbildmenge eine Restklasse mod F_x, denn $y = sx = sx'$ gibt $s(x' - x) = 0$, $x' - x \varepsilon F_x$, $x' \equiv x \bmod F_x$, und vice versa. Demnach haben wir eine *schlichte* lineare Abbildung

$$y = \sigma \xi$$

des Quotientenraumes $E_\xi = E_x/F_x$ auf den Raum L_y, die stetig ist mit dem Betrage $|\sigma| = |s|$; denn einerseits gilt, für jeden Punkt $x \varepsilon \xi$, $|y| = |sx| \leqq |s||x|$, also $|y| \leqq |s| \cdot \inf |x| = |s||\xi|$ und $|\sigma| \leqq |s|$, andererseits ist $|y| \leqq |\sigma||\xi| \leqq |\sigma|\,|x|$ und $|s| \leqq |\sigma|$. Die zu jener schlichten Abbildung inverse Abbildung $\xi = \bar{\sigma} y$ von L_y auf E_ξ kann stetig oder unstetig sein, und der Kürze halber wollen wir im ersten Fall die Abbildung $y = sx$ selbst *stetig umkehrbar* nennen, was also keine eindeutige Umkehrbarkeit dieser Abbildung in sich schließen soll. Zur stetigen Umkehrbarkeit von $y = sx$ ist not-

---

[1]) Da der Raum E als additive Abelsche Gruppe geschrieben wird, läge die Bezeichnung als Differenz $E - F$ näher, die aber mit der mengentheoretischen kollidiert.

wendig und hinreichend die Existenz einer Konstanten N derart, daß *jedes* $y \varepsilon L_y$ *mindestens ein Urbild* x $(y = sx)$ *mit* $|x| \leqq N|y|$ hat. Denn aus der Stetigkeit von $\xi = \tilde{\sigma} y$ folgt $|\xi| \leqq |\tilde{\sigma}|\,|y|$ und, wenn man $x \varepsilon \xi$ mit $|x| \leqq 2|\xi|$ wählt, $|x| \leqq 2|\tilde{\sigma}|\,|y|$, und aus der Existenz jenes N folgt $|\xi| \leqq N|y|$. Ferner gilt:

V. *Die stetige lineare Abbildung* $y = sx$ *von* E_x *auf* L_y *ist dann und nur dann stetig umkehrbar, wenn jede in* E_x *offene Menge ein in* L_y *offenes Bild hat.*

Denn $G_x \leqq E_x$ wird durch $\xi = kx$ auf G_ξ, dieses durch $y = \sigma\xi$ schlicht auf G_y, G_x also durch die zusammengesetzte Abbildung $y = \sigma k x = sx$ auf G_y abgebildet. Ist G_x in E_x, so ist G_ξ in E_ξ offen, und jedes offene G_ξ hat auch bei der stetigen Abbildung $\xi = kx$ ein offenes Urbild G_x, ist also Bild eines offenen G_x. Zur linearen Homöomorphie von E_ξ mit L_y ist notwendig und hinreichend, daß die offenen G_ξ und die offenen G_y einander entsprechen.

VI. (Erster Hauptsatz)[1]). *Es sei* $y = sx$ *eine stetige lineare Abbildung des vollständigen Raumes* E_x *auf* L_y. *Je nachdem diese Abbildung stetig umkehrbar ist oder nicht, ist der Raum* L_y *vollständig oder in sich von erster Kategorie.*

Wir beweisen zunächst den Hilfsatz:

Ist $y = sx$ *eine stetige lineare Abbildung des vollständigen Raumes* E_x *auf* L_y *und enthält das Bild* sU *der Kugel* $U(|x| < 1)$ *eine in der Kugel* $V(|y| < 1)$ *dichte Menge* B, *so enthält es die ganze Kugel* V, *und die Abbildung ist stetig umkehrbar.*

Sei $y \varepsilon L_y$ ein beliebiger Punkt mit $|y| < 1$; wir wählen die positiven Zahlen λ_n so, daß $|y| < \lambda_1 < 1$ und $\sum_1^\infty \lambda_n = \lambda < 1$. Dann lassen sich die Punkte $b_n \varepsilon B$ so wählen, daß für $y_n = \lambda_1 b_1 + \cdots + \lambda_n b_n$ immer $|y - y_n| < \lambda_{n+1}$. Denn wegen $\left|\frac{y}{\lambda_1}\right| < 1$ gibt es ein b_1 mit $\left|\frac{y}{\lambda_1} - b_1\right| < \frac{\lambda_2}{\lambda_1}$, also $|y - \lambda_1 b_1| < \lambda_2$. Wenn wir bereits für ein $n \geqq 2$ $|y - y_{n-1}| < \lambda_n$ erreicht haben, so gibt es wegen $\left|\frac{y - y_{n-1}}{\lambda_n}\right| < 1$ ein b_n mit $\left|\frac{y - y_{n-1}}{\lambda_n} - b_n\right| < \frac{\lambda_{n+1}}{\lambda_n}$, also $|y - y_n| < \lambda_{n+1}$. — Nun sind die $b_n = sa_n$ Bilder von Punkten a_n mit $|a_n| < 1$; die Reihe

$$x = \sum_1^\infty \lambda_n a_n$$

ist im vollständigen Raum E_x konvergent und gibt einen Punkt mit $|x| \leqq \lambda < 1$, also ist

$$sx = \sum_1^\infty \lambda_n b_n = \lim y_n = y$$

das Bild eines Punktes $x \varepsilon U$. Das ist die erste Behauptung des Hilfsatzes; man kann sie so aussprechen, daß jedes $y(\varepsilon L_y)$ mit $|y| < 1$ ein Urbild $x(sx = y)$ mit $|x| < 1$ hat. Dann hat jedes $y \neq 0$ ein Urbild x mit $|x| < 2|y|$ (denn $y' = \frac{y}{2|y|}$, vom Betrage $|y'| = \frac{1}{2}$, hat ein Urbild $x' = \frac{x}{2|y|}$ vom Betrage $|x'| < 1$), die Abbildung ist stetig umkehrbar.

Ist nun $y = sx$ stetige lineare Abbildung des vollständigen Raumes E_x auf den Raum L_y, der in sich von zweiter Kategorie ist, so können die Bilder der Kugeln $|x| < n$

[1]) Satz und Beweis stammen im wesentlichen von J. Schauder 11.

($n = 1, 2, \ldots$) nicht alle in L_y nirgendsdicht sein; es gibt eine Kugel $U_0(|x| < \varrho_0)$, deren Bild B_0 nicht nirgendsdicht ist, so daß $\overline{B}_0$ einen inneren Punkt b oder eine Kugel $V(|y - b| < \sigma)$ enthält; sU_0 enthält eine in V dichte Menge $B = B_0 V$. Ist a ein Urbild von $b = sa$, so enthält das Bild der U_0 umfassenden Kugel $U(|x - a| < |a| + \varrho_0 = \varrho)$ die in V dichte Teilmenge B. Setzen wir

$$x' = \frac{x - a}{\varrho}, \quad y' = \frac{y - b}{\sigma}, \quad y = sx, \quad y' = \frac{\varrho}{\sigma} sx',$$

so enthält das Bild der Kugel $|x'| < 1$ bei der Abbildung $y' = \frac{\varrho}{\sigma} sx'$ eine in der Kugel $|y'| < 1$ dichte Menge, also diese Kugel selbst; die letztgenannte Abbildung und die ursprüngliche $y = sx$ ist stetig umkehrbar.

Wenn also E_x vollständig ist, so hat die Annahme, daß L_y in sich von zweiter Kategorie ist, die stetige Umkehrbarkeit von $y = sx$ zur Folge, und aus der stetigen Umkehrbarkeit folgt, daß L_y mit dem nach IV vollständigen Raum E_x/F_x linear homöomorph, also selbst vollständig ist. Damit ist VI bewiesen [1]).

Beispiel. Ist $1 \leqq p < q$, so konvergiert mit $\Sigma |\xi_\varkappa|^p$ auch $\Sigma |\xi_\varkappa|^q$, und es ist

$$(\Sigma |\xi_\varkappa|^q)^{\frac{1}{q}} \leqq (\Sigma |\xi_\varkappa|^p)^{\frac{1}{p}}.$$

Ist (in der Bezeichnung von § 1, S. 296) $E_x = H^p$, $E_y = H^q$, so vermittelt die Identität $\eta_\varkappa = \xi_\varkappa$ ($k = 1, 2, \ldots$) eine schlichte lineare Abbildung $y = sx$ von E_x auf den Teilraum $L_y < E_y$ derjenigen Punkte von E_y, für die bereits $\Sigma |\eta_\varkappa|^p$ konvergiert. Diese Abbildung ist wegen $|y| \leqq |x|$ stetig, übrigens vom Betrage 1. Die inverse Abbildung ist unstetig, denn für $x = \sum_1^n e_\varkappa$ ist $|x| = n^{\frac{1}{p}}$, $|y| = n^{\frac{1}{q}}$, so daß $\frac{|x|}{|y|} = n^{\frac{1}{p} - \frac{1}{q}}$ beliebig groß werden kann. Da E_x vollständig ist, ist L_y in sich von erster Kategorie, wie man hier leicht bestätigen kann, da L_y die Summe abgeschlossener nirgendsdichter Mengen F_n (der Bilder der Kugeln $|x| \leqq n$ für $n = 1, 2, \ldots$) ist.

Nach VI ist das stetige lineare Bild eines vollständigen Raumes entweder vollständig oder in sich von erster Kategorie. Wir schließen daran noch einige Bemerkungen über die Kategorie linearer Räume.

Ein echter linearer Teilraum $L < E$ des linearen Raumes E hat ein in E dichtes Komplement. Denn ist $x \varepsilon L$, $b \varepsilon E - L$, so konvergieren die zu $E - L$ gehörigen Punkte $x + \frac{1}{n} b$ mit $n \to \infty$ nach x, also $\overline{E - L} \geqq L$, $\overline{E - L} = E$.

Ein linearer Raum mit endlicher Basis ist vollständig (mit einem euklidischen linear homöomorph).

Ein linearer Raum E mit abzählbarer Basis $\{a_1, a_2, \ldots\}$ ist in sich von erster Kategorie; denn ist E_n die lineare Hülle von $\{a_1, \ldots, a_n\}$, so ist $E_1 < E_2 < \cdots$, $E = \mathfrak{S} E_n$, E_n vollständig, also in E abgeschlossen, und nirgendsdicht, da $E - E_n$ in E dicht ist.

Es gibt lineare Räume, die unvollständig und in sich von zweiter Kategorie sind.

Denn sei E ein Raum von unendlicher Dimension und von zweiter Kategorie in sich, etwa ein vollständiger (z. B. einer unserer Räume H^p). Er hat eine unabzählbare Basis, die man unter Abtrennung einer abzählbaren Teilmenge in der Gestalt $A = A_0 + \{a_1, a_2, \ldots\}$ schreibe. E_n sei für $n = 1, 2, \ldots$ die lineare Hülle von $A_n = A_0 + \{a_1, \ldots, a_n\}$. Es ist $E_1 < E_2 < \cdots$, $E = \mathfrak{S} E_n$. Mindestens ein E_n (und mit ihm alle folgenden) ist

[1]) Jeder vollständige Raum ist in sich von zweiter Kategorie.

von zweiter Kategorie in E, also erst recht in sich, und ist folglich auch unvollständig, da es sonst in E abgeschlossen und $E - E_n$ in E dicht, also E_n in E nirgendsdicht wäre.

Jeder lineare Raum von unendlicher Dimension ist als schlichtes stetiges lineares Bild eines Raumes von erster Kategorie darstellbar.

Der gegebene Raum E_y habe eine Basis von Punkten b_t (wo der Index t eine unendliche Menge T durchläuft), die wir mit $|b_t| = 1$ annehmen dürfen; jeder Punkt y ist eindeutig in der Gestalt

$$y = \Sigma \xi_t b_t$$

darstellbar mit nur endlich vielen $\xi_t \neq 0$, wobei die ξ_t lineare (im allgemeinen nicht stetige) Funktionen von y sind; es ist $|y| \leqq \Sigma |\xi_t b_t| = \Sigma |\xi_t|$. Wir betrachten nun $\Sigma |\xi_t|$ als eine zweite Betragsdefinition oder wir ordnen dem Punkt y den Punkt

$$x = \Sigma \xi_t a_t$$

eines Raumes E_x mit dem Betrag $|x| = \Sigma |\xi_t|$ zu (insbesondere dem Punkt b_t den Punkt a_t; die a_t bilden eine Basis in E_x). Wegen $|y| \leqq |x|$ ist y stetiges lineares schlichtes Bild von x. Der Raum E_x ist in sich von erster Kategorie. Sei nämlich F_k der (nicht lineare) Teilraum der x mit höchstens k nichtverschwindenden Koordinaten ξ_t, also $F_1 < F_2 < \cdots$ und $E_x = \mathfrak{S} F_k$. Dann ist $E_x - F_k$ in E_x dicht; denn ist x ein beliebiger Punkt von E_x und x' einer mit $2k + 1$ nichtverschwindenden Koordinaten, so gehören die nach x konvergierenden Punkte $x + \frac{1}{n} x'$ $(n = 1, 2, \ldots)$ mit höchstens einer Ausnahme nicht zu F_k (sonst würde die Differenz zweier, also x', zu F_{2k} gehören). Andererseits ist F_k vollständig (also in E_x abgeschlossen und nirgendsdicht, womit die Behauptung bewiesen ist). Sei x_n eine Fundamentalfolge in F_k. Wegen $|\xi_t| \leqq |x|$ bilden für jedes t die Koordinaten ξ_{nt} von x_n eine Fundamentalfolge; es ist also $\lim\limits_n \xi_{nt} = \xi_t$, und von diesen ξ_t können höchstens k ungleich Null sein, da es sonst für genügend großes n auch mehr als k nichtverschwindende ξ_{nt} gäbe; der Punkt $x = \Sigma \xi_t a_t$ gehört zu F_k. Wenn wir die höchstens abzählbar vielen t, für die ein ξ_{nt} oder $\xi_t \neq 0$ ist, mit den natürlichen Zahlen numerieren, so ist (mit scheinbar unendlichen, in Wahrheit nur endlichen Summen) für $m < n$ $\quad |x_n - x_m| = \sum\limits_{t=1}^{\infty} |\xi_{nt} - \xi_{mt}| \leqq \varepsilon_m$ $(\varepsilon_m \to 0$ mit $m \to \infty)$, also $\sum\limits_{t=1}^{l} |\xi_{nt} - \xi_{mt}| \leqq \varepsilon_m$, daraus für $n \to \infty$ $\quad \sum\limits_{t=1}^{l} |\xi_t - \xi_{mt}| \leqq \varepsilon_m$, für $l \to \infty$ $\quad |x - x_m| = \sum\limits_{t=1}^{\infty} |\xi_t - \xi_{mt}| \leqq \varepsilon_m$, d. h. $x_m \to x$. — Ein anderer Beweis, daß E_x von erster Kategorie ist, verläuft so: Man schreibe die Basis von E_x wieder in der Form $A_0 + \{a_1, a_2, \ldots\}$, und E_n sei die lineare Hülle von $A_0 + \{a_1, \ldots, a_n\}$; E_n ist durch das Verschwinden der stetigen Funktionen $\xi_{n+1}, \xi_{n+2}, \ldots$ von x definiert, also in E_x abgeschlossen und nirgends dicht.

VII. (Beschränktheitssatz). *Es sei* $y_t = s_t x$ (wo der Index t eine beliebige Menge T durchläuft) *eine Menge von stetigen linearen Abbildungen des vollständigen Raumes* E_x *in den Raum* E_y. *Wenn für jedes* x *die Bildpunkte* $s_t x$ *eine beschränkte Menge bilden,* $|s_t x| \leqq \varphi(x)$, *so bilden die Beträge* $|s_t|$ *eine beschränkte Menge*[1]).

Da $|s_t| = \sup |s_t x|$ für $|x| = 1$, so können wir für jedes t einen Punkt x_t mit $|x_t| = 1$, $|s_t x_t| \geqq \frac{1}{2} |s_t|$ bestimmen. Sollte nun $|s_t|$ nicht beschränkt sein, so kann man der Reihe nach eine Folge von Indizes t, die wir einfach mit den natürlichen Zahlen n bezeichnen wollen, so bestimmen, daß

[1]) Dieser Satz ist, teilweise unter spezielleren Voraussetzungen, wiederholt bewiesen worden, z. B. Toeplitz 16, Helly 6 (S. 268), Banach 1 (S. 161), Hahn 4 (S. 6).

$$\frac{1}{6\cdot 4^n}|s_n| > \frac{1}{4}\varphi(x_1) + \frac{1}{4^2}\varphi(x_2) + \cdots + \frac{1}{4^{n-1}}\varphi(x_{n-1}) + n = \Phi_n + n\,.$$

Nun stellt die konvergente Reihe $x = \sum_1^\infty \frac{1}{4^n} x_n$ einen Punkt von E_x dar. Setzen wir

$$x = u_n + \frac{1}{4^n} x_n + v_n\,,$$

$$u_n = \frac{1}{4} x_1 + \cdots + \frac{1}{4^{n-1}} x_{n-1}, \qquad v_n = \frac{1}{4^{n+1}} x_{n+1} + \cdots,$$

so ist

$$|s_t u_n| \leqq \frac{1}{4}\varphi(x_1) + \cdots + \frac{1}{4^{n-1}}\varphi(x_{n-1}) = \Phi_n\,,$$

$$|v_n| \leqq \frac{1}{4^{n+1}} + \frac{1}{4^{n+2}} + \cdots = \frac{1}{3\cdot 4^n}, \qquad |s_t v_n| \leqq \frac{1}{3\cdot 4^n}|s_t|\,,$$

$$|s_t x| \geqq \frac{1}{4^n}|s_t x_n| - \Phi_n - \frac{1}{3\cdot 4^n}|s_t|\,,$$

insbesondere

$$|s_n x| \geqq \frac{1}{2\cdot 4^n}|s_n| - \Phi_n - \frac{1}{3\cdot 4^n}|s_n| > n\,,$$

im Widerspruch zu $|s_t x| \leqq \varphi(x)$.

§ 4.

Die Linearformen ux in E_x und den von ihnen gebildeten, zu E_x konjugierten Raum E_u haben wir S. 299 erklärt.

Beispiele. In den Räumen $H^p (p \geqq 1)$ und im Teilraum der Nullfolgen aus H^∞ bilden die Einheitspunkte $e_\varkappa$ eine Grundmenge mit $x = \Sigma \xi_\varkappa e_\varkappa$, und jede Linearform ax ist durch die Werte $ae_\varkappa = \alpha_\varkappa$ bestimmt, nämlich

$$ax = \Sigma \alpha_\varkappa \xi_\varkappa\,.$$

Zur Konvergenz dieser Reihe für jeden Punkt x des betreffenden Raumes ist notwendig und hinreichend:

(α) für $E_x = H^p (p > 1)$ die Konvergenz von $\Sigma|\alpha_\varkappa|^q$, wo q durch $\frac{1}{p} + \frac{1}{q} = 1$ erklärt ist. Der Betrag der Linearform ist $|a| = (\Sigma|\alpha_\varkappa|^q)^{\frac{1}{q}}$, denn einerseits (Höldersche Ungleichung) ist $|ax| \leqq |a|\,|x|$ und andererseits gilt hierin für $\xi_\varkappa = |\alpha_\varkappa|^{\frac{q}{p}} \operatorname{sg} \alpha_\varkappa$ das Gleichheitszeichen. Der zu H^p konjugierte Raum ist also H^q, der zu H^q konjugierte wieder H^p; der Hilbertsche Raum H^2 ist zu sich selbst konjugiert.

(β) für $E_x = H^1$ die Beschränktheit von $\alpha_\varkappa$; der Betrag von a ergibt sich $|a| = \sup|\alpha_\varkappa|$; der zu H^1 konjugierte Raum ist H^∞.

(γ) für den Raum E_x der Nullfolgen aus H^∞ die Konvergenz von $|a| = \Sigma|\alpha_\varkappa|$; der konjugierte Raum ist H^1.

Im Raum $E_x = H^\infty$ bilden die $e_\varkappa$ keine Grundmenge und die $\alpha_\varkappa = ae_\varkappa$ (die übrigens wie soeben eine konvergente Reihe $\Sigma|\alpha_\varkappa|$ ergeben müssen) reichen zur Bestimmung der Linearform ax nicht aus. Es gibt z. B. nach dem sogleich folgenden Erweiterungssatz eine Linearform ax, die sich für die konvergenten Folgen $x(\xi_\varkappa \to \xi)$ auf $ax = \xi$ reduziert und also gewiß nicht von der Form $\Sigma\alpha_\varkappa\xi_\varkappa$ ist.

VIII. (Erweiterungssatz)[1]. *Eine in der linearen Menge $L < E_x$ definierte Linearform ux mit der Schranke $M(|ux| \leqq M|x|$ für $x \varepsilon L)$ läßt sich auf den ganzen Raum E_x mit derselben Schranke erweitern*[2].

Wir erweitern sie zunächst auf die lineare Hülle L_1 von $L + x_0$, wo x_0 ein beliebiger Punkt von $E_x - L$ ist. Für $x, x' \varepsilon L$ ist

$$ux - ux' \leqq M|x - x'| \leqq M|x - x_0| + M|x' - x_0|,$$
$$ux - M|x - x_0| \leqq ux' + M|x' - x_0|,$$
$$\varrho = \sup_{x \varepsilon L} (ux - M|x - x_0|) \leqq \inf_{x \varepsilon L} (ux + M|x - x_0|) = \sigma.$$

Wir wählen die reelle Zahl ux_0 im Intervall $\varrho \leqq ux_0 \leqq \sigma$; dann ist für $x \varepsilon L$

$$|ux - ux_0| \leqq M|x - x_0|.$$

Die Punkte von L_1 sind eindeutig in der Gestalt $y = x + \xi x_0$ ($x \varepsilon L$, ξ reell) darstellbar, und wir definieren für sie

$$uy = ux + \xi \cdot ux_0.$$

Dann erhalten wir eine für $y \varepsilon L_1$ lineare Funktion uy mit $|uy| \leqq M|y|$, denn für $\xi \neq 0$ (sonst trivial) ist wegen $\frac{x}{\xi} \varepsilon L$

$$|uy| = |\xi|\,|u\frac{x}{\xi} + ux_0| \leqq |\xi|\,M\left|\frac{x}{\xi} + x_0\right| = M|y|.$$

Die Linearform läßt sich also ohne Vergrößerung der Schranke von L auf $L_1 > L$ erweitern. Durch eine wohlgeordnete Folge solcher Erweiterungen wird sie schließlich auf den ganzen Raum ausgedehnt.

Wir heben den Sonderfall hervor:

VIII$_0$. *Ist $L < E_x$ linear und in E_x abgeschlossen, so gibt es eine in L verschwindende, aber in einem vorgegebenen Punkte $x_0 \varepsilon E_x - L$ nicht verschwindende Linearform ux. Zu einem vorgegebenen Punkte $x_0 \neq 0$ gibt es eine in x_0 nicht verschwindende Linearform mit* $|ux_0| = |u|\,|x_0|$.

Denn wenn wir beim Beweise von VIII $ux = 0$ für $x \varepsilon L$ setzen und ein beliebiges $M > 0$ als Schranke vorschreiben, so wird $\varrho = -M\delta$, $\sigma = M\delta$, wo $\delta = \inf_{x \varepsilon L} |x - x_0| > 0$ die untere Entfernung des Punktes x_0 von L bedeutet. Wir können ux_0 gemäß $|ux_0| \leqq M\delta$ beliebig wählen, z. B. $ux_0 = M\delta$. Für $L = \{0\}$ (Nullpunkt) wird daraus $ux_0 = M|x_0|$ und, wenn wir ux auf den ganzen Raum mit der Schranke M erweitern, $M = |u|$.

Die Linearformen von u, die wir unter Nachsetzung des Funktionszeichens $\mathfrak{x}$ mit $u\mathfrak{x}$ bezeichnen, bilden den zu E_u konjugierten Raum $E_{\mathfrak{x}}$. Dieser Raum ist $\geqq E_x$ in dem Sinne, daß er eine zu E_x linear isometrische Teilmenge enthält, die man mit E_x identifizieren kann. Bei festem $x_0 \varepsilon E_x$ ist nämlich ux_0 eine Linearform von u und zwar vom Betrage $|x_0|$, da einerseits $|ux_0| \leqq |u|\,|x_0|$ ist und es nach VIII$_0$ ein u_0 mit $|u_0 x_0| = |u_0|\,|x_0|$ gibt. Wenn wir diese Linearformen ux_0 mit den Punkten x_0 identifizieren, wird $E_x \leqq E_{\mathfrak{x}}$. Im allgemeinen gilt hier nicht das Gleichheitszeichen (schon weil jeder konjugierte Raum vollständig ist, was E_x nicht zu sein braucht). Zum Raum der Nullfolgen aus H^∞ ist H^1 der konjugierte Raum, zu diesem H^∞, zu diesem ein Raum $> H^1$.

Nun seien E_x, E_y lineare Räume und E_u, E_v die konjugierten, gebildet von den Linearformen ux, vy. Wir sahen (S. 299), daß eine stetige lineare Abbildung

$$(1) \qquad y = sx$$

von E_x auf $L_y \leqq E_y$ eine stetige lineare Abbildung

[1] H. Hahn 5 (S. 217), St. Banach 2 (S. 212).

[2] Im allgemeinen auf mehrerlei Weisen.

(2) $$u = vs$$

von E_v auf $L_u \leqq E_u$, die zu (1) *konjugierte* Abbildung, hervorruft, indem aus jeder Linearform v vermöge

$$vy = v(sx) = (vs)x = ux$$

eine Linearform u hervorgeht. Der Betrag $\|s\|$ der Abbildung (2) ist gleich dem Betrage $|s|$ der Abbildung (1). Denn einerseits ist $|ux| = |vy| \leqq |v||y| \leqq |v||s||x|$, also $|u| \leqq |v||s|$ und demnach $\|s\| \leqq |s|$; andererseits gibt es zu jedem $\sigma < |s|$ ein x_0 mit $|y_0| \geqq \sigma|x_0|$ und zu $y_0 = sx_0$ nach VIII_0 ein v mit $|vy_0| = |v||y_0|$, so daß $|ux_0| \geqq |v|\sigma|x_0|$, $|u| \geqq |v|\sigma$, $\|s\| \geqq \sigma$, d. h. $\|s\| \geqq |s|$ wird.

Wir fragen nach der *Auflösbarkeit* von (1) bei gegebenem y nach x und von (2) bei gegebenem u nach v.

IX. *Zur Auflösbarkeit von $y = sx$ nach x ist notwendig, daß für alle v_0 mit $v_0 s = 0$ auch $v_0 y = 0$ sei. Zur Auflösbarkeit von $u = vs$ nach v ist notwendig, daß für alle x_0 mit $sx_0 = 0$ auch $ux_0 = 0$ sei.*

Das folgt unmittelbar aus $v_0 y = (v_0 s)x$ und $ux_0 = v(sx_0)$. Es ist ferner klar, daß aus einer Lösung x von (1) alle Lösungen durch $x + x_0$, aus einer Lösung v von (2) alle Lösungen durch $v + v_0$ erhalten werden.

Wir nennen eine der Gleichungen (1), (2) *normal auflösbar*, wenn die betreffende notwendige Bedingung des Satzes IX auch hinreichend ist (wie im Fall endlichdimensionaler Räume E_x, E_y). Man beachte, daß die Forderung normaler Auflösbarkeit für beide Gleichungen nicht dasselbe bedeutet, sondern für die Gleichung (2) schärfer ist als für (1); denn wenn wir die Abbildung (2) als Ausgangspunkt nehmen und so behandeln wie (1), so müßten wir sie normal auflösbar nennen, wenn die notwendige Bedingung: für jedes $\mathfrak{x}_0$ mit $s\mathfrak{x}_0 = 0$ ist $u\mathfrak{x}_0 = 0$ (wo $\mathfrak{y} = s\mathfrak{x}$ die zu (2) konjugierte Abbildung des zu E_u konjugierten Raumes $E_\mathfrak{x}$ in den zu E_v konjugierten Raum $E_\mathfrak{y}$ ist) auch hinreicht; da diese notwendige Bedingung wegen $E_\mathfrak{x} \geqq E_x$ mehr verlangt als die von IX, so ist die Forderung ihrer Hinlänglichkeit schwächer als die oben formulierte.

Führen wir folgende, zum Teil schon benutzte Mengen ein:

$L_y = sE_x$ das Bild von E_x bei der Abbildung $y = sx$
$L_u = E_v s$ das Bild von E_v bei der Abbildung $u = vs$
F_x = Menge der Punkte x_0 mit $sx_0 = 0$
F_v = Menge der Punkte v_0 mit $v_0 s = 0$
F_y = Menge der Punkte y mit $v_0 y = 0$ (für $v_0 \varepsilon F_v$)
F_u = Menge der Punkte u mit $ux_0 = 0$ (für $x_0 \varepsilon F_x$).

Jede dieser Mengen ist lineare Teilmenge des Raumes E mit gleichem Index, und die mit F bezeichneten sind gleichzeitig abgeschlossen, denn wegen der Stetigkeit von sx definiert $sx = 0$ eine abgeschlossene Menge F_x, ebenso definiert $ux_0 = 0$ für jedes einzelne x_0 eine abgeschlossene Menge in E_u und für alle x_0 den Durchschnitt dieser Mengen.

Der Satz IX besagt nun einfach, daß

$$L_y \leqq F_y, \qquad L_u \leqq F_u,$$

und die Forderung normaler Auflösbarkeit verlangt, daß für $y = sx$ in der ersten, für $u = vs$ in der zweiten dieser Formeln das Gleichheitszeichen gelte.

Andererseits gilt aber

(3) $$\overline{L}_y = F_y \text{ immer,}$$

(4) $$\overline{L}_u = F_u, \text{ wenn der zu } E_u \text{ konjugierte Raum wieder } E_x \text{ ist.}$$

39*

Wegen $\bar{L}_y \leqq F_y$ ist nur $F_y \leqq \bar{L}_y$ oder $E_y - \bar{L}_y \leqq E_y - F_y$ zu beweisen. Für $y_0 \varepsilon E_y - \bar{L}_y$ kann man nach VIII_0 eine Linearform $v_0 y$ bilden, die in L_y verschwindet, während $v_0 y_0 \neq 0$. Dann ist also $v_0 sx = 0$ für jedes x, d. h. $v_0 s = 0$, und y_0 gehört nicht zu F_y, $y_0 \varepsilon E_y - F_y$. Entsprechend ist der Beweis von (4). Hieraus folgt:

X. (Zweiter Hauptsatz). *Zur normalen Auflösbarkeit von $y = sx$ ist notwendig und hinreichend, daß die Menge $L_y = sE_x$ in E_y abgeschlossen sei. Zur normalen Auflösbarkeit von $u = vs$ ist notwendig und, falls der zu E_u konjugierte Raum wieder E_x ist, auch hinreichend, daß die Menge $L_u = E_v s$ in E_u abgeschlossen sei.*

Weiter aber gilt:

XI. (Dritter Hauptsatz). *Zur normalen Auflösbarkeit von $u = vs$ ist die stetige Umkehrbarkeit von $y = sx$ notwendig und hinreichend.*

Der Begriff der stetigen Umkehrbarkeit ist S. 301 erklärt worden. Wir beweisen XI zunächst in dem Sonderfall, daß die Abbildung $y = sx$ schlicht ist, wobei $F_x = \{0\}$ sich auf den Nullpunkt reduziert, $F_u = E_u$ also der ganze Raum E_u wird und normale Auflösbarkeit von $u = vs$ soviel wie Auflösbarkeit für jedes $u (L_u = E_u)$ bedeutet. Die Behauptung lautet, daß dazu die Stetigkeit der inversen Abbildung $x = \bar{s}y$ notwendig und hinreichend ist.

Sei $u = vs$ für jedes u auflösbar; wir haben $ux = vy$, wenn $x = \bar{s}y$ und $y = sx$ zusammengehörige Punkte sind. Insbesondere ist also, für $|y| = 1$, $|ux| \leqq |v|$; die Linearformen ux von u, mit den Beträgen $|x|$, bilden dann also für jedes u eine beschränkte Menge, und nach VII (auf den vollständigen Raum E_u statt des dortigen E_x angewandt) bilden die $|x|$ eine beschränkte Menge. D. h. für $|y| = 1$ ist $|x| \leqq N$ oder allgemein $|x| \leqq N |y|$, die Abbildung $x = \bar{s}y$ ist stetig.

Ist umgekehrt $x = \bar{s}y$ stetig, so ist, bei beliebigem u, $ux = u\bar{s}y$ eine stetige lineare Funktion von $y \varepsilon L_y$, die man gemäß VIII zu einer Linearform vy von $y \varepsilon E_y$ erweitern kann und für die, bei beliebigem x, $ux = vsx$, $u = vs$ ist; (2) ist für jedes u auflösbar.

Um sodann XI allgemein zu beweisen, haben wir die Abbildung $\xi = kx$ von E_x auf den Quotientenraum $E_\xi = E_x / F_x$ und die dazu konjugierte Abbildung $u = \varphi k$ des zu E_ξ konjugierten Raumes E_φ in E_u zu betrachten. Das ist nun einfach *eine lineare isometrische Abbildung von E_φ auf F_u*. Denn jede Linearform $\varphi\xi$ von ξ liefert vermöge $\varphi\xi = \varphi kx = ux$ eine Linearform von x, die offenbar in mod F_x kongruenten Punkten denselben Wert hat, insbesondere den Wert $ux_0 = 0$ für $x_0 \varepsilon F_x$, d. h. $u \varepsilon F_u$. Umgekehrt nimmt jede Linearform $u \varepsilon F_u$ in kongruenten Punkten x denselben Wert an; es ist also $ux = \varphi\xi$ eine eindeutige lineare Funktion der Klasse $\xi = kx$, und zwar in ξ stetig mit dem Betrage $|\varphi| = |u|$; denn man hat $|\varphi\xi| \leqq |u| |x|$, also $|\varphi\xi| \leqq |u| \cdot \inf |x| = |u| |\xi|$, $|\varphi| \leqq |u|$, andererseits $|ux| \leqq |\varphi| |\xi| \leqq |\varphi| |x|$, $|u| \leqq |\varphi|$.

Nun sind die zu

$$y = \sigma\xi, \quad \xi = kx, \quad y = \sigma kx = sx$$

konjugierten Abbildungen

$$\varphi = v\sigma, \quad u = \varphi k, \quad u = v\sigma k = vs,$$

und wegen der bewiesenen Beziehung zwischen E_φ und F_u ist $u = vs$ für jedes $u \varepsilon F_u$ auflösbar (normal auflösbar) genau dann, wenn $\varphi = v\sigma$ für jedes $\varphi \varepsilon E_\varphi$ auflösbar, also nach dem bereits bewiesenen Spezialfall die schlichte Abbildung $y = \sigma\xi$ stetig umkehrbar ist. Damit ist XI allgemein bewiesen.

Weitere Verknüpfungen zwischen den Begriffen „stetig umkehrbar" und „normal auflösbar" werden durch den ersten Hauptsatz VI hergestellt. Ist E_x vollständig und $y = sx$ stetig umkehrbar, so ist nach VI L_y vollständig, also in E_y (nämlich in jedem

L_y enthaltenden Raum) abgeschlossen und nach X $y = sx$ normal auflösbar. Ist mit E_x auch E_y vollständig, so decken sich für $y = sx$ die Begriffe „stetig umkehrbar", „normal auflösbar". Für $u = vs$ folgt aus der normalen Auflösbarkeit nach X die Abgeschlossenheit von L_u, also wegen der Vollständigkeit von E_v und E_u nach VI die stetige Umkehrbarkeit. *Sind E_x, L_y vollständig, so sind beide Abbildungen $y = sx$ und $u = vs$ normal auflösbar und stetig umkehrbar.*

Man kann auch noch die Schlichtheit der Abbildungen in Betracht ziehen. Zur Schlichtheit von $y = sx$ ist notwendig und hinreichend, daß $F_x = \{0\}$ sich auf den Nullpunkt reduziere oder, was dasselbe ist, daß $F_u = E_u$ der ganze Raum E_u sei; ebenso zur Schlichtheit von $u = vs$, daß $F_v = \{0\}$ oder $F_y = E_y$. Wegen (3), (4) gibt dies:

XII. *Zur Schlichtheit von $u = vs$ ist notwendig und hinreichend, daß L_y in E_y dicht sei. Zur Schlichtheit von $y = sx$ ist hinreichend und, falls der zu E_u konjugierte Raum wieder E_x ist, auch notwendig, daß L_u in E_u dicht sei.*

Endlich kennen wir aus § 2 die Bedingung für die Stetigkeit der inversen Abbildung:

Zur eindeutigen stetigen Umkehrbarkeit von $y = sx$ ist notwendig und hinreichend, daß $m = \inf\limits_{|x|=1} |sx|$ positiv sei. Zur eindeutigen stetigen Umkehrbarkeit von $u = vs$ ist notwendig und hinreichend, daß $m' = \inf\limits_{|v|=1} |vs|$ positiv sei.

Während die beiden oberen Grenzen $\sup\limits_{|x|=1} |sx|$, $\sup\limits_{|v|=1} |vs|$ beide gleich $|s|$ sind, brauchen m und m' nicht gleich zu sein, allerdings nur mit der Einschränkung, daß die eine von ihnen positiv, die andere Null sein kann. *Sind beide positiv, so ist $m' = m$.* In diesem Fall ist nämlich nach XII $\bar{L}_y = E_y$ und, weil nach XI $u = vs$ normal (d. h. für jedes u) auflösbar ist, $L_u = E_u$. Zunächst ist dann $u = vs$ eine lineare homöomorphe Abbildung von E_v auf E_u, deren Umkehrung $v = ut$ lauten möge, also

$$m' = \inf \frac{|u|}{|v|} = 1 : \sup \frac{|v|}{|u|} = 1 : |t|.$$

Die Abbildung $y = sx$ ist eine lineare homöomorphe Abbildung von E_x auf L_y; ihre Umkehrung sei $x = \bar{s}y$, welche Abbildung in L_y definiert ist und sich möglicherweise nicht auf E_y erweitern läßt (wenn E_x nicht vollständig ist). Jedenfalls ist aber

$$m = \inf \frac{|y|}{|x|} = 1 : \sup \frac{|x|}{|y|} = 1 : |\bar{s}|.$$

Betrachten wir aber die zu $x = \bar{s}y$ konjugierte Abbildung $v_1 = u\bar{s}$ (v_1 Linearform in L_y) mit dem Betrage $|\bar{s}| = \sup \frac{|v_1|}{|u|}$. Jedes solche v_1 läßt sich zu einer Linearform v in E_y erweitern, und zwar eindeutig, weil L_y in E_y dicht ist, und umgekehrt entspricht jedem v ein bestimmtes v_1; beide haben denselben Betrag $|v_1| = |v|$. Demnach entsprechen einander $v_1 = u\bar{s}$, $v = ut$, und es ist

$$|\bar{s}| = \sup \frac{|v_1|}{|u|} = \sup \frac{|v|}{|u|} = |t|,$$

also $m' = m$.

Kehren wir nochmals zum zweiten Hauptsatz X zurück. Die erste Behauptung beruht, wie der Beweis von (3) zeigt, auf der Erweiterung der Linearformen: ist $L < E_x$ linear und in E_x abgeschlossen, $x_0 \varepsilon E_x - L$, so gibt es eine Linearform ux von x, die für $x \varepsilon L$ verschwindet, während $u x_0 \neq 0$. Entsprechend gibt es, wenn $L < E_u$ linear und in E_u abgeschlossen, $u_0 \varepsilon E_u - L$ ist, eine Linearform $u\mathfrak{x}$ von u, die für $u \varepsilon L$ verschwindet, während $u_0\mathfrak{x} \neq 0$. *Aber dies braucht keine spezielle Linearform ux zu sein,* und daher rührt die unliebsame Einschränkung in der zweiten Behauptung von X: „falls der zu E_u konjugierte Raum wieder E_x ist". Sei z. B. $E_x = H^1$ der Raum der Zahlenfolgen $x = (\xi_1, \xi_2, \ldots)$ mit $|x| = \Sigma|\xi_\varkappa|$; hier sind wegen $|\xi_\varkappa| \leqq |x|$ die $\xi_\varkappa = u_\varkappa x$ Linearformen in x. Sei L die abgeschlossene lineare Hülle von $\{u_1, u_2, \ldots\}$; da L separabel, aber der zu E_x konjugierte Raum $E_u = H^\infty$ nicht separabel ist, gilt $L < E_u$. Trotzdem verschwindet jede Linearform ux von u, die für $u\varepsilon L$ verschwindet, für alle $u\varepsilon E_u$, denn $u_\varkappa x = 0$ $(k = 1, 2, \ldots)$ besagt $x = 0$.

Es ist Herrn Banach (3) gelungen, durch eine höchst scharfsinnige Betrachtung folgendes Gegenstück zu VIII_0 zu beweisen:

VIII_1. *Ist $L < E_u$ linear und schwach abgeschlossen, E_x vollständig, so gibt es für jedes $u_0\varepsilon E_u - L$ einen Punkt x von E_x derart, daß ux für $u\varepsilon L$ verschwindet, aber $u_0x \neq 0$.*

Wir können den Beweis hier nicht wiedergeben, müssen aber den Begriff *schwach abgeschlossen* (der übrigens *mehr* als bloße Abgeschlossenheit fordert) erklären. Ist α eine transfinite Ordnungszahl ohne Vorgänger (eine Limeszahl) und jeder Ordnungszahl $\xi < \alpha$ eine reelle Zahl γ_ξ zugeordnet, so werde $\overline{\lim}\,\gamma_\xi$, $\underline{\lim}\,\gamma_\xi$ wie bei gewöhnlichen Folgen definiert ($\overline{\lim}\,\gamma_\xi$ die untere Grenze der Zahlen μ, für die schließlich, d. h. für $\xi_0 < \xi < \alpha$, $\gamma_\xi \leqq \mu$ ist). Zu jeder beschränkten Folge von Linearformen $u_\xi x$ $(|u_\xi| \leqq M)$ existiert, wie ein zu VIII analoger Erweiterungssatz zeigt, mindestens eine Linearform ux mit

$$\underline{\lim}\, u_\xi x \leqq ux \leqq \overline{\lim}\, u_\xi x \quad (x\varepsilon E_x);$$

u heißt dann *ein Limes* der Folge u_ξ, und eine Menge $L \leqq E_u$ heißt schwach abgeschlossen, wenn jede beschränkte Folge $u_\xi\varepsilon L$ mindestens einen Limes $u\varepsilon L$ hat. Eine schwach abgeschlossene Menge ist jedenfalls im gewöhnlichen Sinne abgeschlossen, denn für $u_n \to u$, $u_n\varepsilon L$ ist u der einzige Limes von u_n und muß zu L gehören.

Auf Grund von VIII_1 erhalten wir folgende Verschärfung der zweiten Hälfte des zweiten Hauptsatzes:

X*. *Zur normalen Auflösbarkeit von $u = vs$ ist notwendig und, falls E_x vollständig ist, auch hinreichend, daß L_u in E_u abgeschlossen sei.*

Ist nämlich L_u abgeschlossen, d. h. vollständig, so ist nach VI die Abbildung $u = vs$ stetig umkehrbar, und es gibt (S. 302) zu jedem $u\varepsilon L_u$ ein v mit $u = vs$, $|v| \leqq N|u|$, wo N eine positive Konstante ist. Dann ist aber L_u schwach abgeschlossen; denn ist, für $\xi < \alpha$, $u_\xi\varepsilon L_u$, $|u_\xi| \leqq M$, so gibt es Linearformen v_ξ mit $u_\xi = v_\xi s$, $|v_\xi| \leqq MN$, zu diesen einen Limes v mit

$$\underline{\lim}\, v_\xi y \leqq vy \leqq \overline{\lim}\, v_\xi y \quad (y\varepsilon E_y),$$

wonach dann für $u = vs$ und $y = sx$

$$\underline{\lim}\, u_\xi x \leqq ux \leqq \overline{\lim}\, u_\xi x \quad (x\varepsilon E_x),$$

also u ein zu L_u gehöriger Limes der Folge u_ξ wird. Aus VIII_1 folgt nun $F_u \leqq L_u$ oder $E_u - L_u \leqq E_u - F_u$; denn ist $u_0\varepsilon E_u - L_u$, so gibt es einen Punkt x_0 in E_x derart, daß $ux_0 = 0$ für $u\varepsilon L_u$, $u_0x_0 \neq 0$; das bedeutet aber $vsx_0 = 0$ für jedes v oder $sx_0 = 0$ und demnach $u_0\varepsilon E_u - F_u$.

Unter den in der Literatur üblichen Einschränkungen können wir sagen: *Bei vollständigem E_x und E_y ist für jede der Abbildungen $y = sx$, $u = vs$ die stetige Umkehrbarkeit mit der normalen Auflösbarkeit äquivalent, und nach XI sind alle vier Eigenschaften miteinander äquivalent.*

Die lineare Abbildung $y = tx$ von E_x in E_y heißt *vollstetig* [1]), wenn sie jede beschränkte Menge in eine total beschränkte [2]) oder, was dasselbe ist, jede beschränkte

[1]) Etwas modifiziert nach F. Rieß 10 (S. 74).

[2]) Eine Menge heißt total beschränkt, wenn sie für jedes $\delta > 0$ Summe endlich vieler Mengen von Durchmessern $\leqq \delta$ ist.

Folge x_n in eine solche Folge $y_n = tx_n$ verwandelt, die eine Fundamentalfolge y_p enthält. Sie ist eo ipso stetig. Wir zeigen noch im Falle $E_y = E_x$:

XIII. *Die Abbildung $y = sx = x - tx$ des vollständigen Raumes E_x in sich ist, wenn tx vollstetig ist, stetig umkehrbar.*

Es sei $y = \sigma\xi$ die schlichte Abbildung des Quotientenraumes $E_\xi = E_x / F_x$ auf L_y; es ist zu zeigen, daß ihre Umkehrung $\xi = \tilde{\sigma} y$ an der Stelle $y = 0$ stetig ist. Im gegenteiligen Falle gäbe es eine Folge $y_n \to 0$ mit $|\xi_n| \geqq \varrho > 0$ oder, indem wir ξ_n und y_n durch $|\xi_n|$ dividieren, eine Folge $y_n \to 0$ mit $|\xi_n| = 1$. Wählen wir aus der Klasse ξ_n einen Vertreter x_n mit $|x_n| \leqq 2$, so haben wir eine beschränkte Folge x_n mit $y_n = sx_n = x_n - tx_n \to 0$. Nun enthält tx_n eine Fundamentalfolge tx_p, wonach auch $x_p = y_p + tx_p$ eine Fundamentalfolge und im Raum E_x konvergent ist, also $x_p \to x_0$, demnach $y_p = sx_p \to sx_0$, also $sx_0 = 0$, $x_0 \varepsilon F_x$. Dann müßte aber $|\xi_p| \leqq |x_p - x_0| \to 0$ streben im Widerspruch zu $|\xi_p| = 1$.

Unter den Voraussetzungen von XIII sind nicht nur beide Abbildungen $y = sx$, $u = vs$ normal auflösbar, sondern auch, wie nach dem Vorbild von F. Riesz (10) zu zeigen ist, beide Mengen F_x, F_v von derselben endlichen Dimension $\geqq 0$, d. h. die homogenen Gleichungen $sx_0 = 0$, $v_0 s = 0$ haben dieselbe Anzahl linear unabhängiger Lösungen. Denn E_x wird direktes Produkt [1]) (E', E'') von zwei linearen Räumen, von denen E' endlichdimensional ist und durch $y = sx$ in sich, E'' schlicht und stetig umkehrbar auf sich abgebildet wird.

Literaturangaben.

1. St. Banach, Sur les opérations dans les ensembles abstraits et leur application aux équations intégrales. Fund. Math. 3 (1922), S. 133—181.
2. 3. St. Banach, Sur les fonctionnelles linéaires I, II. Stud. Math. 1 (1929). S. 211—216, 223—239.
4. H. Hahn, Über Folgen linearer Operationen. Monatshefte f. Math. u. Phys. 32 (1922), S. 3—88.
5. H. Hahn, Über lineare Gleichungssysteme in linearen Räumen. Journal f. Math. 157 (1926), S. 214—229.
6. E. Helly, Über lineare Funktionaloperationen. Wiener Akad. Ber. II a 121 (1912), S. 265—297.
7. E. Helly, Über Systeme linearer Gleichungen mit unendlich vielen Unbekannten. Monatshefte f. Math. u. Phys. 31 (1921), S. 60—91.
8. C. Kuratowski, Sur les fonctions représentables analytiquement et les ensembles de la première catégorie. Fund. Math. 5 (1924), S. 75—91.
9. F. Rieß, Les systèmes d'équations linéaires à une infinité d'inconnues. Coll. Borel, Paris 1913.
10. F. Rieß, Über lineare Funktionalgleichungen. Acta Math. 41 (1918), S. 71—98.
11. J. Schauder, Über die Umkehrung linearer stetiger Funktionaloperationen. Stud. Math. 2 (1930), S. 1—6.
12. J. Schauder, Über lineare, vollstetige Funktionaloperationen. Stud. Math. 2 (1930), S. 183—196.
13. E. Schmidt, Über die Auflösung linearer Gleichungen mit unendlich vielen Unbekannten. Rend. Palermo 25 (1908), S. 53—77.
14. W. Sierpiński, Sur une propriété des ensembles G_δ. Fund. Math. 16 (1930), S. 173—180.
15. O. Toeplitz, Die Jacobische Transformation der quadratischen Formen von unendlichvielen Veränderlichen. Gött. Nachr. 1907, S. 101—109.
16. O. Toeplitz, Über allgemeine lineare Mittelbildungen. Prace Matematyczno-Fizyczne 22 (1911), S. 113—119.

[1]) D. h. E', E'' sind abgeschlossene lineare Teilräume von E_x, die nur den Nullpunkt gemein haben; jeder Punkt von E_x ist in der Gestalt $x = x' + x''$ mit $x' \varepsilon E'$, $x'' \varepsilon E''$ (eindeutig) darstellbar, und x', x'' sind stetige lineare Funktionen von x.

Eingegangen 3. September 1931.

Commentary on [H 1931]

S. D. Chatterji

HAUSDORFF contributed this paper to a special number of CRELLE's journal dedicated to HENSEL; see the mildly self-deprecatory letter (reproduced at the end) which HAUSDORFF wrote to HASSE accepting the latter's invitation to write an article for this *Henselheft.* Its purpose is to present the main results of the theory of continuous linear maps in the setting of normed linear spaces, avoiding completeness assumptions for the latter as much as possible. Most of the results presented were more or less known at the time; HAUSDORFF's main effort was in presenting everything in a self-contained exposition.

The lectures to which HAUSDORFF refers in his introduction correspond to his Summer Semester course in Bonn in 1931 (NL HAUSDORFF: Fasz. 50: *Punktmengen*). However, we see many papers in HAUSDORFF's Nachlass on various aspects of Functional Analysis starting with 1925; indeed, as early as 1914, his lectures at Greifswald on integral equations contained much of the then known theory of operators in infinite dimensional spaces (NL HAUSDORFF: Fasz. 39: *Integralgleichungen*). Since then, HAUSDORFF seemed to have followed regularly the new developments in functional analysis; this is shown by his various lecture notes on *Divergent Series* and *Fourier Series.*

In the present paper HAUSDORFF gives amongst other things, what are now generally considered to be the three basic ingredients of functional analysis:

(i) the HAHN-BANACH theorem (cf. VIII (*Erweiterungssatz*));

(ii) the open-mapping theorem (cf. VI (*Erster Hauptsatz*) along with V);

(iii) the uniform boundedness principle, also referred to as the BANACH-STEINHAUS theorem (cf. VII (*Beschränktheitssatz*)).

HAUSDORFF's setting is the category of normed real vector spaces (he calls any such space a *"linearer metrischer Raum"*). In a footnote 1) he remarks that the case of complex vector spaces is not essentially different; this remark has to be tempered by the observation that the proof of the HAHN-BANACH theorem in the complex case needs a simple special trick provided by various authors somewhat later in 1938 (cf. [DS 1958] p. 86). After giving the necessary preliminary definitions in §1, HAUSDORFF discusses linear maps $s : X \to Y$ between the normed spaces X, Y; we have chosen to use notation slightly different from those of HAUSDORFF's in order to conform to well-established current notations which seem to be easier to follow in the later developments in HAUSDORFF's paper. Thus we write X, Y for HAUSDORFF's E_x, E_y and we write X', Y' for HAUSDORFF's E_u, E_v, the corresponding dual spaces formed by the continuous real linear functionals; thus our X' is HAUSDORFF's E_u formed of all continuous linear maps $u : X \to \mathbb{R}$ with

$$|u| = \sup_{|x|=1} |ux|$$

and we write $< x, u >$ for ux whenever convenient; like HAUSDORFF, we write $|x|, |u|$ etc. for the norms of elements $x \in X, u \in X'$ etc; HAUSDORFF calls $|x|$, "*der Betrag von* x".

After some elementary facts about the continuity of linear maps $s : X \to Y$ (including the definition of $|s|$, the norm of s, given as $|s| = \sup_{|x|=1} |sx|$), HAUSDORFF defines the *transpose* $s' : Y' \to X'$ of a continuous linear map s via the equation

$$< sx, v >=< x, s'v > \quad x \in X, \ v \in Y'. \tag{1}$$

In HAUSDORFF's notation (1) is written as

$$v(sx) = (vs)x;$$

in other words, HAUSDORFF uses the same symbol s for the map as well as for its transpose, writing s as post-multiplication vs (just as in matrix theory) instead of our $s'v$. It is shown that $|s| = |s'|$. The relationship between s and s' forms the centre of HAUSDORFF's work in the last section (§4) of his paper. HAUSDORFF calls s' "*konjugierte Abbildung*"; the terms conjugate map, dual map, adjoint map are also in current use.

One innovation of HAUSDORFF in this paper is the consideration of quotient spaces; if X is a normed linear space and F is a closed linear subspace of X, HAUSDORFF introduces a norm on the quotient space X/F and shows that if X is complete so is X/F. The introduction of quotient spaces permits him to introduce the useful notion of what is now called a *topological homomorphism* and what HAUSDORFF calls "*stetig umkehrbar*". If $s : X \to Y$ is a continuous linear map between the normed spaces X, Y then if $L = R(s)$, the range of s, i.e. $L = s(X) \subset Y$ and if $F = N(s)$, the kernel of s, i.e. $F = s^{-1}(0) \subset X$, then s induces a unique linear map

$$\sigma : X/F \to L$$

such that $s = \sigma\pi$, π being the natural surjection $X \to X/F$; note that s being continuous, F is a closed linear subspace of S and it is easily shown that σ is a continuous linear map. A continuous linear map $s : X \to Y$ (X, Y normed spaces) is called a topological homomorphism ("*stetig umkehrbar*") if the continuous linear map σ above is a homeomorphism i.e. σ^{-1} is continuous. HAUSDORFF shows easily that $s : X \to Y$ is a topological homomorphism if and only if the image under s of every open set in X is open in $L = R(s)$; let us just state this as saying that the continuous linear map $s : X \to L$ is open. This is then followed by the important theorem VI which is a version of what is now classed under the open mapping theorem. If X, Y are complete normed spaces (BANACH spaces) and $s : X \to Y$ is a continuous linear bijection then BANACH had proven in 1929 that s^{-1} is also continuous (cf. theorème 7 of item 3 in HAUSDORFF's references); SCHAUDER (cf. Satz 2 of item 11 in HAUSDORFF's references) generalized this in 1930 to the case of $s : X \to Y$, s a continuous linear surjection of the BANACH space X onto the BANACH space Y, as follows: he showed that s is then an open map. HAUSDORFF's theorem VI and its proof is clearly inspired by SCHAUDER's paper (as he notes himself in the footnote on p. 302). It may be useful to point out the elegant elementary lemma given in SCHAUDER's paper which is the basis of HAUSDORFF's proof: let D be a dense subset of the open unit ball B of a BANACH space X; if $x \in B$ and $\lambda_1 > \|x\|, \lambda_2, \lambda_3, \ldots$ are any positive numbers then there exist $x_1, x_2, \ldots$ in D such that

$$x = \sum_{i=1}^{\infty} \lambda_i x_i.$$

The very short proof given by SCHAUDER (cf. footnote (6) of the cited paper of SCHAUDER) is the one used by HAUSDORFF. HAUSDORFF's craft lies in the proper formulation of his theorem VI where (in $s : X \to Y$) only X is supposed to be complete. A theorem almost equivalent to this appears in BANACH's book [B 1932] (cf. théorème 1, p. 36, théorème 3, p. 38) which came out about six to seven months after the appearance of this paper of HAUSDORFF; BANACH refers to HAUSDORFF's paper in his remarks collected together at the end of his book (cf. pp. 233, 241 of [B 1932]). The proof in BANACH's book is also modelled after SCHAUDER's ([B 1932] pp. 38–41) but BANACH gives his theorem in the more general framework of his (F)-spaces (which, in modern terminology, are complete metrizable, not necessarily locally convex, topological vector spaces; cf. [DS 1958], p. 51). It is interesting to observe that BANACH's original proof of 1929 used the theory of transposed maps which is taken up later in this paper of HAUSDORFF. We note also that BANACH's book contains an explicit formulation of the closed graph theorem in (F)-spaces ([B 1932], théorème 7, p. 41) which does not seem to have been recorded by either HAUSDORFF or any one else before; although the closed graph theorem is an easy consequence of the open mapping theorem, it turns out to be very useful in numerous situations. As regards the construction of quotient spaces, BANACH, while referring to this paper of HAUSDORFF, alludes also to the 1931 Polish version of his book (cf. [B 1932] p. 232).

The next important theorem of HAUSDORFF's paper is his theorem VII (*Beschränktheitssatz*) which is often referred to (these days) as the BANACH-STEINHAUS theorem and which is best subsumed under the uniform boundedness principle (cf. [DS 1958] pp. 52–53). HAUSDORFF gives (in footnote 1) p. 304) some references to earlier theorems of this type; other historical remarks on this can be found in [DS 1958], pp. 80–82. HAUSDORFF's proof of this theorem is elementary and direct; it uses the method known as that of the "gliding hump" (a terminology which goes back to LEBESGUE 1909). Another proof often given is that using BAIRE's (category) theorem in complete metric spaces, a general technique of great versatility; BANACH's book [B 1932] gives several instances of such proofs. However, the method used by HAUSDORFF is also of interest and sometimes the only one easily applicable as, for instance, in the proof of the fact (called SCHUR's theorem) that, in ℓ^1, a sequence is weakly convergent if and only if it is strongly convergent; the proof of this given in BANACH's book is by the method of gliding humps ([B 1932], pp. 137–138).

Let us note the two instructive statements which HAUSDORFF provides (on pp. 303–304) concerning the structure of general normed spaces: (a) A normed linear space may be incomplete and yet be of the second category. (b) Every infinite dimensional normed linear space is a continuous linear bijective image of a normed linear space of the first category. Recall that a topological space is said to be of the first category if it is a denumerable union of closed sets with empty interiors and it is of the second category if it is not of the first category; many modern authors use the terms "meagre" and "non-meagre"; a complete metric space is of the second category (a statement known as BAIRE's theorem). HAUSDORFF's proofs for the statements (a) and (b), based on the existence of algebraic (HAMEL) bases for any vector space, are simple enough to be presented in any introductory course; indeed, the same remark holds for the whole paper.

The last section (§4) of the paper concerns the ranges $R(s), R(s')$ of a continuous linear map $s : X \to Y$ and its transpose $s' : Y' \to X'$, under the hypothesis that X, Y are two normed linear spaces. As a preparation for this, HAUSDORFF proves a version of what is now generally known as the HAHN-BANACH theorem (cf. his theorem VIII and its special case VIII_0); the proof given is one of the usual ones as given in BANACH's articles referred to in HAUSDORFF's paper or in BANACH's book [B 1932]. It proceeds by extending a given linear form on a linear subspace L of the normed linear space X to another one L_1 spanned by L and $x_0 \notin L$ and then using what would now normally be called ZORN's lemma; HAUSDORFF simply mentions the use of a "well-ordered sequence" ("*Folge*") of such extensions to derive his theorem. HAUSDORFF gives the two relevant references to HAHN and to BANACH (footnote 1), p. 306); here, we shall not go into the somewhat complicated history of the development of the HAHN-BANACH theorem itself; some relevant remarks on this can be found in [DS 1958] pp, 85–87.

HAUSDORFF now introduces the following problem: given a continuous linear map $s : X \to Y$, X, Y normed linear spaces, when can one solve the equations $y = sx$ and $u = s'v$; here $s' : Y' \to X'$ is the transpose of s and the question is of finding $x \in X$, given $y \in Y$ or of finding $v \in Y'$, given $u \in X'$. The problem thus concerns the characterization of $R(s), R(s')$, the ranges of the maps s, s' respectively. By analogy with the well-known results in the study of the corresponding problems in the case of finite dimensional spaces X, Y, HAUS-

DORFF introduces the notion of the *normal solvability* (*"normal auflösbar"*) of the equations $y = sx$, $u = s'v$. In order to introduce this notion succinctly in standard modern notation, let us write

$$N(s) = s^{-1}(0) = \text{kernel of } s, \quad N(s') = s'^{-1}(0) = \text{kernel of } s';$$

then HAUSDORFF calls the equation $y = sx$ normally solvable if

$$R(s) = {}^{\perp}N(s') \tag{2}$$

and the equation $u = s'v$ normally solvable if

$$R(s') = N(s)^{\perp}. \tag{3}$$

Here ${}^{\perp}A$, $B^{\perp}$ are defined as follows: if E is a normed linear space and $A \subset E'$, $B \subset E$, then

$$\begin{aligned} {}^{\perp}A &= \{x \in E : < x, u >= 0, \forall u \in A\} \\ B^{\perp} &= \{u \in E' : < x, u >= 0, \forall x \in B\}. \end{aligned}$$

In HAUSDORFF's notation, (2) is given by $L_y = F_y$ and (3) by $L_u = F_u$ (p. 307); we shall continue our presentation of HAUSDORFF's further results in the current day notation of (2) and (3). HAUSDORFF's theorem X (*Zweiter Hauptsatz*), p. 308, can now be stated as follows: (2) *holds if and only if* $R(s)$ *is closed in* Y*; if* (3) *holds then* $R(s')$ *is closed in* X' *and if* X *is "reflexive"* (i.e. $X'' = X$) *then* (3) *is equivalent to* $R(s')$ *being closed in* X'. HAUSDORFF does not use the term "reflexive", a notion that was soon to be explored by others and completely characterized around 1939–40. HAUSDORFF's proof of theorem X is straightforward using the observations (obvious from the basic definition contained in (1)) that

$$R(s) \subset {}^{\perp}N(s'), \qquad R(s') \subset N(s)^{\perp}$$

whence, by using the HAHN-BANACH theorem (his theorem VIII), he obtains that

$$\overline{R(s)} = {}^{\perp}N(s') \text{ always}$$

and

$$\overline{R(s')} = N(s)^{\perp} \text{ if } X'' = X$$

which completes the proof of his theorem X. HAUSDORFF is obviously desirous of removing the reflexivity condition in his statement concerning (3) and in the process he obtains two further results: theorem XI (*Dritter Hauptsatz*) p. 308: (3) *holds if and only if* s *is a topological homomorphism;* theorem X* (p. 310): (3) *holds if and only if* $R(s')$ *is closed in* X' *provided that* X *is complete.* HAUSDORFF gives a complete proof of theorem XI obtaining it first in the case where $N(s) = \{0\}$ and then passing to the general case via the quotient space $X/N(s)$; his proof of theorem X* is based on a deep theorem of

BANACH concerning "weak convergence" (VIII_1, p. 310) which we shall discuss later. First we make a slight digression to show how HAUSDORFF's theorem X concerning (2) and (3) can be obtained immediately by using the *bipolar theorem* of the theory of locally convex topological vector spaces which was soon to develop in the later thirties and the early forties of the 20th century; we feel that this digression clarifies some of the points of HAUSDORFF's paper and shows the way to subsequent developments.

Restricting ourselves to the case of a normed linear space E, the bipolar theorem for linear subspaces $A \subset E'$ and $B \subset E$ can be stated as follows:

$$({}^{\perp}A)^{\perp} = \tilde{A} = \sigma(E',E)\text{-closure of } A \text{ in } E' \tag{4}$$
$${}^{\perp}(B^{\perp}) = \overline{B} = \text{ the norm-closure of } B \text{ in } E \tag{5}$$

The $\sigma(E',E)$ topology in E' is also called the weak*-topology; it is the weakest topology in E' with respect to which the continuous linear functionals on E' are exactly those of the form $u \mapsto < x, u >$, $u \in E'$, for some $x \in E$. If E is infinite dimensional, it is well-known that the $\sigma(E',E)$ topology of E' is definitely weaker than the norm topology of E' so that there are more norm-closed subsets in E' than $\sigma(E',E)$-closed ones; thus

$$\tilde{A} \supset \overline{A}$$

for any subset A in E' and $A = \tilde{A} = \overline{A}$ if A is norm-closed. The dissymmetry between (4) and (5) is explained by the fact that if B is a linear subspace of E then it is an easy consequence of the HAHN-BANACH theorem that $\overline{B}$, the norm-closure of B in E, is the same as the $\sigma(E,E')$-closure (the weak closure) of B in E, even though the $\sigma(E,E')$ topology in E is definitely weaker than the norm topology of E (whenever E is infinite dimensional). The statement (5) was essentially known to HAUSDORFF who in fact tacitly used it by proving it *en passant*; the statement (4) was inaccessible to him since the topology $\sigma(E',E)$ had not been considered at the time of the writing of his paper; it is clear from the preceding that if $E'' = E$ then in (4) the term $\tilde{A}$ can be replaced by $\overline{A}$. We now turn to proving (2) and (3) under conditions comparable to HAUSDORFF's; from the defining relation (1) we obtain immediately (tautologically) that

$$(i) \quad N(s') = R(s)^{\perp}; \qquad (ii) \quad N(s) = {}^{\perp}R(s'). \tag{6}$$

Applying (5) in (6) (i) to the linear subspace $B = R(s)$ in Y we obtain

$$\overline{R(s)} = {}^{\perp}N(s')$$

which gives (2) if and only if $R(s)$ is norm-closed in Y; applying (4) in (6) (ii) to the linear subspace $A = R(s')$ in X', we obtain

$$\widetilde{R(s')} = N(s)^{\perp}$$

which gives (3) *if and only if $R(s')$ is $\sigma(X',X)$-closed in X'*; this proves, in particular, HAUSDORFF's theorem X, in view of the preceding discussion.

We pass now to theorem X* deduced from VIII_1 (p. 310); the statement VIII_1 of BANACH uses a rather complicated definition of "weak closure" in X' which terminology he had indeed used in his 1929 paper (item 3 of HAUSDORFF's references). In his book [B 1932], BANACH calls this "transfinite closure" (loc. cit. p. 118), reserving the term "weak closure" for weak*-sequential closure (loc. cit. p. 122); he further introduced a notion of "regular closure" (also in X') (loc. cit. p. 116). Actually, these notions of closure in X' are not derived from any specific topologies in X'; they are given as useful ad hoc notions. In an important theorem BANACH proved that if X is a complete normed space, then a linear subspace $L \subset X'$ is transfinitely closed if and only if L is regularly closed ([B 1932], lemme 3, p. 121) which translates into VIII_1; BANACH proved further, that if X is a separable complete normed space then the closure of a linear subspace $L \subset X'$ with respect to any of the three closures mentioned ("transfinite", "weak", "regular") is the same ([B 1932], p. 126). These remarks establish clearly the relationship between our affirmation above that (3) holds if and only if $R(s')$ is $\sigma(X', X)$-closed and HAUSDORFF's affirmations concerning (3) under the hypothesis $X'' = X$ or the hypothesis of completeness of X.

The topological aspects of the three closures mentioned above in X' were clarified first by DIEUDONNÉ [D 1942]; we shall return to this later as being one of the important after effects of HAUSDORFF's present paper.

If X, Y are complete normed spaces then HAUSDORFF sums up (p. 310) the results on $R(s), R(s')$ (with $s : X \to Y$ continuous linear) as follows: (2) holds if and only if s is a topological homomorphism; (3) holds if and only if $s' : Y' \to X'$ is a topological homomorphism; all the four properties (2), (3), s is a topological homomorphism, s' is a topological homomorphism are equivalent. Actually, HAUSDORFF's summing up (using his terminology) is more mellifluous. To these four equivalences we may add two more (also contained in the above discussion): $R(s)$ is closed in X, $R(s')$ is closed in X'. Because of these last equivalences (and because of the great importance of such theorems in applications, as we shall briefly mention later), some authors have classed such theorems separately under the heading *Closed range theorem* (cf. [K 1966], p. 234; [Y 1974], p. 205).

Let us now mention the other remaining aspects of HAUSDORFF's paper. HAUSDORFF gives the elementary necessary and sufficient condition that $s : X \to Y$ or $s' : Y' \to X'$ have a continuous inverse defined on their respective ranges viz.

$$m = \inf_{|x|=1} |sx| > 0, \qquad m' = \inf_{|v|=1} |s'v| > 0.$$

It is also proved that if both m, m' are > 0 then $m = m'$. The analogues of m, m' can be defined for arbitrary closed linear maps s between BANACH spaces X, Y (denoted by $\gamma(s), \gamma(s')$ in [K 1966], p. 231, called minimum modulus of s, s' respectively); these play an useful rôle in the theory of FREDHOLM operators and are discussed in detail (along with the closed range theorem) in [G 1966], chapter IV. All of the authors cited refer to BANACH's book without referring to HAUSDORFF's paper.

The last item in HAUSDORFF's paper is what is now generally referred to as the RIESZ theory of compact (*"vollstetig"*) operators; here HAUSDORFF limits himself to proving one central result of the theory (his theorem XIII, p. 311): if $t : X \to X$ is a compact linear operator in the BANACH space X, $sx = x - tx$ defines a topological homomorphism from X to X. Except for the terminology, this and related facts had been given by RIESZ in 1918 (cf. item 10 in HAUSDORFF's references) and are contained in numerous presentations given since (including [B 1932], p. 151). As is well-known, in several papers of RIESZ (for example, in his 1918 paper), although abstract normed spaces are never explicitly mentioned, many of the theorems and proofs carry over to such spaces even though they were originally framed only in certain special sequence spaces like ℓ^p or function spaces like the space of continuous functions on a compact interval.

As pointed out before, BANACH's famous book [B 1932] appeared a few months after the publication of HAUSDORFF's paper and it seems to have completely overshadowed (perhaps justly) all the previous publications in the general area of functional analysis. Although HAUSDORFF's paper is cited occasionally (and certainly referred to in several comprehensive works like [DS 1958]) we have found no important influence of it on other publications, apart from one major exception, that of DIEUDONNÉ's 1942 paper [D 1942]. On reading this paper it becomes clear that BOURBAKI had started on a systematization of the general theory of locally convex topological vector spaces already around 1938 (the basic definitions of the latter theory having germinated around 1934–35 in the works of KOLMOGOROV, VON NEUMANN and others). DIEUDONNÉ (a founding member of the BOURBAKI group) was strongly motivated in writing his 1942 paper by the problem of solving the equations $y = sx, v = s'u$ (in our notation) in the general framework of two vector spaces in duality; indeed [D 1942] can be said to be the birthplace of this duality theory. Two sources seemed to have influenced DIEUDONNÉ: BANACH's book [B 1932] and this paper of HAUSDORFF; he refers to them several times and although his methodology is quite different, it is clear that he is aiming at the clearest possible formulation of the theorems concerning s, s' given by BANACH and HAUSDORFF. In the framework of a given normed space E, in natural duality with E', a topic to which DIEUDONNÉ devotes a long chapter (chapter II), his major results are important systematizations of HAUSDORFF's results on s and s'. However, DIEUDONNÉ arrives at his results through a careful introduction of new (nonmetrizable) topologies on E, E'; in the case of E, there are the strong (norm) and the weak ($\sigma(E,E')$) topologies; in the case of E', there are the strong, the weak* ($\sigma(E',E)$) topologies as well as others like $\sigma(E',E'')$-topology, and a rather subtle one now known as the bounded ω^*-topology (cf. [DS 1958], p. 427, where it is called BX topology); this last is exactly the topology in E' which corresponds to BANACH's "transfinite closure". This is made explicit in [D 1950].

A third source of inspiration for [D 1942] is some papers of KÖTHE and TOEPLITZ (who were both in Bonn during the 1930's) of which DIEUDONNÉ gave reference to only one by KÖTHE in 1939 where further references were to be found. However, the papers of KÖTHE and TOEPLITZ (two written jointly in 1931 and 1934 in CRELLE's journal), although they refer to HAUSDORFF's paper, were concerned with sequence spaces more general than normed spaces; these served as examples to DIEUDONNÉ and to other authors who developed the general duality theory of locally convex spaces during the 1940's and the 1950's; for some historical perspective on the latter cf. [D 1981].

The most thoroughgoing analysis of the *Closed range theorem* is F. BROWDER's 1959 paper [Br 1959]; here 10 conditions (containing the four we have mentioned before viz. (2), (3) and the topological homomorphism of s, s') are analysed in detail for general closed, densely defined, linear operators between arbitrary locally convex spaces X, Y. An important special case occurs when X, Y are complete normed spaces where BROWDER shows that all the 10 conditions are equivalent; the importance of such theorems, as rightly underlined by BROWDER, lies in the fact that all differential operators of interest in analysis are closed, densely defined, unbounded linear operators betwen BANACH spaces. As also pointed out by BROWDER, an alternative to considering closed but unbounded operators is to introduce suitable distribution spaces where the operators become continuous; this path was made possible by the theory of L. SCHWARTZ; indeed DIEUDONNÉ and SCHWARTZ wrote an important paper extending the results of [D 1942] in order to make the above-mentioned applications possible. BROWDER's paper refers to [DSch 1950] and to BOURBAKI's volume on topological vector spaces (1953 edition) as also to BANACH's classic book. Obviously, he had no need to refer to HAUSDORFF's paper the existence of which may have been completely forgotten by most research workers of the late 1950's; after all, the contents of HAUSDORFF's paper had become thoroughly assimilated in standard existent literature via BANACH's book and its several excellent successors of the 1940's and the 1950's.

DIEUDONNÉ, referring to HAUSDORFF's paper in his historical study [D 1981], criticises HAUSDORFF (and implicitly BANACH) in stating that "it is quite remarkable that he (HAUSDORFF) makes no mention of weak topology" (footnote p. 214). Elsewhere in the same book, in a similar context, DIEUDONNÉ (referring to HAUSDORFF's 1927 book where metric spaces take precedence over general topological spaces) remarks that "it seems that HAUSDORFF had lost faith in his ideas of 1914 !" (footnote, p. 212). Other authors have also wondered about the absence of weak topologies in BANACH's work as well as in those of his contemporaries around 1930, particularly underlining the fact that general topologies had been very much in existence since HAUSDORFF's book of 1914. These remarks may be mathematically valid but they are quite ahistorical. It is true that VON NEUMANN in one of his early important papers on operator algebras *"Zur Algebra der Funktionaloperationen und Theorie der normalen Operatoren"* Math. Z. 102 (1930), 370–427, paper received on 20.2.1929) explicitly introduces the weak topology in a (separable) HILBERT space (loc. cit. pp. 378–380) and shows that this topology verifies all of HAUSDORFF's axioms (enumerated in detail), except that it does not satisfy the so-called first countability axiom of HAUSDORFF (i. e. the weak topology does not possess locally a countable base) and that weak limit points of sets cannot be characterized by limits of convergent sequences. It is clear that VON NEUMANN in 1929 has a clear grasp of the basic properties of the weak topology; thus he remarks that closed balls in a HILBERT space are weakly but not strongly compact and states that it is this which permits the use of the so-called "selection" processes (*"Aussonderungmethoden (bei Konvergenzbeweisen)"*). Indeed, VON NEUMANN goes on to introduce a strong and a weak operator algebra topology in the space of all bounded linear operators in a HILBERT space; as is well-known, these and other non-metrizable topologies play a central rôle in all of the theory of operator algebras (some known now as VON NEUMANN algebras). However, it seems that it is with the introduction in 1930 by TYCHONOFF of the weak topology (i. e. the product topology) in an arbitrary product of compact (real) intervals and his proof that the resulting space is compact that the usefulness of weak topologies begins to be perceived generally (cf. TYCHONOFF *"Über die topologische Erweiterung von Räumen"*, Math. Ann. 102 (1930), 544–561, paper received on 6.1.1929). Note that TYCHONOFF's paper appears in the same volume of Math. Ann. as VON NEUMANN's above-mentioned paper; TYCHONOFF's paper appeared a few months after VON NEUMANN's although (as indicated above) TYCHONOFF's paper had been received by Math. Ann. a few weeks before VON NEUMANN's.

TYCHONOFF's aim in his 1930 paper was to characterize the (HAUSDORFF) completely regular spaces (introduced somewhat earlier by URYSOHN). It was in his 1935 paper that TYCHONOFF stated, in passing, his most famous theorem to the effect that any product of compact spaces is compact (cf. TYCHONOFF *"Ein Fixpunktsatz"* Math. Ann. 111 (1935), 767–776). TYCHONOFF simply (and rightly) pointed out (loc. cit. p. 772) that the proof of his general theorem was the same as that of his compactness theorem contained in his 1930 paper; however, TYCHONOFF's aim in the 1935 paper is to apply this in analysis. It is interesting to observe that TYCHONOFF's compactness theorem does not appear in ALEXANDROFF and HOPF's classic text on topology (published in 1935), nor could it have seemed so useful to geometrical topologists of the 1930's; after all, most of the topological products with which they were concerned were finite products in which case TYCHONOFF's theorem is an elementary exercise. It is with the propagation of infinite dimensional analysis in the 1930's that TYCHONOFF's theorem gained in importance as can be witnessed by the many articles published after 1935 which used this theorem. The BOURBAKI group was certainly in the forefront of this movement; WEIL's 1937 monograph on uniform spaces is just one example and DIEUDONNÉ's 1942 paper is an excellent further illustration.

It is TYCHONOFF's theorem which permits an easy proof of the fact that in the dual of a normed space, the closed unit ball is weakly compact, a fact which plays an important rôle in [D 1942] (cf. p. 256, théorème 22) as well as in the several papers published on weak convergence in the duals of normed spaces by ALAOGLU, G. BIRKHOFF, KAKUTANI and others during the period 1938–40.

All of these theorems are generalizations of what VON NEUMANN was describing as "selection" processes. The 1940's and 50's saw a considerable progress in the theory of general topological vector spaces, a subject which we need not go into here. The above discussion was given to substantiate the following affirmation: BANACH's and HAUSDORFF's results were transformed into a general theory through DIEUDONNÉ's 1942 paper and its followers, through the interposition of TYCHONOFF's papers of 1930 and 1935. Many distinguished mathematicians took part actively in this transformation; a proper evaluation of this is not possible in the framework of the present article. A partial history can be found in [D 1981].

As with all the papers of HAUSDORFF, the exposition in this one is very clear and precise. I personally prefer the systematic presentation of this paper on the subject of the solution of the equations $y = sx, v = s'u$, as compared to the expositions of the same subject in BANACH's paper or his book [B 1932] which seem a little disorganized. But it must be kept in mind that BANACH was the real innovator (in this as well as in the other topics of functional analysis) and that the deep theorem of BANACH on weak convergence (HAUSDORFF's VIII_1, p. 310) remains a high watermark of the subject. No amount of systematic introduction of weak topologies has permitted any basic simplification in BANACH's original proof; no wonder, HAUSDORFF qualifies this as *"eine höchst scharfsinnige Betrachtung"*.

HAUSDORFF did not publish any further articles on themes related to this paper. In his Nachlass we find several Studies (dated 1938) where he tries to improve on his exposition here or else that in BANACH's book. In particular, he made several attempts to clarify the relations between the three closures (called regular, weak, transfinite in BANACH's book) of linear subspaces in the dual of a normed space; his discussions are however limited to simplifying BANACH's arguments and nowhere is there any effort to introduce an appropriate weak topology. We have not seen any references to either TYCHONOFF's theorem or else to VON NEUMANN's weak topology in HAUSDORFF's Nachlass; as pointed out above, the introduction of weak topologies and their systematic exploitation was going to be the work of several mathematicians after 1935.

References

[B 1932] BANACH S.: *Théorie des opérations linéaires.* Monografje Matematyczne, Warsaw 1932. Also, undated reprint by Chelsea Publishing Co., New York. *Oeuvres,* vol. II, PWN-Éditions Scientifiques de Pologne, Warsaw 1979, 19–219.

[Br 1959] BROWDER, F. E.: *Functional analysis and partial differential equations, I.* Math. Ann. 138 (1959), 55–79.

[D 1942] DIEUDONNÉ, J.: *La dualité dans les espaces vectoriels topologiques.* Ann. Sci. École Norm. Sup. (3) 59 (1942), 107-139. *Oeuvres Mathématiques,* tome I, Hermann 1981, 235–267.

[**D 1950**] DIEUDONNÉ J.: *Natural homomorphisms in Banach spaces.* Proc. Amer. Math. Soc. 1 (1950), 54–59. *Oeuvres Mathématiques,* tome I, Hermann 1981, 290–295.

[**DSchw 1950**] DIEUDONNÉ, J.; SCHWARTZ, L.: *La dualité dans les espaces (F) et (LF).* Ann. Inst. Fourier 1 (1950), 61–101. *Oeuvres Mathématiques,* tome I, Hermann 1981, 296–336.

[**D 1981**] DIEUDONNÉ J.: *History of functional analysis.* North-Holland, Amsterdam 1981.

[**DS 1958**] DUNFORD, N; SCHWARTZ, J. T.: *Linear Operators part I.* Interscience Publishers, New York 1958.

[**G 1966**] GOLDBERG, S.: *Unbounded linear operators.* McGraw-Hill, New York 1966.

[**K 1966**] KATO, T.: *Perturbation theory for linear operators.* Springer-Verlag, New York 1966.

[**Y 1974**] YOSIDA, K.: *Functional analysis* (4th ed.) Springer-Verlag, Berlin 1974.

Faksimiles eines Briefes vom 8.1.1931 und auf der nachfolgenden Seite einer Postkarte vom 28.8.1931 von F. HAUSDORFF an H. HASSE.
Quelle: Cod. Ms. H. Hasse 33: 2. Niedersächsische Staats- und Universitätsbibliothek Göttingen, Handschriftenabteilung.

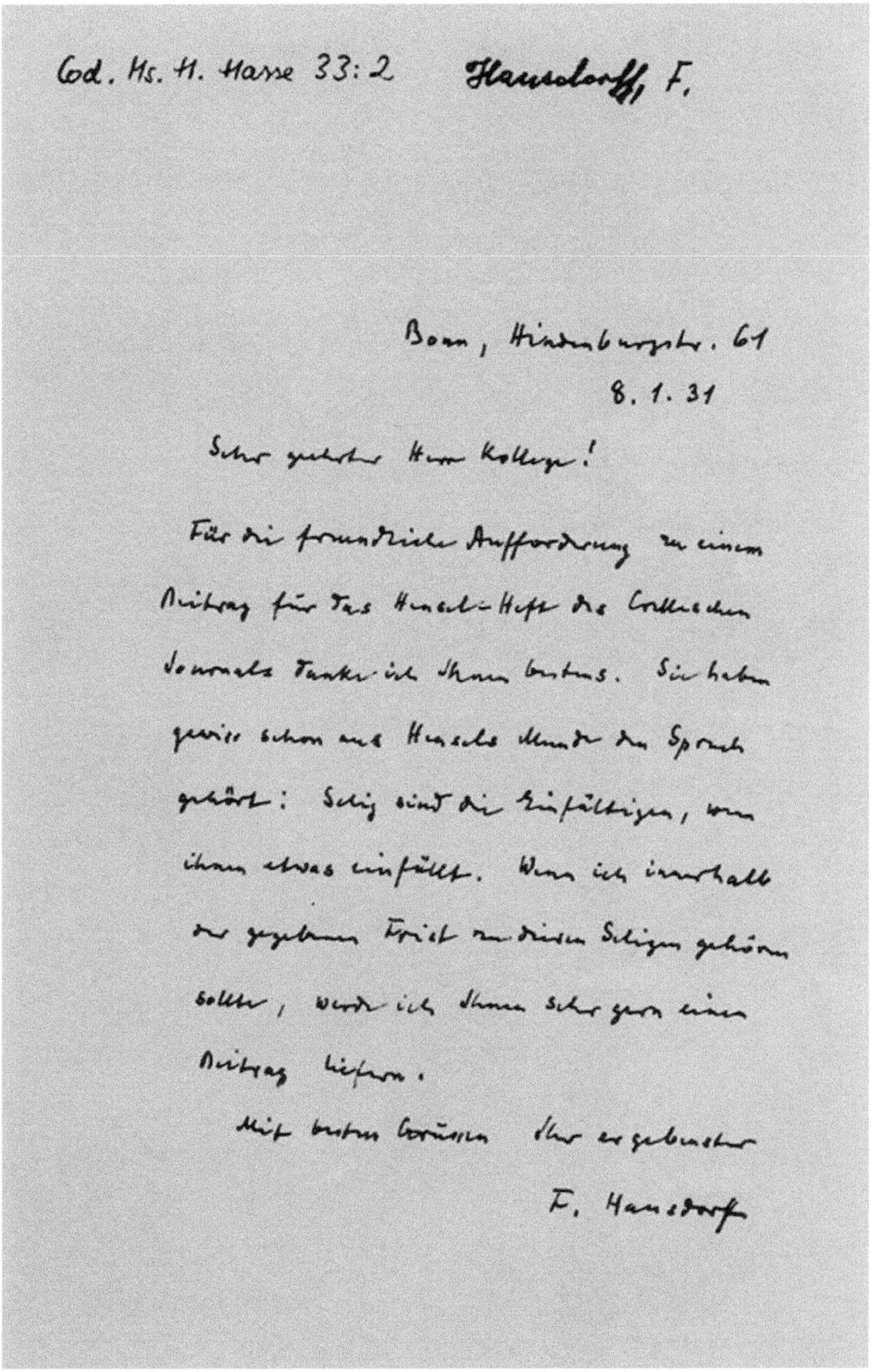

Cod. Ms. H. Hasse 33:2 Hausdorff, F.

Bonn, Hindenburgstr. 61
8. 1. 31

Sehr geehrter Herr Kollege!

Für die freundliche Aufforderung zu einem Beitrag für das Hensel-Heft des Crelleschen Journals danke ich Ihnen bestens. Sie haben gewiss schon aus Hensels Munde den Spruch gehört: Selig sind die Einfältigen, wenn ihnen etwas einfällt. Wenn ich innerhalb der gegebenen Frist zu diesen Seligen gehören sollte, werde ich Ihnen sehr gern einen Beitrag liefern.

Mit besten Grüssen Ihr ergebenster

F. Hausdorff

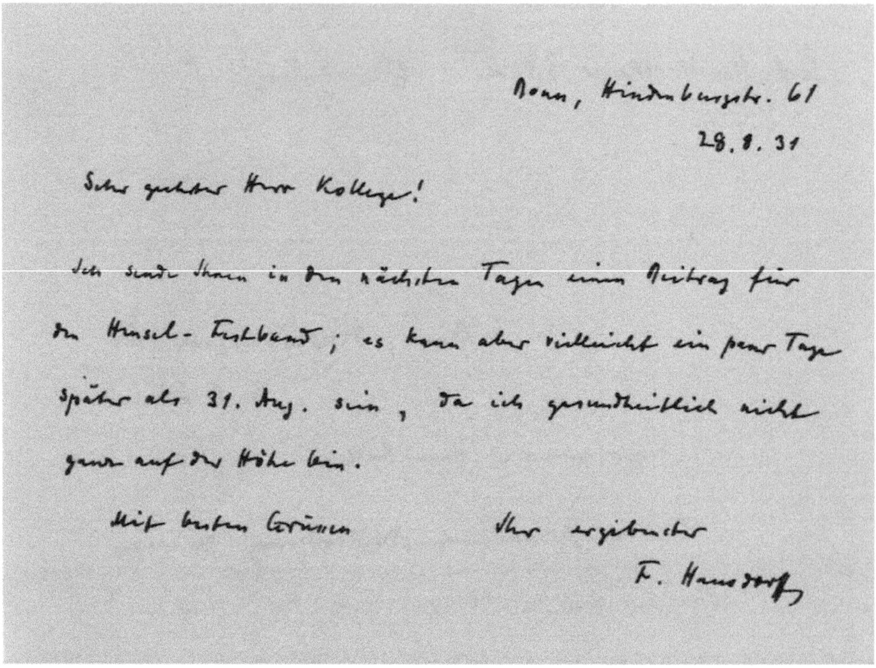

Bonn, Hindenburgstr. 61

28.8.31

Sehr geehrter Herr Kollege!

Ich sende Ihnen in den nächsten Tagen einen Beitrag für den Hensel-Festband; es kann aber vielleicht ein paar Tage später als 31. Aug. sein, da ich gesundheitlich nicht ganz auf der Höhe bin.

Mit besten Grüssen Ihr ergebener

F. Hausdorff

Aus dem Nachlaß

NL HAUSDORFF: Kapsel 44: Fasz. 850

Beispiele divergenter trigonometrischer Reihen

Hs. Ms. – [Greifswald], 13. 6. 1914 [u. vermutl. davor]. – 17 Bll.

Beispiele divergenter trigonometrischer Reihen
Von F. Hausdorff

Im Folgenden gebe ich zwei trigonometrische Reihen, die *fast überall* (d. h. bis auf eine Menge vom Lebesgue'schen Masse Null) *divergiren*, obwohl im einen Falle ihre Coefficienten nach Null convergiren.[1] [1]

1. Es seien $p_1, p_2, \ldots$ natürliche Zahlen, $\gamma_1, \gamma_2, \ldots$ reelle Zahlen mit

$$0 < \gamma_n < \frac{\pi}{2},$$

und A_n sei die Menge der Stellen x im Intervall $(0, \pi)$, wo

$$\left|\frac{\sin p_n x}{\cos \gamma_n}\right| \geq 1,$$

d.h. die Summe der Intervalle

$$\frac{1}{p_n}\left[\left(k - \frac{1}{2}\right)\pi - \gamma_n\right] \leq x \leq \frac{1}{p_n}\left[\left(k - \frac{1}{2}\right)\pi + \gamma_n\right] \qquad (k = 1, 2, \ldots, p_n).$$

| A_n hat also das Mass $p_n \cdot \frac{2\gamma_n}{p_n} = 2\gamma_n$ oder im Verhältniss zum Gesamtintervall das *Relativmass* Bl. 2

$$\alpha_n = \frac{2}{\pi}\gamma_n,$$

das man auch als Wahrscheinlichkeit dafür ansehen kann, dass x der Menge A_n angehöre; das Complement $B_n = (0, \pi) - A_n$ hat das Relativmass $\beta_n = 1 - \alpha_n$. Die Endpunkte der Intervalle von A_n haben die Form

$$\pi \cdot \frac{2k - 1 \pm \alpha_n}{2p_n}.$$

Wir wollen nun die α_n *rational* annehmen; ferner sei p_{n+1} ein Vielfaches vom Generalnenner der rationalen Zahlen

$$\frac{\alpha_1}{p_1}, \frac{\alpha_2}{p_2}, \ldots, \frac{\alpha_n}{p_n}.$$

---

[1] Ein solches Beispiel hat schon N. LUSIN angegeben (Rend. Palermo 32)

Hierdurch wird erreicht, dass von allen schon vorhandenen Intervallen durch A_{n+1} ein Theilintervall von demselben Relativmass α_{n+1} abgeschnitten wird, d.h. der Durchschnitt $\mathfrak{D}(A_i, A_k, \ldots, A_m)$ beliebig vieler Mengen A_n hat das Relativmass $\alpha_i \alpha_k \cdots \alpha_m$, das Produkt der entsprechenden Relativmasse α_n. (Die Wahrscheinlichkeiten sind voneinander „unabhängig"). Dasselbe folgt für den Durchschnitt beliebig vieler B_n oder beliebig vieler A_n und B_n. Der Durchschnitt $\mathfrak{D}(A_1, A_2, \ldots)$ aller A_n hat nach der Lebesgue'schen Theorie als Mass den Limes des Masses von $\mathfrak{D}(A_1, A_2, \ldots, A_n)$, also das Relativmass

$$\lim \alpha_1 \alpha_2 \cdots \alpha_n = \alpha_1 \alpha_2 \cdots$$

Bl. 3 | Die Menge[2]

$$A_\infty = \liminf A_n = \mathfrak{S}[\mathfrak{D}(A_1, A_2, \ldots), \mathfrak{D}(A_2, A_3, \ldots), \mathfrak{D}(A_3, A_4, \ldots), \ldots]$$

besteht aus den Punkten x, die *fast allen* Mengen A_n (allen bis auf höchstens endlich viele Ausnahmen) angehören; die Menge

$$A^\infty = \limsup A_n = \mathfrak{D}[\mathfrak{S}(A_1, A_2, \ldots), \mathfrak{S}(A_2, A_3, \ldots), \mathfrak{S}(A_3, A_4, \ldots), \ldots]$$

aus denen, die *unendlich vielen* Mengen A_n angehören. A_∞ und B^∞, sowie A^∞ und B_∞ sind Complemente von einander. Das Relativmass von A_∞ ist $\lim \alpha_n \alpha_{n+1} \cdots$. Hier sind zwei Fälle zu unterscheiden:

Wenn die Reihe $\sum \beta_n$ divergirt, so ist

$$\alpha_n \alpha_{n+1} \cdots = (1 - \beta_n)(1 - \beta_{n+1}) \cdots = 0,$$

A_∞ hat das Mass 0, B^∞ hat das Mass π.

Wenn die Reihe $\sum \beta_n$ convergirt, so ist $\alpha_1 \alpha_2 \cdots > 0$, das Restprodukt $\alpha_n \alpha_{n+1} \cdots$ convergirt mit wachsendem n nach 1; A_∞ hat das Mass π, B^∞ das Mass 0.

Wenn $\sum \alpha_n$ divergirt, so hat B_∞ das Mass 0, A^∞ das Mass π; wenn $\sum \alpha_n$
Bl. 4 convergirt, so hat B_∞ das Mass π, A^∞ das Mass 0. |

Die auf die Convergenz von $\sum \alpha_n$, $\sum \beta_n$ bezüglichen Aussprüche bleiben gültig, auch wenn die A_n beliebige messbare Mengen mit den Relativmassen α_n sind. Denn wenn $\sum \alpha_n$ convergirt, so hat $\mathfrak{S}(A_n, A_{n+1}, \ldots)$ jedenfalls ein Relativmass $\leq \alpha_n + \alpha_{n+1} + \cdots$, das also mit $\frac{1}{n}$ nach 0 convergirt; also hat A^∞ das Mass 0. Wir machen davon, indem wir den A_n wieder ihre specielle Bedeutung lassen, folgende Anwendung: Sind $i_1, i_2, \ldots$ wachsende natürliche Zahlen und bilden wir durch Zusammenfassung zu Gruppen

$$M_1 = \mathfrak{S}(A_1, \ldots, A_{i_1}), \quad M_2 = \mathfrak{S}(A_{i_1+1}, \ldots, A_{i_2}), \ldots$$

mit den Complementen

$$N_1 = \mathfrak{D}(B_1, \ldots, B_{i_1}), \quad N_2 = \mathfrak{D}(B_{i_1+1}, \ldots, B_{i_2}), \ldots$$

[2] Wegen der Bezeichnungen vgl. mein Buch: Grundzüge der Mengenlehre (Leipzig 1914), S. 21.

so hat, falls die Relativmasse der N_n eine *convergente* Reihe

$$(\beta_1 \cdots \beta_{i_1}) + (\beta_{i_1+1} \cdots \beta_{i_2}) + \cdots$$

bilden, die Menge $N^\infty = \limsup N_n$ das Mass 0 und die Menge $M_\infty = \liminf M_n$ das Mass π. | Bl. 5

2. Wir geben zuerst das einfachere Beispiel einer trigonometrischen Reihe, die fast überall divergirt, während ihre Coefficienten nach 0 convergiren.

Ist q eine ungerade positive Zahl, so lässt sich

$$\sin x^q = a_1 \sin x + a_3 \sin 3x + \cdots + a_q \sin qx$$

in ein endliches Sinuspolynom entwickeln, dessen Coefficienten die Quadratsumme haben [2]

$$a_1^2 + a_2^2 + \cdots + a_q^2 = \frac{1}{\pi} \int_0^{2\pi} \sin x^{2q}\, dx = \sigma_q,$$

$$\sigma_q = 2 \cdot \frac{1 \cdot 3 \cdot \cdots \cdot 2q - 1}{2 \cdot 4 \cdot \cdots \cdot 2q} = 2 \cdot \frac{(2q)!}{4^q q!^2}$$

Nun ist asymptotisch[3]

$$q! \sim \sqrt{2\pi q}\, q^q \mathrm{e}^{-q},$$

also

$$\sigma_q \sim \frac{2}{\sqrt{\pi q}}.$$

Es seien jetzt die Zahlen q_n ungerade positiv, $\lim q_n = \infty$, die Zahlen γ_n zwischen 0 und $\frac{\pi}{2}$ gelegen und zu π rational; es soll $\sum \gamma_n$ divergiren und

$$\sigma_{q_n} \sec \gamma_n^{2q_n} \quad \text{oder} \quad \frac{\sec \gamma_n^{2q_n}}{\sqrt{q_n}}$$

| mit $\frac{1}{n}$ nach 0 convergiren. Nehmen wir diese Wahl einstweilen als möglich an, so wählen wir weiter die natürlichen Zahlen p_n wie in §1, also hinlänglich rasch wachsend, und fügen noch die damit verträgliche Vorschrift Bl. 6

$$p_2 > p_1 q_1, \quad p_3 > p_2 q_2, \ldots$$

hinzu. In der Reihe

$$f_1(x) + f_2(x) + \cdots, \quad f_n(x) = \left(\frac{\sin p_n x}{\cos \gamma_n}\right)^{q_n} \tag{1}$$

ist jedes $f_n(x)$ in ein Sinuspolynom entwickelbar; diese Polynome haben paarweise keine Glieder gemein; die Quadratsumme der Coefficienten von $f_n(x)$ ist

[3] $\varphi(q) \sim \psi(q)$ bedeute: $\lim_{q=\infty} \frac{\varphi(q)}{\psi(q)} = 1$.

$\sigma_{q_n} \sec \gamma_n^{2q_n}$. Wir haben also eine Sinusreihe mit nach 0 convergirenden Coefficienten, die gewiss divergirt, falls die durch Gliederzusammenfassung entstehende Reihe (1) divergirt. Diese divergirt aber in der Menge A^∞, da für jedes zu dieser Menge gehörige x unendlich oft $|f_n(x)| \geq 1$ ist. Da nun, wegen der Divergenz von $\sum \gamma_n$ oder $\sum \alpha_n$, A^∞ das Mass π hat, so divergirt die Sinusreihe
Bl. 7 bis auf eine Menge vom Masse Null.

Die Forderungen für die γ_n und q_n kann man z. B. so erfüllen: man nehme

$$\sec \gamma_n^{2q_n} \sim n, \quad q_n \sim n^2 \log n.$$

Diese bloss asymptotischen Gleichungen lassen genügend Spielraum, um auch die Nebenbedingungen (q_n ungerade, $\gamma_n : \pi$ rational) zu befriedigen. Es ist dann

$$\lim[2q_n \log \sec \gamma_n - \log n] = 0, \quad \log \sec \gamma_n \sim \frac{\log n}{2q_n} \sim \frac{1}{2n^2},$$

also wegen $\log \sec \gamma_n \sim \frac{1}{2}\gamma_n^2 : \gamma_n \sim \frac{1}{n}$, $\sum \gamma_n$ divergent.

Eine convergente Quadratsumme der Coefficienten unserer trigonometrischen Reihe kann man auf diesem Wege nicht erzielen. Denn wenn

$$\sum \frac{\sec \gamma_n^{2q_n}}{\sqrt{q_n}} > \sum \frac{1 + 2q_n \log \sec \gamma_n}{\sqrt{q_n}}$$

convergiren soll, so müsste auch

$$\sum \frac{1}{\sqrt{q_n}}, \quad \sum \sqrt{q_n} \log \sec \gamma_n,$$

also $\sum \sqrt{\log \sec \gamma_n}$ oder $\sum \gamma_n$ convergiren.

Wohl aber kann man erreichen, dass die Summe $\sum |a_n|^{2+2\delta}$ für die Sinusreihe
Bl. 8 $\sum a_n \sin nx$ für jedes positive δ convergirt. Es ist nämlich für $\delta > 0$ und $0 \leq z \leq 1$:

$$z^{1+\delta} + (1-z)^{1+\delta} \leq 1,$$

da diese Function von z die Ableitung

$$(1+\delta)(z^\delta - (1-z)^\delta)$$

hat, die für $z \leq \frac{1}{2}$ $\quad \leq 0$ resp. für $z > \frac{1}{2}$ $\quad > 0$ ist: die Function nimmt also erst ab, dann zu, und hat ihre Maxima an den Intervallgrenzen, wo sie $= 1$ ist. Setzt man

$$z = \frac{u_1}{u_1 + u_2},$$

so kommt

$$u_1^{1+\delta} + u_2^{1+\delta} \leq (u_1 + u_2)^{1+\delta},$$

woraus man für beliebige $u_i \geq 0$

$$\sum_1^n u_i^{1+\delta} \leq \left(\sum u_i\right)^{1+\delta}$$

schliesst. Also ist für jede endliche Gruppe von Coefficienten

$$\sum |a_n|^{2+2\delta} \leq \left(\sum a_n^2\right)^{1+\delta},$$

und unsere Forderung würde also erfüllt sein, wenn

$$\sum \left[\sigma_{q_n} \sec \gamma_n^{2q_n}\right]^{1+\delta} \text{ oder} \sum \left[\frac{\sec \gamma_n^{2q_n}}{\sqrt{q_n}}\right]^{1+\delta}$$

convergirt. Wählt man z. B. $\sec \gamma_n^{2q_n} \sim \log n, \quad q_n \sim n^2 \log\log n$, so wird wieder $\gamma_n \sim \frac{1}{n}$, $\sum \gamma_n$ divergent, und

$$\frac{\sec \gamma_n^{2q_n}}{\sqrt{q_n}} \sim \frac{\log n}{n\sqrt{\log\log n}}, \quad \sum \left[\frac{\sec \gamma_n^{2q_n}}{\sqrt{q_n}}\right]^{1+\delta}$$

für jedes positive δ convergent.

Ebenso kann man, wenn $\varphi(n)$ eine noch so langsam mit n monoton ins Unendliche wachsende Function bezeichnet, $\sum \frac{a_n^2}{\varphi(n)}$ convergent machen. Dazu braucht nur

$$\sum \frac{\sigma_{q_n} \sec \gamma_n^{2q_n}}{\varphi(p_n)}$$

convergent zu sein, was man durch hinlängliches Wachstum der Zahlen p_n erreichen kann. | Bl. 9

13/6 14

Eine unendliche Reihe $\sum c_n \varphi_n(x)$ von (normirten) Orthogonalfunctionen mit convergenter Quadratsumme kann überhaupt nicht in der Weise divergiren, dass, für sämtliche x einer Menge von positivem Mass, unendlich viele Glieder der Reihe Beträge $\geq \varepsilon$ haben. Ist nämlich A_n die Menge der x, wo $|c_n \varphi_n(x)| \geq \varepsilon, \quad \alpha_n$ ihr Mass,

$$A^\infty = \limsup A_n = \mathfrak{D}(\mathfrak{S}(A_1, A_2, \ldots), \mathfrak{S}(A_2, A_3, \ldots), \ldots),$$

so hat, falls $\sum \alpha_n$ convergirt, A^∞ sicher das Mass 0 (nämlich $\leq \alpha_n + \alpha_{n+1} + \cdots$); damit A^∞ positives Mass habe, ist Divergenz von $\sum \alpha_n$ nothwendig. Nun ist

$$\int_0^1 c_n^2 \varphi_n^2(x)\, dx = c_n^2 \geq \int_{A_n} c_n^2 \varphi_n^2(x)\, dx \geq \varepsilon^2 \cdot \alpha_n,$$

und demnach ist die Divergenz von $\sum c_n^2$ nothwendig.

Das bleibt auch bestehen, wenn man Gruppen von Gliedern zusammenfasst:

$$\sum c_n \varphi_n(x) = \sum C_n \Phi_n(x),$$

$$C_1\Phi_1(x) = c_1\varphi_1(x) + \cdots + c_{i_1}\varphi_{i_1}(x),$$
$$C_2\Phi_2(x) = c_{i_1+1}\varphi_{i_1+1}(x) + \cdots + c_{i_2}\varphi_{i_2}(x), \quad \ldots$$

Denn die Φ sind wieder paarweise orthogonal und für $C_1^2 = c_1^2 + \cdots + c_{i_1}^2$ usw. normirt. Damit für eine Menge positiven Masses unendl. viele Glieder Beträge $\geq \varepsilon$ haben, ist die Divergenz von $\sum C_n^2$ oder $\sum c_n^2$ nothwendig.

Andererseits, wenn die Reihe $\sum c_n\varphi_n(x)$ divergirt, so giebt es ein ε und eine Zusammenfassung $C_1\Phi_1(x) + \cdots$, wobei sogar alle Glieder Beträge $\geq \varepsilon$ haben; aber dies ε und die Zusammenfassung (die Zahlen $i_1, i_2, \ldots$) hängen von x ab, und diejenigen x, die dasselbe ε und dieselbe Zusammenfassung gestatten,
Bl. 10 bilden immer nur eine Menge vom Masse 0, falls $\sum c_n^2$ convergirt. |

Eine Reihe mit normirten Orthogonalfunctionen $\varphi_n(x)$, $\sum c_n\varphi_n(x)$, und convergenter Quadratsumme $\sum c_n^2$ kann auch nicht für eine Menge positiven Masses nach $+\infty$ divergiren. Denn:

nach Fatou convergirt sie bis auf eine Menge vom Masse 0, wenn $\lim nc_n = 0$ (allgemein oder nur bei trig. Reihen gültig?), nach Weyl, wenn $\sum \sqrt{n}c_n^2$ convergirt. Macht man daher in der ursprünglichen Reihe eine Zusammenfassung

$$C_1\Phi_1(x) = c_1\varphi_1(x) + \cdots + c_{i_1}\varphi_{i_1}(x),$$
$$C_2\Phi_2(x) = c_{i_1+1}\varphi_{i_1+1}(x) + \cdots + c_{i_2}\varphi_{i_2}(x), \ldots$$

mit

$$C_1^2 = c_1^2 + \cdots + c_{i_1}^2, \ldots$$

in der Weise, dass $\sum \sqrt{n}C_n^2$ convergirt, was durch hinlänglich grosse Wahl der Zahlen i_n zu erreichen ist [man kann bewirken, dass

$$c_{i_1+1}^2 + \cdots < \frac{1}{2^2}, \quad c_{i_2+1}^2 + \cdots < \frac{1}{3^2}, \ldots]$$

so convergirt die Reihe $\sum C_n\Phi_n(x)$, wo $\Phi_n(x)$ wieder normirte Orthogonalfunct. sind, fast überall. Unsere Reihe gestattet also jedenfalls eine Zusammenfassung, in der sie fast überall convergirt, und kann darum nicht in einer Menge pos. Masses nach $+\infty$ divergiren.

Auch in irgendeiner Zusammenfassung $C_1\Phi_1(x) + C_2\Phi_2(x) + \cdots$ kann sie nicht für eine Menge positiven Masses nach $+\infty$ divergiren; obwohl es vielleicht für jedes x eine solche Zusammenfassung geben kann.

Demnach mussten meine bisherigen Versuche, Divergenz zu erzeugen bei con-
Bl. 11 vergentem $\sum c_n^2$ scheitern. |

Die Reihe kann auch nicht in der Weise divergiren, dass es zwei feste Zahlenfolgen p_n, q_n und eine Menge pos. Masses giebt, in der gleichzeitig $\lim f_{p_n}(x) = \alpha$ und $\lim f_{q_n}(x) = \beta \neq \alpha$. Denn wenn etwa $\alpha > \beta$ und ε hinreichend klein $(< \frac{\alpha-\beta}{2})$ gewählt wird, so würde, falls r_n das erste auf p_n folgende q_n ist, schliesslich (für $n \geq n_0$) $\quad f_{p_n}(x) > \alpha - \varepsilon, \quad f_{r_n}(x) < \beta + \varepsilon, \quad f_{p_n}(x) - f_{r_n}(x) > \alpha - \beta - 2\varepsilon = \rho > 0$ sein, und unendlich viele Gliedergruppen

$$c_{p_n+1}\varphi_{p_n+1}(x) + \cdots + c_{r_n}\varphi_{r_n}(x)$$

würden dem Betrage nach $> \rho$ sein, also die Summe $\sum c_n^2$ divergiren. | Bl. 12

Ein weiterer Versuch, Divergenz zu erzeugen, wäre:

$$f_n(x) = s_n + c_n\varphi_n(x) \geq 0,$$

und es soll in einer Menge positiven Masses ∞ oft $f_n(x) \geq d_n$, $\sum d_n$ divergent sein, während $s_n < \rho d_n$ $(\rho < 1)$ bleibt. Dann wäre $\sum c_n\varphi_n(x)$ divergent.

Ist A_n die Menge der x, wo $f_n(x) \geq d_n$, so soll $A_\infty = \liminf A_n$ von pos. Masse sein,

$$B^\infty = \limsup B_n = \mathfrak{D}(\mathfrak{S}(B_1, B_2, \ldots), \mathfrak{S}(B_2, B_3, \ldots), \ldots)$$

von einem Masse $< \beta < 1$. Dann dürfen nicht unendlich viele B_n ein Mass $\geq \beta$ haben, es ist schliesslich $\beta_n < \beta$, $\alpha_n > 1 - \beta = \alpha$. Andererseits ist, wenn wir annehmen, dass 1 zu allen $\varphi_n(x)$ orthogonal ist (trigonometrischer Fall),

$$s_n = \int_0^1 f_n(x)\,dx \geq \int_{A_n} f_n(x)\,dx \geq d_n\alpha_n,$$

also schliesslich $s_n > d_n(1 - \beta) = d_n\alpha$. Das scheint noch nicht unverträglich. Aber bei meiner Bestimmung der A_n, B_n hat B^∞ das Mass 1, wenn $\sum \beta_n$ divergirt; es müsste also $\sum \beta_n$ convergiren, $\lim \beta_n = 0$, $\lim \alpha_n = 1$ sein, also schliesslich $s_n > d_n(1 - \varepsilon)$ für jedes noch so kleine ε, und das ist mit $s_n < \rho d_n$ unverträglich. Hierbei ist die Convergenz der Quadratsumme $\sum c_n^2$ noch gar nicht einmal benutzt; auch ohne sie geht es nicht. | Bl. 13

Vergebliche Versuche, eine trigonometrische Reihe zu bilden, die trotz convergenter Quadratsumme der Coefficienten fast überall divergirt.

Mit denselben Bezeichnungen wie zuvor bemerken wir, dass für gerades positives q

$$\sin x^q = \tau_q + \varphi(x) = \tau_q + a_2 \cos 2x + \cdots + a_q \cos qx$$

ein Cosinuspolynom ist, dessen constantes Glied

$$\tau_q = \frac{1}{2\pi}\int_0^{2\pi} \sin x^q\,dx = \frac{1}{2}\sigma_{\frac{q}{2}} \sim \sqrt{\frac{2}{\pi q}}$$

lautet. Die Quadratsumme der Coefficienten ist wieder $\sigma_q \sim \frac{2}{\sqrt{\pi q}}$. Setzen wir jetzt

$$f_n(x) = \left(\frac{\sin p_n x}{\cos \gamma_n}\right)^{q_n} = \tau_{q_n} \sec \gamma_n^{q_n} + \varphi_n(x),$$

so ist $\varphi_n(x)$ ein Cosinuspolynom; bei geeigneter Wahl der Zahlen p_n haben diese Cosinuspolynome kein Glied gemein. Setzen wir

$$s_n = \tau_{q_n} \sec \gamma_n^{q_n} \sim \frac{\sec \gamma_n^{q_n}}{\sqrt{q_n}}.$$

Wir versuchen mit geeigneten positiven Constanten c_n die Divergenz der Reihe

$$\sum c_n \varphi_n(x) = \sum c_n(f_n(x) - s_n)$$

zu erreichen. Da $f_n(x) \geq 0$, so kann das auf zwei Weisen geschehen:

I. Es soll die Reihe $c_n s_n$ divergiren, dagegen in einer Menge D (vom Mass
Bl. 14 π) die Reihe $\sum c_n f_n(x)$ convergiren oder wenigstens schwächer | als die erste divergiren, d.h. so, dass

$$\lim \left(\sum_1^n c_m f_m(x) - \sum_1^n c_m s_m \right) = -\infty.$$

II. Es soll umgekehrt in einer Menge D die Reihe $\sum c_n f_n(x)$ divergiren, dagegen $\sum c_n s_n$ convergiren oder schwächer als jene divergiren, so dass $\sum c_n \varphi_n(x) = +\infty$. Dabei wird die Convergenz der Quadratsumme der Coeff., d.h. die Convergenz von

$$\sum \frac{c_n^2 \sec \gamma_n^{2q_n}}{\sqrt{q_n}} \tag{1}$$

verlangt.

I. Methode. Wenn $\sum \alpha_n$ oder $\sum \gamma_n$ convergirt, so hat A^∞ das Mass 0, B_∞ das Mass π. Für jedes x der Menge B_∞ ist schliesslich $f_n(x) \leq 1$. Unsere Forderungen würden also erreicht sein, wenn man erzwingen könnte:

$$\text{Convergenz von} \sum \gamma_n \tag{2}$$

$$\text{Divergenz von} \sum c_n s_n \text{ oder } \sum \frac{c_n \sec \gamma_n^{q_n}}{\sqrt{q_n}} \tag{3}$$

$$\sum c_n \text{ convergent oder schwächer divergent als } \sum c_n s_n. \tag{4}$$

Aber diese Bedingungen sind unverträglich. Setzt man

$$\sec \gamma_n^{q_n} = t_n, \ \frac{1}{2}\gamma_n^2 \sim \log \sec \gamma_n = \frac{\log t_n}{q_n}, \ \gamma_n \sim \sqrt{\frac{2 \log t_n}{q_n}},$$

so folgt:

$$(1) \sum \frac{c_n^2 t_n^2}{\sqrt{q_n}} \text{ conv., } (2) \sum \sqrt{\frac{\log t_n}{q_n}} \text{conv., also} \sum \frac{c_n t_n \sqrt[4]{\log t_n}}{\sqrt{q_n}} \text{ convergent.}$$

Bl. 15 | Dies ist mit (3), Divergenz von $\sum \frac{c_n t_n}{\sqrt{q_n}}$, nur vereinbar, wenn $\liminf \log t_n = 0$ $(t \geq 1, \log t_n \geq 0)$, also $\liminf t_n = 1$. Es ist also für jedes $\varepsilon > 0$ unendlich oft $t_n < 1 + \varepsilon$, $c_n s_n < c_n \tau_{q_n}(1 + \varepsilon)$, und da

$$\tau_q = \frac{1 \cdot 3 \cdot \cdots \ q-1}{2 \cdot 4 \cdot \cdots \cdot q} \leq \frac{1}{2},$$

so ist unendlich oft $c_n s_n < \frac{3}{4} c_n$, also (4) verletzt.

II. Methode. Wir nehmen $\sum \gamma_n$ oder $\sum \alpha_n$ divergent an; die c_n monoton abnehmend mit divergenter Summe ($c_1 \geq c_2 \geq \cdots$). Wir versuchen eine Folge wachsender natürlicher Zahlen $i_1, i_2, \ldots$ so zu finden, dass die Reihe

$$\beta_1 \cdots \beta_{i_1} + \beta_{i_1+1} \cdots \beta_{i_2} + \cdots$$

noch convergirt, während $c_{i_1} + c_{i_2} + \cdots$ noch divergirt. Ein Punkt x der in §1 genannten Menge M_∞, vom Masse π, gehört fast allen M_n an. Wenn er zu M_n gehört, so ist für ein i $(i_{n-1} < i \leq i_n)$ $f_i(x) \geq 1$, $c_i f_i(x) \geq c_i \geq c_{i_n}$; wenn er zu $M_n, M_{n+1}, \ldots$ gehört, so ist für $N \geq n$

$$\sum_{1}^{i_N} c_n f_n(x) \geq c_{i_n} + c_{i_{n+1}} + \cdots + c_{i_N};$$

$\sum c_n f_n(x)$ divergirt. Es müsste also erreicht werden ausser (1)

$$\sum \gamma_n \text{ divergent} \tag{5}$$

$$\beta_1 \cdots \beta_{i_1} + \beta_{i_1+1} \cdots \beta_{i_2} + \cdots \text{convergent} \tag{6}$$

$$c_{i_1} + c_{i_2} + \cdots \text{divergent} \tag{7}$$

$$\sum_{1}^{i_N} c_n s_n \text{ convergent oder schwächer divergent als } \sum_{1}^{N} c_{i_n}. \tag{8}$$

| Auch dies ist aber unmöglich. Definiren wir für $0 < x < 1$: Bl. 16

$$y = -\frac{\log(1-x)}{x} = 1 + \frac{x}{2} + \frac{x^2}{3} + \cdots > 1;$$

also $1 - x = \mathrm{e}^{-xy}$. Setzen wir $y = \varphi(x)$, $x = \psi(y)$, so ist y mit x mon. wachsend;

$$\lim_{x=1} \varphi(x) = +\infty, \qquad \lim_{y=+\infty} \psi(y) = 1.$$

Für $0 < \alpha \leq \psi(y)$ ist $1 - \alpha \geq \mathrm{e}^{-\alpha y}$. Sei nun x_n das Max. von $\alpha_{i_{n-1}+1}, \ldots, \alpha_{i_n}$; $y_n = \varphi(x_n)$. Dann ist für $i = i_{n-1} + 1, \ldots i_n$:

$$1 - \alpha_i \geq \mathrm{e}^{-\alpha_i y_n}, \qquad \prod \beta_i \geq \mathrm{e}^{-y_n \sum \alpha_i}.$$

Wenn nun (6) convergirt, so muss $\prod \beta_i$ nach 0 convergiren, also

$$\lim y_n \sum_{i_{n-1}+1}^{i_n} \alpha_i = +\infty$$

sein. Von einem gewissen n ab ist $y_n \sum \alpha_i \geq y^2$, wo y eine beliebig grosse pos. Zahl ist; $x = \psi(y)$ bel. nahe an 1. Also:

Entweder $y_n \geq y$, $x_n = \psi(y_n) \geq \psi(y) = x$; mindestens ein $\alpha_i \geq x$, das betr. $\gamma_i \geq \frac{\pi}{2}x$ (x bel. nahe an 1); $\sec\gamma_i$ bel. gross. Da nun

$$s_n = \frac{\sec\gamma_n^{q_n}}{\sqrt{q_n}} > \frac{1 + q_n \log\sec\gamma_n}{\sqrt{q_n}} \geq 2\sqrt{\log\sec\gamma_n} > \sqrt{2}\gamma_n,$$

so ist s_i bel. gross,

$$\sum_{i_{n-1}+1}^{i_n} c_i s_i \geq c_{i_n} s_i \text{ beliebig viel grösser als } c_{i_n}.$$

Oder $\sum \alpha_i \geq y$ beliebig gross, $\sum \gamma_i$ ebenfalls; $\sum c_i s_i > \sum c_i \gamma_i \geq c_{i_n} \sum \gamma_i$ beliebig gross gegen c_{i_n}. In jedem Fall wird also

$$\sum_{i_{n-1}+1}^{i_n} c_i s_i \text{ unendlich gross gegen } c_{i_n}.$$

Bl. 17 | Endlich: Versuchen wir

$$f_n(x) = s_n + c_n \varphi_n(x);$$

es soll für eine Menge positiven Masses $|f_n(x)| < t_n$ sein, wo $\sum s_n$ divergirt und $t_n < \rho s_n$ ($\rho < 1$). Dann divergirt in dieser Menge auch $\sum c_n \varphi_n(x)$. Ist B_n die Menge der x, wo $|f_n(x)| < t_n$, A_n ihr Compl., so soll B_∞ von positivem Masse $> \beta$, A^∞ von einem Masse $< \alpha < 1$. Dann ist schliesslich $\alpha_n < \alpha$, $\beta_n > \beta$. Da nun in B_n

$$|c_n \varphi_n(x)| \geq s_n - |f_n(x)| > s_n - t_n,$$

so ist

$$c_n^2 = \int_0^1 c_n^2 \varphi_n(x)^2\, dx \geq \int_{B_n} c_n^2 \varphi_n(x)^2\, dx \geq \beta_n (s_n - t_n)^2 > \beta \cdot (1-\rho)^2 \cdot s_n^2,$$

$\sum c_n^2$ könnte nur convergiren, wenn $\sum s_n^2$ convergirt.

Anmerkungen

[1] Die Bemerkung in Fußnote 1 hat HAUSDORFF mit andersfarbigem Stift offenbar später eingefügt.

[2] HAUSDORFF schreibt die Potenzen der trigonometrischen Funktionen ohne Klammern, d. h. $\sin x^{2q}$ bedeutet $(\sin x)^{2q}$, ebenso im folgenden $\sec\gamma_n^{2q_n} = (\sec\gamma_n)^{2q_n}$ usw.

Commentary

S. D. Chatterji

The first part of the paper (that upto Bl. 9) seems to have been destined for publication; this was avoided when HAUSDORFF discovered LUSIN's earlier paper from 1911 (referred to in a foot-note). The second part of the paper (from Bl. 9 onwards) carries the date 13.6.1914 and is an enumeration of unsuccessful attempts to obtain an a.e. (almost everywhere) divergent trigonometric series with square summable coefficients.

The objective of the first part is to obtain a trigonometric series which diverges a.e. even though the coefficients involved tend to zero. HAUSDORFF ends up constructing a sine series $\Sigma a_n \sin nx, n \geq 1$, such that $\Sigma|a_n|^p < \infty$ for all $p > 1$; the series constructed is of the form

$$\sum_{n=1}^{\infty} (\sec \gamma_n)^{q_n} (\sin p_n x)^{q_n} \tag{1}$$

where the γ_n's are suitable numbers in $]0, \pi/2[, q_n$'s are odd positive integers tending to ∞ sufficiently rapidly and p_n's are any positive integers such that $p_2 > p_1q_1, p_3 > p_2q_2, \ldots$; this last condition assures that the terms $\sin kx$ which appear in the development of $(\sin p_n x)^{q_n}$ are distinct. If

$$A_n = \{x \in [0, \pi] : |sec \gamma_n \sin p_n x| \geq 1\}$$

the different choices of γ_n, q_n are so arranged that $\{A_n\}$ forms a sequence of independent events (sets) in the probability space $[0, \pi]$ where the probability of a set A, $\mu(A)$, is defined to be $\text{mes}(A)/\pi$ and further $\Sigma\mu(A_n) = \infty$. It is then an elementary fact (known in probability theory as the BOREL-CANTELLI lemma) that $\mu(A^\infty) = 1$ where A^∞ is the set of x's in $[0, \pi]$ such that $x \in A_n$ for infinitely many indices n. It is now obvious that the series (1) diverges for all $x \in A^\infty$ which establishes its a.e. divergence. This allows HAUSDORFF to obtain the type of series which he wanted by choosing γ_n, q_n in various ways.

All the details are elementary and clearly spelled out; this lends a quaint charm to this paper. However, all the results and remarks contained in this paper can be easily obtained from the standard modern monographs of BARY [B 1964] and ZYGMUND [Z 1959] in more complete forms. Thus the theory of lacunary trigonometric series

$$\sum_{k=1}^{\infty} (a_k \cos n_k x + b_k \sin n_k x) \tag{2}$$

with $n_{k+1}/n_k > q > 1$ (cf. [Z 1959], vol. 1, chapter V, §6) shows that (2) converges a.e. if $\Sigma(|a_k|^2 + |b_k|^2)$ converges and diverges a.e. otherwise. This observation provides any number of explicit examples of the types sought by

HAUSDORFF. The theory of random trigonometric series furnishes further examples, albeit not so explicitly (ibid. chapter V, §8). A more subtle explicit example due to HARDY and LITTLEWOOD is

$$\sum_{n=1}^{\infty} n^{-1/2} \exp(icn \log n) e^{inx} \qquad (c > 0)$$

which diverges everywhere (see reference on p. 379 of [Z 1959], vol. 1; cf. also ibid. chapter V, §4). Further explicit examples of trigonometric series which diverge everywhere even though the coefficients go to zero in various ways are given in [B 1964], vol. 2, chapter XII. It is well-known that examples here of series which diverge *everywhere* are much more difficult to give than those which diverge only a.e.

The fact that it is impossible to obtain a trigonometric series

$$\sum_{n=1}^{\infty} (a_n \cos nx + b_n \sin nx)$$

which diverges on a set of positive measure although $\Sigma(|a_n|^2 + |b_n|^2) < \infty$ was finally established by CARLESON [C 1966] who showed that the latter condition implies the convergence a.e. of the trigonometric series. This (very difficult theorem) explains why HAUSDORFF's attempts were bound to fail.

It is not necessary to comment further the unsuccessful attempts of HAUSDORFF (from Bl. 9 onwards). A relatively recent monograph on the convergence and divergence a.e. of series of general orthonormal functions is [KS 1989] which may be consulted for further information in these matters. LUSIN's paper of 1911 and other later related work are detailed in [B 1964] vol. 1, chapter XII.

References

[B 1964] BARY N.K.: *A treatise on trigonometric series*, 2 vols. Pergamon Press, Oxford, 1964.

[C 1966] CARLESON, L.: *On convergence and growth of partial sums of Fourier series.* Acta Math. 116 (1966), 135–157.

[KS 1989] KASHIN, B.S.; SAAKYAN, A.A.: *Orthogonal series.* Translations of mathematical monographs, vol. 75, Amer. Math. Soc., Providence, 1989.

[Z 1959] ZYGMUND, A.: *Trigonometric series,* 2 vols. Cambridge University Press, Cambridge, 1959.

NL Hausdorff: Kapsel 33: Fasz. 223

Metrische und topologische Räume

Hs. Ms. – [Greifswald], 25. 5. 1915. – 5 Bll.

(Abgedruckt ist aus diesem Faszikel Abschnitt I, Bl. 1–Bl. 2, 10. Z. v. o.)

25/5/15

Metrische und topologische Räume.

In metrischen Räumen gelten verschiedene Sätze, die in topologischen nicht richtig sind.

I. *In jeder unendlichen kompakten Menge eines metrischen Raumes ist eine abzählbare Menge dicht.* (Grdz. S. 274, X). Die betr. Menge A kann für jedes [1] ρ in eine endliche Anzahl von Kugeln mit dem Radius ρ (mit Mittelpunkten, die zu A gehören) eingeschlossen werden; ihre Mittelpunkte bilden eine in A [2] dichte Menge. Die Kugeln selbst, resp. ihre Durchschnitte mit A, bilden ein mit den ursprünglichen gleichwertiges System von Umgebungen; *es gilt also in jeder unendlichen kompakten metrischen Menge das zweite Abzählbarkeitsaxiom* (also in einem metrischen Raume, der in sich kompakt ist oder als kompakte Theilmenge eines umfassenden metrischen Raumes aufgefasst werden kann). Die Gültigkeit des 2. Abzählbarkeitsaxioms kann auch direkt aus der Dichtigkeit einer abz. Menge gefolgert werden, vgl. II.

Dass I in einem topologischen Raume nicht gilt, zeigt das Beispiel einer geordneten Menge wie $(1+\lambda)\omega_1$, wo λ das offene Linearcontinuum ist. (Die Umgebungen durch Strecken zu definiren.) Ist x ein beliebiger Punkt dieser Menge, so bilden die Punkte $\leqq x$ eine Menge vom Typus $1+\lambda+1$, also eine compakte Menge; jede abzählbare Menge liegt in einem solchen Anfangsinter- [3] vall, hat also gewiss Häufungspunkte; die Menge ist kompakt; aber es ist keine abz. Menge in ihr dicht.

Ähnliches leisten Potenzmengen, z.B. $(1+\lambda+1)^{\omega^*}$.

| Hierzu sei beiläufig bemerkt: die Menge $\lambda+(1+\lambda)\omega_1$ giebt eine „Curve" (d.h. Bl. 2 jede Umgebung ist auf eine lineare Strecke abbildbar), in der keine abz. Menge dicht ist. Lässt man x diese Menge, y die Strecke $0<y<1$ durchlaufen, so geben die Punkte (x,y) eine „Fläche" (jede Umgebung auf das Innere eines Kreises abbildbar) ohne abz. dichte Menge, also sozusagen eine Riemannsche Fläche

mit unabzählbar vielen Blättern. Dabei ist diese Fläche zusammenhängend! je

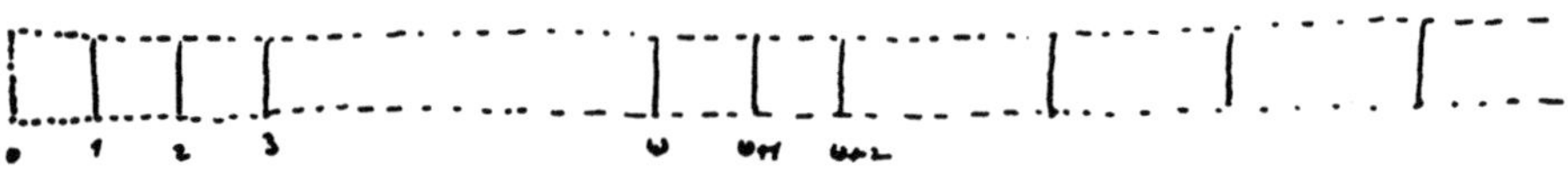

[4] zwei Punkte lassen sich durch eine stetige Curve $x = \varphi(t), y = \psi(t)$ verbinden. (Eine Fläche, die in beliebig viele Blätter zerfällt, ist natürlich ohne weiteres angebbar, z.B. die Ebenen $z =$ const. eines R_3).

Anmerkungen

[1] Gemeint sind die *Grundzüge der Mengenlehre*, Leipzig 1914.

[2] Das A in dieser Zeile ist im Original versehentlich klein geschrieben.

[3] HAUSDORFF schreibt „kompakt“ auch gelegentlich mit c.

[4] HAUSDORFF beschäftigt sich in einem Manuskript vom 30.5.1915 (Fasz. 121) eingehend mit Flächen und kommt dort auf seine Konstruktion einer Fläche ohne abzählbare Topologie zurück. Auf Bl. 2 heißt es:

> Unter einer *Fläche* verstehen wir einen topologischen Raum, worin sich jede Umgebung eineindeutig und beiderseitig stetig auf das Innere einer ebenen Kreisfläche abbilden lässt.
> Auf einer Fläche F gilt das erste Abzählbarkeitsaxiom...
> [Die Gültigkeit des zweiten Abzählbarkeitsaxioms muss ausdrücklich gefordert werden, selbst wenn man die Fläche als zusammenhängend voraussetzt. Gegenbeispiel: der Streifen aus $\aleph_1$ Rechtecken (x durchlaufe eine geordnete Menge vom Typus $(\lambda+1)\omega_1$, λ das unbegrenzte Linearcontinuum, während $0 < y < 1$; Umgebungen in bekannter Weise zu definiren).]

Es folgt auch hier die bereits oben abgedruckte Skizze.

Kommentar

R. Remmert

1. Die hier von HAUSDORFF entdeckte Kurve $\lambda + (1 + \lambda)\omega_1$, wo ω_1 wie üblich die erste unabzählbare Ordnungszahl bezeichnet, wird im folgenden die *lange Halbgerade* genannt. Sie ist eine „transfinite Fortsetzung nach rechts“ der positiven reellen Geraden; zwischen je zwei aufeinander folgende Ordnungszahlen $< \omega_1$ wird die reelle Einheitsstrecke eingelagert. HAUSDORFFs Beispiel läßt

sich heute so beschreiben: Wir bezeichnen mit Θ die wohlgeordnete Menge aller abzählbaren Ordinalzahlen und setzen $L := \Theta \times [0,1)\setminus\{(0,0)\}$. Wir *ordnen L lexikographisch* und versehen L mit der *Ordnungstopologie*. Der entstandene HAUSDORFFsche Raum L ist die lange Halbgerade. Wir halten mit HAUSDORFF fest:

L ist eine eindimensionale, zusammenhängende, topologische Mannigfaltigkeit (d. h. ein zusammenhängender Hausdorffscher Raum, der überall lokal zu $\mathbb{R}$ homöomorph ist). Der Raum L hat keine abzählbare Topologie (d. h. keine abzählbare Basis offener Mengen).
Das kartesische Produkt $L \times (0,1)$ *ist eine zusammenhängende, topologische Fläche ohne abzählbare Topologie.*

HAUSDORFF zeichnet mit gutem Grund die erste unabzählbare Ordnungszahl ω_1 aus. Seine Konstruktion gibt für *jede* Ordnungszahl α einen *zusammenhängenden, Hausdorffschen* Raum $L_\alpha := \Theta_\alpha \times [0,1)\setminus\{(0,0)\}$, wenn Θ_α die wohlgeordnete Menge aller Ordinalzahlen $< \alpha$ bezeichnet. Alle Punkte $(\beta, x) \in L_\alpha$ mit $\beta < \omega_1$ haben zu $\mathbb{R}$ homöomorphe Umgebungen. Im Fall $\alpha < \omega_1$ ist L_α stets zur reellen Geraden $\mathbb{R}$ homöomorph. Hingegen ist im Fall $\alpha > \omega_1$ der Punkt $(\omega_1, 0) \in L_\alpha$ höchst „singulär": Er hat keine abzählbare Umgebungsbasis und ist mit keinem vorangehenden Punkt durch einen Weg verbindbar, denn ω_1 ist die kleinste Ordinalzahl, so daß jede abzählbare Folge (β_n) von Ordinalzahlen $\beta_n < \omega_1$ unterhalb von ω_1 beschränkt ist.

2. HAUSDORFF hat seinen 1915 gefundenen Raum $(1+\lambda)\omega_1$ erst 1924 durch HEINRICH TIETZE (1880–1964) publizieren lassen, [T 1924], S.218. Für TIETZE ist $(1+\lambda)\omega_1$ ein Beispiel „zur Klärung von Unabhängigkeitsfragen für verschiedene Postulate, die allgemeinen Räumen auferlegt werden können." Die HAUSDORFFsche Fläche $L \times (0,1)$ erwähnt TIETZE nicht, sie hätte gewiss sofort Interesse nicht nur bei Topologen gefunden. So diskutierten Funktionentheoretiker schon in den 1880er Jahren folgendes Mächtigkeitsproblem: *Wie groß ist die Menge aller in einem Punkt c der Zahlenkugel $\hat{\mathbb{C}}$ meromorphen Funktionskeime, die aus einem in c vorgegebenem Keim durch meromorphe Fortsetzung längs aller von c ausgehenden geschlossenen Wege in $\hat{\mathbb{C}}$ entsteht?* GEORG CANTOR (1845–1918) wußte als erster, daß niemals überabzählbare Keimmengen auftreten, vgl. [U 2000]. Beweise publizierten 1888 unabhängig voneinander HENRI POINCARÉ (1854–1912) und VITO VOLTERRA (1860–1940) in [P 1888] bzw. [Vo 1888]; der seither nach ihnen benannte Satz läßt sich auch so aussprechen:

Jede zusammenhängende Riemannsche Fläche, auf der nicht-konstante meromorphe Funktionen existieren, hat eine abzählbare Topologie.

Die HAUSDORFFsche Fläche ohne abzählbare Topologie gibt diesem Satz zusätzliche Tiefe.

3. Aus der langen Halbgeraden entsteht „durch Spiegelung am Nullpunkt" die *lange Vollgerade* $A := -L \cup \{0\} \cup L$; sie ist ebenfalls eine eindimensionale, zusammenhängende, topologische Mannigfaltigkeit. Die lange Vollgerade wurde 1924 von PAUL ALEXANDROFF (1896–1980) in der Arbeit [A 1924] auf Seite 295 beschrieben; für ihn ist A „eine geordnete Menge, die den Ordnungstypus $(\lambda+1)\,\Omega^* + \lambda + (1+\lambda)\,\Omega$ hat" [mit $\Omega := \omega_1, \Omega^* :=$ inverser Ordnungs-

typus zu $\Omega, \lambda :=$ Ordnungstypus der reellen Zahlen]. Man nennt A heute die *Alexandroff-Gerade.* Es überrascht, daß ALEXANDROFF, der HAUSDORFF durch eine Brieffreundschaft verbunden war, die Entdeckung der langen Halbgeraden durch HAUSDORFF nicht erwähnt. Auch die kurz vorher in den Mathematischen Annalen erschienene Arbeit [T 1924] von TIETZE erwähnt er nicht.
Als Vorläufer der ALEXANDROFFschen Überlegungen gelten eine Bemerkung von CANTOR aus dem Jahre 1883 in [C 1883], S. 552 bzw. S. 171, sowie die 1921 publizierte Note [V 1921], insb. S. 183–184, von LEOPOLD VIETORIS (*1891). Bei VIETORIS kommt das Wort Mannigfaltigkeit nicht vor; CANTOR läßt übrigens beliebige Ordnungszahlen anstelle von ω_1 zu.

Es gibt inzwischen eine umfangreiche Literatur über *Räume mit Ordnungstopologien.* Wir nennen die elegante Note [E 1941] von SAMUEL EILENBERG (1913–1998) sowie das Buch [Ko 1973]. In diesen Publikationen werden indessen lange Geraden nicht einmal erwähnt.

4. Gibt es eindimensionale, zusammenhängende, topologische Mannigfaltigkeiten, die „noch länger als die lange Vollgerade“ sind? Die beruhigende Antwort gab 1958 HELLMUTH KNESER (1898–1973); in [K 1958a] findet sich folgende Klassifikation:

Jede eindimensionale, zusammenhängende, topologische Mannigfaltigkeit ist zur reellen Geraden $\mathbb{R}$ oder zur (kompakten) Kreislinie S^1 oder zur langen Halbgeraden L oder zur langen Vollgeraden A homöomorph. Die vier Mannigfaltigkeiten $\mathbb{R}, S^1, L, A$ sind paarweise nicht homöomorph.

Die lange Vollgerade ist nicht nur eine topologische Mannigfaltigkeit. Nach [K 1958b] ist A auch eine *reell-analytische* Mannigfaltigkeit, d. h. es gibt auf A sogar topologische Atlanten mit jeweils reell-analytischen Kartenwechseln. Auf Grund des Klassifikationssatzes tragen daher alle eindimensionalen, topologischen Mannigfaltigkeiten reell-analytische Strukturen. Insbesondere ist auch die HAUSDORFFsche Fläche $L \times (0,1)$ als Produkt reell-analytischer Geraden eine reell-analytische Fläche.

Die reelle Gerade $\mathbb{R}$ und die Kreislinie S^1 haben bis auf reell-analytische Homöomorphie nur eine reell-analytische Struktur. Ganz anders verhalten sich die langen Geraden. Im Jahre 1960 zeigten HELLMUTH und MARTIN KNESER(*1928) in [KK 1960], daß auf L kontinuierlich viele, paarweise verschiedene reell-analytische Strukturen existieren. Für weitere Sätze zur Existenz von reell-analytischen und differenzierbaren Strukturen auf topologischen Mannigfaltigkeiten beliebiger endlicher Dimension verweisen wir auf [KP 1968] und die dort angebene Literatur.

5. Wir berichten jetzt über die Entstehung der Theorie der RIEMANNschen Flächen, die bei Kenntnis der HAUSDORFFschen Fläche $L \times (0,1)$ wohl anders verlaufen wäre. Schon früh wurden Flächen durch topologische Dreiecke *trianguliert,* sie haben dann eo ipso eine abzählbare Topologie. Im 1913 erschienenen Buch [W 1913] *Die Idee der Riemannschen Fläche* trianguliert HERMANN WEYL (1885–1955) alle WEIERSTRASSschen analytischen Gebilde. Es wurde schnell Folklore, daß für jede topologische Fläche mit abzählbarer Topologie die Triangulierbarkeit keine prinzipiellen, sondern nur technische Schwierigkei-

ten bietet. Einen heutigen Maßstäben gerecht werdenden Beweis findet man aber erst 1960 im Buch [AS 1960] von LARS V. AHLFORS (1907–1996) und LEO R. SARIO (*1916), S. 105–111.

In [W 1913] postuliert WEYL die Triangulierbarkeit der von ihm betrachteten Flächen, er bemerkt dazu, S. 21, daß diese Einschränkung erforderlich zu sein scheint, um die Anwendbarkeit der „Exhaustionsmethode" [= Ausschöpfung durch Kompakta] zu gewährleisten. Triangulierbarkeit bzw. Abzählbarkeit der Topologie werden nicht unmittelbar wahrgenommen. Angeregt durch WEYLs Buch [W 1913] hat TIBOR RADÓ (1895–1965) Anfang der 20er Jahre dieses Problem studiert. Bereits 1922 weiß er, daß jede zusammenhängende RIEMANNsche Fläche eine abzählbare Topologie hat, daß also die Existenz einer komplex-analytischen Struktur die Existenz einer abzählbaren Basis offener Mengen nach sich zieht, [R 1923], S. 35. RADÓ hat seinen Beweis damals nur skizziert, da HEINZ PRÜFER (1896–1934) ihm mitgeteilt hatte, daß vermutlich jede „bloß topologisch erklärte Fläche" triangulierbar sei, loc. cit. S. 35. PRÜFER korrigierte seinen Irrtum schnell, loc. cit. Fußnote. Doch erst 1925 greift RADÓ in [R 1925] das Problem wieder auf. Er publiziert „mit der freundlichen Erlaubnis" von PRÜFER dessen von HAUSDORFFs Fläche verschiedenes Gegenbeispiel und erwähnt in einer Fußnote auf S.102, daß er „durch eine briefliche Mitteilung des Herrn TIETZE... auf ein anders geartetes Beispiel [nämlich die HAUSDORFFsche Fläche] aufmerksam gemacht" wurde. Der Höhepunkt in [R 1925] ist folgender Satz, den RADÓ mit Hilfe „der fundamentalen Ergebnisse der *Uniformisierungstheorie*" beweist:

Jede zusammenhängende (abstrakte) Riemannsche Fläche X hat eine abzählbare Topologie und daher Triangulierungen.

(Für Zwerge auf den Schultern von Riesen gibt es heute ganz kurze Beweise, z. B.: Sei K eine kompakte Scheibe in X. Das PERRONsche Prinzip zusammen mit der Lösbarkeit des DIRICHLETschen Problems für Kreisringe geben eine *nicht-konstante harmonische* Funktion u auf $X \setminus K$. Auf der zusammenhängenden universellen Überlagerung $\pi : Y \longrightarrow X \setminus K$ ist $u \circ \pi$ der Realteil einer *nicht-konstanten holomorphen* Funktion. Nach dem Satz von POINCARÉ-VOLTERRA hat Y nun eine abzählbare Basis $\{V\}$ der Topologie. Dann ist $\{\pi(V)\}$ eine abzählbare Basis der Topologie von $X \setminus K$. Natürlich hat dann X selbst eine abzählbare Topologie.)

6. Die Abzählbarkeit der Topologie einer zusammenhängenden Riemannschen Fläche folgt letzten Endes aus der Existenz nicht-konstanter meromorpher Funktionen (Auf einer langen reell-analytischen Geraden X gibt es keine nicht-konstante reell-analytische Funktion $f : X \longrightarrow \mathbb{R}$, denn f hätte dann lauter diskrete Fasern (Identitätssatz) und X folglich nach dem allgemeinen Satz von POINCARÉ und VOLTERRA eine abzählbare Topologie). SALOMON BOCHNER (1899–1982) hat 1953 darüber spekuliert, ob RADÓs Satz auch für höher dimensionale RIEMANNsche Flächen gilt, er schreibt, [B 1953], S.196:

> It appears from many indications that for [complex dimension] $k \geq 2$ complex structure virtually ceases to have influence on separability.

Im gleichen Jahr konstruierten EUGENIO CALABI (*1923) und MAXWELL RO-

SENLICHT (1924–1999) in [CR 1953] mittels „quadratischer Transformationen (σ-Prozess)"zusammenhängende, komplexe Mannigfaltigkeiten der komplexen Dimension zwei ohne abzählbare Topologie, solche Beispiele waren auch HEINZ HOPF (1894–1971) bekannt, vgl. [H 1955], S.145–146 mit Fußnote 7. In [CR 1953] findet sich auch eine elegante Beschreibung der PRÜFERschen Fläche, die sich dabei als reell-analytisch erweist. Die komplexen Mannigfaltigkeiten von CALABI-ROSENLICHT haben Eigenschaften, an denen HAUSDORFF seine helle Freude gehabt hätte: Sie sind als topologische Räume nicht normal und also nicht metrisierbar, sie können kontrahierbar sein, können aber auch eine nicht-abzählbare zweite Homotopiegruppe haben und dabei einfach zusammenhängen, und können schließlich auch eine nicht abzählbare Fundamentalgruppe besitzen. – Es gibt keine Charakterisierung der höher-dimensionalen, zusammenhängenden, komplexen Mannigfaltigkeiten X bzw. komplexen Räume, deren Topologie abzählbar ist; hinreichend ist z.B. folgende 1955 von HANS GRAUERT (*1930) in [G 1955], S.241ff., angegebene Bedingung:

Zu jedem Punkt $x \in X$ existiert eine Familie von auf X holomorphen Funktionen, in deren gemeinsamer Nullstellenmenge der Punkt x isoliert liegt (K-Vollständigkeit).

Gegenwärtig wird die Frage, wann Topologien abzählbar sind, als wenig interessant empfunden. Omnia tempus habent, Qoh. 3.1.

Literatur

[**A 1924**] ALEXANDROFF, P.: *Über die Metrisation der im Kleinen kompakten topologischen Räume*, Math. Ann. 92 (1924), 295–301.

[**AS 1960**] AHLFORS, L. V.; SARIO, L.: *Riemann surfaces*, Princeton University Press 1960.

[**B 1953**] BOCHNER, S.: *Structure of complex spaces*, Ann. of Math. Studies 30 (1953), 189–201; *Coll. Pap.* 3, 195–207.

[**C 1893**] CANTOR, G.: *Über unendliche lineare Punktmannichfaltigkeiten. Nr. 5.* Math. Ann. 21 (1883), 545–586. Auch separat als *Grundlagen einer allgemeinen Mannigfaltigkeitslehre*, Leipzig 1883. *Ges. Abh.*, 165–209.

[**CR 1953**] CALABI, E.; ROSENLICHT, M.: *Complex analytic manifolds without countable base*, Proc. Amer. Math. Soc. 4 (1953), 335–340.

[**E 1941**] EILENBERG, S.: *Ordered topological spaces*, Amer. J. Math. 63 (1941), 39–45.

[**G 1955**] GRAUERT, H.: *Charakterisierung der holomorph vollständigen komplexen Räume*, Math. Ann. 129 (1955), 233–259.

[**H 1955**] HOPF, H.: *Schlichte Abbildungen und lokale Modifikationen 4-dimensionaler komplexer Mannigfaltigkeiten*, Comm. Math. Helv. 29 (1955);, 132–156; *Selecta* 284–306.

[**K 1958a**] KNESER, H.: *Sur les variétés connexes de dimension 1*, Bull. Soc. Math. Belg. 10 (1958), 19–25.

[**K 1958b**] KNESER, H.: *Analytische Struktur und Abzählbarkeit*, Ann. Acad. Sci. Fenn., Ser. A, 251/5 (1958), 8 Seiten.

[**KK 1960**] KNESER, H.; KNESER, M.: *Reell-analytische Strukturen der Alexandroff-Halbgeraden und der Alexandroff-Geraden*, Arch. Math. 11 (1960), 104–106.

[**Ko 1973**] KOK, H.: *Connected orderable spaces*, Math. Centre Tracts 49, Math. Centrum Amsterdam 1973.

[**KP 1968**] KOCH, W.; PUPPE, D.: *Differenzierbare Strukturen auf Mannigfaltigkeiten ohne abzählbare Basis*, Arch. Math. 19 (1968), 95–102.

[**P 1888**] POINCARÉ, H.: *Sur une propriété des fonctions analytiques*, Rend. Circ. Mat. Palermo 2 (1888), 197–200; *Œuvres* IV, 11–13.

[**R 1923**] RADÓ, T.: *Bemerkung zur Arbeit des Herrn Bieberbach: Über die Einordnung des Hauptsatzes der Uniformisierung in die Weierstraßsche Funktionentheorie (Math. Annalen 78)*, Math. Ann. 90 (1923), 30–37.

[**R 1925**] RADÓ, T.: *Über den Begriff der Riemannschen Fläche*, Acta Szeged 2 (1925), 101–121.

[**T 1924**] TIETZE, H.: *Beiträge zur allgemeinen Topologie. II. Über die Einführung uneigentlicher Elemente*, Math. Ann. 91 (1924), 210–224.

[**U 2000**] ULLRICH, P.: *Georg Cantor, Giulio Vivanti und der Satz von Poincaré-Volterra*, Arch. Hist. Exact. Sci. 54 (2000), 375–402.

[**V 1921**] VIETORIS, L.: *Stetige Mengen*, Monatshefte f. Math. u. Phys. 31 (1921), 173–204.

[**Vo 1888**] VOLTERRA, V.: *Sulle funzioni analitiche polidrome*, Rend. Acad. Lincei, ser. 4°, vol IV_2 (1888), 355–361; *Op. Mat.* I, 356–362.

[**W 1913**] WEYL, H.: *Die Idee der Riemannschen Fläche*, Teubner Verlag Leipzig 1913; Neuaufl. mit Annotationen, ed. R. Remmert 1997.

NL HAUSDORFF: Kapsel 48: Fasz. 1027

Erweiterung des Systems der messbaren Mengen

Hs. Ms. – [Greifswald], 4. u. 5. 1. 1917 – 6 Bll.

4/1 17

Erweiterung des Systems der messbaren Mengen.

$\mathfrak{M}$ bilde einen $(\sigma\delta)$-Körper von Mengen; jeder zu $\mathfrak{M}$ gehörigen Menge A sei eine Zahl $f(A) \geq 0$ zugeordnet und es sei für endlich oder abzählbar viele Summanden

$$f(A_1 + A_2 + \cdots) = f(A_1) + f(A_2) + \cdots \quad .$$

Eine evidente Erweiterung (wenn es eine ist) dieses Systems zu einem umfassendern gleicher Art bietet sich so dar: man verstehe für eine beliebige (zu $\mathfrak{M}$ gehörige oder nicht gehörige) Menge A unter X, Y alle zu $\mathfrak{M}$ gehörigen Mengen derart, dass $X \supseteq A \supseteq Y$, und definire $\overline{f}(A)$ als untere Schranke der $f(X)$, $\underline{f}(A)$ als obere Schranke der $f(Y)$. Es ist

$$\overline{f}(A) \geq \underline{f}(A);$$

wenn $\overline{f}(A) = \underline{f}(A)$ ausfällt, definire man diesen Werth als $f(A)$; er stimmt für die zu $\mathfrak{M}$ gehörigen Mengen mit dem ursprünglichen überein. Das neue System $\mathfrak{M}^* \supseteq \mathfrak{M}$, wofür $f(A)$ definirt ist, hat wieder die Eigenschaften von $\mathfrak{M}$.

Nehmen wir an, $\mathfrak{M}$ sei in dieser Weise nicht mehr erweiterungsfähig. Es sei nun U eine nicht zu $\mathfrak{M}$ gehörige Menge, $\overline{U} = E - U$ ihr Complement (wir nehmen an, E sei die grösste Menge in $\mathfrak{M}$). Zunächst soll der kleinste $(\sigma\delta)$-Körper von Mengen gebildet werden, der alle Mengen aus $\mathfrak{M}$ und auch U enthält. Er besteht aus den Mengen

$$Z = \mathfrak{D}(X, U) + \mathfrak{D}(Y, \overline{U}) = XU + Y\overline{U}$$

wo X, Y alle Mengen aus $\mathfrak{M}$ durchlaufen. In der That müssen diese Mengen dem gesuchten System angehören. Sie bilden aber schon selbst einen $(\sigma\delta)$-Körper. In der That gehört sowohl das Komplement von Z,

$$\overline{Z} = \overline{X}U + \overline{Y}\,\overline{U} \ ,$$

Bl. 2 | als auch die Summe abzählbar vieler Z_n

$$Z_n = X_n U + Y_n \overline{U} \ , \quad \mathfrak{S} Z_n = \mathfrak{S} X_n \cdot U + \mathfrak{S} Y_n \cdot \overline{U}$$

und ebenso ihr Durchschnitt dem System der Z an.

Um den Z wiederum Zahlen $f(Z)$ zuzuordnen, derart dass die Summenformel $f(\sum Z_n) = \sum f(Z_n)$ gilt und für die Mengen des ursprünglichen Systems $\mathfrak{M}$ $f(Z)$ die ursprüngliche Bedeutung behält, verfahren wir so. Es ist $\overline{f}(U) > \underline{f}(U)$. $\underline{f}(U) = \lambda_1$ ist die obere Schranke der $f(X)$ für $X \subseteq U$ (X zu $\mathfrak{M}$ gehörig); man kann eine Folge von Mengen $X_n \subseteq U$ mit $f(X_n) > \lambda_1 - \frac{1}{n}$ angeben; die Menge $L_1 = \mathfrak{S}X_n$ gehört zu $\mathfrak{M}$ und es ist $L_1 \subseteq U$, $f(L_1) = \lambda_1$. Die Menge L_1 ist hierdurch bis auf *Nullmengen* (N heisse eine Nullmenge, wenn $f(N) = 0$) bestimmt; denn wenn auch $L_2 \subseteq U$, $f(L_2) = \lambda_1$, so folgt für $L = \mathfrak{S}(L_1, L_2)$ und $L' = \mathfrak{D}(L_1, L_2)$: $L \subseteq U$, $f(L) \leq \lambda_1$, andererseits $f(L) \geq f(L_1) = \lambda_1$, also $f(L) = \lambda_1$; ferner $f(L') = f(L_1) + f(L_2) - f(L) = \lambda_1$; $f(L - L') = 0$; $L - L'$ ist eine Nullmenge und $L - L_1 = L_2 - L'$ ebenfalls eine, ebenso $L - L_2 = L_1 - L'$, also $L_2 = [L_1 - (L_1 - L')] + (L_2 - L')$ geht aus L_1 durch Weglassung und Hinzufügung einer Nullmenge hervor, was wir kurz durch $L_2 \equiv L_1$ andeuten wollen.

Wir bestimmen also zu U eine Menge $L_1 \subseteq U$ mit $f(L_1) = \underline{f}(U) = \lambda_1$; ebenso zu $\overline{U}$ eine Menge $L_2 \subseteq \overline{U}$ mit $f(L_2) = \underline{f}(\overline{U}) = \lambda_2$; sodann sei noch $E = L_1 + L_2 + L_3$, $f(L_3) = \lambda_3 = 1 - (\lambda_1 + \lambda_2)$ (der | Einfachheit wegen sei Bl. 3
$f(E) = 1$ gesetzt).

Andererseits ist $\overline{f}(U) = f(E) - \underline{f}(\overline{U}) = 1 - \lambda_2 = \lambda_1 + \lambda_3$; also $L_1 + L_3 \supseteq U$, $f(L_1 + L_3) = \overline{f}(U) = \lambda_1 + \lambda_3$; ebenso $L_2 + L_3 \supseteq \overline{U}$, $f(L_2 + L_3) = \overline{f}(\overline{U}) = \lambda_2 + \lambda_3$. Da wir annahmen, dass jene natürliche Erweiterung des Systems $\mathfrak{M}$ (auf die Mengen mit $\overline{f}(A) = \underline{f}(A)$) bereits abgeschlossen sei, so ist, weil U nicht zu $\mathfrak{M}$ gehören sollte, $\overline{f}(U) > \underline{f}(U)$, $\lambda_3 > 0$.

Sei nun $Z = UX + \overline{U}Y$. Diese Darstellung ist ev. auf mehrere Arten möglich. Sei $Z = UX_1 + \overline{U}Y_1 = UX_2 + \overline{U}Y_2$ also auch $= UX + \overline{U}Y = UX' + \overline{U}Y'$, $X = \mathfrak{S}(X_1, X_2)$, $X' = \mathfrak{D}(X_1, X_2)$. Dann ist $U(X - X') = 0$, $X - X' \subseteq \overline{U}$. Da $X - X'$ eine Menge aus $\mathfrak{M}$ ist, so ist $\mathfrak{S}(X - X', L_2)$ (welches $\subseteq \overline{U}$ und einen f Werth $= \lambda_2$ hat) $\equiv L_2$, also $\mathfrak{S}(X - X', L_2) - L_2$ eine Nullmenge, durch Schnitt mit $L_1 + L_3$: $\mathfrak{D}(X - X', L_1 + L_3)$ eine Nullmenge, also $X_1(L_1 + L_3) \equiv X_2(L_1 + L_3)$.

M. a. W. in $Z = UX + \overline{U}Y$ ist $X(L_1 + L_3)$ abgesehen von Nullmengen bestimmt; ebenso $Y(L_2 + L_3)$; einzeln natürlich auch XL_1, XL_2; YL_2, YL_3. (XL_2, YL_1 sind es nicht).

Wir wollen setzen: $X_1 = XL_1$, $X_2 = XL_2$, $X_3 = XL_3$; ebenso Y. Dann sind in

$$Z = UX + \overline{U}Y = U(X_1 + X_3) + \overline{U}(Y_2 + Y_3)$$

X_1, X_3, Y_2, Y_3 abgesehen von Nullmengen bestimmt, also ihre Funct. werthe | Bl. 4
$f(X_1) = \xi_1$ usw. bestimmt. Wir definiren dann

$$\zeta = f(Z) = \xi_1 + \eta_2 + \frac{1}{2}(\xi_3 + \eta_3) .$$

Diese Funct. werthe erfüllen die Additionsbedingung. Ist nämlich $Z = UX + \overline{U}Y$ zu $Z' = UX' + \overline{U}Y'$ fremd, so ist $UXX' = 0$, ebenso $\overline{U}YY' = 0$, $Z' =$

$U(X'-XX')+\overline{U}(Y'-YY')$, d. h. man kann, indem man X' durch $X'-XX'$ ersetzt, Y' durch $Y'-YY'$, X' zu X, Y' zu Y fremd annehmen. Für eine dritte, zu $Z+Z'$ fremde Menge Z'' kann man wieder X'' durch $X''-(XX''+X'X'')$ ersetzen, also X'' zu X, X' fremd annehmen u. s. w. Für $Z+Z'+Z''+\cdots = U(X+X'+X''+\cdots)+\overline{U}(Y+Y'+Y''+\cdots)$ erhält man dann ($X_1 = XL_1$ usw.)

$$f(Z+Z'+\cdots) = f(X_1+X_1'+\cdots)+f(Y_2+Y_2'+\cdots)+$$
$$\frac{1}{2}f(X_3+X_3'+\cdots)+\frac{1}{2}f(Y_3+Y_3'+\cdots) = f(X_1)+f(X_1')+\cdots = f(Z)+f(Z')+\cdots$$

Für eine zu $\mathfrak{M}$ gehörige Menge X hat man $X = UX+\overline{U}X = U(X_1+X_2)+\overline{U}(X_2+X_3)$; $f(X) = \xi_1+\xi_2+\xi_3 =$ dem urspr. $f(X)$. Für U erhält man $U = UE+\overline{U}\cdot 0 = U(L_1+L_3)$, $f(U) = \lambda_1+\frac{1}{2}\lambda_3$ (arithm. Mittel zwischen $\underline{f}(U) = \lambda_1$ und $\overline{f}(U) = \lambda_1+\lambda_3$). Ebenso $f(\overline{U}) = \lambda_2+\frac{1}{2}\lambda_3$.

Allgemeiner kann man, mit 2 festen Zahlen α, β $(\alpha+\beta = 1,\ \alpha \geq 0,\ \beta \geq 0)$

$$\zeta = f(Z) = \xi_1+\eta_2+\alpha\xi_3+\beta\eta_3$$

definiren, wodurch $f(U) = \lambda_1+\alpha\lambda_3$, $f(\overline{U}) = \lambda_2+\beta\lambda_3$ werden, $f(U)$ also eine beliebig vorgeschriebene Zahl des Intervalls $(\lambda_1, \lambda_1+\lambda_3)$, mit der aber dann
Bl. 5 alles weitere bestimmt ist. |

5/1 17

Wenn wir wieder zum arithmetischen Mittel zurückkehren, so können wir sagen: *$f(Z)$ ist auch das arithmetische Mittel zwischen $\overline{f}(Z)$ und $\underline{f}(Z)$.* In der That: sei $A = X_1+Y_2+\mathfrak{S}(X_3, Y_3)$, $B = X_1+Y_2+\mathfrak{D}(X_3, Y_3)$, so behaupten wir, dass $A \supseteq Z \supseteq B$, $f(A) = \overline{f}(Z)$, $f(B) = \underline{f}(Z)$, demnach wirklich

$$\frac{1}{2}[f(A)+f(B)] = f(X_1)+f(Y_2)+\frac{1}{2}[f(\mathfrak{S}(X_3,Y_3)+f(\mathfrak{D}(X_3,Y_3))]$$
$$= f(X_1)+f(Y_2)+\frac{1}{2}[f(X_3)+f(Y_3)],$$
$$\frac{1}{2}[\overline{f}(Z)+\underline{f}(Z)] = f(Z).$$

Um die ausgesprochenen Behauptungen zu beweisen, beachten wir:

$$X_1+X_3 \supseteq U(X_1+X_3) = ZU,$$
$$Y_2+Y_3 \supseteq \overline{U}(Y_2+Y_3) = Z\overline{U},$$
$$\mathfrak{S}(X_1+X_3, Y_2+Y_3) = A \supseteq ZU+Z\overline{U} = Z.$$

Ferner ist $X_1 = X_1U \subseteq Z$, $Y_2 = Y_2\overline{U} \subseteq Z$, $X_3Y_3 = X_3Y_3U+X_3Y_3\overline{U} \subseteq X_3U+Y_3\overline{U} \subseteq Z$, also $B \subseteq Z$.

Sei ferner $C \supseteq Z \supseteq D$, C und D Mengen aus $\mathfrak{M}$. Es ist ($C_1 = CL_1$, usw.)

$$C = U(C_1+C_3)+\overline{U}(C_2+C_3), \quad Z = U(X_1+X_3)+\overline{U}(Y_2+Y_3)$$

also $U(C_1+C_3) \supseteq U(X_1+X_3)$, $U(X_1+X_3) = U(X_1+X_3) \cdot U(C_1+C_3) = U(X_1C_1+X_3C_3)$, also wie oben $X_1+X_3 \equiv X_1C_1+X_3C_3$, $X_1 \equiv X_1C_1$, $X_3 \equiv X_3C_3$, d. h. bis auf Nullmengen ist X_1 in C_1, X_3 in C_3 enthalten, ebenso Y_2 in C_2, Y_3 in C_3, also auch $\mathfrak{S}(X_3, Y_3)$ in C_3, A in C; folglich $f(C) \geq \underline{f}(A)$, d. h. $f(A)$ ist die untere Grenze der $f(C)$ $(C \supseteq Z$, C aus $\mathfrak{M})$, $f(A) = \overline{f}(Z)$. Bl. 6

Entsprechend findet sich bis auf Nullmengen:

$$D_1 \subseteq X_1, \quad D_3 \subseteq X_3, \quad D_2 \subseteq Y_2, \quad D_3 \subseteq Y_3; \quad D_3 \subseteq X_3Y_3, \quad D \subseteq B,$$
$$f(D) \leq f(B), \quad f(B) = \underline{f}(Z).$$

Wenn man das System der Mengen Z wieder natürlich (interpolatorisch, durch Bildung von $\overline{f}(A), \underline{f}(A)$) erweitert, so erhält man ein System $\mathfrak{M}(U)$, das wie $\mathfrak{M}$ ein $(\sigma\delta)$-Körper mit additiver Mengenfunction ist. So kann man fortfahren; aus $\mathfrak{M}(U)$ durch Adjunction einer Menge V das System $\mathfrak{M}(U,V)$ bilden u. s. w. Indessen wird es zweifelhaft, ob man auf diesem Wege abzählbar viele Mengen adjungiren kann. Setzt man

$$\mathfrak{M}_0 = \mathfrak{M}, \quad \mathfrak{M}_1 = \mathfrak{M}(U_0), \quad \mathfrak{M}_2 = \mathfrak{M}(U_0, U_1), \ldots$$

so wird das System $\mathfrak{S} = \mathfrak{S}(\mathfrak{M}_0, \mathfrak{M}_1, \mathfrak{M}_2, \ldots)$ zunächst zwar ein Körper, aber kein $(\sigma\delta)$-Körper, und es ist fraglich, ob es sich mit Erhaltung von $f(A)$ zu einem solchen erweitern lässt. Sind $P_1 \supseteq P_2 \supseteq \ldots$ Mengen aus $\mathfrak{S}$, deren Durchschnitt 0 ist, so wäre jedenfalls nothwendige Bedingung, dass $f(P_n)$ nach 0 convergirt; aber diese Bedingung scheint keineswegs gewährleistet.

Commentary

S. D. Chatterji

Let $\mathcal{M}$ be a σ-algebra of subsets of a set E (i.e. $\mathcal{M}$ is a class of subsets of E stable for complementation and denumerable unions) and let $f : \mathcal{M} \to [0, \infty[$ be a measure (i.e. σ-additive, non-negative, finite set function); if U is a subset of E not in $\mathcal{M}$ write $\mathcal{M}(U)$ for the smallest σ-algebra of subsets of E containing $\mathcal{M}$ and U; the definition of $\mathcal{M}(U_0, U_1, \ldots)$ is similar. The main result of this paper is that f can always be extended to be a measure on $\mathcal{M}(U)$; HAUSDORFF closes by stating that the possibility of extending f as a measure on $\mathcal{M}(U_0, U_1, \ldots)$ for all choices subsets $U_i, i \geq 0$, is doubtful.

It is curious that the above-mentioned natural measure extension problems have not been much discussed in the text-book literature. One exception is HALMOS's well-known book [Hal 1950], exercise (2), p. 71; the solution proposed there is much like that of HAUSDORFF's and the countable extension problem is left open. The first solution of the latter problem seems to be due to BIERLEIN [Bi 1962]; further information concerning later work is contained in [Bi 1980]. BIERLEIN proves that if the cardinality of E is not "exorbitantly" large and the measure f is not the restriction to $\mathcal{M}$ of a discrete measure (i.e. purely atomic measure based on a finite or countable subset of E) then an extension of f as a measure on $\mathcal{M}(U_0, U_1, \ldots)$ is impossible for some choices of $U_i, i \geq 0$. The existence of an "exorbitantly" large cardinal is related to the existence of a set E admitting a measure μ which is defined on all subsets of E with $\mu(\{x\}) = 0$ for all $x \in E$ and $\mu(E) = 1$. The existence of such objects seems to be "independent" of the "usual" axioms of set theory; for further information on these matters cf. [KM 1976], p. 348 for weakly and strongly inaccessible cardinals, p. 366 for measurable cardinals. Interestingly, the authors, KURATOWSKI and MOSTOWSKI, point out ([KM 1976], p. 348) that "the notion of weakly inaccessible numbers is due to HAUSDORFF" who in his Mengenlehre [H 1914a], p. 131, writes about them as numbers "von einer so exorbitanten Grösse". Under the continuum hypothesis, the LEBESGUE measure on the LEBESGUE measurable sets of $E = [0, 1]$ cannot be extended to a bigger σ-algebra obtained by an arbitrary adjunction of countably many non-measurable sets; this result is contained in [Bi 1962] as a special case of a more general statement.

References

[Bi 1962] BIERLEIN, D.: *Über die Fortsetzung von Wahrscheinlichkeitsfeldern.* Z. Wahrscheinlichkeitstheorie verw. Gebiete 1 (1962), 28–46.

[Bi 1980] BIERLEIN, D.: *Measure extensions and measurable neighbours of a function.* Measure theory, Oberwolfach 1979, Lecture Notes in Mathematics 794, Springer-Verlag, Berlin, 1980, 1–23.

[H 1914a] HAUSDORFF, F.: *Grundzüge der Mengenlehre.* Veit & Co., Leipzig, 1914.

[Hal 1950] HALMOS, P.R.: *Measure theory.* Van Nostrand, New York, 1950.

[KM 1976] KURATOWSKI, K.; MOSTOWSKI, A.: *Set theory.* North-Holland Publishing Co., Amsterdam, 1976 (2nd ed.).

NL HAUSDORFF: Kapsel 44: Fasz. 820

[Ganze Funktionen, die in allen positiven rationalen x rational sind, während $f(0)$ irrational ist]

Hs. Ms. – [Greifswald, vermutl. 1916–1920]. – 1 Bl.

Es giebt analytische, z. B. ganze Functionen $f(x)$, die für jeden positiven rationalen Werth von x selbst rational sind, während $f(0)$ irrational ist.
Beweis: Seien zuerst $g_1(x), g_2(x), \ldots$ ganze Functionen; man kann dann nichtverschwindende, z.B. positive Constanten $c_1\ c_2 \ldots$ angeben so, dass $c_1g_1(x) + c_2g_2(x) + \cdots$ noch eine ganze Function ist. Denn bezeichnet K_n die abgeschlossene Kreisfläche $|x| \leq n$; $g_{mn} = \max|g_m(x)|$ in K_n , so dass

$$g_{m1} \leq g_{m2} \leq g_{m3} \leq \cdots,$$

ist ferner $\gamma_1 + \gamma_2 + \cdots$ eine pos. conv. Reihe und setzt man

$$c_n \leq \frac{\gamma_n}{g_{nn}} \quad ,$$

so ist für $n \geq m$ in $K_m : |c_ng_n(x)| \leq c_ng_{nm} \leq c_ng_{nn} \leq \gamma_n$, d. h. die Reihe $\sum c_ng_n(x)$ convergirt in K_m gleichmässig und ist für $|z| < m$ regulär, also in der ganzen Ebene.
Man kann insbesondere die c_n rational annehmen, aber so, dass $\sum c_n = c$ irrational ist (indem man die c_n, wenn nöthig, verkleinert).
Sind nun $r_1, r_2, \ldots$ die pos. rat. Zahlen, in eine Folge gebracht, und setzt man

$$g_1(x) = 1, \quad g_2(x) = 1 - \frac{x}{r_1}, \quad g_3(x) = (1 - \frac{x}{r_1})(1 - \frac{x}{r_2}), \ldots$$
$$f(x) = c_1g_1(x) + c_2g_2(x) + c_3g_3(x) + \cdots,$$

wo die c_n wie oben bestimmt sind, so ist

$$f(r_1) = c_1, \quad f(r_2) = c_1 + c_2(1 - \frac{r_2}{r_1}),$$
$$f(r_3) = c_1 + c_2(1 - \frac{r_3}{r_1}) + c_3(1 - \frac{r_3}{r_1})(1 - \frac{r_3}{r_2}), \ldots$$

$f(0) = c_1 + c_2 + c_3 + \cdots$; $f(r_n)$ rational, $f(0)$ irrational. Natürlich kann man die Werthe $f(r_n)$ nicht beliebig vorschreiben (denn schon die eines noch so kleinen Intervalls würden $f(x)$ bestimmen); wenn man die ob. Gl. nach $c_1\ c_2\ c_3 \ldots$ auflöst, würden diese Const. im Allg. nicht eine ganze F. $\sum c_ng_n(x)$ ergeben.

Kommentar

R. Remmert

Diese elegante Kurznotiz zeigt wieder einmal den „mathematicus ludens" HAUSDORFF mit seinem Faible für scheinbare Paradoxien des Unendlichen. Ein Routineargument gibt ihm in wenigen Zeilen eine ganze transzendente Funktion mit einem bizarren Werteverhalten. Bis heute faszinieren solche fein geschliffenen, luziden Steine das Publikum. FELIX KLEIN nannte ADOLF HURWITZ einmal einen „Aphoristiker"; diese Auszeichnung verdient auch FELIX HAUSDORFF.

Ganze *transzendente* Funktionen mit merkwürdigem Werteverhalten waren bereits WEIERSTRASS bekannt. 1886 widerlegte er in einem Brief an KOENIGSBERGER, der erst 1923 in den Acta Mathematica 39, 238–239, veröffentlicht wurde, die Vorstellung, daß ganze Funktionen mit rationalen Koeffizienten, die für alle rationalen Argumente rationale Werte haben, Polynome sein müssen. Mittels der Cantorschen Abzählungsmethode konstruierte er ganze transzendente Funktionen mit lauter rationalen Koeffizienten, die für alle algebraischen (rationalen) Argumente algebraische (rationale) Werte haben. Im Anschluß hieran gab STÄCKEL 1895 in den Mathematischen Annalen 64, 513–520, ganze transzendente Funktionen an, die eine gegebene abzählbare Menge $A \subset \mathbb{C}$ in eine gegebene dichte Menge $B \subset \mathbb{C}$ abbilden.

NL HAUSDORFF: Kapsel 44: Fasz. 826

Die Laguerreschen Polynome

Hs. Ms. – [Greifswald], vermutl. 1916–1920]. – 4 Bll.

Die Laguerreschen Polynome.

$$L_n(x) = \frac{e^x}{n!}\frac{d^n}{dx^n}\left(e^{-x}x^n\right) = \sum_h \binom{n}{h}(-1)^h\frac{x^h}{h!} \tag{1}$$
$$= 1 - \binom{n}{1}\frac{x}{1!} + \binom{n}{2}\frac{x^2}{2!} - \cdots + (-1)^n\frac{x^n}{n!}$$

Nach der Lagrangeschen Formel ist mit

$$x = y - t\varphi(y)$$
$$g(y) = g(x) + tg'(x)\varphi(x) + \frac{t^2}{2!}D[g'(x)\varphi(x)^2] + \frac{t^3}{3!}D^2[g'(x)\varphi(x)^3] + \cdots$$

(für hinr. kleine t; $\varphi(y), g(y)$ an der Stelle x regulär). $D = \frac{d}{dx}$. Oder

$$g'(y)\frac{dy}{dx} = g'(x) + tD[g'(x)\varphi(x)] + \frac{t^2}{2!}D^2[g'(x)\varphi(x)^2] + \cdots$$

Mit $\quad \varphi(y) = y, \quad g(y) = e^{-y}$

$$x = y(1-t) \quad , \quad y = \frac{x}{1-t}$$
$$\frac{e^{-\frac{x}{1-t}}}{1-t} = \sum_n \frac{t^n}{n!}D^n(e^{-x}x^n) = \sum_n t^n e^{-x}L_n(x), \text{ also}$$

$$\frac{e^{-\frac{t}{1-t}x}}{1-t} = \sum_n L_n(x)t^n \tag{2}$$

Hieraus folgt

$$\sum u^m v^n \int_0^\infty e^{-x}L_m(x)L_n(x)dx = \frac{1}{(1-u)(1-v)}\int_0^\infty e^{-x\left(1+\frac{u}{1-u}+\frac{v}{1-v}\right)}dx$$
$$= \frac{1}{(1-u)(1-v)}\int_0^\infty e^{-x\frac{1-uv}{(1-u)(1-v)}dx} = \frac{1}{1-uv},$$

also

$$\int_0^\infty \mathrm{e}^{-x} L_m(x) L_n(x) dx = \varepsilon_{mn} = \frac{1}{0} \text{ für } m \underset{\neq}{=} n \,. \tag{3}$$

Bl. 1v | Setzt man die linke Seite von (2)

$$\varphi = \frac{\mathrm{e}^{-\frac{tx}{1-t}}}{1-t} \quad ,$$

es folgt

$$\varphi_t = \varphi \left[\frac{1}{1-t} - \frac{x}{(1-t)^2} \right] = \varphi \left[\frac{1-x}{1-t} - \frac{xt}{(1-t)^2} \right],$$

$$\varphi_x = -\varphi \frac{t}{1-t} \quad , \quad \varphi_{xx} = \varphi \frac{t^2}{(1-t)^2},$$

$$\text{also} \quad t\varphi_t + (1-x)\varphi_x + x\varphi_{xx} = 0$$

und mit Einsetzung der Reihe (2)

$$nL_n + (1-x)L_n' + xL_n'' = 0 \tag{4}$$

Aus $(1-t)\varphi_x + t_\varphi = 0$ folgt ferner

$$L_{n+1}' - L_n' + L_n = 0$$

und damit aus (4)

$$nL_n - 2(n+1)L_{n+1} + (n+2)L_{n+2} + (1-x)(L_n - L_{n+1}) + xL_n = 0$$

oder

$$(n+1)L_n - (2n+3-x)L_{n+1} + (n+2)L_{n+2} = 0 \tag{5}$$

Alle Wurzeln von $L_n(x) = 0 \quad (n \geq 1)$ sind einfach und positiv (folgt aus der
Bl. 2 Orthogonalität (3) oder aus den Recursionsformeln). |

Die Hermiteschen Polynome.

$$H_n(x) = (-1)^n \mathrm{e}^{\frac{1}{2}x^2} \frac{d^n \left(\mathrm{e}^{-\frac{1}{2}x^2} \right)}{dx^n} \tag{1}$$

Es ist

$$\mathrm{e}^{-\frac{1}{2}(x-t)^2} = \sum \frac{d^n \left| \mathrm{e}^{-\frac{1}{2}x^2} \right|}{dx^n} (-1)^n \frac{t^n}{n!}$$

$$\mathrm{e}^{xt-\frac{1}{2}t^2} = \sum H_n(x) \frac{t^n}{n!} \tag{2}$$

Also, da die linke Seite

$$= \sum \frac{x^h t^n}{h!} \cdot \frac{(-1)^k t^{2k}}{2^k k!} = \sum_n \frac{t^n}{n!} \sum_{h+k=n} (-1)^k \frac{x^h n!}{2^k h! k!}$$

$$\begin{aligned} H_n(x) &= \sum (-1)^k \frac{n!}{(n-2k)! 2^k k!} x^{n-2k} \\ &= \sum (-1)^k \binom{n}{2k} \frac{(2k)!}{2^k k!} x^{n-2k} \\ &= \sum (-1)^k \binom{n}{2k} 1 \cdot 3 \cdots (2k-1) x^{n-2k} \\ &= x^n - \binom{n}{2} \cdot 1 \cdot x^{n-2} + \binom{n}{4} \cdot 1 \cdot 3 \cdot x^{n-4} - \binom{n}{6} 1 \cdot 3 \cdot 5 \cdot x^{n-6} + \cdots \end{aligned} \tag{1*}$$

Aus (2) folgt

$$\sum \frac{u^m x^n}{m! n!} \int_{-\infty}^{+\infty} \mathrm{e}^{-\frac{1}{2}x^2} H_m(x) H_n(x) dx = \int_{-\infty}^{+\infty} \mathrm{e}^{-\frac{1}{2}x^2 + x(u+v) - \frac{1}{2}(u^2+v^2)} dx$$
$$= \int_{-\infty}^{+\infty} \mathrm{e}^{-\frac{1}{2}x^2 + uv} dx = \sqrt{2\pi}\, \mathrm{e}^{uv},$$

also

$$= \int_{-\infty}^{+\infty} \mathrm{e}^{-\frac{1}{2}x^2} H_m(x) H_n(x) dx = \varepsilon_{mn} \cdot \sqrt{2\pi}\, n! \tag{3}$$

Mit $\varphi = \mathrm{e}^{xt - \frac{1}{2}t^2}$ ist Bl. 2v

$$\varphi_t = \varphi \cdot (x - t), \quad \varphi_x = \varphi \cdot t, \quad \varphi_{xx} = \varphi \cdot t^2$$

$$t\varphi_t - x\varphi_x + \varphi_{xx} = 0$$

oder

$$nH_n - xH_n' + H_n'' = 0 \tag{4}$$

Aus $\varphi_x = \varphi t$ folgt ferner

$$H_n' = nH_{n-1}$$

und aus (4) damit

$$H_{n+2} - xH_{n+1} + (n+1)H_n = 0\,. \tag{5}$$

Bl. 3 Die Wurzeln von $H_n(x) = 0$ sind reell und einfach.

Die ? schen Polynome.

Es ist

$$\int_{-\infty}^{+\infty} \frac{e^{i\gamma y}}{\operatorname{ch} \frac{\pi}{2} y} dy = \frac{2}{\operatorname{ch} \gamma} \tag{1}$$

für $|I(\gamma)| < \frac{\pi}{2}$
Nehmen wir $\gamma = -i\alpha$ rein imaginär an:

$$\int_{-\infty}^{+\infty} \frac{e^{+\alpha y}}{\operatorname{ch} \frac{\pi}{2} y} dy = \frac{2}{\cos \alpha} \quad \text{für} \quad |\alpha| < \frac{\pi}{2}; \quad \alpha \text{ reell.} \tag{2}$$

Denken wir uns

$$e^{+\alpha y} \cos \alpha = \sum \varphi_n(y) \operatorname{tg} \alpha^n \tag{3}$$

nach Potenzen von $\operatorname{tg} \alpha$ entwickelt. Es ist dann für hinl. kleine α, β

$$\frac{2}{\cos(\alpha + \beta)} = \int_{-\infty}^{+\infty} \frac{e^{+\alpha y} e^{+\beta y}}{\operatorname{ch} \frac{\pi}{2} y} dy = \frac{1}{\cos \alpha \cos \beta} =$$

$$\sum \operatorname{tg} \alpha^m \operatorname{tg} \beta^n \int_{-\infty}^{+\infty} \frac{\varphi_m(y) \varphi_n(y)}{\operatorname{ch} \frac{\pi}{2} y} dy$$

$$\frac{2}{1 - \operatorname{tg} \alpha^m \operatorname{tg} \beta} = \sum \operatorname{tg} \alpha \operatorname{tg} \beta^n \int_{-\infty}^{+\infty} \frac{\varphi_m(y) \varphi_n(y)}{\operatorname{ch} \frac{\pi}{2} y} dy,$$

also

$$\int_{-\infty}^{+\infty} \frac{\varphi_m(y) \varphi_n(y)}{\operatorname{ch} \frac{\pi}{2} y} dy = 2\varepsilon_{mn}. \tag{4}$$

Die niedrigsten Polynome sind

$$\varphi_0 = 1, \quad \varphi_1 = +y, \quad \varphi_2 = \frac{1}{2!} \left(y^2 - 1\right), \quad \varphi_3 = +\frac{1}{3!} \left(y^3 - 5y\right),$$
$$\varphi_4 = \frac{1}{4!} \left(y^4 - 14y^2 + 9\right), \ldots$$

Man kann sie durch die Eulerschen Zahlen $\mathcal{E}_n$ darstellen, die Coeff. in

$$\frac{1}{\cos x} = \sum \mathcal{E}_n \frac{x^n}{n!}$$

($\mathcal{E}_1 = \mathcal{E}_3 = \cdots = 0; \quad \mathcal{E}_0 = 1,\ \mathcal{E}_2 = 1,\ \mathcal{E}_4 = 5,\ \mathcal{E}_6 = 61,\ \mathcal{E}_8 = 1385, \cdots$).
Aus (1) folgt dann durch Entw. nach Potenzen von γ

$$\int_{-\infty}^{+\infty} \frac{y^n}{\operatorname{ch} \frac{\pi}{2} y} dy = 2\mathcal{E}_n.$$

Da nun Bl. 3v

$$\int \frac{\varphi_n(x)x^m}{\operatorname{ch}\frac{\pi}{2}x}dx = 0$$

für $m < n$, so folgt für

$$\begin{aligned}&\varphi_n(x) = a_0 + a_1x + \cdots + a_nx^n\\&a_0\mathcal{E}_m + a_1\mathcal{E}_{m+1} + \cdots + a_n\mathcal{E}_{m+n} = 0 \quad (m = 0, 1, \ldots, n-1)\end{aligned}$$

und daher

$$\varphi_n(x) = \text{const.}\begin{vmatrix} 1 & x & x^2 & \cdots & x^n\\ \mathcal{E}_0 & \mathcal{E}_1 & \mathcal{E}_2 & \cdots & \mathcal{E}_n\\ \mathcal{E}_1 & \mathcal{E}_2 & \mathcal{E}_3 & \cdots & \mathcal{E}_{n+1}\\ \mathcal{E}_{n-1} & \mathcal{E}_n & \mathcal{E}_{n+1} & \cdots & \mathcal{E}_{2n-1}\end{vmatrix}$$

Z. B.

$$\varphi_2 \sim \begin{vmatrix}1 & x & x^2\\ 1 & 0 & 1\\ 0 & 1 & 0\end{vmatrix} = x^2 - 1$$

$$\varphi_3 \backsim \begin{vmatrix}1 & x & x^2 & x^3\\ 1 & 0 & 1 & 0\\ 0 & 1 & 0 & 5\\ 1 & 0 & 5 & 0\end{vmatrix} = 4(x^3 - 5x) \quad \text{usw.}$$

Setzen wir $\varphi_n = \frac{1}{n!}P_n(y)$, so ist

$$e^{\alpha y}\cos\alpha = \sum \frac{P_n(y)}{n!}\operatorname{tg}\alpha^n$$

oder

$$\frac{e^{x\,\operatorname{arctg} t}}{\sqrt{1+t^2}} = \sum \frac{P_n(x)}{n!}t^n \tag{5}$$

Die linke Seite $= \varphi$ gesetzt, giebt

$$\varphi_t = \varphi \cdot \frac{x-t}{1+t^2}$$

$$\sum P_n\frac{t^{n-1}}{(n-1)!} + \sum P_n\frac{t^{n+1}}{(n-1)!} = \sum xP_n\frac{t^n}{n!} - \sum P_n\frac{t^{n+1}}{n!}$$ Bl. 4

$$\sum P_{n+1}\frac{t^n}{n!} + \sum P_n\frac{(n+1)t^{n+1}}{n!} = \sum xP_n\frac{t^n}{n!}$$

woraus folgt

$$
\begin{aligned}
&P_{n+1} + n^2 P_{n-1} = xP_n \quad : \\
&P_{n+1} = xP_n - n^2 P_{n-1} \\
&P_0 = 1, \quad P_1 = x, \quad P_2 = x^2 - 1, \quad P_3 = x^3 - x - 4x = x^3 - 5x, \\
&P_4 = x^4 - 5x^2 - 9(x^2 - 1) = x^4 - 14x^2 + 9, \\
&P_5 = x^5 - 14x^3 + 9x - 16(x^3 - 5x) = x^5 - 30x^3 + 89x, \ \ldots
\end{aligned}
\tag{6}
$$

Es ist

$$DP_m P_n = \varepsilon_{mn} m! n! \quad \left(D\varphi(x) = \frac{1}{2} \int_{-\infty}^{+\infty} \frac{\varphi(x)}{\operatorname{ch} \frac{\pi}{2} x} dx \right)$$

Andererseits war

$$P_n(x) = \begin{vmatrix} \mathcal{E}_0 & \mathcal{E}_1 & \cdots & \mathcal{E}_n \\ \mathcal{E}_1 & \mathcal{E}_2 & \cdots & \mathcal{E}_{n+1} \\ & & \cdots & \\ \mathcal{E}_{n-1} & \mathcal{E}_n & \cdots & \mathcal{E}_{2n-1} \\ 1 & x & \cdots & x^n \end{vmatrix} : \Delta_{n-1}, \quad \Delta_n = \begin{vmatrix} \mathcal{E}_0 \cdots \mathcal{E}_n \\ \cdots \\ \mathcal{E}_n \cdots 2n \end{vmatrix}$$

Da nun $P_n(x) = x^n - (P_{n-2}, \ldots)$, so ist

$$
\begin{aligned}
&DP_n(x) x^n = DP_n(x)^2, \quad \text{folglich} \quad (Dx^m = \mathcal{E}_m) \\
&\Delta_n : \Delta_{n-1} = n!^2 \quad , \\
&\Delta_n = (1!\,2! \ldots n!)^2 \quad (\Delta_0 = 1)
\end{aligned}
$$

Z. B.

$$\begin{vmatrix} 1 & 0 & 1 \\ 0 & 1 & 0 \\ 1 & 0 & 5 \end{vmatrix} = 4 = (2!)^2; \quad \begin{vmatrix} 1 & 0 & 1 & 0 \\ 0 & 1 & 0 & 5 \\ 1 & 0 & 5 & 0 \\ 0 & 5 & 0 & 61 \end{vmatrix} = 4 \cdot 36 = (2!\,3!)^2$$

$$\begin{vmatrix} 1 & 0 & 1 & 0 & 5 \\ 0 & 1 & 0 & 5 & 0 \\ 1 & 0 & 5 & 0 & 61 \\ 0 & 5 & 0 & 61 & 0 \\ 5 & 0 & 61 & 0 & 1385 \end{vmatrix} = 4 \cdot 36 \cdot 576 = (2!\,3!\,4!)^2 \quad .$$

Anmerkung

[1] HAUSDORFF schreibt hier und im folgenden $\operatorname{tg} \alpha^m$ für $(\operatorname{tg} \alpha)^m$.

Commentary

S. D. Chatterji

This paper (undated, estimated to be from 1916–1920) is a small testimony of HAUSDORFF's long-standing interest in all aspects of the theory of orthogonal polynomials. Its main novelty lies in the explicit calculation of the orthogonal polynomials *(Die ? schen Polynome)* associated with the weight function

$$\rho(x) = \frac{1}{2\,ch\frac{\pi}{2}x}, \quad -\infty < x < \infty.$$

Of course, the general formulae (in determinantal form) for the orthogonal polynomials associated with any weight function (or positive measure) have been known since the 19th century: see, for example, G. SZEGÖ, *Orthogonal polynomials*, American Mathematical Society, Providence, 3rd ed. 1967 (1st ed. 1939), p. 23, formula (2.1.6) which immediately yields the form of $\varphi_n(x)$ (Bl. 3v). However, the special form of ρ gives rise to attractive formulae based on EULER numbers. These ?-polynomials donot appear to have been recorded in the literature; they would seem to be a welcome addition to the rather limited lists of simple orthogonal polynomials given in standard books.

The formulae given for LAGUERRE and HERMITE polynomials are all well-known and can be found in many places (including the above reference to SZEGÖ). The unified method used for all the three polynomials systems, based on their generating functions $\varphi(t, x)$ of the same general structure (cf. (2) Bl. 1, (2) Bl. 2, (5) Bl. 3v), is of admirable efficiency although not unknown in the literature. The use of LAGRANGE's formula for power series expansions in the derivation of the generating function for the LAGUERRE polynomials appears to be well-known also; cf. P. HENRICI, *Applied and computational complex analysis,* vol. 1, Wiley, New York, 1974, p. 119; a modern form of LAGRANGE-BÜRMANN series is given in HENRICI (ibid., chapter 1) along with appropriate classical references (ibid., p. 65).

NL HAUSDORFF: Kapsel 45

Fasz. 913

Zu meiner Note: Summationsmethoden und Momentfolgen II

Hs. Ms. – [Greifswald, Bonn, vermutl. nach 8. 9. 1920]. – 6 Bll.

Fasz. 921

Total monotone Folgen und Functionen

Hs. Ms. – [Greifswald], 25. 10. 1920 u. 24. 2. 1921. – 4 Bll.

Fasz. 924

Total monotone Folgen und Funktionen

Hs. Ms. – [Greifswald], 23. 12. 1920. – 4 Bll.

Fasz. 915

Total monotone Folgen im Convergenzfall

Hs. Ms. – [Greifswald], 26. 12. 1920. – 4 Bll.

Fasz. 920

[Notwendige Bedingung für die Lösbarkeit des Momentenproblems im Konvergenzfall]

Hs. Ms. – [Greifswald], 16. u. 18. 1. 1921. – 2 Bll.

Fasz. 916

Convergenzfall

Hs. Ms. – [Greifswald, Bonn], 19. 1. u. 15. 2. 1921; 14. 11. 1923. – 4 Bll.

Fasz. 914

Das Momentproblem im Convergenzfall

Hs. Ms. – [Bonn], 21. 7. 1921. – 10 Bll.

Fasz. 913

Zu meiner Note: Summ. meth. u. Momentfolgen II.

T sei eine Menge reeller Zahlen t, $\mu(t)$ in T definierte reelle Funktion; sie heisst in T total monoton, wenn für je $p+1$ verschiedene Werte $t_0, \ldots, t_p$ stets

$$(-1)^p \begin{pmatrix} \mu(t_0) & \mu(t_1) & \cdots & \mu(t_p) \\ t_0 & t_1 & \cdots & t_p \end{pmatrix} \geq 0$$

Ist $t_0, t_1, \ldots$ eine Folge verschiedener reeller Zahlen, $\mu_0, \mu_1, \ldots$ eine Folge reeller Zahlen, so heisst μ_p bezüglich t_p total monoton, wenn

$$(-1)^{p-m} \begin{pmatrix} \mu_m & \cdots & \mu_p \\ t_m & \cdots & t_p \end{pmatrix} \geq 0 \qquad (0 \leq m \leq p).$$

Hierbei ist eine bestimmte Ordnung der t_p ins Auge gefasst. μ_p heisse bez. t_p *unbedingt* total monoton, wenn die durch $\mu(t_p) = \mu_p$ in der Menge $T = \{t_0, t_1, \cdots\}$ definierte Funktion total monoton ist. (Das ist damit gleichbedeutend, dass auch für jede Permutation die permutierte Folge μ_p bezüglich der permutierten Folge t_p total monoton ist, oder dass jede Teilfolge μ_p bezüglich der Teilfolge
Bl. 2 t_p total monoton ist). |

Wenn $t_0 < t_1 < \cdots$ (oder auch, wenn $t_0 > t_1 > \cdots$), so ist eine bezüglich t_p total monotone Folge μ_p unbedingt total monoton.

Denn man hat (Note II, S.282) für $0 < n < p$

$$\begin{pmatrix} \mu_0 & \cdots & \mu_{n-1} & \mu_{n+1} & \cdots & \mu_p \\ t_0 & \cdots & t_{n-1} & t_{n+1} & \cdots & t_p \end{pmatrix} - \begin{pmatrix} \mu_1 & \cdots & \mu_n & \cdots & \mu_p \\ t_1 & \cdots & t_n & \cdots & t_p \end{pmatrix} = (t_0 - t_n) \begin{pmatrix} \mu_0 & \cdots & \mu_p \\ t_0 & \cdots & t_p \end{pmatrix}$$

$$(-1)^{p-m+1} \begin{pmatrix} \mu_0 & \cdots & \mu_{n-1} & \mu_{n+1} & \cdots & \mu_p \\ t_0 & \cdots & t_{n-1} & t_{n+1} & \cdots & t_p \end{pmatrix} = (-1)^{p-m+1} \begin{pmatrix} \mu_1 & \cdots & \mu_p \\ t_1 & \cdots & t_p \end{pmatrix} + (t_n - t_0)(-1)^{p-m} \begin{pmatrix} \mu_0 & \cdots & \mu_p \\ t_0 & \cdots & t_p \end{pmatrix},$$

wo die rechte Seite ≥ 0 ist falls $t_0 < t_1 < \cdots$ (Für $t_0 > t_1 > \cdots$ lasse man die Indizes $0, p$ die Rollen tauschen). D. h. man kann, ohne Änderung der totalen Monotonie, aus der Folge ein Glied weglassen und durch Wiederholung dieses Schrittes zu einer beliebigen Teilfolge gelangen.

Die Variable u durchlaufe das Intervall $[0,1]$; Ausdrücke der Form

$$f(u) = \alpha_0 u^{t_0} + \alpha_1 u^{t_1} + \cdots + \alpha_p u^{t_p} \quad (\text{alle } t_m \geq 0)$$

nennen wir *Quasipolynome* und ordnen diesem Q.P. die Zahl

$$\mathcal{M}f = \alpha_0\mu_0 + \alpha_1\mu_1 + \cdots + \alpha_p\mu_p,$$

das *Moment* von f zu. Bl. 3

Damit es für eine Folge verschiedener Zahlen

$$t_0 = 0,\ t_p > 0 \quad (p = 1, 2, \ldots)$$

eine für $t \geq 0$ totalmonotone Funktion $\mu(t)$ mit $\mu(t_p) = \mu_p$ gebe, ist notwendig und hinreichend, dass die Momentbildung $\mathcal{M}$ von positivem Typus sei, d. h. für jedes in [0, 1] nichtnegative Quasipolynom $f(u)$ $\mathcal{M}f \geq 0$ sei.

Notwendig. Nach Satz III ist

$$\mu(t) = \int_0^1 u^t\, d\chi(u)$$

eine Momentfunktion; für ein Quasipolynom ist

$$\mathcal{M}f = \int_0^1 f(u)\, d\chi(u),$$

woraus die Behauptung unmittelbar folgt. Übrigens ist, falls $\mu_0 = \mathcal{M}u^{t_0} = \mathcal{M}1 > 0$ (für $\mu_0 = 0$ sind alle $\mu_p = 0$) für ein in $[0,1]$ positives Quasipolynom $f(u)$ auch $\mathcal{M}f > 0$, denn wir haben $f(u) - \varepsilon \geq 0 \quad (\varepsilon > 0), \quad \mathcal{M}f - \varepsilon\mu_0 \geq 0.$

Hinreichend. Da bei festem u $(0 \leq u \leq 1)$ u^t als Funktion von t total monoton für $t \geq 0$ ist, so ist

$$(-1)^p \begin{pmatrix} u^{t_0} & u^{t_1} & \cdots & u^{t_p} \\ t_0 & t_1 & \cdots & t_p \end{pmatrix} \geq 0$$

für $0 \leq u \leq 1$, also Bl. 4

$$(-1)^p \begin{pmatrix} \mu_0 & \mu_1 & \cdots & \mu_p \\ t_0 & t_1 & \cdots & t_p \end{pmatrix} \geq 0,$$

μ_p bezüglich t_p totalmonoton. In Note II ist gezeigt, dass, wenn $\sum_1^\infty \frac{1}{t_p}$ divergiert und $t_p \to \infty$, eine (und nur eine) Funktion $\mu(t)$ mit den verlangten Eigenschaften existiert. Wenn nun die t_p ganz willkürlich sind, aber $\mathcal{M}$ von positivem Typus ist, so schliessen wir, dass sich zu jeder Stelle $t \neq t_p$ ein μ bestimmen lässt so, dass auch die erweiterte Folge $\mu, \mu_0, \ldots$ bezüglich $t, t_0, \ldots$ noch Momentbildung von positivem Typus liefert. Es soll jetzt für

$$F(u) = \alpha_0 + \alpha_1 u^{t_1} + \cdots + \alpha_p u^{t_p} + \alpha u^t \geq 0$$

$\mathcal{M}F \geq 0$ sein. Es genügt, dies für $\alpha = \pm 1$ zu fordern; d.h. wenn

$$g(u) = \beta_0 + \beta_1 u^{t_1} + \cdots + \beta_p u^{t_p} \geq u^t \geq \gamma_0 + \gamma_1 u^{t_1} + \cdots + \gamma_p u^{t_p} = h(u),$$

so soll $\mathcal{M}g \geq \mu \geq \mathcal{M}h$ sein; da aber $g(t) \geq h(t)$, so ist $\mathcal{M}g \geq \mathcal{M}h$; die $\mathcal{M}g$ für $g(t) \geq u^t$ haben ein Infimum $\overline{\mu}$, die $\mathcal{M}h$ für $h(t) \leq u^t$ ein Supremum $\underline{\mu} \leq \overline{\mu}$, und man erfüllt unsere Bedingung, indem man μ gemäss $\underline{\mu} \leq \mu \leq \overline{\mu}$ wählt. Indem man
Bl. 5 diese Einschaltung von Wertpaaren abzählbar oft wiederholt, erhält man, wenn man will, eine erweiterte Folge t'_p mit divergenter $\sum_1^\infty \frac{1}{t'_p}$ und eine bezüglich t'_p total monotone Folge μ'_p; es giebt dann eine für $t \geq 0$ total monotone Funktion $\mu(t)$ mit $\mu(t'_p) = \mu'_p$, die also auch die ursprünglichen Werte $\mu(t_p) = \mu_p$ hat. Es kann, wenn $\sum_1^\infty \frac{1}{t_p}$ konvergent oder nicht $t_p \to \infty$ war, mehrere oder eine einzige Funktion $\mu(t)$ mit $\mu(t_p) = \mu_p$ geben.

Fasz. 921

25. 10. 20

Total monotone Folgen und Functionen

t_p (paarweise verschieden, $p = 0, 1, \ldots$); μ_p beliebig:

$$\begin{pmatrix} \mu_0 & \cdots & \mu_p \\ t_0 & \cdots & t_p \end{pmatrix} = \sum_{m=0}^{p} \frac{\mu_m}{(t_m - t_0) \cdots (t_m - t_{m-1})(t_m - t_{m+1}) \cdots (t_m - t_p)}$$

t_p, μ_p reell. μ_p bezügl. t_p total monoton, wenn

$$(-1)^{p-m} \begin{pmatrix} \mu_m & \cdots & \mu_p \\ t_m & \cdots & t_p \end{pmatrix} \geq 0 \quad (0 \leq m \leq p).$$

Eine in einem (offenen oder halboffenen oder abgeschlossenen, endlichen oder unendlichen) Intervall definirte Function $\mu(t)$ heisse total monoton, wenn für irgend $p + 1$ versch. Werthe dieses Intervalls

$$(-1)^p \begin{pmatrix} \mu(t_0) & \cdots & \mu(t_p) \\ t_0 & \cdots & t_p \end{pmatrix} \geq 0,$$

d. h. wenn $\mu(t_p)$ bezügl. t_p total monoton ist für jede Folge t_p von Zahlen des Intervalls.

Frage: giebt es zu einer vorgeschr. bez. t_p total monotonen Folge μ_p eine (in einem die t_p enthaltenden Intervall definirte) tot. mon. F. $\mu(t)$ derart, dass $\mu(t_p) = \mu_p$? Giebt es eine oder mehrere? Wie lassen sie sich darstellen?

Eine nothw. Bedingung für Existenz von $\mu(t)$ ist, dass auch jede Theilfolge μ_q bezügl. t_q total monoton sei, oder, was offenbar dasselbe ist, dass die tot. Monotonie der Folge bei jeder Umordnung (Permutation) erhalten bleibe: *unbedingte* totale Monotonie. (Beides kommt darauf hinaus: für je $p+1$ verschiedene Indices $m_0, m_1, \ldots, m_p$ soll

$$(-1)^p \begin{pmatrix} \mu_{m_0} & \mu_{m_1} & \cdots & \mu_{m_p} \\ t_{m_0} & t_{m_1} & \cdots & t_{m_p} \end{pmatrix} \geq 0$$

sein.) Bl. 1v

Es giebt total monotone Folgen, die nur bedingt, nämlich in der ursprünglichen Anordnung, total monoton sind. Beispiel: für $\mu_2 = \mu_3 = \cdots = 0$ wird (wenn der Kürze halber

$$\begin{pmatrix} \mu_0 & \cdots & \mu_p \\ t_0 & \cdots & t_p \end{pmatrix} = (0 \cdots p)$$

gesetzt wird)

$$(0) = \mu_0, \quad (0\,1) = \frac{\mu_0 - \mu_1}{t_0 - t_1}, \quad (1) = \mu_1,$$

$$(01 \cdots p) = \frac{\mu_0}{(t_0 - t_1)(t_0 - t_2) \cdots (t_0 - t_p)} + \frac{\mu_1}{(t_1 - t_0)(t_1 - t_2) \cdots (t_1 - t_p)} (p \geq 2),$$

$$(0\,2 \cdots p) = \frac{\mu_0}{(t_0 - t_2) \cdots (t_0 - t_p)},$$

$$(1\,2 \cdots p) = \frac{\mu_1}{(t_1 - t_2) \cdots (t_1 - t_p)}$$

(die übrigen sind 0). Setzen wir etwa $t_0 = 1$, $t_1 = 0$, für $p \geq 2$ hingegen $0 < t_p < \frac{1}{2}$, so wird $(0) = \mu_0$, $(0\,1) = \mu_0 - \mu_1$, $(1) = \mu_1$,

$$(0\,1 \cdots p) = \frac{\mu_0}{(1 - t_2) \cdots (1 - t_p)} + (-1)^p \frac{\mu_1}{t_2 t_3 \cdots t_p},$$

$$(0\,2 \cdots p) = \frac{\mu_0}{(1 - t_2) \cdots (1 - t_p)}, \quad (1\,2 \cdots p) = (-1)^{p-1} \frac{\mu_1}{t_2 t_3 \cdots t_p}.$$

Die Bedingungen für tot. Mon. von $0\,1\,2 \cdots$ sind $\mu_0 \geq 0, \quad \mu_1 - \mu_0 \geq 0,$

$$(-1)^p \frac{\mu_0}{(1 - t_2) \cdots (1 - t_p)} + \frac{\mu_1}{t_2 t_3 \cdots t_p} \geq 0, \quad \frac{\mu_1}{t_2 \cdots t_p} \geq 0$$

und werden für $\mu_1 > \mu_0 > 0$ erfüllt, während dann $(-1)^{p-1}(0\,2 \cdots p)$ das Zeichen $(-1)^{p-1}$ hat, also $0\,2\,3 \cdots$ keine total monotone Folge liefert. Bl. 2

Sei t_0 das kleinste der t_p; wir können $t_0 = 0$, $t_p > 0$ $(p \geq 1)$ annehmen und die Bezeichnungen meiner Arbeit (Summ.meth. u. Mom.f. II) einführen. Es sei

$$\underline{\lim}\, t_p = \tau > 0$$

(ev. kann auch $\tau = \infty$, $t_p \to \infty$ sein). Wir haben

$$f_p(t) - f_n(t) = - \sum_{m=n+1}^{p} \lambda_{m,0} \left(1 - \frac{t}{t_1}\right) \cdots \left(1 - \frac{t}{t_{m-1}}\right) \frac{t}{t_m} \tag{1}$$

$$= - \sum_{m=n+1}^{p} \lambda_{m,0} [\vartheta_{m-1}(t) - \vartheta_m(t)] ,$$

wobei

$$\vartheta_m(t) = \left(1 - \frac{t}{t_1}\right) \cdots \left(1 - \frac{t}{t_m}\right) \quad (\vartheta_0(t) = 1)$$

gesetzt wurde. Also

$$\begin{aligned} f_p(t) - f_n(t) &= -\sum_{m=n}^{p-1} \lambda_{m+1,0}\, \vartheta_m(t) + \sum_{m=n+1}^{p} \lambda_{m,0}\, \vartheta_m(t) \qquad (2) \\ &= \sum_{m=n}^{p-1} (\lambda_{m,0} - \lambda_{m+1,0}) \vartheta_m(t) - \lambda_{n,0}\, \vartheta_n(t) + \lambda_{p,0}\, \vartheta_p(t) \end{aligned}$$

Unterscheiden wir:

(A) $\sum_1^\infty \frac{1}{t_p}$ convergent (wo jedenfalls $\tau = \infty$). Hier ist nach (1)

$$\begin{aligned} |f_p(t) - f_n(t)| &\leq \sum_{m=n+1}^{p} \lambda_{m,0} \left(1 + \frac{|t|}{t_1}\right) \cdots \left(1 + \frac{|t|}{t_{m-1}}\right) \cdot \frac{|t|}{t_m} \\ &\leq \mu_0 e^{|t| \sum_1^\infty \frac{1}{t_p}} \cdot |t| \sum_{m=n+1}^{p} \frac{1}{t_m}, \end{aligned}$$

also convergirt $f_p(t)$ in jedem endlichen Kreise $|t| < \rho$ gleichmässig nach einer, folglich in der ganzen t-Ebene regulären, Function $f(t)$. Diese nimmt an den
Bl. 2v Stellen t_p die Werthe μ_p an. |

(B) $\sum_1^\infty \frac{1}{t_p}$ divergent. Hier kann τ endlich oder unendlich sein. Es sei σ eine positive Zahl $< \tau$, δ pos. $< \sigma$, und J das Kreisinnere $|t - \sigma| < \sigma - \delta$. Nun ist für ein bestimmtes ν : $t_n > \sigma$ für $n > \nu$, also für diese n auch

$$|t - t_n| \leq |t - \sigma| + (t_n - \sigma) < t_n - \delta$$

$$\left|1 - \frac{t}{t_n}\right| < 1 - \frac{\delta}{t_n},$$

also

$$\vartheta_n(t) \leq \left|\left(1 - \frac{t}{t_1}\right) \cdots \left(1 - \frac{t}{t_\nu}\right)\right| \left(1 - \frac{\delta}{t_{\nu+1}}\right) \cdots \left(1 - \frac{\delta}{t_n}\right),$$

d. h. $\vartheta_n(t)$ convergirt in J gleichmässig nach 0. Demnach folgt aus (2) (da $\lambda_{m,0} - \lambda_{m+1,0} = t_1 \lambda_{m+1,1} : t_{m+1} \geq 0$) für hinl. grosses n und alle $p > n$, sowie alle Punkte von J:

$$|f_p(t) - f_n(t)| \leq \varepsilon \sum_{m=n}^{p-1} (\lambda_{m,0} - \lambda_{m+1,0}) + \varepsilon \lambda_{n,0} + \varepsilon \lambda_{p,0} = \varepsilon(\lambda_{n,0} + \lambda_{n,0}) \leq 2\varepsilon \mu_0,$$

$f_p(t)$ convergirt in J gleichmässig nach einer regulären Function $f(t)$. Lässt man δ nach 0 und σ nach τ gehen, so erhält man also:

$f(t)$ convergirt für $|t-\tau| < \tau$ (falls $\tau = \infty$, für $\Re t > 0$) und ist in diesem Gebiet G regulär, sie nimmt an den Stellen t_p, die in G fallen, die vorgeschriebenen Werthe μ_p an. | Bl. 3

Untersuchen wir die totale Monotonie dieser Function $f(t)$.

(B) $\sum_1^\infty \frac{1}{t_p}$ divergent. Sei $0 \leq t < \sigma$ ($\sigma < \tau$ wie vorhin) und benutzen wir jetzt den Ausdruck

$$f_p(t) = \sum_{m=0}^{p} \lambda_{p,m} \left(1 - \frac{t}{t_{m+1}}\right) \cdots \left(1 - \frac{t}{t_p}\right) \tag{3}$$

Betrachten wir ein einzelnes Glied dieser Summe:

$$\left(1 - \frac{t}{t_{m+1}}\right) \cdots \left(1 - \frac{t}{t_p}\right)$$

convergirt für $p \to \infty$ nach 0 für $t > 0$ ($t < \sigma$, also ist schliesslich $t_p > t$), nach 1 für $t = 0$, also nach 0^t; $\lambda_{p,m}$ convergirt nach l_m, wobei $l_1 = l_2 = \cdots = 0$; also jedes einzelne Glied convergirt nach 0, bis auf das erste ($m = 0$), das nach $l_0 \cdot 0^t$ convergirt. Sei nun $t_n > \sigma$ für $n > \nu$; dann ist

$$\sum_{m=\nu}^{p} \lambda_{p,m} \left(1 - \frac{t}{t_{m+1}}\right) \cdots \left(1 - \frac{t}{t_p}\right)$$

ein Polynom in $\sigma - t$ mit nichtneg. Coeff., woraus wie in meiner Arbeit geschlossen wird, dass $f(t) = \lim f_p(t)$ für $0 \leq t < \sigma$, d.h. $0 \leq t < \tau$ und (wegen der Stetigkeit an der Stelle $t = \tau$) für $0 \leq t \leq \tau$ total monoton ist.

Also: wenn $t_0 = 0$, $t_p > 0$ $(p \geq 1)$, $\sum_1^\infty \frac{1}{t_p}$ div., $\tau = \underline{\lim}\, t_p > 0$ (ev. $\tau = \infty$) und μ_p bez. t_p total monoton ist, so giebt es eine für $0 \leq t \leq \tau$ total monotone Function, die für $|t - \tau| < \tau$ regulär ist und an den Stellen t_p, die ins Intervall $0 \leq t < 2\tau$ fallen, die Werthe μ_p annimmt. (Speciell für $\tau = \infty$ das Resultat meiner Arbeit.)| Bl. 3v

Wenn alle t_p ins Intervall $0 \leq t \leq \tau$ fallen (so dass $\tau = \lim t_p$), so bleibt von meiner Arbeit der Schluss bestehen, dass μ_m ($m > 0, 0 < t_m < \tau$ vorausgesetzt) durch $\mu_{m+1}, \ldots$ eindeutig bestimmt ist, und daher auch, dass es nur eine im Intervall $[0, \tau]$ total monotone Function mit $\mu_p = \mu(t_p)$ giebt.

(A) $\sum_1^\infty \frac{1}{t_p}$ convergent. Hier kann man die obigen Schlüsse nicht ziehen. Das Polynom (3) ist ein Polynom in $\sigma_1 - t$ ($\sigma_n = \min(t_n, t_{n+1}, \ldots)$) mit nichtneg. Coeff., also ist $f(t)$ für $t \leq \sigma_1$ total monoton. Spaltet man das erste Glied ab:

$$f_p(t) = \lambda_{p,0} \left(1 - \frac{t}{t_1}\right) \cdots \left(1 - \frac{t}{t_p}\right) + f(t) \begin{pmatrix} \mu_1 & \cdots & \mu_p \\ t_1 & \cdots & t_p \end{pmatrix}$$

so wird

$$f(t) = l_0 \left(1 - \frac{t}{t_1}\right) \left(1 - \frac{t}{t_2}\right) \cdots + g(t),$$

$g(t)$ für $t \leq \sigma_2$ total monoton; sodann

$$f(t) = l_0 \left(1 - \frac{t}{t_1}\right)\left(1 - \frac{t}{t_2}\right) \cdots + l_1 \left(1 - \frac{t}{t_2}\right)\left(1 - \frac{t}{t_3}\right) \cdots + h(t),$$

$h(t)$ für $t \leq \sigma_3$ total monoton usw.; aber da hier die $l_m > 0$ sein können, kann man nicht schliessen, dass $f(t)$ für alle reellen t total monoton sei. In der That braucht dies nicht der Fall zu sein, s. letzte S.

Wir schliessen aus dem Fall (B) nach dem Satz von S. Bernstein: Eine für $0 \leq t \leq \tau$ total monotone Function ist für $|t - \tau| < \tau$ regulär. Denn wählen wir etwa die Zahlen $0 = t_0 < t_1 < t_2 < \cdots \to \tau$ und $\mu(t_p) = \mu_p$, so giebt es eine und nur eine in $[0, \tau]$ total monotone Function $f(t)$ mit $f(t_p) = \mu_p$, und diese

Bl. 4 ist für $|t - \tau| < \tau$ regulär;| daher ist $\mu(t) = f(t)$.

Eine für $\alpha \leq t \leq \beta$ tot. monotone Function ist für $|t - \beta| < \beta - \alpha$ regulär. Eine für $\alpha < t < \beta$ tot. monotone Function ist für $|t - \beta'| < \beta' - \alpha'$ regulär ($\alpha' > \alpha$, $\beta' < \beta$), daher ebenfalls für $|t - \beta| < \beta - \alpha$.

Ist $t_0 < t_1 < \cdots$, so ist jede bez. t_p total monotone Folge μ_p *unbedingt* total monoton. Denn man hat

$$\left[(m, \ldots, n) = \begin{pmatrix} \mu_m & \cdots & \mu_n \\ t_m & \cdots & t_n \end{pmatrix}\right]$$

$$(m, \ldots, n-1, n+1, \ldots, p) - (m+1, \ldots, p) = (t_m - t_n)(m, \ldots, p)$$

$$\begin{aligned}(-1)^{p-m-1}(m, \ldots, n-1, n+1, \ldots, p) = (-1)^{p-m-1}&(m+1, \ldots, p) \\ +(t_n - t_m)(-1)^{p-m}&(m, \ldots, p) \geq 0\,,\end{aligned}$$

also ist die Folge $\mu_0, \ldots, \mu_{n-1}, \mu_{n+1}, \ldots$ bez. $t_0, \ldots, t_{n-1}, t_{n+1}, \ldots$ total monoton. So fortfahrend kann man beliebig viele Glieder weglassen und findet

$$(-1)^p \begin{pmatrix} \mu_{m_0} & \mu_{m_1} & \cdots & \mu_{m_p} \\ t_{m_0} & t_{m_1} & \cdots & t_{m_p} \end{pmatrix} \geq 0.$$

Dasselbe gilt für $t_0 > t_1 > \cdots$, wo man

$$(m, \ldots, n-1, n+1, \ldots, p) - (m, \ldots, p-1) = (t_p - t_n)(m, \ldots, p)$$

Bl. 4v in derselben Weise benutzt.|

Eine bez. t_p tot. mon. Folge ist auch unbedingt tot. mon., wenn $0 = t_0 < t_p < \tau \quad (p \geq 1)$ und $\lim t_p = \tau$ (endlich); weil es dann eine tot. monotone Function $\mu(t)$ mit $\mu(t_p) = \mu_p$ giebt.

24/2 20 [1]

Zum Convergenzfall (A). Die Bendixsonsche Reihe $f(t)$ ist hier für alle t regulär. Nimmt man nun z. B. die total monotone Function $\mu(t) = \frac{1}{t+1}$, und construirt zur total monotonen Folge

$$\mu(t_n) = \frac{1}{t_n + 1}$$

die F. $f(t)$, so ist $f(t) \neq \mu(t)$. Entweder ist $f(t)$ also nicht total monoton, oder es giebt zwei verschiedene tot. monotone Functionen mit den vorgeschriebenen Werthen μ_n. Es ergiebt sich hier mit

$$\Delta_p = \left(1 - \frac{t+1}{t_1+1}\right) \cdots \left(1 - \frac{t+1}{t_p+1}\right) \quad (\Delta_0 = 1)\,, \quad \Delta = \lim \Delta_p$$

$$f_p(t) = \frac{1 + t\Delta_p}{1+t} = 1 + \frac{t}{1+t}(\Delta_p - 1) \quad (\frac{\Delta_p - 1}{t+1} \text{ ein Polynom})$$

In der That ist

$$f_p(t_0) = 1, \quad f_p(t_m) = \frac{1}{1+t_m} \quad \text{für } m \leq p,$$

$f_p(t)$ vom Grade p. (Auch leicht auszurechnen). Also

$$f(t) = \frac{1+t\Delta}{1+t} \quad \text{eine g.F.}$$

Sie ist <u>*nicht*</u> für $t \geq 0$ *total monoton.* Denn man hat

$$f_2(t) = 1 - \frac{t}{t_1+1} - \frac{t}{t_2+1} + \frac{t(t+1)}{(t_1+1)(t_2+1)},$$

was z. B. für $t_1 = 1, t_2 = 6, t = 4$ negativ wird; werden also $t_3, t_4, \cdots$ hinlänglich gross angenommen, so wird auch $f(t)$ an dieser Stelle < 0 (Δ nahe an Δ_2).

Auch für $\mu(t) = \mathrm{e}^{-tx}$ $(x > 0)$ convergirt die Bendixsonsche Reihe, deren Summe

$$|f(t)| < A + B|t|\mathrm{e}^{C|t|} \quad (A, B, C \text{ const.}),$$

nicht nach $\mu(t)$, da für neg. t

$$\mu(t) = \mathrm{e}^{x|t|} > |f(t)|,$$

falls $x > C$.

Anmerkung

[1] Es muß richtig 24. 2. 21 heißen.

Fasz. 924

23.12.20

Total monotone Folgen und Funktionen

§1. Mit den Bezeichnungen von Summ.meth. II gilt die Identität

$$\begin{pmatrix} \mu_0\mu_0' & \cdots & \mu_p\mu_p' \\ t_0 & \cdots & t_p \end{pmatrix} = \sum_{n=0}^{p} \begin{pmatrix} \mu_0 & \cdots & \mu_n \\ t_0 & \cdots & t_n \end{pmatrix} \begin{pmatrix} \mu_n' & \cdots & \mu_p' \\ t_n & \cdots & t_p \end{pmatrix} \tag{1}$$

Beweis: Sei

$$\mu_n'' = \mu_n\mu_n', \quad f_p(t) = f\left(t \begin{matrix} \mu_0 & \cdots & \mu_p \\ t_0 & \cdots & t_p \end{matrix}\right),$$

$$f_p'(t) = f\left(t \begin{matrix} \mu_0' & \cdots & \mu_p' \\ t_0 & \cdots & t_p \end{matrix}\right), \quad f_p''(t) = f_p\left(t \begin{matrix} \mu_0'' & \cdots & \mu_p'' \\ t_0 & \cdots & t_p \end{matrix}\right).$$

Es ist

$$f_p''(t) \equiv f_p(t)\, f_p'(t) \qquad (\bmod\ \varphi_p(t))$$

$$= \sum_{m=0}^{p} \begin{pmatrix} \mu_0 & \cdots & \mu_m \\ t_0 & \cdots & t_m \end{pmatrix} \varphi_{m-1}(t) \cdot \sum_{n=0}^{p} \begin{pmatrix} \mu_n & \cdots & \mu_p \\ t_n & \cdots & t_p \end{pmatrix} \frac{\varphi_p(t)}{\varphi_n(t)}$$

$$= \left\{ \sum_{m\le n} + \sum_{m>n} \right\} \begin{pmatrix} \mu_0 & \cdots & \mu_m \\ t_0 & \cdots & t_m \end{pmatrix} \begin{pmatrix} \mu_n & \cdots & \mu_p \\ t_n & \cdots & t_p \end{pmatrix} \varphi_{m-1}(t) \frac{\varphi_p(t)}{\varphi_n(t)}.$$

$\sum_{m>n}$ ist durch $\varphi_p(t)$ theilbar. Also $f_p''(t) \equiv \sum_{m\le n}$, und da hier beide Seiten Polynome vom Grade $\le p$ sind, so gilt statt der Congruenz Gleichheit:

$$f_p''(t) = \sum_{m\le n} \begin{pmatrix} \mu_0 & \cdots & \mu_m \\ t_0 & \cdots & t_m \end{pmatrix} \begin{pmatrix} \mu_n & \cdots & \mu_p \\ t_n & \cdots & t_p \end{pmatrix} \varphi_{m-1}(t) \frac{\varphi_p(t)}{\varphi_n(t)}.$$

Die Vergleichung der Coeff. von t^p (wobei rechts nur die Glieder mit $m = n$ beitragen) giebt (1).

[1] (8.9.20 gefunden).

Mit geänderter Bezeichnung

$$\begin{pmatrix} \mu_m\mu_m' & \cdots & \mu_p\mu_p' \\ t_m & \cdots & t_p \end{pmatrix} = \sum_{n=m}^{p} \begin{pmatrix} \mu_m & \cdots & \mu_n \\ t_m & \cdots & t_n \end{pmatrix} \begin{pmatrix} \mu_n' & \cdots & \mu_p' \\ t_n & \cdots & t_p \end{pmatrix} \tag{2}$$

Durch Multiplication mit $(-1)^{p-m} = (-1)^{n-m} \cdot (-1)^{p-n}$ folgt: | Bl. 1v

I. Sind die Folgen μ_p, μ'_p bezüglich t_p total monoton, so auch die Folge $\mu_p \cdot \mu'_p$. Und daher:

II. Sind die Functionen $\mu(t)$, $\mu'(t)$ in einem Intervall I total monoton, so auch die Function $\mu(t) \cdot \mu'(t)$.

§2. Es sei $t_0 = 0,\ t_p > 0,\ (p > 0),\ \sum_{p=1}^{\infty} \frac{1}{t_p}$ divergent und $\underline{\lim}\, t_p = \tau > 0$ (τ endlich oder $+\infty$), μ_p bezüglich t_p total monoton. Es gilt Satz I meiner Arbeit mit $l_1 = l_2 = \cdots = 0$; und aus

$$\lambda_{p,m}\left(1 - \frac{t_m}{t_{m+1}}\right) \cdots \left(1 - \frac{t_m}{t_p}\right) = \mu_m + \cdots \tag{3}$$

($+\cdots$ bedeutet μ's mit Indices $> m$) folgt: *falls* $0 < t_m < 2\tau$, *ist* μ_m *durch* $\mu_{m+1}, \mu_{m+2}, \ldots$ *eindeutig bestimmt.* Denn dann ist für hinlänglich grosses p

$$0 < t_m < 2t_p, \quad |t_p - t_m| < t_p, \quad \left|1 - \frac{t_m}{t_p}\right| < 1,$$

so dass

$$\left(1 - \frac{t_m}{t_{m+1}}\right) \cdots \left(1 - \frac{t_m}{t_p}\right)$$

für $p \to \infty$ beschränkt bleibt und die linke Seite der letzten Gl. (3) nach 0 convergirt ($m > 0$). Also $0 = \lim_p(\mu_m + \cdots)$. Für $m = 0$ ist $\mu_0 - l_0$ durch $\mu_1, \mu_2, \ldots$ eindeutig bestimmt.

Setzen wir

$$\vartheta_p(t) = \left(1 - \frac{t}{t_1}\right) \cdots \left(1 - \frac{t}{t_p}\right) \qquad (\vartheta_0(t) = 1),$$

so ist für $p > n$

$$f_p(t) - f_n(t) = \sum_{m=n+1}^{p} \begin{pmatrix} \mu_0 & \cdots & \mu_m \\ t_0 & \cdots & t_m \end{pmatrix} (t - t_0)(t - t_1) \cdots (t - t_{m-1})$$ | Bl. 2

$$= - \sum_{m=n+1}^{p} \lambda_{m,0} \left(1 - \frac{t}{t_1}\right) \cdots \left(1 - \frac{t}{t_{m-1}}\right) \frac{t}{t_m}$$

$$= - \sum_{m=n+1}^{p} \lambda_{m,0} [\vartheta_{m-1}(t) - \vartheta_m(t)]$$

$$= - \sum_{m=n}^{p-1} \lambda_{m+1,0}\, \vartheta_m(t) + \sum_{m=n+1}^{p} \lambda_{m,0}\, \vartheta_m(t)$$

$$= \sum_{m=n}^{p-1} (\lambda_{m,0} - \lambda_{m+1,0})\, \vartheta_m(t) - \lambda_{n,0}\, \vartheta_n(t) + \lambda_{p,0}\, \vartheta_p(t) \tag{4}$$

Es sei nun $0 < \delta < \sigma < \tau$, Γ das Kreisinnere $|t - \sigma| < \sigma - \delta$. Für ein gewisses $\nu = \nu(\sigma)$ ist $t_n > \sigma$ für $n > \nu$, also

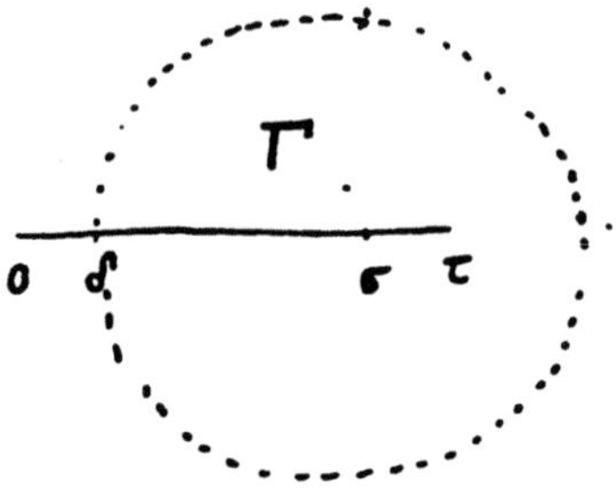

$$|t - t_n| \leq |t - \sigma| + (t_n - \sigma) < t_n - \delta, \qquad \left|1 - \frac{t}{t_n}\right| < 1 - \frac{\delta}{t_n},$$

$$|\vartheta_n(t)| \leq \left|\left(1 - \frac{t}{t_1}\right) \cdots \left(1 - \frac{t}{t_\nu}\right)\right| \left(1 - \frac{\delta}{t_{\nu+1}}\right) \cdots \left(1 - \frac{\delta}{t_n}\right),$$

d. h. $\vartheta_n(t)$ convergirt in Γ gleichmässig nach 0. Demnach folgt aus (4) für hinreichend grosses n und alle $p > n$, weil $\lambda_{m,0} - \lambda_{m+1,0} \geq 0$, in Γ

$$|f_p(t) - f_n(t)| \leq \varepsilon \sum_{m=n}^{p-1} (\lambda_{m,0} - \lambda_{m+1,0}) + \varepsilon\lambda_{n,0} + \varepsilon\lambda_{p,0} = 2\varepsilon\lambda_{n,0} \leq 2\varepsilon\mu_0,$$

$f_p(t)$ convergirt in Γ gleichmässig nach einer, in Γ regulären, Function $f(t)$.
Bl. 2v Lässt man δ nach 0 und σ nach τ convergiren, so folgt: |

Im Gebiet G, nämlich $|t - \tau| < \tau$ *(für* $\tau = \infty$: $\Re t > 0$*) existirt* $f(t) = \lim_p f_p(t)$ *und ist daselbst regulär;* $f(t)$ *nimmt an den in G (d. h. ins Intervall* $0 < t < 2\tau$*) fallenden Stellen* t_p *die Werthe* $f(t_p) = \mu_p$ *an.*

Überdies convergirt $f(t) = \lim f_p(t)$ natürlich an *allen* Stellen t_p und hat dort den Werth $f(t_p) = \mu_p$. Andererseits ist auch

$$f_p(t) = \sum_{m=0}^{p} \lambda_{p,m} \left(1 - \frac{t}{t_{m+1}}\right) \cdots \left(1 - \frac{t}{t_p}\right).$$

Sei $0 < t < \sigma$; jedes einzelne Glied (m fest) der Summe convergirt für $p \to \infty$ nach 0. Für $t = 0$ convergirt jedes Glied bis auf das erste ($m = 0$), das den Grenzwerth l_0 hat, nach 0. Zusammen: für $0 \leq t < \sigma$ convergirt das erste Glied nach $l_0 \cdot 0^t$, jedes andere nach 0. Ist wieder $t_n > \sigma$ für $n > \nu$, so ist

$$\sum_{m=\nu}^{p} \lambda_{p,m} \left(1 - \frac{t}{t_{m+1}}\right) \cdots \left(1 - \frac{t}{t_p}\right)$$

ein Polynom in $\sigma - t$ mit nichtnegativen Coefficienten, also für $0 \leq t < \sigma$ total monoton; sein Limes $g(t)$ und $f(t) = l_0 \cdot 0^t + g(t)$ ist also für $0 \leq t < \tau$ total monoton. (Wenn τ endlich, so auch noch für $0 \leq t \leq \tau$). | Bl. 3

Also: III. *Wenn* $t_0 = 0$, $t_p > 0$ $(p > 0)$, $\sum_1^\infty \frac{1}{t_p}$ *divergent,* $\tau = \underline{\lim}\, t_p > 0$, *und* μ_p *bez.* t_p *total monoton ist, so giebt es eine für* $0 \leq t < \tau$ *total monotone Function, die für* $|t - \tau| < \tau$ *regulär ist und an den ins Intervall* $0 \leq t < 2\tau$ *fallenden Stellen* t_p *die Werthe* μ_p *annimmt.*

Sei speciell $0 < t_p < \tau \quad (p \geq 1)$, also $t_p \to \tau$; *es giebt dann eine, aber auch nur eine, für* $0 \leq t < \tau$ *total monotone Function, die die Werthe* μ_p *an den Stellen* t_p *annimmt.* Denn ist t ein von den t_p verschiedener Werth, $0 < t < \tau$, $\mu = \mu(t)$, so ist die Folge $\mu_0, \mu, \mu_1, \mu_2, \ldots$ bezüglich $t_0, t, t_1, t_2, \ldots$ total monoton und μ durch $\mu_1, \mu_2, \ldots$ eindeutig bestimmt (als F. von t).

IV. Jede für $0 \leq t < \tau$ total monotone Function $\mu(t)$ ist für $|t - \tau| < \tau$ regulär. (S. Bernstein).

Denn wählen wir $0 = t_0 < t_1 < \cdots$, $t_p \to \tau$ (für $\tau = \infty$ noch $\sum \frac{1}{t_p}$ divergent), und $\mu(t_p) = \mu_p$, so giebt es eine und nur eine für $0 \leq t < \tau$ tot. monotone Function $f(t)$ mit $f(t_p) = \mu_p$, und das ist die oben gefundene, die für $|t - \tau| < \tau$ regulär ist; demnach ist $\mu(t) = f(t)$.

Eine für $\alpha \leq t < \beta$ oder $\alpha < t < \beta$ total monotone Function ist für $|t - \beta| < \beta - \alpha$ regulär (daher auch noch für $\alpha \leq t \leq \beta$, resp. $\alpha < t \leq \beta$ total monoton). Eine für $t \geq \alpha$ oder $t > \alpha$ tot. mon. F. ist für $\Re t > \alpha$ regulär. | Bl. 3v

§3. Transformation der unabh. Variablen.

Eine links von $t = t_0$ total monotone Function ist bei t_0 regulär; dabei ist $(-1)^n \mu^{(n)}(t_0) \geq 0$, also

$$\mu(t) = \sum_0^\infty c_n (t_0 - t)^n \quad \text{mit } c_n \geq 0.$$

Umgekehrt ist eine Potenzreihe dieser Form mit dem Convergenzradius ρ für $t_0 - \rho < t \leq t_0$ total monoton.

Ist andererseits $t = t(s)$ durch

$$t_0 - t = \sum_1^\infty \gamma_n (s_0 - s)^n \quad (\gamma_n \geq 0)$$

gegeben, d. h. $t_0 - t$ links von s_0 total monoton (und an dieser Stelle $= 0$), so ist auch

$$\lambda(s) = \mu(t(s)) = \sum b_n (s_0 - s)^n \quad (b_n \geq 0)$$

links von s_0 total monoton.

Beispiele:

$$\text{(A)} \qquad t = \frac{\alpha s + \beta}{\gamma s + \delta}. \quad \varepsilon = \alpha\delta - \beta\gamma \neq 0, \quad \gamma > 0.$$

$$t - t_0 = \frac{\varepsilon(s_0 - s)}{(\gamma s + \delta)(\gamma s_0 + \delta)} = \frac{\varepsilon(s_0 - s)}{(\gamma s_0 + \delta)(\gamma s_0 + \delta - \gamma(s_0 - s))}$$

$$= \frac{\varepsilon(s_0 - s)}{(\gamma s_0 + \delta)^2}\left[1 + \frac{s_0 - s}{s_0 + \frac{\delta}{\gamma}} + \cdots\right].$$

Wenn also $\varepsilon > 0$ (gleichsinnige Projectivität) und $s_0 > -\frac{\delta}{\gamma}$ (demnach $t_0 < \frac{\alpha}{\gamma}$),

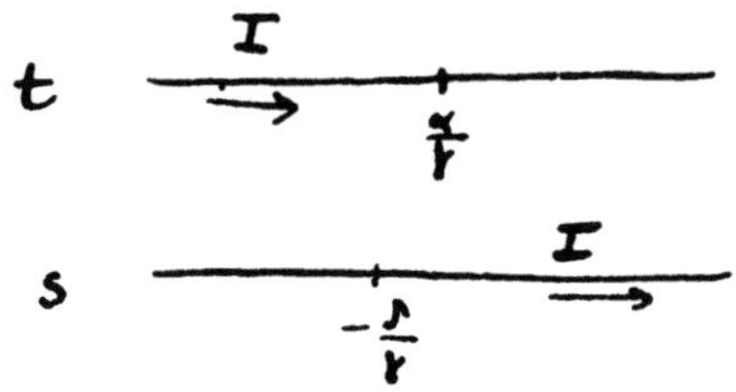

so ist, wenn $\mu(t)$ links von t_0 tot. mon. ist,

$$\lambda(s) = \mu\left(\frac{\alpha s + \beta}{\gamma s + \delta}\right)$$

Bl. 4 links von s_0 total monoton. | Ist speciell (man kann dies durch Wahl der 0-Punkte und Massstäbe erreichen) $t = -\frac{1}{s}$ und $\mu(t)$ links von t_0 tot. mon., so ist $\lambda(s) = \mu(-\frac{1}{s})$ links von $s_0 = -\frac{1}{t_0} > 0$ tot. mon. Da

$$t_0 - t = \frac{s_0 - s}{s_0 s} = \frac{s_0 - s}{s_0^2}\left(1 + \frac{s_0 - s}{s_0} + \left(\frac{s_0 - s}{s_0}\right)^2 + \cdots\right)$$

für $|s_0 - s| < s_0$ convergirt, können wir genauer sagen: ist $\mu(t)$ für $t_0 < t <$

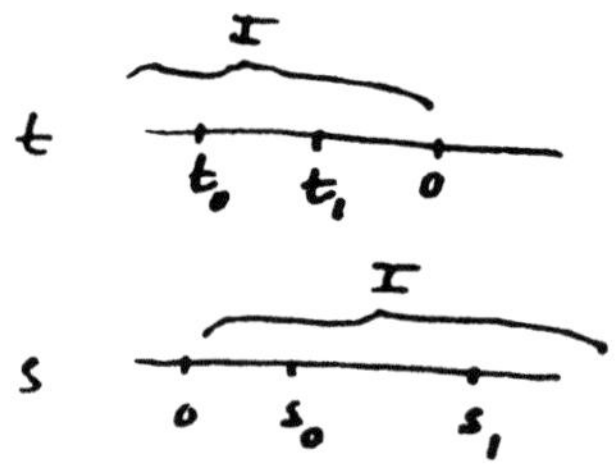

t_1 (< 0) tot. mon., so ist $\lambda(s)$ für ($0<$) $s_0 < s < s_1$ tot. mon.; wobei auch $t_0 = \infty$, ($s_0 = 0$), $t_1 = 0$, ($s_1 = \infty$) werden kann. (Man beweist leicht aus der Definition: ist

$$a_{n+1} < a_n < b_n < b_{n+1}, \; a_n \to a, \; b_n \to b$$

und $\mu(t)$ in jedem Intervall (a_n, b_n) tot. mon., so auch in (a, b).)

$$(B) \qquad t = \log s \quad (s > 0)$$

$$t_0 - t = -\log\left(1 - \frac{s_0 - s}{s_0}\right) = \sum_1^\infty \frac{1}{n}\left(\frac{s_0 - s}{s_0}\right)^n.$$

Ist $\mu(t)$ für $a < t < b$ tot. mon., so $\mu(\log s) = \lambda(s)$ für $e^a < s < e^b$. (ev. $a = -\infty$, $b = +\infty$, $e^a = 0$, $e^b = \infty$). | Z. B. ist, $x > 0$ vorausgesetzt, e^{-xt} für alle t tot. monoton, danach Bl. 4v

$$\frac{1}{s^x} \quad \text{für} \quad s > 0,$$

wiederholt

$$\frac{1}{(\log s)^x} \quad \text{für} \quad s > 1,$$

$$\frac{1}{(\log\log s)^x} \quad \text{für} \quad s > e$$

usw.

Anmerkung

[1] Die Note *Summationsmethoden und Momentfolgen II* ist am 8. 9. 1920 bei der Redaktion der Mathematischen Zeitschrift eingegangen. Mit dieser Datumsangabe weist HAUSDORFF darauf hin, dass er dies Resultat erst nach Einreichen der genannten Note erzielt hat.

Fasz. 915

26. 12. 20

Total monotone Folgen im Convergenzfall

Sei $t_0 = 0$, $t_p > 0$ $(p > 0)$, $\sum_1^\infty \frac{1}{t_p}$ *convergent*; μ_p bezügl. t_p *unbedingt* total monoton. Es giebt dann nicht immer eine für $t \geq 0$ total monotone F. $\mu(t)$ mit $\mu(t_p) = \mu_p$; es kann eine und ev. mehrere geben.

Wir nehmen $0 = t_0 < t_1 < t_2 < \cdots$ an. Die Bendixsonsche Reihe convergirt hier für alle t und stellt eine ganze Function $f(t) = \lim f_p(t)$ dar, die an den Stellen t_p die Werte $f(t_p) = \mu_p$ annimmt (aber nicht tot. mon. zu sein braucht). Verwenden wir die Darstellung

$$f_p(t) = \sum_{m=0}^{p} \lambda_{p,m}\left(1 - \frac{t}{t_{m+1}}\right)\cdots\left(1 - \frac{t}{t_p}\right).$$

Wegen

$$\mu_0 = \sum_{m=0}^{p} \lambda_{p,m} \geq \sum_{m=0}^{n} \lambda_{p,m} \quad (n \text{ fest } \leq p)$$

wird für $p \to \infty$ $\mu_0 \geq \sum_{m=0}^{n} l_m$, die Reihe $\sum_0^\infty l_m$ convergent und $\leq \mu_0$; wir setzen

$$\mu_0 - \sum_0^\infty l_m = \mu_\infty.$$

Sei nun t (von den t_p verschieden) gegeben, sowie ε. Man kann wegen der Convergenz von $\sum \frac{1}{t_p}$ n so wählen, dass

$$\left|\left(1 - \frac{t}{t_{m+1}}\right) \cdots \left(1 - \frac{t}{t_p}\right) - 1\right| < \varepsilon$$

für $p > m \geq n$. Dann wird

$$\left|f_p(t) - \sum_{m=0}^{n-1} \lambda_{p,m} \left(1 - \frac{t}{t_{m+1}}\right) \cdots \left(1 - \frac{t}{t_p}\right) - \sum_{m=n}^{p} \lambda_{p,m}\right| =$$

Bl. 1v $$= \left|\sum_{m=n}^{p} \lambda_{p,m} \left[\left(1 - \frac{t}{t_{m+1}}\right) \cdots \left(1 - \frac{t}{t_p}\right) - 1\right]\right| \leq \varepsilon \sum_{m=n}^{p} \lambda_{p,m},$$

$$\left|f_p(t) - \sum_{m=0}^{n-1} \lambda_{p,m} \left(1 - \frac{t}{t_{m+1}}\right) \cdots \left(1 - \frac{t}{t_p}\right) - \left(\mu_0 - \sum_{m=0}^{n-1} \lambda_{p,m}\right)\right| \leq \varepsilon\mu_0.$$

Also für $p \to \infty$

$$\left|f(t) - \sum_{m=0}^{n-1} l_m \varphi_m(t) - \left(\mu_0 - \sum_{m=0}^{n-1} l_m\right)\right| \leq \varepsilon\mu_0,$$

wobei

$$\varphi_m(t) = \left(1 - \frac{t}{t_{m+1}}\right)\left(1 - \frac{t}{t_{m+2}}\right) \cdots \tag{1}$$

gesetzt ist. Dies gilt für geeignetes n, nach der Bestimmung von n aber dann auch für $n+1$, $n+2, \ldots$, und hieraus folgt

$$f(t) = \mu_\infty + \sum_{m=0}^{\infty} l_m \varphi_m(t) \tag{2}$$

Es giebt also zu einer bez. t_p total mon. Folge μ_p im Convergenzfall eine ganze Function (2) mit $\mu_\infty \geq 0$, $l_m \geq 0$, $\sum l_m$ convergent, für die $f(t_p) = \mu_p$.

Umgekehrt: eine Function (2) mit $\sum |l_m|$ convergent ist eine ganze Function:

$$(|\varphi_m(t)| < e^{|t|\left(\frac{1}{t_{m+1}} + \frac{1}{t_{m+2}} + \cdots\right)},$$

$\varphi_m(t)$ ist in jedem Kreise $|t| < \rho$ gleichm. beschränkt). *Wenn überdies* $\mu_\infty, l_m \geq 0$, *ist die Folge* $\mu_p = f(t_p)$ *bezüglich* t_p *total monoton.* Man hat, da $\varphi_m(t_n)$ für $m < n$ verschwindet

$$\mu_n = \mu_\infty + \sum_{m=0}^{\infty} l_m \varphi_m(t_n) = \mu_\infty + \sum_{m=n}^{\infty} l_m \varphi_m(t_n)$$ Bl. 2

$$\begin{array}{lllllllll} \mu_0 & = & \mu_\infty & + & l_0 & + & l_1 & + & l_2 & + \cdots \\ \mu_1 & = & \mu_\infty & & & + & l_1\varphi_1(t_1) & + & l_2\varphi_2(t_1) & + \cdots \\ \mu_2 & = & \mu_\infty & & & & & + & l_2\varphi_2(t_2) & + \cdots \\ \multicolumn{10}{c}{\dotfill} \end{array} \tag{3}$$

$\varphi_m(t_n) > 0$ für $m \geq n$.

Um die Behauptung zu beweisen, genügt zu zeigen, dass für jedes m $\varphi_m(t_n)$ bezügl. t_n total monoton ist (d. h. die Folge

$$1 = \varphi_m(t_0),\ \varphi_m(t_1), \ldots, \varphi_m(t_m), 0,\ 0,\ 0, \ldots$$

bezügl. $t_0, t_1, \ldots t_m, t_{m+1}, \ldots$ tot. monoton). Wir haben für $n \leq p \leq m$

$$(-1)^{p-n} \begin{pmatrix} \varphi_m(t_n) & \cdots & \varphi_m(t_p) \\ t_n & \cdots & t_p \end{pmatrix} \geq 0,$$

da $\varphi_m(t)$ für $t < t_{m+1}$ total monoton ist. ($1 - \frac{t}{\alpha}$ $(\alpha > 0)$ ist für $t < \alpha$ tot. monoton;

$$1 - \frac{t}{t_{m+1}}, \quad 1 - \frac{t}{t_{m+2}}, \ldots$$

sind sämtlich für $t < t_{m+1}$ tot. mon., also auch ein Produkt von endlich oder unendlich vielen dieser Factoren). Für $n \leq m < p$ ist

$$\begin{aligned} &(-1)^{p-n} \begin{pmatrix} \varphi_m(t_n) & \cdots & \varphi_m(t_p) \\ t_n & \cdots & t_p \end{pmatrix} = \\ &\quad (-1)^{p-n} \sum_{\nu=n}^{m} \frac{\varphi_m(t_\nu)}{(t_\nu - t_n) \cdots (t_\nu - t_{\nu-1})(t_\nu - t_{\nu+1}) \cdots (t_\nu - t_p)} = \\ &\quad (-1)^{m-n} \sum_{\nu=n}^{m} \Bigg[\frac{\varphi_m(t_\nu)}{(t_\nu - t_n) \cdots (t_\nu - t_{\nu-1})(t_\nu - t_{\nu+1}) \cdots (t_\nu - t_m)} \cdot \\ &\qquad\qquad \cdot \frac{[t_{m+1} \cdots t_p]^{-1}}{\left(1 - \frac{t_\nu}{t_{m+1}}\right) \cdots \left(1 - \frac{t_\nu}{t_p}\right)} \Bigg] \\ &\quad = [t_{m+1} \cdots t_p]^{-1} \cdot (-1)^{m-n} \begin{pmatrix} \varphi_p(t_n) & \cdots & \varphi_p(t_m) \\ t_n & \cdots & t_m \end{pmatrix} \geq 0\,, \end{aligned}$$

da $\varphi_p(t)$ für $t < t_{p+1}$ total monoton ist. | Für $m < n \leq p$ ist Bl. 2v

$$(-1)^{p-n}\begin{pmatrix} \varphi_m(t_n) & \cdots & \varphi_m(t_p) \\ t_n & \cdots & t_p \end{pmatrix} = 0.$$

Also ist $\varphi_m(t_n)$ bez. t_n tot. monoton und demnach auch $f(t)$. Denn man hat, wenn die mit $\varphi_m(t_n)$ (als μ_n) gebildeten $\lambda_{p,n}$ mit $\lambda_{p,n}^{(m)}$ bezeichnet werden, für $p > n$

$$\lambda_{p,n} = \sum_{m=0}^{\infty} l_m \lambda_{p,n}^{(m)}$$

Die $\lambda_{p,n}^{(m)}$ liegen zw. 0 und 1, da $\sum_{n=0}^{p} \lambda_{p,n}^{(m)} = \varphi_m(t_0) = 1$. Man schliesst hieraus, dass (auch wenn man von einer Darstellung (2) ausgeht) $\lim_p \lambda_{p,n} = l_n$. Denn nach der obigen Rechnung ist für $n \leq m < p$

$$\lambda_{p,n}^{(m)} = t_{n+1} \cdots t_m \, (-1)^{m-n} \begin{pmatrix} \varphi_p(t_n) & \cdots & \varphi_p(t_m) \\ t_n & \cdots & t_m \end{pmatrix},$$

also für $p \to \infty$:

$$\lim_p \lambda_{p,n}^{(m)} = t_{n+1} \cdots t_m \, (-1)^{m-n} \begin{pmatrix} 1 & \cdots & 1 \\ t_n & \cdots & t_m \end{pmatrix} = \begin{matrix} 0 \\ 1 \end{matrix} \qquad \text{für } n \leq m$$

Für $m < n \leq p$: $\lambda_{p,n}^{(m)} = 0$, $\lim_p \lambda_{p,n}^{(m)} = 0$. Also $\lim_p \lambda_{p,n}^{(m)} = 0$ für $n \neq m$, $\ = 1$ für $n = m$.

Wählt man $M > n$ so gross, dass $\sum_{M+1}^{\infty} l_m < \varepsilon$, so ist (weil die $\lambda_{p,n}^{(m)}$ zwischen 0, 1 liegen), für alle p, n

$$\left| \lambda_{p,n} - \sum_{m=0}^{M} l_m \lambda_{p,n}^{(m)} \right| < \varepsilon,$$

Bl. 3 | also für $p \to \infty$

$$\left| \lim_p \lambda_{p,n} - l_n \right| < \varepsilon,$$

d. h. $\lim_p \lambda_{p,n} = l_n$. Man kann demnach die Gl. (3) nach den Grössen rechts auflösen:

$$\mu_\infty = \lim \mu_p, \quad l_m = \lim_p \lambda_{p,m}. \tag{4}$$

Dies vorausgeschickt, fragen wir: kann man in die Wertpaare μ_p, t_p ein Wertpaar μ^*, t^* einschieben, derart, dass die Folge unbedingt tot. mon. bleibt? Es sei $t_\alpha < t^* < t_{\alpha+1}$. Der einfachen Schreibweise wegen setzen wir $t^* = 1$ (ev. lin. Tf.) und $\mu^* = \mu$; ferner sei $\mu_\infty = 0$ angenommen, ohne Schaden der Allgemeinheit. Es muss dann eine Function $F(t)$ wie (2) geben, nämlich

$$F(t) = \sum_{m=0}^{\alpha} L_m (1-t)\varphi_m(t) + L\varphi_\alpha(t) + \sum_{m=\alpha+1}^{\infty} L_m \varphi_m(t)$$

mit $L_m \geq 0$, $L \geq 0$, convergenter Summe $\sum L_m$ und mit $F(t_p) = \mu_p$, $F(1) = \mu$.

Aus (4) schliessen wir aber für $m > \alpha$: $L_m = \lim_p \lambda_{p,m} = l_m$. Also erhalten [1] wir durch Subtraction

$$F(t) - f(t) = \sum_{m=0}^{\alpha} [L_m(1-t) - l_m]\varphi_m(t) + L\varphi_\alpha(t)$$

und dies muss für alle t_p verschwinden, oder dividiren wir durch $\varphi_\alpha(t)$, so muss das *Polynom* $(\alpha+1)$ten Grades

$$g(t) = \sum_{m=0}^{\alpha} [L_m(1-t) - l_m]\left(1 - \frac{t}{t_{m+1}}\right)\cdots\left(1 - \frac{t}{t_\alpha}\right) + L$$

für $t = t_0, \dots, t_\alpha$ verschwinden (also $=$ const. $\cdot\, t\left(1 - \frac{t}{t_1}\right)\cdots\left(1 - \frac{t}{t_\alpha}\right)$ sein). Bl. 3v
Man erhält durch Umformung

$$\begin{aligned} g(t) = \sum_{m=0}^{\alpha} [L_m(1-t_m) - l_m]\left(1 - \frac{t}{t_{m+1}}\right)\cdots\left(1 - \frac{t}{t_\alpha}\right) + \\ + \sum_{m=0}^{\alpha} L_m(t_m - t)\left(1 - \frac{t}{t_{m+1}}\right)\cdots\left(1 - \frac{t}{t_\alpha}\right) + L = \\ = -L_0 t\left(1 - \frac{t}{t_1}\right)\cdots\left(1 - \frac{t}{t_\alpha}\right) + \\ + \sum_{m=0}^{\alpha-1} [L_m(1-t_m) + L_{m+1}t_{m+1} - l_m]\left(1 - \frac{t}{t_{m+1}}\right)\cdots\left(1 - \frac{t}{t_\alpha}\right) + L_\alpha(1-t_\alpha) - l_\alpha + L. \end{aligned}$$

Das giebt also

$$\begin{array}{lclcll} L_m(1-t_m) & + & L_{m+1}t_{m+1} & = & l_m & (m = 0, \dots, \alpha-1) \\ L_\alpha(1-t_\alpha) & + & L & = & l_\alpha & \end{array} \qquad (5)$$

Wenn sich diese Gl. (worin $l_0, \dots, l_\alpha$ gegeben ≥ 0 sind), durch $L_0, \dots, L_\alpha, L \geq 0$ erfüllen lassen oder nicht, so ist die Einschiebung eines Werthpaares möglich oder nicht. (Der einzuschiebende Werth ist im 1.Falle $\mu = F(1) = L\varphi_\alpha(1) + \sum_{m=\alpha+1}^{\infty} L_m\varphi_m(1)$.)

Offenbar ist dies nicht immer möglich. Z. B. für $\alpha = 2$:

$$\begin{array}{rcrcl} L_0 & + & L_1 t_1 & = & l_0 \\ L_1(1-t_1) & + & L_2 t_2 & = & l_1 \\ L_2(1-t_2) & + & L & = & l_2 \end{array}$$

Wenn $l_0 = l_2 = 0$, $l_1 > 0$, so müsste $L_0 = L_1 = L_2 = L = 0$ sein und die mittl. Gl. lässt sich nicht erfüllen. Allgemeiner: es muss Bl. 4

$$L_1 \leq \frac{l_0}{t_1}, \quad L_2 \leq \frac{l_2}{1-t_2}$$

sein, also

$$l_1 \leq l_0 \frac{1-t_1}{t_1} + l_2 \frac{t_2}{1-t_2};$$

wenn diese Ungl. nicht erfüllt ist, geht es nicht. Wenn die Einschiebung unmöglich ist, so giebt es keine für $t \geq 0$ total monotone F. $\mu(t)$ mit $\mu(t_p) = \mu_p$.

Wenn die Einschiebung an der Stelle t $(t_\alpha < t < t_{\alpha+1})$ erfolgen soll, haben wir statt (5) die Gleichungen

$$\begin{array}{lclcll} L_m\left(1-\frac{t_m}{t}\right) & + & L_{m+1}\frac{t_{m+1}}{t} & = & l_m & (m=0,\ldots,\alpha-1) \\ L_\alpha\left(1-\frac{t_\alpha}{t}\right) & + & L & = & l_\alpha & \end{array} \tag{6}$$

mit $L_0, \cdots, L_\alpha, L \geq 0$ zu erfüllen $(l_0, \cdots, l_\alpha \geq 0)$. Setzen wir

$$\begin{aligned} h_m = {} & l_m : \left(\frac{t}{t_1}-1\right)\cdots\left(\frac{t}{t_m}-1\right) \quad (h_0 = l_0) \\ H_{m+1} = {} & L_{m+1}\frac{t_{m+1}}{t} : \left(\frac{t}{t_1}-1\right)\cdots\left(\frac{t}{t_m}-1\right) \quad \left(H_1 = L_1\frac{t_1}{t},\ H_0 = L_0\right) \\ H = {} & L : \left(\frac{t}{t_1}-1\right)\cdots\left(\frac{t}{t_\alpha}-1\right) \end{aligned} \tag{7}$$

So geht (6) über in

$$\begin{array}{lclcl} H_m & + & H_{m+1} & = & h_m \\ H_\alpha & + & H & = & h_\alpha \end{array} \tag{8}$$

welche Gl. bei geg. $h_0, \cdots, h_\alpha \geq 0$ durch $H_0, \cdots, H_\alpha, H \geq 0$ zu erfüllen sind. Man erhält

$$H_1 = h_0 - H_0, \quad H_2 = h_1 - h_0 + H_0, \quad H_3 = h_2 - h_1 + h_0 - H_0, \ldots,$$

$$H_\alpha = h_{\alpha-1} - h_{\alpha-2} + \cdots + (-1)^{\alpha-1}h_0 + (-1)^\alpha H_0$$

$$H = h_\alpha - h_{\alpha-1} + \cdots + (-1)^\alpha h_0 + (-1)^{\alpha+1}H_0.$$

Also

$$H_0 \leq h_0, \quad h_0 - h_1 + h_2, \quad h_0 - h_1 + h_2 - h_3 + h_4, \ldots$$

$$H_0 \geq 0, \quad h_0 - h_1, \quad h_0 - h_1 + h_2 - h_3, \ldots,$$

Bl. 4v | wobei man bis zu dem mit h_α schliessenden Gliede zu gehen hat. Bedingung der Einschiebbarkeit wird also, dass

$$h_0, \quad h_0-h_1+h_2, \quad h_0-h_1+h_2-h_3+h_4, \ldots \geq 0, \quad h_0-h_1, \quad h_0-h_1+h_2-h_3, \ldots$$

Allgemein

$$h_0 - h_1 + h_2 - \cdots + h_{2n} \geq h_0 - h_1 + \cdots - h_{2m-1} \quad (2n, 2m-1 \leq \alpha)$$

d. h. für $m \leq n$:

$$h_{2m} - h_{2m+1} + \cdots + h_{2n} \geq 0,$$

für $m > n$

$$h_{2n+1} - h_{2n+2} + \cdots + h_{2m-1} \geq 0,$$

kurz alle Ausdrücke $h_0, h_1, \ldots, h_\alpha \;\;|\;\; h_0 - h_1 + h_2, h_1 - h_2 + h_3, \ldots, h_{\alpha-2} - h_{\alpha-1} + h_\alpha \;\;|\;\; h_0 - h_1 + h_2 - h_3 + h_4, \ldots$ sollen ≥ 0 sein (nur bis h_α gehend; wobei der Spielraum der Einschiebung ein Intervall wird oder ein einzelner Punkt jenachdem lauter Zeichen > 0 gelten oder auch nur ein einziges Zeichen $= 0$; im letzteren Falle ist H_0, also alle $H_1, \ldots, H_\alpha, H$ und μ eindeutig bestimmt).

Soll die Einschiebung an jeder Stelle des Intervalls $t_\alpha < t < t_{\alpha+1}$ möglich sein, so müssen die Ungleichungen für jedes solche t gelten. Soll die Einschiebung in jedem Intervall an jeder Stelle möglich sein, so müssen diese Bedingungen für $\alpha = 0, 1, 2, \ldots$ zugleich bestehen, d. h. für $t > t_n$

$$h_n \geq 0, \; h_n - h_{n-1} + h_{n-2} \geq 0, \quad h_n - h_{n-1} + h_{n-2} - h_{n-3} + h_{n-4} \geq 0, \quad \ldots$$

(Übrigens ist

$$h_m = (-1)^m l_m : \left(1 - \frac{t}{t_1}\right) \cdots \left(1 - \frac{t}{t_m}\right) = (-1)^m \frac{l_m \varphi_m(t)}{\varphi_0(t)}.$$

Man kann daraus - weniger übersichtlich - Vorzeichenbedingungen für die Summen einer ungeraden Zahl consecutiver Glieder der Reihe $l_0\varphi_0(t) + l_1\varphi_1(t) + \cdots$ herleiten.)

Anmerkung

[1] Über die Gleichung $L_m = \lim_p \lambda_{p,m}$ hat HAUSDORFF (möglicherweise später) ein Fragezeichen gesetzt.

Fasz. 920

16. 1. 21

Damit es eine für $t \geq 0$ total monotone F. $\mu(t)$ (die also die Momentfunction $\mu(t) = \int_0^1 u^t \, d\chi(u)$ einer monotonen F. $\chi(u)$ ist) gebe, die an den Stellen t_p vorgeschriebene Werthe μ_p annimmt, ist *nothwendig und hinreichend*: jedem Ausdruck

$$f(u) = \alpha_0 u^{t_0} + \alpha_1 u^{t_1} + \cdots + \alpha_p u^{t_p},$$

der im Intervall $0 \leq u \leq 1$ positiv ist, entspricht ein positives

$$\mathcal{M}f = \alpha_0\mu_0 + \alpha_1\mu_1 + \cdots + \alpha_p\mu_p.$$

(Hierbei ist $0 = t_0 < t_p$, $p \geq 1$, angenommen; ferner $\mu_0 > 0$).
Nothwendig: wenn $\chi(u)$ existirt, ist

$$\mathcal{M}f = \int_0^1 f(u) \, d\chi(u) \geq 0,$$

und zwar > 0 (denn wenn $f(u) > 0$, so ist ihr Min. > 0, also für geeignetes $\varepsilon > 0$: $f(u) - \varepsilon > 0$, $\mathcal{M}f - \varepsilon\mu_0 \geq 0$).

Hinreichend: wir nehmen an, dass für $f(u) > 0$ $\mathcal{M}f > 0$ (oder für $f(u) \geq 0$ $\mathcal{M}f \geq 0$). Dann kann man ein Werthpaar t, μ einschalten, so dass diese Eigenschaft erhalten bleibt, also aus

$$\alpha_0 u^{t_0} + \cdots + \alpha_p u^{t_p} + \alpha u^t \geq 0$$

$\alpha_0\mu_0 + \cdots + \alpha\mu \geq 0$ folgt. In der That erhält man, jenachdem $\alpha \gtrless 0$: aus $f_1(u) \geq u^t$ soll $\mathcal{M}f_1 \geq \mu$, aus $f_2(u) \leq u^t$ soll $\mathcal{M}f_2 \leq \mu$ folgen. Da dann nach Voraussetzung aus $f_1(u) \geq f_2(u)$ $\mathcal{M}f_1 \geq \mathcal{M}f_2$ folgt, so ist es in der That möglich, μ passend zu wählen (im Intervall $\sup \mathcal{M}f_2 \leq \mu \leq \inf \mathcal{M}f_1$).

Ferner besagt unsere Forderung, dass μ_p bez. t_p total monoton ist, und zwar unbedingt; denn da u^t eine tot.mon. F. von t ist, haben wir

$$(-1)^{p-m} \begin{pmatrix} u^{t_m} & \cdots & u^{t_p} \\ t_m & \cdots & t_p \end{pmatrix} \geq 0\,,$$

daher

$$(-1)^{p-m} \begin{pmatrix} \mu_m & \cdots & \mu_p \\ t_m & \cdots & t_p \end{pmatrix} \geq 0\,.$$

Bl. 1v | Schalten wir daher jetzt abzählbar viele Werthpaare ein, so erhalten wir die bez. t_p, t'_p tot. mon. Folge μ_p, μ'_p. Nun können wir es jedenfalls so einrichten, dass $\sum \frac{1}{t'_p}$ divergirt, und dann existirt eine und nur eine tot. mon. F. $\mu(t)$ mit den vorgeschriebenen Werthen.

Wenn schon $\sum \frac{1}{t_p}$ divergirt ($t_p \to \infty$), kann unsere Bedingung durch die einfache totale Monotonie von μ_p bez. t_p ersetzt werden. Das geht aus Note II hervor; übrigens hatte ich auch einen direkten (in Note II nicht eingefügten) Beweis dafür, dass dann aus $f(u) > 0$ $\mathcal{M}f > 0$ folgt.

Wenn $\sum \frac{1}{t_p}$ convergirt, genügt die tot. Mon. von μ_p, selbst die unbedingte, nicht (s. Ms. vom 26.12.20). Wir haben hier, $\mu_\infty = \lim \mu_p = 0$ vorausgesetzt, folgende nothendige Bedingungen gefunden: wenn $l_m = \lim_p \lambda_{p,m}$;

$$h_m = l_m : \left(\frac{t}{t_1} - 1\right) \cdots \left(\frac{t}{t_m} - 1\right) \quad (h_0 = l_0)$$

gesetzt wird, ($0 = t_0 < t_1 < t_2 < \cdots$ angenommen): so muss für $t > t_n$

$$h_n, \quad h_n - h_{n-1} + h_{n-2}, \quad h_n - h_{n-1} + h_{n-2} - h_{n-3} + h_{n-4}, \quad \ldots \geq 0$$

sein. (die tot. Mon. allein wird durch $l_m \geq 0$ repräsentirt). Diese Bed. besagen nämlich, dass man an jeder Stelle (t) ein Wertpaar μ, t mit Erhaltung der totalen Monotonie einschalten kann. Ist das ev. auch hinreichend?

Nein! Bilden wir folgendes Gegenbeispiel. Es sei $l_2 = l_3 = l_4 = \cdots = 0$.

Bl. 2 Dann bleiben folgende Bedingungen: | $h_0 \geq 0$ für $t \geq t_0$; $h_1 \geq 0$ für $t >$

t_1; $h_0 - h_1 \geq 0$ für $t > t_2$. D. h.

$$l_0 \geq 0, \quad l_1 \geq 0, \quad l_0 \left(\frac{t}{t_1} - 1\right) - l_1 \geq 0$$

für $t > t_2$; dies alles ist mit

$$l_0 \left(\frac{t_2}{t_1} - 1\right) \geq l_1 \geq 0$$

gleichbedeutend. Die tot. mon. Folge

$$\mu_0 = l_0 + l_1, \quad \mu_1 = l_1 \varphi_1(t_1), \quad \mu_2 = \cdots = 0$$

gehört aber, wenn $l_1 > 0$, keiner Mom.function $\mu(t)$ an, denn diese müsste schliesslich $= 0$ sein, demnach für alle $t > 0$ verschwinden (auch für $t = t_1$).

[Controlle (18.1.21). Bedingungen, dass $\mu_0, \mu_1, \mu, 0, 0, \ldots$ bez. t_0 (=0), $t_1, t, t_2, t_3, \ldots$ total monoton sei. Sei

$$\psi_p(t) = \left(1 - \frac{t}{t_2}\right)\left(1 - \frac{t}{t_3}\right) \cdots \left(1 - \frac{t}{t_p}\right).$$

$\lim \psi_p(t) = \varphi_1(t)$. $\mu_0, \mu_1, \mu \geq 0$. Für t sind die Möglichkeiten

$$\text{(A)} \quad 0 < t < t_1, \quad \text{(B)} \quad t_1 < t < t_2, \quad \text{(C)} \quad t > t_2$$

zu prüfen; im letzteren Fall ist $\mu = 0$ zu setzen. | Bl. 2v

$$(-1)^p \begin{pmatrix} \mu_0 & \mu_1 & 0 & \cdots & 0 \\ t_0 & t_1 & t_2 & \cdots & t_p \end{pmatrix} \geq 0$$

giebt

$$\mu_0 - \frac{\mu_1}{\psi_p(t_1)} \geq 0, \quad \mu_1 \leq \mu_0 \psi_p(t_1).$$

Da $\psi_p(t_1)$ mit wachsendem p abnimmt, ist $\mu_1 \leq \mu_0 \cdot \lim_p \psi_p(t_1) = \mu_0 \varphi_1(t_1)$ nothw. und hinr.

$$(-1)^p \begin{pmatrix} \mu_0 & \mu & 0 & \cdots & 0 \\ t_0 & t & t_2 & \cdots & t_p \end{pmatrix} \geq 0$$

giebt ebenso $\frac{\mu}{\psi_p(t)} \leq \mu_0$. Für $t > t_2$ wird dies durch $\mu = 0$, für $t < t_2$ wieder durch $\mu \leq \mu_0 \varphi_1(t)$ erfüllt.

$$(-1)^p \begin{pmatrix} \mu & \mu_1 & 0 & \cdots & 0 \\ t & t_1 & t_2 & \cdots & t_p \end{pmatrix} \geq 0$$

giebt

$$\frac{1}{t_1 - t}\left[\frac{\mu}{\psi_p(t)} - \frac{\mu_1}{\psi_p(t_1)}\right] \geq 0.$$

Für $t > t_2$ $\mu = 0$. Für (A) $t < t_1$:

$$\mu \geq \mu_1 \frac{\psi_p(t)}{\psi_p(t_1)};$$

die rechte Seite nimmt mit p zu, also

$$\mu \geq \mu_1 \frac{\varphi_1(t)}{\varphi_1(t_1)}.$$

Für (B) $t_1 < t < t_2$

$$\mu \leq \mu_1 \frac{\psi_p(t)}{\psi_p(t_1)},$$

die rechte Seite nimmt ab,

$$\mu \leq \mu_1 \frac{\varphi_1(t)}{\varphi_1(t_1)}.$$

$$(-1)^{p+1} \begin{pmatrix} \mu_0 & \mu_1 & \mu & 0 & \cdots & 0 \\ t_0 & t_1 & t & t_2 & \cdots & t_p \end{pmatrix} \geq 0$$

giebt

$$\mu_0 + \frac{1}{t_1 - t} \left[\frac{t\mu_1}{\psi_p(t_1)} - \frac{t_1 \mu}{\psi_p(t)} \right] \geq 0.$$

Für $t > t_2$, wenn $\mu = 0$ gesetzt wird:

$$\mu_0 \geq \frac{t}{t - t_1} \frac{\mu_1}{\psi_p(t_1)}, \text{ also } \mu_0 \geq \frac{t}{t - t_1} \frac{\mu_1}{\varphi_1(t_1)}. \quad \mu_0 \geq \frac{t_2}{t_2 - t_1} \frac{\mu_1}{\varphi_1(t_1)}$$

nothw. und hinr. Weiter:

$$\text{(A)} \qquad t < t_1: \quad \frac{\mu}{\psi_p(t)} \leq \mu_0 \left(1 - \frac{t}{t_1}\right) + \frac{t}{t_1} \frac{\mu_1}{\psi_p(t_1)}$$

oder also mit der vorigen Bed.

$$\mu_1 \frac{\psi_p(t)}{\psi_p(t_1)} \leq \mu \leq \mu_0 \left(1 - \frac{t}{t_1}\right) \psi_p(t) + \mu_1 \frac{t}{t_1} \frac{\psi_p(t)}{\psi_p(t_1)}.$$

Jede einzelne dieser Gl., die μ in ein Intervall einschliesst, ist wegen

$$\frac{\mu_1}{\psi_p(t_1)} \leq \mu_0$$

möglich. Aber auch alle zusammen. Denn die linke Seite nimmt mit wachsendem p zu, *die rechte ab*, in der That ist rechts die Differenz $(p) - (p+1)$

$$= \mu_0 \left(1 - \frac{t}{t_1}\right) \psi_p(t) \frac{t}{t_{p+1}} + \mu_1 \cdot \frac{t}{t_1} \frac{\psi_p(t)}{\psi_p(t_1)} \left[1 - \frac{1 - \frac{t}{t_{p+1}}}{1 - \frac{t_1}{t_{p+1}}}\right]$$

$$= \psi_p(t)\left(1-\frac{t}{t_1}\right)\frac{t}{t_{p+1}}\left[\mu_0 - \frac{\mu_1}{\psi_{p+1}(t_1)}\right] \geq 0.$$

Also nothw. und hinr. die Limesgl. für $p \to \infty$:

$$\frac{\mu_1}{\varphi_1(t_1)} \leq \frac{\mu}{\varphi(t)} \leq \mu_0\left(1-\frac{t}{t_1}\right) + \frac{\mu_1}{\varphi_1(t_1)}\frac{t}{t_1}.$$

Ebenso im Fall (B). Also:

$$\mu_0 \geq \frac{t_2}{t_2-t_1}\frac{\mu_1}{\varphi_1(t_1)}\ (\geq 0) \quad \text{oder} \quad l_0\left(\frac{t_2}{t_1}-1\right) \geq l_1 \geq 0$$

nothw. und hinr.]

Fasz. 916

19. 1. 21

Convergenzfall ($t_0 = 0, t_1, \ldots > 0$; $\sum_1^\infty \frac{1}{t_p}$ convergent).

Damit es eine für $t \geq 0$ tot. mon. F. $\mu(t)$ gebe, für die $\mu(t_p) = \mu_p$, ist nothwendig und hinreichend, *dass die Funct.op. $\mathcal{M}$ positiv sei.* (Ausführlich: für $f(u) = \sum_0^p \alpha_m u^{t_m}$ sei $\mathcal{M}f = \sum_0^p \alpha_m \mu_m$. Ist $f(u)$ in $[0,1] > 0$, so soll $\mathcal{M}f > 0$ sein.)

Dass μ_p bez. t_p total monoton sei, ist nothwendig, aber nicht hinreichend. Z. B. $\mu_0 = l_0 + l_1$, $\mu_1 = l_1\varphi_1(t_1)$, $\mu_2 = \cdots = 0$ ist für $l_0 > 0$, $l_1 > 0$ tot. monoton, für $l_0\left(\frac{t_2}{t_1}-1\right) \geq l_1$ sogar so, dass an jeder Stelle $t > 0$ ein Werth μ mit Erhaltung der totalen Monotonie eingeschaltet werden kann. Trotzdem giebt es keine zugeh. tot. mon. F. $\mu(t)$, da dann $\mu(t_1) = \mu_1 = 0$ sein müsste. Die Oper. $\mathcal{M}$ ist hier nicht positiv. Beispiel: es sei $\beta > \frac{\mu_0}{\mu_1}$, also $\mu_0 - \beta\mu_1 < 0$.

$$f(u) = 1 - \beta u^{t_1} + \gamma u^{t_2}$$

ist für hinr. grosses γ durchweg > 0, aber $\mathcal{M}f = \mu_0 - \beta\mu_1 < 0$. In der That nimmt $f(u)$ zunächst ab, wenn u von 0 aus wächst; es erreicht ein Min. für

$$\beta t_1 u^{t_1} = \gamma t_2 u^{t_2}, \quad u = \left(\frac{\beta t_1}{\gamma t_2}\right)^{\frac{1}{t_2-t_1}},$$

was für $\gamma t_2 > \beta t_1$ ins Intervall $[0,1]$ fällt; für diesen Werth ist

$$f(u) = 1 - \beta\left(\frac{\beta t_1}{\gamma t_2}\right)^{\frac{t_1}{t_2-t_1}} + \gamma\left(\frac{\beta t_1}{\gamma t_2}\right)^{\frac{t_2}{t_2-t_1}}$$

$$= 1 - \frac{\beta^{\frac{t_2}{t_2-t_1}}}{\gamma^{\frac{t_1}{t_2-t_1}}}\left[\left(\frac{t_1}{t_2}\right)^{\frac{t_1}{t_2-t_1}} - \left(\frac{t_1}{t_2}\right)^{\frac{t_2}{t_2-t_1}}\right];$$

der Minuend ist für hinreichend grosses γ kleiner als 1, also $f(u) > 0$ im ganzen
Bl. 1v Intervall.|

Aber auch hier lässt sich die Bedingung, dass $\mathcal{M}$ positiv sei, durch eine Folge *linearer* Ungleichungen für die μ_p repräsentiren (wie im Divergenzfall durch die tot. Monotonie). Es genügt, dass für

$$f(u) = 1 + \sum_1^p \alpha_m u^{t_m} \geq 0$$

$\mathcal{M}f \geq 0$. Diese „Polynome" $f(u)$, vom p^{ten} Grade sozusagen, bilden einen convexen Körper K_p im Raum der Punkte $(\alpha_1, \alpha_2, \ldots, \alpha_p)$. Eine in K_p dichte abzählbare Menge liefert dann eine Folge von Polynomen, die selbst ≥ 0 sind und aus dem sich jedes $f(u) \geq 0$ linear mit pos. Coeff. combiniren lässt. So verfahren wir für $p = 1, 2, \cdots$. Das giebt eine Folge von Polynomen $f_k(u)$, die als Basis dienen können, und dann genügen die Bedingungen $\mathcal{M}f_k \geq 0$.

Wenn die Bedingung ($\mathcal{M}$ pos.) erfüllt ist, kann Bestimmtheit oder Unbestimmtheit des Problems eintreten; letztere, falls auch nur für ein t die Grenzen für $\mu(t)$ ($\sup \mathcal{M}f_2 \leq \mu(t) \leq \inf \mathcal{M}f_1$ für $f_2(u) \leq u^t \leq f_1(u)$) verschieden ausfallen.

Z. B. für $\mu_p = \text{const.} = \mu$ ist offenbar nur $\mu(t) = \text{const.} = \mu$ zulässig; Bestimmtheit.

Bl. 2 Daselbe gilt für $\mu_p = \vartheta^{t_p}$ $(0 < \vartheta < 1)$; hier muss $\mu(t) = \vartheta^t$ sein. Beweis:| Der Diff.quot.

$$\begin{pmatrix} v^{t_1} & \cdots & v^{t_p} & v^t \\ t_1 & \cdots & t_p & t \end{pmatrix}$$

ist für gerade p stets ≥ 0, für $v \geq 0$ (es braucht nicht $v \leq 1$ zu sein); $t, t_1, \cdots, t_p$ verschieden und ≥ 0 vorausgesetzt. Denn für $v > 0$ (v^t stetige F. von t) ist er

$$= \frac{1}{p!}\left[\frac{d^p(v^t)}{dt^p}\right]_{t=\tau} = \frac{1}{p!} v^\tau (\log v)^p,$$

τ ein Mittelwerth; für $v = 0$ ist er $= 0$ oder pos., jenachdem alle Exp. > 0 oder einer (der kleinste) $= 0$. Demnach ist

$$\begin{pmatrix} \left(\frac{u}{\vartheta}\right)^{t_1} & \cdots & \left(\frac{u}{\vartheta}\right)^{t_p} & \left(\frac{u}{\vartheta}\right)^t \\ t_1 & \cdots & t_p & t \end{pmatrix} = \frac{\vartheta^{-t}}{(t-t_1)\cdots(t-t_p)}[u^t - f(u)] \geq 0;$$

Bl. 2v $f(u)$ ein Polynom; für $p \geq 2$ verschwindet dieser Ausdruck an der Stelle $u = \vartheta$.| Den Nenner kann man $\gtrless 0$ machen, z. B. indem man alle $t_1, \ldots, t_p > t$ wählt oder eins davon (ev. $0 = t_0$) $< t$. Demnach giebt es Polynome

$$f_1(u) \geq u^t \geq f_2(u) \quad \text{mit} \quad f_1(\vartheta) = \vartheta^t = f_2(\vartheta),$$

und demnach, weil $\mathcal{M}f_1 = f_1(\vartheta)$, $\mathcal{M}f_2 = f_2(\vartheta)$, $\quad \mu(t) = \vartheta^t$.

Allgemein sei

$$0 < \vartheta_1 < \vartheta_2 < \cdots < \vartheta_k \leq 1;\ A_1, A_2, \ldots, A_k > 0,$$

$$\lambda(t) = A_1\vartheta_1^t + \cdots A_k\vartheta_k^t$$

und $\mu_p = \lambda(t_p)$; dann behaupte ich, dass Bestimmtheit eintritt und $\mu(t) = \lambda(t)$ sein muss.

Beweis: Wir zeigen erst, dass ein Ausdruck

$$a_0u^{t_0} + a_1u^{t_1} + \cdots + a_pu^{t_p} \quad (t_0 < t_1 < \cdots < t_p) \tag{1}$$

höchstens p positive Nullstellen u (mehrfache mehrfach gezählt) haben kann, und dass, wenn er wirklich so viele hat, $a_0, a_1, \ldots, a_p$ abwechselnde Vorzeichen haben müssen.

Das gilt für $p = 1$: $a_0u^{t_0} + a_1u^{t_1}$ hat eine positive Nullstelle

$$u = \left(-\frac{a_0}{a_1}\right)^{\frac{1}{t_1-t_0}},$$

wenn $a_0a_1 < 0$, sonst keine.

Also schliessen wir von $p-1$ auf p. Hätte unser Ausdruck $q > p$ positive Nullstellen, so gälte dasselbe von

$$a_0 + a_1u^{t_1-t_0} + \cdots + a_pu^{t_p-t_0};$$

dessen Ableitung hätte (Rollescher Satz; Berücksichtigung der Mehrfachheit) mindestens $q - q$ positive Nullstellen, oder Bl. 3

$$a_1(t_1-t_0)u^{t_1} + \cdots + a_p(t_p-t_0)u^{t_p}$$

hätte mehr als $p-1$ positive Nullstellen, contra hyp. Es fehlt noch der Nachweis bez. der Vorzeichen der a; auch hier schliessen wir induktiv von $p-1$ auf p. Hat (1) p pos. Nullst., so hat die Abl. deren $p-1$, nach Annahme haben $a_1, \ldots, a_p$ abwechselnde Zeichen; hätte man aber vor Diff. statt mit u^{-t_0} mit u^{-t_p} multiplicirt, so hätte sich ebenso ergeben, dass $a_0, a_1, \ldots, a_{p-1}$ abwechselnde Zeichen haben; also auch $a_0, a_1, \ldots, a_{p-1}, a_p$.

Bilden wir nun einen $(2k+1)$-gliedrigen Ausdruck (1) ($p = 2k$), der die doppelten Nullstellen $\vartheta_1, \vartheta_2, \ldots, \vartheta_k$ hat, nämlich bis auf einen const. Faktor

$$\begin{vmatrix} u^{t_0} & u^{t_1} & \cdots & u^{t_p} \\ \vartheta_1^{t_0} & \vartheta_1^{t_1} & \cdots & \vartheta_1^{t_p} \\ t_0\vartheta_1^{t_0} & t_1\vartheta_1^{t_1} & \cdots & t_p\vartheta_1^{t_p} \\ \vdots & \vdots & & \vdots \\ \vartheta_k^{t_0} & \vartheta_k^{t_1} & \cdots & \vartheta_k^{t_p} \\ t_0\vartheta_k^{t_0} & t_1\vartheta_k^{t_1} & \cdots & t_p\vartheta_k^{t_p} \end{vmatrix};$$

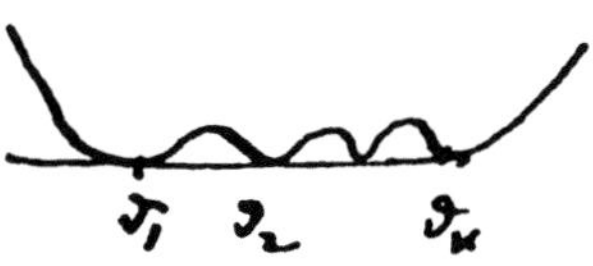

er hat dann keine weitere positive Nullstelle, behält also unverändertes Zeichen für alle $u > 0$ (Fig. für $t_0 = 0$, $a_0 > 0$) und die a haben abwechselnde Zeichen; wählen wir $a_0 > 0$ ($a_1 < 0, \ldots a_p > 0$), so ist der Ausdruck durchweg ≥ 0.

Sei nunmehr $t > 0$ ein beliebiger Werth. Wir wählen aus unserer t_p-Folge ($t_p \to \infty$) $p = 2k$ Werthe $> t$; nennen wir sie $t_1, \ldots, t_p$; damit bilden wir ($t_0 = t, a_0 = 1$)

$$u^t + a_1 u^{t_1} + \cdots + a_p u^{t_p} = u^t - f_2(u)$$

wie oben, also durchweg $u^t - f_2(u) \geq 0$, während an den Stellen ϑ_h ($h = 1, 2, \ldots, k$) $\vartheta_h^t = f_2(\vartheta_h)$. Da nun für jedes u^{t_p}-Polynom $f(u)$ $\mathcal{M}f = \sum_1^k A_h f(\vartheta_h)$
Bl. 3v ist, so ist $\mathcal{M}f_2 = \sum_1^k A_h \vartheta_h^t = \lambda(t)$. Andererseits nehmen wir einen Werth $t_0 < t$ ($t_0 = 0$ zulässig), die anderen $t_2, \ldots, t_p > t$. Dann erhalten wir wie oben ($t_1 = t$, $a_1 = -1$)

$$a_0 u^{t_0} - u^t + a_2 u^{t_2} + \cdots + a_p u^{t_p} = f_1(u) - u^t \geq 0$$

$f_1(\vartheta_h) = \vartheta_h^t$ und $\mathcal{M}f_1 = \lambda(t)$. Also muss $\mu(t) = \lambda(t)$ sein.

[Man kann das auch auf rückwärtige Fortsetzung einer tot. mon. F. anwenden. Wenn $t^* < t_0, t_1, \ldots$, so giebt es kein $f_1(u) \geq u^{t^*}$, und man bekommt für $\mu(t^*)$ nur eine untere Schranke $\sup \mathcal{M}f_2$.Wenn diese endlich, kann man $\mu(t^*)$ beliebig $\geq \sup \mathcal{M}f_2$ annehmen. Das steht, obwohl es auch auf den Divergenzfall angewendet werden kann, mit der Bestimmtheit nicht im Widerspruch; denn im linken Endpunkt des Intervalls totaler Monotonie (sagen wir 0) konnte ja Unstetigkeit stattfinden, indem man $l_0 \cdot 0^t$ addirt. Diese Bemerkung ist etwas unklar abgefasst, aber ich verstehe sie schon!]

Kann an der Stelle ϑ ($0 < \vartheta < 1$) die F. $\chi(u)$ einen Sprung δ machen, d. h. eine Masse δ concentrirt sein? Dann müssen die Grössen $\mu_p - \delta\vartheta^{t_p}$ noch
Bl. 4 die Momentbedingung ($\mathcal{M}$ pos.) erfüllen; d. h. aus $f(u) \geq 0$ (in $[0,1]$) muss folgen $\mathcal{M}f - \delta f(\vartheta) \geq 0$. Für $f(\vartheta) = 0$ ist dies eo ipso erfüllt; für $f(\vartheta) > 0$ aber liefert es eine Verschärfung, die man offenbar so aussprechen kann: für $f(u) \geq 0$, $f(\vartheta) = 1$ muss $\mathcal{M}f \geq \delta$ sein, d. h. die im Punkte ϑ concentrirte Masse δ ist höchstens $= \inf \mathcal{M}f$ für $f(u) \geq 0$, $f(\vartheta) = 1$.

14. 11. 23

Andererseits ist z. B. für $\mu_n = \frac{1}{t_n+1}$ (der monotonen F. $\chi(u) = u$ entsprechend) *das Momentproblem im Convergenzfall gewiss unbestimmt.* Wir zeigen, dass hier gewiss für ein t die Grenzen für $\mu(t)$ ($\sup \int_0^1 f_2(u)\,du \leq \mu(t) \leq \inf \int_0^1 f(u)\,du$ für $f_2(u) \leq u^t \leq f_1(u)$) verschieden ausfallen, d. h.

$$\sup \int_0^1 f_2(u)\,du < \frac{1}{t+1} < \inf \int_0^1 f_1(u)\,du.$$

Wenn nämlich $\inf \int_0^1 (f_1(u) - u^t)\, du = 0$, also für jedes ε ein Polynom $f_1(u) = \sum_0^n a_\nu u^{t_\nu} \geq u^t$ mit $\int_0^1 (\sum_0^n a_\nu u^{t_\nu} - u^t)\, du < \varepsilon$ vorhanden ist, so ist erst recht

$$0 \leq \int_0^u \sum_0^n (a_\nu u^{t_\nu} - u^t)\, du < \varepsilon, \quad 0 \leq \sum_0^n \frac{a_\nu}{t_\nu + 1} u^{t_\nu + 1} - \frac{u^{t+1}}{t+1} < \varepsilon;$$

d. h. die Function u^{t+1} lässt sich durch Polynome der Form $\sum_0^n b_\nu u^{t_\nu + 1}$ | Bl. 4v gleichmässig approximiren. Ist dies für jedes $t > 0$ der Fall, so lässt sich auch jede in $[0, 1]$ stetige Function durch lineare Verbindungen von $1, u^{t_0+1}, u^{t_1+1}, \cdots$ gleichmässig approximiren, und dann kann (Szász) $\sum_1^\infty \frac{1}{t_\nu}$ nicht convergiren.

Fasz. 914

21. 7. 21

Das Momentproblem im Convergenzfall

Es sei $0 = t_0 < t_1 < \cdots .\ \mu_n$ eine reelle Zahlenfolge. Zur Existenz einer für $0 \leq u \leq 1$ monotonen Function $\chi(u)$ mit

$$\int_0^1 u^{t_n}\, d\chi(u) = \mu_n \quad (n = 0, 1, \ldots) \tag{1}$$

ist nothwendig und hinreichend, dass die Funktionaloperation $\mathcal{M}$ positiv sei, d.h. dass für jedes in $[0, 1]$ nichtnegative „Polynom"

$$f(u) = a_0 + a_1 u^{t_1} + \cdots + a_n u^{t_n} \geq 0 \tag{2}$$

für $0 \leq u \leq 1$ der Ausdruck

$$\mathcal{M}f = a_0\mu_0 + a_1\mu_1 + \cdots + a_n\mu_n \geq 0 \tag{3}$$

sei. Wenn $\chi(u)$, wie wir voraussetzen, unendlich viele Wachsthumsstellen hat, muss, wenn $f(u) \geq 0$ und nicht identisch 0, $\mathcal{M}f > 0$ sein. Für „Polynome n^{ten} Grades"(2) mit $a_0^2 + a_1^2 + \cdots + a_n^2 = 1$ sei λ_n die untere Grenze von $\mathcal{M}f$. Sie wird wirklich für eines dieser Polynome erreicht, da die Coefficienten $a_0, \ldots, a_n$ einer abgeschlossenen beschränkten Werthmenge angehören. Es existirt also ein Polynom (2), nicht identisch 0, mit $\mathcal{M}f = \lambda_n$, also ist $\lambda_n > 0$. Demnach ist allgemein für jedes Polynom (2)

$$\mathcal{M}f \geq \lambda_n \sqrt{a_0^2 + \cdots + a_n^2}. \tag{4}$$

Nunmehr sei ϑ_0 eine feste Zahl $0 \leq \vartheta_0 \leq 1$; wir suchen jetzt die untere Grenze
Bl. 2 $\rho_n(\vartheta_0)$ für alle Polynome (2), für die zugleich $f(\vartheta_0) = 1$. |

Auch diese wird wirklich erreicht. Denn $f(u) = 1$ ist eines der zulässigen Polynome mit $\mathcal{M}f = \mu_0$, also $\rho_n(\vartheta_0) \leq \mu_0$. Wir können uns demnach auf Polynome (2) mit $\mathcal{M}f \leq \mu_0$, also nach (4) mit

$$a_0^2 + \cdots + a_n^2 \leq \left(\frac{\mu_0}{\lambda_n}\right)^2$$

beschränken, und hier gehören also die Coefficienten wieder einer abgeschlossenen beschränkten Werthmenge an.

Es giebt also (wir lassen den Index n vorderhand weg) ein Minimalpolynom $f_0(u)$ von der Form (2) mit $f_0(\vartheta_0) = 1$ derart, dass $\mathcal{M}f_0 = \rho_0 > 0$, während für jedes andere Polynom (2) mit $f(\vartheta_0) = 1 \quad \mathcal{M}f \geq \rho_0$ ausfällt.

Wir behaupten nun: wenn $f_0(u)$ im Intervall $[0,1]$ die Nullstellen $\vartheta_1, \ldots \vartheta_m$ hat, so gilt für jedes an den Stellen $\vartheta_0, \vartheta_1, \ldots \vartheta_m$ verschwindende Polynom

$$g(u) = b_0 + b_1 u^{t_1} + \cdots + b_n u^{t_n} : \quad \mathcal{M}g = 0.$$

Denn: wird die natürliche Zahl r hinlänglich gross gewählt, so hat $g(u)^r$ die Nullstellen $\vartheta_1, \ldots, \vartheta_m$ in mindestens derselben Ordnung [1] wie $f_0(u)$. Es ist also $\frac{g(u)^r}{f_0(u)}$ in $[0,1]$ beschränkt, sagen wir

$$|g(u)| \leq A f_0(u)^{\frac{1}{r}}.$$

Schliessen wir die Stellen $\vartheta_1, \ldots, \vartheta_m$ in Intervalle ein, in denen $f_0(u) \leq \delta$, (δ beliebig > 0); in diesen Intervallen ist

$$|g(u)| \leq A\delta^{\frac{1}{r}};$$

Bl. 3 ausserhalb dieser Inter|valle ist $f_0(u) > 0$, $\frac{g(u)}{f_0(u)}$ beschränkt, $|g(u)| \leq B f_0(u)$. Das Polynom n^{ten} Grades

$$\varphi(u) = f_0(u) \pm \frac{g(u)}{B} + \frac{A}{B}\delta^{\frac{1}{r}}$$

ist dann ≥ 0 in $[0,1]$;

$$\varphi(\vartheta_0) = 1 + \frac{A}{B}\delta^{\frac{1}{r}},$$

demnach wegen der Bedeutung von ρ_0

$$\mathcal{M}\varphi \geq \rho_0 \left(1 + \frac{A}{B}\delta^{\frac{1}{r}}\right),$$

[1] Wenn ein Polynom $f(u)$ an der Stelle 0 verschwindet, etwa $f(u) = a_m u^{t_m} + \cdots$ ($m \geq 1$, $a_m \neq 0$), so heisse t_m die Ordnung, m die Vielfachheit dieser Nullstelle.

$$\rho_0 \pm \frac{\mathcal{M}g}{B} + \frac{A}{B}\delta^{\frac{1}{r}}\mu_0 \geq \rho_0\left(1 + \frac{A}{B}\delta^{\frac{1}{r}}\right),$$

$$\pm\mathcal{M}g \leq A\delta^{\frac{1}{r}}(\mu_0 - \rho_0), \quad |\mathcal{M}g| \leq A\delta^{\frac{1}{r}}(\mu_0 - \rho_0),$$

also, da δ beliebig klein, $\mathcal{M}g = 0$. (Das von δ abhängige B ist herausgefallen.)

[Wenn $f_0(u)$ gar keine Nullstellen hat, so verschwindet $\mathcal{M}g$ für jedes an der Stelle ϑ_0 verschwindende Polynom $g(u)$. Das kann aber nur für $n = 1$ eintreten – von dem Fall $n = 0$ abgesehen, wo $f(u) = 1$ das einzige zulässige Polynom und $\rho_0(\vartheta_0) = \mu_0$ ist – und auch dann nur, wenn ϑ_0 den speciellen Werth

$$\left(\frac{\mu_1}{\mu_0}\right)^{\frac{1}{t_1}}$$

hat, weil doch für

$$g(u) = u^{t_1} - \vartheta_0^{t_1} \quad \mathcal{M}g = 0, \quad \mu_1 - \mu_0\vartheta_0^{t_1} = 0$$

sein muss. Hier giebt es unendlich viele Minimalpolynome

$$1 + a_1\left(u^{t_1} - \vartheta_0^{t_1}\right) \quad (\text{wobei} - \frac{1}{1 - \vartheta_0^{t_1}} \leq a_1 \leq \frac{1}{\vartheta_0^{t_1}}),$$

darunter auch solche, die in $[0, 1]$ nirgends verschwinden, und zwei, die in den Endpunkten 0, resp. 1 verschwinden

$$[\frac{u^{t_1}}{\vartheta_0^{t_1}}, \frac{1 - u^{t_1}}{1 - \vartheta_0^{t_1}}]$$

| Für $n \geq 2$ könnte man immer ein Polynom $g(u) \geq 0$, das bei ϑ_0, aber nicht identisch verschwindet, bilden, und daraus würde sich der Widerspruch $\mathcal{M}g = 0$, $\mathcal{M}g > 0$ ergeben.] Bl. 4

Ordnen wir jedem ϑ_i $(i = 0, \ldots, m)$ die Zahl $\delta_i = 2$ oder 1 zu, jenachdem ϑ_i im Innern $(0 < \vartheta_i < 1)$ oder an den Grenzen des Intervalls $(\vartheta_i = 0, 1)$ liegt.

$f_0(u)$ hat (da ein nichtneg. Polynom in einem innern Punkte nur eine Nullstelle gerader Vielfachheit haben kann) mindestens

$$\Delta_0 = \sum_{i=1}^{m} \delta_i$$

Nullstellen (der Vielfachheit nach gerechnet; δ_i giebt die Anzahl der linearen Bedingungen für die Coefficienten, die aus der Forderung einer Nullstelle ϑ_i von der Vielfachheit δ_i entspringen). Da $f_0(u)$ nicht id. 0, muss $\Delta_0 \leq n$ sein. [1]
Andererseits muss

$$\Delta = \sum_{i=0}^{m} \delta_i > n$$

sein; sonst könnte man ein Polynom $g(u)$, das nicht identisch, aber an den Stellen $\vartheta_0, \vartheta_1, \ldots, \vartheta_m$ mit den Vielfachheiten $\delta_0, \delta_1, \ldots, \delta_m$ verschwindet, vom Grade $\Delta \leq n$, also ohne sonstige Nullstelle bilden; dann wäre $\pm g(u) \geq 0, \pm \mathcal{M}g > 0$ im Widerspruch zu $\mathcal{M}g = 0$ Also

$$\Delta_0 \leq n < \Delta_0 + \delta_0.$$

Bl. 5 | Ist ϑ_0 innerer Punkt, so ist also $n = \Delta_0$ oder $\Delta_0 + 1$, $\Delta_0 = n$ oder $n - 1$; ist ϑ_0 Randpunkt, so ist $n = \Delta_0$.

Da höchstens zwei von den Zahlen $\delta_1, \ldots, \delta_m$ gleich 1, die anderen $= 2$ sind, so ist

$$2m - 2 \leq \Delta_0 \leq 2m, \quad \text{also } 2m - 2 \leq n < 2m + 2,$$

für wachsende n also $m \sim \frac{n}{2}$. Schon für $n \geq 2$ ist $m \leq \frac{n}{2} + 1 \leq n$, und daher giebt es gewiss ein Polynom vom Grade $\leq n$

$$\varphi_i(u) \quad (i = 0, 1, \ldots, m),$$

das an den Stellen $\vartheta_j \neq \vartheta_i$ verschwindet, aber an der Stelle ϑ_i gleich 1 ist. (Für $i = 0$ ist $f_0(u)$ ein solches). Es sei $\mathcal{M}\varphi_i = \sigma_i$; diese Zahl hängt von der Wahl des $\varphi_i(u)$ nicht ab, da die Differenz zweier zulässiger $\varphi_i(u)$ an den Stellen $\vartheta_0, \ldots, \vartheta_m$ verschwindet und ihr $\mathcal{M}$-Werth gleich 0 ist.

Sei sodann $f(u)$ ein beliebiges Polynom vom Grade $\leq n$;

$$f(u) - \sum_{i=0}^{m} f(\vartheta_i)\varphi_i(u) = g(u)$$

verschwindet an den Stellen $\vartheta_0, \ldots, \vartheta_m$, also $\mathcal{M}g = 0$,

$$\mathcal{M}f = \sum_{i=0}^{m} \sigma_i f(\vartheta_i) \tag{5}$$

insbesondere

$$\mu_k = \sum_{i=0}^{m} \sigma_i \vartheta_i^{t_k} \quad (k = 0, 1, \ldots, n). \tag{6}$$

Bl. 6 | Wir zeigen, dass alle $\sigma_i > 0$ sind. Von $\sigma_0 = \mathcal{M}f_0 = \rho_0$ ist das schon bekannt. Sei

$$\Delta_i = \sum_{j \neq i} \delta_j = \Delta - \delta_i = \Delta_0 + \delta_0 - \delta_i \quad (i = 1, \cdots, m).$$

Es ist $\Delta_i \leq \Delta_0$ ausser für $\delta_0 = 2$, $\delta_i = 1$, wo $\Delta_i = \Delta_0 + 1$ ist. Wenn $\Delta_i \leq \Delta_0 \leq n$, so kann man ein nicht identisch verschwindendes Polynom $f_i(u)$ vom Grade $\leq \Delta_i$ durch die $\Delta_i + 1$ Bedingungen bestimmen, dass es an den Stellen ϑ_j $(j \neq i)$ in den Vielfachheiten δ_j verschwinden und an der Stelle ϑ_i gleich 1 sein soll; dann ist $f_i(u) \geq 0$ und $\mathcal{M}f_i = \sigma_i > 0$.

Wenn der Fall $\delta_0 = 2$, $\delta_i = 1$, $\Delta_i = \Delta_0 + 1$ eintritt, wobei $\Delta_0 = n$ oder $n-1$ ist, so ist für $\Delta_0 = n-1$ $\Delta_i = n$ und wie soeben kann man $f_i(u)$ bestimmen, $\sigma_i > 0$. Ist hingegen $\Delta_0 = n$, $\Delta_i = n+1$, so ist ein Polynom $f_i(u)$ nicht vorhanden, das Vorzeichen von σ_i bleibt zunächst zweifelhaft. Nun bestimme man aber ein Polynom $\varphi(u)$ vom Grade $\leq n-1$ mit den Nullstellen ϑ_j in den Vielfachheiten δ_j $(j \neq 0, i)$ und $\varphi(\vartheta_0) = 1$; dann ist $\varphi \geq 0$, $\varphi(\vartheta_i) = \varepsilon_i > 0$. Dann ist nach (5)

$$\mathcal{M}\varphi = \sigma_0 + \varepsilon_i \sigma_i .$$

Da $\varphi(u) \geq 0$ mit $\varphi(\vartheta_0) = 1$, so muss $\mathcal{M}\varphi \geq \sigma_0$ sein, also $\sigma_i \geq 0$. Ist $\sigma_i = 0$,
so kann man jedes der genannten $\varphi(u)$, z. B. mit $\varepsilon_i = 1$, als Minimalpoly- Bl. 7
nom statt $f_0(u)$ verwenden, und wenn wir also die Bedingung stellen, dass das Minimalpolynom so wenig Nullstellen wie möglich haben soll, so würde nicht $f_0(u)$, sondern ein $\varphi(u)$ als Minimalpolynom figuriren und die Nullstelle ϑ_i gar nicht mehr auftreten. Demnach kann dieser Fall ausgeschlossen werden und es ist $\sigma_i > 0$.

Definiren wir die monotone Function $\chi_n(u)$ so, dass sie an den Stellen ϑ_i die Sprünge σ_i macht und sonst constant ist, so ist

$$\mu_k = \int_0^1 u^{t_k}\, d\chi_n(u) \qquad (k = 0, 1, \cdots, n)$$

Aus den $\chi_n(u)$ erhalten wir durch den Hellyschen Auswahlsatz eine überall convergente Theilfolge $\chi_p(u) \to \chi(u)$ und dadurch eine Lösung $\chi(u)$ des Momentproblems.

Führen wir wieder die Bezeichnung $\rho_n(\vartheta)$ für das Min. von $\mathcal{M}f$ ein (f ein Polynom (2) mit $f(\vartheta) = 1$). Wegen $m \sim \frac{n}{2}$ wächst m mit n unbegrenzt; in $\rho_n(\vartheta) \geq \rho_{n+1}(\vartheta) \geq \cdots$ kann das Gleichheitszeichen nur endlich oft gelten. Es sei $\rho(\vartheta) = \lim \rho_n(\vartheta) < \rho_n(\vartheta)$.

$\rho(\vartheta)$ ist die obere Grenze der Masse $\chi(\vartheta+0) - \chi(\vartheta-0)$, die für irgend eine Lösung an der Stelle ϑ concentrirt sein kann. (Für $\vartheta = 0, 1$ sei $\chi(-0) = \chi(0) =$
$0, \chi(1+0) = \chi(1) = \mu_0$ gesetzt.) Denn wenn $\chi(u)$ mit $\chi(\vartheta+0) - \chi(\vartheta-0) = \rho$ eine Bl. 8
Lösung ist, so erfüllen die Momente (die aus Tilgung der Masse ρ entstehen) $\mu_n - \rho\vartheta^{t_n}$ noch die $\mathcal{M}$-Bedingung; für jedes Polynom $f(u) \geq 0$ ist $\mathcal{M}f - \rho f(\vartheta) > 0$; speciell für das n^{te} Minimalpolynom $\rho_n(\vartheta) - \rho > 0$, daher $\rho \leq \rho(\vartheta)$.

Andererseits giebt es wirklich eine Lösung mit der Masse $\rho(\vartheta)$. Denn bildet man die obigen $\chi_n(u)$ mit festem $\vartheta_0 = \vartheta$, so ist $\chi_n(\vartheta+0) - \chi_n(\vartheta-0) = \rho_n(\vartheta)$; für hinl. kleines $h > 0$

$$\chi_n(\vartheta+h) - \chi_n(\vartheta-h) \geq \rho_n(\vartheta),$$

also liefert der Auswahlsatz hier eine Lösung mit

$$\chi(\vartheta+h) - \chi(\vartheta-h) \geq \rho(\vartheta), \quad \chi(\vartheta+0) - \chi(\vartheta-0) \geq \rho(\vartheta)\ ,$$

d. h. $= \rho(\vartheta)$.

Wenn das Mom.probl. bestimmt ist, so ist für seine einzige Lösung $\chi(\vartheta+0)-\chi(\vartheta-0)=\rho(\vartheta)$; daher verschwindet $\rho(\vartheta)$ bis auf höchstens abzählbar viele Stellen.

Bildet man (Tschebyscheff, Markoff) unter der Voraussetzung

$$\vartheta_1<\cdots<\vartheta_i<\vartheta_0<\vartheta_{i+1}<\cdots<\vartheta_m$$

das Polynom $\varphi(u)$ vom Grade $\Delta_0 \le n$, das an den Stellen $\vartheta_1,\dots,\vartheta_i$ in den Vielfachheiten $\delta_1,\dots,\delta_i$ den Werth 1 hat, $\varphi(\vartheta_0)=1$, während $\varphi(u)$ an den Stellen $\vartheta_{i+1},\dots,\vartheta_m$ in den Vielf. $\delta_{i+1},\dots,\delta_m$ verschwindet, so ist (Rollescher
Bl. 9 Satz) $\varphi(u)\ge 1$ für $u\le\vartheta_0$, sonst $\varphi(u)\ge 0$. | Bei vorgeschriebenem $\varepsilon>0$ ist für hinlänglich kleines $h>0$ $\varphi(u)\ge 1-\varepsilon$ für $u\le\vartheta_0+h$. Also, wenn $\chi(u)$ (mit $\chi(0)=0$) irgend eine Lösung des Mom.problems:

$$\mathcal{M}\varphi=\sum_{i=0}^{m}\sigma_i\varphi(\vartheta_i)=\sigma_1+\cdots+\sigma_i+\sigma_0\ge(1-\varepsilon)\chi(\vartheta_0+h)\ge(1-\varepsilon)\chi(\vartheta_0+0),$$

$$\text{d.h.}\qquad \chi(\vartheta_0+0)<\sigma_0+\sigma_1+\cdots+\sigma_i=\chi_n(\vartheta_0+0).$$

Man erhält so die Tschebyscheffschen Ungleichungen

$$\chi_n(\vartheta-0)<\chi(\vartheta-0)\le\chi(\vartheta+0)<\chi_n(\vartheta+0),$$

wenn $\chi_n(u)$ die zum Min.pol. n^{ten} Grades der Stelle ϑ gehörige Lösung ist. (Auch für $\vartheta=0,1$ gültig. Revidendum).

Für zwei Lösungen $\chi(u)$, $\chi^*(u)$ folgt daraus

$$|\chi^*(\vartheta)-\chi(\vartheta)|<\rho_n(\vartheta),\quad |\chi^*(\vartheta)-\chi(\vartheta)|\le\rho(\vartheta).$$

Wenn also (Umkehrung des obigen) $\rho(\vartheta)$ bis auf höchstens abzählbar viele Stellen verschwindet, oder auch nur, wenn es an einer überalldichten Stellenmenge verschwindet, so ist $\chi(u)$ an dieser Menge bestimmt, also $\chi(u\pm 0)$ überall bestimmt, das Mom.problem bestimmt.

Bl. 10 Zur Bestimmtheit des Mom.problems ist nothwendig und hinreichend, | dass es ein Intervall mit $\rho(\vartheta)\ge\delta>0$ gebe. (Denn bei unbestimmtem Problem giebt es zwei an einer gemeinsamen Stetigkeitsstelle differirende Lösungen, also ein Intervall mit $|\chi^*(u)-\chi(u)|\ge\delta>0$, $\rho(u)\ge\delta$.)

Anmerkung

[1] Den Satz „Da $f_0(u)$... sein" hat HAUSDORFF später mit Rotstift unterstrichen und am Rand folgendes bemerkt: „Richtig, aber anders zu bew."

Commentary on Fasz. 913, 921, 924, 915, 920, 916, 914

S. D. Chatterji

All of these seven papers are devoted to the study of what we shall call the *generalized* HAUSDORFF *moment problem*: let $0 = t_0, t_1, t_2, \ldots > 0$ be any denumerable set of positive real numbers; given real numbers $\mu_n, n = 0, 1, \ldots$, the problem is to determine a finite positive (BOREL) measure χ on [0, 1] such that

$$\int_0^1 u^{t_n} d\chi(u) = \mu_n, \quad n = 0, 1, \ldots$$

(with the convention $u^0 \equiv 1$). In case $t_n \to \infty$ and $\Sigma\, 1/t_n = \infty (n \geq 1)$ ("divergence case") HAUSDORFF gave a complete analysis of the problem in [H 1921]II. As pointed out in the commentary to the latter paper, in the "convergence case" ($\Sigma\, 1/t_n < \infty$) the measure χ is never unique; further, the analysis given in the "divergence case" has to be modified. The published literature on the convergence case being almost non-existent we have thought it interesting to reproduce a number of HAUSDORFF's own unpublished papers on this topic in chronological order. They were all composed between 8.9.1920 and 21.7.1921, the date 8.9.1920 being that of the reception of [H 1921]II by Math. Zeitschrift. There is a little bit of repetition in these seven papers; however, we have decided not to edit them out in order to maintain their readability. A part of the results had been published in an appendix of HALLENBACH's unpublished doctoral dissertation written under HAUSDORFF's supervision [Hal 1933]; this is briefly described in SHOHAT and TAMARKIN's book [ST 1950] p. 105 (cf. commentaries on [H 1921]II, [H 1923b]).

References

[Hal 1933] HALLENBACH, F.: *Zur Theorie der Limitierungsverfahren von Doppelfolgen.* Inaugural-Dissertation zur Erlangung der Doktorwürde genehmigt von der Philosophischen Fakultät der Rheinischen Friedrich-Wilhelms-Universität zu Bonn, 1933, 1–100.

[ST 1950] SHOHAT, J.A.; TAMARKIN, J.D.: *The problem of moments.* Mathematical Surveys and Monographs, vol. 1. American Mathematical Society, Providence, Rhode Island 1950.

Ein Brief Hausdorffs an Ludwig Bieberbach

Bonn, 24. 7. 1922

Quelle: Privatbesitz Prof. Dr. S. Segal

Bonn, Hindenburgstr. 61
24. 7. 22

Sehr geehrter Herr College!

Als ich mir kürzlich Ihren Beweis des Verzerrungs- und Drehungssatzes genauer ansah, um einen Seminarvortrag darüber halten zu lassen, bemerkte ich, dass da noch merkliche Vereinfachungen zu erzielen sind. Herr STUDY meinte, dies sei der Veröffentlichung werth, aber ich denke darüber nicht so optimistisch und möchte es jedenfalls Ihnen zuvor mittheilen. Mein Ausgangspunkt ist Ihre Entdeckung, dass für ein in $|z| < 1$ reguläres und schlichtes

$$f(z) = z + a_2 z^2 + \cdots$$

$|a_2| \leqq 2$ ist; diese Thatsache kann man eben noch besser ausnutzen.
I. Der Bildbereich enthält die Kreisscheibe $|\omega| < \frac{1}{4}$. Denn ist c irgend ein Werth, den $f(z)$ nicht annimmt, so ist auch

$$\frac{f(z)}{1 - \frac{f(z)}{c}} = z + \left(a_2 + \frac{1}{c}\right) z^2 + \cdots$$

für $|z| < 1$ regulär und schlicht, demnach $\left|a_2 + \frac{1}{c}\right| \leqq 2$, $|a_2| \leqq 2$, daraus $\left|\frac{1}{c}\right| \leqq 4$, $|c| \geqq \frac{1}{4}$. Das Extrem $|c| = \frac{1}{4}$ ist nur für $|a_2| = 2$, d.h. die Schlitzabbildung erreichbar. Dieser Weg von der Bieberbachschen Constante 2 zur Koebeschen Constante $\frac{1}{4}$ ist doch wirklich einfach !
II. Wie in Ihrer Arbeit über den Drehungssatz kommt man durch lineare Transformation des Einheitskreises in sich zu

$$\left|\frac{f''(z)}{f'(z)}(1 - z\bar{z}) - 2\bar{z}\right| \leqq 4$$

Hier kann man einfacher und schärfer so weiterschliessen: Sei $z = re^{i\varphi}$ und $\log f'(z) = \rho + i\sigma$ der in $|z| < 1$ reguläre, für $z = 0$ verschwindende Zweig; $e^{\rho} = |f'(z)|$ der Verzerrungsmodul, σ der Drehungswinkel. Da bei constantem φ

$$\rho_r + i\sigma_r = \frac{f''(z)}{f'(z)} e^{i\varphi}, \quad \left(\rho_r = \frac{\partial \rho}{\partial r}\right)$$

so ergibt sich

$$\left|\rho_r + i\sigma_r - \frac{2r}{1-r^2}\right| \leqq \frac{4}{1-r^2}\,.$$

Also für die Drehung:

$$|\sigma_r| \leqq \frac{4}{1-r^2}$$

und integrirt

$$|\sigma| \leqq 2\log\frac{1+r}{1-r}\,;$$

für die Verzerrung

$$\frac{2r-4}{1-r^2} \leqq \rho_r \leqq \frac{2r+4}{1-r^2}\,,$$

$$\log\frac{1-r}{(1+r)^3} \leqq \rho \leqq \log\frac{1+r}{(1-r)^3}$$

$$\frac{1-r}{(1+r)^3} \leqq |f'(z)| \leqq \frac{1+r}{(1-r)^3}$$

und durch nochmalige Integration

$$|f(z)| \leqq \frac{r}{(1-r)^2}\,.$$

Auch dies scheint mir von äusserster erreichbarer Einfachheit. Hübsch wäre es, wenn man den Drehungssatz auf diesem Wege noch verschärfen könnte. Jedenfalls ist es erstaunlich, was alles, und zwar fast unmittelbar, in Ihrer Ungleichung $|a_2| \leqq 2$ steckt.

Mit besten Grüssen
Ihr ergebenster F. Hausdorff

Kommentar

R. Remmert

Die hier von HAUSDORFF gegebenen eleganten Anwendungen der Bieberbachschen Ungleichung $|a_2| \leqq 2$ für im Einheitskreis holomorphe und schlichte Funktionen $f(z) = z + a_2z^2 + \cdots$ waren schon 1916 bekannt. Sie wurden „ziemlich unabhängig und wohl in verschiedenen Formen von mehreren Mathematikern entdeckt, nämlich PICK, BIEBERBACH und GRONWALL“ (briefliche Mitteilung von Herrn Chr. POMMERENKE vom 2.11.1998). HAUSDORFFS Brief läßt nicht erkennen, welche Arbeit von BIEBERBACH er sich 1922 genauer ansah. Ein Antwortbrief von BIEBERBACH wurde bisher nicht gefunden.

Teil I des Briefes findet sich in fast wörtlicher Wiedergabe im BIEBERBACHschen Göschenbändchen über konforme Abbildungen auf S. 113 (de Gruyter, Berlin 1956). BIEBERBACH sagt hier, dieser Beweis stamme von SZEGÖ.

NL HAUSDORFF: Kapsel 33

Fasz. 250

Differenzirbare, nichtkonstante Funktionen, deren Ableitung an überall dicht liegenden Stellen verschwindet

Hs. Ms. – [Bonn], 13.–14. 3. 1926. – 4 Bll.

Fasz. 251

Differenzirbare, nirgends monotone Funktionen

Hs. Ms. – [Bonn], 17. 3. 1926. – 2 Bll.

Fasz. 250

13/3 26

Differenzirbare, nicht konstante Funktionen, deren Ableitung an überall dicht liegenden Stellen verschwindet.

Das erste Beispiel wurde 1890 in verschiedenen, z. Th. unzulänglichen Versuchen von A. Koepcke gegeben (Math. Ann. 29, 34, 35; Hamburger Mitteil. 2). Eine umständliche Konstruktion, die der Nachprüfung bedarf, von A. Schoenflies.

H.A. Schwarz fand, dass es bequemer ist, von einer monotonen Funktion auszugehen, deren Ableitung an überall dicht liegenden Stellen ∞ ist, und dazu die inverse Funktion zu bilden. (Vgl. Berl. Ber. 32(1910), 592; R. Remak,
[1] Journ. f. Math. 141 ( ), 77.)

Folgendes ist eine Vereinfachung der Schwarzschen Methode. Setzen wir

$$\Phi(x) = |x|^{\frac{1}{2}} \operatorname{sg} x;$$

diese Funktion ist stetig und monoton ($\Phi(x_1) < \Phi(x_2)$ für $x_1 < x_2$) und hat, für $x \neq 0$, die Ableitung

$$\varphi(x) = \frac{1}{2|x|^{\frac{1}{2}}},$$

während für $x = 0$

$$\lim_{h \to 0} \frac{\Phi(h) - \Phi(0)}{h} = +\infty.$$

Sei $0 < x < \xi < 1,\ 0 \leq r \leq 1$; betrachten wir den Differenzenquotienten

$$\frac{\Phi(\xi - r) - \Phi(x - r)}{\xi - x}.$$

Wir behaupten, dass er

$$\leq \frac{\sqrt{2}}{|x - r|^{\frac{1}{2}}} \text{ (für } x \neq r) \text{ und ebenso } \leq \frac{\sqrt{2}}{|\xi - r|^{\frac{1}{2}}} \text{ist (für } \xi \neq r).$$

Der Zähler ist nämlich
(α) für $0 \leq r \leq x$ gleich

$$\sqrt{\xi - r} - \sqrt{x - r} = \frac{\xi - x}{\sqrt{\xi - r} + \sqrt{x - r}} \leq \frac{\xi - x}{\sqrt{x - r}} \text{ oder } \frac{x - \xi}{\sqrt{\xi - r}}.$$

(β) für $x < r < \xi$ gleich

$$\sqrt{\xi - r} + \sqrt{r - x} \leq \sqrt{2}\sqrt{\xi - x} \quad (\text{wegen } (u + v)^2 \leq 2(u^2 + v^2))$$

$$< \sqrt{2}\frac{\xi - x}{\sqrt{r-x}} \text{ und } \sqrt{2}\frac{\xi - x}{\sqrt{\xi - r}}.$$

(γ) für $\xi \leq r \leq 1$ gleich Bl. 1v

$$\sqrt{r-x} - \sqrt{r-\xi} = \frac{\xi - x}{\sqrt{r-x} + \sqrt{r-\xi}} \leq \frac{\xi - x}{\sqrt{r-x}}, \quad \frac{\xi - x}{\sqrt{r-\xi}}.$$

Also

$$\frac{\Phi(\xi - r) - \Phi(x-r)}{\xi - x} \leq k\varphi(x-r), \quad k\varphi(\xi - r) \qquad (k = \sqrt{8})$$

was im ersten Falle nur für $r \neq x$, im zweiten für $r \neq \xi$ einen Sinn hat.

Wir nehmen jetzt $0 \leq x \leq 1$ an und lassen r alle rationalen Zahlen des Intervalls $0 \leq r \leq 1$ durchlaufen. Da dann $|\Phi(x-r)| = \sqrt{|x-r|} \leq 1$, so ist die Reihe

$$F(x) = \sum c_r \Phi(x-r),$$

wo $\sum c_r$ eine konvergente Reihe positiver Zahlen bedeutet, gleichmässig konvergent und stellt eine stetige Funktion dar. Jedes Glied ist monoton.

An jeder rationalen Stelle hat $F(x)$ die Ableitung $+\infty$ (an der Stelle 0 nach rechts, an der Stelle 1 nach links, an den übrigen Stellen r beiderseits). Es ist z.B. für $x = r$, $h > 0$

$$F(r+h) - F(r) > c_r \Phi(h) = c_r \sqrt{h}, \qquad \lim_{h \to 0} \frac{F(r+h) - F(r)}{h} = +\infty;$$

ebenso für $F(r) - F(r-h)$.

Sodann sei x irrational. Hier sind zwei Fälle zu unterscheiden. Wenn die Reihe

$$\sum c_r \varphi(x-r) = \frac{1}{2} \sum \frac{c_r}{|x-r|^{\frac{1}{2}}}$$

divergirt, hat $F(x)$ ebenfalls unendliche Ableitung. Betrachten wir eine Partialsumme $\sum^*$:

$$\frac{F(x+h) - F(x)}{h} > \sum^{*} c_r \frac{\Phi(x+h-r) - \Phi(x-r)}{h} \qquad (h > 0);$$

da $\Phi(x)$ für $x \neq 0$ die Ableitung $\varphi(x)$ hat, so ist Bl. 2

$$\underline{\lim}_{h \to 0} \frac{F(x+h) - F(x)}{h} \geq \sum^{*} c_r \varphi(x-r)$$

und, indem man die Gliederzahl der Partialsumme wachsen lässt,

$$\lim_{h \to 0} \frac{F(x+h) - F(x)}{h} = \infty;$$

ebenso für den linksseitigen Differenzenquotienten.

Wenn hingegen die Reihe $f(x) = \sum c_r\varphi(x-r)$ konvergirt, hat $F(x)$ die Ableitung $F'(x) = f(x) > 0$. Zunächst folgt wie soeben, dass

$$\underline{\lim}_{h\to 0}\frac{F(x+h)-F(x)}{h} \geq f(x)$$

ist. Andererseits ist, wenn wir wieder eine Partialsumme $\sum^*$ und die folgende Restsumme $\sum_*$ betrachten, nach der obigen Abschätzung

$$\frac{F(x+h)-F(x)}{h} \leq \sum^* c_r\frac{\Phi(x+h-r)-\Phi(x-r)}{h} + k\sum_* c_r\varphi(x-r),$$

also

$$\overline{\lim}_{h\to 0}\frac{F(x+h)-F(x)}{h} \leq \sum^* c_r\varphi(x-r) + k\sum_* c_r\varphi(x-r)$$

und wenn wir die Gliederzahl der Partialsumme unbegrenzt wachsen lassen ($\sum^* \to f(x)$, $\sum_* \to 0$): $\overline{\lim} \leq f(x)$. Dasselbe gilt für den linksseitigen Differenzenquotienten.

Kehren wir nun die Funktion $y = F(x)$ (die streng monoton von $y_0 = F(0)$ bis $y_1 = F(1)$ wächst) um, so wird $x = G(y)$ eine monoton wachsende stetige Funktion von y, die an den Stellen, wo $F'(x) = +\infty$, die Ableitung $G'(y) = 0$, an denen, wo $F'(x) = f(x) > 0$, die Ableitung $G'(y) = \frac{1}{F'(y)}$ hat. Die Stellen
Bl. 2v erster | Art liegen im Intervall $[y_0, y_1]$ überall dicht, da ja jedenfalls die Stellen $y_r = F(r)$ dazu gehören. (Es giebt aber ausserdem noch $\aleph$ andere. $G'(y)$ hat als Funktion 1. Klasse eine Menge nur 1. Kategorie von Unstetigkeitsstellen; die Stellen $G'(y) > 0$ sind Unstetigkeitsstellen, bilden also eine Menge 1. Kategorie, die Stellen $G'(y) = 0$ eine Menge 2. Kategorie, von der Mächtigkeit $\aleph$).

$G'(y)$ ist übrigens beschränkt, da

$$f(x) \geq \frac{1}{2}\frac{c_0}{\sqrt{x}} + \frac{1}{2}\frac{c_1}{\sqrt{1-x}} > \frac{1}{2}c_0 + \frac{1}{2}c_1.$$

Sie ist nicht im Riemannschen Sinne integrabel, da das untere Integral

$$\underline{\int_{y_0}^{y_1}} G'(y)\,dy = 0$$

ist; das obere kann nicht 0 sein (da es $\geq G(y_1) - G(y_0) = 1$ ist).

Bei Koepcke handelt es sich übrigens um differenzirbare Funktionen, die in keinem Intervall monoton sind. Auf diesen schwierigeren Fall beziehen sich wahrscheinlich: Dini-Lüroth, 375 und 381/4. (§130, 200). A. Koepcke, Math. Ann. 29 (1887), 123; 34(1889), 181 (noch mangelhaft); 35(1890), 104; Hamb. Mitt. 2(1890), 128. T. Brodén, Öfv. Vet. Ak. Förh. (Stockholm) 57(1900), 423/41; 743/61. A. Schoenflies, Ber. 1900, 163/6; Math. Ann. 54(1901),

553/63. A. Denjoy, C. R. 158 (1914), 1003/6; Bull. soc. math. 43(1915), 210/37.| Bl. 3

14/3 26

Beispiel einer differenzirbaren, in keinem Intervall konstanten monotonen Funktion, deren Ableitung an überall dicht liegenden Stellen verschwindet.

Nach H.A. Schwarz (Berl. Ber. 32(1910), 592; vgl. R. Remak, Journ. f. Math. 141( ), 77) bilden wir die inverse Funktion, nur viel einfacher. Sei [2]

$$\varphi(x) = |x|^{\frac{1}{2}} \operatorname{sg} x; \tag{1}$$

diese Funktion ist stetig und streng monoton, d.h. $\varphi(x_1) < \varphi(x_2)$ für $x_1 < x_2$, und hat für $x \neq 0$ die Ableitung $\varphi'(x) = 1 : 2|x|^{\frac{1}{2}}$, an der Stelle 0 die Ableitung $+\infty$, d.h.

$$\lim_{h\to 0} \frac{\varphi(h) - \varphi(0)}{h} = +\infty.$$

Für den Differenzenquotienten gilt ($x \neq \xi$)

$$0 < \frac{\varphi(x) - \varphi(\xi)}{x - \xi} \leq \frac{2}{|x|^{\frac{1}{2}} + |\xi|^{\frac{1}{2}}} \tag{2}$$

Denn jenachdem x, ξ gleiches oder verschiedenes Zeichen haben, ist

$$\frac{|x|^{\frac{1}{2}} - |\xi|^{\frac{1}{2}}}{|x| - |\xi|} = \frac{1}{|x|^{\frac{1}{2}} + |\xi|^{\frac{1}{2}}}, \quad \frac{|x|^{\frac{1}{2}} + |\xi|^{\frac{1}{2}}}{|x| + |\xi|} \leq \frac{2}{|x|^{\frac{1}{2}} + |\xi|^{\frac{1}{2}}}$$

(Für $x = 0$ oder $\xi = 0$ gilt die erste Formel). Nun durchlaufe x die reellen, r die rationalen Zahlen des Intervalls [0,1]. Wegen $|\varphi(x - r)| = |x - r|^{\frac{1}{2}} \leq 1$ ist die Reihe

$$f(x) = \sum c_r \varphi(x - r) \tag{3}$$

| gleichmässig konvergent ($\sum c_r$ eine konvergente Reihe positiver Glieder) und stellt eine stetige Funktion dar; jedes Glied ist streng monoton. Bl. 3v

An jeder rationalen Stelle hat $f(x)$ die Ableitung $+\infty$ (an der Stelle 0 nur nach rechts, an der Stelle 1 nur nach links). Denn für $h \neq 0$ ist

$$\frac{f(r+h) - f(r)}{h} > c_r \frac{\varphi(h) - \varphi(0)}{h} \to +\infty \quad (\text{für } h \to 0)$$

Sei x nun irrational. Hier sind zwei Fälle zu unterscheiden. Wenn die Reihe

$$\sum c_r \varphi'(x - r) = \frac{1}{2} \sum \frac{c_r}{|x - r|^{\frac{1}{2}}} \tag{4}$$

divergirt, hat $f(x)$ wieder die Ableitung $+\infty$. Die Menge der Zahlen r werde in eine endliche Menge P und den Rest R gespalten; dann gilt

$$\frac{f(x+h)-f(x)}{h} > \sum^{P} c_r \frac{\varphi(x+h-r)-\varphi(x-r)}{h},$$

also für $h \to 0$

$$\underline{\lim}_{h\to 0} \frac{f(x+h)-f(x)}{h} \geq \sum^{P} c_r \varphi'(x-r)$$

und, indem man die Gliederzahl von P wachsen lässt:

$$\lim_{h\to 0} \frac{f(x+h)-f(x)}{h} = +\infty.$$

Wenn hingegen die Reihe (4) konvergirt, so ist ihre Summe $= f'(x)$. Wird diese Summe für den Augenblick $f_1(x)$ genannt, so ist wie im vorigen Falle

$$\underline{\lim}_{h\to 0} \frac{f(x+h)-f(x)}{h} \geq f_1(x).$$

Bl. 4 Andererseits ist wegen (2)|

$$\frac{f(x+h)-f(x)}{h} \leq \sum^{P} c_r \frac{\varphi(x+h-r)-\varphi(x-r)}{h} + \sum^{R} c_r \frac{2}{|x-r|^{\frac{1}{2}}}$$

$$= \sum^{P} c_r \frac{\varphi(x+h-r)-\varphi(x-r)}{h} + 4\sum^{R} c_r \varphi'(x-r)$$

$$\overline{\lim}_{h\to 0} \frac{f(x+h)-f(x)}{h} \leq \sum^{P} c_r \varphi'(x-r) + 4\sum^{R} c_r \varphi'(x-r)$$

und wenn man wieder P wachsen lässt, $\overline{\lim} \leq f_1(x)$. Also

$$\lim_{h\to 0} \frac{f(x+h)-f(x)}{h} = f_1(x).$$

Dabei ist $f'(x) > 0$ und hat sogar eine positive untere Grenze:

$$f'(x) > \frac{1}{2}\frac{c_0}{|x|^{\frac{1}{2}}} \geq \frac{1}{2}c_0.$$

Die zu $y = f(x)$ inverse Funktion $x = g(y)$ ist im Intervall $[y_0, y_1]$ $(y_r = f(x_r))$ stetig, streng monoton und differenzirbar. Ihre Ableitung ist 0, wo die von $f(x)$ unendlich war, also jedenfalls an den Stellen y_r, die überall dicht liegen; sonst ist sie $= \frac{1}{f'(x)}$, positiv und beschränkt.

Bekanntermassen ist für jede Ableitung $g'(y)$, die an überall dicht liegenden Stellen verschwindet, ohne dass $g(y)$ in irgend einem Intervall konstant ist, die

Menge $[g' \neq 0]$ (die in der Menge der Unstetigkeitsstellen enthalten ist) von 1. Kategorie, die Menge $[g' = 0]$ also von 2. Kategorie und von der Mächtigkeit $\aleph$. Es sind also in unserem Falle sicher $\aleph$ Stellen vorhanden, wo (4) divergirt.

Ein solches $g'(y)$ ist, wenn beschränkt, nicht R-integrabel. Denn das untere Integral ist ≤ 0, das obere ≥ 0; wäre

$$\int_{y_0}^{y_1} g'(y)\, dy = g(y_1) - g(y_0)$$

vorhanden, so müsste es 0 sein und, da dasselbe von jedem Teilintervall gilt, Bl. 4v
$g(y) = \text{constans}$.

Anmerkungen

[1] Es handelt sich um den Jahrgang 1912 des CRELLEschen Journals.

[2] S. Anm. [1].

Fasz. 251

17.3.26

Differenzirbare, nirgends monotone Funktionen.

Man kann eine im Intervall $[a, b]$ streng monotone Funktion $f(x)$ (d. h. $f(x_1) < f(x_2)$ für $x_1 < x_2$) konstruiren, die differenzirbar ist und deren Ableitung beschränkt ist und eine überall dichte Menge von Nullstellen hat (zu denen $x = a$ und $x = b$ gehören). (Ms. 14/3.26). Nennen wir eine solche Funktion $f_a^b(x)$. Durch Ineinandersetzen zweier Funktionen f_a^b, f_b^c (die an der Stelle b übereinstimmen) entsteht eine F. f_a^c $(a < b < c)$, die an der Stelle b verschwindende Ableitung hat. Indem man dies Verfahren wiederholt, kann man eine Funktion f_a^b bilden, deren Ableitung in (a, b) vorgeschriebene Nullstellen $x_1, \ldots, x_{n-1}$ hat.

Bei einer Funktion $f = f_a^b$ ist sowohl die Menge $C = [f' = 0]$ wie die Menge $D = [f' > 0]$ in $[a, b]$ dicht; jene ist ein G_δ, diese ein F_σ, also D von erster Kategorie in $[a, b]$. Bl. 1v

Man kann erreichen, dass D einen vorgeschriebenen Punkt τ $(a < \tau < b)$ enthält. Sei der Einfachheit wegen $a = 0$, $b = 1$; wählen wir einen Punkt t $(0 < t < \tau < 1)$, wo $f'(t) > 0$, bestimmen $\rho > 1$ aus der Bedingung $t = \tau^\rho$ und machen die Transformation[1] $x = \xi^\rho$, $y = f(x) = f(\xi^\rho) = \varphi(\xi)$. $\varphi(\xi)$

[1]oder besser: $\frac{x}{1-x} = \rho \cdot \frac{\xi}{1-\xi}$ $\left(\frac{t}{1-t} = \rho \frac{\tau}{1-\tau}\right)$

wächst monoton und hat die Ableitung $f'(x) \cdot \rho\xi^{\rho-1}$ (an der Stelle $\xi = 0$ oder $x = 0$ die Ableitung 0), die an der Stelle $\xi = \tau$, d. h. $x = t$ nicht 0 ist.

Sind $x_1, \ldots, x_{n-1}, x_n$ verschiedene Punkte in (a, b), so kann man also erreichen, dass $f'(x)$ an den Stellen $x_1, \ldots, x_{n-1}$ verschwindet, dagegen $f'(x_n) > 0$. (Wenn das erste erreicht ist, fällt x_n in eins der Intervalle $(a, x_1), \ldots, (x_{n-1}, b)$ und man verfahre wie soeben.)

Man kann nun eine Folge von Funktionen $f_n(x)$ in $[a, b]$ (jedes ein f_a^b) und eine Folge von verschiedenen Zahlen x_n in (a, b) derart bestimmen, dass die Menge der x_n in (a, b) dicht ist, ferner $f_n'(x_n) > 0$ und $f_n'(x_m) = 0$ für $n \neq m$.

Beweis. $\{t_1, t_2, \ldots\}$ sei in (a, b) dicht. Es soll

$$|x_n - t_n| < \frac{1}{n} \quad (a < x_n < b)$$

Bl. 2 gewählt werden, so dass auch $\{x_1, x_2, \ldots\}$ dicht ist. $(x_m \neq x_n)$.

Angenommen, die F. $f_1(x), \ldots, f_n(x)$ und die Zahlen $x_1, \ldots, x_n$ seien bereits richtig bestimmt; es sei also

$$|x_k - t_k| < \frac{1}{k}; \quad a < x_k < b;$$

$x_1, \ldots, x_n$ paarweise verschieden; $f_k'(x_k) > 0$, $f_k'(x_i) = 0$. Die Mengen $C_k = [f_k' = 0]$ sind in $[a, b]$ dichte G_δ, ihr Durchschnitt $C_1 C_2 \ldots C_n$ auch noch; x_{n+1} sei ein Punkt dieses Durchschnitts, der den Bedingungen

$$|x_{n+1} - t_{n+1}| < \frac{1}{n+1}, \quad a < x_{n+1} < b$$

genügt und von allen $x_1, \ldots, x_n$ verschieden ist. Also $f_1'(x_{n+1}) = \cdots = f_n'(x_{n+1}) = 0$. Nun kann man $f_{n+1}(x)$ so bestimmen, dass seine Ableitung in $x_1, \ldots, x_n$ verschwindet und in x_{n+1} positiv ist:

$$f_{n+1}'(x_1) = \cdots = f_{n+1}'(x_n) = 0, \quad f_{n+1}'(x_{n+1}) > 0.$$

Q. e. d.

Man kann hierbei erreichen, dass $\{x_1, x_3, x_5, \ldots\}$ und $\{x_2, x_4, x_6, \ldots\}$ einzeln dicht sind. Ferner kann man, da jedes $f_n(x)$ beschränkte Ableitungen hat, durch Multipl. mit positiven Faktoren erreichen, dass die Reihe $\sum(-1)^n f_n'(x)$ gleichmässig konvergirt. Sie ist dann die Ableitung $f'(x)$ der Funktion $f(x) = \sum(-1)^n f_n(x)$ (wenn die verfügbaren Konstanten so gewählt werden, dass $\sum(-1)^n f_n(a)$ konvergirt z. B. $f_n(a) = 0$. Bekannt und leicht einzusehen). Nun ist $f'(x_n) = (-1)^n f_n'(x_n)$. Also $[f' \geq 0]$ und $[f' < 0]$ in $[a, b]$ dicht: wir haben eine *differenzirbare, in keinem Intervall monotone Funktion* konstruirt (was zuerst von A. Koepcke geschehen ist).

Commentary on Fasz. 250, Fasz. 251

S. D. Chatterji

These two unpublished papers illustrate clearly HAUSDORFF's life-long interest in different facets of the theory of functions of real variables. There are literally dozens of others which deal with numerous other aspects of the theory. For the purposes of this commentary, let us introduce the following terminology concerning functions: $f : \mathbb{R} \to \mathbb{R}$: f has property (a) if f is everywhere differentiable, non-constant and $f'(x)$ vanishes for x in some denumerable dense subset of $\mathbb{R}$; f has property (b) if f is everywhere differentiable but nowhere monotonic. Some authors call a function with property (a) a POMPEIU function and one with property (b) a KÖPCKE function. It is obvious that if f has property (b) then it has property (a); indeed, f has property (b) if and only if both sets $\{f' > 0\}, \{f' < 0\}$ are dense in $\mathbb{R}$; since f' has the DARBOUX property of attaining intermediate values (which implies that whenever $f'(a), f'(b)$ are of opposite signs with $a < b$ then there is c, $a < c < b$, such that $f'(c) = 0$) it follows that the set $\{f' = 0\}$ will be dense in $\mathbb{R}$. In Fasz. 251, HAUSDORFF obtains fairly easily, functions with property (b) starting with special functions having property (a) the existence of which is established in Fasz. 250. The construction given in the latter paper is a simplification of one due to SCHWARZ; even so, it is quite involved and HAUSDORFF writes out two versions of it, the first (dated 13.03.26) being the rough copy of the second version (dated 14.03.26). Interesting in the first version are the several references to earlier work with occasional comments on their validity. The existence of functions with property (a) or (b) seemed to have been doubted for a while untile KÖPCKE finally succeeded in producing in 1890 an example of a function with property (b); KÖPCKE's first article from 1887 on the problem is still interesting to read, even though it did not succeed in obtaining functions with property (b). Some historical remarks on this, along with references, can be found in [Hob 1957], vol. 1, p. 390, vol. 2, p. 412; further references can be found in HAUSDORFF Fasz 250; references to more recent papers will be indicated later. It seems that no really short and explicit construction can be given for obtaining functions with property (a) or (b). However, two quick proofs for the existence of functions with property (b) have been given; one of them is due to C. WEIL in 1976 who uses the BAIRE category theorem; the other is due to C. GOFFMAN in 1975 who uses the density topology in $\mathbb{R}$. GOFFMAN's proof is probably the quickest; it is given in a few lines in [GNW 1998], p. 9, where exact references to the original papers of WEIL and of GOFFMAN can be found. A direct construction which is still quite elaborate of functions of type (b) was given by KATZNELSON and STROMBERG in 1974; the exact reference can be found in [GNW 1998]. The paper [BL 1966] gives a detailed introductory survey with a copious bibliography on the subject of derivatives; cf. also BRUCKNER's monograph [B 1994].

We indicate here the essence of GOFFMAN's proof by showing how functions with property (a) can be obtained rapidly. Let

$$f(x) = \int_{-\infty}^{x} \varphi(u)e^{-u^2}du$$

where $0 \leq \varphi \leq 1$, φ is approximately continuous, $\varphi(x) = 0$ if $x \in D, D$ being any denumerable dense subset of $\mathbb{R}$ and $\varphi(x_0) = 0$ for some fixed point $x_0 \notin D$. Clearly, $f \geq 0$ and bounded and

$$f'(x) = \varphi(x)e^{-x^2}, \qquad -\infty < x < \infty$$

because of the approximate continuity of φ; thus, $f'(x) = 0$ if $x \in D$ and $f'(x_0) > 0$ so that f is non constant. The crucial fact is the existence of φ; this is deduced by GOFFMAN by noting that the density topology (which is finer than the ordinary topology) of $\mathbb{R}$ is completely regular and any denumerable set in $\mathbb{R}$ is closed in the density topology; further a function from $\mathbb{R}$ to $\mathbb{R}$ is continuous in the density topology if and only if it is approximately continuous.

The notion of approximate continuity is due to DENJOY (1915); the density topology was introduced by HAUPT and PAUC in 1952; further properties of the density topology were obtained by GOFFMAN and his collaborators; cf [GNW 1998], p. 195.

Recall that if $g : \mathbb{R} \to \mathbb{R}$ is approximately continuous then g is LEBESGUE measurable; further, if $g : \mathbb{R} \to \mathbb{R}$ is LEBESGUE measurable then there exists $f : \mathbb{R} \to \mathbb{R}$ which is approximately continuous with $g(x) = h(x)$ almost everywhere $x \in \mathbb{R}$. A standard reference for the elementary properties of approximate continuity is SAKS [S 1964], pages 131–132.

References

[B 1994] BRUCKNER, A.M.: *Differentiation of real functions.* CRM Monograph Series, vol. 5, American Math. Soc., Providence, U.S.A. 1994.

[BL 1966] BRUCKNER, A.M.; LEONARD, J.L.: *Derivatives.* American Math. Monthly 73 (1966) supplement, 24–56.

[GNW 1998] GOFFMAN, C.; NISHIURA, T.; WATERMAN, D.: *Homomorphisms in analysis.* Math. Surveys and Monographs, vol. 34, American Math. Soc., Providence 1998.

[Hob 1957] HOBSON, E.W.: *The theory of functions of a real variable and the theory of Fourier's series,* 2 vols. Dovers Publications, New York 1957 (vol. 1, 3rd ed., 1927; vol. 2, 2nd ed. 1926).

[S 1964] SAKS, S.: *Theory of the integral.* Dover Publications, New York 1964 (2nd ed., 1937).

NL HAUSDORFF: Kapsel 33: Fasz. 259

[Reguläre Funktionen mit vorgeschriebenem Regularitätsgebiet]

Hs. Ms. – [Bonn, 1927 oder später]. – 2 Bll.

In der Ebene $\mathfrak{E}$ (ohne unendlich fernen Punkt) sei G eine offene Menge, $F = \mathfrak{E} - G$ ihr abgeschlossenes Komplement, H die Begrenzung von G oder F. Für $x \in G$ sei $\delta_x > 0$ die untere Entfernung von x und F (oder x und H); es giebt dann einen (oder mehrere) Punkte h von H mit $|x-h| = \delta_x$. Ein solcher Punkt h von H heisse *direkt erreichbar*. Die Menge der direkt erreichbaren Punkte ist in H dicht; denn ist $h_0 \in H, x \in G$ mit $|x - h_0| < \delta$ (δ beliebig) und $|x - h| = \delta_x \leqq |x - h_0| < \delta$, so ist $|h - h_0| < 2\delta$.

Unter der Annahme, dass F aus unendlich vielen Punkten besteht, sei

$$\{a_1, a_2, \ldots\}$$

eine abzählbare Menge aus F, c_n eine Folge komplexer Zahlen $\neq 0$ mit konvergenter Summe $\sum |c_n|$. Die Reihe

$$f(x) = \sum \frac{c_n}{x - a_n}$$

konvergiert in G absolut (wegen $|x - a_n| \geqq \delta_x$, $|\frac{c_n}{x - a_n}| \leqq \frac{1}{\delta_x} |c_n|$) und in einer Umgebung von x gleichmässig; denn für $|y - x| < \delta < \delta_x$ ist

$$|\delta_y - \delta_x| \leqq |y - x| < \delta, \quad \delta_y > \delta_x - \delta, \quad |\frac{c_n}{y - a_n}| < \frac{1}{\delta_x - \delta} |c_n|.$$

$f(x)$ ist also in G regulär.

Wenn sich unter den a_n ein direkt erreichbarer Punkt h von H befindet, so ist h ein singulärer Punkt von $f(x)$. | Bl. 2

Es sei etwa $a_1 = h$ von x_0 aus direkt erreichbar, $|x_0 - h| = \delta_{x_0}$, also auch von den Punkten x auf der Strecke $[x_0, h)$, d.h. für diese ist $|x - h| = \delta_x$. ($|\delta_x - \delta_{x_0}| \leqq |x - x_0|$, $\delta_x \geqq \delta_{x_0} - |x - x_0| = |x - h|$, aber auch $\delta_x \leqq |x - h|$).

Schreiben wir

$$f(x) = \frac{c_1}{x - h} + \sum_{2}^{\nu} \frac{c_n}{x - a_n} + \sum_{\nu+1}^{\infty} \frac{c_n}{x - a_n},$$

ν so gewählt, dass $\sum\limits_{\nu+1}^{\infty} |c_n| < \varepsilon |c_1|$, dann ist, weil $|x - a_n| \geqq |x - h|$,

$$
\begin{aligned}
|f(x)| &\geqq \frac{|c_1|}{|x-h|} - \left| \sum_2^{\nu} \frac{c_n}{x - a_n} \right| - \sum_{\nu+1}^{\infty} \frac{|c_n|}{|x-h|} \\
&> \frac{|c_1|(1-\varepsilon)}{|x-h|} - \left| \sum_2^{\nu} \frac{c_n}{x - a_n} \right|
\end{aligned}
$$

und für

$$
x \to h \quad |f(x)| \to \infty \qquad \left(\sum_2^{\nu} \to \sum_2^{\nu} \frac{c_n}{h - a_n} \right),
$$

so dass h notwendig singulär ist.

Wenn man also die a_n so wählt, dass unter ihnen eine in H dichte Menge von direkt erreichbaren Punkten vorkommt, so sind diese und folglich alle Punkte von H für $f(x)$ singulär. Auf diese Weise kann man reguläre Funktionen mit vorgeschriebenem Existenzgebiet G bilden.

(Goursat; Pringsheim, Münch. Ber. 1927, S. 147).

Kommentar

R. Remmert

Hausdorff ordnet jeder abzählbaren Menge $A = \{a_1, a_2, \ldots\}$ im Rand ∂G eines Gebietes $G \neq \mathbb{C}$ in $\mathbb{C}$ und jeder Folge $c_1, c_2, \ldots$ komplexer Zahlen $\neq 0$ die Goursatsche Reihe

$$
f(x) = \sum \frac{c_n}{x - a_n}
$$

zu. Er zeigt (nach Goursatschem und Pringsheimschem Vorbild), daß $f(x)$ eine in $\mathbb{C} \setminus \partial G$ reguläre [= holomorphe] Funktion ist, die bei *radialer* Annäherung an jeden *direkt erreichbaren* Randpunkt aus A gegen ∞ strebt. Seine lapidare Schlußfolgerung, daß G das Existenzgebiet von f ist, wenn A eine in ∂G *dichte* Menge von direkt erreichbaren Randpunkten enthält, ist allerdings aus heutiger Sicht etwas voreilig, hier ist er wohl dem Zeitgeist erlegen.

Folgendes Gegenbeispiel, das 1938 J. Besse in [B 1938] gab, hätte auch von Hausdorff stammen können: Man setze in der $(u + iv)$-Ebene $\mathbb{C}$:

$$
u_0 := 0, \; u_n := \frac{1}{n} \text{ für } n \geq 1, \;\; I := \{iv : 0 \leq v \leq 1\},
$$

$$
S_j := \{u_j\} \times I, \;\; S := \bigcup_0^{\infty} S_j \subset \mathbb{C}.
$$

Dann ist $G := \mathbb{C} \setminus S$ ein Gebiet in $\mathbb{C}$, dessen Rand $\partial G = S$ aus unendlich

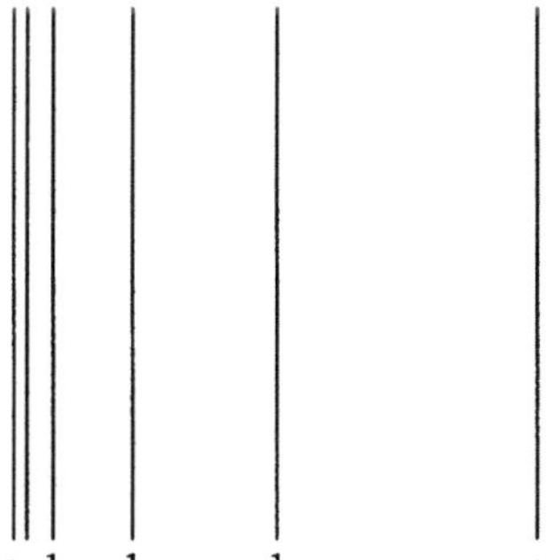

vielen Strecken S_j besteht, die gegen die „Grenzstrecke" S_0 konvergieren (Figur). *Alle* Randpunkte S sind direkt erreichbar. Wählt man $A = \{a_1, a_2, \ldots\}$ dicht in $\partial G \setminus S_0$, so ist A auch dicht in ∂G. Alle zugehörigen Funktionen $f(x)$ sind bei Annäherung von rechts in keinem Punkt von S_0 holomorph fortsetzbar. Doch eine holomorphe Fortsetzbarkeit über S_0 hinaus von links bleibt möglich (das gäbe dann einen anderen „Zweig" der Funktion). Es ist nicht zu verstehen, warum HAUSDORFF mit seinem untrügerischen Gefühl für pathologische Phänomene in diesem „Gebiet, wo schlechthin nichts selbstverständlich und das Richtige häufig paradox" ([H 1914a], S. V) ist, über die möglichen Tücken der Ränder von Gebieten in $\mathbb{C}$ kein Wort verliert. Dabei war ihm das von BESSE angegebene Gebiet wohlbekannt, es steht schon 1914 in seinem Werk *Grundzüge der Mengenlehre* ([H 1914a]), Seite 348 mit Figur 31. Es liegt nahe zu glauben, daß BESSE, ein Schüler von PÓLYA, mit HAUSDORFFs Beispiel vertraut war.

Es ist bedauerlich, daß HAUSDORFF auch nicht präzisiert, was er unter dem Existenzgebiet G einer in G regulären Funktion f versteht. Da er die Theorie der analytischen Fortsetzung kannte, hätte für ihn folgende Forderung an f nahegelegen:

(F) *Für jeden Punkt $p \in G$ liegt die Konvergenzkreisscheibe der Taylorreihe von f um p im Gebiet G.*

Um (F) zu erfüllen, muß die in ∂G dichte und abzählbare Menge A so gewählt werden, daß jeder Punkt von A „von allen Seiten aus G direkt erreichbar" ist. Das kann so geschehen: Man wählt zu jeder *rationalen komplexen* Zahl $q \in G$ einen von q aus direkt erreichbaren Randpunkt $a \in \partial G$; die abzählbare Menge $A := \{a\}$ ist dicht in ∂G. Die zu dieser Randpunktmenge A gehörenden GOURSATschen Funktionen f erfüllen (F); das ist für alle rationalen Punkte von G trivial und folgt dann leicht für alle Punkte von G.

Schon 1918 hat sich HAUSDORFF im hier nicht abgedruckten Faszikel 135 aus Kapsel 31 (datiert: 14. Sept. 1918) mit der *Existenz von Funktionen mit vorgeschriebenem Regulärïtätsgebiet* beschäftigt und damals übliche Beweise kritisiert! Dort stellt er bereits eine (noch nicht ausreichende) Zusatzforderung an die abzählbare Menge $A = \{a_p\}$ der direkt erreichbaren Randpunkte; er schreibt:

> Wir wollen es so einrichten, daß [zu jedem Punkt $a_p \in A$] eine Zahl $M_p > 0$ existiert, derart, daß für jedes $\delta > 0$ ein *zu G gehöriger* Punkt z mit $|z - a_p| < \delta$, $|f(z)| > M_p/\delta$ angegeben werden kann (die Bedingung „zu G gehörig" wird häufig nicht beachtet, z. B. bei ZORETTI, Prolongements S. 46, ...) (NL HAUSDORFF, Fasz. 135, Bl. 2v).

Am Beispiel der Folge

$$f_n(z) := \frac{1}{1-n} \cdot \frac{z^n}{1+z^n} \quad ,$$

deren Grenzfunktion im offenen Einheitskreis $\mathbb{E}$ die Nullfunktion und in $\mathbb{C} \setminus \mathbb{E}$ die Funktion $\frac{1}{1-z}$ ist, erläutert er, wie wichtig die Forderung „zu G gehörig" für den Randpunkt 1 von $\mathbb{E}$ ist. HAUSDORFF übersieht aber noch, daß bei beliebigem Gebiet G sogar in jeder Zusammenhangskomponente von

$$G \cap \{z \in \mathbb{C} : |z - a_p| < \delta\}$$

ein Punkt z mit $|f(z)| > M_p/\delta$ liegen muß.

Eine hieb- und stichfeste Konstruktion von regulären Funktionen mit vorgeschriebenem Regularitätsgebiet findet sich in der Literatur erst 1938 in der Arbeit [B 1938] von J. BESSE. Er zeigt (wie oben skizziert), daß jedes Gebiet in $\mathbb{C}$ wirklich das Regularitätsgebiet einer GOURSATschen Funktion f im Sinne der Forderung (F) ist.

Literatur

[B 1938] BESSE, J.: *Sur le domaine d'existence d'une fonction analytique*, Comm. Math. Helv. 10 (1938), 302–305.

[Bi 1955] BIEBERBACH, L.: *Analytische Fortsetzung*, (Ergebnisse der Mathematik und ihrer Grenzgebiete, Band 3), Berlin 1955.

[G 1887] GOURSAT, E.: *Sur les fonctions à espaces lacunaires*, Bull. Sci. Math. (2), 11 (1887), 109–114 (von HAUSDORFF zitiert).

[P 1927] PRINGSHEIM, A.: *Über bemerkenswerte Singularitätenbildungen bei gewissen Partialbruchreihen*, Sitz.-Ber. Bayer. Akad. Wiss. (1927), 145–164 (von HAUSDORFF zitiert).

[P 1927] PRINGSHEIM, A.: *Über bemerkenswerte Singularitätenbildungen bei gewissen Partialbruchreihen*, Sitz.-Ber. Bayer. Akad. Wiss. (1927), 145–164 (von HAUSDORFF zitiert).

[Z 1911] ZORETTI, L.: *Leçons sur le prolongements analytiques*, Paris 1911, Seiten 44–49 (von HAUSDORFF zitiert).

NL HAUSDORFF: Kapsel 35: Fasz. 416

Tschebyscheffsche Näherungspolynome

Hs. Ms. – [Bonn, vermutl. zwischen 1.7. und 10.7.1931], – 3 Bll.

Tschebyscheffsche Näherungspolynome.

$\mathcal{A}$ sei eine abgeschl. beschränkte unendliche Menge der z-Ebene; $f = f(z)$ komplexe, in $\mathcal{A}$ stetige Funktionen (nicht notwendig analytisch), $|f| = \max\limits_z |f(z)|$. f sei gegeben; unter allen Polynomen

$$g_n = g_n(z) = a_0 + a_1 z + \cdots + a_n z^n$$

existiert gewiss eins, für das $|f - g_n|$ ein Min. M_n ist (weil der Raum der g_n von endlicher Dimension ist; allgemeine Tatsache für lineare Räume). g_n', g_n'' seien zwei solche Min. Polynome, $|f - g_n'| = |f - g_n''| = M_n$, dann ist auch $g_n = \frac{1}{2}\, g_n' + \frac{1}{2}\, g_n''$ eins, da

$$M_n \leq |f - g_n| \leq \frac{1}{2}|f - g_n'| + \frac{1}{2}\,|f - g_n''| = M_n.$$

An jeder Stelle z, wo $|f(z) - g_n(z)| = M_n$ sein Max. erreicht ist $g_n'(z) = g_n''(z)$. Denn

$$M_n = |f(z) - g_n(z)| \leq \frac{1}{2}\,|f(z) - g_n'(z)| + \frac{1}{2}\,|f(z) - g_n''(z)|$$
$$\leqq \frac{1}{2}\, M_n + \frac{1}{2}\, M_n\,;$$

danach muss $|f(z) - g_n'(z)| = |f(z) - g_n''(z)| = M_n$ und ausserdem $f(z) - g_n'(z) =$
Bl. 2 $f(z) - g_n''(z)$ sein, denn wenn |

$$f(z) - g_n'(z) = M_n e^{i\alpha}, \quad f(z) - g_n''(z) = M_n e^{i\beta},$$

so ist

$$f(z) - g_n(z) = M_n \frac{e^{i\alpha} + e^{i\beta}}{2}, \quad |f(z) - g_n(z)| = M_n \Big|\cos\frac{\alpha - \beta}{2}\Big|,$$

was $= M_n$ wird nur für $\alpha - \beta \equiv 0\ (2\pi)$. Also $g_n'(z) = g_n''(z)$.

Jedes Min. pol. erfüllt an mindestens $n+2$ Stellen die Gleichung

$$|f(z) - g_n(z)| = M_n.$$

Angenommen, es sei dies nur an $m+1 \leq n+1$ Stellen z_k der Fall. Man bestimme das Polynom $\varphi(z)$ von Grade $\leq m$, für das $\varphi(z_k) = f(z_k) - g_n(z_k)$. Man wähle $\varepsilon < M_n$ und umgebe die z_k mit so kleinen Umgebungen U_k, dass in ihnen (d. h. in $\mathcal{A}U_k$) $|f(z) - g_n(z) - \varphi(z)| < \varepsilon$. Dann betrachte man für pos. δ das Polynom $g'_n(z) = g_n(z) + \delta\varphi(z)$, das vom Grade $\leq n$ ist. In den U_k ist

$$f(z) - g'_n(z) = \delta[f(z) - g_n(z) - \varphi(z)] + (1-\delta)[f(z) - g_n(z)]$$

$$|f(z) - g'_n(z)| < \delta\varepsilon + (1-\delta)M_n = M_n - \delta(M_n - \varepsilon) < M_n$$

Ausserhalb der U_k ist

$$|f(z) - g_n(z)| \leq M'_n < M_n, \quad f(z) - g'_n(z) = f(z) - g_n(z) - \delta\varphi(z)$$

$$|f(z) - g'_n(z)| \leqq M'_n + \delta|\varphi| < M_n,$$

wenn

$$\delta < \frac{M_n - M'_n}{|\varphi|}$$

gewählt wird. Also wäre $|f - g'_n| < M_n$ | und $g_n(z)$ kein Minimalpolynom Bl. 3
gewesen.

Es giebt nur ein einziges Min. pol. . Denn sind g'_n, g''_n zwei, also auch

$$g_n = \frac{g'_n + g''_n}{2},$$

so ist auch g_n eins, und es giebt $n+2$ Stellen z_k, wo $|g_n(z_k)| = M_n$, also w. o. $g'_n(z_k) = g''_n(z_k)$, demnach $g'_n(z) \equiv g''_n(z)$.

Nennen wir dies Min. pol. jetzt $T_n = T_n(z)$.

Es hängt von f stetig ab. Dies ist auch allgemeine Tatsache in linearen metrischen Räumen. [F sei n-dimensional $\subset \mathcal{E}$; oder allgemeiner F sei in $\mathcal{E}$ abgeschlossen und in F sei jede beschränkte Menge total beschränkt. Wenn dann in F zu jedem $x \in \mathcal{E}$ immer nur ein *einziger* Punkt a mit $ax = \delta(x, F)$ existiert, so ist a stetige F. von x. Denn sei $x_n \to x$, $a_n x_n = \delta(x_n, F)$; die a_n bilden eine beschränkte Folge, haben also eine konvergente Teilfolge $a_p \to a$, wobei $a_p x_p = \delta(x_p, F)$ nach $ax = \delta(x, F)$ konvergiert, also ist a der dem x zugeordnete nächste Punkt von F. Jede Teilfolge von a_n hat dann ebenfalls eine nach a konvergente Teilfolge, also $a_n \to a$.]

Commentary

S. D. Chatterji

The main result of this paper concerning the best polynomial approximation of degree n to any given continuous function goes back to CHEBYSHEV's investigations of 1853-1857. The interest of the present paper is its very short proof which would also yield more abstract results without any extra effort. Thus, let X be any infinite compact HAUSDORFF topological space; a sequence of continuous functions $\varphi_n : X \to \mathbb{C}$, $n = 0, 1, 2, \ldots$, is called a CHEBYSHEV system in X if any linear combination

$$g = a_0\varphi_0 + a_1\varphi_1 + \ldots + a_n\varphi_n$$

with a_j's not all 0, $a_j \in \mathbb{C}$, $j \geq 0$, has at most n distinct zeros in X. Let $C(X)$ be the space of all complex-valued continuous functions on X and let $\|\cdot\|$ denote the uniform norm in $C(X)$; let E_n be the $(n+1)$-dimensional subspace generated by $\varphi_0, \ldots, \varphi_n$ a CHEBYSHEV system in X given by $(\varphi_n)_{n\geq 0}$; note that the φ_n's then are automatically linearly independent. Then, for each $f \in C(X)$, there exists a unique $g \in E_n$ such that

$$\|f - g\| = \inf\{\|f - h\| : h \in E_n\}.$$

The proof given by HAUSDORFF can be used with no modification to prove the above statement; a crucial lemma used in the proof remains valid, unchanged, in this more general setting: the minimizing function g is such that

$$|f(x) - g(x)| = \|f - g\|$$

holds for at least $n + 2$ points $x \in X$. The lemma as well as the theorem itself are well-known in the general setting indicated; cf. [L 1966], p. 26, for a modern presentation. In HAUSDORFF's paper, X is an infinite compact subset of $\mathbb{C}$ and $\varphi_n(z) = z^n$, $n = 0, 1, \ldots$.

HAUSDORFF has left behind several unpublished papers devoted to different problems of interpolation theory. By 1931, when the present paper was composed, HAUSDORFF was clearly aware of the usefulness of functional analytic methods in interpolation theory. A modern monograph which illustrates the efficiency of this approach is SINGER's book [S 1970]; cf. pp. 182–183 concerning CHEBYSHEV systems.

References

[L 1966] LORENTZ, G.G.: *Approximation of functions.* Holt, Rinehart and Winston, New York 1966.

[S 1970] SINGER, I.: *Best approximation in normed linear spaces by elements of linear subspaces.* Springer-Verlag, Berlin 1970.

NL HAUSDORFF: Kapsel 42: Fasz. 690

Der Kugel-Durchschnittssatz

Hs. Ms. – [Bonn], 28. u. 30. 3. 1938. – 6 Bll.

28. 3. 38

Der Kugel-Durchschnittssatz

Im metrischen Raum $\mathcal{E}$ sei

$$V(a,\rho) = \underset{x}{\mathcal{E}}(ax \leq \rho)$$

eine „Vollkugel“ (abgeschlossene Kugel). Als Kugel-Durchschnittssatz bezeichnen wir folgende Eigenschaft: *Ist* $V_1, V_2, \ldots$ *eine Folge von Kugeln, und jedes* $V_1 \cdots V_n \neq 0$, *so ist* $V_1 V_2 \cdots \neq 0$. Wenn dies wenigstens dann gilt, wenn die Radien ρ_n der Kugeln $V_n = V(a_n, \rho_n)$ beschränkt sind, so bezeichnen wir dies als den beschränkten Kugel-Durchschnittssatz. Falls es wenigstens für $\rho_n \to 0$ gilt, ist $\mathcal{E}$ vollständig (und umgekehrt).

Satz I. *Ist* $\mathcal{E}_u$ *der konjugierte Raum zu einem separablen linearen Raum* $\mathcal{E}_x$, *so gilt in* $\mathcal{E}_u$ *der Kugel-Durchschnittssatz.*

Wir führen nach Banach (Oper. lin. p. 185) in $\mathcal{E}_u$, wo $|u|$ der die Metrik bestimmende Betrag ist, noch einen anderen Betrag $[u]$ ein, vermöge deren wir einen Raum $[\mathcal{E}_u]$ erhalten, der *schlichtes* stetiges Bild von $\mathcal{E}_u$ ist, und in dem die abgeschlossenen Kugeln V von $\mathcal{E}_u$ *kompakte* Mengen $[V]$ werden. Damit ist die Behauptung bewiesen, da wegen der Schlichtheit aus $[V_1][V_2] \cdots \neq 0$ auch $V_1 V_2 \cdots \neq 0$ folgt.| Dies geschieht so: $A = \{x_1, x_2, \ldots\}$ sei eine in $|x| \leq 1$ dichte Bl. 2
Menge; das ist eine Grundmenge für $\mathcal{E}_x$ (d.h. ist A_λ die lineare Hülle von A, so ist A_λ in $\mathcal{E}_x$ dicht). Es sei dann

$$[u] = \sum 2^{-n} |ux_n|.$$

Wegen $|ux_n| \leq |u||x_n| \leq |u|$ ist $[u] \leq |u|$; $[u] = 0$ bedeutet $ux_n = 0$, also $ux = 0$ für $x \in A_\lambda$ und $x \in \mathcal{E}_x$, also $u = 0$. Durch Identität wird also $[\mathcal{E}_u]$ schlichtes stetiges Bild von $\mathcal{E}_u$. Sei nun

$$V = \underset{u}{\mathcal{E}}[|u| \leq 1],$$

$[V]$ das Bild von V, d. h. die Menge V mit der neuen Metrik. u_k sei eine Folge in V. Da $|u_k x_n| \leq 1$, lässt sich (Auswahl, Diagonalverfahren) eine Teilfolge u_l bestimmen, derart, dass $\lim\limits_{l} u_l x_n = \xi_n$ für jedes x_n existiert. Wir schreiben

$\lim\limits_{l} u_l x_n = u x_n$ (u Funktionszeichen); da $|x_n|$ beschränkt und A eine Grundmenge von $\mathcal{E}_x$ ist, lässt sich ux_n eindeutig zu einer linearen Funktion ux in A_λ und $\overline{A_\lambda} = \mathcal{E}_x$ ausdehnen, wobei $|ux| \leq |x|$ in $A, A_\lambda, \mathcal{E}_x$ ist, also $u \in \mathcal{E}_u$ und zwar $|u| \leq 1$, also $u \in V$. Aus

$$[u_l - u] = \sum_n 2^{-n} |u_l x_n - u x_n|$$

Bl. 3 folgt dann wegen der gleichmässigen Konvergenz der Reihe $[u_l - u] \to 0$, d. h. jede Folge $\in [V]$ hat eine konvergente Teilfolge, $[V]$ ist kompakt. – Den Fall einer beliebigen Kugel $\mathcal{E}_u(|u - a| \leq \rho)$ führt man durch die Transformation

$$u' = \frac{u - a}{\rho}, \quad [u'] = \sum 2^{-n} |u' x_n|$$

auf $|u'| \leq 1$ zurück.

Auf Grund von I gilt der Kugel-Durchschnittssatz z. B. in folgenden Räumen:

$\underline{H^p}$ $(p > 1)$; denn das ist der konjugierte Raum zu H^q $\left(\frac{1}{p} + \frac{1}{q} = 1\right)$ und H^q ist separabel.

$\underline{H^1}$; das ist der konjugierte Raum zum Raum $\mathcal{E}_x$ der Nullfolgen $x = (\xi_1, \xi_2, \ldots)$, $\xi_k \to 0$, mit dem Betrag $|x| = \sup |\xi_k|$; $\mathcal{E}_x$ ist separabel (die Menge der x mit rationalen, schliesslich verschwindenden Koordinaten ist in $\mathcal{E}_x$ dicht).

$\underline{H^\infty}$; das ist der konjugierte Raum zu H^1, H^1 ist separabel.

30. 3. 38

Im Raum X der in $0 \leq t \leq 1$ reellen stetigen Funktionen $x = x(t)$ mit der Betragsdefinition $|x| = \max |x(t)|$ gilt der Kugel-Durchschnittssatz nicht (auch nicht für beschränkte Radien). Wir geben eine Kugelfolge $V_n = V(a_n, 1)$ an,
Bl. 4 bei der stets $V_1 \cdots V_n \neq 0$, aber $V_1 V_2 \cdots = 0$. Die Bedingung $V_1 \cdots V_n \neq 0$ oder schon die, dass $V_m V_n \neq 0$, verlangt $|a_m - a_n| \leq 2$, also für jedes t $a_m(t) - a_n(t) \leq 2$. Die Folge $a_n(t)$ ist für jedes t beschränkt ($|a_n - a_1| \leq 2, |a_n|$, $a_n(t)$ beschränkt) und wenn wir

$$g(t) = \sup_n a_n(t), \quad h(t) = \inf_n a_n(t)$$

setzen, muss

$$g(t) - h(t) \leq 2 \tag{α}$$

sein. Wenn dies erfüllt ist, ist stets $V_1 \cdots V_n \neq 0$. Denn setzen wir

$$g_n(t) = \max_{k=1,\ldots,n} a_k(t), \quad h_n(t) = \min_{k=1,\cdots,n} a_k(t),$$

so ist $g_n(t) - 1 \leq g(t) - 1 \leq h(t) + 1 \leq h_n(t) + 1$, und wenn wir zwischen die *stetigen* Funktionen $g_n(t) - 1 \leq h_n(t) + 1$ eine stetige Funktion $x(t)$ (z.B. $g_n(t) - 1$ selbst) einschieben, so ist $(k = 1, \ldots, n)$

$$a_k(t) - 1 \leq x(t) \leq a_k(t) + 1, \quad |x - a_k| \leq 1, \quad x \in V_1 \cdots V_n.$$

Dasselbe (umkehrbare) Raisonnement zeigt, dass eine stetige Funktion $x \in V_1 V_2 \cdots$ für alle n, t den Bedingungen $a_n(t) - 1 \leq x(t) \leq a_n(t) + 1$ also

$$g(t) - 1 \leq x(t) \leq h(t) + 1 \qquad (\beta)$$

genügen müsste; wir werden nun aber die a_n so wählen, dass (β) für keine stetige Funktion x erfüllbar ist. $g(t)$ ist unterhalb, $h(t)$ oberhalb stetig. Wir wählen

$$g(t) = 2 \quad \text{für} \quad 0 \leq t \leq \frac{1}{2}, \quad g(t) = 3 \quad \text{für} \quad \frac{1}{2} < t \leq 1$$

$$h(t) = 0 \quad \text{für} \quad 0 \leq t < \frac{1}{2}, \quad h(t) = 1 \quad \text{für} \quad \frac{1}{2} \leq t \leq 1$$

| Bevor wir die a_n bestimmen, zeigen wir, dass (β) dann für keine stetige Funktion x erfüllbar ist ((α) gilt; es ist $g(t) - h(t) = 2$ für $t \neq \frac{1}{2}$, $g(\frac{1}{2}) - h(\frac{1}{2}) = 1$): es müsste für $t < \frac{1}{2}$ $g(t) - 1 \leq x(t) \leq h(t) + 1$, $x(t) = 1$ und für $t > \frac{1}{2}$ $x(t) = 2$ sein. Nun ist $g(t)$, als unterhalb stetige Funktion, bekanntlich Limes aufsteigender stetiger Funktionen $g_n(t)$ (das sind nicht die vorhin so bezeichneten), $g(t) = \lim g_n(t)$, $g_1(t) \leq g_2(t) \leq \cdots$, und da $\max[g_n(t), 2]$ nach $\max[g(t), 2]$ konvergiert, können wir $g_n(t) \geq 2$ (also beiläufig $g_n(t) = 2$ für $0 \leq t \leq \frac{1}{2}$) voraussetzen. (Z.B. $g_n(t) = 2$ in $[0, \frac{1}{2}]$, $= 3$ in $[\frac{1}{2} + \frac{1}{2n}, 1]$, linear in $[\frac{1}{2}, \frac{1}{2} + \frac{1}{2n}]$). Wir können dafür schreiben Bl. 5

$$g(t) = \sup g_n(t), \quad g_n(t) \geq 2$$

und ebenso

$$h(t) = \inf h_n(t), \quad h_n(t) \leq 1$$

Wenn wir dann die $g_n(t), h_n(t)$ zusammenwerfen und mit $a_n(t)$ bezeichnen, so ist

$$g(t) = \sup a_n(t), \quad h(t) = \inf a_n(t);$$

| denn Bl. 6

$$g(t) \leq \sup a_n(t) = \max[\sup g_n(t), \sup h_n(t)] \leq \max[g(t), 1] = g(t)$$

und ebenso

$$h(t) \geq \inf a_n(t) = \min[\inf h_n(t), \inf g_n(t)] \geq \min[h(t), 2] = h(t).$$

Damit ist unsere Behauptung bewiesen.

Commentary

S. D. Chatterji

This paper, furnished with appropriate comments, has been published by BERGMANN [Be 1967]. Although its contents have to do with normed spaces, the basic problem treated arose in a purely topological investigation. The immediate impulse which seemed to have led to the latter was HAUSDORFF's attempt to generalize to non-metric spaces a topological characterisation of complete metric spaces due to WEDENISSOFF [Wed 1930] which goes as follows: a metric space E is homeomorphic to a complete metric space if and only if there is a base $\mathcal{U}$ (consisting of non-empty open sets) for the topology of E having the property that whenever $U_1 \supset U_2 \supset \ldots$ are in $\mathcal{U}$ then $\cap_{n\geq 1}\overline{U}_n \neq \emptyset$. HAUSDORFF had proved this theorem independently in an unpublished manuscript dated 28.10.1926 [NL HAUSDORFF: Kapsel 33: Fasz. 265] and indeed WEDENISSOFF acknowledges this in his article. HAUSDORFF's attempts to characterize topological completeness are attested by his manuscript [NL HAUSDORFF: Kapsel 40: Fasz. 657] dated 27.3.1938 reproduced in [Be 1969] vol. 2, pages 536-541; in trying out various conditions HAUSDORFF alights on the "Ball-intersection" property (*) for a metric space E:

(*) if $V_1, V_2, \ldots$ is a sequence of closed balls such that $V_1 \cap V_2 \cap \ldots \cap V_n \neq \emptyset$ for every $n = 1, 2, \ldots$ then $\cap_{n\geq 1}V_n \neq \emptyset$.

He sees immediately that (*) implies that E is a complete metric space and he asks himself whether the converse is true; the outcomes of this secondary investigation are contained in the present paper which has two main results: (1) if E is a normed space which is the topological dual of some normed space X then the associated metric space has property (*); (2) if $E = C(T)$, $T = [0, 1]$, equipped with the usual uniform norm then the associated metric space does not have property (*). HAUSDORFF did not follow up these two isolated results in any way; nor do we know whether (*) leads to anything interesting in the category of general metric space. That (*) and its generalizations lead to interesting properties for BANACH spaces was pointed out by LINDENSTRAUSS in a letter to BERGMANN whose mathematical contents have been resumed in [Be 1967]. Let us note in passing that HAUSDORFF's result (1) is an immediate consequence of the following observation: if the metric space E admits any topology such that all closed balls in E are compact in the latter topology then (*) holds; since a dual space E has exactly this property in its weak*-topology (i.e. $\sigma(E, X)$-topology where $E = X'$), a standard fact referred to as the ALAOGLU-BIRKHOFF theorem, HAUSDORFF's theorem (1) follows. In fact, in this case the associated metric space E has the stronger property (**):

(**) if $V_\alpha, \alpha \in I$, is any family of closed balls in E such that any finite intersection of these is non-empty then $\cap_{\alpha\in I}V_\alpha \neq \emptyset$.

LINDENSTRAUSS points out exactly which spaces $C(T)$, T a general compact space, have property (*) or property (**); his references are given in [Be 1967]; in any case, these results show that $C(T)$ with $T = [0,1]$ cannot have property (*) (and, a fortiori, property (**)), which is HAUSDORFF's theorem (2). We omit the description of the various results concerning $C(T)$ and properties (*) and (**) indicated by LINDENSTRAUSS in [Be 1967]; an important further reference is [L 1964]. In any case, HAUSDORFF's theorem (2) does not seem to be as easily obtainable as his theorem (1).

References

[Be 1967] BERGMANN, G. : *Bericht über ein Manuskript aus dem Nachlass von Felix Hausdorff.* Math. Ann. 174 (1967), 169–177.

[Be 1969] BERGMANN, G.: *F. Hausdorff, Nachgelassene Schriften.* 2 vols., Teubner, Stuttgart, 1969.

[L 1964] LINDENSTRAUSS, J.: *Extension of compact operators.* Mem. Amer. Math. Soc. 48 (1964), 1–112.

[Wed 1930] WEDENISSOFF, N.: *Sur les espaces métriques complets.* Journal de Math. pures et appliquées, Série 9, 9 (1930), 337–381.

Archives

NL Hausdorff : Kapsel 33: Fasz 265: [*Geschlossene volle Systeme offener Mengen*]. Studie, 28.10.1926, 24.2.1938, 2 Bll.

NL Hausdorff : Kapsel 40: Fasz. 657: *Topologisch vollständige Räume.* Studie, 27.3.1938, 6 Bll. Edited in [Be 1969], vol. 2, pages 536–541.

NL HAUSDORFF: Kapsel 43: Fasz. 781

[Berechnung eines uneigentlichen Integrals]

Hs. Ms. – [Bonn], 16. 1. 1942. – 1 Bl.

16/1 42

Das Integral

$$I = \int_{-\infty}^{\infty} \frac{\sin(x-\beta)\,\sin(x-\gamma)}{(x-\beta)(x-\gamma)}\,dx$$

[1] zu bestimmen (Frage von Arthur). Sei $\beta - \gamma = \delta > 0$.

$$\delta I = \int_{-\infty}^{\infty} y \left(\frac{1}{x-\beta} - \frac{1}{x-\gamma} \right) dx, \quad y = \sin(x-\beta)\sin(x-\gamma). \tag{1}$$

Die Integrale über $\frac{y}{x-\beta}$, $\frac{y}{x-\gamma}$ sind divergent. Indessen hat man

$$\frac{y}{x-\beta} = \frac{\sin(x-\beta)\,\sin(x-\beta+\delta)}{x-\beta} = \frac{\sin^2(x-\beta)\cos\delta + \sin(x-\beta)\cos(x-\beta)\sin\delta}{x-\beta}$$

und da $\frac{\sin^2(x-\beta)}{x-\beta}$ eine ungerade Funktion von $x-\beta$ ist, giebt die Integration über ein Intervall $[\beta-b, \beta+b]$ mit dem Mittelpunkt β

$$\int_{\beta-b}^{\beta+b} \frac{y}{x-\beta}\,dx = \frac{\sin\delta}{2} \int_{\beta-b}^{\beta+b} \frac{\sin 2(x-\beta)}{x-\beta}\,dx$$

$$\lim_{b\to\infty} \int_{\beta-b}^{\beta+b} \frac{y}{x-\beta}\,dx = \frac{\sin\delta}{2} \int_{-\infty}^{\infty} \frac{\sin 2x}{x}\,dx = \frac{\pi}{2}\sin\delta. \tag{2}$$

Ebenso

$$\frac{y}{x-\gamma} = \frac{\sin(x-\gamma)\,\sin(x-\gamma-\delta)}{x-\gamma} = \frac{\sin^2(x-\gamma)\cos\delta - \sin(x-\gamma)\cos(x-\gamma)\sin\delta}{x-\gamma}$$

$$\lim_{c\to\infty}\int\limits_{\gamma-c}^{\gamma+c}\frac{y}{x-\gamma}\,dx=-\frac{\pi}{2}\sin\delta. \qquad (3)$$

Aus (1) (3) folgt Bl. 1v

$$\delta I=\lim_{c\to\infty}\int\limits_{\gamma-c}^{\gamma+c}\left(\frac{y}{x-\beta}-\frac{y}{x-\gamma}\right)dx=\frac{\pi}{2}\sin\delta+\lim_{c\to\infty}\int\limits_{\gamma-c}^{\gamma+c}\frac{y}{x-\beta}\,dx$$

Setzen wir $c-\gamma=b-\beta,\qquad c+\gamma=b+\beta-2\delta$, so wird

$$\int\limits_{\gamma-c}^{\gamma+c}\frac{y}{x-\beta}\,dx=\int\limits_{\beta-b}^{\beta+b}\frac{y}{x-\beta}\,dx-\int\limits_{b+\beta-2\delta}^{b+\beta}\frac{y}{x-\beta}\,dx$$

Für $c\to\infty$ oder $b\to\infty$ konvergiert nach (2) das erste Integral rechterhand nach $\frac{\pi}{2}\sin\delta$, das zweite aber nach 0, denn $|\,y\,|\leq 1$, und das Integral ist, bei genügend grossem b, absolut $\leq\int\limits_{b+\beta-2\delta}^{b+\beta}\frac{dx}{x-\beta}<\frac{2\delta}{b}$. Also ist [2]

$$\boxed{I=\pi\frac{\sin\delta}{\delta}}$$

Für $\beta=\gamma$ ist

$$I=\int\limits_{-\infty}^{\infty}\frac{\sin^2 x}{x^2}\,dx=\pi,$$

denn aus $\frac{d}{dx}\frac{\sin^2 x}{x}=\frac{\sin 2x}{x}-\frac{\sin^2 x}{x^2}$ folgt

$$\int\limits_{-\infty}^{\infty}\frac{\sin^2 x}{x^2}\,dx=\int\limits_{-\infty}^{\infty}\frac{\sin 2x}{x}\,dx=\pi.$$

Anmerkungen

[1] Über „(Frage von Arthur)“ steht „(absolute Konvergenz gesichert)“.

[2] Hier muß es richtig heißen $\int\limits_{b+\beta-2\delta}^{b+\beta}\frac{dx}{x-\beta}<\frac{2\delta}{b-2\delta}$.

Commentary

S. D. Chatterji

This paper gives an elementary method for evaluating a definite integral (proposed by Arthur, most probably ARTHUR KÖNIG, HAUSDORFF's son-in law, husband of HAUSDORFF's only child Lenore). The calculation is based on the value of the well-known improper integral

$$\int_{-\infty}^{\infty} \frac{\sin x}{x} dx = \pi. \tag{$*$}$$

We have reproduced this paper for its evident human interest; it was composed ten days before HAUSDORFF's suicide and it appears to be, chronologically, the last mathematical item in his Nachlass.

The integral itself appears to have been known for some time; essentially the same integral is calculated by a different method in S. BOCHNER, *Vorlesungen über Fouriersche Integrale*, Chelsea, New York, 1948 (first published in 1932), pages 14–15. A very quick evaluation of the integral can be based on PARSEVAL's formula:

$$\int_{-\infty}^{\infty} f(x)\overline{g(x)}dx = \frac{1}{2\pi}\int_{-\infty}^{\infty} \hat{f}(t)\overline{\hat{g}(t)}dt$$

where f, g are in $L^2(\mathbb{R})$ and $\hat{f}, \hat{g}$ are the corresponding FOURIER transforms; thus

$$\hat{f}(t) = \int_{-\infty}^{\infty} f(x)e^{-itx}dx$$

in the usual L^2-sense. If we take

$$f(x) = \frac{\sin(x-\beta)}{(x-\beta)}, \qquad g(x) = \frac{\sin(x-\gamma)}{(x-\gamma)}$$

and recall that

$$\hat{f}(t) = e^{-it\beta}\hat{\varphi}(t), \qquad \hat{g}(t) = e^{-it\gamma}\hat{\varphi}(t)$$

where

$$\varphi(x) = \frac{\sin x}{x}, \qquad \hat{\varphi}(t) = \begin{cases} \pi & \text{if } |t| < 1 \\ 0 & \text{if } |t| > 1 \end{cases}$$

then

$$I = \int_{-\infty}^{\infty} \frac{\sin(x-\beta)\sin(x-\gamma)}{(x-\beta)(x-\gamma)}dx = \frac{1}{2\pi}\int_{-1}^{1} \pi^2 e^{it(\gamma-\beta)}dt = \pi\frac{\sin\delta}{\delta}$$

with $\delta = \gamma - \beta$.

Note that the calculation of $\hat{\varphi}(t)$, the FOURIER transform of $(\sin x)/x$, needs nothingh more than the formula $(*)$.

Teil II. Algebra

Zur Theorie der Systeme complexer Zahlen.

Ber. über die Verhandlungen der Königl. Sächs. Ges. der Wiss. zu Leipzig. Math.-phys. Classe **52**, 43–61.

[H 1900b]

F. Hausdorff: *Zur Theorie der Systeme complexer Zahlen.* (Vorgelegt durch Herrn H. BRUNS, o. M., in der Sitzung vom 7. Mai 1900.)

Im Folgenden soll eine, soviel mir bekannt, noch nicht bemerkte Eigenschaft der Systeme complexer Zahlen auseinandergesetzt werden, darin bestehend, dass jeder Typus eines solchen Systems zu einer gewissen Gruppe linearer Substitutionen und damit zu einem ganz bestimmten neuen System complexer Zahlen, dem „Indexsystem" des erstgenannten, Anlass giebt. Besass das gegebene System n unabhängige Einheiten, so liegt die Zahl der Einheiten des Indexsystems zwischen n und n^2 und kann beide Extreme erreichen; die untere Grenze n characterisirt die commutativen, die obere n^2 die „ursprünglichen" Zahlensysteme.

Es seien $e_1 e_2 \ldots e_n$ die Einheiten (d. h. n linear unabhängig gewählte Zahlen) eines complexen Zahlensystems. Irgendwelche andere Zahlen des Systems werden wir in der Form

$$x = \xi_1 e_1 + \xi_2 e_2 + \cdots + \xi_n e_n = \sum_i \xi_i e_i ,$$

$$a = \alpha_1 e_1 + \alpha_2 e_2 + \cdots + \alpha_n e_n = \sum_i \alpha_i e_i$$

schreiben; die Componenten ξ_i, α_i sind reelle oder gewöhnlich complexe Zahlen.[1]) Wir machen die üblichen Voraussetzungen: die Addition ist commutativ und associativ, die Multiplication ist der Addition gegenüber distributiv, lässt vermöge der Multiplicationsregeln

(1) $$e_i e_k = \sum_m \gamma_{ikm} e_m \qquad (i, k, m = 1, 2, \ldots n)$$

1) Lateinische Buchstaben (abgesehen von den Indices und ganzen Zahlen wie i, k, n, p) sollen also die höheren complexen Zahlen des Systems, griechische Buchstaben durchweg reelle oder gewöhnlich complexe Grössen bedeuten.

aus zwei Grössen des Systems als Product wiederum eine Grösse des Systems hervorgehen, und befolgt das associative Gesetz $(ab)c = a(bc)$, das bekanntlich zu den Relationen

$$(2) \qquad \sum_m \gamma_{ikm}\gamma_{mhl} = \sum_m \gamma_{khm}\gamma_{iml} \qquad (h, i, k, l, m = 1, 2, \ldots n)$$

zwischen den Multiplicationscoefficienten γ_{ikm} führt. *Das commutative Gesetz wird nicht vorausgesetzt*, also $\gamma_{ikm} \neq \gamma_{kim}$ zugelassen. Dagegen soll im Allgemeinen *Division* möglich sein (womit die „ausgearteten" Systeme ausgeschlossen sind); diese Forderung, die zum Nichtverschwinden gewisser Determinanten führt, ist identisch mit der, dass es im System eine *Haupteinheit* (Zahl Eins), d. h. eine Zahl

$$(3) \qquad e = \sum_i \varepsilon_i e_i$$

gebe, die für beliebiges x den Bedingungen

$$ex = xe = x$$

genügt.

Wir denken uns eine variable Grösse x des Systems vorn und hinten mit constanten Zahlen a, b des Systems multiplicirt, so dass der Ausdruck axb entsteht. Wir nennen y eine ganze homogene Function erster Ordnung oder eine *lineare homogene Function* (l. h. F.) von x, wenn sich y als Aggregat solcher Ausdrücke axb, also in der Form

$$y = \sum_i a_i x b_i$$

darstellen lässt. Ersetzt man die complexen Constanten a, b durch ihre Ausdrücke in den Einheiten $e_1 e_2 \ldots e_n$, so folgt, dass eine l. h. F. von x als lineare Verbindung (mit gewöhnlichen Zahlencoefficienten α_{ik}) der n^2 Grössen $e_i x e_k$, also in der Form

$$(4) \qquad y = \sum_{ik} \alpha_{ik} e_i x e_k \qquad (i, k = 1, 2, \ldots n)$$

geschrieben werden kann, wobei die α_{ik} als constant, d. h. von den Componenten ξ_i der Variablen x unabhängig anzusehen sind.

Die wesentliche Frage ist nun, wieviele von den n^2 Grössen $e_i x e_k$ *linear unabhängig* sind. Hier ist aber ein Unterschied zu machen; einerseits sind natürlich diese n^2 Grössen allesamt lineare Verbindungen von $e_1 e_2 \ldots e_n$ und man erhält durch deren Elimination $n^2 - n$ lineare homogene Relationen zwischen ihnen, Relationen jedoch, deren Coefficienten von den Componenten $\xi_1 \xi_2 \ldots \xi_n$ abhängen. In diesem Sinne also wären die genannten n^2 Ausdrücke sicher *nicht* linear unabhängig. Andererseits können aber auch zwischen den $e_i x e_k$ linear homogene Relationen bestehen, in denen die ξ_i nicht vorkommen, deren Coefficienten also dem betrachteten System eigenthümliche reine Zahlen sind. Solche identisch, d. h. für beliebiges x gültige Relationen von der Form

$$\sum_{ik} \sigma_{ik} e_i x e_k = 0, \tag{5}$$

in denen die σ_{ik} *nicht* von $\xi_1 \xi_2 \ldots \xi_n$ abhängen, sollen gemeint sein, wenn wir von der linearen Abhängigkeit oder Unabhängigkeit der Grössen $e_i x e_k$ sprechen. In diesem Sinne mögen sich p von den Grössen $e_i x e_k$ (oder p lineare Verbindungen derselben) als *linear unabhängig*, d. h durch keine von den ξ_i freie Relation mehr verknüpft erweisen; sodass also zwischen den $e_i x e_k$ gerade $n^2 - p$ Identitäten von der Form (5) bestehen. Diese dem System $(e_1 e_2 \ldots e_n)$ eigenthümliche Zahl p heisse der *Index* des Systems.

Es bedarf kaum der Bemerkung, dass ein Uebergang durch lineare Substitution von den Einheiten $e_1 e_2 \ldots e_n$ zu irgendwelchen anderen die Zahl p nicht alterirt, dass der Index also dem „Typus“[1]), nicht der individuellen Gestalt des Zahlensystems eigenthümlich ist.

Der Index p liegt zwischen n und n^2. Kleiner als n kann er offenbar nicht sein, da man von den n^2 Grössen $e_i x e_k$ sicher n unabhängige Verbindungen, etwa

$$e_1 x,\ e_2 x,\ \ldots e_n x \qquad \left(e_i x = \sum_k \varepsilon_k e_i x e_k \text{ nach } (3)\right)$$

angeben kann; zwischen diesen nämlich besteht gewiss keine von $\xi_1 \ldots \xi_n$ unabhängige lineare Relation, da sonst (für $x = e$) zwischen den $e_1 e_2 \ldots e_n$ selber eine bestehen müsste. Die e_i sind aber als unabhängig vorausgesetzt, und nur diejenige Grösse des Systems ist Null, deren sämtliche Componenten Null sind. — Wohl aber kann $p = n$ sein; und zwar ist dies bei commutativen Systemen und nur bei diesen der Fall. Wir beweisen zuerst, dass für $p = n$

1) Vgl. STUDY's Referat I A 4. in der Encyklopädie der mathematischen Wissenschaften, S. 163.

das System ein commutatives ist. Nach dem eben Gesagten müssen sich in diesem Falle alle n^2 Grössen $e_i x e_k$ als lineare Verbindungen der n Grössen $e_1 x, e_2 x, \ldots e_n x$ darstellen lassen,

$$e_i x e_k = \sum_m \vartheta_{ikm} e_m x, \tag{6}$$

wo die ϑ von $\xi_1 \ldots \xi_n$ unabhängig sind. Aus diesen für beliebiges x gültigen Identitäten erhält man durch die Substitution $x = e$

$$e_i e_k = \sum_m \vartheta_{ikm} e_m, \tag{7}$$

die ϑ_{ikm} sind also mit den Multiplicationscoefficienten γ_{ikm} der Formel (1) identisch. Aus (6) und (7) folgt aber

$$e_i x e_k = e_i e_k x,$$

ferner, wenn man diese Gleichungen mit ε_i multiplicirt und nach i summirt,

$$x e_k = e_k x$$

und daraus für beliebige x, y das commutative Gesetz $xy = yx$. — Dass umgekehrt bei commutativen Systemen der Index $p = n$ ist, bedarf keiner weiteren Ausführung.

Dass der Index die obere Grenze $p = n^2$ ebenfalls wirklich erreichen kann, lehrt der folgende Fall, der übrigens, wie sich herausstellen wird, der einzige ist. Wir betrachten das aus der Theorie der bilinearen Formen und linearen Substitutionen bekannte System mit einer quadratischen Zahl von Einheiten $(n = m^2)$, die wir dementsprechend mit Doppelindices (e_{ik}) versehen und deren Multiplicationsregeln sich auf die Form bringen lassen

$$\begin{cases} e_{ik} e_{hl} = 0 & (k \neq h) \\ e_{ik} e_{kl} = e_{il} & \end{cases} \qquad (h, i, k, l = 1, 2, \ldots m) \tag{8}$$

Die Multiplication in diesem System

$$c = ab$$

oder

$$\sum_{il} \gamma_{il} e_{il} = \sum_{ik} \alpha_{ik} e_{ik} \sum_{hl} \beta_{hl} e_{hl} = \sum_{ikl} \alpha_{ik} \beta_{kl} e_{il}$$

liefert zwischen den Componenten α, β, γ dieselben Relationen

$$\gamma_{il} = \sum_k \alpha_{ik} \beta_{kl},$$

die man erhält, wenn man zwei lineare Substitutionen

$$\eta_k = \sum_i \alpha_{ik} \xi_i \quad \text{und} \quad \zeta_l = \sum_k \beta_{kl} \eta_k$$

nacheinander ausführt und die resultirende Substitution

$$\zeta_l = \sum_i \gamma_{il} \xi_i$$

berechnet. — Die Haupteinheit (Zahl Eins) des Systems (8) ist durch

$$e = \sum_i e_{ii} = e_{11} + e_{22} + \cdots + e_{mm}$$

gegeben.

Um zu zeigen, dass in einem solchen „Bilinearsystem" (8) wirklich der Index $p = n^2 = m^4$ ist, gehen wir noch einen Augenblick auf die gewöhnliche Form eines Systems mit einfachen Indices zurück. Man hat

$$(9) \qquad e_i x e_k = \sum_h \xi_h e_i e_h e_k$$

und durch Entwickelung der dreifachen Producte findet man $e_i x e_k$ als lineare Verbindung der n^2 Grössen $\xi_h e_l$ mit reinen Zahlencoefficienten. Sobald sich daher diese Gleichungen nach den n^2 Grössen $\xi_h e_l$ auflösen lassen, sind die n^2 Ausdrücke $e_i x e_k$ sicher linear unabhängig. Es ergiebt sich in diesem Falle weiter, dass jede der n^2 Grössen $\xi_h e_l$ eine l. h. F. von x ist, und dass y immer dann l. h. F. von x ist, wenn seine Componenten η_l mit den ξ_h durch eine homogene lineare Substitution mit n^2 *beliebigen* Coefficienten zusammenhängen.

Im Bilinearsystem (8) hat man nun, wenn $x = \sum_{ik} \xi_{ik} e_{ik} = \sum_{pq} \xi_{pq} e_{pq}$ gesetzt wird:

$$(10) \qquad \begin{aligned} e_{ik} x &= \sum_{pq} \xi_{pq} e_{ik} e_{pq} = \sum_q \xi_{kq} e_{iq}, \\ e_{ik} x e_{hl} &= \sum_q \xi_{kq} e_{iq} e_{hl} = \xi_{kh} e_{il}, \end{aligned}$$

womit in der That die vorhin erwähnte Auflösung ausgeführt ist.

Das niedrigste Bilinearsystem (8) (abgesehen vom Falle $m = 1$, der auf die gewöhnlichen Zahlen führt) ist das für $m = 2$, $n = 4$ resultirende, das bekanntlich durch eine gewöhnlich complexe Substitution in die Hamilton'*schen Quaternionen* übergeht. Versteht man unter $\sqrt{-1}$ die gewöhnliche imaginäre Einheit und setzt

$$(11)\qquad \begin{cases} e = e_{11} + e_{22} \\ i = \sqrt{-1}(e_{12} + e_{21}) \\ j = \sqrt{-1}(e_{11} - e_{22}) \\ k = e_{12} - e_{21}, \end{cases}$$

so wird e die Zahl Eins des Systems, während für die neuen Einheiten i, j, k die Multiplicationsregeln

$$(12)\qquad \begin{cases} ii = -e, & jk = -kj = i \\ jj = -e, & ki = -ik = j \\ kk = -e, & ij = -ji = k \end{cases}$$

gelten. In diesem Quaternionensystem, dessen Index $p = 16$, muss also, wenn

$$(13)\qquad x = \xi_0 e + \xi_1 i + \xi_2 j + \xi_3 k$$

gesetzt wird, jedes der 16 Producte der 4 Componenten mit den 4 Einheiten sich als l. h. F. der Quaternion x darstellen lassen. In der That findet man

$$(14)\qquad \begin{cases} 4\xi_0 e = x - ixi - jxj - kxk, \\ 4\xi_1 i = x - ixi + jxj + kxk, \\ 4\xi_2 j = x + ixi - jxj + kxk, \\ 4\xi_3 k = x + ixi + jxj - kxk \end{cases}$$

woraus sich die übrigen Producte durch einfache Multiplicationen mit i, j, k ergeben. Eine Quaternion y ist l. h. F. von x, wenn die $\eta_0 \eta_1 \eta_2 \eta_3$ durch beliebige lineare homogene Substitution aus den $\xi_0 \xi_1 \xi_2 \xi_3$ hervorgehen. — Das Gleiche gilt von den Peirce-Sylvester'schen „Nonionen", dem nächsthöheren ($m = 3$) Bilinearsystem von der Form (8) mit neun Einheiten.

Den Beweis, dass *nur* die Systeme (8) den Index $p = n^2$ besitzen, führen wir auf einem Umwege unter Anlehnung an die Dissertation von Th. Molien.[1]) Molien nennt das System $(e_1 e_2 \ldots e_r)$ ein *begleitendes System* des vorgelegten Systems

---

1) Molien, Ueber Systeme höherer complexer Zahlen, Dorpat 1892 und Math. Ann. 41, S. 83.

$e_1 e_2 \dots e_r e_{r+1} \dots e_n$, wenn alle Producte der $e_1 e_2 \dots e_r$ untereinander nur wieder von $e_1 e_2 \dots e_r$ abhängen, sämtliche anderen Producte $e_{r+i} e_k$, $e_i e_{r+k}$, $e_{r+i} e_{r+k}$ dagegen nur von $e_{r+1} e_{r+2} \dots e_n$. Die Form, in der die begleitenden Systeme eines gegebenen Systems hervortreten, ist eventuell durch lineare homogene Substitution der Einheiten herzustellen. Ein System, das kein kleineres begleitendes System hat als sich selbst, heisst *ursprünglich*, und MOLIEN beweist, dass die Bilinearsysteme (8) und nur diese ursprünglich sind. Wir zeigen nun, dass in einem nichtursprünglichen System der Index p sicher $< n^2$ ist, dass sich nämlich aus den Gleichungen (9), deren rechte Seiten nach den Multiplicationsformeln als lineare Verbindungen der n^2 Grössen $\xi_h e_l$ darzustellen sind, diese n^2 Grössen eliminiren lassen. Es sei $(e_1 e_2 \dots e_r)$ ein begleitendes System des gegebenen. Nach der Definition des begleitenden Systems hängen diejenigen $n^2 - r^2$ Producte $e_i x e_k$, in denen i oder k oder beide $> r$ sind, nur von den $n - r$ Einheiten $e_{r+1} \dots e_n$ ab, sind also lineare Verbindungen der $n(n - r)$ Grössen $\xi_h e_{r+1}, \dots \xi_h e_{r+n}$ $(h=1, 2, \dots n)$. Durch Elimination der letzteren entstehen also mindestens

$$n^2 - r^2 - n(n - r) = r(n - r)$$

identische Relationen zwischen den $e_i x e_k$, und der Index p kann also höchstens den Werth $n^2 - r(n - r) < n^2$ erreichen.

Es folgt somit, dass in den nichtursprünglichen Systemen $p < n^2$ ist; in den ursprünglichen, die sich ja auf die Form (8) bringen lassen, ist $p = n^2$, und dieser grösste Werth des Index wird also in den Bilinearsystemen und nur in diesen erreicht. Für die Systeme mit drei und vier Einheiten sind im Folgenden die Indices gegeben; die erste Zeile bezieht sich auf die Zusammenstellung bei SCHEFFERS[1]), die zweite auf die in dem schon citirten STUDY'schen Referat, S. 167.

SCHEFFERS:	III_1	III_2	III_3	IV_1	IV_2	IV_3	IV_4	IV_5	IV_6	IV_7	IV_8	IV_9	IV_{10}
STUDY:	I	II	III	I	II	III	IV	V	IX	VII	VIII	X	VI
p:	3	5	3	4	6	6	4	4	7	8	6	4	16.

Die Systeme $p = 3$, resp. $p = 4$ sind commutativ; das zuletzt aufgeführte ist das System der Quaternionen. Um ein

1) SCHEFFERS, Zurückführung complexer Zahlensysteme auf typische Formen, Leipzig 1891 und Math. Ann. 39, S. 353.

Beispiel zu geben, stellen wir für das eine nichtcommutative System in drei Einheiten (Scheffers III_2), dessen Multiplicationsregeln in der üblichen Tableauform ($e_i e_k$ steht in der $i$ten Zeile, $k$ten Spalte) durch die linke Matrix gegeben sind, rechts daneben in derselben Anordnung die Matrix der Grössen $e_i x e_k$.

$$(15) \qquad \begin{vmatrix} 0 & 0 & e_1 \\ e_1 & e_2 & 0 \\ 0 & 0 & e_3 \end{vmatrix} \qquad \begin{vmatrix} 0 & 0 & \xi_3 e_1 \\ \xi_2 e_1 & \xi_2 e_2 & \xi_1 e_1 \\ 0 & 0 & \xi_3 e_3 \end{vmatrix}.$$

Es treten also nur 5 von den 9 Producten $\xi_h e_l$ auf, oder es bestehen 4 Relationen zwischen den $e_i x e_k$, nämlich $e_1 x e_1 = e_1 x e_2 = e_3 x e_1 = e_3 x e_2 = 0$.

In einem System, dessen Index $= p$, giebt es p und nicht mehr linear unabhängige l. h. F. von x; es mögen $x_1 x_2 \ldots x_p$ p solche Functionen bedeuten, die im Uebrigen willkürlich gewählt werden können — x selbst kann, muss aber nicht, sich unter ihnen befinden. Jede andere l. h. F. von x drückt sich dann, statt in der Form (4), als lineare Verbindung der x_r mit *bestimmten* Coefficienten λ_r

$$(16) \qquad y = \lambda_1 x_1 + \lambda_2 x_2 + \cdots + \lambda_p x_p = \sum_r \lambda_r x_r$$

aus, während die Darstellung (4), wegen der zwischen den $e_i x e_k$ herrschenden Identitäten, eine unbestimmte war. Trennt man die Gleichung (4) oder (16) nach den Componenten, so erhält man $\eta_1 \eta_2 \ldots \eta_n$ als linear homogene Functionen von $\xi_1 \xi_2 \ldots \xi_n$ mit Coefficienten, die von $\lambda_1 \lambda_2 \ldots \lambda_p$ abhängen. Giebt man diesen p Constanten alle möglichen Werthe, so entsteht eine *Gruppe* von ∞^p linearen homogenen Substitutionen in n Veränderlichen, eine Untergruppe der allgemeinen linearen homogenen Gruppe

$$(17) \qquad \begin{cases} y = \sum_{ik} \varrho_{ik} \xi_i e_k \quad \text{oder} \\ \eta_k = \sum_i \varrho_{ik} \xi_i \end{cases}$$

mit n^2 willkürlichen Parametern ϱ_{ik} und demgemäss $\infty^{n \cdot n}$ Substitutionen. Nur im Fall *ursprünglicher* Systeme ist die Gruppe (16) mit der allgemeinen Gruppe (17) selbst identisch. Die Gruppeneigenschaft der Substitution (16) beruht auf dem einfachen Umstande, dass eine l. h. F. von y auch l. h. F. von x ist, sobald y l. h. F. von x ist.

Die *Parametergruppe* der Gruppe (16), oder die Art und Weise, wie die Parameter λ_r, μ_s zweier Substitutionen die Parameter ν_t der resultirenden Substitution erzeugen, führt nun auf ein neues complexes Zahlensystem in p Einheiten, das ich das *Indexsystem* des gegebenen $(e_1 e_2 \ldots e_n)$ nenne. Zunächst sei daran erinnert, dass die Operationen jeder Gruppe das *associative* Gesetz befolgen, dass also für drei Operationen R, S, V die Beziehung $(RS)V = R(SV)$ gilt. Wir wollen nun unter R, S, V die drei der Gruppe angehörigen Substitutionen verstehen, deren rechte Seiten in der Form (16) die speciellen Werthe x_r, x_s, x_v haben ($r, s, v = 1, 2, \ldots p$). Unter RS ist also diejenige Operation zu verstehen, die sich ergiebt, wenn x_s nicht auf x, sondern auf x_r ausgeübt wird, oder um es ausführlich zu schreiben: wenn

$$x_r = \sum_{ik} \lambda_{ikr} e_i x e_k = \sum_{hl} \alpha_{hlr} \xi_h e_l ,$$

so ist als Resultat der zusammengesetzten Operation RS der Ausdruck

$$x_{rs} = \sum_{ik} \lambda_{iks} e_i x_r e_k = \sum_{hl} \alpha_{hls} \frac{\partial x_r}{\partial e_h} e_l$$

anzusehen, der natürlich von x_{sr} (Resultat von SR) verschieden ist. Andererseits ist x_{rs} wiederum l. h. F. von x, muss sich also als lineare Verbindung von $x_1 x_2 \ldots x_p$ mit reinen Zahlencoefficienten δ_{rst}

$$x_{rs} = \sum_t \delta_{rst} x_t \qquad (r, s, t = 1, 2, \ldots p) \tag{18}$$

darstellen. Wenden wir hierauf die Operation V an, so kommt

$$x_{rsv} = \sum_t \delta_{rst} x_{tv} = \sum_{tu} \delta_{rst} \delta_{tvu} x_u .$$

Nach dem associativen Gesetz soll aber dasselbe Ergebniss sich einstellen, wenn man auf x_r die Operation SV oder die Substitution

$$x_{sv} = \sum_t \delta_{svt} x_t$$

ausübt; das giebt

$$x_{rsv} = \sum_t \delta_{svt} x_{rt} = \sum_{tu} \delta_{svt} \delta_{rtu} x_u .$$

Die Vergleichung der beiden Formeln für x_{rsv} liefert zwischen den Coefficienten δ_{rst} der Gleichung (18) die Identitäten

$$(19)\qquad \sum_t \delta_{rst}\delta_{tvu} = \sum_t \delta_{svt}\delta_{rtu}, \quad (r, s, t, u, v = 1, 2, \ldots p)$$

die genau den Relationen (2) nachgebildet sind. Nehmen wir daher in einem complexen System mit p Einheiten $f_1 f_2 \ldots f_p$ die Multiplicationsregeln

$$(20)\qquad f_r f_s = \sum_t \delta_{rst} f_t \quad (r, s, t = 1, 2, \ldots p)$$

an, so genügt diese Multiplication dem associativen Gesetz, und das System (20) besitzt eine Zahl Eins, ist also kein „ausgeartetes“. Diese Zahl Eins erhält man in der Form

$$(21)\qquad f = \sum_r \varphi_r f_r,$$

wenn man die Grösse x selbst als lineare Verbindung der x_r

$$(22)\qquad x = \sum_r \varphi_r x_r$$

ermittelt hat.

Mit Hülfe des *Indexsystems* (20) stellt sich die Zusammensetzung zweier Substitutionen der Gruppe (16) als einfache *Multiplication* dar. Wir üben hintereinander die Substitutionen $(\lambda_1 \lambda_2 \ldots \lambda_p)$ und $(\mu_1 \mu_2 \ldots \mu_p)$ aus; d. h. wir machen

$$y = \sum_r \lambda_r x_r,$$

$$z = \sum_s \mu_s y_s = \sum_{rs} \lambda_r \mu_s x_{rs} =$$

$$= \sum_{rst} \lambda_r \mu_s \delta_{rst} x_t = \sum_t \nu_t x_t.$$

Für die resultirende Substitution $(\nu_1 \nu_2 \ldots \nu_p)$ ergiebt sich also

$$(23)\qquad \nu_t = \sum_{rs} \delta_{rst} \lambda_r \mu_s.$$

Dieselbe bilineare Zusammensetzung der Parameter wird aber erhalten, wenn wir im System (20) die drei Zahlen

$$L = \sum_r \lambda_r f_r = \lambda_1 f_1 + \lambda_2 f_2 + \cdots + \lambda_p f_p$$

$$M=\sum_s \mu_s f_s=\mu_1 f_1+\mu_2 f_2+\cdots+\mu_p f_p$$

$$N=\sum_t \nu_t f_t=\nu_1 f_1+\nu_2 f_2+\cdots+\nu_p f_p$$

in die Productbeziehung

(24) $$LM=N$$

setzen; sodass die Formel (24) die Parametergruppe der Gruppe (16) darstellt.[1]) Die Gruppe (16) ist gleich zusammengesetzt mit der Gruppe von ∞^p Substitutionen in p Veränderlichen

$$Y=XL,$$

wobei X, Y ebenfalls Zahlen des Systems $(f_1 f_2 \cdot\cdot f_p)$ bedeuten.

Wie sich in den beiden Grenzfällen $p=n$ und $p=n^2$ (commutatives und ursprüngliches System) das Indexsystem gestaltet, ist einfach zu sehen. Im commutativen System können als n linear unabhängige Functionen von x die n Grössen

$$x_r=x e_r \qquad (r=1,2,\ldots n)$$

gewählt werden. Dann wird

$$x_{rs}=x_r e_s=x e_r e_s=\sum_t \gamma_{rst} x e_t=\sum_t \gamma_{rst} x_t,$$

die Multiplicationsfactoren δ_{rst} der Formel (18) stimmen also mit den γ_{rst} überein, oder *das commutative System ist sein eigenes Indexsystem.* — Im ursprünglichen oder Bilinearsystem ferner können die n^2 Grössen $e_i x e_k$, bequemer noch die n^2 Grössen $\xi_i e_k$ als unabhängige l. h. F. von x gewählt werden. Schreiben wir dementsprechend mit Doppelindices (die also hier eine andere Bedeutung haben als in (18))

$$x_{ik}=\xi_i e_k=\frac{\partial x}{\partial e_i} e_k,$$

so wird die zu (18) analoge Zusammensetzung dieser Operationen die folgende

$$(x_{ik})_{hl}=\frac{\partial x_{ik}}{\partial e_h} e_l=\delta_{hk}\xi_i e_l=\delta_{hk} x_{il},$$

---

1) Man erkennt hier zugleich die Bedingung dafür, dass die Gleichung (16) nach x auflösbar, also auch x l. h. F. von y sei: L darf im System (20) kein „Theiler der Null" sein.

wobei $\delta_{hk} = 0$ für $h \neq k$, während $\delta_{kk} = 1$. Die entsprechenden Multiplicationsregeln (20) lauten also

$$f_{ik} \cdot f_{hl} = \delta_{hk} f_{il} \qquad (h, i, k, l = 1, 2, \ldots n)$$

und definiren demnach ein Bilinearsystem in n^2 Einheiten. Das Indexsystem eines ursprünglichen Systems (das bereits selber ein Bilinearsystem mit $n = m^2$ Einheiten ist) ist also wiederum ein Bilinearsystem in $p = n^2 = m^4$ Einheiten.

Eine etwas andere Gestalt erhält das Indexsystem eines ursprünglichen Systems, wenn wir die n^2 Grössen $e_i x e_k$ als unabhängige l. h. F. von x zu Grunde legen. Man schreibe die lineare Substitution (4)

$$y = \sum_{ik} \alpha_{ik} e_i x e_k$$

in der Form

$$y = \sum_i e_i x a_i,$$

so dass die n complexen Zahlen a_i mit ihren n^2 Componenten α_{ik}, wo

$$a_i = \sum_k \alpha_{ik} e_k,$$

die Substitution characterisiren. Führt man eine zweite Substitution $(b_1 b_2 \ldots b_n)$ aus, so kommt

$$z = \sum_k e_k y b_k = \sum_{ik} e_k e_i x a_i b_k = \sum_{ikm} \gamma_{kim} e_m x a_i b_k,$$

sodass für die Parameter $(c_1 c_2 \ldots c_n)$ der resultirenden Substitution

$$z = \sum_m e_m x c_m$$

sich ergiebt

$$c_m = \sum_{ik} \gamma_{kim} a_i b_k.$$

Dies kann in Gestalt der Multiplicationsformel

$$C = AB$$

geschrieben werden, wo

$$A = \sum_i a_i e_i'$$

eine neue complexe Zahl bedeutet; die Einheiten $e_1' e_2' \ldots e_n'$ sollen dabei mit den ursprünglichen $e_1 e_2 \ldots e_n$ commutativ und den Multiplicationsformeln

$$e_i' e_k' = \sum_m \gamma_{kim} e_m'$$

unterworfen sein, stellen also das zu $e_1 \ldots e_n$ „reciproke" Zahlensystem dar. Die complexen Zahlen

$$A = \sum_i a_i e_i' = \sum_{ik} \alpha_{ik} e_i' e_k$$

sind die Zahlen des Indexsystems, dessen Einheiten hier als Producte $e_i' e_k$ der Einheiten des gegebenen und des dazu reciproken Zahlensystems figuriren: das Indexsystem selbst ist, wie man sagt, das *Product* des gegebenen Zahlensystems mit dem dazu reciproken (oder auch mit sich selbst).[1])

Um auch für den Fall, dass das System weder commutativ noch ursprünglich ist, die Herleitung des Indexsystems an einem Beispiel zu zeigen, betrachten wir das System mit drei Einheiten, dessen Multiplicationstafel das linke Tableau (15) ist. Wie das rechte Tableau zeigt, existiren nur 5 unabhängige l. h. F. von x, als welche wir

(25) $x_1 = \xi_2 e_1$, $x_2 = \xi_3 e_1$, $x_3 = \xi_3 e_3$, $x_4 = \xi_2 e_2$, $x_5 = \xi_1 e_1$

wählen können. Nun sind nach (18) die x_{rs} zu bilden; beispielsweise:

$$x_1 = \frac{\partial x}{\partial e_2} e_1, \quad x_{11} = \frac{\partial x_1}{\partial e_2} e_1 = 0, \quad x_{41} = \frac{\partial x_4}{\partial e_2} e_1 = \xi_2 e_1 = x_1.$$

Das linke Tableau giebt in der $i$ten Zeile, $k$ten Spalte den Werth von x_{ik}; das rechte, bis auf die Vertauschung von x_r mit f_r eine genaue Copie des linken, liefert an der entsprechenden Stelle den Werth von $f_i f_k$.

(26)

$$\begin{vmatrix} 0 & 0 & 0 & 0 & x_1 \\ 0 & 0 & 0 & 0 & x_2 \\ 0 & x_2 & x_3 & 0 & 0 \\ x_1 & 0 & 0 & x_4 & 0 \\ 0 & 0 & 0 & 0 & x_5 \end{vmatrix} \qquad \begin{vmatrix} 0 & 0 & 0 & 0 & f_1 \\ 0 & 0 & 0 & 0 & f_2 \\ 0 & f_2 & f_3 & 0 & 0 \\ f_1 & 0 & 0 & f_4 & 0 \\ 0 & 0 & 0 & 0 & f_5 \end{vmatrix}$$

Die Zahl Eins des Systems ist nach (22) (21) zu bilden, man hat

$$x = x_3 + x_4 + x_5, \qquad f = f_3 + f_4 + f_5.$$

1) Ueber Addition und Multiplication von complexen Zahlensystemen vgl. die citirte Habilitationsschrift von Scheffers, § 4.

Das complexe Zahlensystem (26) findet sich in der Scheffers-schen Liste unter V_8 und ist das einzige System in 5 Einheiten, das sich als Indexsystem eines niedrigeren Systems ergiebt; nur die commutativen Systeme in 5 Einheiten sind ausserdem noch Indexsysteme, nämlich ihre eigenen. Man sieht, dass unter den zahlreichen Typen complexer Zahlensysteme (in 5 Einheiten giebt es nach Scheffers bereits 33) nur sehr wenige den Character von Indexsystemen besitzen; es wäre interessant, einfache Kriterien für diesen Character zu finden.

Folgende Sätze sind leicht zu beweisen:

1) Ist das gegebene System reducibel oder irreducibel, so ist zugleich das Indexsystem reducibel oder irreducibel. Zerfällt das System E in die beiden Systeme E', E'' $(E = E' + E'')$, so zerfällt sein Indexsystem F in die Indexsysteme F', F'' der beiden Theilsysteme $(F = F' + F'')$ und der Index p ist die Summe der Theilindices p', p'' $(p = p' + p'')$.

Denn sind $(e_1' e_2' \ldots)$ und $(e_1'' e_2'' \ldots)$ die beiden Theilsysteme, so ist jedes Product von der Form $a'b'' = 0$, wenn a' eine Zahl des ersten, b'' eine Zahl des zweiten Theilsystems bedeutet. Für irgend eine Zahl $x = x' + x''$ des Gesamtsystems $(e_1' e_2' \ldots e_1'' e_2'' \ldots)$ zerfallen die Grössen $e_i x e_k$ zunächst in die beiden Gruppen

$$e_i' x e_k' = e_i' x' e_k' \quad \text{und} \quad e_i'' x e_k'' = e_i'' x'' e_k''$$

während alle von der Form $e_i' x e_k''$ und $e_i'' x e_k'$ verschwinden. Sind also $x_1' x_2' \ldots$ die unabhängigen l. h. F. von x' im System E', ebenso $x_1'' x_2'' \ldots$ die von x'' im System E'', so bilden beide Gruppen vereinigt die $p' + p''$ unabhängigen l. h. F. von x im System E; und jede Operation x_s'' auf ein x_r' angewandt, ebenso x_r' auf x_s'', giebt das Resultat Null. Das Indexsystem besteht also aus $p' + p''$ Einheiten $f_1' f_2' \ldots f_1'' f_2'' \ldots\ldots$ derart, dass $f_1' f_2' \ldots$ für sich das Indexsystem von E', $f_1'' f_2'' \ldots$ für sich das Indexsystem von E'' bilden, und dass $f_r' f_s'' = f_s'' f_r' = 0$, d. h. das Indexsystem F ist die Summe der beiden Indextheilsysteme $F' + F''$. — Hiernach braucht man nur irreducible Systeme auf ihr Indexsystem zu untersuchen.

2) Ist das System E das *Product* der beiden Systeme E', E'' $(E = E' \cdot E'')$, so ist sein Indexsystem F das *Product* der entsprechenden Indexsysteme F', F'' $(F = F' \cdot F'')$, und sein Index das Product der Theilindices $(p = p'p'')$.

Auch dieser Satz ist im Grunde leicht einzusehen, obwohl sein wirklicher Beweis einige Schreibarbeit zu erfordern scheint. Das System E' bestehe aus den n' Einheiten $e_1' e_2' \ldots$, sein Index sei p'; ebenso seien $e_1'' e_2'' \ldots$ die n'' Einheiten des Systems E'' mit dem Index p''. Die Indices an den einfach accentuirten Buchstaben der folgenden Entwicklung sollen von 1 bis n' resp. p' gehen, die an den doppelt accentuirten bis n'' resp. p''; und zwar von 1 bis $n'(n'')$ die Buchstaben, die im Alphabet vor n kommen, dagegen von 1 bis $p'(p'')$ die Buchstaben, die im Alphabet nach p folgen. Es sei $x' = \sum_i \xi_i' e_i'$ eine Zahl von E'; wir haben dann, um zum Indexsystem von E' zu gelangen, p' unabhängige l. h. F. von x' zu wählen, die wir mit

$$x_r' = \sum_{ik} \alpha_{ikr}' \xi_i' e_k' \tag{27}$$

bezeichnen wollen. Wendet man auf x_r' die Operation x_s' an, so erhält man

$$x_{rs}' = \sum_t \delta_{rst}' x_t' ; \tag{28}$$

woraus folgt, dass zwischen den Constanten α_{ikr}' und δ_{rst}' (letztere die Multiplicationscoefficienten des Indexsystems $f_1' f_2' \ldots.$ von E') die Beziehungen bestehen

$$\sum_k \alpha_{ikr}' \alpha_{kls}' = \sum_t \delta_{rst}' \alpha_{ilt}' . \tag{29}$$

Denn es ist

$$x_{rs}' = \sum_{kl} \alpha_{kls}' \frac{\partial x_r'}{\partial e_k'} e_l' = \sum_{ikl} \alpha_{ikr}' \alpha_{kls}' \xi_i' e_l'$$

$$= \sum_t \delta_{rst}' \sum_{il} \alpha_{ilt}' \xi_i' e_l' ,$$

womit (29) bewiesen ist. — Die zu (27)(28)(29) analogen Formeln gelten für das System E''.

Im System $E = E'E''$, das von den $n'n''$ Einheiten $e_i' e_h''$ gebildet wird, lautet die allgemeine complexe Zahl

$$x = \sum_{ih} \xi_{ih} e_i' e_h'' \tag{30}$$

und jede l. h. F. von x ist eine lineare Verbindung der $n'^2 n''^2$ Grössen

$$e_j' e_k'' x e_l' e_m'' = \sum_{ih} \xi_{ih} e_j' e_k'' e_i' e_h'' e_l' e_m''$$

$$= \sum_{ih} \xi_{ih} e_j' e_i' e_l' \cdot e_k'' e_h'' e_m'';$$

denn die e_i' sind mit den e_h'' commutativ. Setzt man für den Augenblick

$$\sum_h \xi_{ih} e_k'' e_h'' e_m'' = z_i'',$$

so wird der obige Ausdruck

$$\sum_i z_i'' e_j' e_i' e_l'$$

eine l. h. F. von $\sum_i e_i' z_i''$ im System E' und folglich nach (27) linear darstellbar durch die p' Ausdrücke $(r=1, 2, \ldots p')$

$$\sum_{ik} \alpha_{ikr}' z_i'' e_k',$$

während z_i'' seinerseits im System E'' l. h. F. von $\sum_h \xi_{ih} e_h''$ und folglich aus den p'' Grössen $(s=1, 2, \ldots p'')$

$$\sum_{hl} \alpha_{hls}'' \xi_{ih} e_l''$$

linear ableitbar ist. Fasst man beides zusammen, so werden die obengenannten $n'^2 n''^2$ Grössen und überhaupt jede l. h. F. von x lineare Verbindungen der $p'p''$ Grössen

$$(31) \qquad x_{rs} = \sum_{ihkl} \xi_{ih} \alpha_{ikr}' \alpha_{hls}'' e_k' e_l''.$$

Wir müssen nun zusehen, wie sich das Resultat der auf x_{rs} ausgeübten Operation x_{tu} linear durch die x_{vw} ausdrückt. Es wird

$$x_{tu} = \sum_{klmj} \xi_{kl} \alpha_{kmt}' \alpha_{lju}'' e_m' e_j''$$

$$= \sum_{klmj} \frac{\partial^2 x}{\partial e_k' \partial e_l''} \alpha_{kmt}' \alpha_{lju}'' e_m' e_j'',$$

$$(x_{rs})_{tu} = \sum_{klmj} \frac{\partial^2 x_{rs}}{\partial e_k' \partial e_l''} \alpha_{kmt}' \alpha_{lju}'' e_m' e_j''$$

$$= \sum_{ihklmj} \xi_{ih} \alpha_{ikr}' \alpha_{kmt}' \alpha_{hls}'' \alpha_{lju}'' e_m' e_j''.$$

Für die Summen nach k und l benutzen wir zur Umformung die Relationen (29), dann wird

$$(x_{rs})_{tu} = \sum_{ihmjvw} \xi_{ih} \delta'_{rtv} \alpha'_{imv} \delta''_{suw} \alpha''_{hjw} e'_m e''_j$$

(32)
$$= \sum_{vw} \delta'_{rtv} \delta''_{suw} x_{vw}.$$

Für die den Functionen x_{rs} entsprechenden Einheiten f_{rs} des Indexsystems gelten also die Multiplicationsregeln

(33)
$$f_{rs} f_{tu} = \sum_{vw} \delta'_{rtv} \delta''_{suw} f_{vw},$$

dieselben also, die man erhält, wenn man aus den beiden Indexsystemen $f'_1 f'_2 \ldots$ und $f''_1 f''_2 \ldots.$ mit den Multiplicationsregeln

$$f'_r f'_t = \sum_v \delta'_{rtv} f'_v$$

$$f''_s f''_u = \sum_w \delta''_{suw} f''_w$$

das „Productsystem" mit den Einheiten $f_{rs} = f'_r f''_s$ bildet. W. z. b. w.

Zum Schluss noch einige Bemerkungen.

1) Eine Erweiterung unserer Betrachtungen scheint sich darzubieten, wenn man von den l. h. F. zu *rationalen* homogenen Functionen 1. Grades von x übergeht. Man bestimme den „reciproken Werth von x", d. h. diejenige complexe Zahl $\bar{x}$, die den Bedingungen

$$x\bar{x} = \bar{x}x = e \,(= \text{Zahl Eins})$$

genügt, und erhält so zunächst l. h. F. von $\bar{x}$, die sich wiederum linear aus p von ihnen, nämlich $\bar{x}_1 \bar{x}_2 \ldots \bar{x}_p$, ableiten lassen, sodann homogene Functionen nullten Grades, als Aggregate von Producten der Form $x_r \bar{x}_s$ oder $\bar{x}_r x_s$, und rationale Functionen ersten Grades, zusammengesetzt aus den Producten

$$x_r x_s \bar{x}_t, \quad x_r \bar{x}_s x_t, \quad \bar{x}_r x_s x_t.$$

Die Anzahl dieser homogenen Functionen nullten und ersten Grades wird sich bei nichtursprünglichen Systemen im Allgemeinen auf weniger als $2p^2$, resp. $3p^3$ reduciren, und in einigen einfachen Fällen, die ich durchgerechnet habe, treten geschlossene Systeme solcher Functionen und zugehörige Gruppen, resp. complexe Zahlensysteme auf — ohne dass ich allgemeine Sätze hätte finden können. Eine besondere Rolle scheinen hierbei die complexen Zahlensysteme zu spielen, in denen folgender Satz gilt:

Ist y l. h. F. von x, so ist der reciproke Werth $\bar{y}$ l. h. F. des reciproken Werthes $\bar{x}$.

Ich vermuthe, dass diese Systeme identisch sind mit den von Scheffers so genannten *Nichtquaternionsystemen*, vermag den Beweis aber noch nicht allgemein zu führen. Des weiteren würden homogene Functionen nullten Grades, die aus zwei Grössen $x_r x_s$ und zwei Grössen $\bar{x}_t \bar{x}_u$ durch Multiplication in irgendwelcher Anordnung hervorgehen, ferner allgemein die aus ϱ Factoren x_r und σ Factoren $\bar{x}_s$ in irgendwelcher Anordnung hervorgehende rationale Function $(\varrho - \sigma)$ten Grades in Betracht zu ziehen sein — womit jedoch, wenigstens bei ursprünglichen Systemen, das Gebiet der rationalen Functionen von x sicher nicht erschöpft ist.

2) Die bekannten, aus einem complexen Zahlensystem entspringenden Gruppen linearer Substitutionen

$$(34) \qquad y = ax, \quad y = xb, \quad y = axb, \quad y = ax\bar{a}$$

sind Untergruppen der Gruppe (16); abgesehen vom Fall commutativer Systeme, wo die ersten drei Gruppen (34) untereinander und mit (16) zusammenfallen, ist auch in vielen nichtursprünglichen Systemen die Gruppe $y = axb$ mit (16) äquivalent. Die Ordnung dieser Gruppe ist $2n - m$, wenn m die Anzahl der mit allen Zahlen des Systems vertauschbaren Grössen ist (also die für beliebiges x aufzustellende Gleichung $cx = xc$ m verschiedene Lösungen c hat; eine davon ist die Zahl Eins $c = e$); sobald also der Index $p \geqq 2n$ ist, kann $y = axb$ nur eine *Untergruppe* der Gruppe (16) sein. Ausser den ursprünglichen Systemen gehört hierzu beispielsweise das viergliedrige System Scheffers IV_7 mit dem Index $p = 8$.

3) Stellt man die der Formel (16) entsprechende lineare Substitution zwischen den ξ_i und η_k in der Form (17) dar, so werden deren n^2 Coefficienten ϱ_{ik} lineare Verbindungen der p Parameter $\lambda_1 \lambda_2 \ldots \lambda_p$, oder es bestehen zwischen den ϱ_{ik} $n^2 - p$ homogen lineare Bedingungsgleichungen, die aussagen, dass y l. h. F. von x sei.

Wenn man die Cauchy-Riemann'sche *Functionentheorie* auf das Gebiet höherer complexer Zahlen ausdehnen will, so wird man y dann eine Function von x nennen, wenn dy l. h. F. von dx ist. Wegen

$$dy = \sum_k e_k d\eta_k = \sum_{ik} \frac{\partial \eta_k}{\partial \xi_i} d\xi_i e_k$$

müssen nach der eben gemachten Bemerkung zwischen den $\frac{\partial \eta_k}{\partial \xi_i}$ (die an Stelle der ϱ_{ik} der Formel (17) getreten sind) $n^2 - p$ homogene lineare Beziehungen bestehen, oder in einem complexen Zahlensystem mit n Einheiten und vom Index p müssen die n Functionen

$$\eta_k = \eta_k(\xi_1 \xi_2 \ldots \xi_n)$$

$n^2 - p$ homogen linearen partiellen Differentialgleichungen 1. Ordnung genügen, damit $y = \sum_k \eta_k e_k$ Function von $x = \sum_i \xi_i e_i$ sei. In commutativen Systemen wird $n(n-1)$ die Zahl dieser Bedingungen[1]), z. B. im System der gemeinen complexen Zahlen $2 \cdot 1 = 2$; in ursprünglichen ist sie Null, dort ist also *jedes* y als Function von x anzusehen und auch leicht darzustellen, da wir früher die Verbindungen $\xi_i e_k$, also damit auch die Componenten ξ_i selbst (formell in der Gestalt $\xi_i e = \sum_k \varepsilon_k \xi_i e_k$) als l. h. F. von x bestimmt haben. Dagegen ist in nichtursprünglichen Systemen die explicite Darstellung solcher y, die nach dem obigen Kriterium Functionen von x sind, nicht immer möglich. Beispielsweise ist im dreigliedrigen nichtcommutativen System (15), worin (25) die fünf unabhängigen l. h. F. von x sind, y dann Function von x, wenn dy eine lineare Verbindung von

$$e_1 d\xi_1, \quad e_1 d\xi_2, \quad e_1 d\xi_3, \quad e_2 d\xi_2, \quad e_3 d\xi_3$$

also

$$y = e_1 \varphi(\xi_1, \xi_2, \xi_3) + e_2 \chi(\xi_2) + e_3 \psi(\xi_3)$$

ist. Hiernach müsste insbesondere $z = e_1 \varphi(\xi_1, \xi_2, \xi_3) = e_1 \varphi$ eine Function von x sein, die aber in den meisten Fällen (z. B. schon für $\varphi = \xi_1^2$) nicht explicite darstellbar, sondern nur implicite als eine der unendlich vielen Wurzeln der Gleichung $z^2 = 0$ definirt ist.

1) Dieselben sind von Scheffers explicite aufgestellt worden Leipziger Berichte 1893, S. 836, Formel (15).

Druckfertig erklärt 1. VI. 1900.]

Kommentar zu [H 1900b]

W. Scharlau

Schon im 19. Jahrhundert haben sich zahlreiche bedeutende Mathematiker mit dem beschäftigt, was wir heute die Strukturtheorie endlich-dimensionaler assoziativer Algebren über einem Körper nennen. Natürlich wurde dabei anfangs i. a. explizit oder implizit der Körper der komplexen oder reellen Zahlen zugrunde gelegt. Ohne daß in Details gegangen werden soll, sind in diesem Zusammenhang u.a. die Namen GAUSS, WEIERSTRASS, KRONECKER, DEDEKIND, HAMILTON, PIERCE, CAYLEY, FROBENIUS, MOLIEN, E. CARTAN zu nennen. Ein zentrales Anliegen ihrer einschlägigen Arbeiten war zweifellos, im Anschluß an den Fundamentalsatz der Algebra alle "Zahlsysteme" zu bestimmen und zu beschreiben, in denen in im einzelnen festzulegender "vernünftiger" Weise gerechnet werden kann. So war schon sehr bald das Klassifikationsproblem ein wesentlicher Aspekt dieser Untersuchungen. DEDEKIND (und andere) klassifizierten alle kommutativen halbeinfachen $\mathbb{R}$-Algebren, WEIERSTRASS und CAYLEY alle 2-dimensionalen Algebren, FROBENIUS alle zentral-einfachen $\mathbb{R}$-Algebren, usw. Für Einzelheiten verweisen wir auf [Ha 1980]: *Zur Klassifikationstheorie endlich-dimensionaler Algebren in der Zeit von 1880 bis 1920*, der zusammenfassend schreibt:

> Die folgende Zeit war durch ein Wechselspiel zwischen der Entwicklung allgemeiner Struktursätze und Versuchen, die Algebren kleiner Dimension tatsächlich zu klassifizieren, charakterisiert. ([Ha 1980], S. 96)

Die weitestgehenden Resultate zum Klassifikationsproblem wurden von SCHEFFERS [S 1891] und STUDY [St 1890] erzielt. (In diesem Zusammenhang ist es interessant festzustellen, daß erst achtzig Jahre später, nach 1970, wesentliche Fortschritte über SCHEFFERS und STUDY hinaus erzielt wurden, nämlich durch P. GABRIEL und seine Schule.)

Zweifellos wurde HAUSDORFF zu seiner Beschäftigung mit "Systemen complexer Zahlen" durch seine Leipziger Kollegen SCHEFFERS und STUDY angeregt; mit STUDY verband ihn ein lebenslanger wissenschaftlicher Austausch. In der Arbeit [H 1900b] wird zunächst zu einem Zahlsystem das sogenannte "Indexsystem" definiert. Hierbei handelt es sich in heutiger Terminologie um folgendes:

Es sei A eine endlich-dimensionale K-Algebra mit Eins. In der Algebra $End(A)$ aller K-Vektorraum-Endomorphismen von A wird die Unteralgebra betrachtet, die von allen Rechts- und Linksmultiplikationen mit Elementen aus A erzeugt wird. Diese Unteralgebra ist das HAUSDORFFsche *Indexsystem*. Es ist also das Bild unter der kanonischen Abbildung

$$A \otimes A^{\circ} \to \mathrm{End}(A),$$

wobei A° die umgekehrte ("reziproke") Algebra bezeichnet (vgl. auch [H 1900b], S. 55 oben). Bezüglich des Indexsystemes werden u. a. folgende Tatsachen bewiesen bzw. untersucht:

- A ist kommutativ genau dann, wenn A gleich seinem Indexsystem ist (S. 45/46)
- A ist zentral-einfach genau dann, wenn das Indexsystem die volle Endomorphismen-Algebra *End*(A) ist (S. 46 f.)
- Verhalten bei direkten Produkten (S. 56)
- Verhalten bei Tensorprodukten (S. 56 f.)

Offenbar hatte HAUSDORFF die Hoffnung, daß das Indexsystem im Sinne des obigen Zitats aus [Ha 1980] einen Beitrag zum Klassifikationsproblem liefern könnte. Er berechnet die Indexsysteme für alle 4-dimensionalen Algebren, wobei er sich auf die (nicht ganz vollständige) SCHEFFERS-STUDYsche Klassifikation bezieht (S. 49 unten). Er bemerkt dann (vielleicht etwas enttäuscht), daß von den 5-dimensionalen nicht-kommutativen Algebren nur eine als Indexsystem auftritt, und schreibt: „es wäre interessant einfache Kriterien für diesen Charakter zu finden."

Das HAUSDORFFsche Indexsystem wurde unter dem Namen "multiplication algebra" z. B. von JACOBSON ([J 1956], Chap. V, §4) wiederentdeckt und in der Strukturtheorie endlich-dimensionaler Algebren behandelt. In den Standardbüchern über Algebrentheorie findet sich kein Hinweis auf HAUSDORFF, dessen hier diskutierte Arbeit offenbar gänzlich unbeachtet geblieben ist. Abgesehen von einer beiläufigen Erwähnung in [H 1906a] ist es mir nicht gelungen, auch nur einen einzigen Verweis auf diese Arbeit in der Literatur zu finden; in HAUSDORFFs Vorlesung *Hyperkomlexe Zahlen* im WS 1926/27 s. u. kommt der Begriff des "Index-Systems" nicht vor. Ebenso wenig ist mir eine systematische und eingehende Untersuchung der *multiplication algebra* mit den heute zur Verfügung stehenden Mitteln bekannt. Es könnte evtl. lohnend sein, diesen Gedanken HAUSDORFFs wieder aufzugreifen.

Literatur

[Ha 1980] HAPPEL D.: *Klassifikationstheorie endlich-dimensionaler Algebren in der Zeit von 1880 bis 1920.* L' Enseignement math. **26** (1980), 91–102,

[J 1956] JACOBSON N.: *Structure of rings.* Am. Math. Soc. Coll. Publ. **37** (1956), Providence.

[S 1891] SCHEFFERS G.: *Zurückführung complexer Zahlensysteme auf typische Formen.* Math. Ann. **39** (1891), 293–390.

[**St 1890**] STUDY E.: *Über Systeme complexer Zahlen und ihre Anwendungen in der Theorie der Transformationsgruppen.* Monatsh. für Math. u. Phys. (1890), 283–353.

Die symbolische Exponentialformel in der Gruppentheorie.

Ber. über die Verhandlungen der Königl. Sächs. Ges. der Wiss. zu Leipzig. Math.-phys. Classe **58** (1906), 19–48.

[H 1906a]

Die symbolische Exponentialformel in der Gruppentheorie.

Von

F. Hausdorff.

Bei der Betrachtung infinitesimaler Transformationen in der Theorie der kontinuierlichen Gruppen ist es üblich, ohne methodische Trennung sämtliche Eigenschaften heranzuziehen, die den linearen homogenen Differentialoperatoren erster Ordnung, den sogenannten Symbolen infinitesimaler Transformationen

$$X = \sum_i \xi_i \frac{\partial}{\partial x_i}$$

zukommen. Ein großer Teil der Gruppentheorie ist aber von dieser speziellen Bedeutung der Symbole ganz unabhängig und beruht ausschließlich auf dem *formalen* Umstande, daß (durch die Zusammensetzung der Operatoren) zwischen den Zeichen X eine Art nichtkommutativer Multiplikation definiert ist. Während z. B. die Tatsache, daß die Klammerausdrücke Differentialoperatoren erster, nicht zweiter Ordnung sind, der besonderen Gestalt der X anhaftet, ist etwa die Jacobische Identität eine bloße Folge einfachster Verknüpfungsgesetze. Da diese formale Seite in den bisherigen deutschen Darstellungen der Gruppentheorie aus Gründen, die freilich ihre Berechtigung haben, wenig hervortritt, so darf die folgende kleine Untersuchung vielleicht auf einiges Interesse rechnen. Es handelt sich um das Problem, die Exponentialformel für nichtkommutative Multiplikation aufzustellen, d. h. die durch $e^x e^y = e^z$ definierte Funktion z von x, y zu untersuchen; ein Problem, das von größter Tragweite für die sogenannten Fundamentalsätze der Gruppentheorie ist, seinerseits aber ohne gruppentheoretische Voraussetzungen als Aufgabe symbolischer Analysis behandelt werden kann.

Von Arbeiten, die sich auf denselben Gegenstand beziehen, sind mir die folgenden bekannt geworden. J. E. Campbell[1]), der wohl zuerst den Beweis des zweiten Lieschen Fundamentalsatzes auf diesem Wege versucht hat, gibt von der Entwicklung für z das Anfangsglied, in meiner Bezeichnung $x + \chi(y, x)$; seine Fortsetzung der Reihe beruht auf einem nicht ganz durchsichtigen Grenzübergang und ist keineswegs einfach. Sodann hat H. Poincaré in seinem Beitrag zur Stokes-Festschrift[2]) das „Campbellsche Problem" wieder aufgegriffen. Er beweist jedoch nicht das allgemeine *symbolische,* sondern, wie man es nennen kann, das *gruppentheoretische* Exponentialtheorem, indem er von Anfang an die „Strukturgleichungen" einführt, die zwischen den Symbolen und ihren Klammerausdrücken bestehen; nun ist zwar (vgl. die Ausführungen am Schluß des § 6) das gruppentheoretische Theorem eine Folge des symbolischen, nicht aber umgekehrt. Abgesehen von diesem Hauptpunkt bietet meine Arbeit auch sonst so viel Abweichendes, namentlich auch, wie ich glaube, nach der Seite der Vereinfachung, daß sie als eine nicht überflüssige Ergänzung der Poincaréschen Untersuchung gelten darf. Die Arbeiten von E. Pascal[3]) sind nicht über das Stadium weitläufiger Rechnungen hinausgelangt, die eine Kontrolle des Beweises und eine gruppentheoretische Anwendung der Resultate sehr erschweren; zu letzterer fehlt überdies die Erörterung der Konvergenzfrage. Zum Schluß habe ich noch eine Abhandlung von H. F. Baker[4]) zu erwähnen, die zwar wenig Berührung mit unserm Thema hat, aber manches Anregende über gruppentheoretische Verwendung von Matrizen enthält.

---

1) *On a Law of Combination of Operators,* Proc. Lond. Math. Soc. 28 (1897) p. 381—90 und 29 (1898) p. 14—32, auszugsweise wiederholt in *Theory of Continuous Groups* (Oxford 1903) p. 54.

2) *Sur les groupes continus,* Cambr. Trans. 18 (1900) p.220—55. Vorher eine Note Compt. R. 128 (1899) p. 1065—69. Die schöne Arbeit Rend. Palermo 15 (1901) p. 321—68 steht mit unserm Gegenstand nur in loserem Zusammenhang.

3) *Sopra alcune identità* . . . Rend. Ist. Lomb. (2) 34 (1901) p. 1062—79. — *Sulla formola del prodotto* . . . ib. p. 1118—30. — *Del terzo teorema di Lie* . . . ib. 35 (1902) p. 419—31. — *Altre ricerche sulla formola del prodotto* . . . ib. p. 555—67.

4) *On the exponential theorem* . . . Proc. Lond. Math. Soc. 34 (1902), p. 91—127.

I. Die symbolische Exponentialformel.

§ 1.

Wir gehen von einer endlichen Anzahl von Symbolen $x, y, \ldots$ aus, die wir einer assoziativen und kommutativen Addition, sowie einer assoziativen, der Addition gegenüber distributiven Multiplikation unterwerfen, während das kommutative Gesetz der Multiplikation nicht vorausgesetzt wird. Hingegen sollen für die Verknüpfungen zwischen diesen Symbolen und gewöhnlichen Zahlen $\alpha, \beta, \ldots$ alle Gesetze, einschließlich des kommutativen Gesetzes der Multiplikation, erfüllt sein. Also $x\alpha = \alpha x$, während xy und yx im allgemeinen als verschieden gelten. Zum Unterschied von den „einfachen Faktoren" $x, y, \ldots$ mögen Produkte aus einer endlichen Zahl ($\geqq 1$) solcher Faktoren mit großen lateinischen Buchstaben bezeichnet werden, z. B.

$$P = xyz, \quad Q = xx = x^2, \quad PQ = xyzx^2, \quad QP = x^3yz.$$

Die Anzahl der Faktoren x eines Produktes heiße seine Ordnung in x, die Anzahl aller einfachen Faktoren seine Dimension. Aus $x, y, \ldots$ und gewöhnlichen Zahlen bauen wir durch eine endliche Anzahl von Additionen und Multiplikationen Symbole der Form

$$\alpha + \beta P + \gamma Q + \cdots \tag{1}$$

mit einer endlichen Gliederanzahl auf, deren Inbegriff der „Körper" $L_0 = L_0(x, y, \ldots)$ heiße. Ordnen wir die Glieder nach steigenden Dimensionen, so werde die Dimension des Anfangsgliedes als Dimension des Ausdrucks (1) bezeichnet. Lassen wir eine abzählbar unendliche Reihe von Additionen von Ausdrücken verschiedener Dimension zu, so daß auch unendliche Reihen der Form (1) in Betracht kommen, so erhalten wir einen umfassenderen Körper, den wir $L = L(x, y, \ldots)$ nennen. Die Rechengesetze, insbesondere das distributive Verhalten zwischen Multiplikation und Addition, sind in leicht ersichtlicher Weise auf diese unendlichen Reihen auszudehnen.

Sei $F(x)$ ein Element des Körpers L, das außer von x auch noch von den übrigen Symbolen $y, z, \ldots$ abhängen darf. Wir adjungieren ein neues Symbol u und entwickeln $F(x+u)$ in eine nach der Anzahl der Faktoren u fortschreitende „Taylorsche Reihe"

$$F(x+u) = F(x) + u\frac{\partial}{\partial x}F(x) + \frac{1}{2!}\left(u\frac{\partial}{\partial x}\right)^2 F(x) + \frac{1}{3!}\left(u\frac{\partial}{\partial x}\right)^3 F(x) + \cdots \tag{2}$$

Hier bedeutet $u\frac{\partial}{\partial x}$ eine Operation, die darin besteht, *daß man je einen Faktor x durch u ersetzt und sämtliche so entstehenden Glieder addiert.* Es ist z. B., wenn P, Q, R von x frei sind,

$$u\frac{\partial}{\partial x}PxQx^2R = PuQx^2R + PxQuxR + PxQxuR.$$

Ebenso bedeutet $\left(u\frac{\partial}{\partial x}\right)^2$ die zweimalige Anwendung dieser Operation, wobei man offenbar das Doppelte des Ausdrucks erhält, der aus $F(x)$ dadurch entstehen würde, daß man jedes Paar von Faktoren x durch u ersetzt und alle Glieder addiert, also das Doppelte des Gliedes zweiter Ordnung von $F(x+u)$. Durch Fortsetzung dieser Betrachtungen ist die Richtigkeit der Entwicklung (2) leicht einzusehen. Diese gilt auch für den Fall, daß statt u ein Symbol des Körpers L selbst gesetzt wird; man hat aber zu beachten, daß der Ausdruck für u, falls er x enthält, erst *nach* Ausführung der Operation $\left(u\frac{\partial}{\partial x}\right)^n$ in das Glied n. Ordnung substituiert werden darf.

Bemerken wir noch, daß die Operation $x\frac{\partial}{\partial x}$ die einfache Wirkung hat, jedes Glied von $F(x)$ mit der Anzahl seiner Faktoren x zu multiplizieren; ist also, nach dieser Anzahl geordnet,

$$F = F_0 + F_1 + F_2 + \cdots,$$ so ist

$$(3)\qquad x\frac{\partial}{\partial x}F = F_1 + 2F_2 + 3F_3 + \cdots$$

Als Taylorsche Entwicklung nach zwei Variabeln erhält man

$$F(x+u, y+v) = F(x, y) + \left(u\frac{\partial}{\partial x} + v\frac{\partial}{\partial y}\right)F(x, y) + \frac{1}{2!}\left(u\frac{\partial}{\partial x} + v\frac{\partial}{\partial y}\right)^2 F(x, y) + \cdots$$

eine Formel, die mit Rücksicht auf die Vertauschbarkeit der Operationen $u\frac{\partial}{\partial x}$, $v\frac{\partial}{\partial y}$ unmittelbar aus (2) hergeleitet werden kann.

§ 2.

Die Produktverbindung

$$(4)\qquad (xy) = xy - yx = -(yx)$$

heißt der aus x, y gebildete *Klammerausdruck* oder die aus x, y gebildete *Alternante.* Wir konstruieren jetzt einen Unterkörper $K_0(x, y, \ldots) = K_0$ des Körpers L_0, indem wir die drei Operationen

Addition,
Multiplikation mit gewöhnlichen Zahlen,
Klammeroperation (Bildung des Klammerausdrucks)

eine endliche Zahl von Malen anwenden. Lassen wir eine abzählbar unendliche Folge von Additionen von Gliedern verschiedener Dimension zu, so mag der Inbegriff der so erhaltenen Symbole als der Körper K bezeichnet werden. L ist also der umfassendste Körper, K und L_0 zwei seiner Unterkörper, K_0 der „Durchschnitt" von K und L_0.

Zur bequemen Wiederholung der Klammeroperation führen wir Symbole $[P]$ gemäß folgender Definition ein:

$$[x] = x$$
$$[xy] = (xy)$$
$$[xyz] = ((xy)z)$$
$$[xyzu] = (((xy)z)u)$$

und allgemein

$$[Px] = ([P]x) = [P]x - x[P], \tag{5}$$

wodurch diese Symbole in rekurrenter Weise erklärt sind. Es ist also z. B.

$$\begin{aligned}[xyz] &= (xy - yx)z - z(xy - yx)\\ &= xyz - yxz - zxy + zyx,\end{aligned}$$

woraus die Jacobische Identität

$$[xyz] + [yzx] + [zxy] = 0$$

folgt. Auch die Vereinigung gleicher Faktoren zu Potenzen hat sich nach dieser Festsetzung zu richten, z. B.

$$\left.\begin{aligned}[xy^2] &= ((xy)y) = xy^2 - 2yxy + y^2x\\ [xy^3] &= (((xy)y)y) = xy^3 - 3yxy^2 + 3y^2xy - y^3x\\ [xy^4] &= ((((xy)y)y)y) = xy^4 - 4yxy^3 + 6y^2xy^2 - 4y^3xy + y^4x\end{aligned}\right\} \tag{6}$$

Das Prinzip dieser Bezeichnungsweise ist nicht mißzuverstehen; es bedeutet $[PQ]$ nicht etwa das (dem Körper L_0 angehörige) mit den kompakten Ausdrücken P, Q gebildete Klammersymbol $PQ - QP$, sondern den nach Auflösung der Produkte in ihre einfachen Faktoren, unter Innehaltung der angezeigten Reihenfolge, durch successive Klammeroperation entstehenden Ausdruck. Von $[PQR]$ wohl zu unterscheiden ist $[P[Q]R]$, welcher Ausdruck natürlich das bedeuten soll, was aus $[PqR]$ durch die Substitution $q = [Q]$ entsteht.

Es gilt nun der Satz:

A. *Die Symbole des Körpers K_0 sind als Aggregate der Form*

$$\alpha + \beta[P] + \gamma[Q] + \cdots \tag{7}$$

mit endlicher Gliederzahl darstellbar (die des Körpers K durch unendliche Reihen dieser Form).

Da weder Addition noch Multiplikation mit gewöhnlichen Zahlen aus dem Kreise dieser Ausdrücke hinausführt, dem auch die ursprünglichen Symbole $x, y \ldots$ angehören, so bleibt nur zu zeigen, daß auch die Klammeroperation die Form (7) reproduziert. Da ferner die zweigliedrigen Klammerausdrücke gegenüber der Addition distributives Verhalten zeigen, so genügt es zu beweisen, daß $([P][Q])$ auf die Form (7) gebracht werden kann. Wir haben aber

$$\begin{aligned} ([P][x]) &= [P]x - x[P] = [Px] \\ ([P][xy]) &= [P](xy - yx) - (xy - yx)[P] \\ &= ([P]x - x[P])y - y([P]x - x[P]) \\ &\quad - ([P]y - y[P])x + x([P]y - y[P]) \\ &= [Pxy] - [Pyx], \end{aligned}$$

und in ähnlicher Weise zeigt man durch Induktion (d. h. durch den Schluß von n auf $n+1$ Faktoren des Produktes Q), daß

$$([P][Q]) = [P[Q]] = [PQ] + \mu_1[PQ_1] + \mu_2[PQ_2] + \cdots \tag{8}$$

ist, falls

$$[Q] = Q + \mu_1 Q_1 + \mu_2 Q_2 + \cdots$$

die Entwicklung des Ausdrucks $[Q]$ darstellt. Die Richtigkeit dieser Formel wie der unmittelbar daraus abzuleitenden

$$[P[Q]R] = [PQR] + \mu_1[PQ_1R] + \mu_2[PQ_2R] + \cdots \tag{9}$$

ist durchaus daran gebunden, daß an erster Stelle ein Produkt P von mindestens einem Faktor steht, da andernfalls $[[Q]R] = [QR]$ ist.

Bemerken wir noch, daß mit Benutzung von (8) jeder einfache Faktor eines eingeklammerten Produkts an die erste Stelle gebracht werden kann, denn es ist

$$(10)\quad \begin{cases} [QuR] = -[u[Q]R] \\ \qquad = -[uQR] - \mu_1[uQ_1R] - \mu_2[uQ_2R] - \cdots \end{cases}$$

Gehört $F(x)$ dem Körper $K(x, y, \ldots)$ an, so gehört $F(x+u)$ und jedes einzelne Glied der Taylorschen Entwicklung (2) dem durch Adjunktion von u entstehenden Körper $K(u, x, y, \ldots)$ an, und zwar kann die Operation $u\frac{\partial}{\partial x}$ ohne weiteres innerhalb der Klammern vollzogen werden, d. h. wenn

$$u\frac{\partial}{\partial x}P = QuR + Q'uR' + \cdots,$$

so ist

$$u\frac{\partial}{\partial x}[P] = [QuR] + [Q'uR'] + \cdots \qquad (11)$$

Falls hierin u selbst als Symbol des Körpers K angenommen wird, so kann der entstehende Ausdruck, der ebenfalls dem Körper K angehört, unter Benutzung des distributiven Gesetzes nach den Formeln (9) oder (10) entwickelt werden.

§ 3.

Nach diesen Vorbetrachtungen über den Formalismus einer nichtkommutativen Multiplikation kommen wir zu unserm eigentlichen Gegenstand. Wir definieren die „Exponentialfunktion"

$$e^x = 1 + x + \frac{1}{2!}x^2 + \frac{1}{3!}x^3 + \cdots \qquad (12)$$

als Element des Körpers L. Solange nur das eine Symbol x und gewöhnliche Zahlen ins Spiel treten, gelten unverändert die Formeln der kommutativen Analysis:

$$e^{\alpha x}e^{\beta x} = e^{(\alpha+\beta)x}$$

und als Umkehrung von $e^x = 1 + t$ die Reihe

$$x = t - \tfrac{1}{2}t^2 + \tfrac{1}{3}t^3 - \tfrac{1}{4}t^4 + \cdots$$

Hingegen ist $e^x e^y$ nicht mehr mit e^{x+y} identisch, denn es ist

$$e^x e^y = 1 + (x+y) + \tfrac{1}{2}(x^2 + 2xy + y^2) + \cdots$$
$$e^{x+y} = 1 + (x+y) + \tfrac{1}{2}(x^2 + xy + yx + y^2) + \cdots$$

Wir stellen uns daher die Aufgabe, die durch

$$e^x e^y = e^z \tag{13}$$

definierte Funktion z von x, y zu untersuchen. Daß sie ein Element des Körpers $L(x, y)$ ist, ergibt sich aus dem Ansatz

$$t = e^x e^y - 1 = (x + y) + \tfrac{1}{2}(x^2 + 2xy + y^2) + \cdots$$
$$z = t - \tfrac{1}{2}t^2 + \tfrac{1}{3}t^3 - \tfrac{1}{4}t^4 + \cdots$$
$$= x + y + \tfrac{1}{2}(xy - yx) + \cdots$$

Indessen ist dieses sich zunächst darbietende Verfahren zur wirklichen Entwicklung durchaus unbrauchbar, und wir lassen es nur als Beweis der Existenz und Eindeutigkeit von z gelten, schlagen aber einen andern Weg ein. Das Ziel ist, vorweg gesagt, die Zugehörigkeit der Funktion z zum Körper $K(x, y)$ zu erkennen.

Nach der Definition in § 1 ist

$$u\frac{\partial}{\partial x}e^x = u + \frac{1}{2!}(ux + xu) + \frac{1}{3!}(ux^2 + xux + x^2u) + \cdots$$

Setzt man hierin

$$u = (wx),$$

so folgt

$$u\frac{\partial}{\partial x}e^x = (wx - xw) + \frac{1}{2!}(wx^2 - x^2w) + \frac{1}{3!}(wx^3 - x^3w) + \cdots$$
$$= we^x - e^x w.$$

Andererseits ergibt sich durch Entwicklung und Benutzung von (6) die wichtige Formel

$$\left\{\begin{aligned} e^{-x}we^x &= w + (wx - xw) + \frac{1}{2!}(wx^2 - 2xwx + x^2w) + \cdots \\ &= w + [wx] + \frac{1}{2!}[wx^2] + \frac{1}{3!}[wx^3] + \cdots \end{aligned}\right. \tag{14}$$

Daraus

$$we^x - e^x w = e^x\left\{[wx] + \frac{1}{2!}[wx^2] + \frac{1}{3!}[wx^3] + \cdots\right\}$$

$$u\frac{\partial}{\partial x}e^x = e^x\left\{u + \frac{1}{2!}[ux] + \frac{1}{3!}[ux^2] + \cdots\right\}.$$

Also haben wir das Resultat

$$\left\{\begin{aligned} u\frac{\partial}{\partial x}e^x &= e^x \cdot \varphi(u, x) \\ \varphi(u, x) &= u + \frac{1}{2!}[ux] + \frac{1}{3!}[ux^2] + \frac{1}{4!}[ux^3] + \cdots \end{aligned}\right. \tag{15}$$

In derselben Weise findet man leicht

$$\left.\begin{aligned} u\frac{\partial}{\partial x}e^x &= \psi(u,\, x)e^x \\ \psi(u, x) = \varphi\,(u, -x) &= u - \frac{1}{2!}[ux] + \frac{1}{3!}[ux^2] - \frac{1}{4!}[ux^3] + \cdots \end{aligned}\right\} \qquad (16)$$

Wir brauchen für später die Umkehrungen dieser Reihen. Setzen wir

$$p = \varphi(u,\, x) = u + \frac{1}{2!}[ux] + \frac{1}{3!}[ux^2] + \frac{1}{4!}[ux^3] + \cdots$$

und wollen u durch p, x ausdrücken, so bilden wir

$$[px] = \qquad [ux] + \frac{1}{2!}[ux^2] + \frac{1}{3!}[ux^3] + \cdots$$

$$[px^2] = \qquad [ux^2] + \frac{1}{2!}[ux^3] + \cdots$$

und kombinieren diese Ausdrücke mit solchen Zahlenkoeffizienten, daß rechts nur u übrig bleibt. Der Anblick lehrt, daß diese Koeffizienten dieselben sind, wie wenn es sich in der gewöhnlichen Analysis darum handelte, aus

$$p = u + \frac{1}{2!}ux + \frac{1}{3!}ux^2 + \cdots$$

umgekehrt u durch p, x auszudrücken. Dann ist aber

$$p = u\frac{e^x - 1}{x},$$

$$u = p\frac{x}{e^x - 1}$$

$$u = p - \frac{1}{2}px + \frac{1}{2!}B_1px^2 - \frac{1}{4!}B_2px^4 + \frac{1}{6!}B_3px^6 - \cdots$$

wo die B_α die BERNOULLIschen Zahlen sind

$$B_1 = \tfrac{1}{6}, \quad B_2 = \tfrac{1}{30}, \quad B_3 = \tfrac{1}{42}, \ldots$$

Wir haben also

$$u = \chi(p,\, x) \quad \text{als Auflösung von} \quad p = \varphi(u,\, x)$$

$$\chi(p,\, x) = p - \frac{1}{2}[px] + \frac{1}{2!}B_1[px^2] - \frac{1}{4!}B_2[px^4] + \cdots \qquad (17)$$

und ebenso, x mit $-x$ vertauscht,

$$u = \omega(q,\, x) \quad \text{als Auflösung von} \quad q = \psi(u,\, x)$$

$$\omega(q,\, x) = \chi(q, -x) = q + \frac{1}{2}[qx] + \frac{1}{2!}B_1[qx^2] - \frac{1}{4!}B_2[qx^4] + \cdots \qquad (18)$$

Kehren wir zu den Gleichungen (15) (16) zurück, so können

wir diese so aussprechen: bis auf Glieder zweiter und höherer Ordnung der beliebigen Zahl α ist

$$e^{x+\alpha u} = e^x\{1 + \alpha\varphi(u, x) + \ldots\} = \{1 + \alpha\psi(u, x) + \cdots\}e^x.$$

Nunmehr setzen wir in $e^x e^y = e^z$ statt x, y zwei derart abgeänderte Symbole

$$x + \alpha u, \quad y - \alpha v + (\alpha^2) + \cdots,$$

daß z ungeändert bleibt, also der „partiellen Differentialgleichung“

$$(19) \qquad u\frac{\partial}{\partial x}z = v\frac{\partial}{\partial y}z$$

genügt. Die beiden Symbole u, v sind durch eine Beziehung verbunden, nämlich

$$e^x e^y = e^{x+\alpha u}e^{y-\alpha v+\cdots}$$
$$= e^x\{1 + \alpha\varphi(u, x) + \cdots\}\{1 - \alpha\psi(v, y) + \cdots\}e^y,$$

woraus sich durch Multiplikation links mit e^{-x}, rechts mit e^{-y}

$$(20) \qquad \varphi(u, x) = \psi(v, y)$$

ergibt; und (19) muß also eine Folge von (20) sein.

Hier kann eins der Symbole u, v noch beliebig gewählt werden. Nehmen wir $u = x$, so wird $\varphi(u, x) = x$, und es muß also

$$x\frac{\partial}{\partial x}z = v\frac{\partial}{\partial y}z$$

eine Folge sein von

$$\psi(v, y) = x \quad \text{oder} \quad v = \omega(x, y).$$

Analog für $v = y$. Das Resultat ist, daß z den beiden spezialisierten Differentialgleichungen

$$(21) \qquad \begin{cases} x\dfrac{\partial}{\partial x}z = v\dfrac{\partial}{\partial y}z & \text{mit} \quad v = \omega(x, y) \\ y\dfrac{\partial}{\partial y}z = u\dfrac{\partial}{\partial x}z & \text{mit} \quad u = \chi(y, x) \end{cases}$$

genügt, deren jede nun in einfacher Weise zur Ermittlung von z dienen kann. Benutzen wir die erste, und denken uns z nach der Anzahl der x-Faktoren geordnet

$$z = z_0 + z_1 + z_2 + \cdots,$$

sodaß z_α alle Glieder αter Ordnung in x zusammenfaßt. Da v in x vom ersten Grade ist, so erhöht die Operation $v\dfrac{\partial}{\partial y}$ den Grad jedes Gliedes um eine Einheit, und die Gleichung $(21)_1$

$$z_1 + 2z_2 + 3z_3 + \cdots = v\frac{\partial}{\partial y}(z_0 + z_1 + z_2 + \cdots)$$

zerfällt in die einzelnen

$$z_1 = v\frac{\partial}{\partial y}z_0, \quad 2z_2 = v\frac{\partial}{\partial y}z_1, \quad 3z_3 = v\frac{\partial}{\partial y}z_2, \ldots$$

Hier ist $z_0 = y$ (für $x = 0$ folgt aus (13) $z = y$), also $z_1 = v = \omega(x, y)$, und daraus folgen die übrigen Glieder, indem man wiederholt die Operation $v\frac{\partial}{\partial y}$ vornimmt, nach jeder solchen Operation aber v wieder durch seinen Wert $\omega(x, y)$ ersetzt. Schreibt man also in diesem Sinne

$$\left.\begin{aligned} v &= \omega(x, y) \\ v\frac{\partial}{\partial y}\omega(x, y) &= \omega_1(x, y) \\ v\frac{\partial}{\partial y}\omega_1(x, y) &= \omega_2(x, y) \end{aligned}\right\} \tag{22}$$

etc., so ist

$$z = y + \omega(x, y) + \frac{1}{2!}\omega_1(x, y) + \frac{1}{3!}\omega_2(x, y) + \cdots \tag{23}$$

In genau derselben Weise folgt aus $(21)_2$ die Darstellung nach Gliedern steigenden Grades in y:

$$\left.\begin{aligned} u &= \chi(y, x) \\ u\frac{\partial}{\partial x}\chi(y, x) &= \chi_1(y, x) \\ u\frac{\partial}{\partial x}\chi_1(y, x) &= \chi_2(y, x) \end{aligned}\right\} \tag{24}$$

etc.

$$z = x + \chi(y, x) + \frac{1}{2!}\chi_1(y, x) + \frac{1}{3!}\chi_2(y, x) + \cdots \tag{25}$$

Da $\omega(x, y)$ und $\chi(y, x)$ dem Körper $K(x, y)$ angehören, so folgt unmittelbar die Richtigkeit des Satzes

B. *Die durch $e^x e^y = e^z$ definierte Funktion z von x, y ist als unendliche Reihe darstellbar, deren Glieder, von Zahlenfaktoren abgesehen, aus x und y durch alleinige Ausführung von Klammeroperationen entstehen.*

Aber auch zur wirklichen Berechnung beliebig vieler Glieder von z ist dieses Verfahren geeignet. Hierbei wird man nach steigender Dimension (Ordnung in x und y zusammen) entwickeln und zur Vereinfachung den Umstand benutzen, daß aus $e^x e^y = e^z$ sofort $e^{-y} e^{-x} = e^{-z}$ folgt, daß also jedes Glied $\zeta(x, y)$ der Entwicklung unmittelbar ein Glied $-\zeta(-y, -x)$ abzulesen erlaubt. Um also alle Glieder bis zur Dimension $2\alpha + 1$ einschließlich zu haben, genügt es, entweder $\omega(x, y)\,\omega_1(x, y)\ldots\omega_{\alpha-1}(x, y)$ oder $\chi(y, x)\,\chi_1(y, x)\ldots\chi_{\alpha-1}(y, x)$ bis zu dieser Dimension zu kennen. Gehen wir etwa bis zu den Gliedern 5. Dimension, so ist

$$v = \omega(x, y) = x + \tfrac{1}{2}[xy] + \tfrac{1}{12}[xy^2] - \tfrac{1}{720}[xy^4] + \cdots$$

$$v\frac{\partial}{\partial y}\omega(xy) = \tfrac{1}{2}[xv] + \tfrac{1}{12}\{[xvy] + [xyv]\}$$
$$- \tfrac{1}{720}\{[xvy^3] + [xyvy^2] + [xy^2vy] + [xy^3v]\} + \cdots$$

oder, wenn wir nach (10) v an die erste Stelle bringen,

$$= -\tfrac{1}{2}[vx] + \tfrac{1}{12}\{[vyx] - 2[vxy]\}$$
$$- \tfrac{1}{720}\{[vy^3x] - 4[vy^2xy] + 6[vyxy^2] - 4[vxy^3]\} + \cdots$$

und nunmehr $v = \omega(x, y)$ eingesetzt und mit Berücksichtigung der zwischen den Klammerausdrücken bestehenden Identitäten geordnet

$$\omega_1(x, y) = \tfrac{1}{6}[yx^2] + \tfrac{1}{12}[yx^2y] + \tfrac{1}{180}[xy^3x] - \tfrac{1}{60}[xy^2xy] + \cdots$$

Dies eingesetzt und die noch fehlenden Glieder 5. Dimension in der oben angegebenen Weise ergänzt, gibt

$$(26)\quad z = x + y + \tfrac{1}{2}[xy] + \tfrac{1}{12}[xy^2] + \tfrac{1}{12}[yx^2] + \tfrac{1}{24}[yx^2y]$$
$$- \tfrac{1}{720}[xy^4] - \tfrac{1}{720}[yx^4] + \tfrac{1}{360}[xy^3x] + \tfrac{1}{360}[yx^3y]$$
$$- \tfrac{1}{120}[xy^2xy] - \tfrac{1}{120}[yx^2yx] + \cdots$$

Anhangsweise möchte ich noch einige andere Formeln für z angeben, die ebenfalls den Satz B. zu beweisen gestatten, aber zur expliziten Darstellung weniger geeignet sind. Ersetzt man in $e^x e^y = e^z$ das Symbol x durch $x + \alpha u$, so geht z über in $z + \alpha w + \cdots$, und zwischen u, w besteht die Beziehung

$$\psi(u, x) = \psi(w, z),$$

während zugleich $w = u\frac{\partial}{\partial x}z$ ist. Wählen wir insbesondere $u = x$, so ist

$$\psi(w, z) = x, \quad w = \omega(x, z)$$

$$(27)\qquad x\frac{\partial}{\partial x}z = \omega(x, z).$$

Hieraus kann die Entwicklung $z = z_0 + z_1 + z_2 + \cdots$ nach Gliedern steigender Ordnung in x konstruiert werden, indem man beachtet, daß $\omega(x, z)$ in x vom ersten Grade ist, also das Glied z_α zu $\omega(x, z)$ nur Glieder von mindestens $(\alpha + 1)$ter Ordnung beiträgt. Es wird also $z_1 + 2z_2 + \cdots + \alpha z_\alpha$ erhalten, indem man die Glieder erster bis αter Ordnung von

$$\omega(x, z_0 + z_1 + \cdots + z_{\alpha-1})$$

aufsucht, wodurch mit $z_0 = y$, $z_1 = \omega(x, y)$ ein Rekursionsverfahren eingeleitet ist. In analoger Weise dient die Gleichung

$$y\frac{\partial}{\partial y}z = \chi(y, z) \tag{28}$$

zur Aufstellung der nach Ordnungen von y fortschreitenden Reihe. Endlich kann man auch die Gleichung

$$\left(x\frac{\partial}{\partial x} + y\frac{\partial}{\partial y}\right)z = \omega(x, z) + \chi(y, z) = \chi(x + y, z) + [xz] \tag{29}$$

zur Entwicklung nach Gliedern steigender Dimension in x, y benutzen.

II. Gruppentheoretische Anwendungen.

§ 4.

Bei den bisherigen Entwicklungen kam, obwohl unendliche Reihen auftraten, die Konvergenzfrage nicht in Betracht, da gemäß unserer Verabredung nur Glieder verschiedener Dimension in unendlicher Menge addiert werden sollten, Symbole bestimmter Dimension also, deren Zahlenkoeffizienten sich in gewöhnlicher Weise addieren könnten, nur in endlicher Anzahl mitwirkten. Dies ändert sich, sobald wir, im Interesse der Anwendung auf endliche kontinuierliche Gruppen, Körper betrachten, die nur eine endliche Zahl *linear unabhängiger* Symbole enthalten, Körper also, bei denen zwischen Symbolen verschiedener Dimension gewisse Relationen (*Strukturgleichungen*) bestehen. So z. B. würden vermöge der Strukturgleichung $(xy) = x$ alle Symbole des Körpers $K(x, y)$, die eine Bedeutung behalten, sich als lineare Verbindungen von x, y darstellen; aber nicht alle Symbole behalten eine Bedeutung, wie das Beispiel $x + [xy] + [xy^2] + [xy^3] + \cdots$ lehrt. Jetzt treten also gewöhnliche unendliche Reihen auf, deren Konvergenz zu prüfen bleibt. Wir dürfen uns in dieser Hinsicht kurz fassen, da es sich um wohlbekannte Reihenentwicklungen der Gruppentheorie handelt; wie überhaupt im Folgenden kein neues Resultat abgeleitet, sondern nur die Ergiebigkeit der Exponentialformel gezeigt werden soll, die eben die natürliche

Quelle jener Reihen ist und einen unmittelbaren Beweis des zweiten und dritten Fundamentalsatzes der Gruppentheorie in sich schließt.

Indem wir die gruppentheoretische Bedeutung der Symbole (als Differentialoperatoren) zunächst immer noch in suspenso lassen, nehmen wir an, daß $t_1 t_2 \ldots t_r$ die linear unabhängigen, d. h. durch keine Relation von der Form

$$\alpha_0 + \alpha_1 t_1 + \alpha_2 t_2 + \cdots + \alpha_r t_r = 0$$

verknüpften Symbole des Körpers $K(t_1 t_2 \ldots t_r)$ sind, daß also jedes Symbol dieses Körpers, falls es eine Bedeutung behält, in der Form

$$x = \xi_0 + \xi_1 t_1 + \xi_2 t_2 + \cdots + \xi_r t_r$$

erscheint. Insbesondere müssen die zweigliedrigen Alternanten sich auf diese Form reduzieren; wir nehmen aber mit Rücksicht auf unsern Zweck diese *Strukturgleichungen* in der *homogenen* Form

$$(1) \qquad (t_\varrho t_\sigma) = \sum_\lambda c_{\varrho\sigma\lambda} t_\lambda \qquad (\varrho, \sigma, \lambda = 1, 2 \ldots r)$$

an. Die r^3 *Strukturkonstanten* $c_{\varrho\sigma\lambda}$ unterliegen den bekannten Relationen

$$(2) \qquad \begin{cases} c_{\varrho\sigma\lambda} + c_{\sigma\varrho\lambda} = 0 \\ \sum_\lambda (c_{\varrho\sigma\lambda} c_{\lambda\tau\mu} + c_{\sigma\tau\lambda} c_{\lambda\varrho\mu} + c_{\tau\varrho\lambda} c_{\lambda\sigma\mu}) = 0, \end{cases}$$

die aus $(t_\varrho t_\sigma) + (t_\sigma t_\varrho) = 0$ und aus der Jacobischen Identität folgen.

Bilden wir jetzt mit

$$x = \sum_\varrho \xi_\varrho t_\varrho = \xi_1 t_1 + \xi_2 t_2 + \cdots + \xi_r t_r$$

$$y = \sum_\varrho \eta_\varrho t_\varrho = \eta_1 t_1 + \eta_2 t_2 + \cdots + \eta_r t_r$$

die Exponentialformel $e^x e^y = e^z$, so gehört z, wie wir wissen, dem Körper $K(x, y)$ an und wird, falls es eine Bedeutung behält, in der Gestalt

$$z = \sum_\varrho \zeta_\varrho t_\varrho = \zeta_1 t_1 + \zeta_2 t_2 + \cdots + \zeta_r t_r$$

darstellbar sein, wo die ζ gewisse Funktionen der ξ, η sind, die zunächst formal als mehrfach unendliche Potenzreihen erhalten werden. Legen wir etwa die Entwicklung § 3 (25) zugrunde, so würden die ζ als Potenzreihen der η erscheinen, deren Koeffizienten ihrerseits Potenzreihen der ξ sind.

§ 5.

Wir untersuchen zunächst das Glied erster Ordnung in y, nämlich $\chi(y, x)$, aus dem die Glieder erster Ordnung in den η entspringen. Es war

$$u = \chi(y, x) = y - \frac{1}{2}[yx] + \frac{1}{2!}B_1[yx^2] - \frac{1}{4!}B_2[yx^4] + \cdots \quad (3)$$

und dies die Umkehrung von

$$y = \varphi(u, x) = u + \frac{1}{2!}[ux] + \frac{1}{3!}[ux^2] + \frac{1}{4!}[ux^3] + \cdots \quad (4)$$

Wenn u eine Bedeutung behält, so ist es in der Form

$$u = \sum_\varrho \vartheta_\varrho t_\varrho$$

darstellbar, deren Koeffizienten ϑ lineare homogene Funktionen der η (mit Potenzreihen der ξ als Koeffizienten) sind, und umgekehrt sind die η lineare homogene Funktionen der ϑ; also

$$\begin{cases} \vartheta_\sigma = \sum_\varrho \eta_\varrho \alpha_{\varrho\sigma}(\xi) \\ \eta_\varrho = \sum_\sigma \vartheta_\sigma \psi_{\sigma\varrho}(\xi) \end{cases} \quad (5)$$

wobei die *Matrizen*

$$\mathsf{A} = \|\alpha_{\varrho\sigma}(\xi)\|, \quad \Psi = \|\psi_{\varrho\sigma}(\xi)\| \quad (6)$$

im Sinne der bekannten „Multiplikation der Matrizen" reziprok sind, d. h. die Einheitsmatrix

$$1 = \|\delta_{\varrho\sigma}\| \qquad (\delta_{\varrho\sigma}=0 \text{ für } \varrho \neq \sigma,\ \delta_{\varrho\varrho}=1)$$

zum Produkt haben. Vergleicht man die Koeffizienten von η_ϱ in

$$u = \sum_\varrho \eta_\varrho \chi(t_\varrho, x) = \sum_\sigma \vartheta_\sigma t_\sigma = \sum_{\varrho\sigma} \eta_\varrho \alpha_{\varrho\sigma}(\xi) t_\sigma,$$

so erhält man

$$\chi(t_\varrho, x) = \sum_\sigma \alpha_{\varrho\sigma}(\xi) t_\sigma, \quad (7)$$

woraus durch Entwicklung der linken Seite die $\alpha_{\varrho\sigma}(\xi)$ gefunden werden. Um dies in übersichtlicher Weise zu bewirken, führen wir die Abkürzung

(8) $$\xi_{\varrho\sigma} = \sum_\lambda \xi_\lambda c_{\varrho\lambda\sigma}$$

ein und bezeichnen die Matrix dieser Größen mit

(9) $$\Xi = \| \xi_{\varrho\sigma} \|.$$

Dann wird

$$[t_\varrho x] = \sum_\lambda \xi_\lambda [t_\varrho t_\lambda] = \sum_{\lambda\sigma} \xi_\lambda c_{\varrho\lambda\sigma} t_\sigma = \sum_\sigma \xi_{\varrho\sigma} t_\sigma$$

$$[t_\varrho x^2] = \sum_{\lambda\mu} \xi_{\varrho\lambda} \xi_\mu [t_\lambda t_\mu] = \sum_{\lambda\mu\sigma} \xi_{\varrho\lambda} \xi_\mu c_{\lambda\mu\sigma} t_\sigma = \sum_{\lambda\sigma} \xi_{\varrho\lambda} \xi_{\lambda\sigma} t_\sigma$$

usw. Aus (7) folgt also

(10) $$\alpha_{\varrho\sigma}(\xi) = \delta_{\varrho\sigma} - \frac{1}{2}\xi_{\varrho\sigma} + \frac{1}{2!}B_1 \sum_\lambda \xi_{\varrho\lambda}\xi_{\lambda\sigma} - \frac{1}{4!}B_2 \sum_{\lambda\mu\nu} \xi_{\varrho\lambda}\xi_{\lambda\mu}\xi_{\mu\nu}\xi_{\nu\sigma} + \cdots$$

welche r^2 Gleichungen sich in die elegante Matrizengleichung

(11) $$\begin{cases} \mathsf{A} = 1 - \frac{1}{2}\Xi + \frac{1}{2!}B_1 \Xi^2 - \frac{1}{4!}B_2 \Xi^4 + \cdots \\ \quad = \Xi : (e^{\Xi} - 1) \end{cases}$$

zusammenziehen lassen. Für die Reihen (10), die zuerst von F. Schur[1]) aufgestellt worden sind, ist es leicht, ein hinreichendes Konvergenzkriterium zu finden; z. B. sei M der größte unter den absoluten Beträgen der $\xi_{\varrho\sigma}$, so konvergiert (10) absolut, wenn die Reihe

$$\frac{1}{2!}B_1 \cdot rM^2 + \frac{1}{4!}B_2 \cdot r^3 M^4 + \cdots$$

oder die Reihe für $\operatorname{cotg} \frac{rM}{2}$ konvergiert, jedenfalls also für $M < \frac{2\pi}{r}$. Die Ausdrücke $\alpha_{\varrho\sigma}(\xi)$ sind also innerhalb einer gewissen Umgebung der Stelle $\xi = 0$ als analytische Funktionen definiert.

---

1) F. Schur, Neue Begründung der Theorie der endlichen Transformationsgruppen, Math. Ann. 35 (1890), S. 161–197; Beweis für die Darstellbarkeit usw., Leipz. Berichte 42 (1890), S. 1—7.

Noch einfacher ist die Darstellung der $\psi_{\varrho\sigma}(\xi)$. Aus

$$y = \sum_{\varrho} \vartheta_{\varrho} \varphi(t_{\varrho}, x) = \sum_{\sigma} \eta_{\sigma} t_{\sigma} = \sum_{\varrho\sigma} \vartheta_{\varrho} \psi_{\varrho\sigma}(\xi) t_{\sigma}$$

folgt

$$\varphi(t_{\varrho}, x) = \sum_{\sigma} \psi_{\varrho\sigma}(\xi) t_{\sigma} \tag{12}$$

analog zu (7) und damit genau wie vorhin

$$\psi_{\varrho\sigma}(\xi) = \delta_{\varrho\sigma} + \frac{1}{2!}\xi_{\varrho\sigma} + \frac{1}{3!}\sum_{\lambda} \xi_{\varrho\lambda}\xi_{\lambda\sigma} + \frac{1}{4!}\sum_{\lambda\mu} \xi_{\varrho\lambda}\xi_{\lambda\mu}\xi_{\mu\sigma} + \cdots \tag{13}$$

oder als Matrizenrelation

$$\begin{aligned} \Psi &= 1 + \frac{1}{2!}\Xi + \frac{1}{3!}\Xi^2 + \frac{1}{4!}\Xi^3 + \cdots \\ &= (e^{\Xi} - 1) : \Xi \end{aligned} \tag{14}$$

Die $\psi_{\varrho\sigma}(\xi)$ sind also ganze transzendente Funktionen, und die $\alpha_{\varrho\sigma}(\xi)$ demnach auch darstellbar als Quotienten ganzer transzendenter Funktionen, mit der Determinante $|\psi_{\varrho\sigma}(\xi)|$ als gemeinsamem Nenner.

Der Vollständigkeit wegen, obwohl für unsern eigentlichen Zweck nicht unentbehrlich, sei noch ein drittes Funktionensystem

$$\Theta = \| \vartheta_{\varrho\sigma}(\xi) \| \tag{15}$$

betrachtet, das analog zu (7) und (12) durch die erzeugende Funktion

$$e^{-x} t_{\varrho} e^{x} = \sum_{\sigma} \vartheta_{\varrho\sigma}(\xi) t_{\sigma} \tag{16}$$

definiert wird. Nach § 3 (14) ist

$$e^{-x} t_{\varrho} e^{x} = t_{\varrho} + [t_{\varrho} x] + \frac{1}{2!}[t_{\varrho} x^2] + \frac{1}{3!}[t_{\varrho} x^3] + \cdots,$$

woraus sich ähnlich wie (10) ergibt

$$\vartheta_{\varrho\sigma}(\xi) = \delta_{\varrho\sigma} + \xi_{\varrho\sigma} + \frac{1}{2!}\sum_{\lambda} \xi_{\varrho\lambda}\xi_{\lambda\sigma} + \frac{1}{3!}\sum_{\lambda\mu} \xi_{\varrho\lambda}\xi_{\lambda\mu}\xi_{\mu\sigma} + \cdots \tag{17}$$

oder in Matrizenform

$$\Theta = 1 + \Xi + \frac{1}{2!}\Xi^2 + \frac{1}{3!}\Xi^3 + \cdots = e^{\Xi} \tag{18}$$

umgekehrt also

$$(19)\qquad \Xi = (\Theta - 1) - \frac{1}{2}(\Theta - 1)^2 + \frac{1}{3}(\Theta - 1)^3 - \cdots = \lg \Theta.$$

Bemerkenswert ist, daß die Matrizen Θ sich kogredient zu den entsprechenden Exponentialsymbolen e^x multiplizieren. Aus $e^x e^y = e^z$ folgt nämlich

$$e^{-z} t_\varrho e^z = e^{-y} \cdot e^{-x} t_\varrho e^x \cdot e^y = \sum_\sigma \vartheta_{\varrho\sigma}(\xi) e^{-y} t_\sigma e^y = \sum_{\sigma\tau} \vartheta_{\varrho\sigma}(\xi) \vartheta_{\sigma\tau}(\eta) t_\tau,$$

also

$$\vartheta_{\varrho\tau}(\zeta) = \sum_\sigma \vartheta_{\varrho\sigma}(\xi) \vartheta_{\sigma\tau}(\eta),$$

oder in Matrizenform

$$\Theta(\xi)\Theta(\eta) = \Theta(\zeta), \quad e^{\Xi} e^{\mathrm{H}} = e^{\mathrm{Z}}.$$

Diese von H. F. Baker l. c. aufgestellte und als Exponentialtheorem bezeichnete Relation ist aber kein volles Äquivalent der Exponentialformel $e^x e^y = e^z$. Die Matrizenrelation folgt aus der Exponentialformel der Symbole x, y, z, aber nicht umgekehrt; sie definiert zwar die $\vartheta_{\varrho\sigma}(\zeta)$ als ganze transzendente, und vermöge der Formel (19) die Größen $\zeta_{\varrho\sigma} = \sum_\lambda c_{\varrho\lambda\sigma} \zeta_\lambda$ als analytische Funktionen der ξ, η; aber von diesen r^2 Gleichungen sind nur s $(\leqq r)$ von einander unabhängig, wenn s der Rang der Matrix

$$\| c_{\varrho\lambda\sigma} \| \qquad (\varrho, \sigma = 1, 2, \ldots r;\ \lambda = 1, 2, \ldots r)$$

aus $r^2 \cdot r$ Elementen ist. (Vgl. die Bemerkungen zur adjungierten Gruppe in § 7.)

Die Funktionen ϑ, ψ, α sind auch als Lösungen von Systemen gewöhnlicher Differentialgleichungen definierbar, die man entweder aus den aufgestellten Reihen oder aus gewissen leicht erkennbaren Eigenschaften der Symbole $e^{-x} y e^x$, $\varphi(y, x)$, $\chi(y, x)$ oder durch Matrizenrechnung ableiten kann. Sei t eine gewöhnliche Variable, und setzt man

$$\Theta_{\varrho\sigma} = \vartheta_{\varrho\sigma}(t\xi), \quad \Psi_{\varrho\sigma} = t\psi_{\varrho\sigma}(t\xi), \quad \mathrm{A}_{\varrho\sigma} = \frac{1}{t}\alpha_{\varrho\sigma}(t\xi),$$

also

$$\|\Theta_{\varrho\sigma}\| = e^{t\Xi},$$

$$\|\Psi_{\varrho\sigma}\| = (e^{t\Xi} - 1) : \Xi,$$

$$\|\mathrm{A}_{\varrho\sigma}\| = \Xi : (e^{t\Xi} - 1),$$

so ist

$$\left\|\frac{d\Theta_{\varrho\sigma}}{dt}\right\| = \Xi e^t\Xi = \Xi \cdot \|\Theta_{\varrho\sigma}\|$$

$$\left\|\frac{d\Psi_{\varrho\sigma}}{dt}\right\| = e^t\Xi = 1 + \Xi \cdot \|\Psi_{\varrho\sigma}\|,$$

$$\left\|\frac{dA_{\varrho\sigma}}{dt}\right\| = -\,\Xi^2 e^t\Xi : (e^t\Xi - 1)^2 = -\,\Xi \cdot \|A_{\varrho\sigma}\| - \|A_{\varrho\sigma}\|^2,$$

also einzeln

$$\frac{d\Theta_{\varrho\sigma}}{dt} = \sum_\lambda \xi_{\varrho\lambda}\Theta_{\lambda\sigma},$$

$$\Theta_{\varrho\sigma} = \frac{d\Psi_{\varrho\sigma}}{dt} = \delta_{\varrho\sigma} + \sum_\lambda \xi_{\varrho\lambda}\Psi_{\lambda\sigma},$$

$$\frac{dA_{\varrho\sigma}}{dt} = -\sum_\lambda \xi_{\varrho\lambda}A_{\lambda\sigma} - \sum_\lambda A_{\varrho\lambda}A_{\lambda\sigma},$$

wozu die Anfangsbedingungen für $t = 0$

$$\Theta_{\varrho\sigma} = \delta_{\varrho\sigma}, \quad \Psi_{\varrho\sigma} = 0, \quad tA_{\varrho\sigma} = \delta_{\varrho\sigma}$$

treten. Die Gleichungen der Θ sind von S. Lie[1]), die der Ψ und A von F. Engel[2]) aufgestellt worden. Die ϑ, ψ, α erhält man durch die Substitution $t = 1$. Da die Gleichungen der Θ und Ψ lineare Differentialgleichungen mit konstanten Koeffizienten sind, so lassen sich ihre Lösungen in bekannter Weise mit Hilfe algebraischer Funktionen der ξ durch eine endliche Zahl von Exponentialausdrücken darstellen; man hat hierzu die „charakteristische Gleichung"

$$\begin{aligned} F(\omega) &= |\,\delta_{\varrho\sigma}\cdot\omega - \xi_{\varrho\sigma}\,| \\ &= \omega^r + g_1\omega^{r-1} + g_2\omega^{r-2} + \cdots + g_{r-1}\omega = 0 \end{aligned}$$

aufzulösen, deren linke Seite die Determinante der Matrix $\omega - \Xi$ ist. Im Anschluß daran sei noch hervorgehoben, daß die Matrix Ξ der „charakteristischen Gleichung"

$$F(\Xi) = \Xi^r + g_1\Xi^{r-1} + \cdots + g_{r-1}\Xi = 0$$

genügt (eventuell einer „reduzierten charakteristischen Gleichung" geringeren Grades), die man zur Umformung der Reihen (11),

---

1) Leipz. Ber. 42 (1890), S. 485.

2) Ebenda 43 (1891), S. 308 und 44 (1892), S. 52.

(14), (18) und Gewinnung weiterer Darstellungen benutzen kann. Wenn insbesondere die sämtlichen Funktionen $g_1(\xi) \ldots g_{r-1}(\xi)$ verschwinden (gruppentheoretisch ausgedrückt, wenn die $c_{\varrho\sigma\tau}$ die Strukturkonstanten einer *Gruppe vom Range Null* sind), so lautet die charakteristische Gleichung $\Xi^r = 0$, und man erkennt, daß sich in diesem Falle die $\vartheta_{\varrho\sigma}$, $\psi_{\varrho\sigma}$, $\alpha_{\varrho\sigma}$ auf *ganze rationale* Funktionen der ξ reduzieren.

§ 6.

Damit ist die Diskussion der Glieder erster Ordnung in den η beendigt, und wir haben in $u = \sum_\varrho \vartheta_\varrho t_\varrho$ die ϑ jetzt als bekannte Funktionen der ξ, η anzusehen, in den η linear homogen, in den ξ analytisch von der angegebenen Beschaffenheit. Für die weitere Betrachtung kommt die Operation $u\frac{\partial}{\partial x}$ in Frage, die man leicht auf einen gewöhnlichen Differentialoperator zurückführt. Der ursprünglichen Definition nach war

$$f(x+u) = f(x) + u\frac{\partial}{\partial x}f(x) + \cdots$$

der Beginn der „Taylorschen Entwicklung“ von $f(x+u)$ nach steigendem Grade in u; liegt also $f(x+u)$ entwickelt in der Form $\sum_\varrho f_\varrho(\xi)t_\varrho$ mit analytischen Koeffizienten vor, so ist

$$f(x+u) = \sum_\varrho f_\varrho(\xi+\vartheta)t_\varrho = \sum_\varrho \left\{f_\varrho(\xi) + \sum_\sigma \vartheta_\sigma \frac{\partial f_\varrho(\xi)}{\partial \xi_\sigma} + \cdots\right\} t_\sigma$$

und demnach die Operation $u\frac{\partial}{\partial x}$ gleichbedeutend mit der Operation

$$A = \sum_\sigma \vartheta_\sigma \frac{\partial}{\partial \xi_\sigma}. \tag{20}$$

Die Reihe in § 3 (25)

$$z = x + u\frac{\partial}{\partial x}x + \frac{1}{2}\left(u\frac{\partial}{\partial x}\right)^2 x + \frac{1}{3!}\left(u\frac{\partial}{\partial x}\right)^3 x + \cdots$$

war nun so zu verstehen, daß (im Gegensatze zur Taylorschen Reihe § 1 (2)) nach jeder einzelnen Operation $u\frac{\partial}{\partial x}$ die Substitution $u = \chi(y, x)$ vorzunehmen ist; demnach folgt

$$\zeta_\varrho = \xi_\varrho + A\xi_\varrho + \frac{1}{2!}A^2\xi_\varrho + \frac{1}{3!}A^3\xi_\varrho + \cdots = e^A \xi_\varrho \tag{21}$$

mit der Bestimmung, daß nach jeder Operation $A = \sum_\sigma \vartheta_\sigma \frac{\partial}{\partial \xi_\sigma}$ die ϑ durch ihre Ausdrücke in den ξ, η zu ersetzen sind; d. h. es bedeutet A den Differentialoperator

$$A = \sum_{\varrho\sigma} \eta_\varrho \alpha_{\varrho\sigma}(\xi) \frac{\partial}{\partial \xi_\sigma}, \tag{22}$$

in dem die ξ die Rolle von Variabeln, die η die Rolle von Parametern spielen. Die Konvergenz dieser Reihen in einer gewissen Umgebung der Stelle $\eta = 0$, falls die Funktionen $\alpha_{\varrho\sigma}(\xi)$ an der Stelle ξ analytisch sind, folgt unmittelbar aus dem Cauchyschen Existenzbeweis für die Lösungen des Systems gewöhnlicher Differentialgleichungen

$$\frac{d\zeta_\sigma}{dt} = \sum_\varrho \eta_\varrho \alpha_{\varrho\sigma}(\zeta) \tag{23}$$

mit den Anfangsbedingungen $\zeta_\sigma = \xi_\sigma$ für $t = 0$.

Demnach ist die Konvergenzfrage erledigt, und wir können sagen:

C. *Bei vorgeschriebenen Strukturgleichungen*

$$(t_\varrho t_\sigma) = \sum_\lambda c_{\varrho\sigma\lambda} t_\lambda$$

werden durch die Exponentialformel

$$e^{\Sigma \xi_\varrho t_\varrho} \cdot e^{\Sigma \eta_\varrho t_\varrho} = e^{\Sigma \zeta_\varrho t_\varrho}$$

die Größen ζ innerhalb einer gewissen Umgebung der Stelle $\xi = \eta = 0$ als analytische Funktionen der ξ, η definiert.

Damit können wir uns begnügen; indessen dürfte, soviel ich sehe, die Aufhebung der Beschränkung auf Funktionselemente keine Schwierigkeit bereiten. Denn die Exponentialformel läßt sich ohne Rücksicht auf Konvergenz „fortsetzen"; ist

$$e^z = e^x e^y, \quad e^{z+w} = e^{x+u} e^{x+v},$$

und bezeichnet $z = f(x, y)$ die früher gefundene, nach Ordnungen in x, y fortschreitende Entwicklung für z, so ist einerseits

$$w = f(x+u, y+v) - f(x, y),$$

andererseits

$$w = \left(u\frac{\partial}{\partial x} + v\frac{\partial}{\partial y}\right) f(x, y) + \frac{1}{2!}\left(u\frac{\partial}{\partial x} + v\frac{\partial}{\partial y}\right)^2 f(x, y) + \cdots$$

und beide Ausdrücke sind als Symbole des Körpers $K(x, y, u, v)$ identisch. Führt man dann die Strukturgleichungen ein und setzt

$$x = \sum \xi_\varrho t_\varrho, \quad y = \sum \eta_\varrho t_\varrho, \quad u = \sum \vartheta_\varrho t_\varrho, \quad v = \sum \varphi_\varrho t_\varrho,$$

so kann die zweite Entwicklung, nach Potenzen der ϑ, φ, konvergieren, auch wenn die erste, nach Potenzen der $\xi + \vartheta$, $\eta + \varphi$, versagt. Da sie aber, wie die Umsetzung des Operators $u\frac{\partial}{\partial x} + v\frac{\partial}{\partial y}$ in einen gewöhnlichen Differentialoperator lehrt, im gemeinsamen Konvergenzgebiet dieselben analytischen Funktionen definieren, so ist die eine Entwicklung die analytische Fortsetzung der andern, und man kann sagen, daß durch die Exponentialformel außer den im Satze C genannten Funktionselementen auch deren Fortsetzungen über den Ausgangsbereich hinaus definiert werden.

Es dürfte noch eine Bemerkung am Platze sein über das Verhältnis des allgemein symbolischen Exponentialtheorems B zu dem „gruppentheoretischen" C; nur das letzte ist von H. Poincaré in der Stokes-Festschrift bewiesen und zwar durch Aufstellung[1]) der Differentialgleichungen (23), die sich zu der Reihenentwicklung (21) offenbar genau so verhalten wie in § 3 die Formel (28) zu (25). Daß nun C zwar eine Folge von B, aber kein voller Ersatz für B ist, scheint aus folgender Überlegung hervorzugehen. Sobald irgend ein System von Strukturgleichungen vorliegt, kann man zwischen einer hinreichenden Anzahl von Symbolen des Körpers $K_0(x, y)$ sowohl die t_ϱ, als auch die Strukturkonstanten $c_{\varrho\sigma\tau}$, als auch die Koeffizienten ξ_ϱ, η_ϱ eliminieren und gelangt so zu Symbolen des Körpers $L_0(x, y)$ mit rein numerischen Koeffizienten, Symbolen, die nicht an sich, wohl aber in Folge der Strukturgleichungen verschwinden, oder allgemeiner, die nicht an sich, wohl aber in Folge der Strukturgleichungen dem Körper $K_0(x, y)$ angehören. Solche Symbole werden z. B. in unendlicher Menge durch die determinantenartigen Ausdrücke

$$\sum \pm p p_1 p_2 \ldots p_r$$

1) Die dortigen Gleichungen (5 bis), S. 246, würden bei uns lauten $\eta_\sigma = \sum_\varrho \psi_{\varrho\sigma}(\zeta)\frac{d\zeta_\varrho}{dt}$; die Funktionen $\psi_{\varrho\sigma}$ erscheinen bei P. in Cauchys Residuenform, d. h. als Integrale in der Ebene der komplexen Variabeln ω, längs eines Weges, der die Wurzeln der charakteristischen Gleichung $F(\omega) = 0$ umschließt.

geliefert, wo die Summe über alle Permutationen, mit der bekannten Vorzeichenregel, zu erstrecken ist und $p p_1 p_2 \ldots p_r$ irgend $r+1$ verschiedene Symbole des Körpers $K_0(x, y)$ sind; diese Ausdrücke gehören dem Körper $L_0(x, y)$ an und verschwinden nicht identisch, wohl aber in Folge *beliebiger* r-gliedriger Strukturgleichungen, weil dann die $r+1$ Symbole p durch eine lineare homogene Relation (mit Koeffizienten, die von den ξ, η und den Strukturkonstanten abhängen) verknüpft sind. Z. B. ist für $r=2$

$$\begin{aligned}\sum \pm (xy)xy &= 2(xy)^2 - x(xy)y + y(xy)x \\ &= 3xyxy + 3yxyx - 2xy^2x - 2yx^2y - x^2y^2 - y^2x^2\end{aligned}$$

ein Ausdruck, der infolge jeder beliebigen zweigliedrigen Struktur verschwindet, an sich aber zum Körper $L_0(x, y)$, nicht zu $K_0(x, y)$, gehört. Daraus also, daß ein Symbol bei Einführung der Strukturformeln dem Körper K angehört, darf man nicht schließen, daß es an sich zu K gehört. Ob es vielleicht doch möglich ist, aus der Gültigkeit des Satzes C für *jedes beliebige* r rückwärts den Satz B zu folgern, mag dahingestellt bleiben, da es hier nur darauf ankam festzustellen, daß wenigstens unmittelbar das gruppentheoretische Exponentialtheorem den Inhalt des allgemeinen nicht erschöpft.

§ 7.

Unsere Resultate sind nun soweit gediehen, daß ihre Verbindung mit der Gruppentheorie nur weniger Worte bedarf. Es sei in den Variabeln $u_1 u_2 \ldots u_n$

$$X_u = \xi_1(u)\frac{\partial}{\partial u_1} + \xi_2(u)\frac{\partial}{\partial u_2} + \cdots + \xi_n(u)\frac{\partial}{\partial u_n} = \sum_i \xi_i(u)\frac{\partial}{\partial u_i}$$

das „Symbol einer infinitesimalen Transformation" oder, wie wir kurz sagen wollen, ein Operator; die $\xi_i(u)$ sind Funktionen von $u_1 u_2 \ldots u_n$. Führt man statt der u neue Variable v ein, so ist

$$X_u = \sum_{ik} \xi_i(u)\frac{\partial v_k}{\partial u_i}\frac{\partial}{\partial v_k} = \sum_k X_u(v_k)\frac{\partial}{\partial v_k},$$

während man durch bloße Vertauschung der u mit den v den hiervon völlig verschiedenen Operator

$$X_v = \sum_i \xi_i(v)\frac{\partial}{\partial v_i}$$

erhält. Die von X_u erzeugte eingliedrige Gruppe wird, mit dem Parameter α, durch die mit einer willkürlichen Funktion f gebildete Gleichung

$$f(v) = f(u) + \alpha X_u f(u) + \frac{1}{2!}\alpha^2 X_u^2 f(u) + \frac{1}{3!}\alpha^3 X_u^3 f(u) + \cdots$$
$$= e^{\alpha X_u} f(u)$$

dargestellt, die in die einzelnen n Gleichungen

$$v_i = e^{\alpha X_u} u_i$$

zerfällt; die v sind die durch die Anfangsbedingung $v_i = u_i$ (für $\alpha = 0$) definierten Lösungen des Differentialsystems

$$\frac{\partial v_i}{\partial \alpha} = \xi_i(v),$$

deren Existenz für hinreichend kleines α in bekannter Weise zu begründen ist.

Üben wir zuerst die Transformation e^{X_u}, sodann die Transformation e^{Y_u} aus, so resultiert die durch

$$f(v) = e^{X_u} f(u), \quad f(w) = e^{Y_v} f(v),$$
$$f(w) = e^{Y_v} e^{X_u} f(u)$$

dargestellte Transformation. Andrerseits sei

$$w_i = e^{Y_v} v_i = \psi_i(v),$$

so ist auch

$$w_i = e^{X_u} \psi_i(u) = e^{X_u} e^{Y_u} u_i$$

und

$$f(w) = e^{X_u} e^{Y_u} f(u),$$

also wird die resultierende Transformation durch das Symbol

$$e^{Y_v} e^{X_u} = e^{X_u} e^{Y_u} \tag{24}$$

dargestellt. Indem wir auf diese Weise jedes Produkt von Transformationen mit Hilfe von Operatoren darstellen, die sich auf dieselben Variablen u beziehen, dürfen wir den Index u von jetzt an weglassen.

Die Operatoren X haben nun die formalen Eigenschaften, die wir früher bei den Symbolen x, t_ϱ usw. voraussetzten. Während die Produktbildung zu Differentialoperatoren zweiter und höherer Ordnung führt, sind die Alternanten Operatoren erster Ordnung wie die X selbst.[1])

Sei eine „Basis", d. h. eine Reihe von r linear unabhängigen Operatoren $T_1 T_2 \ldots T_r$ vorgelegt, und die Operatoren

$$X = \sum_\varrho \xi_\varrho T_\varrho, \quad Y = \sum_\varrho \eta_\varrho T_\varrho$$

(wo die ξ, η Parameter, d. h. von den Variabeln u unabhängige Zahlen sind) aus dieser Basis abgeleitet. Die T_ϱ erzeugen eine Gruppe, wenn für alle Wertsysteme ξ, η eines gewissen Bereichs

$$e^X e^Y = e^Z,$$

d. h. das Produkt der Transformationen e^X, e^Y eine wiederum von einem Operator $Z = \sum_\varrho \zeta_\varrho T_\varrho$ unserer Basis erzeugte Transformation ist. Schreibt man den Anfang unserer Entwicklung

$$Z = X + Y + \tfrac{1}{2}(XY) + \cdots$$

auf, so erkennt man die *Notwendigkeit* von Strukturgleichungen der Form

$$(T_\varrho T_\sigma) = \sum_\tau c_{\varrho\sigma\tau} T_\tau.$$

Daß diese auch ***hinreichend*** sind, bildet den zweiten, wichtigsten Teil des sogenannten ***Hauptsatzes*** oder zweiten Fundamentalsatzes der Gruppentheorie. (Vgl. Lie-Engel III, S. 590.) Es existieren dafür verschiedene Beweise, die fast alle irgend einen Umweg einschlagen (Erweiterung der Transformationen auf Punktgruppen oder Differentialquotienten, Aufstellung der Parametergruppe, Theorie der vollständigen Systeme). Dem gegenüber darf

1) Als Multiplikation wird, wie schon in den vorangegangenen Formeln geschehen, die successive Ausführung zweier Operatoren definiert, d. h.

$$XY = \sum_i \xi_i \frac{\partial}{\partial u_i} \sum_k \eta_k \frac{\partial}{\partial u_k} = \sum_{ik} \xi_i \frac{\partial \eta_k}{\partial u_i} \frac{\partial}{\partial u_k} + \sum_{ik} \xi_i \eta_k \frac{\partial^2}{\partial u_i \partial u_k}.$$

Was die Kombination mit gewöhnlichen Zahlen, z. B. die Formel $X\alpha = \alpha X$ anlangt, so ist α als eine von den Variabeln u unabhängige Konstante vorauszusetzen, ferner ist α selbst als Operation (Multiplikation mit α) gemeint, und $X\alpha$ bedeutet also nicht „X angewandt auf α", sondern „X angewandt nach α", so daß die obige Formel den Sinn hat

$$X\alpha f(u) = \alpha X f(u).$$

der in § 6 abgeleitete Satz C als der unmittelbarste, von fremden Hilfsmitteln freieste strenge Beweis, und die im Satze B ausgesprochene Eigenschaft der Exponentialformel zum mindesten als eigentlicher nervus probandi des gruppentheoretischen Hauptsatzes bezeichnet werden.[1])

Ferner: ist eine Gruppe mit den Operatoren T_ϱ und obigen Strukturformeln gegeben, oder (was bereits genügt) ist die Existenz einer Gruppe von der Struktur $c_{\varrho\sigma\tau}$ bekannt, so liefert die Exponentialformel unmittelbar die beiden *Parametergruppen* in kanonischer Gestalt, wenn man darin

entweder (1. Parametergruppe) die ξ als alte, die ζ als neue Variable, die η als Parameter

oder (2. Parametergruppe) die η als alte, die ζ als neue Variable, die ξ als Parameter

auffaßt. Aus (21) (22) ist unmittelbar ersichtlich, daß A der allgemeinste Operator der ersten Parametergruppe,

$$A_\varrho = \sum_\sigma \alpha_{\varrho\sigma}(\xi)\frac{\partial}{\partial \xi_\sigma}$$

eine Basis von r unabhängigen Operatoren ist und daß die Gruppe einfach transitiv ist, da die Determinante $|\alpha_{\varrho\sigma}(\xi)|$ für $\xi = 0$ den Wert 1 hat und folglich nicht identisch (als reziproker Wert der ganzen transzendenten Funktion $|\psi_{\varrho\sigma}(\xi)|$ für endliche ξ überhaupt nicht) verschwindet.

Aber auch dann, wenn noch keine Gruppe T_ϱ der Struktur $c_{\varrho\sigma\tau}$ von vornherein bekannt ist, liefert die Exponentialformel die Parametergruppen und damit den Beweis des dritten Fundamentalsatzes, daß stets eine Gruppe der vorgeschriebenen Zusammensetzung $c_{\varrho\sigma\tau}$ existiert, falls die Strukturkonstanten $c_{\varrho\sigma\tau}$ den Lieschen Bedingungen (2) genügen. In diesem Falle greife man wieder auf die gänzlich unbestimmten Symbole t_ϱ zurück und entlehne der formalen Algebra den Satz, daß die Strukturgleichungen

$$(t_\varrho t_\sigma) = \sum_\lambda c_{\varrho\sigma\lambda} t_\lambda$$

unter den Bedingungen (2) widerspruchfrei sind, insbesondere

1) Die hinzutretende Bedingung, daß außer e^X und e^Y auch e^Z konvergieren muß, macht nur eine weitere Einschränkung der im Satze C gemeinten Bereiche erforderlich; es genügt, die ξ im Innern des Konvergenzgebietes und die η hinlänglich klein zu wählen.

das assoziative Prinzip der Multiplikation nicht verletzen. Die Exponentialformel $e^x e^y = e^z$ definiert dann, wenn man die η als Parameter ansieht, eben auf Grund der Assoziativität eine Gruppe, deren Operatoren A_ϱ nach dem zweiten Fundamentalsatz Strukturgleichungen der Form

$$(A_\varrho A_\sigma) = \sum_\lambda d_{\varrho\sigma\lambda} A_\lambda$$

befriedigen müssen; die Einsetzung der beiden Anfangsglieder der Reihen (10) zeigt aber sofort, daß die Strukturkonstanten $d_{\varrho\sigma\lambda}$ mit den $c_{\varrho\sigma\lambda}$ identisch sind.

Man kann das auch direkt bestätigen, wenn man gewisse Identitäten zwischen unsern symbolischen Funktionen φ, χ usw. benutzt. Solcher Identitäten bestehen natürlich unendlich viele; wir haben uns in dieser Hinsicht bisher auf das Notwendigste beschränkt, wollen aber in aller Kürze auf einige Relationen hinweisen, die für die Gruppentheorie besonders wichtig sind. Berechnet man auf verschiedene Weise den Koeffizienten von $\alpha\beta$ in der Entwicklung von $e^{x+\alpha u+\beta v}$, so findet man u. a. die beiden Formeln

$$v\frac{\partial}{\partial x}\varphi(u, x) - u\frac{\partial}{\partial x}\varphi(v, x) = [\varphi(u, x)\,\varphi(v, x)] \tag{25}$$

$$e^x \cdot u\frac{\partial}{\partial x}\varphi(v, x) = v\frac{\partial}{\partial x}\psi(u, x) \cdot e^x \tag{26}$$

und hieraus mit einigen leichten Umformungen

$$\chi(p, x)\frac{\partial}{\partial x}\chi(q, x) - \chi(q, x)\frac{\partial}{\partial x}\chi(p, x) = \chi([pq], x) \tag{27}$$

$$\omega(p, x)\frac{\partial}{\partial x}\chi(q, x) - \chi(q, x)\frac{\partial}{\partial x}\omega(p, x) = 0\,. \tag{28}$$

Setzt man die symbolischen Differentialoperatoren in gewöhnliche um, so liefert (27) die Strukturformeln

$$(A_\varrho A_\sigma) = \sum_\lambda c_{\varrho\sigma\lambda} A_\lambda$$

der ersten Parametergruppe; (28) zeigt die Vertauschbarkeit der beiden Parametergruppen; (25) gibt die von L. Maurer (Münch. Ber. 43 (1888), p. 117) zuerst veröffentlichten Differentialgleichungen der $\psi_{\varrho\sigma}(\xi)$.

Die *adjungierte Gruppe* in kanonischer Gestalt ist durch

$$e^z = e^{-x} e^y e^x$$

oder die damit gleichbedeutende einfachere Formel

$$z = e^{-x} y e^{x}$$

gegeben (ξ Parameter, $\eta\zeta$ Variable), ist also eine lineare homogene Gruppe und erscheint nach § 5, (16) in der Gestalt

$$\zeta_\sigma = \sum_\varrho \eta_\varrho \vartheta_{\varrho\sigma}(\xi),$$

wo die $\vartheta_{\varrho\sigma}(\xi)$ die durch (17) definierten ganzen transzendenten Funktionen[1]), die Elemente der Matrix e^{Ξ} sind. Aus der Schreibweise

$$z = y + [yx] + \frac{1}{2!}[yx^2] + \cdots = e^E y$$

erkennt man, daß

$$E = (yx)\frac{\partial}{\partial y} = \sum_\varrho \xi_\varrho E_\varrho,$$

$$E_\varrho = (yt_\varrho)\frac{\partial}{\partial y} = \sum_{\lambda,\mu} c_{\lambda\varrho\mu}\eta_\lambda \frac{\partial}{\partial \eta_\mu}$$

die infinitesimalen Transformationen der Gruppe darstellt. Hieraus liest man unmittelbar ab, daß die Gliederzahl s der adjungierten Gruppe gleich dem Range der Matrix $\| c_{\lambda\varrho\mu} \|$ ist und daß der Basis t_ϱ in diesem Falle $r - s$ unabhängige „ausgezeichnete" Symbole angehören. Bei passender Wahl der Basis ist jedes ausgezeichnete Symbol in der Form

$$x_2 = \xi_{s+1} t_{s+1} + \cdots + \xi_r t_r$$

enthalten, d. h. es ist $(yx_2) = 0$ für beliebiges y. Setzt man dann $x = x_1 + x_2$, so gilt für die mit dem Index 2 behafteten Teile das kommutative Gesetz der Multiplikation, und die adjungierte Gruppe reduziert sich auf

1) Der auffallend einfache Zusammenhang zwischen der adjungierten Gruppe und den Parametergruppen, der in den Gleichungen $\Theta_{\varrho\sigma} = \frac{d\Psi_{\varrho\sigma}}{dt}$ liegt (S. 19), beruht in unserer Darstellung auf der elementaren Beziehung zwischen den Symbolen $e^{-x} y e^{x}$ und $\varphi(y, x)$, oder zwischen ye^x und $y\frac{\partial}{\partial x}e^x$. Eine andere begriffliche Erklärung hat mir F. Engel brieflich mitgeteilt und gedenkt sie bei Gelegenheit zu veröffentlichen.

$$z_1 + z_2 = e^{-x_1 - x_2}(y_1 + y_2)\, e^{x_1 + x_2} = e^{-x_1}(y_1 + y_2)\, e^{x_1}$$
$$= e^{-x_1} y_1 e^{x_1} + y_2,$$

worin nun die $\xi_1\, \xi_2 \ldots \xi_s$ wesentliche Parameter sind.

§ 8.

Zum Schluß möchte ich auf eine bisher, soviel ich weiß, noch nicht betrachtete lineare homogene Gruppe hinweisen, die durch eine gegebene r-gliedrige Gruppe (oder vielmehr durch ihre Zusammensetzung allein) bestimmt ist und deren adjungierte Gruppe als Untergruppe enthält. Die allgemeinste lineare homogene Funktion von x im Körper $K(t_1\, t_2 \ldots t_r)$ wird dargestellt durch

$$y = \lambda x + \sum_{\varrho} \lambda_\varrho [x t_\varrho] + \sum_{\varrho\sigma} \lambda_{\varrho\sigma} [x t_\varrho t_\sigma] + \cdots \qquad (29)$$

zunächst mit unendlicher Gliederzahl und unendlich vielen, mit Rücksicht auf Konvergenz einzuschränkenden Parametern λ; wir haben hierbei von dem Umstande Gebrauch gemacht, daß nach § 2 in jedem Klammerausdruck $[PxQ]$ das x an die erste Stelle gebracht werden kann. Nennen wir eine Reihe von linearen homogenen Funktionen von x linear unabhängig, wenn sie durch keine lineare homogene Relation *mit konstanten* (von den ξ unabhängigen) *Koeffizienten* verknüpft sind, so ist klar, daß es nicht mehr als r^2 linear unabhängige Funktionen geben kann, nämlich höchstens die Kombinationen $\xi_\varrho t_\sigma$; im allgemeinen wird es weniger geben, und ihre Zahl p ist durch die Struktur $c_{\varrho\sigma\tau}$ der gegebenen G_r vollkommen bestimmt. Seien also $x_1\, x_2 \ldots x_p$ p linear unabhängige Ausdrücke der Form (29), so ist jede andere lineare homogene Funktion von x in der Form

$$y = \alpha_1 x_1 + \alpha_2 x_2 + \cdots + \alpha_p x_p \qquad (30)$$

enthalten, und da eine lineare homogene Funktion von y auch lineare homogene Funktion von x ist, so folgt unmittelbar, daß die Gleichung (30), in ihre r Komponenten zerlegt, eine p-gliedrige lineare homogene Gruppe mit den Variablen ξ, η und den (linear homogen auftretenden) Parametern $\alpha_1\, \alpha_2 \ldots \alpha_p$ definiert. Dies ist das gruppentheoretische Analogon zu einem Satze, den ich früher (Leipz. Ber. 52 (1900), p. 43—61) für komplexe Zahlensysteme bewiesen habe. Die Zahl p kann ihr Maximum r^2 wirklich erreichen, aber nur, wenn die G_r *einfach* ist; ihr Minimum

$p = 1$ tritt ein, wenn die G_r aus lauter vertauschbaren Transformationen besteht. Setzt man in (29) $\lambda = 1$,

$$(31) \qquad y = x + \sum \lambda_\varrho [x t_\varrho] + \sum \lambda_{\varrho\sigma} [x t_\varrho t_\sigma] + \cdots,$$

so entsteht ebenfalls eine Gruppe, die aber nicht notwendig eine echte Untergruppe der G_p zu sein braucht, sondern mit ihr identisch sein kann; es hängt dies davon ab, ob ein Ausdruck der Form (31) identisch verschwinden kann. Die adjungierte Gruppe

$$\begin{aligned} y = e^{-l} x e^{l} &= x + [xl] + \frac{1}{2!}[xl^2] + \frac{1}{3!}[xl^3] + \cdots \\ &= x + \sum \lambda_\varrho [x t_\varrho] + \frac{1}{2!} \sum \lambda_\varrho \lambda_\sigma [x t_\varrho t_\sigma] + \cdots \end{aligned}$$

ist offenbar eine Untergruppe von (31). Weiteres über diesen Gegenstand möge einer andern Gelegenheit vorbehalten bleiben.

Druckfertig erklärt 25. II. 1906.]

Kommentar zu [H 1906a]

W. Scharlau

In dieser Arbeit geht es um einen fundamentalen Satz aus der Theorie der freien LIE-Algebren, den Satz von CAMPBELL-HAUSDORFF. Für moderne Darstellungen, die auch eine wesentliche Ergänzung von DYNKIN behandeln, verweisen wir auf [Bo 1972] oder [S 1965]. Es läßt sich ohne begrifflichen Aufwand erklären, welches ganz konkrete Problem betrachtet wird, und daran soll zunächst erinnert werden. Es reicht beinahe, HAUSDORFF selbst zu Wort kommen zu lassen:

> Es handelt sich um das Problem, die Exponentialformel für nichtkommutative Multiplikation aufzustellen, d.h. die durch $e^x e^y = e^z$ definierte Funktion z von x, y zu untersuchen; ein Problem, das von größter Tragweite für die sogenannten Fundamentalsätze der Gruppentheorie ist, seinerseits aber ohne gruppentheoretische Voraussetzungen als Aufgabe symbolischer Analysis behandelt werden kann. (S. 19)

Wir beschreiben die Fragestellung ein wenig ausführlicher: Es seien K ein Körper der Charakteristik 0 und x, y zwei nicht kommutierende Unbestimmte (so daß man Terme wie x^2y, xyx, yx^2 etc. zu unterscheiden hat). Es sei $\hat{A}$ die komplette freie von x und y erzeugte assoziative K-Algebra. Konkret ist $\hat{A}$ die Menge aller *formalen Potenzreihen* mit Koeffizienten aus K in den nichtkommutierenden Unbestimmten x, y. Mit der offensichtlichen Multiplikation ist $\hat{A}$ eine lokale assoziative K-Algebra. Das maximale Ideal $\hat{\mathfrak{m}}$ besteht aus allen Potenzreihen mit konstantem Term 0. Die Exponentialreihe ist wie üblich definiert, z. B.

$$e^x = 1 + \frac{1}{1!}x + \frac{1}{2!}x^2 + \frac{1}{3!}x^3 + \cdots$$

Man macht sich leicht klar, daß die Reihe

$$e^z = 1 + \frac{1}{1!}z + \frac{1}{2!}z^2 + \cdots$$

für jedes $z \in \hat{\mathfrak{m}}$ wohldefiniert ist. Nun betrachtet man für die Unbestimmten x, y das Produkt

$$e^x e^y = 1 + \frac{1}{1!}(x + y) + \frac{1}{2!}(x^2 + 2xy + y^2) + \cdots$$

Weil x, y nicht kommutieren, ist diese Reihe ungleich e^{x+y}. Man sieht jedoch sehr leicht, daß $e^x e^y$ eindeutig geschrieben werden kann als e^z mit $z \in \hat{\mathfrak{m}}$, und die Rechnung ergibt

$$z = (x + y) + \frac{1}{2}(xy - yx) + \cdots$$

Es geht um die Natur des Elements z. An dieser Stelle kommen LIE-Algebren ins Spiel. Dazu ist daran zu erinnern, daß jede assoziative Algebra A eine LIE-Algebra liefert, wenn man die LIE-Klammer definiert durch $[a, b] = ab - ba$. Dann kann man in offensichtlicher Weise von der von x und y in $\hat{A}$ erzeugten LIE-Algebra $\hat{L}$ sprechen. Sie besteht aus allen formalen Potenzreihen, bei denen der Anteil vom Grad n eine Linearkombination von n-fachen Klammerausdrücken in x und y ist.

Der von HAUSDORFF bewiesene Satz besagt zunächst, daß das obige Element z in $\hat{L}$ liegt (Seite 29, Satz B). Es stellt sich dann das Problem, die homogenen Komponenten z_n von z in den Klammerausdrücken explizit anzugeben. HAUSDORFF zeigt, daß sein Beweisverfahren zu einem eleganten rekursiven Verfahren für die effektive Berechnung dieser Komponenten führt, und er führt diese Rechnung für $n \leq 5$ auch wirklich durch. Er schreibt selbst zu seinem Beweis:

> Aber auch zur wirklichen Berechnung beliebig vieler Glieder von z ist dieses Verfahren geeignet (S. 29 u.).

HAUSDORFF gibt keine geschlossenen Formeln für die z_n an (und hätte darin vielleicht auch keinen Sinn gesehen, da solche Formeln unübersichtlich und kompliziert sind); sie wurden mit einem anderen Beweis von DYNKIN ([D 1947]) angegeben; vgl. auch BOURBAKI ([Bo 1972], II, §6, n° 4).

Die bisher besprochenen Sachverhalte werden in den ersten drei Paragraphen der Arbeit abgehandelt. Gegenüber dem früheren Ansatz von CAMPBELL ([C 1897a, 1897b]) zeichnet sich HAUSDORFFs Arbeit durch formale Klarheit und saubere Trennung zwischen algebraischen Konzepten aus der Theorie der LIE-Algebren und analytischen aus der Theorie der LIE-Gruppen aus. Es ist bemerkenswert, mit welcher Souveränität er die zu dieser Zeit noch sehr ungewohnten Algebren $\hat{A}$ und $\hat{L}$ einführt und handhabt.

Von den folgenden Paragraphen schreibt HAUSDORFF selbst:

> ... wie überhaupt im Folgenden kein neues Resultat abgeleitet, sondern nur die Ergiebigkeit der Exponentialformel gezeigt werden soll. (S. 31 u.)

Diese "Ergiebigkeit" beruht natürlich auf dem universellen Charakter der Exponentialformel, die sie in jeder konkreten Situation anwendbar macht. Es geht um das zentrale Problem der LIE-Theorie, aus dem schon bei LIE die Frage nach der Exponentialformel herrührt und zu dessen Lösung sie bis heute benutzt wird, nämlich den Beweis des "LIE'schen Fundamentalsatzes", daß jede endlich-dimensionale LIE-Algebra (über $\mathbb{R}$ oder $\mathbb{C}$) LIE-Algebra einer geeigneten analytischen Gruppe ist (vgl. [T 1965/1983] III. Kap., §4). Dazu sind zusätzliche Konvergenzbetrachtungen erforderlich. Der entscheidende Satz ist C auf S. 39, den HAUSDORFF folgendermaßen abschließend kommentiert:

> Dem gegenüber darf der in §6 abgeleitete Satz C als der unmittelbarste, von fremden Hilfsmitteln freieste strenge Beweis, und die im Satz B angesprochene Eigenschaft der Exponentialformel zum mindesten als

eigentlicher nervus probandi des gruppentheoretischen Hauptsatzes bezeichnet werden. (S. 43/44)

Dieser Zusammenfassung ist nichts hinzuzufügen: HAUSDORFF hat den formal-algebraischen Kern eines zentralen Punktes der LIE-Theorie (d.h. des Zusammenhanges zwischen LIE-Gruppen und LIE-Algebren) erkannt und in die bis heute gültige Form gebracht.

Im Nachlaß finden sich keine ganz eindeutigen Hinweise darauf, wie HAUSDORFF zu der Beschäftigung mit der Exponentialformel gekommen ist. Im Wintersemester 1905/06 hielt er in Leipzig eine Vorlesung *Einführung in die Theorie der continuirlichen Transformationsgruppen* [NL HAUSDORFF: Kapsel 5: Fasz. 20], die sich sehr eng an die LIE'schen Vorlesungen und Bücher anschließt. In §6 dieser Vorlesung wird die Exponentialformel behandelt. An der entscheidenden Stelle (S. 103) schreibt HAUSDORFF jedoch nur: „Der Beweis dieses Satzes bietet unverhältnissmässig grössere Schwierigkeiten ... " und verweist auf seine „demnächst erscheinende Arbeit" in den Leipziger Berichten. Man kann vermuten, daß HAUSDORFF bei der Vorbereitung seiner Vorlesung auf das Problem der Exponentialformel gestoßen ist und diesen bei LIE und Nachfolgern etwas undurchsichtigen Punkt mit der für ihn charakteristischen Sorgfalt ausgearbeitet hat.

Diese Vermutung wird durch einen Brief an F. ENGEL vom 29. Dez. 1905 gestützt, in dem es heißt:

> Bei Gelegenheit meiner gegenwärtigen Vorlesung über Gruppentheorie ... bin ich auf die von Ihnen nicht sehr geschätzten symbolischen Darstellungen gerathen ... und habe nach vieler Mühe eine ausserordentlich elegante Formel für die Zusammensetzung zweier Tf. zu einer dritten ($e^x e^y = e^z$) gefunden, ... die ... wie mir scheint, den kürzesten und directesten Beweis für den zweiten und dritten Fundamentalsatz in sich schliesst. Natürlich ... haben sich schon andere mit der Sache abgegeben, ... [NL ENGEL, Math. Inst. der Univ. Giessen]

Er erwähnt dann CAMPBELL, PASCAL, POINCARÉ und BAKER und fragt ENGEL, ob er mehr zu diesem Thema wisse.

Vermutlich aus ungefähr derselben Zeit existiert im Nachlaß ein Manuskript [NL HAUSDORFF: Kapsel 51: Fasz. 1104], in dem das Buch [C 1903] ausführlich durchgearbeitet wird. Zur Exponentialformel bei CAMPBELL heißt es auf S. 9 jedoch nur:

> Daraus [fragwürdiger] Beweis, dass $e^y e^x = e^u$, wo u sich aus x, y durch Alternantenbildung zusammensetzt.

In einer späteren Vorlesung *Einführung in die Gruppentheorie* im Wintersemester 1910/11 in Bonn [NL HAUSDORFF: Kapsel 08: Fasz. 32] hat HAUSDORFF auf den Seiten 61 bis 65 das *Exponentialtheorem* vollständig bewiesen.

Etwas früher als HAUSDORFF war schon BAKER ([B 1905]) zu ganz ähnlichen Resultaten gekommen, der einleitend u.a. folgendes schreibt:

> The present paper ist concerned with the proof of a fundamental proposition of non-commutative algebra, and with shewing that this leads at once to various results fundamental for the theory of continuous groups

which are usually developed only with much more detailed considerations than are here employed. One of the most noticeable peculiarities of the algebra of two non-commutative quantities A, B is the occurrence of the alternant $(A, B) = AB - BA$; ... Now it is an obvious suggestion of LIE's theory of groups that the product

$$e^A e^B = \left(1 + A + \frac{A^2}{2!} \cdots\right)\left(1 + B + \frac{B^2}{2!} \cdots\right)$$

is of the form e^C, where C is a series of alternants of A und B. ([B 1905], S. 24)

Nachdem ENGEL HAUSDORFF auf die BAKER'sche Arbeit aufmerksam gemacht hatte, erkennt dieser sogleich BAKER's Leistung an. In einem Brief vom 9. März 1907 schreibt HAUSDORFF an ENGEL:

> Die Arbeit von H. F. Baker habe ich auf Ihre dankenswerthe Anregung sofort nachgesehen und leider bemerkt, dass sich ihr Inhalt wirklich grossentheils mit dem meiner Abhandlung deckt. Offenbar lag dieses Problem in der Luft, da es gerade in den letzten Jahren von Campbell, Pascal, Poincaré, Baker und mir aufgegriffen und mit mehr oder weniger Geschick erledigt worden ist; aber speciell die letzte Baker'sche Arbeit – die einzige, die mir gänzlich unbekannt geblieben ist – hat mit der meinen die meisten Berührungspunkte. Übrigens hätte ich, wenn ich sie damals gekannt hätte, meine Arbeit, wenn auch mit etwas gedämpfter Freude, doch veröffentlicht, da ich doch von Allen, Baker eingerechnet, den einfachsten und durchsichtigsten Beweis gefunden habe. [NL ENGEL, Math. Inst. der Univ. Giessen]

Im übrigen war das Thema der Exponentialformel zu dieser Zeit für HAUSDORFF schon erledigt. Er beendet seinen Brief mit den Worten: „Ich habe in der letzten Zeit nur Mengenlehre getrieben ... "

Literatur

[B 1905] BAKER H. F.: *Alternants and continuous groups.* Proc. London Math. Soc., Ser. **2**, vol. 3 (1905), 24–47.

[Bo 1972] BOURBAKI, N.: *Groupes et algèbres de Lie*, Chap. 2 et 3. Hermann, Paris 1972.

[C 1897a] CAMPBELL, J. E.: *On a law of combination of operators bearing on the theory of continuous transformation groups.* Proc. London Math. Soc. **28** (1897), 381–390.

[C 1897b] CAMPBELL, J. E.: *On a law of combination.* Proc. London Math. Soc. **29** (1897), 14–32.

[C 1903] CAMPBELL, J. E.: *Introductory treatise on Lie's theory of finite continous transformation groups.* Reprint Chelsea, New York, 1966.

[**D 1947**] DYNKIN, E. B.: *Berechnung der Koeffizienten in der Formel von Campbell-Hausdorff.* (Russ.) Doklady Akad. Nauk UdSSR **57** (4) (1947), 323–326.

[**S 1965**] SERRE, J. P.: *Lie algebras and Lie groups.* Benjamin, New York, Amsterdam 1965.

[**T 1965/1983**] TITS, J.: *Liesche Gruppen und Algebren.* Vorlesungsausarbeitung Bonn. – Springer Hochschultext, Berlin 1983.

Lipschitzsche Zahlensysteme und Studysche Nablafunktionen.

Journal für reine und angewandte Mathematik **158** (1927), 113–127.

[H 1927c]

*Lipschitz*sche Zahlensysteme und *Study*sche Nablafunktionen.

Von *F. Hausdorff* in Bonn

§ 1. Einleitung.

Die *Hermite-Cayley*sche Parameterdarstellung von eigentlichen Automorphien einer quadratischen Form [1]) leidet, wie bekannt, an dem wesentlichen Mangel, daß sich ihr diejenigen Automorphien entziehen, die einen (vom Nullpunkt verschiedenen) Punkt in sein Spiegelbild bezüglich des Nullpunkts überführen. Sie erfaßt also nur einen Teil der eigentlichen Automorphien, der keine Gruppe ist, und hiermit hängt es zusammen, daß selbst in dem Falle, wo zwei Automorphien und ihr Produkt gleichzeitig von der Darstellung erfaßt werden, zwischen den zugehörigen Parametern keine einfache Zusammensetzung besteht. Diese Übelstände sind, zunächst mit — unwesentlicher — Einschränkung auf orthogonale Substitutionen, von *R. Lipschitz* [2]) überwunden worden, mit Hilfe gewisser, übrigens schon von *W. K. Clifford* angegebener hyperkomplexer Zahlensysteme L_n mit 2^n Einheiten. Mittels spezieller (nicht beliebiger) Zahlen P aus L_n, die *R. Lipschitz* als reguläre komplexe Ausdrücke, *K. Th. Vahlen* [3]) als Transformatoren bezeichnet, lassen sich die Automorphien einer quadratischen Form von $n+1$ Variablen *ausnahmelos* und „mit bilinearer Zusammensetzung der Parameter" (nach dem Ausdruck von *E. Study*) darstellen, nämlich sogar so, daß sich bei Zusammensetzung von zwei Automorphien einfach die Transformatoren multiplizieren. Freilich werden diese Vorzüge durch überzählige Parameter erkauft, deren Anzahl mit n stark wächst. Die Automorphien hängen nur von $\gamma_n = \frac{n(n+1)}{2} + 1$ homogenen Parametern ab, während die hyperkomplexen Zahlen P des Systems 2^n Koordinaten haben; die Transformatoren bilden im 2^n-dimensionalen Raume eine γ_n-dimensionale algebraische Mannigfaltigkeit, die (vgl. den späteren Satz II) durch ein System quadratischer Gleichungen nebst einer quadratischen Ungleichung

[1]) Vgl. etwa *G. Frobenius*, Über lineare Substitutionen und bilineare Formen, dieses Journal 84 (1877), 1—63; § 10.

[2]) *R. Lipschitz*, Untersuchungen über die Summen von Quadraten (Bonn 1886). Vgl. *E. Study*, Theorie der gemeinen und höheren komplexen Größen, Math. Encykl. I A 4 (1898), S. 179; *E. Cartan*, Nombres complexes, Encycl. franç. 15 (1908), Nr. 36.

[3]) *K. Th. Vahlen*, Über Bewegungen und komplexe Zahlen, Math. Ann. 55 (1902), 585—593.

16*

definiert wird. Man kann zwar, wie *Lipschitz* gezeigt hat, immer auf mindestens eine von 2^n Arten γ_n Koordinaten willkürlich lassen und die übrigen rational durch diese ausdrücken; aber diese willkürlich bleibenden sind eben nicht überall dieselben und bei ihrer Auswahl muß man wieder auf die *Hermite-Cayley*sche Einschränkung zurückgreifen, so daß mit dieser lokalen Uniformisierung keine Herabsetzung der Parameterzahl im ganzen verbunden ist.

In dieser kleinen Mitteilung wollen wir zeigen: es ist (mit Zusammenfassung von je zwei Automorphien) für ungerades $n \geqq 5$ möglich, die Parameterzahl 2^n wenigstens auf die Hälfte 2^{n-1} zu reduzieren. Im Falle $n = 5$ ist längst bekannt (*E. Cartan*, l. c. S. 465), daß sich die Automorphien einer quadratischen Form von 6 Variablen mit 16 homogenen, durch keine Bedingungsgleichung verknüpften Parametern darstellen lassen. An Stelle des Transformators P aus L_5 ist hier eine Zahl A aus L_4 getreten, die wir aus einem nachher ersichtlichen Grunde eine Transformatorkomponente nennen. *E. Study*, dem wir eine sehr eingehende Untersuchung dieses Gebietes verdanken[1]), hat bemerkt, daß hierbei eine biquadratische Form ∇A der Koordinaten von A, von ihm *Nablafunktion* genannt, eine wesentliche Rolle spielt: in den Gleichungen der Automorphie tritt die Quadratwurzel $\varrho = \sqrt{\nabla A}$ auf, durch deren Vorzeichen sich die beiden (einzigen) zur selben Transformatorkomponente A gehörigen Automorphien unterscheiden. Die hyperkomplexen Zahlen A sind entweder vierreihige gewöhnliche Matrizen und dann ist $\nabla A = |A|$ die Determinante von A, oder sie sind zweireihige Quaternionenmatrizen $A = \begin{pmatrix} p & q \\ r & s \end{pmatrix}$, in welchem Falle

$$\nabla A = p\bar{p}s\bar{s} - p\bar{r}s\bar{q} - q\bar{s}r\bar{p} + q\bar{q}r\bar{r}$$

($\bar{p}$ die zu p konjugierte Quaternion).

An dieses interessante Ergebnis anknüpfend bemerken wir zunächst, daß für ungerades n das System L_n reduzibel und jede Zahl P aus L_n durch ein Paar (A, B) von *geraden* Zahlen A, B aus L_n ersetzbar ist; diese geraden Zahlen bilden ein System L_{n-1}. Wir nennen A, B die Komponenten von P. Die Automorphien einer Form von $n+1$ Variablen werden nun in L_{n-1} darstellbar, zunächst aber mit zwei Zahlen A, B (Transformatorkomponenten), womit also noch keine Halbierung der Parameterzahl gewonnen ist. Bei Ausschließung der niedrigsten Fälle $n = 1, 3$ kommt aber hinzu, daß die erste Komponente A eines Transformators die zweite B und damit den ganzen Transformator zweideutig bestimmt. Und zwar gibt es für $n = 4m + 1$ wieder eine in den Koordinaten von A *biquadratische Nablafunktion*[2]) ∇A, die hier genau dieselbe Rolle spielt wie die *Study*sche Nablafunktion für $n = 5$. Auf die ausführliche Behandlung dieses Falles wollen wir uns beschränken und den Fall $n = 4m - 1$, in dem ein gleich einfaches Ergebnis nicht erreichbar zu sein scheint, einer anderen Gelegenheit vorbehalten.

[1]) *E. Study*, Zur Theorie der linearen Gleichungen, Acta math. 42 (1918), 1—61. Ein Seitenstück zur Theorie der linearen Transformationen einer komplexen Veränderlichen, I—IV, Math. Zeitschr. 18 (1923), 21 (1924). Über Summen von fünf und sechs Quadraten und konforme Transformationen, dieses Journal 157 (1926), 33—59.

[2]) In der ersten der angeführten Abhandlungen (Acta math. 42) hat *E. Study* eine andere Verallgemeinerung gegeben (Nablafunktionen höheren Grades); davon soll also hier nicht die Rede sein.

§ 2. *Lipschitz*sche Systeme und Automorphien.

Ein *Lipschitz*sches System L_n wird von *n Grundeinheiten* (Primitivzeichen) $i_1, i_2, \ldots, i_n$ erzeugt, die paarweise alternierende Multiplikation haben (uneigentlich vertauschbar sind) und deren Quadrate gleich ± 1 angenommen werden:

$$(1) \qquad i_\lambda^2 = \sigma_\lambda = \pm 1\,, \qquad i_\mu i_\lambda = - i_\lambda i_\mu \quad (\lambda \neq \mu)\,.$$

Die Zahlen von L_n sind die, unter Voraussetzung des assoziativen und distributiven Gesetzes gebildeten, Polynome in $i_1, \ldots, i_n$. Sie sind lineare Verbindungen von Produkten aus k verschiedenen Grundeinheiten ($k = 0, 1, \ldots, n$) und lassen sich, da ein solches Produkt, wie $J = i_1 i_2 \cdots i_k$, bei gerader (ungerader) Permutation seiner Faktoren in $+J(-J)$ übergeht, auf die Normalform

$$A = \alpha + \sum_\lambda \alpha_\lambda i_\lambda + \sum_{\lambda<\mu} \alpha_{\lambda\mu} i_\lambda i_\mu + \cdots + \alpha_{12\ldots n} i_1 i_2 \cdots i_n$$

bringen, wo die 2^n Koordinaten $\alpha, \alpha_\lambda, \alpha_{\lambda\mu}, \ldots, \alpha_{12\ldots n}$ skalar, d. h. zunächst gewöhnliche komplexe (später reelle) Zahlen sind[1]). Ein Produkt aus k verschiedenen Grundeinheiten heiße von k-ter Ordnung; ist A_k das Aggregat der Glieder k-ter Ordnung von A, so ist

$$A = A_0 + A_1 + A_2 + \cdots + A_n = \sum_0^n A_k\,.$$

Wir führen ein: die zu A *symmetrische* Zahl

$$\overline{A} = A_0 - A_1 + A_2 - \cdots + (-1)^n A_n = \sum_0^n (-1)^k A_k\,,$$

die durch Vertauschung der Vorzeichen aller i_λ aus A entsteht, ferner die zu A *konjugierte* Zahl

$$\widetilde{A} = (A_0 - A_2 + A_4 - \cdots) - (A_1 - A_3 + A_5 - \cdots) = \sum_0^n (-1)^{\frac{k(k+1)}{2}} A_k$$

und endlich die zu A *symmetrisch-konjugierte* oder *inverse* Zahl

$$A^* = (A_0 - A_2 + A_4 - \cdots) + (A_1 - A_3 + A_5 - \cdots) = \sum_0^n (-1)^{\frac{k(k-1)}{2}} A_k\,,$$

die sowohl die konjugierte zur symmetrischen als die symmetrische zur konjugierten ist: $A^* = \widetilde{\overline{A}} = \overline{\widetilde{A}}$. Die Substitutionen, die A durch $A, \overline{A}, \widetilde{A}, A^*$ ersetzen, bilden eine Vierergruppe. Wenn $C = AB$, so ist

$$\overline{C} = \overline{A}\,\overline{B}, \qquad \widetilde{C} = \widetilde{B}\widetilde{A}, \qquad C^* = B^* A^*.$$

Von diesen Formeln genügt es, die dritte zu beweisen (die erste ist evident, die zweite Folge der dritten) und sich zu überzeugen, daß für ein Produkt $J = i_\lambda i_\mu \cdots i_\nu$ von gleichen oder verschiedenen Grundeinheiten $J^* = i_\nu \cdots i_\mu i_\lambda$ dasselbe Produkt in umgekehrter Faktorenfolge ist.

Die *Norm*

$$NA = A\widetilde{A}$$

ist im allgemeinen nicht skalar; wenn B eine skalare Norm hat, so ist

---

[1]) Griechische Buchstaben bedeuten stets Skalare.

$$N(AB) = AB\widetilde{B}\widetilde{A} = NA \cdot NB\,;$$

ein Produkt von Zahlen mit skalarer Norm ist wieder eine solche.

Der Skalarteil des Produktes AB ist offenbar

$$(AB)_0 = \alpha\beta + \sum_\lambda \alpha_\lambda \beta_\lambda i_\lambda^2 + \sum_{\lambda<\mu} \alpha_{\lambda\mu}\beta_{\lambda\mu}(i_\lambda i_\mu)^2 + \cdots = (BA)_0\,.$$

Die linearen Verbindungen der Grundeinheiten

$$x = \xi + \sum \xi_\lambda i_\lambda$$

nennen wir mit *Vahlen Vektoren* (was freilich zu Kollisionen mit dem sonst üblichen Sprachgebrauch führen kann), im Falle $\xi = 0$ *reine Vektoren.* Für zwei reine Vektoren ist

$$xy = \sum_{\lambda\mu} \xi_\lambda \eta_\mu i_\lambda i_\mu = \sum_\lambda \sigma_\lambda \xi_\lambda \eta_\lambda + \sum_{\lambda<\mu} (\xi_\lambda\eta_\mu - \xi_\mu\eta_\lambda)\, i_\lambda i_\mu\,,$$

$$xy + yx = 2\sum_\lambda \sigma_\lambda \xi_\lambda \eta_\lambda\,,$$

demgemäß für zwei beliebige Vektoren

$$x\bar{y} + y\bar{x} = 2\Big(\xi\eta - \sum_\lambda \sigma_\lambda \xi_\lambda \eta_\lambda\Big) = \bar{x}y + \bar{y}x, \tag{2}$$

insbesondere

$$x\bar{x} = \xi^2 - \sum_\lambda \sigma_\lambda \xi_\lambda^2 = \bar{x}x.$$

Dies ist zugleich die Norm $x\bar{x}$ von x; Vektoren und Produkte von Vektoren haben skalare Normen.

Die Zahlen $A = A_0 + A_2 + \cdots$ $(\bar{A} = A)$ heißen *gerade*, die Zahlen $A = A_1 + A_3 + \cdots$ $(\bar{A} = -A)$ *ungerade*; die geraden bilden ein System L_{n-1}, das z. B. aus den Grundeinheiten $k_\lambda = i_\lambda i_n (\lambda = 1, \ldots, n-1)$ erzeugt werden kann.

Das Produkt aller Grundeinheiten

$$j = i_1 i_2 \cdots i_n$$

ist bei ungeradem n mit den Grundeinheiten und daher mit allen Zahlen aus L_n vertauschbar $(i_\lambda j = j i_\lambda)$, bei geradem n mit den Grundeinheiten uneigentlich vertauschbar $(i_\lambda j = -j i_\lambda)$.

Wir schicken noch die einfachen Hilfssätze voraus:

(A) *Wenn, für jeden reinen Vektor x, $\bar{A}x = xA$ ist, so ist A skalar.*

Man kann $A = P + i_1 Q$ setzen, wo P, Q frei von i_1 sind. Für jedes Produkt J von verschiedenen Grundeinheiten aus der Reihe $i_2, \ldots, i_n$ ist $i_1 J = \bar{J} i_1$, z. B. $i_1 i_2 \cdots i_k = (-1)^{k-1} i_2 \cdots i_k i_1$. Also

$$\bar{A} = \bar{P} - i_1\bar{Q} = \bar{P} - Q i_1, \quad \bar{A} i_1 = \bar{P} i_1 - \sigma_1 Q = i_1 P - \sigma_1 Q;$$

wenn dies gleich $i_1 A = i_1 P + \sigma_1 Q$ sein soll, so ist $Q = 0$, A frei von i_1. Ist also $\bar{A} i_\lambda = i_\lambda A (\lambda = 1, \ldots, n)$, so ist A frei von allen i_λ, A skalar.

(B) *Wenn, für jeden reinen Vektor x, $\bar{A}x = -xA$ ist, so ist A ein skalares Vielfaches von $j = i_1 i_2 \cdots i_n$.*

Mit denselben Bezeichnungen wie soeben folgt zunächst $P = 0$, A enthält kein von i_1 freies Glied, und dann die Behauptung.

(C) *Wenn, für jeden reinen Vektor x, $Ax = xA$ ist, so ist A bei geradem n skalar, bei ungeradem $A = \alpha + \beta j$.*

Es ist $\overline{A}x = x\overline{A}$, also

$$(A + \overline{A})x = x(\overline{A} + A), \qquad (A - \overline{A})x = -x(\overline{A} - A).$$

Nach den vorangehenden Sätzen ist $A + \overline{A}$ skalar, $A - \overline{A}$ Vielfaches von j, also $A = \alpha + \beta j$ und $\beta[1 + (-1)^n] = 0$.

(D) *Wenn, für jeden reinen Vektor x, $Ax = -xA$ ist, so ist A bei geradem n Vielfaches von j, bei ungeradem Null.*

Hier ist $A - \overline{A}$ skalar, also Null, und $A + \overline{A}$ Vielfaches von j, also $A = \beta j$ und $\beta[1 - (-1)^n] = 0$.

Wir gehen nun zu den *Automorphien der quadratischen Form mit $n + 1$ Variablen*

$$x\overline{x} = x\tilde{x} = \xi^2 - \sum_1^n \sigma_\lambda \xi_\lambda^2 \tag{3}$$

über. Als *Transformator* bezeichnen wir *jede reguläre*[1]) *Zahl P des Systems, für die mit x zugleich $\frac{1}{\overline{P}} xP$ stets ein Vektor ist.* Es gilt:

I. *Ist P ein Transformator, so stellen die Gleichungen*

$$y = \frac{1}{\overline{P}} xP \tag{4}$$

$$y = -\frac{1}{\overline{P}} \overline{x}P \tag{5}$$

eine eigentliche resp. uneigentliche Automorphie der Form $x\overline{x}$ dar. Alle Automorphien sind in dieser Weise darstellbar; der zu einer Automorphie gehörige Transformator ist bis auf einen skalaren nicht verschwindenden Faktor bestimmt. Alle Transformatoren sind Produkte regulärer Vektoren.

Zunächst ist klar, daß diese Gleichungen Automorphien darstellen; aus (4) folgt ja $\overline{y} = \frac{1}{P}\overline{x}\,\overline{P}$ und $y\overline{y} = x\overline{x}$, aus (5) ebenso $y\overline{y} = \overline{x}x$. Sodann: ist eine Automorphie in der Form (4) oder (5) darstellbar, so nur in einer dieser Formen, und der zugehörige Transformator P ist bis auf einen skalaren Faktor $\neq 0$ bestimmt. Denn ist zugleich $y = \frac{1}{\overline{P}} x P = \frac{1}{\overline{Q}} x Q$, so ist $x = \overline{P}\,\frac{1}{\overline{Q}} xQ\,\frac{1}{P} = \frac{1}{\overline{A}} xA$ mit $A = Q\frac{1}{P}$; aus $\overline{A}x = xA$ folgt nach dem Hilfssatz (A), daß $A = \alpha$ skalar ist ($\neq 0$), $Q = \alpha P$. Dasselbe ergibt sich für zwei Darstellungen (5). Wäre aber eine Automorphie in beiden Gestalten (4), (5) darstellbar, $y = \frac{1}{\overline{Q}} xQ = -\frac{1}{\overline{P}}\overline{x}P$, so würde sich, wieder mit $A = Q\frac{1}{P}$, $\overline{A}\,\overline{x} = -xA$ ergeben, insbesondere für reine Vektoren $\overline{A}x = xA$, $A = \alpha \neq 0$; die Gleichung $\alpha\overline{x} = -x\alpha$ ist jedoch für $x = 1$ unmöglich. — Drittens endlich stützen wir uns auf die bekannte Tatsache, daß

[1]) Regulär heißen die Zahlen, die eine Reziproke haben, singulär die übrigen (die Teiler der Null).

sich jede Automorphie aus *Spiegelungen an Hyperebenen*, d. h. aus solchen (von der Identität verschiedenen) Automorphien zusammensetzen läßt, bei denen im affinen Raum der Punkte x alle Punkte einer durch den Koordinatenanfang gehenden Hyperebene in Ruhe bleiben. Diese Spiegelungen sind uneigentliche Automorphien und haben die Form

$$\eta = \xi - 2\alpha\varphi, \qquad \eta_\lambda = \xi_\lambda - 2\alpha_\lambda\varphi,$$
$$\varphi = (\alpha\xi - \sum \sigma_\lambda \alpha_\lambda \xi_\lambda) : (\alpha^2 - \sum \sigma_\lambda \alpha_\lambda^2),$$

wo der Nenner in φ nicht Null sein darf. Vereinigen wir diese Gleichungen zu einer Vektorgleichung, indem wir auch den Vektor $a = \alpha + \Sigma \alpha_\lambda i_\lambda$ einführen, so kommt wegen (2)

$$y = x - a\frac{\bar a x + \bar x a}{a\bar a} = -\frac{a\bar x a}{a\bar a} = -\frac{1}{\bar a}\bar x a \qquad (a\bar a \neq 0).$$

Durch Zusammensetzung solcher Spiegelungen in gerader oder ungerader Anzahl erhält man alle eigentlichen Automorphien in der Form (4), alle uneigentlichen in der Form (5), wo der Transformator $P = ab \cdots d$ ein *Produkt regulärer Vektoren* bedeutet, bei dem übrigens zwischen gerader und ungerader Faktorenzahl nicht unterschieden werden kann, da ja 1 ein Vektor ist. Hiermit ist I völlig bewiesen.

Beiläufig sei bemerkt: unsere Darstellung, eine Vereinfachung der von *K. Th. Vahlen* gegebenen, benutzt Zahlen aus L_n zur Repräsentation von Automorphien einer Form mit $n+1$ Variablen. Bei *R. Lipschitz* und, nach Ausbesserung einer kleinen Asymmetrie, bei *E. Cartan* werden die eigentlichen Automorphien einer Form von n Variablen durch gerade Zahlen aus L_n (also Zahlen eines Systems L_{n-1}) dargestellt. Nennt man eine reguläre Zahl P einen *reinen* Transformator, wenn mit x zugleich $\frac{1}{\bar P} x P$ ein *reiner* Vektor ist, so stellt

$$y = \frac{1}{\bar P} x P$$

alle Automorphien der Form $-x\bar x = x^2 = \Sigma \sigma_\lambda \xi_\lambda^2$ dar, wobei P Produkt reiner Vektoren ist und zwar mit gerader (ungerader) Faktorenzahl für eigentliche (uneigentliche) Automorphien; je nachdem ist also P gerade (ungerade), und man erhält

$$y = \frac{1}{P} x P, \qquad y = -\frac{1}{P} x P.$$

Andererseits könnte man bei geradem n, wo j mit den i_λ uneigentlich vertauschbar ist, auch erweiterte Vektoren der Form $x = \xi + \Sigma \xi_\lambda i_\lambda + \xi_0 j$ heranziehen und Automorphien einer Form mit $n+2$ Variablen in L_n darstellen: das ist eine Variante unseres Verfahrens in § 3. Die Wahl zwischen diesen verschiedenen Darstellungsformen ist schließlich Geschmackssache.

Wir beschränken uns von jetzt an auf Betrachtung eigentlicher Automorphien und können dem Satz I folgende Form geben:

II. *Damit die reguläre Zahl P ein Transformator sei, ist notwendig und hinreichend:*

(α) $P^* x P$ *ist mit* x *zugleich ein Vektor.*

(β) $NP = P\tilde P = \varrho$ *ist skalar* ($\neq 0$).

Dann stellt

(6) $$\varrho y = P^* x P$$

die eigentlichen Automorphien der Form $x\bar x$ *dar.*

Die Bedingung (β) *ist eine Folge von* (α), *außer im Falle* $n = 4m - 1$, *wo zunächst nur* $P\widetilde{P} = \varrho + \sigma j$ *ist und also die Bedingung* $\sigma = 0$ *zu* (α) *hinzutritt.*

Zunächst ist die Bedingung (β) notwendig, denn ein Transformator P hat als Vektorenprodukt skalare Norm $P\widetilde{P} = \varrho \neq 0$. Oder auch: aus (4) folgt durch Bildung der symmetrisch-konjugierten Gleichung $y = P^* x \frac{1}{\overline{P}}$, also mit $A = P\widetilde{P}$

$$x = \frac{1}{P^*}\frac{1}{\overline{P}}\, x P\widetilde{P} = \frac{1}{\overline{A}}\, x A ,$$

hieraus nach dem Hilfssatz (A), daß A skalar ist. Danach ist $\frac{1}{P} = \frac{\widetilde{P}}{\varrho}$, $\frac{1}{\overline{P}} = \frac{P^*}{\varrho}$ und (α) notwendig; diese Betrachtung lehrt zugleich, daß die Bedingungen (α, β) hinreichend sind. — Nehmen wir nun an, es sei zunächst nur (α) erfüllt:

$$z = P^* x P$$

sei mit x zugleich stets ein Vektor; wir setzen x, also auch z als regulär voraus. Indem wir die symmetrische (oder konjugierte) Gleichung bilden und wieder $P\widetilde{P} = A$ setzen, erhalten wir

$$\bar{z} = \widetilde{P}\bar{x}\overline{P} ,$$

$$z\bar{z} = P^* x P \widetilde{P}\bar{x}\overline{P} = x P\widetilde{P}\bar{x}\overline{P}P^* = x A \bar{x}\overline{A} ,$$

wobei wir die Vertauschbarkeit von zwei Faktoren mit skalarem Produkt $\neq 0$ berücksichtigt haben. Für $x = 1$ ergibt sich $A\overline{A}$ als skalar $\neq 0$, und die letzte Gleichung, rechts mit Ax multipliziert, liefert

$$xA = \varphi \cdot Ax , \qquad \varphi = z\bar{z} : (x\bar{x} \cdot A\overline{A}) ,$$

wo φ skalar, aber zunächst noch von x abhängig erscheint. Für $x = i_\lambda$ kommt

$$i_\lambda A = \varphi_\lambda A i_\lambda$$

mit konstanten Skalaren φ_λ, danach aber wieder durch Zusammenfassung zu einem Vektor

$$xA = (\xi + \sum \xi_\lambda i_\lambda) A = A(\xi + \sum \varphi_\lambda \xi_\lambda i_\lambda) = A \cdot \varphi x ,$$

$$\xi + \sum \varphi_\lambda \xi_\lambda i_\lambda = \varphi(\xi + \sum \xi_\lambda i_\lambda) ,$$

also in Wahrheit $\varphi = \varphi_\lambda = 1$ von x unabhängig. Mithin ist $Ax = xA$ und nach dem Hilfssatz (C) $A = \varrho + \sigma j$, wo σ zunächst bei geradem n, aber auch für $n = 4m + 1$ verschwindet, weil $A = P\widetilde{P} = \widetilde{A}$ zu sich konjugiert, also $\sigma = (-1)^{\frac{n(n+1)}{2}} \sigma$ ist; nur für $n = 4m - 1$ muß das Verschwinden von σ besonders gefordert werden. Hiermit ist II bewiesen.

Die Zahl $Z = P^* x P$ ist zu sich selbst symmetrisch-konjugiert, $Z^* = P^* x^* P = Z$, demnach von der Form $Z = Z_0 + Z_1 + Z_4 + Z_5 + Z_8 + Z_9 + \cdots$, und die Bedingungen, daß sie sich auf einen Vektor $Z_0 + Z_1$ reduziert, lauten also

$$(7) \qquad (P^* x P)_4 = (P^* x P)_5 = (P^* x P)_8 = (P^* x P)_9 = \cdots = 0 .$$

Hierin hat man x durch $1, i_1, \ldots, i_n$ zu ersetzen und erhält also ein System homogener quadratischer Bedingungen für die Koordinaten von P, zu denen für $n = 4m - 1$ noch die eine Bedingung

(8) $$(P\widetilde{P})_n = 0$$

tritt. Die Bedingungen (7), deren Anzahl

$$(n+1)\left[\binom{n}{4}+\binom{n}{5}+\binom{n}{8}+\binom{n}{9}+\cdots\right]$$

asymptotisch gleich $(n+1)2^{n-1}$ ist, sind im allgemeinen nicht voneinander unabhängig. Nur in den niedrigsten Fällen kommt die genaue Zahl unabhängiger Bedingungen heraus, nämlich für $n=1$ und $n=2$ keine Bedingung, für $n=3$ die eine Bedingung $(P\widetilde{P})_3 = 0$, für $n=4$ die fünf Bedingungen

$$(P^*P)_4 = (P^* i_1 P)_4 = \cdots = (P^* i_4 P)_4 = 0;$$

die Zahlen

$$2-0=2,\quad 4-0=4,\quad 8-1=7,\quad 16-5=11$$

sind eben die der homogenen Parameter für die Automorphien einer quadratischen Form von 2, 3, 4, 5 Variablen [1]).

§ 3. Fall eines ungeraden n.

Im Fall eines ungeraden n ist $j = i_1 i_2 \cdots i_n$ mit allen Zahlen von L_n vertauschbar und L_n reduzibel, reell-reduzibel für $j^2 = 1$, komplex-reduzibel für $j^2 = -1$. Da $i_n \cdots i_2 i_1 = j^* = (-1)^{\frac{n-1}{2}} j$, so ist

$$j^2 = (-1)^{\frac{n-1}{2}} \sigma_1 \sigma_2 \cdots \sigma_n,$$

ferner $\bar{j} = -j$, $\tilde{j} = (-1)^{\frac{n+1}{2}} j$. Wir nehmen jetzt an:

$$L_n \textit{ reell-reduzibel}, \quad j^2 = 1.$$

Die Anzahl der negativen σ_λ soll also mod. 2 mit $\frac{n-1}{2}$ kongruent sein.

Die Zahlen P des Systems L_n sind in der Form $P = C + jD$ mit *geraden* Zahlen C, D darstellbar, und zwar nur auf eine Weise ($\bar{P} = C - jD$). Setzt man weiter $C + D = A$, $C - D = B$, so erhält man

(9) $$P = A\frac{1+j}{2} + B\frac{1-j}{2},$$

und dies entspricht der Spaltung von L_n in zwei Teilsysteme mit den Haupteinheiten $\frac{1+j}{2}$, $\frac{1-j}{2}$, die ihren Quadraten gleich sind und deren Produkt $=0$ ist. Wir schreiben statt (9) kurz

(10) $$P = (A, B)$$

und nennen A, B die *Komponenten* von P; sie sind durch (9) und die Bedingung, gerade zu sein, eindeutig bestimmt und durchlaufen das System L_{n-1} der geraden Zahlen von L_n. Insbesondere ist

---

[1]) Die Fälle $n=2$ (Quaternionen), $n=3$ (Biquaternionen mit skalarer Norm, nebst andern reellen Gestalten desselben Typus) sind altbekannt. Zum Fall $n=4$ vgl. *H. Beck*, Über konforme Transformationen im Raume I, dieses Journal 155 (1926), 61—74, und die S. 114 zuletzt genannte Arbeit von *E. Study*.

$$1 = (1, 1), \quad j = (1, -1),$$

für eine Grundeinheit

$$i_\lambda = (j i_\lambda, -j i_\lambda)$$

und daher für einen Vektor $x = \xi + \Sigma \xi_\lambda i_\lambda$

$$x = (\mathfrak{x}, \hat{\mathfrak{x}}),$$

wo

$$\mathfrak{x} = \xi + j \sum \xi_\lambda i_\lambda, \quad \hat{\mathfrak{x}} = \xi - j \sum \xi_\lambda i_\lambda; \tag{11}$$

wir nennen solche Zahlen, die von der Form $X_0 + X_{n-1}$ sind (nur ein skalares Glied und Glieder $(n-1)$-ter Ordnung enthalten), *Vektorkomponenten*, insbesondere $\mathfrak{x}$ und $\hat{\mathfrak{x}}$ *zusammengehörige* Vektorkomponenten [1]). Addition und Multiplikation von Zahlen P geschieht durch Addition und Multiplikation ihrer Komponenten; also

$$(A, B)(A', B') = (AA', BB');$$

P ist dann und nur dann regulär, wenn seine Komponenten regulär sind, und

$$\frac{1}{P} = \left(\frac{1}{A}, \frac{1}{B}\right).$$

Die zu P symmetrische Zahl ist

$$\overline{P} = (B, A);$$

für die konjugierte und symmetrisch-konjugierte ist zu unterscheiden:

$$n = 4m + 1, \quad \tilde{j} = -j: \quad \widetilde{P} = (\widetilde{B}, \widetilde{A}), \quad P^* = (\widetilde{A}, \widetilde{B});$$

$$n = 4m - 1, \quad \tilde{j} = j: \quad \widetilde{P} = (\widetilde{A}, \widetilde{B}), \quad P^* = (\widetilde{B}, \widetilde{A}).$$

Die eigentliche Automorphie (4) spaltet sich nunmehr in zwei Gleichungen

$$\mathfrak{y} = \frac{1}{B} \mathfrak{x} A, \quad \hat{\mathfrak{y}} = \frac{1}{A} \hat{\mathfrak{x}} B, \tag{12}$$

läßt sich also in L_{n-1} (aber zunächst nur mit einem *Paar* von Zahlen A, B) darstellen; A, B heißen *zusammengehörige Transformatorkomponenten*. Damit $P = (A, B)$ ein Transformator sei, ist notwendig und hinreichend, daß die rechten Seiten der Formeln (12) für jeden Vektor x zusammengehörige Vektorkomponenten sind.

Wir trennen nun die Fälle $n = 4m \pm 1$.

(𝔄) $\quad \boldsymbol{n = 4m + 1, \quad \tilde{j} = -j.}$

Der Satz II, worin die Bedingung (β) wegfällt, liefert zunächst:

III. *Damit die regulären Zahlen A, B Komponenten eines Transformators $P = (A, B)$ seien, ist notwendig und hinreichend, daß die rechten Seiten der Gleichungen*

$$\varrho \mathfrak{y} = \widetilde{A} \mathfrak{x} A, \quad \varrho \hat{\mathfrak{y}} = \widetilde{B} \hat{\mathfrak{x}} B \tag{13}$$

für jeden Vektor x zusammengehörige Vektorkomponenten seien. Es ist dann

---

[1]) Die neue Bezeichnung mit $\hat{}$ ist nötig, da im Falle $n = 4m + 1$ $\hat{\mathfrak{x}}$ mit $\mathfrak{x} = \bar{\mathfrak{x}} = \tilde{\mathfrak{x}} = \mathfrak{x}^*$ nicht zusammenfällt; für $n = 4m - 1$ ist allerdings $\hat{\mathfrak{x}} = \tilde{\bar{\mathfrak{x}}}$. Übrigens sei, um Trivialitäten auszuschließen, $n \geqq 3$ angenommen.

(14) $$\varrho = P\widetilde{P} = A\widetilde{B} = B\widetilde{A}$$

skalar $\neq 0$ *und die Gleichungen* (13) *liefern die zu P gehörige eigentliche Automorphie der Form* $x\bar{x}$.

Das Eigentümliche dieses Falles ist nun, daß vermöge der ersten Gleichung (13) schon die erste Komponente A die Automorphie bestimmt, falls noch ϱ bekannt ist, daß sich also die Parameterzahl von 2^n auf 2^{n-1} erniedrigt. Überdies ist zwar nicht ϱ, wohl aber ϱ^2 ebenfalls durch A allein ausdrückbar. Da nämlich insbesondere für $x = 1$

$$\widetilde{A}A = \mathfrak{p}, \quad \widetilde{B}B = \hat{\mathfrak{p}}$$

Komponenten eines Vektors p sein sollen, so folgt aus (14)

$$\widetilde{A}A\widetilde{B}B = \varrho^2 = \mathfrak{p}\hat{\mathfrak{p}} = p\bar{p}$$

als Norm dieses Vektors p. Vermöge

(15) $$\widetilde{A}A = \mathfrak{p}, \quad \nabla A = \mathfrak{p}\hat{\mathfrak{p}}$$

sind aber die Koordinaten des Vektors p quadratische, seine Norm ∇A eine *biquadratische Form* der Koordinaten von A: dies nennen wir die *Nablafunktion* von A. Daß ϱ selbst durch A nicht bestimmt sein kann, war vorauszusehen, da ja außer $P = (A, B)$ auch $jP = (A, -B)$ ein Transformator mit derselben ersten Komponente A ist; er entsteht aus P durch Vertauschung von B, ϱ mit $-B$, $-\varrho$, und wenn P den Vektor x in y überführt, so führt jP ihn in $-y$ über (die Vorzeichenvertauschung aller $n+1$ Variablen ist bei ungeradem n eine eigentliche Automorphie). Um den Sachverhalt aber völlig zu durchschauen, müssen wir uns noch von der Kenntnis des ganzen Transformators (A, B) oder der zweiten Komponente B unabhängig machen und Folgendes zeigen:

IV. *Damit die reguläre* (*gerade*) *Zahl A eine Transformatorkomponente sei, ist notwendig und hinreichend, daß* $\widetilde{A}\mathfrak{x}A$ *zugleich mit* $\mathfrak{x}$ *eine Vektorkomponente sei. Insbesondere ist dann* $\widetilde{A}A = \mathfrak{p}$ *eine solche und die durch* (15) *definierte Nablafunktion* $\nabla A \neq 0$. *Ist dann* ϱ *ein Wert von* $\sqrt{\nabla A}$, *so stellt*

(16) $$\varrho\mathfrak{y} = \widetilde{A}\mathfrak{x}A$$

eine eigentliche Automorphie der Form $x\bar{x}$ *dar, die zum Transformator* $P = (A, B)$ *mit* $A\widetilde{B} = \varrho$ *gehört. Zu jeder Transformatorkomponente A gehören genau zwei Transformatoren* $P = (A, B)$ *und* $jP = (A, -B)$.

Es wird also vorausgesetzt, daß mit $\mathfrak{x}$ stets

(17) $$\mathfrak{z} = \widetilde{A}\mathfrak{x}A$$

eine Vektorkomponente sei. Wir wollen zeigen, daß aus dieser Gleichung

(18) $$\mathfrak{z}\hat{\mathfrak{z}} = \nabla A \cdot \mathfrak{x}\hat{\mathfrak{x}}$$

folgt. Setzen wir $\mathfrak{x}$, also auch $\mathfrak{z}$ als regulär voraus und nehmen von (17) die Reziproke, so ergibt sich $\left(\text{mit } C = \frac{1}{A}\right)$

$$\hat{\mathfrak{z}} = \varphi C\hat{\mathfrak{x}}\widetilde{C}, \quad \varphi = \mathfrak{z}\hat{\mathfrak{z}} : \mathfrak{x}\hat{\mathfrak{x}},$$

wo φ skalar, aber zunächst von $\mathfrak{x}$ abhängig ist. Wenn man für den Vektor x insbesondere 1 und i_λ setzt, so erhält man konstante Vektorkomponenten $\mathfrak{z}_0$, $\mathfrak{z}_\lambda$ und Skalare φ_0, φ_λ, mit denen die Gleichungen

$$\mathfrak{z}_0 = \widetilde{A}A, \qquad \mathfrak{z}_\lambda = \widetilde{A}\, j\, i_\lambda A,$$
$$\hat{\mathfrak{z}}_0 = \varphi_0 C\widetilde{C}, \qquad \hat{\mathfrak{z}}_\lambda = -\varphi_\lambda C\, j\, i_\lambda \widetilde{C}$$

bestehen, und daraus wieder durch Zusammenfassung mit Faktoren ξ, ξ_λ

$$\mathfrak{z} = \xi\mathfrak{z}_0 + \sum \xi_\lambda \mathfrak{z}_\lambda,$$
$$\hat{\mathfrak{z}} = \xi\hat{\mathfrak{z}}_0 + \sum \xi_\lambda \hat{\mathfrak{z}}_\lambda = C(\varphi_0\xi - j\sum \varphi_\lambda \xi_\lambda i_\lambda)\widetilde{C} = C\varphi\hat{\mathfrak{x}}\widetilde{C},$$

also

$$\varphi_0\xi - j\sum \varphi_\lambda\xi_\lambda i_\lambda = \varphi(\xi - j\sum \xi_\lambda i_\lambda),$$

d. h. $\varphi = \varphi_0 = \varphi_\lambda$ von $\mathfrak{x}$ unabhängig; hier ist $\mathfrak{z}_0$ das frühere $\mathfrak{p}$, $\varphi_0 = \mathfrak{z}_0\hat{\mathfrak{z}}_0 = \nabla A$ und damit die Gleichung (18) bewiesen.

Schreiben wir nun die Gleichung (16) mit $\varrho = \sqrt{\nabla A}$, so ergibt sich $\mathfrak{y}\hat{\mathfrak{y}} = \mathfrak{x}\hat{\mathfrak{x}}$, also durch Bildung der Reziproken

$$\frac{1}{\varrho}\hat{\mathfrak{y}} = C\hat{\mathfrak{x}}\widetilde{C},$$

und wenn wir B durch $A\widetilde{B} = \varrho$ definieren:

$$\varrho\hat{\mathfrak{y}} = \widetilde{B}\hat{\mathfrak{x}}B,$$

d. h. die zweite Gleichung (13) folgt aus der ersten, und A ist die erste Komponente des Transformators $P = (A, B)$, außerdem nur noch des durch Vertauschung von ϱ mit $-\varrho$ entstehenden Transformators $jP = (A, -B)$.

Offenbar kann die Gleichung der Automorphie auch noch in eine der Formen

$$(19) \qquad \varrho\hat{\mathfrak{x}} = A\hat{\mathfrak{y}}\widetilde{A}, \qquad \varrho\mathfrak{x} = B\mathfrak{y}\widetilde{B}$$

gebracht werden.

Die Automorphie ist durch A in Verbindung mit $\varrho = \sqrt{\nabla A}$ bestimmt und werde etwa mit $(A \mid \varrho)$ bezeichnet; dieselbe Automorphie wird nur noch durch $(\lambda A \mid \lambda^2\varrho)$ mit beliebigem $\lambda \neq 0$ geliefert. Zwei Automorphien $(A \mid \varrho)$ und $(A' \mid \varrho')$ zusammengesetzt ergeben $(AA' \mid \varrho\varrho')$; daraus folgt unmittelbar, daß das Produkt von zwei Transformatorkomponenten wieder eine und

$$(20) \qquad \nabla(AB) = \nabla A \cdot \nabla B$$

ist. Die Vergleichung der ersten Formeln (13) und (19) zeigt, daß mit A auch $\widetilde{A}$ Transformatorkomponente ist und dieselbe Nablafunktion hat:

$$(21) \qquad \nabla\widetilde{A} = \nabla A.$$

Die beiden Vektorkomponenten $\mathfrak{p} = \widetilde{A}A$ und $\mathfrak{q} = A\widetilde{A}$ brauchen übrigens weder identisch noch zusammengehörig ($\mathfrak{q} = \hat{\mathfrak{p}}$) zu sein, obwohl sie dasselbe $\mathfrak{p}\hat{\mathfrak{p}} = \mathfrak{q}\hat{\mathfrak{q}}$ und auch denselben Skalarteil haben.

Da die Zahl $Z = \widetilde{A}\mathfrak{x}A$ gerade und zu sich konjugiert, also von der Form $Z_0 + Z_4 + \cdots + Z_{n-1}$ ist und sich auf $Z_0 + Z_{n-1}$ reduzieren soll, so werden die

Bedingungen für eine Transformatorkomponente

$$(22) \qquad (\widetilde{A}\mathfrak{x}A)_4 = (\widetilde{A}\mathfrak{x}A)_8 = \cdots = (\widetilde{A}\mathfrak{x}A)_{n-5} = 0,$$

worin man für $\mathfrak{x}$ die Werte $1, j\,i_\lambda$ zu setzen hat. Die Anzahl dieser in den Koordinaten von A quadratischen Bedingungen ist im allgemeinen wieder größer als die der überzähligen Parameter. *Für $n = 5$ fallen die Bedingungen fort*; jede gerade reguläre Zahl A ist Transformatorkomponente und die Automorphien einer quadratischen Form von 6 Variablen werden durch 16 homogene Parameter ohne Bedingungsgleichung dargestellt (aber nicht rational, sondern mit Hilfe von $\sqrt{\nabla A}$).

Die folgende Bemerkung verdient noch ein gewisses Interesse. Die Komponenten $A = A_0 + A_2 + \cdots + A_{n-1}$, $B = B_0 + B_2 + \cdots + B_{n-1}$ einer Zahl $P = P_0 + P_1 + \cdots + P_n$ sind, wie aus ihrer Einführung folgt, gegeben durch

$$A = P_0 + P_2 + \cdots + P_{n-1} + j(P_n + P_{n-2} + \cdots + P_1),$$
$$B = P_0 + P_2 + \cdots + P_{n-1} - j(P_n + P_{n-2} + \cdots + P_1),$$

d. h.

$$A_k = P_k + jP_{n-k}, \quad B_k = P_k - jP_{n-k} \qquad (k = 0, 2, \ldots, n-1).$$

Wenn insbesondere $P = P_0 + P_1 + \cdots + P_{2m}$ höchstens von der Ordnung $\frac{n-1}{2} = 2m$ ist, so ist also

$$A_k = P_k = B_k \qquad (k = 0, 2, \ldots, 2m)$$
$$A_k = jP_{n-k} = -B_k \qquad (k = 2m+2, \ldots, 4m)$$

oder $B = \hat{A}$ mit

$$(23) \qquad \hat{A} = (A_0 + A_2 + \cdots + A_{2m}) - (A_{2m+2} + \cdots + A_{4m}).$$

Hiervon gilt auch die Umkehrung: bei beliebigem geradem A ist $P = (A, \hat{A})$ von der Ordnung $\leqq \frac{n-1}{2}$. (Wenn jP von der Ordnung $\leqq \frac{n-1}{2}$ ist, ist $P = (A, -\hat{A})$ und umgekehrt). Dies gilt insbesondere, wenn $P = ab \cdots d$ Produkt von höchstens $\frac{n-1}{2}$ Vektoren, ein „reduzierter" Transformator ist; und wenn $A = \mathfrak{a}\mathfrak{b}\cdots\mathfrak{d}$ Produkt von höchstens $\frac{n-1}{2}$ Vektorkomponenten ist, so ist seine auf einen reduzierten Transformator $P = ab \cdots d$ führende Ergänzungskomponente $\hat{A} = \hat{\mathfrak{a}}\hat{\mathfrak{b}}\cdots\hat{\mathfrak{d}}$ durch A eindeutig bestimmt. Die Nablafunktion $\nabla A = \widetilde{A}A\widetilde{B}B$ ist hier, wo $B = \hat{A}$, in vier hyperkomplexe Faktoren zerlegbar, die linear von den Koordinaten von A abhängen, und ist das Quadrat einer in diesen Koordinaten quadratischen Form $\varrho = A\widetilde{B}$. Im allgemeinen ist sie, nach (15), nur in die linearen Faktoren $\widetilde{A}$, A und den quadratischen Faktor $\mathfrak{p}$ zerlegbar.

Wir haben nun noch die *Realitätsverhältnisse* zu beachten (ohne deren Berücksichtigung die Vorzeichen der σ_λ gleichgültig sind und es sich um nur orthogonale Transformationen handelt). Reelle Automorphien sind durch reelle [1]) Trans-

[1]) d. h. solche mit reellen Koordinaten.

formatoren P darstellbar. Denn stellt $\overline{P}y = xP$ eine reelle Automorphie dar und ist Q der zu P konjugiert-komplexe (durch Vertauschung von $i = \sqrt{-1}$ mit $-i$ entstehende) Transformator, so ist $\overline{Q}y = xQ$, also $\overline{Q}\frac{\overline{1}}{P}x = xQ\frac{1}{P}$, nach Hilfssatz (A) $Q = \lambda P$ (λ skalar), $P = \overline{\lambda}Q$, $\lambda\overline{\lambda} = 1$, $\lambda = e^{2i\mu}$ mit reellem μ, $Qe^{-i\mu} = Pe^{i\mu}$ oder, wenn man statt $Pe^{i\mu}$ einfach P schreibt, $Q = P$, P ist reell. Für reelle Transformatoren P ist $\varrho = P\widetilde{P}$ reell und die Nablafunktion $\varrho^2 = \nabla A$ positiv. Wir müssen jetzt also unterscheiden: *Komponenten A reeller Transformatoren*, für die $\nabla A > 0$, und *reelle Transformatorkomponenten*, d. h. reelle Zahlen A, die der Bedingung des Satzes IV genügen und für die zunächst nur $\nabla A \lesseqgtr 0$. Aus $\varrho = \sqrt{\nabla A}$ und $A\widetilde{B} = \varrho$ folgt, daß eine reelle Transformatorkomponente für $\nabla A > 0$ Komponente eines reellen, für $\nabla A < 0$ reelle Komponente eines komplexen Transformators $P = (A, B)$ mit rein imaginärem B (d. h. reellem iB) ist. Aus (18) oder

$$\zeta^2 - \sum \sigma_\lambda \zeta_\lambda^2 = \nabla A\,(\xi^2 - \sum \sigma_\lambda\, \xi_\lambda^2)$$

geht nun nach dem Trägheitsgesetz der quadratischen Formen hervor, daß sicherlich $\nabla A > 0$ ist, falls die Anzahlen der positiven und negativen Quadrate in der Form $\xi^2 - \Sigma\sigma_\lambda\xi_\lambda^2$ verschieden sind; dann sind reelle Transformatorkomponenten auch ohne weiteres Komponenten reeller Transformatoren. Wenn aber die Form ebenso viele positive wie negative Quadrate enthält, kann in der Tat $\nabla A < 0$ sein, und zu den Bedingungen von IV tritt also für reelle Automorphien noch die Forderung $\nabla A > 0$ hinzu. Es gibt dann nämlich „rein imaginäre" eigentliche Automorphien, d. h. solche, die jeden reellen Vektor x in einen rein imaginären y überführen; für die Form

$$\xi^2 - \xi_1^2 + \xi_2^2 - \xi_3^2 + \cdots + \xi_{n-1}^2 - \xi_n^2$$

ist z. B.

$$\eta = i\xi_1, \quad \eta_1 = i\xi, \quad \eta_2 = i\xi_3, \quad \eta_3 = i\xi_2, \cdots, \quad \eta_{n-1} = i\xi_n, \quad \eta_n = i\xi_{n-1}$$

eine solche. Ist P ein zugehöriger Transformator und wieder Q der konjugiert-komplexe, so ist mit $\overline{P}y = xP$ zugleich $-\overline{Q}y = xQ$, woraus wie oben nach dem Hilfssatz (B) folgt, daß $Q = \lambda jP$ oder bei geeigneter Normierung $Q = jP$; es sind also $P = (A, B)$ und $jP = (A, -B)$ konjugiert-komplex, d. h. A reell und B rein imaginär, ϱ rein imaginär und $\varrho^2 = \nabla A < 0$.

Nennen wir

$$\sigma = 1 - \sum \sigma_\lambda \tag{24}$$

die *Charakteristik* eines *Lipschitz*schen Systems L_n; der Restcharakter von $\pm\sigma$ mod. 8 bestimmt die reelle Gestalt von L_n (*Cartan*, l. c. S. 464). Ist n ungerade, also σ gerade, so ist

$$j^2 = (-1)^{\frac{n-1}{2}} \prod \sigma_\lambda = (-1)^{\frac{n-1}{2}} \prod (-1)^{\frac{1-\sigma_\lambda}{2}} = (-1)^{\frac{\sigma}{2}}$$

und hier, wo $j^2 = 1$, σ durch 4 teilbar; je nachdem $\sigma \equiv 0$ oder $\sigma \equiv 4$ (mod. 8), ist das System L_{n-1} der geraden Zahlen von L_n ein Matrizensystem M oder das Produkt QM eines Matrizensystems mit dem System Q der *Hamilton*schen Quaternionen.

Nur im Falle $\sigma = 0$ gibt es reelle Transformatorkomponenten A mit $\nabla A < 0$. Ohne die etwas mühselige Transformation von L_{n-1} in die Gestalt M oder QM wirklich durchzuführen, kann man im ersten Falle, wo also die Zahlen von L_{n-1}, insbesondere die Vektor- und Transformatorkomponenten, als r-reihige Matrizen darstellbar sind ($r^2 = 2^{n-1} = 2^{4m}$, $r = 4^m$, $m \geqq 1$), leicht den Zusammenhang der Nablafunktion ∇A mit der Determinante von A feststellen, nämlich

$$(25) \qquad |A| = (\nabla A)^{\frac{r}{4}}.$$

Für eine Vektorkomponente $\mathfrak{x}$ folgt nämlich, weil $\mathfrak{x}\hat{\mathfrak{x}} = x\bar{x}$ skalar ist,

$$|\mathfrak{x}|\,|\hat{\mathfrak{x}}| = (x\bar{x})^r,$$

und da die quadratische Form $x\bar{x}$ irreduzibel ist,

$$|\mathfrak{x}| = \lambda(x\bar{x})^{\frac{r}{2}}, \qquad |\hat{\mathfrak{x}}| = \frac{1}{\lambda}(x\bar{x})^{\frac{r}{2}},$$

wo λ konstant (von x unabhängig) ist; durch die Spezialisierung $x = 1$ ergibt sich $\lambda = 1$,

$$|\mathfrak{x}| = |\hat{\mathfrak{x}}| = (x\bar{x})^{\frac{r}{2}}.$$

Stellen wir dann einen Transformator als Vektorenprodukt $P = ab \cdots d$ dar, mit der Norm $\varrho = a\bar{a} \cdot b\bar{b} \cdots d\bar{d}$, so ist seine Komponente $A = \mathfrak{a}\mathfrak{b} \cdots \mathfrak{d}$ das entsprechende Vektorkomponenten-Produkt,

$$|A| = |\mathfrak{a}|\,|\mathfrak{b}| \cdots |\mathfrak{d}| = \varrho^{\frac{r}{2}} = \varrho^{2 \cdot \frac{r}{4}} = (\nabla A)^{\frac{r}{4}}.$$

Nach (15) ist ferner $\nabla A = \widetilde{A}A\hat{\mathfrak{p}} = A\hat{\mathfrak{p}}\widetilde{A} = AC$, wo $C = \hat{\mathfrak{p}}\widetilde{A}$ eine Matrix ist, deren Elemente kubische Formen der Koordinaten von A sind; demnach ist die zu A *adjungierte* Matrix

$$\frac{|A|}{A} = (\nabla A)^{\frac{r-4}{4}} C,$$

sie zerfällt in den skalaren Faktor $(\nabla A)^{\frac{r-4}{4}}$ und die kubische Matrix C, d. h. alle $(r-1)$-reihigen Unterdeterminanten von A sind durch die $\frac{r-4}{4}$-te Potenz der Nablafunktion teilbar. Im niedrigsten Falle $n = 5$, $r = 4$ ist $|A| = \nabla A$ die Nablafunktion selbst.

Über den Fall

$$(\mathfrak{B}) \qquad n = 4m - 1, \quad \bar{j} = j$$

wollen wir nur Folgendes bemerken. Der Satz II nimmt hier diese Gestalt an:

V. *Damit die regulären Zahlen A, B Komponenten eines Transformators $P = (A, B)$ seien, ist notwendig und hinreichend, daß $\widetilde{B}\mathfrak{x}A$ zugleich mit $\mathfrak{x}$ stets Vektorkomponente sei und daß die in diesem Falle skalaren Normen $A\widetilde{A}$, $B\widetilde{B}$ gleich ausfallen ($A\widetilde{A} = B\widetilde{B} = \varrho \neq 0$). Es stellt dann*

$$(26) \qquad \varrho\mathfrak{y} = \widetilde{B}\mathfrak{x}A$$

die zu P gehörige eigentliche Automorphie der Form $x\bar{x}$ dar.

In unserem Falle sind nämlich $\mathfrak{x}$ und $\bar{\mathfrak{x}} = \tilde{\mathfrak{x}}$ zusammengehörige Vektorkomponenten; ferner ist $\widetilde{P} = (\widetilde{A}, \widetilde{B})$, $P^* = (\widetilde{B}, \widetilde{A})$ und die Bedingung (α) des Satzes II, wonach $\widetilde{B}\mathfrak{x}A$ und $\widetilde{A}\tilde{\mathfrak{x}}B$ zusammengehörige Vektorkomponenten sein müssen, reduziert sich auf die eine, daß $\widetilde{B}\mathfrak{x}A$ Vektorkomponente sein soll. Ferner ist, wie in II festgestellt wurde, $P\widetilde{P} = \varrho + \sigma j$ oder $(A\widetilde{A},\ B\widetilde{B}) = (\varrho + \sigma,\ \varrho - \sigma)$, d. h. $A\widetilde{A} = \varrho + \sigma$ und $B\widetilde{B} = \varrho - \sigma$ sind skalar; es trat dann noch die Bedingung $\sigma = 0$ hinzu. Die Gleichung (6) zerfällt nunmehr in (26) und die konjugierte Gleichung.

Von einer Separation der Komponenten A, B und Halbierung der Parameterzahl läßt der Satz V noch nichts erkennen. Im niedrigsten Fall $n = 3$ werden die Automorphien einer quaternären Form nach Satz II durch Biquaternionen mit skalarer Norm, nach Satz V durch Paare von Quaternionen mit gleichen Normen dargestellt (von den Realitätsverhältnissen abgesehen), beidemal durch 8 homogene Parameter mit einer Bedingungsgleichung. Aber für $n \geqq 7$ gilt auch jetzt noch, *daß durch die erste Komponente A eines Transformators die zweite B bis aufs Vorzeichen bestimmt wird.* Nämlich speziell für $A = 1$ soll $\widetilde{B}\mathfrak{x}$ mit $\mathfrak{x}$ zugleich Vektorkomponente und $B\widetilde{B} = 1$ sein. Insbesondere ist $\widetilde{B} = \beta - j\Sigma\beta_\lambda i_\lambda$ dann selbst Vektorkomponente; der Ausdruck $\widetilde{B}\mathfrak{x}$ enthält nur Glieder der Ordnungen $0, 2$ und $n - 1 > 2$, und wenn er Vektorkomponente sein soll, so verlangt das Verschwinden der Glieder 2. Ordnung $\beta_\lambda \xi_\mu - \beta_\mu \xi_\lambda = 0$, d. h. $\beta_\lambda = 0$, also $B = \beta$ skalar, nach der Normenbedingung $B = \pm 1$: die einzigen Transformatoren mit der ersten Komponente 1 sind $(1, 1) = 1$ und $(1, -1) = j$. Wenn demnach $P = (A, B)$ und $P' = (A, B')$ Transformatoren mit gemeinsamer erster Komponente sind, so ist $P' \frac{1}{P} = \left(1, B' \frac{1}{B}\right)$ ein Transformator, folglich $B' = \pm B$. Da es mir aber bisher nicht gelungen ist, die notwendigen und hinreichenden Bedingungen für eine Transformatorkomponente A und die Bestimmung der zweiten Komponente B auf eine ebenso einfache Form zu bringen wie im Falle $n = 4m + 1$, so will ich die Mitteilung der gefundenen Ergebnisse unterlassen.

Zum Schluß sei nochmals daran erinnert, daß sich unsere Betrachtung auf den Fall $j^2 = 1$ (L_n reell-reduzibel) bezog; wenn $j^2 = -1$, die Anzahl der negativen σ_λ mod. 2 mit $\frac{n+1}{2}$ kongruent ist, so ist L_n nur komplex-reduzibel und die Spaltung in zwei Teilsysteme L_{n-1} auf reellem Wege nicht möglich.

Kommentar zu [H 1927c]

W. Scharlau

In dieser Arbeit untersucht HAUSDORFF die *Lipschitzschen Zahlensysteme*, die heute allgemein unter dem Namen "CLIFFORD-Algebren" bekannt sind. Sie wurden unabhängig voneinander von CLIFFORD und LIPSCHITZ entdeckt; letzterer erkannte den Zusammenhang mit der orthogonalen Gruppe, der CAYLEY-Transformation und der Spin-Darstellung. Eine moderne Darstellung findet man in [ABS 1964] oder in Büchern über Quadratische Formen, z. B. [S 1985], Chap. 9. Diese Darstellungen gehen im Kern auf [BW 1935] zurück. HAUSDORFFs Arbeit ist in diese durch LIPSCHITZ begründete und von STUDY weitergeführte "Bonner Tradition" einzuordnen. Einige interessante historische (und mathematische) Kommentare zu diesem Fragenkreis enthält die *Korrespondenz aus dem Jenseits* [L 1959], bzw. A. WEIL: *Collected Papers II*, 557–561.

STUDY ist zu der Nabla-Funktion gekommen [St 1920], indem er von einer ganz naheliegenden Frage ausgegangen ist, die zunächst nichts mit CLIFFORD-Algebren zu tun hat: Man gebe das Inverse einer invertierbaren 2×2-Matrix mit Koeffizienten in den HAMILTONschen Quaternionen $\mathbb{H}$ explizit an. In der entsprechenden Formel tritt ein skalarer Faktor auf – so wie im Kommutativen die Determinante – und dieser Faktor ist die Nabla-Funktion. (STUDY behandelt dann auch beliebige $(n \times n)$-Matrizen und kommt zu einer Verallgemeinerung der Nabla-Funktion, die jedoch in eine andere Richtung geht als in HAUSDORFFs Arbeit.) Der Zusammenhang mit CLIFFORD-Algebren ergibt sich bei der Betrachtung von 5-dimensionalen quadratischen Formen. Dann ist die gerade CLIFFORD-Algebra 16-dimensional und bei passend gewählter quadratischer Form isomorph zu $M_2(\mathbb{H})$. Die Nabla-Funktion wird dann i. W. durch die Normabbildung gegeben. Schon STUDY hat diesen Zusammenhang erkannt, und mit der ihm eigenen Gründlichkeit, aber auch Weitschweifigkeit, walzt er dieses Thema u. a. in einer langen 4-teiligen Arbeit [St 1923, 1925] aus.

HAUSDORFF gibt in der vorliegenden Arbeit eine systematische Darstellung dieses Fragenkreises. Es ist anzunehmen, daß er durch den persönlichen Kontakt zu STUDY zu diesem Problem gekommen ist. In §2 wiederholt er zunächst die grundlegenden Eigenschaften der CLIFFORD-Algebra (= *Lipschitzsches System*) $C = L_n$ zu einer quadratischen Form (V, q),

$$q(x) = \sum_{i=1}^{n} \varepsilon_i x_i^2, \quad \varepsilon_i = \pm 1 \text{ über } \mathbb{K} = \mathbb{R} \text{ oder } \mathbb{C}.$$

Elemente der sog. CLIFFORD-Gruppe Γ heißen bei ihm *Transformatoren*. Man hat bekanntlich eine exakte Sequenz ("Vektordarstellung")

$$1 \to \mathbb{K}^* \to \Gamma \xrightarrow{\alpha} O(q) \to 1$$

mit $\alpha(\gamma)x = \overline{\gamma}x\gamma^{-1}$, die der Kern der ganzen Theorie ist.

In §3 kommt HAUSDORFF dann zu seinem eigentlichen Thema, dem Fall, daß n ungerade ist. Dann ist das Zentrum von C eine separable quadratische Erweiterung von $\mathbb{K}$, nämlich $\mathbb{K} + \mathbb{K}j$ mit $j = i_1 \dots i_n$ für eine (Orthogonal-)Basis $i_1, \dots, i_n$ von V. Er nimmt an, daß diese Algebra zerfällt (d.h. $j^2 = 1$), so daß auch C zerfällt: Man hat eine kanonische Zerlegung $C = C_0 \times C_0$, wobei C_0 isomorph zur "geraden" CLIFFORD-Algebra ist. Die weitere Arbeit besteht im Prinzip aus der Untersuchung der relevanten Begriffe Γ, V, α (in HAUSDORFFs Terminologie *Transformatoren* und *Vektoren*) bzgl. dieser Zerlegung. Die Norm-Abbildung führt dann, wie gesagt auf die *Studysche Nablafunktion*. Die Bedeutung der Spin-Darstellung war HAUSDORFF offenbar nicht bekannt. Er berührt sie eher zufällig in seiner Formel (25), in der i.W. die Determinante der Spin-Darstellung durch die Nablafunktion ausgedrückt wird. – (Es wäre heute kein Problem, HAUSDORFFs Ansatz über beliebigem Grundkörper mit einer beliebigen quadratischen Form auszuführen. Es ist aber auch klar, daß wesentliche neue Ergebnisse auf diese Weise nicht zu erwarten sind.)

Insgesamt ist HAUSDORFFs Arbeit als ein Beitrag zur Strukturtheorie der CLIFFORD-Algebren anzusehen. Viele wesentliche Begriffe und Resultate sind im Kern zwar schon bei LIPSCHITZ ([L 1886]) vorhanden (vgl. [L 1959]), aber es existierte noch keine systematische Darstellung der Theorie unter Verwendung der bis etwa 1920 Allgemeingut gewordenen Grundbegriffe der Algebra und Linearen Algebra. In den Encyklopädie-Artikeln [St 1898] und [C o.J.] werden CLIFFORD-Algebren nur ganz kurz erwähnt. Vielleicht am systematischsten (wenn auch sehr knapp) stellt VAHLEN diesen Gegenstand dar ([V 1902]), und es erscheint möglich, daß HAUSDORFF sich an dieser Arbeit orientiert und sie im Hinblick auf die STUDYsche Nabla-Funktion fortführt. Jedenfalls zitiert er die Arbeit von VAHLEN und verwendet auch teilweise ihre Bezeichnungen und Terminologie.

Im Nachlaß befindet sich eine große Zahl von Manuskripten, die sich mit dem Thema dieser Arbeit und nahe verwandten Fragen beschäftigen (Fasz. 941–984). Zum Teil handelt es sich um elementare Teile der Linearen Algebra (etwa der Satz von SKOLEM-NOETHER für Matrizen-Algebren), z. T. um Vorstudien zu [H 1927c], z. T. um genauere Untersuchung niederdimensionaler Fälle und schließlich um Versuche, die Untersuchung [H 1927c] weiterzuführen. Es gibt außerordentlich viele Wiederholungen und geringfügige Modifikationen. Allem Anschein nach ist HAUSDORFF jedoch nicht zu definitiven Resultaten gekommen; insgesamt machen diese umfangreichen Rechnungen einen sehr vorläufigen Eindruck. Im Vordergrund stehen elementere Rechnungen mit expliziten Basen oder Erzeugenden; strukturelle Gesichtspunkte treten stark zurück.

Literatur

[**ABS 1964**] ATIYAH, M. F.; BOTT, R.; SHAPIRO, A.: *Clifford modules.* Topology **3** (1964), 3–28.

[**BW 1935**] BRAUER, R.; WEYL, H.: *Spinors in n dimensions.* Am. J. Math. **57** (1935), 425–449.

[**C o. J.**] CARTAN, E.: *Nombres complexes.* In: Encyclopédie des sciences mathématiques I1, S. 329–468. Wieder abgedruckt in *Oevres complètes II*, 1 (1953), 107–246

[**L 1886**] LIPSCHITZ, R.: *Untersuchungen über die Summen von Quadraten.* Bonn 1886.

[**L 1959**] LIPSCHITZ, R.: *Correspondence.* Ann. of Math. **69** (1959), 247–251.

[**S 1985**] SCHARLAU, W.: *Quadratic and hermitian forms.* Springer-Verlag. Berlin, Heidelberg, New York, Tokyo 1985.

[**St 1898**] STUDY, E.: *Theorie der gemeinen und höheren komplexen Größen.* In: Encyklopädie der mathematischen Wissenschaften, Erster Band (1898–1904), S. 148–183.

[**St 1920**] STUDY, E.: *Zur Theorie der linearen Gleichungen.* Acta math. **42** (1920), 1–61.

[**St 1923, 1925**] STUDY, E.: *Ein Seitenstück zur Theorie der linearen Transformationen einer komplexen Veränderlichen I, II, III, IV.* Math. Z. **18** (1923), 55–86, 201–229, Math. Z. **21** (1925), 45–71, 174–194.

[**V 1902**] VAHLEN, K. TH.: *Über Bewegungen und complexe Zahlen.* Math. Ann. **55** (1902), 585–593.

Hausdorffs Untersuchungen über endliche kommutative Ringe

W. Scharlau

HAUSDORFF hat ein lebenslanges Interesse an der Strukturtheorie endlichdimensionaler Algebren gehabt. Zwar ist es nur zu wenigen Publikationen auf diesem Gebiet gekommen, jedoch zeigen die zahlreichen einschlägigen Manuskripte im Nachlaß, daß er diese Thematik immer wieder aufgegriffen hat. In engem inhaltlichen und methodischen Zusammenhang damit hat er auch wiederholt endliche kommutative Ringe untersucht. Ab 1933 hat er diese Untersuchungen so weit gefördert, daß er im Sommersemester 1934 ein Seminar *Endliche kommutative Ringe* (Fasz. 1106) abhalten konnte und im Februar 1936 eine kurze Zusammenfassung (Fasz. 583) an K. HENSEL schickte. In dem Begleitbrief heißt es einerseits zu dieser Arbeit: „ist nicht zur Veröffentlichung bestimmt", andererseits aber auch:

> Vor einer etwaigen Publikation (vielleicht in den Compositio mathematica), möchte ich gern noch mehr ...

Er hat also selbst durchaus an eine Veröffentlichung gedacht, und dies ist vielleicht Grund genug, die betreffende Arbeit etwas genauer anzusehen. In dieses Umfeld gehört insbesondere auch Fasz. 1051 aus dem Jahr 1933, der eine recht ausführliche Darstellung enthält.

Bei der Durchsicht dieser Manuskripte stellt man als erstes fest, daß sich HAUSDORFF auch – und z.B. in Fasz. 583 scheinbar überwiegend – mit Charaktersummen beschäftigt, von der Art, wie sie in der Zahlentheorie, z.B. bei L-Funktionen, auftreten. Sie sind folgendermaßen definiert: R sei ein endlicher kommutativer Ring, $\chi : R \to \mathbb{C}$ ein multiplikativer Charakter, $\sigma : R \to \mathbb{C}$ ein additiver Charakter. Dann werden folgende Summen betrachtet

$$[\chi, \sigma] = \sum_{\alpha} \chi(\alpha)\sigma(\alpha)$$

und ihre Eigenschaften untersucht. Auf diesen Aspekt bezieht sich offenbar auch der Briefwechsel mit HASSE (Antwortschreiben an HASSE vom 7.4.1936). Er soll jedoch im Folgenden aus zwei Gründen unberücksichtigt bleiben: Erstens sind HAUSDORFFs Ergebnisse nur relativ unbedeutende Verallgemeinerungen bekannter Tatsachen ohne weitere zahlentheoretische Konsequenzen, und zweitens sind sie – soweit sie Neues enthalten – direkte Folgerungen zu Strukturuntersuchungen über endliche kommutative Ringe, die der eigentliche Kern der Sache sind.

Es wird jetzt kurz zusammengefaßt, was die genannten Manuskripte zur Strukturtheorie endlicher Ringe enthalten. (Ausführliche Beweise finden sich z.B. in Fasz. 1051.) Es sei also R ein endlicher kommutativer Ring mit 1. Mit dem bekannten Idempotenz-Argument wird gezeigt, daß R kanonisch als direktes Produkt *irreduzibler* Ringe geschrieben werden kann. Ideale verhalten sich entsprechend. Im Hinblick auf eine von vorherein implizit anvisierte Klassifikation genügt es also irreduzible Ringe zu betrachten. Dann sind alle Nullteiler nilpotent. Das (Nil-)Radikal N ist also maximales Ideal. Es wird gezeigt, daß für den Restklassenkörper k ein kanonisches(!) Repräsentantensystem K existiert und daß K ein Körper ist, wenn R überhaupt einen Teilkörper enthält. In diesem – besonders wichtigen – Fall ist also $R = K \oplus N$ und R eine K-Algebra.
An verschiedenen Stellen in seinen Manuskripten unterbricht HAUSDORFF den systematischen Aufbau und fragt nach der Struktur der Einheitengruppe von R (bei ihm mit H bezeichnet). Er erwähnt die "Einseinheiten-Gruppe" $1 + N$ und einige Beispiele, bricht eine genauere Untersuchung aber immer schnell ab. Der weitere Aufbau der Theorie muß jetzt zwangsläufig so geschehen, daß eine kanonische Filterung und die zugehörige Graduierung von R betrachtet wird. Heute würde man zunächst die absteigende Filterung

$$N \supset N^2 \supset \ldots \supset N^r \supset N^{r+1} = 0$$

und den zugehörigen graduierten Ring untersuchen. HAUSDORFF legt allerdings die aufsteigende Filterung

$$N_1 = Ann(N), \qquad N_i = \{x \in N | xN \subset N_{i-1}\}$$

zugrunde. Er erkennt (implizit), daß die sukzessiven Quotienten k-Vektorräume sind. Die Folge ihrer Dimension nennt er den *Typus* des Ringes. Allerdings werden die Faktoren N_i/N_{i+1} nicht explizit betrachtet und erst recht nicht der zu R gehörige graduierte Ring. Stattdessen wird eine K-Basis von N_1 zu einer von N_2 ergänzt, usw. Für diese K-Basis von N wird die Multiplikations-Tabelle betrachtet und ihre grundsätzliche Struktur erklärt (Fasz. 1106, S. 25). Jetzt tritt das Ziel der Klassifikation deutlicher hervor. HAUSDORFF schreibt (loc. cit.):

> Durch Basistransformation kann man die Gestalt der Multiplikationstabelle zu vereinfachen und auf eine Normalform zu bringen suchen.

Etwas später heißt es:

> ...die Zahlen l, m, q [das sind die Dimensionen der N_i/N_{i-1} – W. S.] sind offenbar dem Ring eigentümlich (für isomorphe Ringe dieselben).

Man muß allerdings sagen, daß die Beschreibung mittels Multiplikationstabelle etwas unübersichtlich ist und nur für ganz niedrige Dimensionen zu Resultaten führt.
Es schließt sich eine vollständige Klassifikation für $\dim(N) \leq 3$ an (auch im

Fall der Charakteristik 2). In dem Brief an HENSEL vom 16. Febr. 1936 wird erwähnt, daß er die Klassifikation auch für $\dim(N) = 4$ durchgeführt hat. (Diese ist tatsächlich in Fasz. 584 enthalten. Diese Arbeit ist eine der wenigen, die HAPPEL [Ha 1980] zur expliziten Klassifikationstheorie im Zeitraum 1880 bis 1920 zitieren kann.) Dazu macht HAUSDORFF einen aus heutiger Sicht interessanten Kommentar:

> ... bin ich noch nicht zu befriedigenden Ergebnissen gekommen; die niedrigsten Fälle bis $k = 4$ habe ich (wenn K ein Körper, R ein hyperkomplexes System ist) durch Überlegungen ad hoc erledigt, aber ich denke mir, dass es in der Darstellungstheorie oder irgendwelcher Elementarteilertheorie ein allgemeines Prinzip geben muss.

Es ist nicht klar, was HAUSDORFF mit "Darstellungstheorie" meint. Heute ist das Klassifikations-Problem von Algebren jedenfalls ein Teil der Darstellungstheorie von Algebren. Eine zentrale Rolle spielt dabei (im kommutativen Fall) die durch die Multiplikation gegebene bilineare symmetrische Abbildung

$$N/N^2 \times N/N^2 \to N^2/N^3.$$

(die HAUSDORFF verpaßt hat, weil er die N^i/N^{i+1} nicht eingeführt hat). Im Fall $\dim(N^2/N^3) = 1$ ist die Sache einfach, weil nur eine symmetrische Bilinearform auf Normalgestalt zu bringen ist. Im Fall $\dim(N^2/N^3) = 2$ hat man es mit der simultanen Klassifikation von zwei symmetrischen Bilinearformen zu tun. Das ist ein typisches "zahmes" Problem, das in der Tat durch eine Elementarteilertheorie erledigt wird. Ab $\dim(N^2/N^3) = 3$ wird das Problem "wild". Das Klassifikations-Problem wird "unlösbar".
Daß bei HAUSDORFF ganz der Gesichtspunkt der Klassifikation im Vordergrund steht, zeigt zum Beispiel eine Bemerkung in Fasz. 984, S. 6. Dort heißt es:

> Zur Kontrolle vergleichen wir noch unsere Aufstellung mit der von Scheffers (Habilitationsschrift 1891), wo allerdings der Körper der komplexen Zahlen zu Grunde liegt und Nichtquadrate oder Elemente $\neq x + x^2$ nicht existieren. Unsere Typen $(2,2)$: (γ_p) (ε_p) (ε_2) können also bei Sch. nicht vorkommen, auch γ_2 ist hier in (β) transformierbar.

An anderer Stelle (Fasz. 1051, S. 39, S. 43 f.) vergleicht er seine Ergebnisse mit denen von STUDY (und den fehlerhaften von MIGNOSI).
HAUSDORFF erkennt also – was je auch nicht weiter schwierig ist – , daß die Algebren über einem algebraisch-abgeschlossenen Körper $\overline{K}$ verschiedene "K-Formen" haben. Natürlich ist es heute sicher möglich, die Klassifikation endlicher Ringe noch ein Stück über die Ergebnisse HAUSDORFFs hinaus zu entwickeln. Dies ist bisher wohl noch nicht geschehen. Deshalb ist auch nicht recht abzuschätzen, welche neuen Probleme hier vielleicht auftreten könnten.

Literatur

[Ha 1980] D. HAPPEL: *Klassifikationstheorie endlich-dimensionaler Algebren in der Zeit von 1880 bis 1920.* L'Enseignement math. **26** (1980), 91–102.

[**M 1932**] G. MIGNOSI: *I campi d'integrità finiti di I^a specie contenenti un corpo.* Rendiconti Palermo **56** (1932), 161–208.

[**S 1891**] G. SCHEFFERS: *Zurückführung complexer Zahlensysteme auf typische Formen.* Math. Ann **39** (1891), 293–390.

[**St 1898**] E. STUDY: *Theorie der gemeinen und höheren komplexen Größen.* In W. F. Meyer (Hrsg): Encyklopädie der Mathematischen Wissenschaften Bd. I (1898–1904) Teubner, Leipzig.

Brief Felix Hausdorffs an Kurt Hensel

Quelle: Cod. Ms. H. Hasse 33: 2. Niedersächsische Staats- und Universitätsbibliothek Göttingen, Handschriftenabteilung.

Bonn, Hindenburgstr. 61
16. Febr. 1936

Lieber und verehrter Herr Geheimrat!

Bei Ihrem letzten Besuch haben Sie sich freundlicherweise für meine Untersuchungen über endliche kommutative Ringe interessiert, worauf ich Ihnen, wenn ich nicht irre, einen kurzen Bericht über meine Ergebnisse versprach. Der beifolgende ist allerdings sehr kurz, fast gänzlich ohne Beweise, behandelt nur einige Hauptpunkte und ist nicht zur Veröffentlichung bestimmt; es liegt mir nur daran, Ihnen als kompetentem Beurteiler zu zeigen, wie weit – oder wie wenig weit – ich gekommen bin. Wenn Sie Herrn Hasse, der sich nach Ihrer Angabe ebenfalls mit dem Gegenstand beschäftigt hat, mein Manuskripterl schicken wollen, so ist mir das sehr lieb; aber ich überlasse das vollkommen Ihrem Ermessen. Vor einer etwaigen Publikation (vielleicht in der Compositio mathematica) möchte ich gern noch mehr über die arithmetischen Eigenschaften der Zahlen herausbringen, die bei der Multiplikation der Charaktersummen entstehen und die ich mit C, $C(\chi, n)$, $C(\chi)$ bezeichnet habe. Auch mit der Herstellung von Normalformen, wobei ich die S. 12 angegebene Basis der singulären Elemente benutze, bin ich noch nicht zu befriedigenden Ergebnissen gekommen; die niedrigsten Fälle bis $k = 4$ habe ich (wenn K ein Körper, R ein hyperkomplexes System ist) durch Überlegungen ad hoc erledigt, aber ich denke mir, dass es in der Darstellungstheorie oder in irgendwelcher Elementarteilertheorie ein allgemeines Prinzip geben muss. Noch möchte ich bemerken, dass die Arbeiten von Mignosi in Rend. Palermo 56, 57 – die einzigen über diesen Gegenstand, die ich kenne – fast lauter Falsches enthalten.

Hoffentlich geht es Ihnen und Ihrer verehrten Frau Gemahlin gut. Wie funktioniert Ihr Haushalt? Wir sind in dieser Beziehung ziemlich zufrieden. Haben Sie Reisepläne? wir vorläufig nicht.

Herr Kr. hat mich nicht besucht. Neulich war Herr Neugebauer hier, bedeutend netter, als er damals in Levanto war.

Mit herzlichen Grüssen von uns Beiden und der Bitte um Empfehlung an Ihre Frau Gemahlin bin ich

Ihr ergebenster F. Hausdorff

NL HAUSDORFF: Kapsel: 39 Fasz. 583

[Charaktere in endlichen kommutativen Ringen]

Hs. Ms. – [Bonn, vermutl. Febr. 1936]. – 15 Bll.
(abgedruckt sind Bl. 1, Bl. 10, 1. Z. v. u.–Bl. 13, 3. Z. v. u.)

[1] R sei ein *endlicher kommutativer* Ring, bestehend aus r Elementen (die mit kleinen griechischen Buchstaben bezeichnet werden). ν sei das *Nullelement*; *singuläre* Elemente = Nullteiler, *reguläre* Elemente = nicht singuläre. Wir nehmen an, dass R reguläre Elemente und folglich ein *Einselement* ε enthält.

Die regulären Elemente bilden eine multiplikative Gruppe H von der Ordnung h, sämtliche Elemente eine additive Gruppe R von der Ordnung r. $\chi(\alpha)$ = *multiplikativer Charakter* sei ein Charakter in H; für singuläre α werde $\chi(\alpha) = 0$ gesetzt. $\sigma(\alpha)$ = *additiver Charakter* sei ein Charakter in der additiven Gruppe R. Also

$$\chi(\alpha\beta) = \chi(\alpha)\chi(\beta), \quad \sigma(\alpha + \beta) = \sigma(\alpha)\sigma(\beta).$$

Hieraus bilde ich die *Charaktersummen*

$$[\chi, \sigma] = \sum_{\alpha} \chi(\alpha)\sigma(\alpha)$$

und allgemeiner

$$[\chi, \sigma, \beta] = \sum_{\alpha} \chi(\alpha)\sigma(\alpha\beta),$$

die Summe über H oder über R erstreckt.

...

Bl. 10 | *Fall eines irreduziblen R.* Hier sind die *singulären* Elemente | mit den *nilpoten-*
Bl. 11 *ten* identisch und bilden also ein Ideal N. Der Restklassenring $R|N = R'$ ist ein Körper, also ein Galoisfeld $G(p^f)$. Die Anzahl n der singulären Elemente ist Potenz von p^f,

$$n = p^{fk},$$

wobei wir $k \geq 1$ annehmen, also von dem Fall absehen, dass R schon selbst ein Körper ist (in diesem Fall sind alle Charaktere χ ausser dem Hauptcharakter zugleich wesentlich und eigentlich). Die n Potenzen

$$x = \xi^n, \quad x \equiv \xi \ (N)$$

der Ringelemente bilden ein System K von p^f verschiedenen Elementen, den *Kern* des Ringes; K ist mit R' *multiplikativ isomorph*, aber im allgemeinen kein Ring (wenn aber R einen Körper enthält, ist K ein Körper und zwar der grösste in R enthaltene Körper; R wird dann ein hyperkomplexes System über K). Gleichviel, ob K Körper ist oder nicht, haben die Ringelemente ξ eine Darstellung

$$\xi = x_0 + x_1\omega_1 + \cdots + x_k\omega_k \tag{7}$$

| mit passend gewählten singulären $\omega_1, \ldots, \omega_k$ und sodann eindeutig durch ξ Bl. 12
bestimmten Koeffizienten $x_0, x_1, \ldots, x_k$ aus K. Nämlich:
II. *Ist $M \subset N$ und ein Ideal (in R), so giebt es ein singuläres $\omega \not\equiv \nu \ (M)$, derart dass für jedes singuläre σ $\sigma\omega \equiv \nu \ (M)$ ist.*
(Beweis: man suche singuläre Elemente σ_i derart, dass σ_1, $\sigma_1\sigma_2$, $\sigma_1\sigma_2\sigma_3, \ldots \not\equiv \nu \ (M)$ sind, solange es geht; ein σ_1 giebt es nach der Voraussetzung $M \subset N$. Die Elemente $\sigma_1 \cdots \sigma_i$, $\sigma_1 \cdots \sigma_j$ sind für $i < j$ verschieden, da sonst $\sigma_1 \cdots \sigma_i(\varepsilon - \sigma_{i+1} \cdots \sigma_j) = \nu$ und wegen der Regularität des 2. Faktors $\sigma_1 \cdots \sigma_i = \nu$ wäre. Also muss das Verfahren ein Ende nehmen, d.h. ein letztes $\omega = \sigma_1 \cdots \sigma_j$ vorhanden sein, und dies erfüllt die Bedingung). Das aus M durch Adjunktion von ω entstehende Ideal $M^* = (M, \omega)$, bestehend aus den Elementen $\mu^* = \mu + \xi\omega$ (μ in M, ξ in R), wird dann bereits durch die Elemente $\mu^* = \mu + x\omega$, (x in K) erschöpft, da $\xi - \xi^n = \xi - x$ singulär,

$$(\xi - x)\omega \equiv \nu \ (M) \quad \mu^* \equiv \xi\omega = x\omega \ (M)$$

ist; in der Darstellung $\mu^* = \mu + x\omega$ sind dann μ, x eindeutig durch μ^* bestimmt. | Bl. 13

Durch wiederholte Anwendung dieser Bemerkung (mit $M = (\nu)$ beginnend) erzielt man für die singulären Elemente eine Darstellung

$$\xi = x_1\omega_1 + \cdots + x_k\omega_k \tag{8}$$

und für alle Ringelemente die Darstellung (7).

Insbesondere kann man dabei so vorgehen, dass

$$N_1 = (\omega_1, \ldots, \omega_l) \tag{9}$$

das Ideal der ω ist, die alle singulären Elemente σ annullieren[2] ($\sigma\omega = \nu$ für alle singulären σ),

$$N_2 = (\omega_1, \ldots, \omega_l, \ldots, \omega_m)$$

das Ideal der ω, die für alle singulären σ $\sigma\omega \equiv \nu \ (N_1)$ ergeben u.s.f.; für $l, m, \ldots$ sind immer die kleinstmöglichen Anzahlen zu wählen.

Anmerkungen

[1] Am Beginn steht von fremder Hand: „An Hensel geschickt."

Die Faszikel 583 und 584 sind komplett als Faksimile abgedruckt in F. Hausdorff: *Nachgelassene Schriften.* Band II. Edition: G. Bergmann. Teubner-Verlag Stuttgart 1969, S.57–84.

[2] Es geht aus II (mit $M = (\nu)$) hervor, dass $N_1 \supset (\nu)$. Für einen reduziblen Ring wäre $N_1 = (\nu)$, da in $\varepsilon = \varepsilon_1 + \varepsilon_2$ die beiden Summanden singulär sind und also $\omega\varepsilon_1 = \omega\varepsilon_2 = \nu$, $\omega = \omega\varepsilon = \nu$ ist.

NL HAUSDORFF: Kapsel: 51 Fasz. 1106

Endliche kommutative Ringe

Seminarausarbeitung. Hs. Ms. – [Bonn], SS 1934. – 61 Bll.
(abgedruckt sind Bll. 32–37)

Wir wollen für $k = 1, 2, 3$ die möglichen Systeme bilden.

$k = 1.$

Typus (1)

	ω_1
ω_1	0

$k = 2.$

Typus (2)

	ω_1	ω_2
ω_1	0	0
ω_2	0	0

Typus (1,1)

	ω_1	ω_2
ω_1	0	0
ω_2	0	ω_1

$k = 3.$

Typus (3)

	ω_1	ω_2	ω_3
ω_1	0	0	0
ω_2	0	0	0
ω_3	0	0	0

Typus (2,1)

	ω_1	ω_2	ω_3
ω_1	0	0	0
ω_2	0	0	0
ω_3	0	0	ω_1

Typus (1,2)

(α)

	ω_1	ω_2	ω_3
ω_1	0	0	0
ω_2	0	ω_1	0
ω_3	0	0	ω_1

$(\beta_p)(p > 2)$

	ω_1	ω_2	ω_3
ω_1	0	0	0
ω_2	0	ω_1	0
ω_3	0	0	$u\omega_1$

(u Nichtquadrat in $K = G(p^f)$)

$(\beta_2)(p = 2)$

	ω_1	ω_2	ω_3
ω_1	0	0	0
ω_2	0	0	ω_1
ω_3	0	ω_1	0

Typus (1,1,1)

	ω_1	ω_2	ω_3
ω_1	0	0	0
ω_2	0	0	ω_1
ω_3	0	ω_1	ω_2

Beweis, dass dies die einzigen sind. Beim Typus (k) sind alle Produkte 0; beim Typus (k-1,1) alle bis auf ω_k^2, das ein Element $\neq 0$ aus $N_1 = (\omega_1, \ldots, \omega_{k-1})$ ist und durch eine Basistransformation als ω_1 bezeichnet werden kann. Bl. 33

(1,2) und (1,1,1) haben jedenfalls die Form

	ω_1	ω_2	ω_3
ω_1	0	0	0
ω_2	0	$x\omega_1$	$y\omega_1$
ω_3	0	$y\omega_1$	$u\omega_1 + v\omega_2$

bei (1,2) ist $v = 0$, bei (1,1,1) ist $v \neq 0$; x und y sind nicht beide 0, sonst kämen wir auf (2,1) oder (3) zurück. Das assoziative Gesetz verlangt aber $xv = 0$, denn

$$\omega_2 \cdot \omega_3^2 = \omega_2(u\omega_1 + v\omega_2) = xv\omega_1$$

$$\omega_2\omega_3 \cdot \omega_3 = y\omega_1 \cdot \omega_3 = 0$$

Erledigen wir erst (1,1,1):

	ω_1	ω_2	ω_3
ω_1	0	0	0
ω_2	0	0	$y\omega_1$
ω_3	0	$y\omega_1$	$u\omega_1 + v\omega_2$

wo $v \neq 0$, also $x = 0$ und folglich $y \neq 0$. Wenn wir dann die Basistransformation Bl. 34

$$\omega_1' = vy\omega_1, \quad \omega_2' = u\omega_1 + v\omega_2 \quad (\omega_3' = \omega_3)$$

machen und die Akzente wieder fortlassen, entsteht die angegebene Normalform.

Nun (1,2):

(*)

	ω_1	ω_2	ω_3
ω_1	0	0	0
ω_2	0	$x\omega_1$	$y\omega_1$
ω_3	0	$y\omega_1$	$u\omega_1$

Wenn x oder $u \neq 0$, z.B. (Symmetrie) $x \neq 0$, können wir y zu 0 machen: wir setzen $\omega_3' = x\omega_3 - y\omega_2$, so dass

$$\omega_2\omega_3' = x\omega_2\omega_3 - y\omega_2^2 = (xy - yx)\omega_1 = 0$$

wird. Lassen wir den Akzent wieder fort:

(**)

	ω_1	ω_2	ω_3
ω_1	0	0	0
ω_2	0	$x\omega_1$	0
ω_3	0	0	$u\omega_1$

(mit neuen x, u); jetzt sind x, u beide $\neq 0$, da wir sonst auf (2,1) oder (3) zurückkämen. Wir können ($\omega_1' = x\omega_1$) $x = 1$ annehmen und sodann mittels
Bl. 35 $\omega_3' = z\omega_3$, wo $z \neq 0$ ist, u durch $z^2 u$ ersetzen. Hierdurch werden wir auf | die Unterscheidung geführt, ob $u \neq 0$ in $K = G(p^f)$ ein Quadrat ist oder nicht. (Z. B. in $G(p)$: u quadr. Rest oder Nichtrest mod p). Damit steht es so: für ungerades p sind von den $p^f - 1$ regulären Elementen ($\neq 0$) in K die Hälfte Quadrate, die Hälfte Nichtquadrate; Quadrat mal Quadrat = Nichtquadrat mal Nichtquadrat = Quadrat; Quadrat mal Nichtquadrat = Nichtquadrat. Für $p = 2$ aber sind alle $2^f - 1$ regulären Elemente Quadrate. (Für $p > 2$ ist $x \neq -x$, falls $x \neq 0$; die $\frac{p^f-1}{2}$ Paare $\pm x, \pm y, \dots$ liefern $\frac{p^f-1}{2}$ Quadrate $x^2, y^2, \dots$, die verschieden sind, denn $0 = y^2 - x^2 = (y+x)(y-x)$ verlangt $y = \pm x$. Da Nq mal Q offenbar Nq ist, muss Nq mal Nq = Q sein. Für $p = 2$ sind wegen $(x-y)^2 = x^2 - y^2$ alle Quadrate verschieden; ebenso sind in $G(p^f)$ alle p. Potenzen verschieden). Ist nun u Quadrat, so kann man $z^2 u = 1$ machen; ist u Nichtquadrat, so geht das nicht, aber man kann ein bestimmtes Nichtquadrat u_0 wählen und $z^2 u = u_0$ machen, weil $\frac{u_0}{u}$ Quadrat ist. So erhalten wir in jedem
Bl. 36 Fall das System (α) | und für $p > 2$ das System (β_p), wo u ein bestimmtes Nichtquadrat ist.

Wenn in der ursprünglichen Gestalt (*) des Typus (1,2) $x = u = 0$ sind, erhalten wir, da nun $y \neq 0$ ist und durch $\omega_1' = y\omega_1$ zu 1 gemacht werden kann:

	ω_1	ω_2	ω_3
ω_1	0	0	0
ω_2	0	0	ω_1
ω_3	0	ω_1	0

Für $p > 2$ ist das nichts Neues; setzen wir

$$\omega_2' = \omega_2 - \omega_3, \quad \omega_3' = \omega_2 + \omega_3$$

(Det. $2 \neq 0$), so wird

$$\omega_2'^2 = -2\omega_1, \quad \omega_3'^2 = 2\omega_1, \quad \omega_2'\omega_3' = 0,$$

so dass wir auf

$$\begin{pmatrix} 0 & 0 & 0 \\ 0 & -2\omega_1 & 0 \\ 0 & 0 & 2\omega_1 \end{pmatrix},$$

die schon erledigte Form (**) zurückkommen. Für $p = 2$ aber ist dies ein System (β_2), das von (α) verschieden ist: in (β_2) ist jedes Quadrat

$$\omega^2 = (x_1\omega_1 + x_2\omega_2 + x_3\omega_3)^2 = x_1^2\omega_1^2 + x_2^2\omega_2^2 + x_3^2\omega_3^2$$

Bl. 37 eines sing. El. = 0, in (α) ist $\omega_2^2 \neq 0$ ($\omega_2^2 = \omega_1$).|

(α) und (β_p) sind auch für $p > 2$ verschieden. Betrachten wir nämlich singuläre Elemente $\omega \neq 0$ (N_1), deren Quadrat Null ist; solche Elemente sind in

(α) dann und nur dann vorhanden, wenn -1 ein Quadrat in K ist, in (β) dann und nur dann, wenn -1 kein Quadrat in K ist. Denn $\omega = x_1\omega_1 + x_2\omega_2 + x_3\omega_3$ (x_2, x_3 nicht beide 0) gibt in (α)

$$\omega^2 = (x_2^2+x_3^2)\omega_1, \quad x_2^2+x_3^2 = 0, \quad x_2, x_3 \text{ beide } \neq 0, \quad -1 = \left(\frac{x_2}{x_3}\right)^2 \text{ Quadrat;}$$

umgekehrt, ist $-1 = x^2$ ein Quadrat, so giebt $\omega = x\omega_2 + \omega_3 : \quad \omega^2 = 0$. Hingegen in ($\beta_p$)

$$\omega^2 = (x_2^2 + ux_3^2)\omega_1, \quad x_2^2 + ux_3^2 = 0, \quad -u = \left(\frac{x_2}{x_3}\right)^2 \quad \text{Quadrat,}$$

also, (da u Nq.), -1 Nichtquadrat; ist umgekehrt $-u = x^2$ Quadrat, so gibt $\omega = x\omega_2 + \omega_3 : \quad \omega^2 = 0$. Solche ω sind also im einen Ring vorhanden, wenn sie im andern fehlen; die beiden Ringe sind nicht isomorph.

Teil III. Zahlentheorie

Zur Hilbertschen Lösung des Waringschen Problems.

Math. Annalen **67** (1909), 301–305.

[H 1909b]

Zur Hilbertschen Lösung des Waringschen Problems.

Von

F. Hausdorff in Leipzig.

Herr Hilbert hat seinen Beweis der Waringschen Vermutung auf die Existenz einer in den Variablen $x_1, x_2, \cdots, x_r$ identisch gültigen Formel

$$(1) \qquad (x_1^2 + x_2^2 + \cdots + x_r^2)^m = \sum_h \varrho_h (a_{1h} x_1 + a_{2h} x_2 + \cdots + a_{rh} x_r)^{2m}$$

gestützt, in der die Koeffizienten a_{ih} der Linearformen ganze Zahlen, die ϱ_h *positive* rationale Zahlen sind. Für die niedrigsten Werte des Exponenten m und der Variablenzahl r ist eine solche Identität schon von anderen Autoren aufgestellt und dazu verwendet worden, die Waringsche Hypothese von m auf $2m$ zu übertragen. Bei der außerordentlich vergrößerten Tragweite, die der Formel (1) nach der Hilbertschen Entdeckung nunmehr zukommt, ist es wohl nicht ohne Interesse, einen zweiten Beweis dieser Formel mitzuteilen, der sich mit dem von Herrn Hilbert selbst gegebenen an prinzipieller Wichtigkeit zwar nicht messen kann, aber zur tatsächlichen Auffindung der passenden Koeffizienten ϱ_h, a_{ih} geeigneter sein dürfte.

I. Die Formel

$$(2) \qquad e^{-x^2} f_m(x) = \left(-\frac{1}{2}\right)^m \frac{d^m e^{-x^2}}{dx^m}$$

definiert $f_m(x)$ als Polynom m^{ten} Grades, für das man die Rekursionsformel

$$(3) \qquad f_{m+1}(x) = x f_m(x) - \frac{1}{2} f_m'(x)$$

und den expliziten Ausdruck

$$(4) \quad f_m(x) = x^m - \binom{m}{2} \cdot \frac{1}{2} x^{m-2} + \binom{m}{4} \cdot \frac{1}{2} \cdot \frac{3}{2} x^{m-4} - \binom{m}{6} \cdot \frac{1}{2} \cdot \frac{3}{2} \cdot \frac{5}{2} x^{m-6} + \cdots$$

$$= \frac{1}{\sqrt{\pi}} \int_{-\infty}^{+\infty} e^{-\alpha^2} (x + i\alpha)^m \, d\alpha$$

findet. Durch partielle Integration folgt aus (2) die Formel

$$\int_{-\infty}^{+\infty} e^{-x^2} f_m(x)\, g_{m-1}(x)\, dx = 0 \tag{5}$$

für ein beliebiges Polynom $g_{m-1}(x)$ vom Grade $m-1$, die übrigens mit der Orthogonalitätsbeziehung

$$\int_{-\infty}^{+\infty} e^{-x^2} f_m(x) f_n(x)\, dx = 0 \qquad (m \neq n)$$

gleichbedeutend ist.

Die Gleichung $f_m(x) = 0$ hat m verschiedene reelle Wurzeln. In der Tat ist diese Behauptung für $m = 1$ richtig und gestattet den Schluß von m auf $m+1$. Denn wenn $f_m(x) = 0$ die m reellen Wurzeln $\beta_1 < \beta_2 < \cdots < \beta_m$ hat, so hat $f_m'(\beta_h)$ das Zeichen $(-1)^{m-h}$ und nach (3) hat $f_{m+1}(\beta_h) = -\frac{1}{2} f_m'(\beta_h)$ das Zeichen $(-1)^{m+1-h}$. Insbesondere hat $f_{m+1}(\beta_m)$ das negative Zeichen und $f_{m+1}(\beta_1)$ das Zeichen $(-1)^m$, während $f_{m+1}(+\infty)$ positiv ist und $f_{m+1}(-\infty)$ das Zeichen $(-1)^{m+1}$ hat. Aus alledem geht hervor, daß die Gleichung $f_{m+1}(x) = 0$ $m+1$ reelle Wurzeln $\gamma_0\, \gamma_1 \cdots \gamma_m$ hat ($\gamma_0 < \beta_1 < \gamma_1 < \beta_2 < \cdots < \gamma_{m-1} < \beta_m < \gamma_m$). Damit ist die ausgesprochene Behauptung bewiesen.

II. Es besteht für jede natürliche Zahl m eine Identität in den Variabeln x, y von der Form

$$\frac{1}{\sqrt{\pi}} \int_{-\infty}^{+\infty} e^{-\alpha^2} (y + \alpha x)^{m-1} d\alpha = \sum_{1}^{m} {}^{h}\, \varrho_h (y + \beta_h x)^{m-1}, \tag{6}$$

worin die β_h reelle verschiedene, die ϱ_h reelle positive Zahlen sind.

Beweis. Denkt man sich die β_h zunächst irgendwie als reelle verschiedene Zahlen gewählt, so gibt die Forderung (6) zur Bestimmung der ϱ_h die m linearen Gleichungen mit nicht verschwindender Determinante

$$\sum \varrho_h = l_0, \quad \sum \varrho_h \beta_h = l_1, \quad \sum \varrho_h \beta_h^2 = l_2, \cdots, \sum \varrho_h \beta_h^{m-1} = l_{m-1}, \tag{7}$$

wobei

$$l_n = \frac{1}{\sqrt{\pi}} \int_{-\infty}^{+\infty} e^{-\alpha^2} \alpha^n\, d\alpha,$$

insbesondere

$$l_0 = 1, \quad l_2 = \frac{1}{2}, \quad l_4 = \frac{1}{2}\cdot\frac{3}{2}, \quad l_6 = \frac{1}{2}\cdot\frac{3}{2}\cdot\frac{5}{2}, \cdots,$$

$$l_1 = l_3 = l_5 = l_7 = \cdots = 0.$$

Aus (7) folgt, daß für ein beliebiges Polynom $\varphi(x)$ vom Grade $m-1$

$$\sum \varrho_h \varphi(\beta_h) = \frac{1}{\sqrt{\pi}} \int_{-\infty}^{+\infty} e^{-\alpha^2} \varphi(\alpha)\, d\alpha. \tag{8}$$

Es sind nun aber die β_h so zu wählen, daß die ϱ_h positiv ausfallen. Wir nehmen zu diesem Zweck für die β_h die Wurzeln der Gleichung $f_m(x) = 0$. In diesem Falle behaupten wir, daß neben (8) die weitergehende Relation

$$\sum \varrho_h \Phi(\beta_h) = \frac{1}{\sqrt{\pi}} \int_{-\infty}^{+\infty} e^{-\alpha^2} \Phi(\alpha)\, d\alpha \tag{9}$$

besteht, in der $\Phi(x)$ ein beliebiges Polynom des Grades $2m-1$ ist. In der Tat erhalten wir durch Division mit $f_m(\alpha)$

$$\Phi(\alpha) = f_m(\alpha) \cdot g_{m-1}(\alpha) + \varphi(\alpha),$$

wo $g_{m-1}(\alpha)$, $\varphi(\alpha)$ vom Grade $m-1$ (höchstens) sind. Dann ist einerseits

$$\Phi(\beta_h) = \varphi(\beta_h),$$

andererseits nach (5)

$$\int_{-\infty}^{+\infty} e^{-\alpha^2} \Phi(\alpha)\, d\alpha = \int_{-\infty}^{+\infty} e^{-\alpha^2} \varphi(\alpha)\, d\alpha,$$

so daß (9) unmittelbar aus (8) folgt.

Setzen wir jetzt insbesondere

$$\begin{aligned}\Phi(\alpha) &= [(\alpha-\beta_1) \cdots (\alpha-\beta_{h-1})(\alpha-\beta_{h+1}) \cdots (\alpha-\beta_m)]^2 \\ &= [f_m(\alpha) : (\alpha-\beta_h)]^2,\end{aligned}$$

so folgt aus (9)

$$\varrho_h f_m'(\beta_h)^2 = \frac{1}{\sqrt{\pi}} \int_{-\infty}^{+\infty} e^{-\alpha^2} \left(\frac{f_m(\alpha)}{\alpha-\beta_h}\right)^2 d\alpha,$$

also sind die ϱ_h wirklich positiv.

Die so spezialisierten Werte ϱ_h, β_h erfüllen, wie aus (9) folgt, außer (6) die weitergehende Identität

$$\frac{1}{\sqrt{\pi}} \int_{-\infty}^{+\infty} e^{-\alpha^2} (y+\alpha x)^{2m-1}\, d\alpha = \sum_{1}^{m} {}_h\, \varrho_h (y+\beta_h x)^{2m-1},$$

sie „kanonisieren" die hier linkerhand stehende binäre Form, worauf wir indessen für unsere Absicht keinen Wert zu legen haben.

III. Die Identität (6) läßt sich auch mit rationalen Werten der β_h und rationalen positiven Werten der ϱ_h erfüllen.

Denn die durch die Gleichungen (7) definierten Werte ϱ_h sind an jeder Stelle, wo die Determinante $|1, \beta_h, \beta_h^2, \cdots, \beta_h^{m-1}|$ nicht verschwindet, stetige Funktionen von $\beta_1, \beta_2, \cdots, \beta_m$. Wenn man also für die β_h jetzt rationale Werte wählt, die den Wurzeln der Gleichung $f_m(x) = 0$ hinlänglich benachbart sind, so bleiben die ϱ_h positiv und werden selbst rational, da die rechten Seiten l_n der Gleichungen (7) rational sind.

Wir können also sagen: für jede natürliche Zahl n besteht eine Identität

$$\frac{1}{\sqrt{\pi}} \int_{-\infty}^{+\infty} e^{-\alpha^2} (y + \alpha x)^n \, d\alpha = \sum_h \varrho_h (y + \beta_h x)^n \tag{10}$$

mit rationalen β_h, rationalen positiven ϱ_h und einer Gliederzahl rechterhand, die jedenfalls nicht größer als $n+1$ gewählt zu werden braucht.

IV. Schreibt man in (10) α_1, x_1 für α, x, verwandelt y in $y + \alpha_2 x_2$, multipliziert mit $e^{-\alpha_2^2} : \sqrt{\pi}$ und integriert nach α_2 zwischen $\pm\infty$, so kommt

$$\left(\frac{1}{\sqrt{\pi}}\right)^2 \int_{-\infty}^{+\infty}\int_{-\infty}^{+\infty} e^{-\alpha_1^2 - \alpha_2^2} (y + \alpha_1 x_1 + \alpha_2 x_2)^n \, d\alpha_1 \, d\alpha_2 = \sum_{hk} \varrho_h \varrho_k (y + \beta_h x_1 + \beta_k x_2)^n.$$

Verwandelt man hierin wieder y in $y + \alpha_3 x_3$, multipliziert mit $e^{-\alpha_3^2} : \sqrt{\pi}$ und integriert nach α_3, so ergibt sich

$$\begin{aligned} \left(\frac{1}{\sqrt{\pi}}\right)^3 \int_{-\infty}^{+\infty}\int_{-\infty}^{+\infty}\int_{-\infty}^{+\infty} e^{-\alpha_1^2 - \alpha_2^2 - \alpha_3^2} (y + \alpha_1 x_1 + \alpha_2 x_2 + \alpha_3 x_3)^n \, d\alpha_1 \, d\alpha_2 \, d\alpha_3 \\ = \sum_{hkl} \varrho_h \varrho_k \varrho_l (y + \beta_h x_1 + \beta_k x_2 + \beta_l x_3)^n. \end{aligned}$$

So fortfahrend erhält man für jedes r die Identität

$$\begin{aligned} \left(\frac{1}{\sqrt{\pi}}\right)^r \int_{-\infty}^{+\infty} \cdots \int_{-\infty}^{+\infty} e^{-\alpha_1^2 - \alpha_2^2 - \cdots - \alpha_r^2} (y + \alpha_1 x_1 + \alpha_2 x_2 + \cdots + \alpha_r x_r)^n \, d\alpha_1 \, d\alpha_2 \cdots d\alpha_r \\ = \sum_{h_1 h_2 \cdots h_r} \varrho_{h_1} \varrho_{h_2} \cdots \varrho_{h_r} (y + \beta_{h_1} x_1 + \beta_{h_2} x_2 + \cdots + \beta_{h_r} x_r)^n \\ = \sum_k \sigma_k (y + \beta_{1k} x_1 + \beta_{2k} x_2 + \cdots + \beta_{rk} x_r)^n \end{aligned} \tag{11}$$

mit rationalen β_{ik} und positiven rationalen σ_k.

V. Aus der bekannten Formel

$$\frac{1}{\sqrt{\pi}} \int_{-\infty}^{+\infty} e^{-\alpha^2 + 2\alpha x} \, d\alpha = e^{x^2}$$

folgt

$$\left(\frac{1}{\sqrt{\pi}}\right)^r \int_{-\infty}^{+\infty} \cdots \int_{-\infty}^{+\infty} e^{-\alpha_1^2 - \cdots - \alpha_r^2 + 2(\alpha_1 x_1 + \cdots + \alpha_r x_r)} \, d\alpha_1 \cdots d\alpha_r = e^{x_1^2 + \cdots + x_r^2}$$

und daraus

$$\left(\frac{1}{\sqrt{\pi}}\right)^r \int_{-\infty}^{+\infty}\cdots\int_{-\infty}^{+\infty} e^{-\alpha_1^2-\cdots-\alpha_r^2}(\alpha_1 x_1+\cdots+\alpha_r x_r)^{2m}\, d\alpha_1\cdots d\alpha_r = \frac{(2m)!}{4^m m!}(x_1^2+x_2^2+\cdots+x_r^2)^m.$$

Setzt man also in (11), für gerades $n=2m$, $y=0$, so folgt eine Identität

$$(12)\qquad (x_1^2+x_2^2+\cdots+x_r^2)^m = \sum_k \tau_k(\beta_{1k}x_1+\beta_{2k}x_2+\cdots+\beta_{rk}x_r)^{2m}$$

mit rationalen β_{ik} und rationalen positiven τ_k. Indem man die $2m^{\text{te}}$ Potenz des Generalnenners von $\beta_{1k}\beta_{2k}\cdots\beta_{rk}$ mit τ_k vereinigt, erhält man eine Identität (1) mit ganzzahligen a_{ih} und positiven rationalen ϱ_h. Q. E. D.

Die Formeln (11), (12) können, nachdem einmal eine passende Identität (10) gefunden ist, fast ohne Rechnung unmittelbar hingeschrieben werden. Die Gliederanzahl der Schlußformel (12) verkleinert sich, wenn man die β_h in (10) paarweise entgegengesetzt gleich wählt, und läßt sich auf Grund der Relationen zwischen linear abhängigen Formen in der von Herrn Hilbert angegebenen Weise noch weiter reduzieren.

Kommentar zu [H 1909b]

W. Scharlau

HILBERTs Lösung des Waringschen Problems [Hi 1909] war die mathematische Sensation des Jahres 1909. An einem Punkt ansetzend, an dem ein Mathematiker ersten Ranges wie HURWITZ nicht weitergekommen war, gelang ihm ein zwar komplizierter, aber völlig elementarer Beweis, der zunächst in den Nachrichten der Gesellschaft der Wissenschaften in Göttingen veröffentlicht wurde. Eine Reihe von Lesern – u. a. HAUSDORFF – bemerkte, daß dort eine gewisse Integralformel (für ein 25-faches Integral) durch eine erheblich einfachere ersetzt werden kann. Diese (nicht sehr bedeutende) Vereinfachung teilte HAUSDORFF in einem Brief vom 3. 3. 1909 HILBERT mit; sie wurde in HILBERTs endgültige Publikation übernommen. Damit war HAUSDORFFs Interesse an HILBERTs Beweis jedoch nicht erschöpft. Er wandte sich vielmehr einem zentralen Punkt der Beweiskette zu, nämlich gewissen Identitäten der Form

$$(x_1^2 + \ldots + x_r^2)^m = \sum_h \rho_h (a_{1h}x_1 + \ldots + a_{rh}x_r)^{2m}$$

(genau diejenigen, die HURWITZ nicht allgemein beweisen konnte). Schon zwei Wochen später schreibt er an HILBERT (Brief vom 16. 3. 1909):

> Ihre wunderbare Arbeit über das Waring'sche Problem hat sich meiner Gedanken derart bemächtigt, dass ich dem Reiz, einigen Punkten darin noch auf eine andere Weise als die Ihrige beizukommen, nicht widerstehen konnte. Insbesondere lockte mich Ihr Satz II zur Aufsuchung eines Beweises, der gleichzeitig einen Fingerzeig über die passende Wahl der betreffenden Linearformen gäbe. Nachdem ich schliesslich etwas Derartiges gefunden habe, wobei die Nullstellen der Ableitung von e^{-x^2} eine Rolle spielen, erlaube ich mir Ihnen beifolgend ein kleines Manuscript darüber zur Ansicht zu senden. (NL HILBERT, Universitätsbibl. Göttingen, Nr. 136)

Leider läßt weder dieser Brief noch die Arbeit selbst erkennen, wie HAUSDORFF auf die originelle Idee gekommen ist, die Hermiteschen Orthogonalpolynome (die bei den Ableitungen von e^{-x^2} auftreten) zu verwenden. Jedenfalls ist er zu bescheiden, wenn er in der Einleitung seiner Arbeit schreibt:

> ... ist es wohl nicht ohne Interesse, einen zweiten Beweis dieser Formel mitzuteilen, der sich mit dem von Herrn Hilbert selbst gegebenen an prinzipieller Wichtigkeit zwar nicht messen kann, aber ...,

denn in der Folgezeit bildete der HAUSDORFFsche Ansatz den Ausgangspunkt für weitere Vereinfachungen und Modifikationen des ursprünglichen Beweises, u. a. durch E. STRIDSBERG, R. REMAK und F. G. FROBENIUS (vgl. dazu die von DICKSON in [D 1920] zitierte umfangreiche Literatur). Der eher kritische FROBENIUS kommentiert übrigens HAUSDORFFs Beitrag mit folgenden Worten:

> Den berühmten HILBERTschen Beweis für den Satz von WARING hat HAUSDORFF in höchst scharfsinniger Weise erheblich vereinfacht ... ([F 1912], S. 666)

Literatur

[**Hi 1909**] HILBERT, D.: *Beweis für die Darstellbarkeit der ganzen Zahlen durch eine feste Anzahl n-ter Potenzen (Waringsches Problem).* Math. Ann. **67** (1909), 281–300. - *Ges. Abh. I*, 510–527.

[**D 1920**] DICKSON, L. E.: *History of the theory of numbers II.* Washington. Reprint Chelsea New York 1952.

[**F 1912**] FROBENIUS, F. G.: *Über den Stridsbergschen Beweis des Waringschen Satzes.* Sitzungsber. Königl. Preuß. Akad. Wiss. Berlin (1912), 666–670. - *Ges. Abh. III*, 568–572.

Besprechung von Edmund Landau: *Handbuch der Lehre von der Verteilung der Primzahlen.*

Jahresbericht der DMV **20** (1911), 92–97

[H 1911]

Edmund Landau, Handbuch der Lehre von der Verteilung der Primzahlen. 2 Bände. [XVIII u. 961 S.] Leipzig und Berlin 1909, B. G. Teubner.

Das Moralische versteht sich zwar von selbst, aber ein Werk wie das vorliegende kann man nicht mit der landesüblichen Trockenheit anzeigen, ohne an erster Stelle die Voraussetzung seines Entstehens, den Enthusiasmus des Verfassers, dankbar anerkannt zu haben. Jenen Enthusiasmus, der unter den Mathematikern immer wieder am lebhaftesten die Zahlentheoretiker zu ergreifen scheint, und der sich in diesem Falle verstärkt durch die natürliche Begeisterung des Forschers für eine Disziplin, an deren Aufbau er selbst wesentlich mitgewirkt hat. Es ist anzunehmen, daß diese Passion des Darstellers für seinen Gegenstand sich auch dem Leser mitteilen und seine Spannkraft unermüdet wachhalten wird, deren er zu der weiten und nicht unbeschwerlichen Wanderung durch das Hochgebirge der Primzahltheorie freilich bedarf.

Das Werk zerfällt in sechs Bücher, denen eine lange historische Einleitung vorangeht. Diese erzählt in temperamentvoller Weise die Geschichte des Primzahlproblems und gibt einen Vorblick auf die künftig zu erreichenden Ziele, eine Art Konzertprogramm mit Hervorhebung der Leitmotive und ihrer Verkettung. Wir erleben die an Vermutungen reiche, an Beweisen arme Zeit mit von Legendre bis zum Ende des 19. Jahrhunderts, aus der als gesicherte Ergebnisse nur der Dirichletsche Satz von der arithmetischen Progression, einige scharfsinnige Funde Tschebyschefs und die Einführung der Zetafunktion durch Riemann zu verzeichnen sind. Den Wendepunkt bilden die Arbeiten des Herrn Hadamard über ganze Funktionen; auf sie gestützt bewies Herr von Mangoldt 1895 die Riemannsche Primzahlformel, Herr Hadamard selbst aber und Herr de la Vallée Poussin 1896 den Fundamentalsatz der Primzahltheorie

$$\lim_{x=\infty} \pi(x) : \frac{x}{\log x} = 1, \tag{1}$$

in Worten: die Anzahl $\pi(x)$ der Primzahlen $\leqq x$ ist asymptotisch gleich $\frac{x}{\log x}$. Die weiteren Verschärfungen, Verallgemeinerungen und Vereinfachungen dieser

Resultate, woran Herr Landau selbst einen erheblichen Anteil für sich beanspruchen darf, werden im folgenden noch zu erwähnen sein.

Das erste, umfänglichste Buch (fast die Hälfte des ganzen Werkes) ist betitelt: *Über die Anzahl der Primzahlen unter einer gegebenen Größe.* Es baut sich methodisch in vier Stufen auf — eine Anordnung, die sich in den folgenden Büchern der Hauptsache nach wiederholt findet —, die man kurz mit folgenden Stichworten charakterisieren kann:

1. Stufe: Elementare Methoden.

2. Stufe: Dirichletsche Reihen mit reellen Variablen.

3. Stufe: Dirichletsche Reihen mit komplexen Variablen; Anwendung der klassischen funktionentheoretischen Hilfsmittel, insbesondere des Cauchyschen Integralsatzes.

4. Stufe: Die Zetafunktion in der ganzen Ebene; Heranziehung der Hadamardschen Sätze, insbesondere der unendlich vielen komplexen Nullstellen von $\zeta(s)$.

Auf der ersten Stufe läßt sich zeigen, daß $\pi(x)$ schwächer unendlich wird als $x\left(\lim\limits_{x=\infty}\frac{\pi(x)}{x}=0\right)$, sodann, daß $\pi(x)$ von derselben Größenordnung ist wie $\frac{x}{\log x}$, d. h. daß der Quotient $\pi(x):\frac{x}{\log x}$ schließlich zwischen zwei positiven Schranken bleibt, die den Wert 1 einschließen. Soweit war Tschebyschef gelangt, der den Quotienten dieser Schranken auf $\frac{6}{5}$ herabdrückt; wesentlich darüber hinauszukommen scheint auf den ersten beiden Stufen unmöglich. Die nun folgenden Kapitel bringen den Beweis des Primzahlsatzes (1) schon auf der dritten Stufe, also nach einer verhältnismäßig elementaren Methode, die von Herrn Landau selbst herrührt und auf die er mit Recht besonderen Wert legt, da sie sich als einzige auf algebraische Zahlkörper zum Beweise des entsprechenden Primidealsatzes hat übertragen lassen, wo über die entsprechende verallgemeinerte Zetafunktion noch nichts Genügendes bekannt ist; diese Methode vermeidet also die Hadamardschen Sätze, die komplexen Nullstellen von $\zeta(s)$, sogar die schon durch Riemann bewiesene Existenz von $\zeta(s)$ in der ganzen Ebene, sondern begnügt sich mit der Existenz, dem Nichtverschwinden und gewissen Abschätzungen von $\zeta(\sigma+ti)$ in nächster Nähe links von der Geraden $\sigma=1$. Aber die Methode des Herrn Landau führt über den Primzahlsatz, als erste Approximation, hinaus. Sie liefert zwar nicht die von Herrn de la Vallée Poussin auf der vierten Stufe erzielte, genaueste bisher bekannte Abschätzung[1])

$$(2)\qquad \pi(x)=\int_2^x\frac{du}{\log u}+O\left(xe^{-\alpha\sqrt{\log x}}\right)\qquad (\alpha \text{ eine positive Konstante}),$$

wohl aber die beinahe ebenso scharfe

$$(3)\qquad \pi(x)=\int_2^x\frac{du}{\log u}+O\left(xe^{-\sqrt[\gamma]{\log x}}\right)\qquad (\gamma>10),$$

---

1) Die Schreibweise $f(x)=O(g(x))$, worin $g(x)$ von einer gewissen Stelle an positiv ist, bedeutet die Endlichkeit von $\limsup\limits_{x=\infty}\frac{|f(x)|}{g(x)}$.

die bezüglich der Anwendungen fast dieselbe Tragweite hat und u. a. erkennen läßt, daß jede der Funktionen $f_2(x)$, $f_3(x)$, ..., wo

$$f_q(x) = \frac{x}{\log x} + \frac{1!\,x}{\log^2 x} + \frac{2!\,x}{\log^3 x} + \cdots + \frac{(q-2)!\,x}{\log^{q-1} x},$$

die Primzahlmenge $\pi(x)$ besser darstellt als die vorangehende, der Integrallogarithmus aber besser als sie alle. Es folgen interessante asymptotische Darstellungen zahlentheoretischer Funktionen (z. B. die n^{te} Primzahl ist asymptotisch gleich $n \log n$) sowie Erörterungen über Verkleinerung der Konstanten γ in (3), die sich unter Modifikation der benutzten Hilfsmittel herabdrücken läßt, indessen nicht unter eine zwischen 7 und 8 gelegene Grenze. Im letzten Teile dieses Buches entfaltet der Verfasser endlich, der vierten Stufe entsprechend, das ganze Rüstzeug der modernen Funktionentheorie. Die Zetafunktion wird nach verschiedenen Methoden in die ganze Ebene fortgesetzt; auf den Beweis der Riemannschen Funktionalgleichung zwischen $\zeta(s)$ und $\zeta(1-s)$ folgen die Hadamardschen Sätze, der Nachweis der unendlich vielen komplexen Nullstellen von $\zeta(s)$ im „kritischen Streifen" $0 < \sigma < 1$, die Produktdarstellung der ganzen Funktion $(s-1)\,\zeta(s)$ und damit der Beweis des Nichtverschwindens von $\zeta(s)$ in einem möglichst großen Teile jenes Streifens im Anschluß an Herrn de la Vallée Poussin, von wo dann Herr Landau auf einfacherem Wege als der letztgenannte Autor zu dessen schärfster Abschätzung (2) gelangt. In den Schlußkapiteln wird der zuerst von Herrn von Mangoldt erbrachte, von Herrn Landau ebenfalls vereinfachte Beweis der Riemannschen Primzahlformel nebst gewissen Verallgemeinerungen gegeben, sodann eine asymptotische Darstellung der Anzahl jener komplexen Nullstellen $\beta + \gamma i$, deren Ordinate γ eine gegebene Größe nicht überschreitet, nebst Betrachtungen über die noch unbekannte obere Grenze ihrer Abszissen β. Während die sonstigen von Riemann 1860 vermuteten Eigenschaften der Zetafunktion durch Herrn Hadamard und Herrn von Mangoldt bewiesen worden sind, hat die eine Riemannsche Vermutung (alle $\beta = \frac{1}{2}$), aus der für $\pi(x)$ die verschärfte Abschätzung

$$\pi(x) = \int_2^x \frac{du}{\log u} + O\left(\sqrt{x}\log x\right)$$

folgen würde, bisher allen Bemühungen getrotzt; sie ist übrigens seit Erscheinen des vorliegenden Werkes sozusagen auf die letzte Karte gesetzt, nachdem Herr Landau und Herr Bohr bewiesen haben, daß $\zeta(s)$ in einem beliebig schmalen Streifen um die Gerade $\sigma = 1$ herum höchstens einen Wert ausläßt — der also im Falle der Richtigkeit der Riemannschen Hypothese gerade der Wert Null sein müßte.

Auch das zweite Buch „*Über die Primzahlen einer arithmetischen Progression*" baut sich in der oben angedeuteten Weise auf, indem es, unter Vereinigung der beiden ersten Stufen, zuerst mit Dirichletschen Reihen reeller Variablen, dann im komplexen Gebiet, schließlich mit verallgemeinerten Zetafunktionen operiert. Nach Entwicklung der Theorie der Charaktere $\chi(n)$ folgt die Untersuchung der damit gebildeten Dirichletschen Reihen

$$L(s) = \sum \frac{\chi(n)}{n^s}$$

und ihres Verhaltens für $\lim s = 1$. Der schwierigste Punkt, das Nichtverschwinden von $L(1)$ im Falle eines reellen Nichthauptcharakters, wofür Dirichlet einen auf Darstellung von Klassenzahlen beruhenden Beweis gegeben hatte, ist von Herrn Mertens elementar bewiesen worden. Damit, also noch auf der zweiten Stufe, ist der berühmte Dirichletsche Satz gewonnen, daß für teilerfremde k, l die Progression $kx + l$ unendlich viele Primzahlen enthält, über deren Anzahl unterhalb einer gegebenen Grenze nun die Untersuchung parallel zum Gange des ersten Buches, natürlich teilweise komplizierter, weitergeführt wird. Nach einer den Tschebyschefschen Resultaten entsprechenden Vorstufe folgt die asymptotische Gleichheit jener Anzahl mit $\frac{1}{\varphi(k)} \cdot \pi(x)$, d. h. die gleichmäßige Verteilung aller Primzahlen auf alle $\varphi(k)$ Progressionen mod k, die zu (3) analoge Abschätzung mit einer absoluten, von k, l unabhängigen Konstanten γ, sodann die Fortsetzung der $L(s)$ in die ganze Ebene, ihre Funktionalgleichung und Produktdarstellung auf Grund der Existenz unendlich vieler komplexer Nullstellen, ihr Nichtverschwinden im möglichst großen Teile des kritischen Streifens und danach die zu (2) entsprechende Verschärfung, schließlich das Analogon der Riemannschen Primzahlformel und Abschätzung der Anzahl der komplexen Nullstellen. In einem letzten Teil gibt dieses Buch interessante Anwendungen des Dirichletschen Satzes von der arithmetischen Progression, insbesondere über Zerlegung natürlicher Zahlen in Quadrate und Kuben.

Das dritte Buch: *Die Funktion $\mu(n)$ und die Verteilung der quadratfreien Zahlen*[1]), gruppiert sich der Hauptsache nach um den Beweis der beiden Formeln

$$\sum \frac{\mu(n)}{n} = 0, \tag{4}$$

$$\sum \frac{\mu(n) \log n}{n} = -1, \tag{5}$$

deren erste von Euler vermutet, von Herrn von Mangoldt bewiesen, die zweite von Möbius vermutet, von Herrn Landau bewiesen worden ist. Es ist interessant, daß (4) eine elementare Folge des Primzahlsatzes (1), dieser wieder eine elementare Folge von (5) ist, also (5) am tiefsten liegt. Mit elementaren Mitteln bzw. Dirichletschen Reihen im reellen Gebiet läßt sich beweisen, daß, *wenn* die Reihen (4) (5) konvergieren, ihre Summen 0 und -1 sein müssen aber der Konvergenzbeweis selber, nebst der zu (3) analogen Abschätzung der Partialsummen, verlangt wieder Dirichletsche Reihen im komplexen Gebiet, die zu (2) analoge verschärfte Abschätzung wieder Anwendung der komplexen Nullstellen der Zetafunktion. Es ergibt sich dabei allgemein, daß die Reihe

$$\sum \frac{\mu(n) \log^q n}{n^{1+ti}} \qquad (n = 2, 3, \ldots) \tag{6}$$

für jedes reelle Wertepaar q, t konvergiert. Entsprechend wird die Funktion

---

1) $\mu(1) = 1$; $\mu(n) = 0$, wenn n gleiche Primfaktoren enthält; $\mu(n) = (-1)^{\varrho}$, wenn n aus ϱ verschiedenen Primfaktoren besteht. Es ist $\frac{1}{\zeta(s)} = \sum \frac{\mu(n)}{n^s}$ für $\sigma > 1$.

$\lambda(n)$ behandelt $(= (-1)^\varrho$, wenn n aus ϱ gleichen oder verschiedenen Primfaktoren besteht). Unter den einzelnen Resultaten sei noch erwähnt, daß die Anzahl der quadratfreien Zahlen $\leqq x$ asymptotisch $= \frac{6}{\pi^2} \cdot x$ ist, und daß es asymptotisch ebensoviele mit gerader wie mit ungerader Anzahl der Primfaktoren gibt.

Das vierte Buch: *Die Funktion $\mu(n)$ und die Verteilung der quadratfreien Zahlen in einer arithmetischen Progression* überträgt die vorangehenden Resultate auf arithmetische Reihen $kx + l$ (wo k, l nicht mehr teilerfremd zu sein brauchen); es genügt, das allgemeine Resultat hervorzuheben, daß die Reihe (6) auch konvergiert, wenn n die Zahlen ($\geqq 2$) einer solchen Progression durchläuft.

Das fünfte Buch: *Andere Primzahlprobleme*, behandelt zuerst ein von Herrn Lehmer angeregtes Problem, bei dem es sich um asymptotische Abschätzung der Partialsummen gewisser Reihen $\sum f(n)$ handelt, worin n nur solche Zahlen durchläuft, die die Primfaktoren gewisser Progressionen gar nicht bzw. in gerader Potenz enthalten. Als einzelnes, aber typisches Resultat sei genannt: die Anzahl der Zahlen $\leqq x$, die jeden Primfaktor $4m + 3$ in gerader Potenz enthalten (also in zwei oder weniger Quadrate zerlegbar sind), ist asymptotisch gleich $\frac{x}{\sqrt{\log x}}$ mal einer Konstanten. Zweitens wird die Konvergenz einiger, mit Zahlentheorie zusammenhängender Reihen von Euler, Möbius, Cesàro und Herrn Kluyver bewiesen. Drittens erscheinen einige Sätze des Typus, daß gewisse Abschätzungen zwar nicht für alle x von einer bestimmten Stelle an, wohl aber für unendlich viele beliebig groß werdende x gelten; so ein von Tschebyschef ausgesprochenes, aber nicht bewiesenes Resultat betreffend den Überschuß der Primzahlmenge $p \equiv 3 \pmod 4$ über die Menge $p \equiv 1 \pmod 4$, und ein interessanter Satz, der für die Approximation von $\pi(x)$ durch den Integrallogarithmus in gewissem Sinne eine *untere* Grenze statuiert: z. B. ist die Differenz

$$\pi(x) - \int_2^x \frac{du}{\log u} + \frac{1}{2} \int_2^{\sqrt{x}} \frac{du}{\log u}$$

dem Betrage nach immer wieder einmal größer als $k \cdot \frac{\sqrt{x}}{\log x}$ (k eine positive Konstante).

Das sechste Buch ist der allgemeinen *Theorie der Dirichletschen Reihen* gewidmet, worunter hier die Reihen der Form

$$(7) \qquad \sum a_n e^{-\lambda_n s} \quad (\lambda_n \text{ reell}, \ \lambda_1 < \lambda_2 < \cdots, \ \lim \lambda_n = +\infty)$$

verstanden sind, die für $\lambda_n = \log n$ den bisher behandelten speziellen Typus $\sum \frac{a_n}{n^s}$ enthalten. Die allgemeinen Reihen (7) brauchen, was die Behandlung erschwert, kein Gebiet absoluter Konvergenz zu haben. Die „Dirichletsche Multiplikation" einer konvergenten mit einer absolut konvergenten Reihe gibt eine konvergente Reihe; die zweier nur konvergenter Reihen im allgemeinen nicht. Es wird der Hadamardsche „Mittelwertsatz" bewiesen und nach Untersuchungen von Herrn Landau und Herrn Schnee über das absolute

Konvergenzgebiet hinaus ausgedehnt. Danach folgt die für die Primzahltheorie fundamentale Darstellung der a_n und λ_n durch Integration von $\frac{e^{xs}}{s} f(s)\,ds$ über vertikale Geraden[1]) ($f(s)$ die durch die Reihe (7) dargestellte Funktion). Die noch ungeklärte Frage nach dem Zusammenhange zwischen der analytischen Beschaffenheit der Funktion $f(s)$ und dem Konvergenzgebiet ihrer Dirichletschen Reihe (bekanntlich braucht auf der Konvergenzgeraden kein singulärer Punkt der Funktion zu liegen) veranlaßt einige Untersuchungen in der Richtung, unter welchen Bedingungen aus der Konvergenz der Reihe in der Halbebene I und dem Regulärsein der Funktion in einer größeren Halbebene II auf die Konvergenz der Reihe über I hinaus geschlossen werden kann. Den Abschluß bilden einige Kapitel über Dirichletsche Reihen mit positiven Koeffizienten a_n; bei diesen liegt auf der Konvergenzgeraden $\sigma = \alpha$ stets der singuläre Punkt $s = \alpha$.

Quellenangaben und ein umfangreiches Literaturverzeichnis vervollständigen das mit nahezu absoluter Exaktheit gearbeitete und gedruckte Buch, dessen typographische Ausstattung weit über das gewöhnliche Maß an Splendidität hinausgeht.

Wenn wir schließlich der Stimmung, mit der ein normaler Leser das Landausche Werk aus der Hand legen wird, einen Ausdruck leihen wollen, so werden wir vielleicht den paradoxen Wunsch aussprechen dürfen: möge es sein eigenes Veralten beschleunigen helfen! Es ist eine heute noch durch nichts begründete und dennoch schwer zu missende Hoffnung, daß die Primzahltheorie über kurz oder lang einmal eine wesentlich andere Gestalt zeigen wird, als sie dem augenblicklichen Stande der Forschung entspricht. Zwischen dem komplizierten funktionentheoretischen Apparat und den oft minimalen Fortschritten, die damit erzielt werden, besteht heute noch ein Mißverhältnis, das gerade durch eine meisterhafte und so überaus sorgfältige Darstellung wie die vorliegende hell beleuchtet wird, vielleicht am hellsten durch die Betrachtungen jener Stufe, die wir oben als die dritte bezeichnet haben. In den sonderbar begrenzten Bereichen, in denen gewisse Abschätzungen gelten, in den eigentümlichen Potenzen des Logarithmus und merkwürdigen Konstanten, die in diesen Abschätzungen ihre Zufallsrolle spielen, darf man wohl Provisoria erkennen, die nicht im Wesen der Sache, sondern in der Beschränktheit unserer Hilfsmittel begründet sind, Baugerüste, die dereinst verschwinden werden. Es wäre eine müßige Spekulation, Vermutungen darüber zu wagen, ob es weitere Aufschlüsse in der Theorie der ganzen Funktionen oder der algebraischen Zahlkörper oder sonstwelche Entdeckungen sein werden, die einmal der Primzahltheorie eine neue, zugleich einfachere und vollkommenere Form zu geben bestimmt sind; wir dürfen aber vielleicht erwarten, daß auch in der künftigen Entwicklung dieser Disziplin der Verfasser des vorliegenden Handbuchs eine führende Rolle spielen wird, und daß alle weiteren Fortschritte von diesem Werk als der äußersten bis jetzt erreichten Station ihren Ausgang nehmen werden.

Bonn. F. HAUSDORFF.

---

1) Der Beweis der Riemannschen Primzahlformel operiert mit solchen Integralen, der des Primzahlsatzes mit $\int \frac{e^{xs}}{s^2} f(s)\,ds$.

Kommentar zu [H 1911]

W. Schwarz (Frankfurt/M.)

Es ist erstaunlich, mit welcher Einfühlsamkeit, Einsicht und sprachlichen Anteilnahme der der Zahlentheorie nicht ganz nahestehende Referent FELIX HAUSDORFF in seiner Besprechung des 1909 erschienenen LANDAUschen *Handbuch der Lehre von der Verteilung der Primzahlen* seine keineswegs leichte Aufgabe angeht, das *Handbuch*, ein bahnbrechendes Werk, das in seiner Wichtigkeit für die analytische Zahlentheorie kaum überschätzt werden kann, zu besprechen.

G. H. HARDY und H. HEILBRONN drückten dessen Bedeutung folgendermaßen aus:

> The *Handbuch* was probably the most *important* book he [Landau] wrote. In it the analytic theory of numbers is presented for the first time, not as a collection of a few beautiful scattered theorems, but as a systematic science. The book transformed the subject, hitherto the hunting ground of a few adventurous heroes, into one of the most fruitful fields of research of the last thirty years. Almost everything in it has been superseded, and that is the greatest tribute to the book. ([HH 1938], S. 307/308)

L. MIRSKY betonte:

> The novelty of the subject matter and the thoroughness of treatment undoubtedly made the "Handbuch" one of the most influential text-books ever written. ([M 1977], S. 15)

In seiner Besprechung hebt HAUSDORFF einleitend den „Enthusiasmus des Verfassers" hervor und glaubt, daß

> die natürliche Begeisterung des Forschers für seine Disziplin, ..., diese Passion des Darstellers für seinen Gegenstand sich auch dem Leser mitteilen und seine Spannkraft unermüdet wachhalten wird ...

Die lange historische Einleitung

> erzählt in temperamentvoller Weise die Geschichte des Primzahlproblems und gibt einen Vorblick auf die künftig zu erreichenden Ziele, eine Art Konzertprogramm mit Hervorhebung der Leitmotive und ihrer Verkettung.

Nach einer gründlichen, sorgfältigen und übersichtlich gegliederten Beschreibung des Inhalts des *Handbuchs* wagt sich HAUSDORFF im langen letzten Absatz seines Referates daran, in spekulativer Weise Erwartungen an die weitere Entwicklung der Primzahltheorie zu formulieren. Sein Wunsch: „Möge es [das Handbuch] sein eigenes Veralten beschleunigen helfen!" ist in gewisser Weise in Erfüllung gegangen, wie HARDY UND HEILBRONN im letzten Satz des obigen Zitats andeuteten; nach Meinung des Kommentators ist es aber auch heute noch ein Genuß, in LANDAUS *Handbuch* den Ideen der Primzahltheorie nachzuspüren, zumal LANDAU im *Handbuch* noch nicht zu seinem späteren [leserunfreundlichen] Stil der äußersten Knappheit und Kürze gefunden hatte;

> There are many treatises from which on can learn prime number theory and any list of them should start with E. Landau's monumental Handbuch ... ([N 2000], Preface).

HAUSDORFFs

> ... durch nichts begründete und dennoch schwer zu missende Hoffnung, daß die Primzahltheorie über kurz oder lang einmal eine wesentlich andere Gestalt zeigen wird ...,

wobei HAUSDORFF offenbar an eine „neue, zugleich einfachere und vollkommenere Form" dachte, hat sich nicht erfüllt; am ehesten könnte dies für die Anwendung Tauberscher Sätze (wie des Taubersatzes von LANDAU – IKEHARA oder des allgemeinen WIENERschen Taubersatzes) zutreffen. Auch die „elementaren Beweise des Primzahlsatzes"(A. SELBERG, P. ERDÖS, E. BOMBIERI, E. WIRSING, H. DIAMOND, H. DABOUSSI, ...) scheinen komplizierter als die funktionentheoretischen Methoden. Die späteren Ergebnisse der „vergleichenden Primzahltheorie"(P. TURÁN, S. KNAPOWSKI, J. PINTZ, H. MAIER, und viele andere) wie auch Ω–Abschätzungen und Aussagen über Vorzeichenwechsel von $\pi(x) - \mathrm{li}(x)$ (z.B. von LITTLEWOOD, SKEWES, PINTZ, KACZOROWSKI, ...) deuten eher darauf hin, daß man in der Primzahltheorie von „den eigentümlichen Potenzen des Logarithmus und merkwürdigen Konstanten ..." kaum loskommen wird.

Die Entwicklung der additiven Primzahltheorie (HARDY, LITTLEWOOD, I. M. VINOGRADOV, CHEN, ...) und der Siebmethoden (BRUN, SELBERG, LINNIK, ...), die HAUSDORFF zur Zeit seines Referates nicht vorausahnen konnte, hat die Primzahltheorie deutlich verändert, aber nicht einfacher gemacht.

Alles in allem gesehen hat HAUSDORFF als Referent eine ungewöhnliche, brillante Besprechung einer exzellenten, meisterhaften Monographie gegeben, die in ihrer Sorgfalt und mit ihrem Mut, in die Zukunft zu sehen, als vorbildlich für derartige Besprechungen angesehen werden kann.

Literatur

[HH 1938] HARDY, G. H.; HEILBRONN, A.: *Edmund Landau.* J. London Math. Soc. **13** (1938), 302–310.

[**M 1977**] MIRSKY, L.: *In Memory of Edmund Landau.* Math. Scientist **2** (1977), 1–26.

[**N 2000**] NARKIEWICZ, W.: *The Development of Prime Number Theory.* Springer-Verlag, Heidelberg–New-York–Tokyo 2000.

Personenregister

Sachregister

Index

MIX
Papier aus verantwortungsvollen Quellen
Paper from responsible sources
FSC® C105338

If you have any concerns about our products,
you can contact us on
ProductSafety@springernature.com

In case Publisher is established outside the EU,
the EU authorized representative is:
Springer Nature Customer Service Center GmbH
Europaplatz 3, 69115 Heidelberg, Germany

Printed by Libri Plureos GmbH
in Hamburg, Germany